HZ BOOKS

华 章 图 书

一本打开的书，一扇开启的门，
通向科学殿堂的阶梯，托起一流人才的基石。

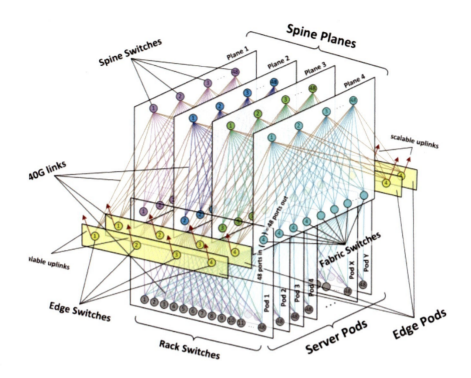

图 1-8　Facebook 数据中心网络设计（立体结构）

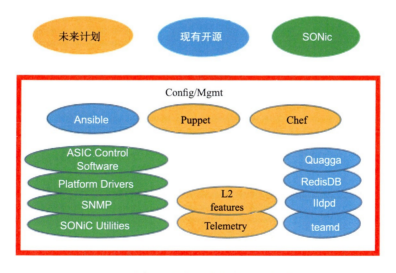

图 2-9　微软开放出来的 SONiC

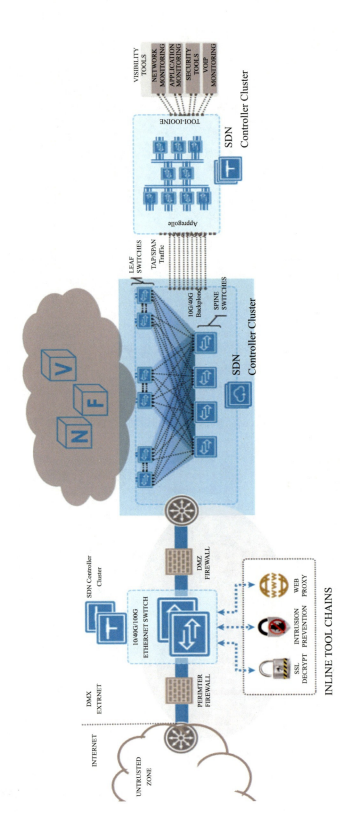

图 4-86　Inline BMF 和 Out-of-Band BMF

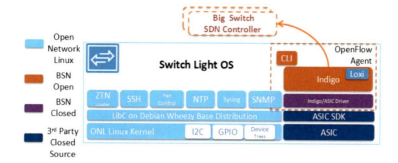

图 4-89　Switch Light 的设计

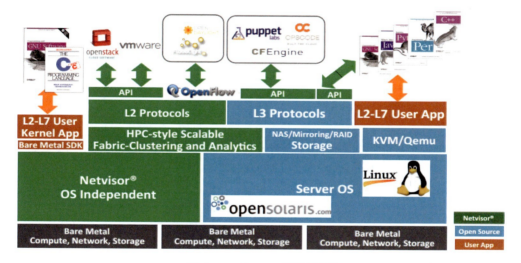

图 4-125　Netvisor 的设计架构

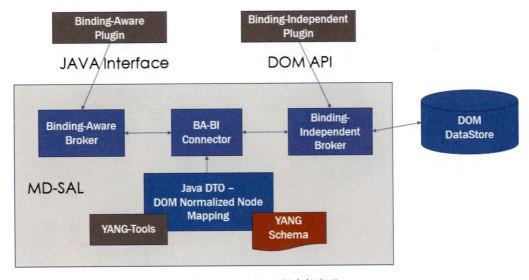

图 6-6　MD-SAL 的内部实现

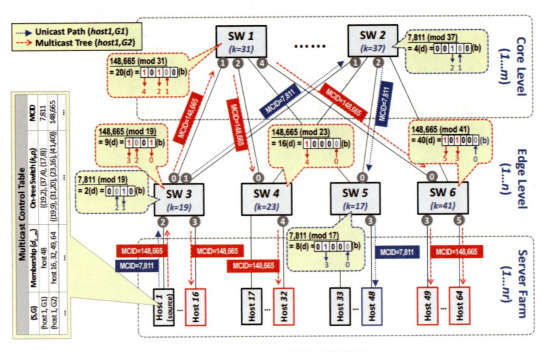

图 8-29　COXCast 的转发机制示意图

云计算与虚拟化技术丛书

Cloud Data Center Networking and SDN
Technical Design and Implementation

云数据中心网络与SDN

技术架构与实现

张晨 编著

机械工业出版社
China Machine Press

图书在版编目（CIP）数据

云数据中心网络与 SDN：技术架构与实现 / 张晨编著 . —北京：机械工业出版社，2018.2
（2022.1 重印）
（云计算与虚拟化技术丛书）

ISBN 978-7-111-59121-4

I.云… II.张… III.①计算机网络 - 数据处理 ②计算机网络 - 网络结构 IV. TP393

中国版本图书馆 CIP 数据核字（2018）第 023513 号

云数据中心网络与 SDN：技术架构与实现

出版发行：机械工业出版社（北京市西城区百万庄大街 22 号　邮政编码：100037）

责任编辑：高婧雅　　　　　　　　　　责任校对：李秋荣

印　　刷：北京捷迅佳彩印刷有限公司　　版　　次：2022 年 1 月第 1 版第 8 次印刷

开　　本：186mm×240mm　1/16　　　印　　张：34.75（含 0.25 印张彩插）

书　　号：ISBN 978-7-111-59121-4　　定　　价：119.00 元

龚永生　社区绰号"大师兄"，浙江九州云 CTO，OpenStack Neutron 发起人之一，OpenStack NFV 编排器项目 Tacker PTL 及 ONOS、OpenDaylight、CORD 项目参与者和培训讲师。

张卫峰　盛科网络 SDN 白牌交换机 CTO，在数通领域从业 16 年，熟悉交换芯片到路由交换协议，参与了盛科网络每个 SDN 商业案例的落地，也是《深度解析 SDN》一书作者。

杨文嘉　美国 Arista 网络公司高级服务工程师，擅长大规模 IP/MPLS 电信运营商级别网络的规划设计、实施与排错，在为 AT&T、中国电信、BMW 公司、花旗集团、Freddie Mac 等公司设计和实施运营商网络，数据中心网络和企业网络方面积累了超过 17 年的丰富经验。

本书赞誉 *Praise*

随着"互联网+"的蓬勃发展以及云计算、大数据、人工智能等新兴技术的深入应用，云数据中心的价值日益突显，已成为整个社会的重要基础设施之一。本书针对云数据中心的场景，深入回顾了数据中心网络技术和软件定义网络技术的前世今生，在介绍和剖析关键技术的同时，重点分享了 VMware、Cisco 等公司的很多案例以及技术创新背后的故事。我相信，本书将会帮助读者更加深入地理解数据中心网络和 SDN 技术的本质，也将对未来数据中心网络的发展思考有所启发。

——黄韬，北京邮电大学教授，江苏省未来网络创新研究院副院长

当前，SDN 技术发展得如火如荼，云数据中心正是 SDN 的主战场之一。作者以其丰富的行业经验和扎实的工作基础，向读者系统地展示了 SDN 及其附属技术在云数据中心的应用情况。作者还以其独特的视角进一步对众多技术的产生和演进历程做了分析和介绍。相信作者多年积累的深厚网络功底以及他对 SDN 和云数据中心方向的跟进与研究一定能给读者带来全新的视野。

——毕军，清华大学网络研究院网络体系结构研究室主任，长江学者特聘教授

SDN 自诞生之日就饱受争议，从其架构的集中式、分布式之争，到何为 SDN、广义狭义之争，SDN 似乎一直在人们多样的眼光中生存和发展。有幸能够读到本书，从本书作者对 SDN 及云数据中心网络技术全面深刻的理解、对产业发展的独到见解，乃至对网络架构与产业的前景展望，都足以看出作者深厚的技术功底。未来网络的发展是由 IT 和 CT 深度融合所推动的，作者长期以来在运营商、设备商以及开源领域的积累，也使得本书在每一个知识点上都能够恰到好处地切中要害。看得出来，本书是作者倾其全力、认真雕琢的好书。全书读

下来，酣畅淋漓，受益匪浅，又似乎有着说不完的共同语言，每每看到思维火花的碰撞，总希望能与作者当面切磋。希望本书能成为 SDN 领域的经典之作，带给业界同仁更多的思考与感悟。

——孙琼，中国电信北京研究院 SDN 技术研发中心主任

数据中心是 SDN 最典型的应用场景，正是在数据中心的成功落地将 SDN 推向了更广阔的应用领域。本书介绍了数据中心的网络技术发展历程，并重点分析了 SDDCN 相关的技术、产品、解决方案与开源项目。全书内容系统、丰富，从过去到现在，从组网设计到技术细节，从研究到开发，具有重要的学习与参考价值。能够如此有点有面地展现云数据中心网络这一特定场景的全貌，对于 SDN 这样一个新的技术来讲，是相当不容易的。另外，本书的内容来源于作者的亲身点滴积累，加之文笔流畅，让读者能够自然、清晰地了解技术的来龙去脉和实质内容，而且在行文的过程中还穿插了大量的观点，新颖并且很有启发。从方方面面来看，这都是一本诚意之作，绝对不容错过。

——黄璐，中国移动研究院网络所承载网技术经理

伴随着近年来互联网的高速发展，云数据中心也进入发展高峰，SDN 技术恰恰迎合了云数据中心的发展需求。本书从多个角度对云数据中心网络、SDN、SDDCN 的技术原理与解决方案进行深入的介绍和分析，内容全面，无论是刚接触数据中心网络的技术爱好者，还是数据中心研发人员、网络架构师、系统运维人员以及产品经理，都能在阅读的过程中获益。

——徐雷，中国联通研究院云计算研究中心主任

云数据中心需要与之相适应的"云计算网络"，网络虚拟化正成为变革传统网络的高地，网络的价值正不可阻挡地向软件转移。本书全面回顾了数据中心网络技术的演进，以通俗的语言讲清楚了"SDN 是什么、不是什么"以及"SDN 能做什么"，客观地介绍了主流商用 SDN 方案和多个开源平台，对于 SDN 初学者和专业人士来说都是一本佳作。

——叶逾健，VMware 大中华区网络和安全产品销售总监

与张晨相识在 SDN 用户组，并参加了他的《SDN 控制器架构分析》在线分享。为这个年轻作者具备的技术洞察力赞叹不已。随着 SDN 的引入，给传统数据中心网络 Underlay/Overlay 体系架构带来了深刻的影响。网络行业螺旋上升式发展，层出不穷的各种 SDN 控制器方案所解决的问题无外乎如何用软件来定义系统的管理 / 控制 / 转发平面逻辑。戏法人人会

变，各有巧妙不同。对于广大读者来讲，如何在纷纭杂沓的各种技术中快速去芜存菁，找到适合的 SDN 技术来解决现实的网络问题呢？本书从数据中心 CLOS 架构开始讲起，逐步深入浅出、抽丝剥茧地介绍各种最新前沿技术，涵盖了 Underlay 的各种技术，也谈到 Overlay 的各种开源项目 ODL/ONOS 和商用 SDN 控制器，比如 VMware NSX、Cisco APIC、Juniper Contrail 等。难能可贵的是，本书对各种容器、超融合新技术也进行了详细的介绍。本书对网络工作者深入理解数据中心最新网络架构和 SDN 的种种解决方案大有裨益。作为网络行业 18 年从业者，强烈推荐本书。

——马绍文，Juniper 亚太区产品总监

最近有幸拜读张晨的这本书。文笔流畅，覆盖面广泛，从 2003 年的 ForCES 讲到近期的 OpenFlow、ODL、ONOS、Neutron 等。看了前面两章后就一口气读了下来。作者对 SDN 的来龙去脉做了很全面的阐释，同时覆盖了各大厂商和开源组织的解决方案，确实是一本深入了解 SDN 的必读之作。很难得的是作者不光只讲网络，而是从相关业务和应用方面等切入，例如虚拟化、容器、RoCE 等，把 SDN 的发展趋势讲得很通俗易懂。除了广度以外，作者对技术的深度也很有要求，例如白盒方案里面涉及芯片的 SDK 和 API 开发，SONiC 基于 SAI 的设计实现等。总而言之，我觉得无论是传统网工，还是 SDN 程序员，或者是管理层，都可从此书中获得启发和灵感。

——池惠澄，Arista Networks 大中华区工程师经理

本书作者凭借阅读各个厂家的技术白皮书，钻研开源代码和其他官方介绍总结出各类技术和产品的精髓。书中所涉及的数据中心网络相关技术不光在广度上涵盖了行业中几乎所有厂商，更在技术深度上进行了充分挖掘整理。本书最难能可贵的地方在于，作者跳出了技术本身，站在一个更高的高度上对整个行业的来龙去脉进行了准确且深入的梳理，本书无疑会成为数据中心从业人员必读的佳作。

——蒋刊哲，BigSwitch 大中华区总经理

市面上 SDN 之类书籍已经不少，但专注于数据中心场景的这还是第一本。本书兼顾广度和深度，并对大量相关商用开源实战性技术体系做了系统的归纳、分析与点评，是 SDN 数据中心用例的精品指南，也是相关从业者不可或缺的案头常备参考书。

——张宇峰，互联港湾 CTO

本书介绍了数据中心网络技术的演进，对 SDN 在云数据中心网络中如何应用进行了完整、详细的阐述。内容上不仅包括各类网络技术分析，还具有很强的实践性，对数据中心网络基础架构目前所采用的主流产品、技术方向进行了深入研究总结。本书所涉及的网络、SDN 技术涵盖了在实践中广泛应用的商用产品、开源项目，对于从事数据中心网络相关开发、运维、架构师或相关工作人员都是有益的参考资料。

——张天鹏，云杉网络 CTO

本书可谓业界目前最系统、全面的阐述云数据中心网络的中文书籍，从工业界到学术界，从开源软件到厂商方案都有涉及。前面从网络的演进展示了业界对云数据中心网络设计从模糊到成熟的过程，后面对厂商当前的主推方案与流行的开源控制器、IaaS、容器等进行深入解读，一次性把所有"云数据中心"的话题整合到了一本书里，可供初学者按图索骥，可供产品经理"知己知彼"，可供架构师"兼权尚计"，是一本不可多得的"云网综述"。

——王为，ZStack 网络研发总监

SDN 作为当今 IT 领域炙手可热的行业趋势之一，有很多种不同的解读，名字里虽然没有"云"，却比云计算更加"云里雾里"。我非常高兴，因为我终于看到了本书即将面世。本书作者是 SDN 圈子里资深的网络专家，多年笔耕不辍，分享了大量的技术文章。这次他将自己学习与工作中的积淀，切入 SDN 这个具体的行业应用场景，并系统化地总结成书，我相信本书定能帮助相关从业者提纲挈领般理解 SDN，并能以不变应万变对浩瀚 SDN 知识海洋中的每一个碎片化知识清晰地定位。

——张华，Canonical 全栈软件工程师，OpenStack 早期代码贡献者

前 言 *Preface*

为什么要写这本书

这本书的写作前前后后花了两年多的时间，我曾无数次地想过会有那么一个周末的下午，洋洋洒洒地写着前言，每念及于此，总有一种激扬文字、挥斥方遒的感觉。到了这一天，酝酿多时后坐在桌前，先是写了一些行业点评，虽然气势磅礴但不够接地气，反反复复地修改却始终没能令自己满意。最后想着，反正写前言就是在和读者聊天，也没有必要给书里的内容扣个大大的帽子，倒不如来说说情怀、谈谈理想，就当是给自己这几年的青春做一个注脚吧。

最开始其实并没有写书的打算，做研究的动力一方面是来源于对网络技术的兴趣与热爱，另一方面，坦白讲，那个时候在数据中心网络这块想到了一些新的点子，希望能够借着 SDN 的东风把想法做成实打实的产品。于是，最初是带着做调研的想法，开始对云数据中心 SDN 的技术与产品进行梳理。没有想到的是，这调研一做竟是两年多的时间，这两年里既看到了很多原来自己并不了解的技术，数次感叹于知识海洋的广袤无垠，也目睹了自己的一些想法被别人进行了变现，无奈地明白做产品需要分秒必争。

确立写书的想法是在 2016 年，实际上当时 SDN 圈子的风潮已经开始从云数据中心转向了企业级广域网，各路厂商、创业公司和媒体都已经开始围着 SDWAN 的概念在转了。和业界的一些同行聊过之后，其中有一部分人认为云数据中心的网络已经没什么值得研究的了。听多了类似的说法，给我个人的感觉是：SDN 的出现既让网络这个圈子变得时髦，又让圈子里的人变得浮躁。于是，我决定把调研的内容写成一本书，希望能够使读者了解到，数据中心 SDN 在技术上还远远没有达到标准化，在产品上还有较大的提升空间，很多同行仍然在全力地投身于相关技术的演进和产品的迭代中。跟随先进的理念固然重要，但是踏踏实实地做事才是行业能够得以长久发展的关键。

本书还有另外一个出发点，是由于传统网络与 SDN 的纠葛长久以来都没能真正化解开来，很多人还是抱着非此即彼的错误观点。因此本书在介绍各个 SDN 技术和产品的时候，都会力争把控制和转发的逻辑说清楚，能分析到数据包处理流程这个层面的，都会加以详细分析。这么做的目的，是希望读者能够明白 SDN 虽然改变了网络的交付模式，但是 API 远远不是 SDN 的全部，网络架构本身的设计仍然是不可动摇的技术基础。另外，在一些情况下，SDN 并不是解决问题的最好方式，因此本书还介绍了一些非 SDN 的数据中心网络技术，希望能够帮助读者拓宽技术视野，打开新的研究思路。

成书的过程中，最大的感悟是新技术发展得太快，很多章节的内容都不得不多次进行更新与修订。ICT 的融合为传统的通信行业带来了前所未有的机遇，同时也要求我们能够调整好学习的心态。回顾这两年多的时间，几乎每日每夜都把自己泡在了各种各样的资料中，读了厂商不计其数的产品手册和技术文档，一行一行地去啃开源平台的代码，其中不乏很多有价值的内容，但由于成书时间与篇幅上的限制未能在书中进行介绍，多少还是有些遗憾吧。

同时，伴随着知识的逐步丰富，我也更加真切地体会到了个人的渺小。学习永无止境，不忘初心，方得始终，在探索技术的路上愿与诸君共勉。

本书特色

本书涉及云数据中心网络很多块的内容，主要包括传统技术、商用 SDN 方案、开源 SDN 方案以及相关的学术论文，覆盖了目前绝大部分的主流技术以及一些其他较为新颖的技术，是目前市面上少数能够切入 SDN 某一个具体行业应用场景，并对相关技术和产品进行系统性介绍的书籍之一。

实际上，把本书中每一块的内容拿出来都能单独写一本书。不过，为了让读者能够通过一本书，迅速并全面地掌握这些块内容，因此在写作的过程中就不得不去抠每一句话，甚至每一个字和词，力争简短、清晰、准确地呈现出核心的技术内容。如果相关行业的技术宽度为 100，每种技术的深度为 100，本书希望能够同时在宽度和深度上达到 80+ 的水平，做到"样样通"而"样样不松"。

同时，为了能够捋顺这些五花八门的技术间的关系，行文过程中还对部分技术的产生背景与演进历程进行了介绍，希望读者在读过本书后，做到既能"知其然"，又能"知其所以然"。

读者对象

- ❏ CTO、CIO
- ❏ 数据中心架构师
- ❏ SDN 架构师
- ❏ SDN 产品经理
- ❏ SDN 研发人员
- ❏ 高校与科研院所网络研究人员
- ❏ 其他对网络技术感兴趣的人员

如何阅读本书

阅读本书前，需要读者对传统网络技术和 SDN 基础知识有一定的了解。

第 1 章会对云数据中心网络演进的技术主线进行介绍，主要包括从 3-Tier 架构向 Leaf-Spine 架构的演进、从 xSTP 向大二层的演进、从传统网络向 SDN 的演进，以及传统网络的最新进展等内容。第 1 章可以看作本书的背景知识，用于引出后面章节对于数据中心 SDN 的介绍，讲述的过程中会以技术特征为分类依据，介绍厂商相关的私有技术与产品，以及 IEEE、IETF 相关的技术标准。第 1 章中所介绍的一些技术目前已经退出了历史舞台，为了保证讲述的完整性仍然保留了相关的介绍，读者可以有选择地进行阅读。

第 2 章将以杂谈的形式对 SDN 的本质进行论述，包括转发与控制分离、网络可编程以及集中式控制，并对 SDN 在 IT 层面的设计思路进行了总结。通过第 2 章的内容，希望可以帮助读者重新认识 SDN，并捋顺 SDN 与传统网络间的关系。第 2 章的内容相比于其他章节的内容较为独立，读者可以灵活地调整本章的阅读顺序。

从第 3 章开始，正式开始介绍本书的核心内容——云数据中心 SDN（Software Defined Data Center Networking，以下简称 SDDCN）。第 3 章首先对 SDDCN 落地需求、实现架构以及关键技术进行介绍，希望能够为后续章节的内容起到提纲挈领的作用。第 3 章的表述相对抽象，有网络架构设计经验或者实际工程经验的读者可以仔细阅读与体会，如果读者之前并没有接触过相关工作，阅读第 3 章时可以先简单地看一遍，完成后续章节内容的阅读后，回过头来再去体会第 3 章中的内容，会获得更好的效果。

第 4 章将对十余个商用 SDDCN 解决方案进行深入的介绍，收录了主流厂商和一些具有技术代表性的创业公司的 SDDCN 产品，希望通过本章的内容，帮助读者了解这些方案内部的设计机制与技术细节，而不是仅仅看到一个"网络黑箱"，否则 SDN 不过是另外一个黑箱。

第 5 章对 OpenStack Neutron 进行了详细的介绍，主要内容包括 Neutron 的组网原理、软件设计架构、虚拟机的接入、OVS Plugin/Agent 的设计与实现，以及其他主要的扩展 Plugin/Agent。第 6 章对 OpenDaylight 的架构设计、OpenFlow 的典型实现，以及 OpenDaylight 中的 SDDCN 的相关实现进行了详细的介绍。第 7 章对 ONOS 的架构设计、OpenFlow 的典型实现，以及 ONOS 中的 SDDCN 的相关实现进行了详细的介绍。

第 5、6、7 章的内容将涉及各个开源平台的核心代码，力争同时呈现出代码中上层的业务逻辑以及底层的控制与转发逻辑，希望帮助读者在使用这些开源方案时，能够具备二次开发的能力。需要说明的是，代码所用版本以章前引言中所提及的版本为准，代码的呈现方式将以 "===" 形式的分割线注明代码所在文件，通过 "//" 形式的注释符对关键代码的逻辑进行解析。受限于篇幅，这三章跳过了非核心代码，同时省略了非关键参数与 Java 中的花括号。

第 8 章对学术界在云数据中心网络的典型研究工作进行介绍，包括拓扑、路由、虚拟化、服务链、服务质量、传输层优化、测量与分析、安全、高可用、大数据优化这十个方向。这一章在内容上会力争把每个研究工作的技术要点都讲清楚，而不是仅仅用一两句话来概括思路。这些研究工作既包括 SDN 的设计，又包括很多非 SDN 的设计，希望能够帮助读者拓展技术视野，启发新的设计灵感。

第 9 章和第 10 章是本书的番外部分。第 9 章对容器网络进行了概要性的介绍，容器是与虚拟机相对应的负载形态，因此独立成章，其中涉及的网络技术都在其他章节中介绍过，用在容器网络里只是接入了不同形态的负载，而技术的本质并没有发生变化，因此第 9 章中不会再去详细讨论这些已经介绍过的技术。第 10 章以 Fiber Channel 和 InfiniBand 为代表，对数据中心内部的存储网络和高性能计算网络的技术体系进行了概要性的介绍，这两者是与以太网和 TCP/IP 相对应的异构网络技术，因此独立成章，另外第 10 章中还简单地介绍了将以太网与 Fiber Channel 和 InfiniBand 进行融合的思路。

最后要说明的是，本书所介绍的内容均为云数据中心内部的网络技术，限于成书时间和篇幅上的限制，对于云数据中心外部的网络技术，如企业网络入云、Internet 流量入云、云数据中心 ISP 上行出口优化、云数据中心间流量优化，均未能进行介绍。另外 NFV 相关的内容，包括 vSwitch、vRouter、BPF、VPP 等 datapath 技术，以及 DPDK、SR-IOV 等 IO 加速技术，本书也未做专题性介绍。

勘误和支持

由于笔者的水平有限，书中难免会出现一些错误或者不准确的地方，恳请读者批评指正。

读者可通过微信号 gokd35 直接联系笔者，或者通过邮箱 sddcn_qa@126.com 提出问题或者建议。愿我们在网络技术的进修之路上互勉共进。

致谢

感谢九州云的龚永生先生，盛科网络的张卫峰先生，Arista 的杨文嘉先生，为本书进行了专业的技术审校。

感谢北京邮电大学的黄韬教授、清华大学的毕军教授、电信北京研究院的孙琼女士，移动研究院的黄璐先生、联通研究院的徐雷先生、VMware 的叶逾健先生、Juniper 的马绍文先生、Arista 的池惠澄先生、BigSwitch 的蒋刊哲先生、互联港湾的张宇峰先生、云杉网络的张天鹏先生、ZStack 的王为先生、Canonical 的张华先生，为本书进行了精彩的推荐。

感谢北京邮电大学的李昕教授、F5 的范恂毅先生、VMware 的吉白先生、BigSwitch 的吴鑫先生，在本书写作过程中提供的帮助。

再一次感谢上述各位业界前辈，在繁忙的工作后利用宝贵的休息时间来审阅此书，是他们的无私支持给了我修缮此书的动力。同时，他们为业界发展所做出的贡献令人尊重和钦佩，将不断激励着我们后辈学习与前进！

感谢机械工业出版社的编辑高婧雅女士，对本书写作的悉心指导，以及对我本人的包容和理解。感谢 SDNLab 的方辉先生，在我形成写书想法时的鼓励与支持。没有他们，就不会有这本书的出版。

最后感谢我的家人和朋友，他们在生活中的关怀和鼓励使我能够在这两年中踏踏实实地完成本书内容的编写。

声明

本书中所述一切观点仅代表作者本人，与作者所在单位以及其他机构无关。

Contents 目 录

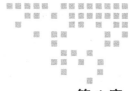

第 1 章 *Chapter 1*

云数据中心网络演进

过去的十年间，IT 技术的发展风起云涌，云计算站到了浪潮之巅。云计算深刻地改变了人们对于 IT 商业模式的认识，随之而来的是对 IT 基础架构所提出的全新挑战，数据中心作为实现云计算的载体，正在经历着云化所带来的轰轰烈烈的变革。网络作为数据中心的三大基础资源之一，也在这场革命中不断地进行着演进。在本书的第 1 章，我们先来仔细地回顾一下这段演进的主线历程。

1.1 传统的 3-Tier 架构

3-Tier 的网络架构起源于园区网，传统数据中心，包括企业数据中心 EDC 和互联网数据中心 IDC 的网络将其沿用了下来。如图 1-1 所示，3-Tier 架构将网络分为接入 (access)、汇聚 (aggregation) 和核心 (core) 三层。接入层通常使用二层交换机，主要负责接入服务器、标记 VLAN 以及转发二层的流量。汇聚层通常使用三层交换机，主要负责同一 POD 内的路由，并实现 ACL 等安全策略。核心层通常使用业务路由器，主要负责实现跨 POD 的路由，并提供 Internet 接入以及 VPN 等服务。在 3-Tier 的网络规划中，接入层和汇聚层间通常是二层网络，接入交换机双上联到汇聚交换

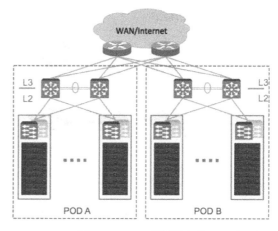

图 1-1　3-Tier 的网络架构

机，并运行 STP 来消除环路，汇聚交换机作为网关终结掉二层，和核心路由器起 IGP 来学习路由，少数情况下会选择 BGP。

沿用了架构，也自然就继承了它的问题，其中当属 STP 最让人头疼。了解网络的人再熟悉不过了，MAC 自学习是以太网的根基，它以泛洪帧为探针同步转发表，其实现足够简单，不需要任何复杂的控制协议。然而事情的另一面是，至简的设计却使得 MAC 自学习并不够健壮，如果网络中存在环路，泛洪会在极短的时间内使网络瘫痪。为了弥补 MAC 自学习的这一缺陷，STP 被设计出来以破除转发环路，不过 STP 的引入却带来了更多问题，如收敛慢、链路利用率低、规模受限、难以定位故障等。

虽然业界为 STP 的优化费劲了心思，但打补丁的方式只能治标而不能治本。在园区网中 STP 还勉强可用，但数据中心网络是一个 IO 更为密集的环境，而且更追求自动化和扩展性，这些都是 STP 所难以实现的。随着数据中心业务的不断发展，STP 成了网络最为明显的一块短板，处理掉 STP 自然也就成了数据中心网络架构演进打响的第一枪。

1.2　设备"多虚一"——虚拟机框

首先要介绍的是虚拟机框技术，这种技术能够将多台设备中的控制平面进行整合，形成一台统一的逻辑设备，这台逻辑设备不但具有统一的管理 IP，而且在各种 L2 和 L3 协议中也将表现为一个整体，如图 1-2 所示。因此在完成整合后，STP 所看到的拓扑自然就是无环的了，这就间接地规避了 STP 的种种问题。

虚拟机框和传统的堆叠技术一样，二者都实现了设备的"多虚一"，不同的物理设备分享同一个控制平面，实际上就相当于为物理网络设备做了个集群，也有选主和倒换的过程。相比之下，虚拟机框在组网上的限制较少，而且在可用性方面的设计普遍要好于堆叠，因此可以看作对于堆叠技术的升级。虚拟机框技术以 Cisco 的 VSS、Juniper 的 Virtual Chassis 以及 H3C 的 IRF 2 为代表。

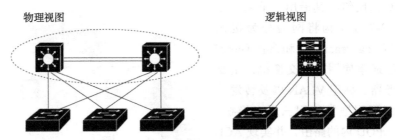

物理视图　　　　　　　　　　逻辑视图

图 1-2　虚拟机框技术逻辑示意

1.2.1　Cisco VSS

VSS 是 Cisco Catalyst 6500 系列交换机推出的虚拟机框技术，支持对两台 6500 设备以主备模式进行整合。其中主用交换机中的引擎负责逻辑设备的转发决策，形成转发表；备用交换机只会不断地从主用交换机同步相关的状态，而不会进行转发协议的交互和计算。主备用设备的线卡都是分布式的，能够同时进行数据的转发。VSS 主要有以下技术要点：

1）VSL（Virtual Switch Link）互联。VSS 技术通过 VSL 将两个机架绑定成一个虚拟的交换系统，它依赖于控制信令 VSLP 的交互，以完成主备的协商以及状态的同步。同时，VSL 也能在主备交换机间传输业务流量，这时它就相当于逻辑设备中的背板走线。为了实现逻辑设备的线速转发，VSL 链路应该具备足够的带宽。

2）高可用 NSF/SSO。SSO（Stateful SwitchOver）保证了主备引擎、线卡能够以最短的时间进行故障切换。不过即使中断时间再短，数据转发也可能出现中断，路由可能需要重新收敛。NSF（NonStop Forwarding）实现了不中断转发，解决了上述问题。

3）跨设备链路聚合 MEC（Multichassis EtherChannel）。MEC 能够将位于两台不同交换机中的端口聚合为 Port Group，统一为一个逻辑的 interface，从而绕过了 STP 的问题。在 VSS 拓扑结构中使用 MEC，所有链路都是激活的，在提供拓扑结构高可用的同时也提高了链路的利用率。

4）双主监测机制。当 VSL 故障后将出现" Split Brain"的情况，两台物理设备都将成为主用交换机，为防止转发上的混乱，VSS 采用以下机制进行监控：如果有跨设备链路聚合时，使用 PAgP 来互相检测通知，如果有多余的接口，则可以单独拉根直连线路，通过 VSLP Fast Hello 专门用作监控。另外，VSS 还支持使用 IP BFD 跨越 L3 网络进行监控。监测到双主出现后，立刻禁用原来备用交换机的端口，直到 VSL 链路恢复。

虽然 VSS 只允许对两台设备做虚拟化，但是通过逻辑设备间的互联仍可进一步简化网络拓扑。在图 1-3 中，汇聚层和核心层均使用了 VSS 技术，如虚线框里的整合后的逻辑设备，使整个网络形成一个天然无环的拓扑结构。

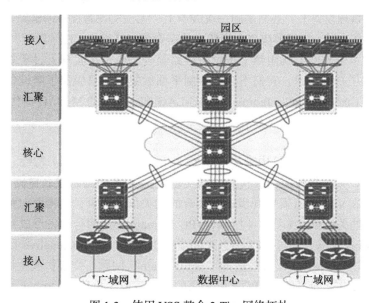

图 1-3 使用 VSS 整合 3-Tier 网络拓扑

1.2.2　Juniper VC 与 H3C IRF

VC（Virtual Chassis）是 Juniper 的虚拟机框技术。VC 能够支持 10 台设备的虚拟化，可通过专用的 VCP 端口或者以太网口进行互联，VC 设备间运行 VCCP 作为控制信令，VCCP 会发现 VC 设备间的组网拓扑，然后进行选主，再通过 SPF 算法计算数据流量在 VC 设备间的传输路径，当 VC 中某台设备 Down 掉后能够进行快速重路由。主控的平滑切换和不中断转发通过 GRES/NSR 来实现。

IRF 2 是 H3C 的虚拟机框技术，技术特点上和 VC 基本类似。IRF 2 的前身是 IRF 1，IRF 1 只能支持盒式设备的多虚一，而 IRF 2 同时支持盒式和框式设备的多虚一。IRF 2 能支持 4 台框式交换机或者 9 台盒式交换机的虚拟化，通过专用的 IRF-Port 或者以太网口进行互联，IRF 设备间运行 IRF Hello 来发现拓扑，然后进行选主，再通过 SPF 算法计算数据流量在 IRF 设备间的传输路径，IRF 某台设备 Down 掉后能够进行快速重路由，通过 LACP/BFD 来监测双主 / 多主。主控的平滑切换和不中断转发使用 GR/NSF 技术实现。

1.3　高级 STP 欺骗——跨设备链路聚合

STP 会严重浪费链路资源，根源在于它会禁止冗余链路上的转发。如果通过一种办法来"欺骗"STP，让它认为物理拓扑中没有冗余链路，那么就可以解决上述问题。实际上，Port Channel 技术就是这么做的，一个 Port Channel 对 STP 只表现为一个逻辑上的 Port Channel Interface，Port Channel 中的物理端口并不直接表现在 STP 中。只要 STP 允许了 Port Channel Interface 的转发，那么 Port Channel 中的物理端口就都可以用于转发流量，具体选择哪个物理端口由该 Port Channel 的负载均衡机制来决定。不过在传统的 Port Channel 中，物理端口都必须在同一台物理设备上，甚至是同一块线卡上，无法实现跨设备的链路聚合，那么一旦设备挂了就没有办法了。为了解决这个问题，就需要更加高级的 STP "欺骗"机制。

虚拟机框技术中实际上就用到了跨设备链路聚合，不过在实现上过于复杂，因此在虚拟机框后又出现了一类技术，它们不再为控制平面做集群，只保留了跨设备链路聚合的能力。这类技术以 Cisco 的 vPC、Juniper 的 MC-LAG 和 Arista 的 M-LAG 为代表。

1.3.1　Cisco vPC

Cisco 在 Nexus 系列交换机中推出了 vPC（virtual Port-Channel）特性。VSS 是整机级别的虚拟化，vPC 则是接口级的虚拟化，其实就是把 VSS 中的跨设备链路聚合 MEC 加强实现了。因此，在 vPC 中只需要同步链路聚合的相关信息即可，不需要对整机进行状态同步。vPC 中的一些关键概念如图 1-4 所示，vPC Domain 中由两台设备形成 vPC Peer，彼此之间通过 Peer-Link 互联，通过 CFS 消息来同步控制信息，Peer-Keepalive Link 可跨越三层进行状态监测，以防 Peer Link 失效后的"Split Brain"问题。交换机或主机双上联到 vPC Peer，直接运行 LACP 即可形成 vPC，单上联的交换机或主机称为 Orphan Device，用于接入 Orphan Device 的端口称为 Orphan Port。

下面通过一个二层转发的实例来介绍 vPC 中的转发流程，图 1-5a 为 ARP Request 的处理，图 1-5b 为 ARP Reply 的处理。假设配置 vPC 后，SW1 port 11 和 SW2 port 21 属于 vPC 1，SW1 port12 和 SW2 port 22 属于 vPC 2。SW1 通过 port 11 收到 ARP Request，之后在 Peer-Link 和 port 12 上进行泛洪。SW2 收到该 Request 后，判定 port 21、port 22 分别与 SW1 中的端口进行了 vPC 绑定，因此不会从这两个端口进行转发。之所以要通过 Peer Link 泛洪给 SW2，是考虑到目的主机有可能是一台只连接到 SW2，而未连接 SW1 的 Orphan Device。这时必须先泛洪给 SW2，再由 SW2 通过相关的 Orphan Port 送到目的主机上。同时 SW1 会通过 CFS 消息告诉 SW2，ARP Request 的源地址 MAC_A 是通

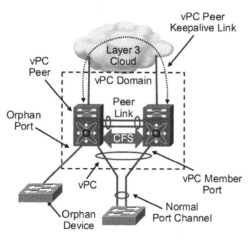

图 1-4 vPC 中的一些关键概念

过 vPC 1 接入的。当 SW2 通过 port 22 收到 ARP Reply 后，查找 MAC 地址表，得知目的地址为 MAC_A 的帧应该向 vPC 1 的成员端口转发，于是通过 port 21 转发给 SW3，同时通过 CFS 告知 SW1，ARP Reply 的源地址 MAC_B 接在 vPC 2 上。之后的通信得以按照学习到的信息进行转发。

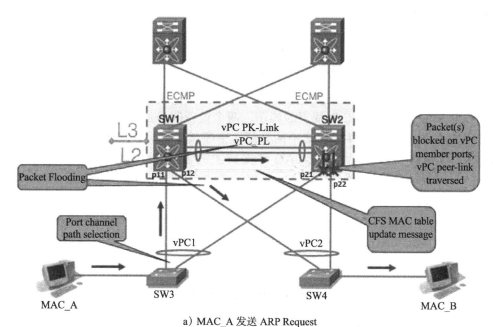

a) MAC_A 发送 ARP Request

图 1-5 vPC 对二层流量的处理

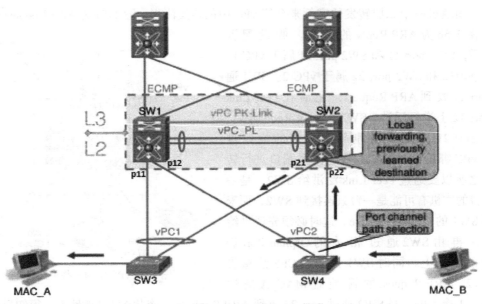

b）MAC_B 回复 ARP Reply

图 1-5 （续）

对外来看，实现 vPC 的设备还是两台设备，在管理上还是要分开配置，两台设备的转发实例、转发表等都是独立的。另外，vPC 是一种 2 层的技术，在对接 3 层的时候可能会需要一些额外的机制，如在 Cisco FabricPath 中使用了 vPC+ 去对接 HSRP。

1.3.2　Juniper MC-LAG 和 Arista M-LAG

Juniper 的跨设备链路技术叫作 MC-LAG，两个设备间通过 ICCP 传输控制信令，实现 MC-LAG 端口信息以及 MAC 地址表的同步，两个设备间通过 ICP-PL 来转发流量。MC-LAG 上单播的转发流程可参考 vPC 中的介绍，主要就是通过 ICP-PL 泛洪 ARP Request，通过 ICCP 同步源 MAC 地址。MC-LAG 可支持主备和双活两种转发模式。Juniper 的 Fushion Data Center 即采用了 MC-LAG，可以支持两台 Aggregation（汇聚层设备）以及多台 Satellite（接入层设备）间的多路径。

Arista 也有个类似的技术叫作 M-LAG，是 Arista 实现 L2 的支撑性技术。M-LAG 的工作原理和 vPC、MC-LAG 基本一样，这里不再赘述。M-LAG 只能支持双活的转发模式。

1.4　变革 3-Tier——向 Leaf-Spine 演进

传统数据中心是 Web 服务器的聚集地，流量多从 Internet 而来访问 Web 服务，这些流量通常被称为数据中心的"南北向流量"。与"南北向流量"对应的是发生在数据中心内部服务器间的"东西向流量"，不过这部分流量是很少的，对于传统的数据中心来说，南北向流量可以占据到 80%。

2005 年前后，亚马逊开始推广 AWS，从此 IT 基础架构进入云计算时代，传统数据中心开始向云数据中心转型，虚拟化技术得到了高速的发展。IT 应用架构方面，企业应用逐步从单体架构完成了向"Web-App-DB"架构的转型，分布式技术在谷歌公开"三驾马车"后开始盛行。**这些技术趋势给数据中心带来的直观变化，是虚拟机数量几何级的增长，而从深一些层次上来看，则是虚拟机间的分工则越来越精细。**从网络的视角来看，在分工变得精细后，原来很多在服务器中内部消化的流量都跑到了网络上，再加上虚拟机迁移、业务备份等流量的增长，东西向流量开始取代南北向流量，在数据中心占据主导地位，比例可达 70% 以上。

流量模型的转变对于数据中心的网络架构提出了全新的要求。

首先，东西向流量的爆发意味着数据中心内大部分的流量都将发生在服务器之间，在 3-Tier 网络架构中，这类流量的处理需要经过层层的设备，导致流量的通信时延较长，而不同服务器间的通信路径很有可能是不同的，从而又导致了时延的不可预测性，这两个问题对于数据中心的一些关键应用（如大数据）是不可接受的。

其次，随着虚拟化技术得到普遍的应用，物理的位置变得无关紧要，跨机架的流量在统计上的分布趋于更加均匀，3-Tier 网络中通常所采用的 10∶1、6∶1 这种大收敛比将使得跨机架流量在上联口被大量地阻塞，降低网络的通信效率。因此，传统的 3-Tier 网络架构并不适合用于东西向流量的传输。

虚拟机框和跨设备链路聚合技术虽然解决了 STP 的问题，但是它们并没有改变 3-Tier 的架构，而且在扩展性上也非常受限，通常只能对两台设备进行整合。解决东西向流量的问题，必须从 3-Tier 架构本身入手进行变革，数据中心网络开始向扁平化的、无阻塞的、可扩展的网络架构进行演进。

针对于此，一些大型 OTT 开始在其数据中心中构建一种名为 Leaf-Spine 的网络架构，如图 1-6 所示。相比于 3-Tier，Leaf-Spine 拿掉了核心层，实现了层次的扁平化，Leaf 负责所有的接入，Spine 只负责在 Leaf 间进行高速传输，网络中任意两个服务器都是 Leaf-Spine-Leaf 三跳可达的。Leaf 和 Spine 间是 Full-Mesh 的，即两个 Leaf 间可以通过任意一个 Spine 进行中继，Leaf 通过 ECMP 可以将不同的流量分散到不同的 Spine 上进行负载均衡，如果一个 Spine 挂掉了，那么原来经过这个 Spine 转发的流量可以迅速地切换到其他 Spine 上。Leaf 和 Spine 均可以使用 COTS 交换机，如果接入端口不够用了就直接在 Leaf 层新接交换机，如果 Leaf 间的带宽不够用了就直接在 Spine 层新接交换机。这不仅降低了系统的构建成本，还极大地提高了网络的可扩展性。

做一个简单的图形变换就可以发现，Leaf-Spine 相当于对 CLOS 结构进行了折叠，在所有端口速率一致的情况下，如果能够使用 Leaf 中一半的端口来上联 Spine，那么理论上就可以实现结构上的无阻塞。不过考虑到成本问题，实际情况中收敛比能做到 3∶1 到 2∶1 之间，就可以近似地认为能够支撑无阻塞转发了。

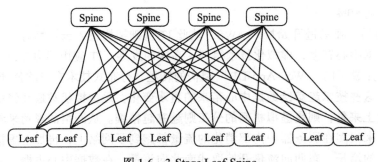

图 1-6 3-Stage Leaf-Spine

如果 3-Stage 的 Leaf-Spine 仍然无法满足其网络在扩展性方面的需求，此时可采用 5-Stage 的 Leaf-Spine 结构，如图 1-7 所示，每个 POD 都是一个 3-Stage 的 Leaf-Spine，不同的 POD 通过 Core 交换机进行互联，跨 POD 的流量都是 Leaf-Spine-Core-Spine-Leaf 五跳可达，因此 Core 也可以看作 Super Spine。Spine 与 Core 间做 Full-Mesh 的连接，如果 POD 不够用了就加 POD，如果 POD 间带宽不够用了就加 Core。目前，5-Stage 的 Leaf-Spine 所能够支持的端口数，足以支持单数据中心对组网容量的需求，一般情况下 3-Stage Leaf-Spine 就足够用了，只有一些超大规模的数据中心才会使用到 5-Stage Leaf-Spine。

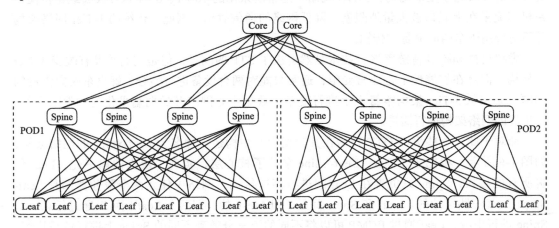

图 1-7 5-Stage Leaf-Spine

图 1-8 是 Facebook 数据中心网络的立体结构。其中，每个 Server POD 中都由 48 台 Rack Switch 和 4 台 Fabric Switch 做 40GE 全互联，POD 间的组网被划分为 4 个 Spine Plane，每个 Spine Plane 中由各个 POD 内相同编号的 Fabric Switch 和 48 台 Spine Switch 做 40GE 的全互联。单独从各个部分来看，每个 POD 以及每个 Spine Plane 中都是 Leaf-Spine 的组网，不过从整体上来看，由于 Fabric Switch 和 Spine Switch 并不是全互联的，因此严格意义上来讲，Facebook 的这种网络设计并不属于 5-Stage Leaf Spine，图 1-9 中的等效平面图中更为直观地展示了这一点。如果仍然要做一个归类的话，由于 Fabric Switch 的上下行带宽都是 48×40GE，结构上无阻塞，因此属于是 5-Stage 的 CLOS，具体到 POD 间的连接关系则类

似于 Fot-Tree（见本书 8.1.1 节）。

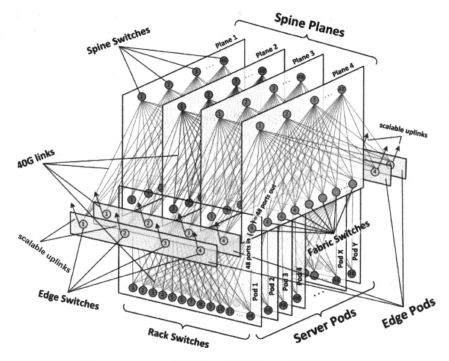

图 1-8　Facebook 数据中心网络设计（立体结构，见彩插）

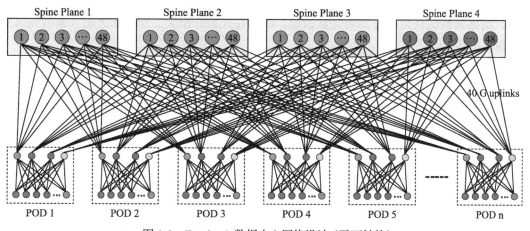

图 1-9　Facebook 数据中心网络设计（平面结构）

1.5　初识大二层

虽然 Leaf-Spine 为无阻塞传输提供了拓扑的基础，但是还需有配套合适的转发协议才能更好地发挥出拓扑的能力。STP 的设计哲学与 Leaf-Spine 完全就是不相容的，冗余链路得不到利用，灵活性和扩展性极差，废除 STP 而转向"大二层"成了业界的基本共识。

说到大二层的"大"，首先体现在物理范围上。虚拟机迁移是云数据中心的刚性需求，由于一些 License 与 MAC 地址是绑定的，迁移前后虚拟机的 MAC 地址最好不变，同时为了保证业务连续，迁移前后虚拟机的 IP 地址也不可以变化。迁移的位置是由众多资源因素综合决定的，网络必须支持虚拟机迁移到任何位置，并能够保持位于同一个二层网络中。所以大二层要大到横贯整个数据中心网络，甚至是在多个数据中心之间。

大二层的"大"，还意味着业务支撑能力的提升。随着公有云的普及，"多租户"成了云数据中心网络的基础能力。而传统二层网络中，VLAN 最多支持的租户数量为 4094，当租户间 IP 地址重叠的时候，规划和配置起来也比较麻烦，因此 VLAN 不能很好地支撑公有云业务的飞速发展。同理，对于大规模私有云而言，VLAN 也难以胜任其对于网络虚拟化提出的要求。

"大二层"的提出有些年头了，至今仍然是网络圈子内的热词。为了实现"大二层"，数据中心的网络技术在近十年间经历了不断的迭代与优化，主要包括二层多路径、数据中心二层互联、端到端 Overlay 隧道等几大类技术，一些产商还推出了私有的大二层解决方案，本章后面会花上相当多的篇幅对它们进行介绍。

1.6 插叙——虚拟机的接入

云数据中心最基本的诉求就是为用户提供虚拟机。为了尽可能地提高 CPU、内存的利用率，一台物理服务器中往往运行着数十台虚拟机。接入是虚拟机联网的第一跳，做不好接入，网络架构的任何优势都将无从谈起。因此在开始介绍大二层技术之前，本节先来介绍虚拟机的接入。

1.6.1 VEB

虚拟机工作在服务器内部，那么自然而然的想法就是虚拟机间的通信也在服务器内部进行处理，做法就是在 HyperVisor 中加一个虚拟交换机 VEB（Virtual Ethernet Bridge），通过虚拟端口关联虚拟机，用于虚拟机的接入和本地交换。VEB 会通过一块服务器物理网卡上联硬件交换机，如果通信目标不在本地，就交给上游的硬件交换机处理。上游的交换机也感知不到它是个软件交换机，因此在处理上与传统的以太网没有任何区别。

商用的 VEB 产品，如 VMware 的 VDS、Cisco 的 Nexus 1000V，已经较为成熟。不过，由于 VEB 是基于通用 x86 工作的，因此对于一些复杂网络功能的处理，VEB 在性能上与基于 ASIC 的硬件交换机有着明显的差距。通过多占用一些 CPU 可以或多或少地弥补这个差距，但是这意味着服务器中能够给虚拟机分配的 CPU 资源就变少了，会有些得不偿失。

解决问题的一种思路是，VEB 只保留接入端口和一些简化的转发功能，复杂的接入策略则转移给上游物理交换机。除了能够提升性能，这种思路在当时还有另外一个非技术方面的驱动因素——网络复杂的功能分离到了服务器外面，使得服务器团队和网络团队的管理边界变得十分明确，避免了运维中很多不必要的麻烦。其代表技术为 Cisco 的 VN-TAG 和 HP 提出的 VEPA。

1.6.2　Cisco VN-TAG

VN-TAG 是 Cisco 的私有标准，利用一个全新的标签实现了完整的数据中心接入方案，主要包括 VN-Link 技术和 FEX 技术。VN-Link 部署在服务器的交换组件上，负责虚拟机的接入；而 FEX 部署在接入层的物理交换机上，负责虚拟机间的互通。图 1-10 是 VN-TAG 的封装格式，6 个字节的新字段被插入到 VLAN 的前面，其中 DVIF_ID/SVIF_ID 是目的 / 源虚拟机被分配的唯一标识，各有 12 位，在 Port Profile 中会将 VIF_ID 与虚拟机接入端口进行一对一的通道绑定，VN-TAG 物理交换机将根据 VIF_ID 来识别虚拟机。其他的标志位用于 FEX 系统中，D 位标识报文的走向，P 位标识报文是否需要复制，L 位标识源主机和目的主机是否连接在同一台物理交换机上。

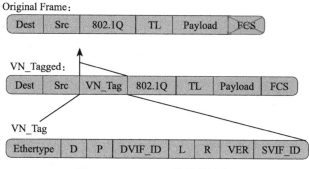

图 1-10　VN-TAG 的封装格式

VN-TAG 的通信流程概括如下：服务器中的交换组件不进行 MAC 寻址，它接收源虚拟机的流量，封装好 VN-TAG（标记 SVI_ID），然后直接交给上游的物理交换机，上游的交换机完成 SVI_ID 对源 MAC 地址、VLAN 和入端口的学习，根据目的 MAC 地址标记 DVI_ID，然后转发给目标服务器，由目标服务器根据 DVI_ID 进行通道转发，剥掉 VN-TAG 后转发给目标虚拟机。VN-TAG 的通信示例如图 1-11 所示。

在 VN-TAG 的架构中，VN-Link 技术负责在服务器内部接入虚拟机，FEX 技术负责从服务器上联接入交换机。VN-Link 由支持 VN-TAG 的网卡实现，该网卡只负责 VN-TAG 的封装 / 解封装，不做任何寻址或策略相关的工作。FEX 由 Cisco N2K+N5K 的组合实现，其中 N5K 负责寻址转发和策略的制定，N2K 则作为 N5K 的远端板卡部署在 ToR 实现分布式接入。N2K 和 N5K 间通过 SDP（Satellite Discovery Protocol）协议完成发现，N2K 通过 SRP（Satellite Registration Protocol）协议向 N5K 进行注册，N5K 通过 VIC（Virtual Interface Cornfiguration）协议控制 N2K 上的转发。

VN-TAG 的目标是将数据中心的接入网络虚拟成一个大的接入交换机，由 VN-Link 充当网线，由 N2K 充当分布式线卡，N5K 充当主控板，处于任何物理位置的虚拟机都好像连接在这个大的接入交换机上。N2K 与 N5K 间的网络连接具有高带宽、无阻塞和低时延等特性，保证了分布式接入的性能。在 N5K 上可以基于虚拟机对应的 SVI_ID/DVI_ID 制定 ACL、QoS 和流控等高级接入策略，网络策略能够随虚拟机进行任意的迁移。

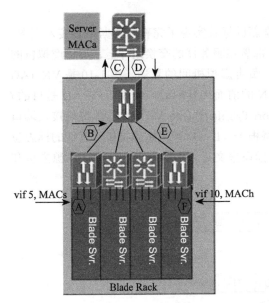

VMh（A 处接入）发向 VMs（F 处接入）的二层单播帧					
Location	DA	SA	VNTag Present?	Dvif	SVif
A	MACs	MACh	No		
B	MACs	MACh	Yes	none	vif5
C	MACs	MACh	Yes	none	vif5
D	MACs	MACh	Yes	vif10	vif5
E	MACs	MACh	Yes	vif10	vif5
F	MACs	MACh	No		

图 1-11　VN-TAG 的通信示例

Juniper Fushion 在转发机制的设计上和 VN-TAG 有些类似，Satellite 交换机收到入向流量后并不进行转发，而是插入 E-TAG Header 标记入端口的 ECID，然后交给 Aggregation 交换机。Aggregation 交换机对流量源的 <MAC，ECID> 进行学习，并重新封装 E-TAG Header，根据目的 MAC 地址标记出端口 ECID，然后送到目的所在的 Satellite 交换机上，Satellite 交换机将根据 ECID 映射出端口，并直接进行转发。另外，华为有一个类似于 FEX 的技术叫作 SVF，CE6800 相当于 N5K 做接入、转发决策，CE5800 相当于 N2K 作为远端板卡进行分布式接入、转发，SVF 整合 CE5800/6800 形成一台大的虚拟接入交换机。

作为网络厂商，Cisco 的想法自然是把网络延伸到服务器当中去，于是研发了新的芯片支持 VN-TAG，"顺便"集成到了 UCS 刀片服务器中。如果用户想用 VN-TAG，就需要买 Cisco 的刀片。作为服务器的大玩家，HP 的想法自然和 Cisco 是不一样的，于是就拉起了 VEPA 的阵营作为对 VN-TAG 的回应。

1.6.3　VEPA

VEPA（Virtual Ethernet Port Aggregator，802.1Qbg）是 HP 提出的虚拟机接入方案，其设计目标就是尽量避免服务器上的大幅度修改。前面提到，无论是 VN-TAG 还是 VEPA，都是为了解决 VEB 消耗大量服务器资源的问题。HP 没办法搞定芯片来支持 VN-TAG 这样的新字段，做不了加法就只好在原有的基础上动脑筋。VEPA 对以太网帧格式没有任何的修改，而是对以太网转发规则进行巧妙的修改，同样卸载了服务器的负担。

802.1Qbg中，服务器中的VEPA组件间与虚拟机间运行VDP（Virtual Station Interface Discovery Protocol）协议，以识别虚拟机接入位置，同时支持对虚拟机迁移的感知。标准 VEPA中，服务器的VEPA组件对于在虚拟机端口接收到的流量不做任何处理，一律传给上游的VEPA物理交换机。上游交换机正常做自学习，其改动之处在于VEPA修改了STP以允许入端口泛洪/转发，如果发现目的MAC地址在同一台服务器中，就再交给该服务器的VEPA组件。VEPA组件对从上游交换机收到的流量进行MAC寻址转发，完成虚拟机间的通信。这个过程如图1-12所示，本地流量被强行绕弯通过上游交换机，俗称"发卡弯"（hairpin），简单却十分有效。

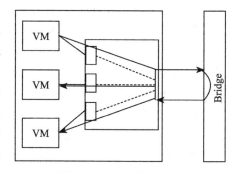

图1-12　VEPA 的 hairpin

VEPA的优势在于不需要对芯片做改动，交换机和服务器网卡的软件做升级后就能支持 VEPA了。但是，简单也往往意味着功能较弱。由于不带任何新的标签，所有流量都混在一起，上游VEPA交换机上的控制策略就很难做了。增强型VEPA（802.1Qbg Multi- Channel）在标准VEPA的基础上使用了QinQ的S-TAG来标识虚拟机，在Multi- Channel中，部分 S-TAG的流量可以在本地直接进行转发，而不用hairpin。另外，对于广播/组播流量的处理，VEPA也做了一定的完善，允许在合理的位置进行复制，而VN-TAG只允许在N5K上进行复制。

抛开一些细节不谈，Multi- Channel与VN-TAG并没有本质上的区别，服务器为上行流量打标记，上游交换机做寻址、定策略，下行流量服务器上做通道转发。相比于VN-TAG使用FEX作为分布式接入技术，Multi- Channel使用的是QinQ，由于S-TAG无法在传统的以太网设备上透传，只能在第一跳VEPA交换机终结，因此在接入规模方面会受到一定的限制。

1.6.4　VEB 性能优化

前面提到过，VN-TAG和VEPA的设计在很大程度上是为了解决服务器团队和网络团队的管理定界问题。不过后来随着以OpenvSwitch为代表的开源VEB在OpenStack大潮中迅速成熟，业界看到了VEB在自动化与灵活性上无与伦比的优势，因此VEB在虚拟机接入这一块又形成了绝对的优势，VN-TAG和VEPA的技术标准之争还没打响也就匆匆结束了，而VEB性能方面的问题则再次被搬上了台面。

VEB的性能优化是个很大的话题，大体而言可以分为两个方向：一是IO，二是转发通道。其中，涉及大量x86体系架构和内核领域的知识，超越了本书的覆盖范围，这里只能粗略地对这两个方向进行介绍。

IO的优化，又大致可以分为"虚拟机IO优化"以及"物理网卡IO优化"两个方面。

传统的 VEB 通常工作在内核态，而虚拟机则运行在用户态，这意味着在"虚拟机–虚拟机"以及"虚拟机–物理网卡"间进行 IO 时，每个包都需要进行多次的空间切换与数据拷贝，构成了 VEB IO 瓶颈的主要来源，因此"虚拟机 IO 优化"以及"物理网卡 IO 优化"都是围绕着这一问题所展开的。"虚拟机 IO 优化"主要涉及虚拟化的技术，其演化主线为"全虚拟化—virtio—vhost-net—vhost-user"，目前来看最理想的方式是将 VEB 从内核态完全转移到用户态，从而实现虚拟机与 VEB 间 IO 的零切换和零拷贝。"物理网卡 IO 优化"主要涉及内核旁路的技术，包括 PF_RING、Netmap、DPDK 等，允许用户态 VEB 绕过低效的内核协议栈直接访问网卡的缓冲区，实现物理网卡与用户态 VEB 间的零拷贝。另外，Intel 的 VT-d+SR-IOV 允许在虚拟机与物理网卡间实现 IO 直通，这种方式性能最好，但由于绕过了 VEB，因此无法提供复杂的接入功能。不过用户态 VEB 也可以通过 SR-IOV 与物理网卡实现 IO 直通，再加上通过 vhost-user 与虚拟机间实现的零切换、零拷贝 IO，即可获得相当可观的 IO 性能。

转发通道的优化，目标是提高 L2/L3 转发的效率。数据包通过 IO 输入 VEB 后，转发通道上主要会经历包头解析、表项查找、动作执行三个阶段，其中以表项查找的开销最大，通常的做法是优化表项的数据结构以及相应的查找算法，并合理地构建 Cache。不过，无论是内核态 VEB 还是用户态 VEB，即使转发通道上的结构和算法设计得再为精巧，转发的过程也不可避免地会消耗掉大量的 CPU，减少了虚拟机可用的 CPU 资源。前面提到过，VN-TAG 和 VEPA 的思路是复杂的转发功能交给物理网络去实现，但是损失掉了 VEB 的自动化和灵活性，业界最近流行起来的思路是保留 VEB 的全部能力，在此基础上通过服务器网卡对 VEB 进行硬件加速。这种网卡被称为 SmartNIC，它需要具备非常灵活的能力，因此通常会使用更多的 DRAM，一些实现中还要借助于 FGPA。SmartNIC 的加速机制，是通过配套的软件去同步 VEB 中的转发规则与状态，然后更新到网卡的硬件中，于是 SmartNIC 即可代替 VEB 行使其转发功能，遇到无法处理的数据包再交给 VEB 进行分析，因此实际上可以把 SmartNIC 看作 VEB 的硬件 Cache。SmartNIC 目前虽然还没有大规模的使用，不过在一些大型 OTT 数据中心内部已经有了成功落地的案例，SmartNIC 未来的发展值得期待。

1.7 消除 STP——Underlay L2MP

前一节插叙了虚拟机的接入技术，本节将回到之前的话题上，开始对大二层技术展开介绍。跨设备链路聚合技术中，能够聚合的设备数量较为有限，限制了网络的规模。而且，跨设备链路聚合在本质上只是欺骗了 STP，并没有在根本上消除 STP 所带来的问题，因此需要按照一定的结构进行连接，在组网的灵活性上也比较受限。实现大二层的思路，自然就是直接摆脱掉 STP，根除它所带来的链路利用率低下的痼疾，实现二层的多路径传输。

二层的多路径传输，说学术界叫做 L2MP，业界更多地称其为 L2 Fabric 技术。标准的 L2 Fabric 技术主要以 TRILL 和 SPB 为代表，厂商私有的 Fabric 技术主要有 Cisco 的 FabricPath、Juniper 的 QFabric 以及 Brocade 的 VCS。

1.7.1　TRILL

TRILL（Transparent Interconnection of Lots of Links，RFC 6325）是一种把三层的链路状态路由技术应用于二层流量传输的协议。TRILL 为二层网络添加了基于 IS-IS 路由协议的控制平面，这种基于路由的寻址方式使得二层网络的转发变得更加智能，同时也使得二层网络摆脱了 STP 的束缚，获得了高效性和可扩展性。

图 1-13 是 TRILL 的标准封装格式。TRILL 的封装在本质上是一种路由封装，它的寻址发生在网络层，因此不妨将 TRILL 比对着 IP 路由来看。TRILL 设备被称作 RB（Routing Bridge），可类比 IP 路由器。外层以太网的 DA/SA 为 Egress/Ingress RB 的 MAC 地址，在转发过程中逐跳重写。TRILL Header 可类比为 IP Header，其中 Ingress/Egress Nickname 唯一标识了 Egress/Ingress RB 的网络层地址，类比于源 / 目的 IP 地址，是 TRILL 进行寻址的依据，M 位用于 BUM 流量的转发，Hop Count 类似于 TTL，用于环路避免。

TRILL 控制平面的工作可概括如下：首先在 RB 间建立邻居，生成 RB 拓扑，然后生成 RB Nickname 路由表，这些都是通过对 IS-IS 进行扩展来完成的。可通过 ESADI（End-Station Address Distribution Information）协议维护虚拟机 MAC 地址和其所在 RB 的 Nickname 间的映射关系。

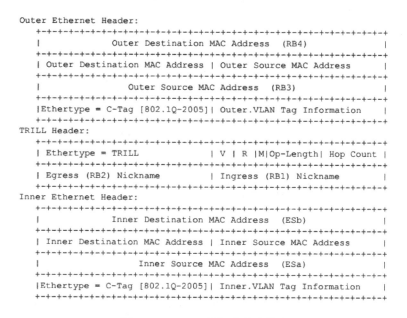

图 1-13　TRILL 的标准封装格式

数据平面转发流程可概括如下：收到虚拟机的原始帧后，Ingress RB 为 Original Frame 封装 TRILL header，根据原始帧的目的 MAC 地址标记 Egress Nickname，并根据 Egress Nickname 路由给下一跳的 Transit RB，Transit RB 继续逐跳路由到 Egress RB，最后 Egress RB 剥掉外层以太网和 TRILL Header，根据原始帧的目的 MAC 地址进行转发。TRILL 域中，单播流量匹配的是 RB Nickname 路由表，组播流量匹配的是组播分发树 MDT。图 1-14 给出了 TRILL 域中，终端 A 向终端 C 发送单播的完整通信流程，和 IP 的路由过程基本上是一致的，只不过网络层用的是 RB Nickname。

TRILL 是独立于 IP 的网络层协议，是一套庞大的协议集。除了上述的转发过程外，还规范了 RB 间点对点的 PPP 封装、Nickname 的动态配置协议 DNCP（类似于 DHCP）、Nickname 的解析机制（类似于 ARP）、RB 发现机制 TRILL Hello、Nickname 的单播路由协议 TRILL IS-IS、多路径负载均衡机制、MAC 地址分发协议 ESADI、组播分发树计算、路径 MTU 探测机制等。TRILL 还考虑了 RB 间通过以太网交换机互联可能产生的种种问题，支持 TRILL RB 与以太网交换机的混合组网。

TRILL 的技术细节是没有办法通过一节内容都说清楚的，下面列出 RFC 6325 中的一些技术点，供读者参考。

❑ RB 的 MAC 地址学习分为本地 VM 学习和远端 VM 学习。本地学习机制同传统二层自学习，维护（VLAN，MAC，Local Port）的转发表。远端 VM 学习维护（VLAN，MAC，Remote RB Nickname）的转发表，可以通过很多方式进行学习，必选的方式包括两种：①同传统二层自学习，解封装后学习内层源 MAC 地址和外层源 Nickname 的映射关系；②通过 ESAD 协议进行学习。

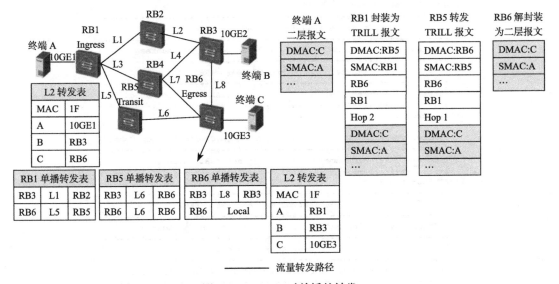

图 1-14　TRILL 对单播的转发

❑ ESADI 协议封装在 TRILL 的标准数据帧（TRILL Data）中，包含了 RB Nickname 和该 RB 本地的 MAC 地址信息。它使用 All-ESADI-RBridges Multicast Address 作为内层的 MAC 地址，在所有参与 ESADI 学习的 RB 中进行组播，能够透传以太网设备。ESADI 支持对 VM 迁移的感知。

❑ RB 的 Nickname 与 MAC 地址的解析通过 TRILL Hello 实现。

- ❑ RB 之间可以通过点对点进行互联，也可以通过以太网进行点对多点的互联。通过以太网互联的 RB 间需要选举出一个 DRB，负责确定以太网中 TRILL Hello、TRILL IS-IS、TRILL Data 和普通以太网帧所使用的 VLAN，并确定一个 Appointed VLAN-X Forwarder。Appointed VLAN-X Forwarder 负责避免以太网上的环路，监听 STP BPDU、IGMP 等以太网信令，生成、转发 ESADI 消息等功能。
- ❑ TRILL Data 帧在以太网上传输时，外层帧中的 VLAN ID 应该与内层原始帧的 VLAN ID 保持一致。TRILL 的控制信令在以太网上分配的 VLAN 应该使用较高的优先级。
- ❑ 基于哈希，支持 16 条路径的 ECMP。
- ❑ 整个 TRILL 域只计算一棵以某个 RB 为根的分发树，其余 RB 间的通信都依赖于这棵树。可以通过 IGMP、MLD 或者 MRD 进行 per VLAN MDT Optimization。
- ❑ 不支持头端复制的伪广播。
- ❑ 有两种防环机制：一种是 Hop Decrement；另一种是 RPF，用于避免分发树中的环路。
- ❑ 规定了两种新的 IS-IS 消息用于路径 MTU 发现——MTU-probe 和 MTU-ack。

标准的 TRILL 使用 VLAN 作为租户的标签，在租户数量上受到了很大的限制。因此，TRILL 工作组在 RFC 7172 中提出了对 TRILL 中 VLAN 标签的扩展技术 FGL（Fine-Grained Labelling），其封装格式如图 1-15 所示，Inner Label High Part 和 Inner Label Low Part 中的后 12 位，合起来理论上提供了 1600 万的租户数量。

由于 TRILL 在封装中使用了新字段，就避免不了要设计新的芯片来提供支持，而且 TRILL 增加了路由的报头，因此路径上每一跳 RB 都需要使用 TRILL 专用的设备，而且 TRILL 的 OAM 机制不是很成熟，这也是 TRILL 最大的问题。TRILL 在

```
+---------------------------------------------+
| TRILL Header                                |
| +-----------------------------------------+ |
| | Initial Fields and Options              | |
| | +------------------------+------------+ | |
| |           Inner.MacDA          | (6 bytes) | |
| | +------------------------+------------+ | |
| |           Inner.MacSA          | (6 bytes) | |
| | +------------------------+------------+ | |
| | Ethertype 0x893B       |   (2 bytes) | |
| | +------------------------+------------+ | |
| | Inner.Label High Part  |   (2 bytes) | |
| | +------------------------+------------+ | |
| | Ethertype 0x893B       |   (2 bytes) | |
| | +------------------------+------------+ | |
| | Inner.Label Low Part   |   (2 bytes) | |
| +-----------------------------------------+ |
|              Native Payload                 |
+---------------------------------------------+
```

图 1-15　TRILL FGL 对 VLAN 的扩展

2010 ～ 2014 年间被讨论得比较多，一些大型客户（比如石油和银行）在私有的数据中心做了落地。不过 TRILL 的市场窗口比较短，VxLAN 发展起来之后（见 1.12 节），TRILL 的热度就迅速降下来了，目前厂商方面基本上就只剩下华为还在支撑 TRILL 的演进。

1.7.2　SPB

SPB（Shortest Path Bridging，802.1aq）常指 SPBM，由 PBB（Provider Backbone Bridging 802.1ah）进化而来。SPB 和 PBB 的封装完全相同，都属于 MACinMAC 的隧道技术，两者主要区别在于 PBB 的转发是通过 STP 和自学习完成的，而 SPB 为以太网引入了控制平面，

通过 IS-IS 学习转发信息。PBB 多用于运营商城域网，SPB 设计之初是为了解决 PBB 中 STP 收敛太慢、链路利用率低下的问题。数据中心内部的大二层网络要解决的是相同的问题，看准了 TRILL 逐跳都需要使用专用设备的问题，而 SPB 使用的 MACinMAC 只需要对边缘交换机做改动，因此一些厂商（当时主要是 Avaya）便将 SPB 推向了数据中心。

图 1-16 给出了 SPBM MACinMAC 的帧格式。B-SA 和 B-DA 为外层的 B-MAC 地址，B-TAG 是底层承载以太网中的传输标识，包括传输的 VLAN 和优先级，底层网络即通过 B-DA 和 B-TAG 来转发流量。I-Tag 是服务实例标签，PCP 和 DEI 代表传输和丢弃的优先级，I-SID 是 24 位的业务标识，理论上能够提供 1600 万的租户数量，C-DA 和 C-SA 是原始帧的 MAC 地址。除了 SPBM 以外，SPB 还有另外一种模式 SPBV。这种模式与 802.1ad 类似，是一种 QinQ 的 VLAN 标签栈技术，很少用于数据中心内部，下面主要对 SPBM 模式进行介绍。

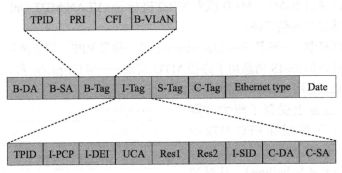

图 1-16　SPBM 采用了 IEEE802.1ah 的帧格式

SPB 控制平面上 ISIS 的工作可概括为：建立邻居，生成拓扑，然后根据最短路径算法生成 B-MAC 转发表。数据平面上，设备可分为 BEB（Backbone Edge Bridge）和 BCB（Backbone Core Bridge）两种角色，通过 B-MAC 地址进行唯一的标识，BEB 负责业务接入，而 BCB 负责 BEB 间的传输。入口的 BEB 进行 MAC 自学习，并根据 C-DA 来封装外层报头。如果为 BUM 流量，则进行泛洪；如果为已知单播流量，则将 B-DA 标记为 C-DA 所在 BEB 的 B-MAC，并查找 B-MAC 转发表传给下一跳的 BCB。BCB 根据 B-DA 逐跳转发到出口的 BEB，出口的 BEB 进行解封装，完成 MAC 地址学习，再根据 C-DA 进行转发。

SPB 有一套十分复杂的控制机制，不过相比于 TRILL，SPB 由于使用 MAC 进行寻址，不用设计新的网络层协议，因此相对来说要简单一些。下面列出 RFC 6329 中提到的一些主要的技术点，供读者参考。

❏ SPB 的地址学习机制如下：BEB 上的本地 C-MAC 转发表（C-VLAN，C-MAC，Port），远端 C-MAC 转发表（I-SID，C-MAC，B-MAC）都是通过自学习获得的，而 BCB 上的 B-MAC 转发表（B-VLAN，B-MAC，Port）通过 IS-IS 学习。

❏ B-VLAN 与 I-SID 不是一一映射的，多个租户实例可以映射到同一个 B-VLAN 中。

❏ 基于 ECT（Equal Cost Tree），支持 16 条路径的 ECMP。

❏ SPB 的组播通过 SPT 实现，每个 BEB 都会以自己为根计算一棵最短路径树 SPT，而不是像 TRILL 一样全网一棵分发树 MDT。

❑ SPB 中组播流量的 B-DA 格式如图 1-17 所示，其中 SPSrc 标识了 SPT 的根即入口 BEB，而 I-SID 的低 24 位标识了租户特定的组播组。

❑ 支持头端复制的伪广播。

❑ 支持 IS-IS 多拓扑，允许针对不同的业务为链路分配不同的 metric。

❑ 兼容现有以太网 OAM 机制，如 802.1ag 和 Y.1731。

```
+-+-+-+-+-+-+-+-+-+-+-+-+-+-+-+-+-+-+-+-+-+-+-+-+-+-+-+-+-+-+-+-+
|1|1|0|0|SPSrcMS| SPSrc [8:15] | SPSrc [0:7]  | I-SID [16:23] |
+-+-+-+-+-+-+-+-+-+-+-+-+-+-+-+-+-+-+-+-+-+-+-+-+-+-+-+-+-+-+-+-+
| I-SID [8:15]  | I-SID [0:7]  |
+-+-+-+-+-+-+-+-+-+-+-+-+-+-+-+-+
```

图 1-17　SPB 中组播流量的 B-DA 格式

SPB 经常被作为 L2 Fabric 技术拿来和 TRILL 作比较，不过 SPB 实际上也体现了很多 Overlay 的技术基因。相比于 TRILL 需要更换设备 SPB 只需对设备软件进行升级，利旧性很好；相比 VxLAN 的 MACinUDP，SPB 的 MACinMAC 也并没有本质的区别，不过 SPB 在数据中心却并没有能够获得 VxLAN 的地位。从技术角度来说，SPB 的 Overlay 基因并不纯正，仍然需要对硬件交换机的软件做升级，而且 Underlay 上的运维也要求熟悉 SPB 的工作机制，因此 SPB 的部署门槛要比 VxLAN 高很多。从市场角度来说，SPB 对 vSwitch 在数据中心的地位并未给予足够的重视，而且运营商的技术堆栈在数据中心接受起来也较为困难。随着 Ayava 的收购和破产风波，SPB 基本上也已经退出了数据中心网络的舞台。

1.8　Cisco 私有的大二层——FabricPath

Cisco 于 2010 年推出了 FabricPath，在业界普遍的说法中，FabricPath 是对 TRILL 的升级，但实际上除了控制平面都是用的 ISIS 协议外，FabricPath 的实现和 TRILL 区别很大，起码从封装上来看两者就是完全不一样的，本节就来介绍 FabricPath 的实现。

1.8.1　整体设计

如图 1-18 所示，FabricPath 采用的是 MACinMAC 的封装，对外层的 MAC 地址有明确的编址规则，外层的 MAC 地址主要包含三个信息——SID、SSID 和 LID。其中：12bit 的 SID 是一个 FabricPath 域内交换机的唯一标识，8bit 的 SSID 是 vPC+ Port Channel 在 vPC+ Domain 中的编号（不使用 vPC+ 时 SSID 默认为 0），16bit 的 LID 是 MAC 地址接入的物理端口号，因此在 FabricPath 中即可将目的地所在的位置表示为 SID.SSID.LID。U/L bit 表示 MAC 地址是否为 IEEE 定义的标准 MAC 地址，由于 FabricPath 自定义了外层的 MAC 地址，因此大部分情况下（已知单播）该 bit 都会被置位。I/G bit 标识数据帧是否为广播帧，如果是广播帧则置位。OOO（Out Of Order）bit 可以用于数据包乱序后的重排。FabricPath 的以太网类型是 0x8903，通过 10bit 的 Ftag 来标识多拓扑，以便为不同的 VLAN 构造不同的 BUM 转发树，TTL 默认初始值为 32 并逐跳递减用于防环。内层 MAC 头中，802.1Q 字段会被保留，用于 VLAN 隔离和基于 COS 的 QoS 机制。FabricPath 也支持 TRILL 的 FGL 扩展，可以通过两个 VLAN ID 来形成 24 位的 w/Segment-ID，以支持更多的租户数量。

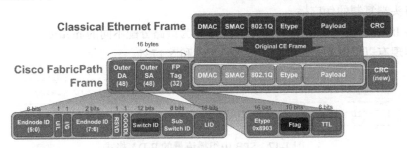

图 1-18　FabricPath 封装格式

　　对比 TRILL 可以发现，FabricPath 使用的是完全不同的封装，因此在实现的各个方面都和 TRILL 有着较为明显的差别（见图 1-19）。TRILL 中所有 RBridge 的角色都是一样的，endpoint 的 MAC 地址会分布在所有的 RBridge 上，虽然 TRILL Header 是 End-to-End 的，但是外层的 MAC 头是 Hop-by-Hop 的。而 FabricPath 中交换机分为 Leaf 和 Spine 两种角色，endpoint 的 MAC 地址只存在于 Leaf 上而不会存在于 Spine 上，外层的 MAC 头即为 FabricPath Header，是 End-to-End 的。因此，单从封装上来看，FabricPath 倒是和 SPB 更类似一些。

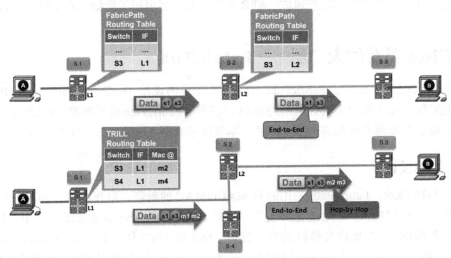

图 1-19　FabricPath 与 TRILL 的对比

　　FabricPath 将交换机分为两类：一类是 Ingress/Egress 交换机（Leaf）；另一类是 Core 交换机（Spine）。Spine 上所有的端口，以及 Leaf 上与 Spine 相连的端口都需要工作在 fabricpath mode 下，如果两个 Leaf 存在 vPC Peer 的关系，那么 Leaf 间用作 Peer-Link 的端口也需要工作在 fabricpath mode 下。Leaf 上用于接入的端口工作在 CE（Classical Ethernet）模式下。

控制平面上，FabricPath 支持使用 DRAP（Dynamic Resource Allocation Protocol）协议来自动分配 SID 和 Ftag。SID 和 Ftag 是 FabricPath 中最为关键的两个参数，分别用于已知单播和 BUM 的转发。一个 Ftag 对应物理网络的一个子拓扑，一个 Ftag 子拓扑可以对应多个 VLAN，这些 VLAN 的泛洪和广播都将基于这个 Ftag 子拓扑来完成，这和 MSTP 实现的功能是类似的。SID 标识着一个 FabricPath 交换机，一个交换机的 SID 在任何的 Ftag 子拓扑中都是不变的。DRAP 能够自动地分配 SID 和 Ftag，并且保证在一个 FabricPath 域内 SID 和 Ftag 的唯一性，SID 是随机生成的，而 Ftag 是从 1 开始递增的。

除了 DRAP 以外，FabricPath 在 Underlay 使用了 ISIS，主要用于物理拓扑发现，形成 SID 转发表以及 BUM 转发表。Overlay 中的 MAC 地址学习，FabricPath 采用的是一种"基于会话"的自学习机制，能够有效地减少交换机上的 MAC 表项。下面来看数据包在 FabricPath 中具体的转发流程，来对上面提到的机制进行具体的理解。

1.8.2 控制与转发过程分析

现考虑以下拓扑：3 台 Leaf 的 SID 分别为 100/200/300，4 台 Spine 的 SID 分别为 10/20/30/40，现有两台主机 MAC A 和 MAC B 分别接在 S 100 和 S 300 下。建立好拓扑之后，ISIS 发现拓扑，DRAP 分配好 SID 和 Ftag，ISIS 通过 SPF 算法计算出 SID 转发表（Fabric-Path Routing Table），通过 Root 选举形成 BUM 转发表（Multidestination Tree），此时系统开始进入转发状态。

（1）对 ARP Request 的处理流程

图 1-20 给出了 FabricPath 对 ARP Request 的处理流程。

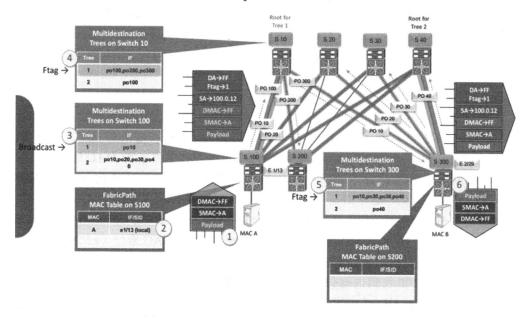

图 1-20 FabricPath 对 ARP Request 的处理流程

1）VLAN 10（图中未标出）中的 A 广播 ARP Request，请求 B 的 MAC 地址。

2）S 100 学习 <VLAN 10，MAC A> 与 e1/13 的对应关系，记录在 MAC Table 中。

3）S 100 发现这是一个广播包，通过哈希选择了 Ftag=1 的子拓扑，并在该子拓扑形成的 BUM 转发树上进行转发。查 Ftag 转发表可知 S 100 上对应于该树的端口只有 PO10，于是 S 100 封装外层包头，目的 MAC 为全 F，使用 SID.SSID.LID=100.0.12 来生成源 MAC 地址（e1/13 在 S 100 上的 LID 为 12），标记 Ftag，并将数据包从 PO10 发给 S 10。

4）S 10 从 PO 100 收到该数据包，发现它是一个广播包，其 Ftag=1，查对应的 BUM 转发表可知本地对应于该树的端口有 PO100、PO200 和 PO300，S 10 将数据包的 TTL 减 1，然后从 PO 200 和 PO 300 转发数据包。

5）S 300 从 PO 10 收到数据包，发现它是一个广播包，其 Ftag=1，查对应的 BUM 转发表可知本地对应于该树的端口有 PO 10、PO 20、PO 30 和 PO 40，S 300 将数据包的 TTL 减 1，然后从 PO 20、PO 30 和 PO 40 转发数据包。

6）S 300 发现本地有位于 VLAN 10 的 CE 端口，去掉外层包头后在这些 CE 端口上进行泛洪，于是 B 就收到了 A 的 ARP 请求。

这里需要注意的一点是，该 ARP 广播包并不会触发 S 300 上的 MAC 地址学习，因为 FabricPath 采用的是"基于会话"的 MAC 地址学习机制，只有内层目的 MAC 是已知的单播地址，才会对源 MAC 地址进行学习，保证学习到的 MAC 地址在接下来的一段时间内都会是活跃的。而在传统的 MAC 自学习机制中，凡是没有看见过的源 MAC 地址交换机都会进行学习，这意味着所有非静默主机的 MAC 地址会在所有的交换机上存在（假设均未老化），无论交换机是否存在于真实的 MAC 转发路径上。因此，FabricPath 可以有效地减少 Leaf 交换机上无用的 MAC 地址表项。而对于 Spine（如 S 10）来说，它们永远看不到内层的 MAC 地址，其转发逻辑就是根据外层包头解析出 SID/Ftag，然后查找 ISIS 已经计算好的 SID 转发表/BUM 转发表进行转发，也就是说，Spine 是不需要对任何 endpoint 的 MAC 地址进行学习的。

（2）对 ARP Reply 的处理流程

图 1-21 给出了 Fabric Path 对 ARP Reply 的处理流程。

1）B 向 A 单播 ARP Reply。

2）S 300 学习 <VLAN 10，MAC B> 与 e2/29 的对应关系，记录在 MAC Table 中，S 300 还发现这是个目的未知的单播包（由于之前 S 300 并没有学习 A 的 MAC 地址）。

3）S 200 通过哈希选择了 Ftag=1 的子拓扑，并在该子拓扑形成的 BUM 转发树上进行转发。查 Ftag 转发表可知 S 100 上对应于该树的端口只有 PO10、PO20、PO30 和 PO40，于是 S 100 封装外层包头，目的 MAC 置为周知的 FabricPath Unknown Unicast 地址 01:0F:FF:C1:01:C0，使用 SID.SSID.LID=300.0.64 来生成源 MAC 地址（e2/29 在 S 200 上的 LID 为 64），标记 Ftag，并将数据包从 PO 10、PO 20、PO 30 和 PO 40 发出。

4）S 10 从 PO 300 收到数据包，发现它是目的未知的单播包，其 Ftag=1，查对应的 BUM 转发表可知本地对应于该树的端口有 PO 100、PO 200 和 PO 300，S 10 将数据包的 TTL 减 1，然后从 PO 100 和 PO 200 转发数据包。

5）S 100 从 PO 10 收到数据包，发现它是未知的单播包，其 Ftag=1，查对应的 BUM 转发表可知本地对应于该树的端口只有 PO 10，说明 S 100 已经是 Ftag=1 的子拓扑的 Leaf 节点了。

6）由于本地有位于 VLAN 10 的 CE 端口，因此 S 100 去掉外层包头，查找 MAC Table 发现目的 MAC 地址是已知的单播地址 MAC A，于是对源 MAC 地址进行学习，并通过 e1/13 进行转发。

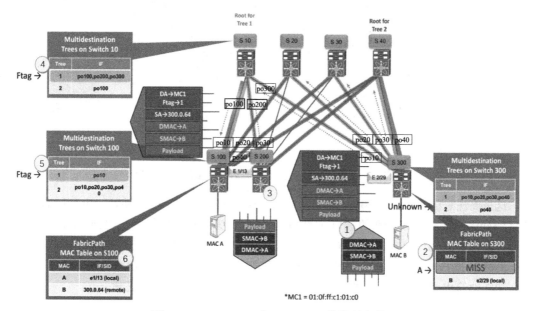

图 1-21　FabricPath 对 ARP Reply 的处理流程

这里需要注意的是，S 100 在学习远端的 MAC B 时，使用的是 <VLAN，MAC>：SID. SSID.LID 这种数据结构，即 <VLAN 10，MAC B>:300.0.64，后续 A 向 B 发出的单播包外层的目的 MAC 地址就会通过 300.0.64 来生成。

（3）已知会话的单播处理流程

接下来，A 开始向 B 发送单播的数据包，如图 1-22 所示。

1）A 开始向 B 发送单播的数据包。

2）S 100 查找 MAC Table，解析出 MAC B 对应的远端地址 300.0.64。

3）S 100 查找 SID 转发表，得知 SID=300 的交换机可以通过 PO 10、PO 20、PO 30 和 PO 40 进行转发，通过哈希后选择了 PO 30 转发该数据包，通过 300.0.64 生成外层目的 MAC，通过 100.0.12 生成外层源 MAC，标记 Ftag=1。

4）S 30 从 PO 100 收到数据包，发现这是个目的地已知的单播包，通过外层目的 MAC 解析出 SID，查找 SID 转发表并从 PO 300 转发数据包。

5）S 300 通过 PO 30 收到数据包，发现这是个目的地已知的单播包，通过外层目的 MAC 解析出 SID，发现目的地即在本地，再通过外层目的 MAC 解析出 LID=64，然后去掉外层包头转发给 B，同时对源 MAC 地址进行学习。

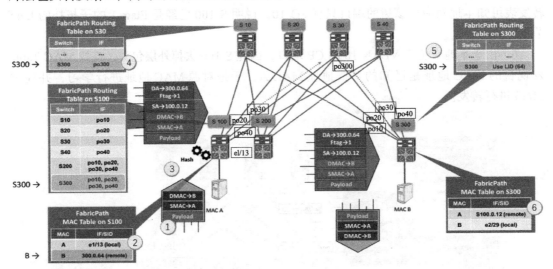

图 1-22　FabricPath 对已建立会话的流量的处理流程

这里要注意的是，在 S 300 上既可以通过 LID 关联到 e2/29 进行转发，也可以通过查找 MAC Table 直接获得 B 所在的端口 e2/29 进行转发。另外有些资料中也提到，FabricPath 也在考虑通过集成 MP-BGP 来增强 Overlay 的控制平面，这里就不进行详细的介绍了。

上述就是 FabricPath 典型的转发流程。关于"基于会话"的 MAC 地址学习，图 1-23 更为清晰地给出了 FabricPath "基于会话"的 MAC 地址学习的工作机制。

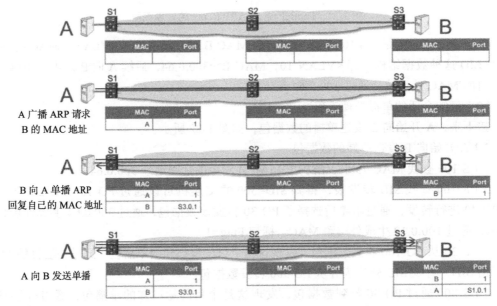

图 1-23　FabricPath "基于会话"的 MAC 地址学习的工作机制

1.8.3　其他技术细节

另外，FabricPath 还有一些其他的技术点，下面总结出几点供读者参考。

❑ FabricPath 不支持点对多点的连接，不可以用普通的以太网交换机连接多个处于 fabricpath mode 下的端口。

❑ 可以支持到 16 路的 ECMP，可以通过 L2 ～ L4 层字段的组合进行哈希。

❑ VLAN 子树的修剪可以通过广播 GM-LSP（Group Membership LSP）来完成。

❑ 通过监听 IGMP 来支持 IP Multicast，提供 RPF 机制防止生成环路。

❑ 主机或者普通以太网交换机可以通过 vPC+ 以多活的方式接入 FabricPath，设备只需要支持标准的 Port-Channel 技术即可实现 vPC+。vPC 和 vPC 的主要区别是 Peer-Link 上的端口必须配置为 fabricpath mode，并且还需要配置一个虚拟的 SID，MAC 地址学习时即学习该虚拟的 SID，以便于实现负载均衡。

❑ Leaf 是 Pure L2，Routing 需要在 Spine 上开启 SVI 来实现。开启 SVI 后，Spine 需要学习各个 VLAN 中的 MAC 地址，对硬件资源要求很高。此时可以插入 M1/M2 module，使用 VDC（Virtual Device Context）技术虚出来一个新的控制平面，并通过 Proxy L2 Learning 将 Routing 的功能卸载到 M1/M2 module 上去。

❑ 可以使用 vPC+ 在 FabricPath 中实现双活的 Gateway，也可以使用 Anycast HSRP 支持 N 路多活的 Gateway。在这两种方式下，L3 GW 的 MAC 地址均可以看作通过虚拟的 SID 接入到 FabricPath 中。

❑ FabricPath 对于 STP 来说相当于一个 Bridge，所有的 CE 端口上均以 c84c.75fa.60xx（xx 为 FabricPath 的 Domain 号）作为 Bridge ID 发送 BDPU。除了 TCN BDPU 以外，CE 端口收到其他 BPDU 时不会在 FabricPath 内进行扩散。在收到 TCN 后，则需要通过 ISIS 在 FabricPath 内进行扩散，以更新 MAC 的转发信息。如果一个 FabricPath 域通过多个 CE 端口与同一个 STP Domain 连接，FabricPath 还需要将 TCN 消息扩散到该 STP Domain 其余的部分中去。

❑ 支持 ISIS LSP OverLoad，计算 SPF 时会绕过相应的交换机。一个应用场景是，在新交换机上线时，将该交换机发出的 LSP 报文置位 overload bit，直到该交换机完成收敛后复位，防止在收敛过程中出现路由黑洞。

❑ 支持通过 BFD 进行状态监测。

FabricPath 主要实现在 Cisco Nexus 5K 和 7K 系列的交换机中，与面向 SDN 的 Nexus 9K 目前属于两条独立的产品线。如果想从 FabricPath 升级为 ACI（见 4.2 节），就需要把 5K 和 7K 都换掉。由于 FabricPath 已经有了很多的部署，因此 Cisco 目前在数据中心还是两条腿走路，不过 FabricPath 已经不再是 Cisco 主推的解决方案了。

1.9　Juniper 私有的大二层——QFabric

QFabric 是 Juniper 于 2011 年推出的一款数据中心网络架构，号称使用了当时最为先进的技术理念，引入了集中式控制，并使用了 EVPN 的雏形协议，能够为超过 6000 个接入端口提供所谓"1-Tier"的互联。不过，当时有如此大规模数据中心的客户本身就比较稀少，屈指可数的几个目标客户当时都开始走上了数据中心网络的自研之路，而且基于 Leaf-Spine 的开放式 CLOS 架构开始大行其道，因此市场上的表现没有达到技术和产品的预期。之后，Juniper 也发现了这个问题，推出了面向中型企业的精简版 QFabric。不过，在 SDN 兴起之后，Juniper 就把数据中心的产品中心转移到了 Contrail 上，QFabric 还未兴起就已衰落，精致的技术又一次败给了残酷的市场。

或许是因为技术理念太过于先进，Juniper 对 QFabric 的实现讳莫如深，可参考的公开资料也非常少，不过业界对 QFabric 技术实现的猜测却从未停止过。在这一节中，通过对有限的资料进行整理，将尝试把 QFabric 尽可能多的技术特征展现出来，和读者一起领略一下 J 家的"黑科技"。

1.9.1 整体设计

QFabric 设计的出发点是，对传统 Chassis 交换机进行解构，实现一个物理上完全分布式的 CLOS 架构。Chassis 交换机有三个核心的组件：I/O Modules 负责接入设备，集成了丰富的 L2/L3 功能；Fabric 负责 I/O Modules 间背板的高速互联，功能简单但是转发性能十分强大；Route Engine 负责处理网络的控制信令。与之类似，QFabric 也有三个组件：负责边缘接入的 QFabric Node，相当于 Chassis 交换机的 I/O Modules；负责核心互联的 QFabric Interconnect，相当于 Chassis 交换机的 Fabric；负责网络管理与控制的 QFabric Director，相当于 Chassis 交换机的 Route Engine。图 1-24 为 QFabric 与传统 Chassis 交换机的对比。

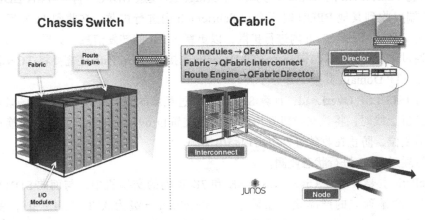

图 1-24　QFabric 与传统 Chassis 交换机的对比

在 Chassis 交换机中，I/O Modules 间是通过 Fabric 的插槽和走线互联的，Route Engine 也是通过 Fabric（或者以太网）控制 I/O Modules 的。受限于功耗、散热、信号串扰等问题，Chassis 交换机能够提供的容量是比较有限的，即使是通过虚拟机框等技术实现了 Chassis 的多虚一，系统的容量有所提升，但是其架构上的可扩展性仍然是受限的。QFabric 通过将 Node、Interconnect 和 Director 间物理解耦，可以规避 Chassis 硬件实现上的限制，从而解决了 Chassis 难于扩展的问题。Node 和 Interconnect 间通过 40GE 以太网互联，这张网（图 1-25）用于传输实际的业务流量，在 QFabric 中被称为 FTE（Fabric Transport Ethernet），Director 通过一张独立的以太网管理、控制各个 Node 和 Interconnect，这张网在 QFabric 中被称为 CPE（Control Plane Ethernet）。实际上，以现在的技术视角来看 QFabric，简单地说，就是 Leaf-Spine 的 Underlay Fabric 再加上 Out-of-Band 的集中式控制。以当时的视角来看，QFabric 的技术可以说的确是非常超前了。

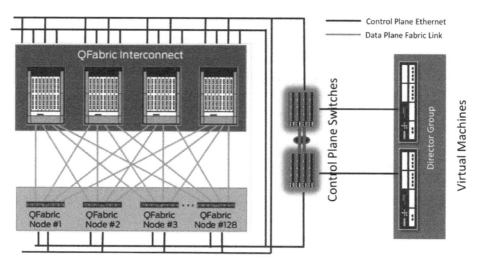

图 1-25　QFabric 的组网结构

QFabric 一个比较亮眼的关键词就是"1-Tier"，字面上的意思是将网络从 Core-Aggregation-Access 三层扁平化成了一层，提供 any-to-any 的连接，于是就有了图 1-26 所示的架构。实际上这个词和这张图都十分具有迷惑性，感觉上像是 Node 之间做了全互联，但实际上如前面所说，QFabric 也是 Leaf-Spine 架构，Node 间还是要通过 Interconnect 做中继的。对于"1-Tier"这个词的理解应该是，Interconnect 上不需要维护复杂的 host 路由，只做简单的 tag-based 的转发，Node 和 Node 间就像是直连一样，因此称为"1-Tier"。

QFabric 中，Node 被分为以下三种角色，如图 1-27 和图 1-28 所示。

❑ SNG（Server Node Group）指的是设备通过 LAG 接入同一台 Node，这台 Node 即被称为 SNG。

❑ RSNG（Redundant Server Node Group）指的是设备通过 LAG 接入到两台不同的 Node 上，这两台 Node 被称为一个 RSNG，RSNG 即是类似于 vPC Domain 的一个概念。

❑ NWNG（NetWork Node Group）指的是与外界路由器相连的一组 Node，一个 NNG 中最多可以有 8 台 Node。一个 QFabric 系统中 SNG/RSNG 可以有多个，而 NWNG 只能有 1 个。

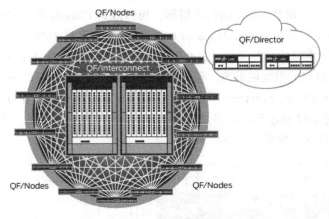

图 1-26　QFabric 所提出的"1-Tier"架构

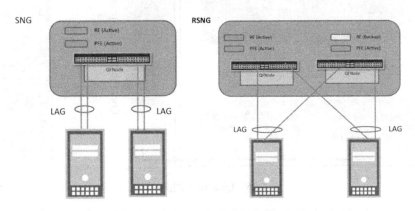

图 1-27　QFabric 中的 SNG 和 RSNG

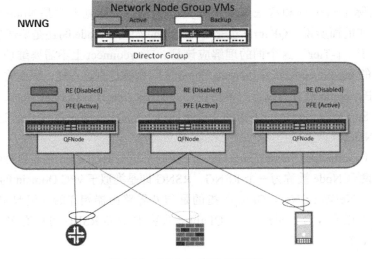

图 1-28　QFabric 中的 NWNG

这里需要说明的是，Node 中控制平面 RE（Routing Engine）和转发平面 PFE（Packet Forwarding Engine）是分离的，当然对于 Interconnect 来说也是一样的。SNG/RSNG 中 Node 的 RE 上运行着与主机相关的协议栈，如 ARP/MAC Learning/IGMP/LACP 等，以及 QFabric 私有的基于 IS-IS 的拓扑发现和早期的 EVPN 雏形协议（下面会有详细介绍），而不运行传统 的路由控制协议。RSNG 中两个 Node 的 RE 为一主一备。NWNG 中 Node 的 RE 被禁用了，NWNG 的控制逻辑运行在 Director Group 中的 NWNG-VM 上，NWNG 中的 Node 看到控制信 令后会通过前面提到的 CPE 网络上报给 Director Group 中的 NWNG-VM，NWNG-VM 上除 了运行着和 SNG/RSNG RE 相同的协议之外，还运行着 OSPF、BGP 等传统的路由控制协议，以便和 QFabric 外界的路由器交换路由信息。Director Group 中有一主一备两台 NWNG-VM。

1.9.2　集中式的控制机制

Director 是 QFabric 的中央管理 / 控制平面，在生产环境中需要多个 Director 组成一 个 Director Group 以实现高可用。Director 自身的实现是分布式的，每个 Director 中都有 运行着多个 VM，不同的 VM 上运行着不同的管理 / 控制逻辑，这些 VM 互相配合实现对 QFabric 的管理与控制。

作为中央管理平面，Director 需要为 QFabric 中的各个组件提供统一的管理接口，包 括 CLI、SNMP、Syslog 等，使这些接口的使用者认为 QFabric 是一台单一的 Chassis 交换 机。为了实现这一点，Director 在管理平面的实现上设计了图 1-29 所示中的架构：有多个 运行着管理功能的 VM，北向接口进来以后，Load Balancer 会将北向的负载分担到不同的 管理 VM 上去以实现高可用，南向上则通过 Scatter 将北向接口分发到相应的组件上去，通 过 Gather 将不同组件的状态组合在一起。管理者登录一次 Director，就可以直接看到各个 Node、Interconnect 的信息，能够为运维提供很大的便利。

Director 中还有很多的 VM 运行着 QFabric 的中央控制逻辑，主要有如下 3 种。

❑ Fabric Manager。维护 Node 和 Interconnect 的设备清单，为 Node 和 Interconnect 分配 PFE-ID，维护 Node 和 Interconnect 互联形成的网络拓扑。根据网络的拓扑，Fabric Manager 会计算出 Node 间的转发路径以及 Node-Node 间不同转发路径的权 值，并将上述计算结果告诉给 Node 和 Interconnect 的 RE。Node 和 Interconnect 的 RE 据此生成 Node 转发表，以实现 tag-based forwarding。

❑ Fabric Control。在各个 SNG RE、RSNG RE、NWNG-VM 间处同步 MAC 路由和 IP 路由。类似于路由反射器的作用，对 NWNG-VM 进行的是全反射，对 SNG RE/RSNG RE 进行有选择地进行反射，只反射那些它们感兴趣的路由，从而减少 SNG PFE 和 RSNG PFE 中无用的表项，增强了系统的可扩展性。

❑ NWNG-VM。为 NWNG 运行控制逻辑，除了运行着和 SNG/RSNG RE 相同的协议以 外，还运行着 OSPF、BGP 等路由控制协议，以便和 QFabric 外界的路由器交换路由 信息。另外，NWNG-VM 上还维护着 VLAN Subscribing 信息，用于生成 per VLAN 的 BUM 转发树，NWNG-VM 会为每个 per VLAN 的 BUM 转发树分配 Multicast

Core Key，作为 Tree ID，指导 Node、Interconnect 对 BUM 流量进行转发。

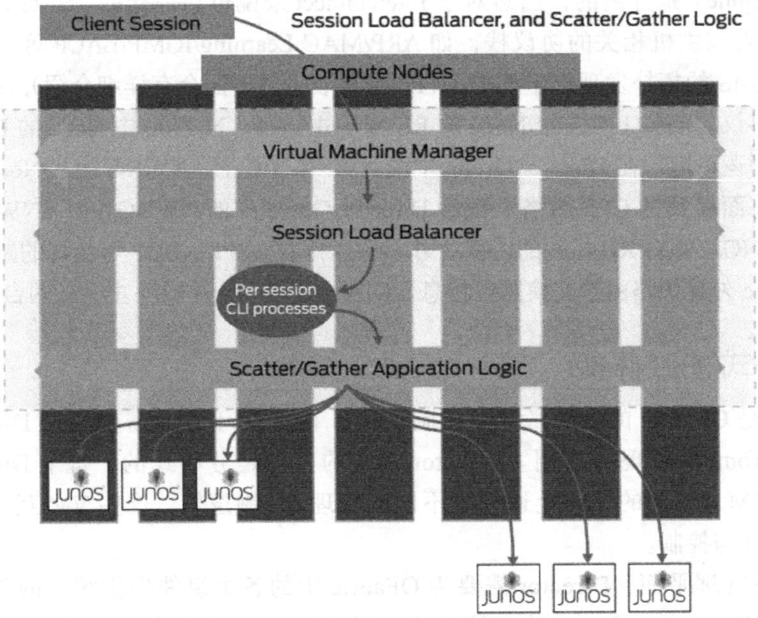

图 1-29　QFabric Director 的架构

这里就需要对 QFabric 中用到的私有控制协议进行一下介绍了，这些私有的控制协议是 QFabric 运行的基础，主要分为以下三类。

❑ **VCCPD**（Virtual Chassis Control Protocol Daemon）。通过 ISIS 扩展实现，运行在 Out-of-Band 的控制网络 CPE 上。Director、Node RE 以及 Interconnect RE 都会周期性地发送 VCCPD Hello，Director 中的 Fabric Manager 即根据 VCCPD 来维护设备清单。Fabric Manager 发现新的设备上线之后，会为该设备分配一个 PFE-ID。

❑ **VCCPDf**（VCCPD over fabric links）。通过 ISIS 扩展实现，和 VCCPD 非常类似，不过 VCCPDf 运行在 Node 和 Interconnect 间的 FTE 网络上，用于 Node 和 Interconnect 间 FTE 链路的发现。Fabric Manager 发现设备后，为其分配一个 PFE-ID，然后在 FTE 端口上使能 VCCPDf，Node/Interconnect 发现链路上线后会将该链路信息告诉给 Fabric Manager，Fabric Manager 通过链路信息形成网络的拓扑。

❑ **FCP**（Fabric Control Protocol）。通过 MPBGP 扩展实现，Fabric Control 会与 SNG RE、RSNG RE、NWNG-VM 建立 BGP 邻居，然后通过 FCP 进行 MAC、IP 路由的收集与反射，运行在 Out-of-Band 的控制网络 CPE 上。通过 RD 可以支持 host 地址的 overlap。

1.9.3　控制与转发过程分析

QFabric 的技术架构实际上采用的还是 Juniper 一贯的路数——BGP/MPLS VPN，Node

可以看作 PE，Interconnect 可以看作 P，Director 可以看作 RR。在控制面上，QFabric 为 BGP 扩展了 MAC 的地址族，并且还可以传 32 位的主机 IP 路由，QFabric 的这种设计即 为 IETF EVPN 控制平面的技术原型。在数据面上，QFabric 在 L2 Header 前面封装了私有 的 Fabric Header。根据公开的资料无法得知 Fabric Header 具体的封装格式，不过可以确定的 是 Fabric Header 是一个类似于 MPLS Stack 的结构。Ingress Node 至少要向 Fabric Header 中压 两个 Label：外层 Label 为 Egress Node 的 PFE-ID（类似于 BGP/MPLS VPN 中的 transport label）；内层 Label 为 Egress Node 上的出端口的 Port ID（类似于 BGP/MPLS VPN 中的 service label）。另外，用于标识 BUM 转发树的 Multicast Core Key 也会包含在 Fabric Header 中。

1. 控制机制

❑ 通过 VCCPD 获得设备清单，通过 VCCPDf 获得 Underlay 拓扑，Director 计算出 Node 转发表推送给 Node 和 Interconnect。

❑ 每当 Node 在本地发现一个新的 VLAN/VRF 时，就会通过 FCP 告诉给 Director，以订 阅该 VLAN/VRF 的转发信息。Director 中会记录订阅了某个 VLAN/VRF 的所有 Node。

❑ Director 会将 VLAN 的订阅信息通过 FCP 推送给 Interconnect 和相关的 Node，Interconnect/Node 会结合 Node 转发表中的信息，解析出相应的转发端口，形成 BUM 转发表，用于 L2 BUM 流量的处理。

❑ Host 向其他 host 发送 ARP 时，Ingress Node 完成 MAC 地址的学习并通过 FCP 告 知给 Director。Host 向默认网关发送 ARP 时（证明它很可能会发 L3 的数据包），Ingress Node 回复默认网关的 MAC 地址，并完成 /32 IP 地址的学习并通过 FCP 告知 给 Director。Director 会通过 FCP 将这些 MAC 路由和 /32 IP 路由反射给订阅了相关 VLAN/VRF 的 Node，以打通 QFabric 内部的 L2/L3。

❑ Director 代理 NGNW 与外界的路由器运行 OSPF 或者 BGP 等路由协议，学习外界的 路由表。

❑ Director 会将 FCP 学习到的 MAC 路由 /IP 路由，与通过路由协议学习到的外界路 由，实现重分布，以打通 QFabric 与外界网络。

2. 转发机制

❑ **L2 的已知单播包**。Ingress Node 收到数据包后查找 MAC 转发表，得到目的地所在的 Egress Node 的 PFE-ID，以及其接入 Egress Node 的端口 Port-ID，并据此封装 Fabric Header，然后根据 PFE-ID 迭代查找 Node 转发表，选择一个端口送到 Interconnect 上；Interconnect 会根据 Fabric Header 中外层的 PFE-ID Label，查找 Node 转发表 送给 Egress Node，并剥掉 PFE-ID Label（类似于倒数第二跳弹栈）；Egress Node 收 到数据包后剥掉 Port-ID Label，得到本地的出端口并进行转发（具体的实现机制 目前不得而知，可能是类似于 Untag，即根据 Port-ID 直接转发，也可能是类似于 Aggregate，即需要迭代查 MAC 转发表）。

❑ **L2 的 BUM 流量**。Ingress Node 收到数据包后，根据 VLAN 得到 BUM 转发树的 Multicast Core Key，并通过 Multicast Core Key 迭代查找 BUM 转发表获得相关的端

口，对于本地端口就直接发送，对于FTE端口则将Multicast Core Key的信息封装进Fabric Header，然后送到Interconnect上；Interconnect会根据Fabric Header中的Multicast Core Key信息，查找BUM转发表，并送给相关的Node；Egress Node收到数据包后，查找BUM转发表，并从本地相关的端口发送出去。

❑ **L3的已知单播包。** Node上有相关VLAN的默认网关，可实现分布式路由。Ingress Node收到数据包后查找IP转发表，得到目的地所在的Egress Node的PFE-ID以及其接入Egress Node的端口Port-ID，TTL减1并封装Fabric Header，然后根据PFE-ID迭代查找Node转发表，选择一个端口送到Interconnect上；Interconnect会根据Fabric Header中外层的PFE-ID Label，查找Node转发表送给Egress Node，并剥掉PFE-ID Label（类似于倒数第二跳弹栈）；Egress Node收到数据包后剥掉Port-ID Label，得到本地的出端口进行转发（具体的实现机制目前不得而知，可能是类似于MPLS VPN中的Untag，即根据Port-ID直接转发，也可能是类似于MPLS VPN中的Aggregate，即需要迭代查IP转发表），并完成MAC地址的改写。

❑ **L3的未知单播包。** 假设L3数据包的源host属于VLAN 1，目的host属于VLAN 2，而目的host之前是静默的，因此Node A上的IP转发表中没有目的host的信息。此时，Node A需要主动去解析目的host的ARP，不过Node A没有订阅VLAN 2，也就没有VLAN 2的BUM转发表，因此Node A自身无法完成后续的处理。于是，Node A会封装Fabric Header将该数据包单播给NWNG中的Node C，Node C再通过Out-of-Band的CPE网络上报给Director中的NWNG-VM。NWNG-VM收到该数据包后，发现处理该数据包需要解析目的host的ARP，NWNG-VM上有所有VLAN的订阅信息，于是NWNG-VM在本地生成相应的ARP Request，并通过CPE网络向所有订阅了VLAN 2的Node泛洪这个ARP Request。目的host收到后回复ARP Reply，目的host所在的Node B看到这个ARP Reply后，会通过FCP将目的host的/32 IP路由同步给Director并反射给Node A。之后，源host和目的host间的通信就变成了L3的已知单播，处理流程同上。

❑ **L3的组播没有看到公开的资料。**

上述就是对QFabric技术架构的介绍。在2011年的时间点来看，QFabric的技术在当时确实有其独到之处，特别是Director所实现的中央式控制，而且QFabric在分布式与集中式间也做了很好的平衡，保证了良好的可扩展性。看起来最亮眼的"1-Tier"，实际上就是一种基于Tag转发的思路，FabricPath中也采用了类似的思路。另外，QFabric中所使用的控制协议，构成了EVPN的雏形，为EVPN后来的发展奠定了直接的基础。关于EVPN的详细介绍，请参见1.14节。

1.10 Brocade私有的大二层——VCS

Brocade是做SAN出身的，在该领域长期占据着超过70%的市场份额。Brocade于

2008 年收购了交换路由厂商 Foundry Networks，开始进军以太网 /IP 领域。2010 年前后，Brocade 推出了自己的数据中心 Fabric 技术 VCS（Virtual Cluster Switch），旨在做一款扁平的、智能的、能够良好融合 SAN 的以太网架构。

1.10.1 整体设计

在 1.8 节中，曾提到 FabricPath 的控制面和 TRILL 有很多类似，但是其数据面没有用 TRILL 的封装。而 VCS 的思路恰好和 FabricPath 相反，在数据平面上保留了 TRILL 的封装，控制平面却没有用 TRILL 的信令。TRILL 在前面已经介绍过，简单来说就是引入了 RBridge Nickname 来标识交换机，通过 ESADI 学习 MAC 和 RBridge Nickname 的映射关系，通过 ISIS 来计算转发路径，Ingress 封装端到端的 RB Header，然后通过外层的 MAC 逐跳传输。VCS 使用了 TRILL 的封装，这里不再做重复的介绍，而且与 TRILL 相同的是，VCS 在转发上是拓扑无关的，因此只区分端口角色，而对交换机的角色并不做区分。控制平面上，鉴于 Brocade 在 SAN 方面深厚的技术基因，VCS 大量借用了 Fiber Channel（见本书 10.2 节）的控制协议，下面就来看看 VCS 控制平面的设计。VCS 中的一些关键概念如图 1-30 所示。

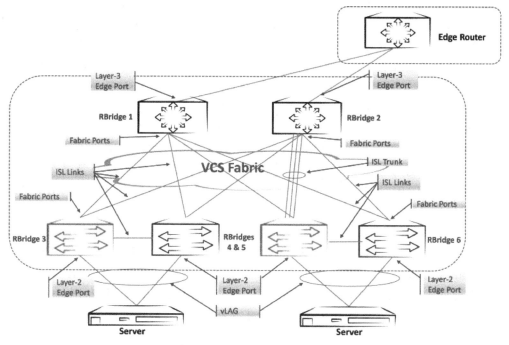

图 1-30 VCS 中的一些关键概念

1.10.2 控制与转发过程分析

VDX 交换机可以在 VCS 和 Standalone 两种模式下工作。当在 VCS 模式下工作时，交换机上所有的端口上开始跑 BLDP（Brocade Link Discovery Protocol），BLDP 首先会判断链路两端的交换机是否均为 VDX 交换机，如果两侧的 VDX 交换机属于同一个 VCS 域，就认为协商成功，并将链路两侧的端口均置为 fabric port，链路建立为 ISL[⊖]。如果协商失败，则相关的端口被置为 edge port。交换机所属的 VCS 域由 VFID 来表示。每个交换机只能属于一个 VFID，VFID 可以由管理员配置，如果不做配置，则默认为 1。

有了 ISL 后，两侧的交换机上开始协商 ISL Trunk，ISL Trunk 相当于 Port Channel，不过 VCS 中 ISL Trunk 的协商没有用 LACP，用的也是 Brocade 的私有协议。ISL Trunk 中不同的 ISL 间是通过 DWRR（Deficit Weight Round Robin）来进行逐帧的负载均衡，然后由 ASIC 来保证 in-order delivery。相比于 Port Channel 上基于哈希的负载均衡，DWRR 的效果要好很多，不会出现一条 ISL 有流量，而同属于一个 ISL Trunk 的另一条 ISL 上没有流量的情况。

之后，VCS 开始进行 Fabric Formation。首先，VCS 需要保证每个交换机都被分配到一个 RBridge ID，为此整个 VCS 域会选举出一个 PS（Principle Switch），PS 先为自己分配一个 RBridge ID，再通过 DIA 和 RDI 逐层地为其他交换机分配 RBridge ID。当所有的交换机都有了 RBridge ID 之后，Fabric Formation 就可以进入路由协议的运行阶段了。相比于 TRILL 中使用 ISIS，VCS 选择了 FC 中的路由协议光纤最短路径优先（Fiber Shortest Path First，FSPF）。上述的控制协议和机制都是借鉴于 FC，更多关于 FC 的介绍请参考本书 10.2 节。

对于已知的单播流量，各个交换机会通过 FSPF 形成 RBridge ID 转发表，能够支持到 8 路 ECMP。这里需要说明的是，为了能够尽可能多地利用链路资源，VCS 中链路的 cost 并不是根据带宽计算出来的，而是通过速率计算得到的，比如对于一个 3*10GE 的 ISL Trunk 来说，它的带宽是 30Gbps，但是速率仍然是 10Gbps，因此这个 ISL Trunk 和 10GE 的 ISL 会被 FSPF 认为具有相同的 cost，这使得 10GE 的 ISL 上也能够承载流量。为了实现均衡，上述 30Gbps 的 ISL Trunk 和 10Gbps 的 ISL 权值会被设为 3:1。ECMP 上是通过 L2 ～ L4 字段的哈希来分布流量的，这一点和 ISL Trunk 上通过 DWRR 逐帧分布流量是不同的。对于 BUM 流量，FSPF 会为 VCS 域计算出一棵唯一的 BUM 树，所有的 BUM 流量都会通过该树进行转发，这和 TRILL 中的做法是一致的。BUM 树上的转发即采用的是 TRILL 的组播封装，转发过程中会有 RPF 的检查。

FSPF 收敛之后，各个交换机还会通过 JMP（Join/Merge Protocol）来同步 VCS 域内一些配置信息，比如 AMPP、Zone 等。Zone 也是 FC 的概念，类似于以太网中的 VLAN，用于流量的隔离。JMP 完成之后，Fabric Formation 结束，VCS 上面就可以开始跑流量了。

MAC 地址学习，VCS 没有使用 TRILL 中的 ESADI，而是使用了一种叫作 eNS（ethernet Name Server）的 MAC 分发服务。这个名字也带有鲜明的 FC 特征，至于其内部的实现是否使用了 FC 中的协议就不得而知了。对于 VCS 来说，L2 的转发表格式为 <VLAN，MAC>:<RBridge ID，Interface>，交换机会学习本地的 L2 转发信息，远端的 L2 转发信息即通过 eNS 来同步。eNS 的工作机制如图 1-31 所示，图中有三个 RBridge(RB) 和两台主机，MAC-A 向 MAC-B 发起通信，首先发送 ARP Request，RB-1 本地完成对 A 的 L2 学习，然

⊖ 这里所说的 ISL 是 FC 里面的概念，指的是两个交换机间的链路，不是指 Cisco 私有的 ISL。

后将这个广播包在 BUM 树上泛洪，RB-2 和 RB-3 都学习到了 A 在远端的 L2 转发信息（不包括 A 在 RB-1 上的接入端口）。B 收到 ARP Request 之后单播回复 ARP Reply，RB-3 在本地完成对 B 的 L2 学习，RB-1 学习到了 B 在远端的 L2 转发信息（不包括 B 在 RB-3 上的接入端口），而 RB-2 此时没有办法学到 B 的 L2 转发信息，因为 ARP Reply 的单播包会直接发给 RB-1。然后，eNS 开始同步 L2 转发信息，图中标记灰色底纹部分的信息即是由 eNS 完成的同步。当然，eNS 还会负责 L2 转发表的老化以及 MAC 地址移动后的状态更新。

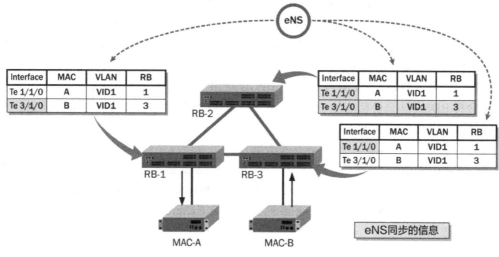

图 1-31　eNS 的工作机制

对于 L3 的通信，由于 eNS 本身是不会处理 IP 地址同步的，因此需要借助虚拟网关 +FHRP 来实现的。VCS 中虚拟网关被称为 VE，和 SVI 是一个概念，可以完成路由的功能。FHRP 方面，VCS 可以支持 3 种，分别为 VRRP、VRRP-E 和 FVG。其中，VRRP-E 和 FVG 是 Brocade 私有的协议，采用的是类似于 FabricPath 中 Anycast HSRP 的做法，可以实现 N 路多活的网关，解决了 VRRP 中 Standby 不会承载流量的问题。

1.10.3　其他技术细节

上述就是对于 VCS 的基本介绍。下面再列出一些其他的技术点供读者参考。

❑ VCS 中 RBridge ID 的取值范围是 1～239，也就是说，一个 VCS 域内交换机的数量不可以超过 240。不过受限于实现上的原因，通常一个 VCS 域内不会超过 24 台交换机。

❑ VCS 可以通过 Virtual Fabric 来支持 TRILL FGL，理论上可以提供 1600 万的租户数量，不过现有的 VCS 只能支持到 8000。

❑ Fabric port 间的互联只能支持点对点互联。

❑ ISL Trunk 上 DWRR 的 in-oder delivery 可以由 ASIC 来保证，交换机上 ISL Trunk 中的 fabric port 必须在同一块 ASIC 上，这也是 ECMP 没有办法使用 DWRR 而只能使用哈希的原因之一。

❑ IGMP 组播树也要附着于 FSPF 计算出来的 BUM 树，可以根据 IGMP Snooping 的结果对 BUM 树进行修剪。

❑ VCS 通过 Brocade 私有的 vLAG 技术来跨链路聚合，vLAG 中最多可以支持 4 个 RBridge，vLAG 的实现和 FabricPath 中的 vPC+ 很类似，即在 RBridge 后面虚拟出来一个 vRBridge，vRBridge 会参加路由的计算，vLAG 下面的 MAC 地址都关联到这个 vRBridge 上。

❑ 可以通过 AMPP 提供 Port Profile，为 MAC 绑定如下几类策略：VLAN、FCoE、QoS 和 ACL。当 endpoint 发生移动时，通过 AMPP 可以自动进行策略的跟随。

❑ VCS 希望对外提供的是 TLS（Transparent LAN Service），因此 VCS 会将 STP BPDU 看作 data plane 的流量，通过 Fabric 进行透传。交换机在 Edge Port 上收到 STP BPDU 后，会通过 BUM 树将 STP BPDU 泛洪到其他的交换机上，然后这些交换机会将 BDPU 从自己相应的 Edge Ports 送出。VCS 会为传送 BDPU 这部分流量预留出 Fabric 中的 VLAN 4095。

作为后来者，Brocade 的 IP 业务并没有能够对市场造成足够的冲击，不过 VCS 却经常被拿来与 FabricPath 和 QFabric 进行比较，本节对 VCS 的技术进行了简单的介绍，希望能使读者对当时的三大私有 Fabric 技术有全面的了解。2016 年下半年，Brocade 开始寻求收购，旗下的业务随之拆解，VCS 以及 VDX 系列交换机被 Extreme 以 5500 万美元收购，市场前景仍然不是很明朗。

1.11　跨越数据中心的二层——DCI 优化

前几节谈了数据中心内部的大二层技术。为了实现高可用，数据中心需要进行灾备或者多活的部署，这就要求数据中心间也能够实现二层网络的互通，这种场景通常称为 DCI（DC Interconnect）。DCI 的实现方式有很多种，可以使用 MSTP 或者 WDM 等传输方案，也可以使用以 VPLS 为典型代表的 MPLS L2VPN。VPLS 能够将数据中心间的网络模拟成一个以太网交换机，可实现多点对多点的二层互联，这是早期主流的 DCI 技术。不过，VPLS 在技术的实现上存在着以下缺陷。

❑ 依赖于泛洪来学习 MAC 地址，会占用广域网链路上宝贵的带宽资源。

❑ STP 和 HSRP 需要跨 DC 收敛，常常会导致出向路由次优。

❑ Full Mesh 的 PW 隧道维护起来太复杂。

❑ 对多宿主场景的支持不够，不支持 PE 双活与负载均衡。

这些缺陷使得 VPLS 难以实现真正意义上的大二层，因此业界出现了一些针对"大二层"进行优化的 DCI 技术，主要包括 Cisco OTV、Huawei EVN 以及 H3C EVI。

1.11.1　Cisco OTV

OTV（Overlay Transport Virtualization）是 Cisco 提出的 DCI 技术，在 Nexus 7K 中提

供了实现。OTV 通过为传统的二层 VPN 增加控制平面来进行 MAC 地址学习和 ARP 代理，避免了不必要的跨 Internet 泛洪；通过在 DC 间隔离 STP BDPU 和 HSRP Hello，实现了出向路由最优；通过动态封装建立无状态的隧道增强了可扩展性；能够自动完成对多宿主的探测，支持基于 VLAN 的负载分担和基于 vPC 的双活机制。

OTV 数据平面的封装格式如图 1-32 所示，外层 IP 头后面跟着 8 字节的 OTV Shim 头，原始以太网帧中的 VLAN header 也被移到了 Shim 头中作为租户二层网络的标识，Shim 头中还有一个 Overlay ID，一个 Overlay 可以看作一个以太网，一个 Overlay 中可以传输多个 VLAN 的流量。

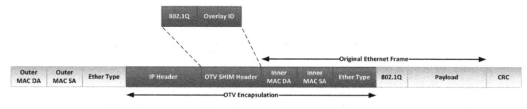

图 1-32 OTV 封装格式

OVT 设备通过 IGMP 加入 OTV 组播组，在 ED（OTV Edge Device）间建立邻居关系，使用 IS-IS 在邻居间学习（VLAN，MAC，Remote IP）来转发信息。考虑到 Internet 对 IP 组播的限制，OTV 支持头端复制的伪广播机制模拟邻居间的 3 层组播，这种情况下就只能手工配置邻居了。一个 OTV 网络中典型的单播通信流程如图 1-33 所示，假设 OTV 邻居已经建立。

VM 1 发送 ARP Request 到 ED 1 上。ED 1 学习 MAC 1 的本地接入端口，然后封装 OTV Shim 头通过 data 组播组发送到 ED 2。同时，ED 1 通过 control 组播组传输 IS-IS LSP，告知 ED 2 VM 1 的位置信息。ED 2 收到 IS-IS 更新，得知 VM 1 连接在 ED 1 上。ED 2 收到 data 组播组的 ARP 请求后解封装，本地泛洪到 VM 2。VM 2 回复 ARP Reply 到 ED 2 上，ED 2 学习 MAC 2 的本地连接端口，然后封装 OTV Shim 头封装好 ED 1 的 IP 地址单播给 ED 1。同时，ED 2 通过 control 组播组传输 IS-IS LSP，告知 ED 1 VM 2 的位置信息。ED 1 收到 IS-IS 更新，得知 VM 2 连接在 ED 2 上。ED 1 收到携带 ARP Reply 的单播后，解封装转发给 VM 1。

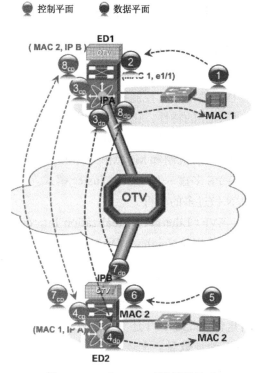

图 1-33 一个 OTV 对单播的处理

在上述过程中，ED 一旦学习到 IS-IS LSP，就会在 control 组播组中告诉邻居相应的信息，因此在 VM 跨数据中心迁移场景下，ED 间能迅速得知 VM 的新位置，缩短了收敛的时间。除了上述外，OTV 还具备以下特性。

❑ **STP 隔离**。OTV 将 STP BPDU 在 ED 上进行阻塞，避免了跨站点 STP 计算。由于站点间通过控制平面进行 MAC 学习，因此 DC 间不会出现环路，只要在每个 DC 站点内部运行生成树协议保证 DC 内无环即可。这种做法极大地提高了二层的收敛速度和扩展性。

❑ **未知单播隔离**。OTV 禁止未知单播的跨站点广播，认为 IS-IS 能够学习到所有合法 MAC 地址的信息。针对静默主机，可以手工配置静态 MAC 地址与远端 OTV 接口间映射的表项。

❑ **ARP 代理**。对远端站点返回的 ARP 回复进行监听，当再收到本地查询同样目的 IP 的 ARP 请求时直接代理回复，减少跨站点的泛洪。

❑ **出向 / 入向路径优化**。OTV 在 ED 上阻塞 HSRP Hello，避免站点 A 中的主机到站点 B 中网关进行路由所引发的次优路径问题。OTV 设备支持健康路由注入和 LISP（Locator/ID Separation Protocol，RFC 6830），以实现入向路径最优。

❑ **多宿、负载分担和双活机制**。ED 设备间自动选举 AED（Authority Edge Device）作为主设备转发流量，其他 ED 作为备份。ED 间也可以基于 VLAN 进行 AED 选举，实现负载均衡。ED 间还可以通过 vPC 进行跨设备链路聚合，以实现 ED 的双活。

1.11.2　HUAWEI EVN 与 H3C EVI

EVN（Ethernet Virtual Network）是华为参照 EVPN（Ethernet VPN，RFC 7209）提出的 DCI 技术。其控制平面使用了 BGP，数据平面仿照 VxLAN 用的是 MACinUDP 的封装。一些 DCI 的特性，比如 STP/VRRP 抑制、ARP 代理、未知单播隔离等，当时也都是模仿的 OTV。由于 EVPN 主要对多宿主部署做了详细的描述，因此相比于 OTV，EVN 主要加强了 PE 双活机制和 MP2MP（Multipath to Multipath）机制。它细化了负载分担的策略粒度，支持 PE 多虚一的 GEO Cluster 模式。1.14 节会专门对 EVPN 进行介绍，因此这里不再对 EVN 做过多的分析。

EVI（Ethernet Virtualization Interconnect）是华三的 DCI 技术，其控制平面上使用 ENDP（EVI Neighbor Discovery Protocol）建立邻居，使用 IS-IS 进行地址学习，数据平面用了 GRE 的封装。EVI 实现的特性主要包括 ARP 代理和未知流量抑制。没有对 STP/VRRP 这些的优化机制，多宿 PE 的负载均衡策略只能通过 VLAN 来做。EVI 有一个特性是它会在邻居间选举出一个 DIS（Designated IS）做控制信息的分发，DIS 类似于 OSPF 中的 DR 的角色，此外 EVI 还支持 IS-IS 虚拟系统来扩展 LSP 的分片数量，以增加系统所能发布的 MAC 地址数量。上述 IS-IS+GRE 的技术体系针对的是 EVI 1.0，华三从 EVI 2.0 开始也放弃了 EVI 1.0 中的私有技术，走向了 EVPN+VxLAN。

1.12 端到端的二层——NVo3 的崛起

跨设备链路聚合、二层多路径、DCI，这些技术都是出于传统网络厂商之手，并没有摆脱"以盒子为中心"的设计思路。云计算的普及使得 IT 软件厂商获得了更为强势的地位，他们开始主导云数据中心网络设计的话语权，希望能够使"网络黑盒"变得更加开放，以摆脱对传统网络厂商的依赖。

VMware 作为服务器虚拟化领域的老大，开始围绕 Overlay 的思路来打造基于软件的数据中心网络虚拟化方案，在服务器内部的虚拟交换机上就开始起二层的隧道，利用通用的物理 IP 网络作为 Underlay 承载隧道的传输，从而得以摆脱开专用的数据中心硬件交换机，直接在服务器间打通"端到端"的大二层。

上述思路实现起来不仅灵活而且门槛较低，其代表性技术 VxLAN 在云数据中心迅速普及，直接推动 IETF 在 2014 年成立了 NVo3（Network Virtualization over Layer 3）工作组。NVo3 主要面向数据中心网络虚拟化的场景，基于 IP 作为 L3 Underlay，在其上通过隧道构建 Overlay，支撑大规模的租户网络。NVo3 的技术模型如图 1-34 所示，PE 设备称为 NVE（Network Virtualization Element），VN Context 作为 Tag 标识租户网络并在租户间进行隔离，P 设备即为普通的 IP 路由器。NVo3 在设计之初，VxLAN 与 SDN 的联合部署已经成了云数据中心的大趋势，VxLAN 作为数据平面解耦租户网络和物理网络，SDN 将租户的控制能力集成到云平台中与计算、存储联合调度。因此 NVo3 的模型中专门画出了 NVA（Network Virtualization Authority）作为 NVE 设备的控制器负责隧道建立、地址学习等控制逻辑。

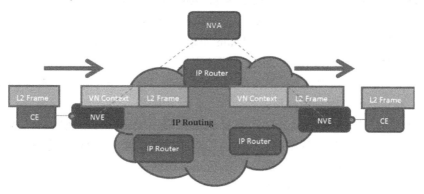

图 1-34 NVo3 的技术模型

NVo3 的思路主要来源于 VxLAN，并汲取了 NvGRE 和 STT 中的一些优良特性，未来将以 Geneve 为集大成者。下面分别对 VxLAN、NvGRE、STT 和 Geneve 进行介绍。

1.12.1 VxLAN

VxLAN（Virtual eXtensible LAN，RFC 7348）最早是由 VMware 和 Arista 主导联合提出的一种大二层技术，突破了 VLAN ID 只有 4094 的数量限制，通过 IP 网络进行二层隧道流量的传输，并借助 IP 网络的 ECMP 特性获得了多路径的扩展性。VxLAN 是一种

MACinUDP 的隧道，图 1-35 是标准 VxLAN 的封装格式。

```
Outer UDP Header:
+-+-+-+-+-+-+-+-+-+-+-+-+-+-+-+-+-+-+-+-+-+-+-+-+-+-+-+-+-+-+-+-+
|            Source Port            |     Dest Port = VXLAN Port |
+-+-+-+-+-+-+-+-+-+-+-+-+-+-+-+-+-+-+-+-+-+-+-+-+-+-+-+-+-+-+-+-+
|            UDP Length             |        UDP Checksum        |
+-+-+-+-+-+-+-+-+-+-+-+-+-+-+-+-+-+-+-+-+-+-+-+-+-+-+-+-+-+-+-+-+

VXLAN Header:
+-+-+-+-+-+-+-+-+-+-+-+-+-+-+-+-+-+-+-+-+-+-+-+-+-+-+-+-+-+-+-+-+
|R|R|R|R|I|R|R|R|                Reserved                        |
+-+-+-+-+-+-+-+-+-+-+-+-+-+-+-+-+-+-+-+-+-+-+-+-+-+-+-+-+-+-+-+-+
|             VXLAN Network Identifier (VNI)    |   Reserved     |
+-+-+-+-+-+-+-+-+-+-+-+-+-+-+-+-+-+-+-+-+-+-+-+-+-+-+-+-+-+-+-+-+

Inner Ethernet Header:
+-+-+-+-+-+-+-+-+-+-+-+-+-+-+-+-+-+-+-+-+-+-+-+-+-+-+-+-+-+-+-+-+
|                Inner Destination MAC Address                  |
+-+-+-+-+-+-+-+-+-+-+-+-+-+-+-+-+-+-+-+-+-+-+-+-+-+-+-+-+-+-+-+-+
| Inner Destination MAC Address | Inner Source MAC Address       |
+-+-+-+-+-+-+-+-+-+-+-+-+-+-+-+-+-+-+-+-+-+-+-+-+-+-+-+-+-+-+-+-+
|                Inner Source MAC Address                       |
+-+-+-+-+-+-+-+-+-+-+-+-+-+-+-+-+-+-+-+-+-+-+-+-+-+-+-+-+-+-+-+-+
|OptnlEthtype = C-Tag 802.1Q    | Inner.VLAN Tag Information     |
+-+-+-+-+-+-+-+-+-+-+-+-+-+-+-+-+-+-+-+-+-+-+-+-+-+-+-+-+-+-+-+-+
```

图 1-35　标准 VxLAN 的封装格式

标准 VxLAN（指的是 RFC 7348）封装的是以太网帧，外层的报头可以为 IPv4，也可以为 IPv6。UDP Src Port 是外层 UDP 的源端口号，它的值通过对内层的帧进行哈希得到，可实现传输的 ECMP。Dst Port 为 VxLAN 从 IANA 申请的端口 4789。UDP checksum 如果不为 0，出口 VTEP（VxLAN 的 NVE）必须进行计算，计算结果必须与该字段一致才能进行解封装，不一致则进行丢弃，checksum 如果为 0，则出口 VTEP 无条件解封装。VNI 是 VxLAN 中的租户标识，长度为 24 位，理论上能够支持 1600 万的租户。Payload 是原始的 Ethernet 帧，由于外层 VxLAN 报头中 VNI 已经唯一地标识了租户，考虑到安全因素，Inner VLAN 在进行封装时一般会被去掉。

NVo3 技术中，NVE 上的地址学习包括两类：第一类是学习本地 VM 的 MAC 与 port 的映射关系；第二类是学习远端 VM 的 MAC 地址与该 VM 所在 NVE 的 IP 地址的映射关系。标准 VxLAN 的单播通信流程如图 1-36 所示，组播过程与此类似，只不过外层的目的 IP 地址被封装为相应 VNI 的组播地址。

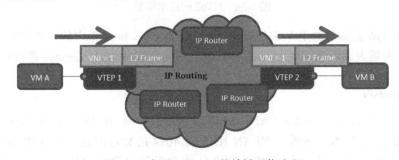

图 1-36　标准 VxLAN 的单播通信流程

首先，VTEP 通过 IGMP 加入 VNI 1 的组播组，VNI 1 中的 BUM 流量都将通过该组播组传输。虚拟机 A 与 B 间通信的具体转发流程如下：VM A 发送 ARP 请求，VTEP 1 学习 VM A 的本地连接端口，然后将该 ARP 请求进行 VxLAN 封装（VNI 标记为 1），然后向 VNI 1 的组播组中进行组播。VTEP 2 收到后，学习 VNI 1 中 A 的 MAC 地址与 VTEP 1 的 IP 地址的映射关系，然后在本地进行泛洪。VM B 收到该 ARP 请求后进行回复，由于 VTEP 2 已经完成了自学习，因此 VTEP 2 封装 VxLAN 后（VNI 标记为 1）将向 VTEP 1 进行单播，同时 VTEP 2 学习 VM B 的本地连接端口。同理，VTEP 1 收到 ARP 回复后，在 VN1 1 中学习该 VNI 中 MAC B 与 VTEP 2 IP 地址的映射关系，然后再交给 A。之后 VMA 和 VMB 间的数据流将通过单播在 VETP 1 和 VTEP 2 间传输。

标准 VxLAN 不允许 VTEP 接收 IP 分片，因此如果 Ingress VTEP 封装隧道后超过了物理网络的 MTU 就会被分片，Egress VTEP 收到分片后很可能会直接丢弃，而 VxLAN 本身并没有 MTU 探测机制。因此，在使用 VxLAN 时要注意调整 VM 或物理网络中的 MTU。

VxLAN 通常用来在虚拟机间建立端到端的隧道，常常被部署在物理服务器的 HyperVisor 中，目前的 vSwitch 基本都提供了对 VxLAN 的支持。不过在 Hypervisor 中，VxLAN 的封装会消耗很多的 CPU，考虑到性能问题，很多生产环境会选择用硬件交换机来卸载 VxLAN 的封装，Hypervisor 中的 vSwitch 只负责打 VLAN 上联硬件交换机。硬件的 VxLAN 交换机也被称为 Hardware VTEP 或者 VxLAN L2 Gateway，主要的功能就是做 VxLAN 和 VLAN 间的转换，下联口既可以连接 vSwitch 做 VxLAN 卸载，也可以连接物理交换机实现 VM 与物理主机的互通。通常来说，一个 VxLAN 网络连接的主机都在一个子网中，如果租户需要多个子网可以对应到多个 VxLAN 网络，不同的 VxLAN 网络有不同的 VNI。在这些子网间实现 3 层互通，依赖于 VxLAN Routing，VxLAN L3 Gateway 将终结源 VM 所在的 VxLAN，路由后进入目的 VM 的 VxLAN。

VxLAN 核心的东西就这么多了，理解起来也并不复杂，就是通过隧道来模拟交换机间链路上的传输，转发的控制还是 MAC 自学习，需要泛洪的时候以组播进行模拟。可见，标准 VxLAN 的转发非常依赖于底层 IP 网络的组播（标准 VxLAN 并不要求头端复制的伪广播），这对设备和运维都提出了相当高的要求。

因此，基于标准 VxLAN 数据平面的封装格式，业界提出了一些对 VxLAN 控制平面的优化方案，比如通过分布式的 MP-BGP 主动地同步租户路由，或者通过集中式的 SDN 控制器（即图 1-34 中的 NVA）对租户路由进行学习和分发，以减少 VxLAN 流量在 IP 网络上的组播。除了控制平面的优化外，目前也出现了一些对标准 VxLAN 数据封装的扩展，比如支持多协议 payload 的 VxLAN-GPE（Generic Protocol Extension for VXLAN，draft-ietf-nvo3-vxlan-gpe），比如通过预留位实现策略控制的 VxLAN-GBP（VXLAN Group Policy Option，draft-smith-vxlan-group-policy），还有一些厂商利用 VxLAN 预留位实现了服务链的功能。

1.12.2　NvGRE

NvGRE（Network virtualization GRE，RFC 7637）是微软提出来的数据中心虚拟化技术，

用于其自家的 Hyper-V 中。如图 1-37 所示，NvGRE 是一种 MACinGRE 隧道，它对传统的 GRE 报头进行了改造，增加了 24 位的 VSID 字段标识租户，而 FlowID 可以用于内层流量的精细化识别。由于去掉了 GRE 报头中的 Checksum 字段，因此 NvGRE 不支持校验和检验。NvGRE 封装以太网帧，外层的 IP 头可以为 IPv4 也可以为 IPv6。

```
Outer IPv4 Header:
+-+-+-+-+-+-+-+-+-+-+-+-+-+-+-+-+-+-+-+-+-+-+-+-+-+-+-+-+-+-+-+-+
|Version|  IHL  |Type of Service|          Total Length         |
+-+-+-+-+-+-+-+-+-+-+-+-+-+-+-+-+-+-+-+-+-+-+-+-+-+-+-+-+-+-+-+-+
|         Identification         |Flags|      Fragment Offset    |
+-+-+-+-+-+-+-+-+-+-+-+-+-+-+-+-+-+-+-+-+-+-+-+-+-+-+-+-+-+-+-+-+
| Time to Live  | Protocol 0x2F  |       Header Checksum         |
+-+-+-+-+-+-+-+-+-+-+-+-+-+-+-+-+-+-+-+-+-+-+-+-+-+-+-+-+-+-+-+-+
|                  (Outer) Source Address                        |
+-+-+-+-+-+-+-+-+-+-+-+-+-+-+-+-+-+-+-+-+-+-+-+-+-+-+-+-+-+-+-+-+
|                  (Outer) Destination Address                   |
+-+-+-+-+-+-+-+-+-+-+-+-+-+-+-+-+-+-+-+-+-+-+-+-+-+-+-+-+-+-+-+-+
GRE Header:
+-+-+-+-+-+-+-+-+-+-+-+-+-+-+-+-+-+-+-+-+-+-+-+-+-+-+-+-+-+-+-+-+
|0 |1|0|   Reserved0    | Ver |      Protocol Type 0x6558        |
+-+-+-+-+-+-+-+-+-+-+-+-+-+-+-+-+-+-+-+-+-+-+-+-+-+-+-+-+-+-+-+-+
|           Virtual Subnet ID (VSID)     |        FlowID          |
+-+-+-+-+-+-+-+-+-+-+-+-+-+-+-+-+-+-+-+-+-+-+-+-+-+-+-+-+-+-+-+-+
Inner Ethernet Header:
+-+-+-+-+-+-+-+-+-+-+-+-+-+-+-+-+-+-+-+-+-+-+-+-+-+-+-+-+-+-+-+-+
|             (Inner) Destination MAC Address                    |
+-+-+-+-+-+-+-+-+-+-+-+-+-+-+-+-+-+-+-+-+-+-+-+-+-+-+-+-+-+-+-+-+
|(Inner)Destination MAC Address | (Inner)Source MAC Address      |
+-+-+-+-+-+-+-+-+-+-+-+-+-+-+-+-+-+-+-+-+-+-+-+-+-+-+-+-+-+-+-+-+
|               (Inner) Source MAC Address                       |
+-+-+-+-+-+-+-+-+-+-+-+-+-+-+-+-+-+-+-+-+-+-+-+-+-+-+-+-+-+-+-+-+
|       Ethertype 0x0800         |
+-+-+-+-+-+-+-+-+-+-+-+-+-+-+-+-+
```

图 1-37　NvGRE 封装格式

虽然是在 VxLAN 之后提出的技术，但 NvGRE 变得更简单了，控制平面并没有规定任何机制，通常是靠 NVA 来指挥。在细节上，NvGRE 与 VxLAN 还是有一定区别的，比如不支持与 VLAN Trunk 的互通，使用 Outer SRC IP+VSID+FlowID 做 ECMP（要求 IP Router 的硬件支持），支持头端复制的伪广播，RFC 中探讨了 MTU 发现机制，等等。

1.12.3　STT

STT（Stateless Transport Tunnel，RFC Draft）是 Nicira 提出的数据中心虚拟化技术，是一种 MACinTCP 的隧道，其封装格式如图 1-38 所示。之所以设计 STT，是因为希望利用网卡的 TSO（TCP Segment Offload）功能在隧道两端进行分片以支持巨型帧的传输，提高端到端的通信效率。

虽然用到了 TCP 头，但是 STT 修改了里面的 Seq 字段和 Ack 字段的含义，不再用于重传和滑动窗口，是一种无状态的隧道。准确地说，STT 使用的是一种类 TCP 的 Header，只是为了伪装成 TCP 段来进行 TSO。Src Port 可用来做 ECMP，DST Port 为 7471，Ack 用来标识 STT 帧，Seq 的高 16 位用于标识 STT 帧的长度，低 16 位用于标识当前帧的偏移量。STT 帧被分片后，各片的 Ack 和 Seq 的高 16 位均相同，而 Seq 的低 16 位各不相同，隧道出口设备上的网卡用之进行分片重组。TCP Flag 和 Urgent Pointer 都不再具有意义。Version 现为 0，Flags 标识了内层数据的类型与相关信息，L4 Offset 标识了 STT 帧的末位到内层数据 Layer 4（TCP/UDP）的偏移量，MSS 为最大的分片长度，PCP 为传输优先级，VLAN ID 用于与 VLAN 网络互通，租户标识为 64 位的 VN Context。STT 的外层的报头可以为 IPv4 或者 IPv6。

```
+-+-+-+-+-+-+-+-+-+-+-+-+-+-+-+-+-+-+-+-+-+-+-+-+-+-+-+-+-+-+-+-+
|          Source Port          |       Destination Port        |
+-+-+-+-+-+-+-+-+-+-+-+-+-+-+-+-+-+-+-+-+-+-+-+-+-+-+-+-+-+-+-+-+
|                      Sequence Number(*)                       |
+-+-+-+-+-+-+-+-+-+-+-+-+-+-+-+-+-+-+-+-+-+-+-+-+-+-+-+-+-+-+-+-+
|                    Acknowledgment Number(*)                   |
+-+-+-+-+-+-+-+-+-+-+-+-+-+-+-+-+-+-+-+-+-+-+-+-+-+-+-+-+-+-+-+-+
|  Data |           |U|A|P|R|S|F|                               |
| Offset| Reserved  |R|C|S|S|Y|I|            Window             |
|       |           |G|K|H|T|N|N|                               |
+-+-+-+-+-+-+-+-+-+-+-+-+-+-+-+-+-+-+-+-+-+-+-+-+-+-+-+-+-+-+-+-+
|           Checksum            |        Urgent Pointer         |
+-+-+-+-+-+-+-+-+-+-+-+-+-+-+-+-+-+-+-+-+-+-+-+-+-+-+-+-+-+-+-+-+
|                    Options                    |    Padding    |
+-+-+-+-+-+-+-+-+-+-+-+-+-+-+-+-+-+-+-+-+-+-+-+-+-+-+-+-+-+-+-+-+
|                             data                              |
+-+-+-+-+-+-+-+-+-+-+-+-+-+-+-+-+-+-+-+-+-+-+-+-+-+-+-+-+-+-+-+-+

+-+-+-+-+-+-+-+-+-+-+-+-+-+-+-+-+-+-+-+-+-+-+-+-+-+-+-+-+-+-+-+-+
| Version  |   Flags   |    L4 Offset    |      Reserved        |
+-+-+-+-+-+-+-+-+-+-+-+-+-+-+-+-+-+-+-+-+-+-+-+-+-+-+-+-+-+-+-+-+
|     Max. Segment Size      |  PCP |V|        VLAN ID         |
+-+-+-+-+-+-+-+-+-+-+-+-+-+-+-+-+-+-+-+-+-+-+-+-+-+-+-+-+-+-+-+-+
+                       Context ID (64 bits)                   +
|                                                              |
+-+-+-+-+-+-+-+-+-+-+-+-+-+-+-+-+-+-+-+-+-+-+-+-+-+-+-+-+-+-+-+-+
|        Padding          |              data                  |
+-+-+-+-+-+-+-+-+-+-+-+-+-+-+-+-+-+-+-+-+-+-+-+-+-+-+-+-+-+-+-+-+
```

图 1-38 STT 封装格式

和 NvGRE 一样，STT 也没有规定地址学习机制，同样要配合 SDN 控制器完成转发。STT 支持与 VLAN Trunk 的互通，不支持伪广播，也没有内生的 MTU 发现机制，RFC 中建议了对 DSCP 和 ECN 的支持。

STT 有一个致命的缺陷——它的 TCP 是无连接的，并不进行三次握手，也没有对于状态的维护。虽然网卡做 TSO 时不关心这个问题，但防火墙、负载均衡器这些盒子可就不买账了，因此 STT 在实际部署时会受到很大的限制。Nicira 被 VMware 收购后，STT 在 NSX 中（在 4.1 节中会详细介绍）只被用来做 Hyper-Hyper 的隧道，打通物理网络还是要用 VxLAN。在 NSX 最新的版本 NSX-T 中，STT 已经被 Geneve 所取代，STT 在 IETF 中 Draft 的状态也成了 Expired，STT 就此成为历史，不过其独特的技术思路还是给 Geneve 提供了一些借鉴。

1.12.4 Geneve

Geneve（Generic Network Virtualization Encapsulation，RFC Draft）是 NVo3 工作组对

VxLAN、NvGRE 和 STT 进行总结后提出的一种网络虚拟化技术，希望形成一种通用的封装格式，以便支持数据中心中隧道机制的后续演化。Geneve 是于 2015 年提出的，仍处于草案阶段，不过从 Draft 中的设计来看，确实是博采众长，具备相当的潜力。目前，很多的 vSwitch 已经对 Geneve 提供了支持，一些 SmartNIC 也能够实现 Geneve 的硬件卸载。

Geneve 采用了 VxLAN 的思路，是一种 MACinUDP 的隧道，其封装格式如图 1-39 所示。之所以没用 MACinGRE 或者 MACinTCP，估计是工作组考虑到 GRE 头部的可扩展性比较差，不具备可演进的能力。而用 TCP 头的话，如果仍保持 TCP 的特性，则维护有连接的隧道开销过大；如果像 STT 一样处理为无状态的，那么又会存在 Middle Box 的穿越问题。相比之下，UDP 头就没有那么多问题，Geneve 作为一种应用层协议不存在可扩展性的问题，而 UDP 本身的无连接特性又不会带来开销和兼容的问题。至于分片，Geneve 建议使用 Path MTU Discovery（RFC 1191）来探测传输路径上的 MTU。

```
Outer UDP Header:
+-+-+-+-+-+-+-+-+-+-+-+-+-+-+-+-+-+-+-+-+-+-+-+-+-+-+-+-+-+-+-+-+
|         Source Port = xxxx    |        Dest Port = 6081       |
+-+-+-+-+-+-+-+-+-+-+-+-+-+-+-+-+-+-+-+-+-+-+-+-+-+-+-+-+-+-+-+-+
|           UDP Length          |         UDP Checksum          |
+-+-+-+-+-+-+-+-+-+-+-+-+-+-+-+-+-+-+-+-+-+-+-+-+-+-+-+-+-+-+-+-+

Geneve Header:
+-+-+-+-+-+-+-+-+-+-+-+-+-+-+-+-+-+-+-+-+-+-+-+-+-+-+-+-+-+-+-+-+
|Ver|  Opt Len  |O|C|   Rsvd.   |          Protocol Type        |
+-+-+-+-+-+-+-+-+-+-+-+-+-+-+-+-+-+-+-+-+-+-+-+-+-+-+-+-+-+-+-+-+
|        Virtual Network Identifier (VNI)       |    Reserved   |
+-+-+-+-+-+-+-+-+-+-+-+-+-+-+-+-+-+-+-+-+-+-+-+-+-+-+-+-+-+-+-+-+
|                    Variable Length Options                    |
+-+-+-+-+-+-+-+-+-+-+-+-+-+-+-+-+-+-+-+-+-+-+-+-+-+-+-+-+-+-+-+-+

Inner Ethernet Header (example payload):
+-+-+-+-+-+-+-+-+-+-+-+-+-+-+-+-+-+-+-+-+-+-+-+-+-+-+-+-+-+-+-+-+
|                Inner Destination MAC Address                  |
+-+-+-+-+-+-+-+-+-+-+-+-+-+-+-+-+-+-+-+-+-+-+-+-+-+-+-+-+-+-+-+-+
| Inner Destination MAC Address |   Inner Source MAC Address    |
+-+-+-+-+-+-+-+-+-+-+-+-+-+-+-+-+-+-+-+-+-+-+-+-+-+-+-+-+-+-+-+-+
|                   Inner Source MAC Address                    |
+-+-+-+-+-+-+-+-+-+-+-+-+-+-+-+-+-+-+-+-+-+-+-+-+-+-+-+-+-+-+-+-+
|Optional Ethertype=C-Tag 802.1Q|   Inner VLAN Tag Information  |
+-+-+-+-+-+-+-+-+-+-+-+-+-+-+-+-+-+-+-+-+-+-+-+-+-+-+-+-+-+-+-+-+

Payload:
+-+-+-+-+-+-+-+-+-+-+-+-+-+-+-+-+-+-+-+-+-+-+-+-+-+-+-+-+-+-+-+-+
| Ethertype of Original Payload |                               |
+-+-+-+-+-+-+-+-+-+-+-+-+-+-+-+-+
```

图 1-39　Geneve 封装格式

Geneve 封装的是以太网帧，外层的报头可以为 IPv4 也可以为 IPv6。UDP Src Port 常通过哈希获得，可用于 ECMP；Dst Port 为 IANA 分配给 Geneve 的 6081。对于 UDP Checksum，Geneve 与 VxLAN 的处理办法相同，并建议使用 NIC 去做卸载。Geneve Header 中的 O 位为 OAM 标识，当 O 位置 1 的时候，Geneve 携带的为控制信令而非 Ethernet payload，VNI 为 24 位的租户标识。Geneve Header 还提供了 TLV 格式的 Options，以支持后续的功能扩展。

下面再来谈一些 Geneve 草案中除了封装格式以外的内容，借以简单地分析一下端到端 NVo3 隧道未来的演进思路。Geneve 可采用头端复制的伪广播，不再要求 IP Fabric 具备组播的能力，降低要求的同时简化了运维的配置工作。Geneve 希望底层 IP Fabric 的传输能够考虑到隧道传输的需求，这在 NvGRE 和 STT 的草案中也都提到过，Overlay 应该映射出一些字段给 Underlay 做参考，而不是死守着对传输透明的原则不放。参考 NvGRE 的设计，Geneve 希望可以将 VNI 作为 ECMP 的一个参考字段，未来 TLV 中的一些 Option 也可能会被用来细粒度地标识流量，以支持精细化的业务定制。参考 STT 的设计，Geneve 讨论了 NIC Offload 问题，以提升传输性能。

1.13 新时代的开启——SDN 入场

在上一节对于数据中心 Overlay 技术的介绍中，已经多次提到了 SDN。SDN 标准的全称为"Software Defined Networking"，即软件定义网络。在其架构中，网络被分为应用、控制和转发三层，转发设备为控制器提供编程接口，控制器为应用提供编程接口，通过编写应用就可以灵活地定义转发设备的行为。图 1-40 所示的架构图是老图了，不过放在这里很合适，避繁就简。

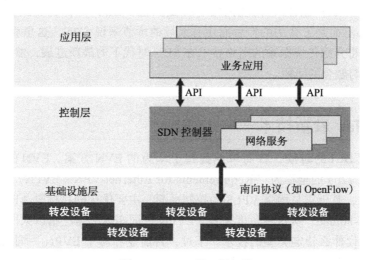

图 1-40 SDN 的三层架构

SDN 起源于高校。2006 年前后，斯坦福大学发起了一个名为 Clean-State 的项目研究未来网络的架构。2007 年，项目组发表了 SDN 的雏形系统 Ethane，旨在通过集中式的控制器来灵活地定义网络中的安全策略。2008 年，OpenFlow 面世，将转发和控制相分离，并定义了一套控制器和转发设备间交互的标准协议，使得控制器能够灵活、集中地控制设备的转发。OpenFlow 的提出极大地降低了网络创新的门槛，SDN 在学术界蔚然成风。

Google 于 2013 年发表了 B4，它使用 OpenFlow 在数据中心间进行流量调度，大幅度地提高了广域网的链路利用率。鉴于 Google 的影响力，B4 的落地令 OpenFlow 名声大噪，也使得 SDN 首次走入公众的主流视野。不过，Google 的工程经验向来是看得见却摸不着，没有任何个人或者公司能够做出一个"商用版B4"。

真正将SDN推向商用的是VMware，场景就是在云数据中心。Martin Casado、Nick Mckeown和Scott Shenker这三位公认的SDN创始人，早在2007年就一起创立了一家名为Nicira的公司，投身于数据中心SDN的产品化。Nicira具有卓越的技术远见和强大的工程能力，OpenFlow、OpenvSwitch、OVSDB和OpenStack Neutron均出自这家公司之手，基于这些开源技术栈，Nicira构建了一款名为NVP的数据中心SDN产品，其主要的设计思路即是通过SDN控制器自动化地管理、控制服务器中的vSwitch，并通过隧道构建租户的Overlay网络。NVP以纯软件来提供虚拟化网络，VMware看中了这一能力，于2012年以12.6亿美元收购了Nicira，并以NVP整合了原有的网络能力形成NSX。

传统客户的这笔天价收购向网络市场释放了明确的信号，一些创业公司开始投身于此，各大厂商也开始布局数据中心SDN。随着Cisco于2013年发布ACI回应NSX，数据中心SDN的商用竞赛正式开始。开源方面，OpenStack Neutron中ML2和neutron_ovs逐渐成熟，OpenDaylight社区也不断地、密切地跟进着数据中心网络。至此，新时代开启，数据中心网络进入SDN时代。

SDN到底是什么？SDN和传统网络有什么区别？SDN为什么受到数据中心青睐？SDN在数据中心里面是怎么用的？后面还有大量的章节来说SDN，这里就不急于展开了。本章的剩余几节将介绍传统派系的网络技术在SDN时代下的最新进展，然后再来说一说数据中心网络接入与融合的问题。

1.14 Overlay最新技术——EVPN

在前面介绍DCI的时候，曾简单地提到了华为的EVN方案。EVN的设计参照的是RFC 7209，RFC 7209的全称为"Requirements for Ethernet VPN（EVPN）"，提出了以太网VPN的技术要求，其诉求是增强VPLS的控制平面，主要优化的目标是ARP的跨站点泛洪以及CE的multi-homed。从这种角度来看，EVPN一词实际上是泛指以太网VPN这种业务场景，而并不指代什么特定类型的技术。不过，目前业界对于EVPN一词的理解是指，基于MP-BGP作为控制平面，来为以太网VPN分发MAC/IP路由的技术。

1.14.1 传统网络对SDN的反击

EVPN控制平面的思路起源于Juniper在2010年提给IETF的MAC-VPN（数据面是MPLS），之后Juniper将其用在了QFabric（数据面是私有的Fabric Header），不过当时Juniper的这两个动作并没有在业界引起什么反响。2012年，VMware NSX引爆了SDN的市场，OpenFlow/OVSDB和VxLAN在数据中心和传统网络展开了正面的交锋。面对着OpenFlow/OVSDB对传统盒子的冲击，各个厂家似乎放下了长久以来对于标准上的争执，在2013～2016这不到3年的时间内，包括Cisco、Juniper、Arista、阿朗、华为、中兴、华三在内的主流厂商，纷纷对BGP-VxLAN EVPN提供了支持，虽然互通性上目前还差得很远，不过能形成这种默契已经是实属罕见了。

EVPN 不仅完成了守卫传统网络的使命，还在 SDN 领域又找到了反攻的突破口。为了实现可扩展性，可以为 EVPN 引入 RR 来做路由的反射。RR 的部署方式比较多，可以部署在 Spine 上，可以部署在 Leaf 上，也可以专门用一台不跑流量的设备做独立的 RR，独立的 RR 既可以是硬件的，也可以是软件的。既然可以用软件实现 RR，厂商们就开始琢磨着把 RR 放到 SDN 控制器里面去，因此可以看到，目前一些厂商的 SDN 控制器实际上就是把他们的路由引擎重新包装了一下，然后通过 MP-BGP 来控制设备上的路由。2016 年 SDWAN 的火热又将 EVPN 重新推向了数据中心边缘，同时具备 L2 和 L3 能力的 EVPN 几乎成了目前 Overlay 技术的万金油——"哪里不通点哪里"。

1.14.2 组网与数据模型

EVPN 支持多种数据平面上的封装，如 MPLS/PBB/VxLAN。本节将以 VxLAN-based EVPN 为例进行介绍，而 MPLS EVPN 和 PBB EVPN 也是大同小异。作为 BGP 的骨灰级选手，Juniper 直接奠定了 EVPN 的技术基础，因此下面就用 Juniper 的材料来对 EVPN 进行介绍。

图 1-41 是 VxLAN EVPN 的组网示意图，需要再次强调的一点是，EVPN 最早是为了 DC 间的互联而设计的，后面才被应用到了 DC 内部的网络中。客户设备是 host/VM（DC 互联场景中是 CE），边缘设备是 Leaf（DC 互联场景中是 PE），核心设备是 Spine（DC 互联场景中是 P）。控制平面的 MP-BGP 和数据平面的 VxLAN 跑在 Leaf 间，来处理 Overlay 的流量。而 Spine 主要负责 Underlay 的路由，在做 RR 的时候会跑 MP-BGP，做网关的时候会启用 VTEP。

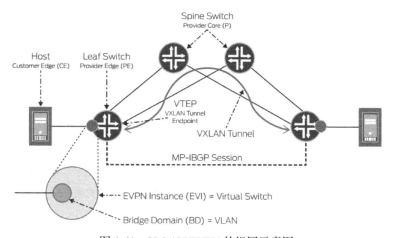

图 1-41　VxLAN EVPN 的组网示意图

由于 EVPN 面对的是一个庞大的业务场景，因此其数据模型也比较复杂，在介绍具体技术之前，需要先搞清楚 EVPN 的数据模型。EVI（EVPN Instance）是指一个 EVPN 实例，一个 EVI 即可以看作一个以太网。Bridge Domain（BD）是指一个广播域，一个 BD 中有一个 MAC VRF，不同 BD 的 MAC VRF 间是隔离的。可以看到，BD 之于 EVPN 就像 VLAN 之于以太网，不过 VLAN 在 EVPN 中的概念却其与在以太网中有所不同，下一段中会对其进行详细的说明。ES（Ethernet Segment）是 host/CE 做 multi-homed 时所形成的一个区域，ES 使用 ESI 进行标识。ES 在 EVPN 中的作用难以在这里进行描述，后面会结合具体的场景来说。

EVPN 的数据模型中，最难于理解的是 EVI、BD 和 VLAN 这几个概念间的关系，图 1-42 给出了清晰的解释。EVPN 将三者的关系分为三种：① VLAN Based。在这种关系下 EVI 和 BD 是一一对应的，也就是说，一个 EVPN 实例中只有一个广播域，EVI/BD 和 VLAN 也是一一对应的，即一个 EVI/BD 中只能塞一个客户侧的 VLAN 进去。② VLAN Bundle。在这种关系下 EVI 和 BD 仍然是一一对应的，不过 EVI/BD 和 VLAN 是一对多的，也就是说，一个 EVI/BD 中可以塞多个客户侧的 VLAN 进去，由于这些 VLAN 会共享 BD 的 MAC VRF，因此这些 VLAN 的流量就混在一起了而无法实现隔离。③ VLAN Aware Bundle。在这种关系下，BD 和 VLAN 是一对一的，而 BD/VLAN 和 EVI 是一对多的，一个 EVI 中可以塞多个客户侧的 VLAN 进去，这些 VLAN 对应着不同的 BD，使用不同的 MAC VRF，因此 VLAN 间的流量是可以实现隔离的。注意，EVI 是个纯逻辑上的概念，对于控制和转发都不会起实际的作用，而 BD 和 VLAN 都是设备本地的概念，同一个客户在不同的设备上可以使用不同的 BD 和 VLAN，只要把映射关系做好，就不会影响控制与转发。对于 VxLAN EVPN 来说，控制面的映射是靠 Route Target，数据面的是靠 VNI。

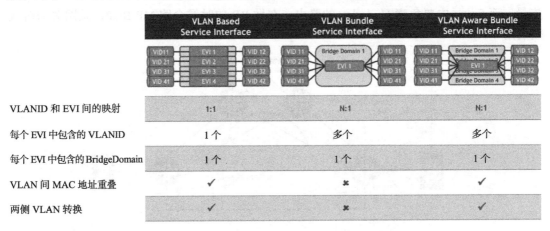

图 1-42　EVPN 中 EVI、BD 和 VLAN 间的关系

1.14.3　控制信令的设计

如图 1-43 所示，EVPN 的控制信令共分为 5 类，从 Type 1 到 Type 5，分别使用了 5 种扩展的 MP-BGP NLRI。其中，Type 2 用于在设备间同步客户的 MAC 和主机 IP，是 EVPN 实现的基础。Type 5 用于发布 IP 前缀。Type 3 实现了设备的自动发现和隧道的自动建立，

以及 BUM 流量的处理。Type 1 和 Type 4 主要用于解决双上联场景中引入的一些问题。下面将结合一些图例，来对这些控制信令的工作原理进行介绍。这里要说明的是，VxLAN-based EVPN 还没形成 RFC，各家在控制面的实现上并不完全一致，下面的图例为 Juniper 的实现。

信令类型	名称	用途	出处
1	Ethernet Auto-Discovery (A-D) Route	Endpoint Discovery, Aliasing, Mass-Withdraw	RFC7432
2	MAC/IP Advertisement Route	MAC/IP Advertisement	RFC7432
3	Inclusive Multicast Ethernet Tag Route	BUM Flooding Tree	RFC7432
4	Ethernet Segment Route	Ethernet Segment Discovery, DF Election	RFC7432
5	IP Prefix Route	IP Route Advertisement	draft-ietf-bess-evpn-prefix-advertisement (was draft-rabadan-l2vpn-evpn-prefix-advertisement) draft-ietf-bess-evpn-inter-subnet-forwarding

图 1-43　EVPN 的 5 类控制信令

1. Type 2

Type 2 用于在设备间同步 Host/VM 的 MAC 和 /32 的 IP 地址。Host/VM 在上线时通常会发送 DHCP 和免费 ARP，接入的 Leaf 会据此学习其 MAC 和 /32 的 IP 地址，形成本地的转发表和 ARP 表，并通过 Type 2 告诉其他 Leaf，将目的地是该 Host/VM 的流量封装 VxLAN 发送给自己。相比于标准 VxLAN 采用的自学习，Type 2 的使用可以有效地避免 ARP 跨 Underlay 的泛洪，Leaf 还可以对 ARP 进行本地的代答。不过，如果 Host 上线后一直静默，那么就还是需要泛洪 ARP 来触发 Type 2 的同步。对于 VxLAN EVPN 来说，NLRI 中的 Ethernet Tag ID 和 MPLS Label 都用 VNI 来填充，由于图 1-44 是 single-homed 的场景，因此 ESI 填为 0。

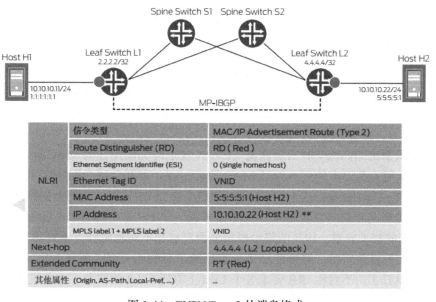

图 1-44　EVPN Type 2 的消息格式

只学习到 MAC 地址是不够的，还需要能够维护 MAC 地址的状态，防止出现路由黑洞。尤其是在云环境中，虚拟机的迁移是常有的事情，因此必须要解决好 MAC 地址移动的问题。标准 VxLAN 使用的是自学习，MAC 地址的维护主要有两种方式：① Host 移动后通过广播免费 ARP 对 Leaf 上的转发表进行更新；② 如果 Host 移动后静默，那么就等待 Leaf 转发表超时后再来重新学习。上述的第一种方式需要跨 Underlay 泛洪免费 ARP，第二种方式的收敛会很慢，某些 Leaf 还可能会成为收敛的死角。EVPN 使用了 MP-BGP 去主动维护 MAC 地址，只要有一个交换机学习到了新的 MAC 地址，就能在全局范围对其进行同步，避免了 ARP 泛洪和局部交换机无法收敛的问题。

全局同步中时序的问题很重要，EVPN 为 Type 2 引入了 SEQ，解决了时序上的问题。来看图 1-45 的场景：最开始 H1 接在 L1 下面，L1 发布 H1 的地址时指定 SEQ=0，L2 和 L4 都学习到了 SEQ=0 的消息。H1 第一次的迁移是从 L1 到 L2，此时 L2 发现 H1，更新本地 H1 的信息，然后发布 H1 的地址并指定 SEQ=1。L4 很快学习到了这个 SEQ=1 消息，对 H1 的信息进行了更新，不过由于网络延迟的原因 L1 还没有学习到这个消息。还没等 L1 学习到这个消息，H1 就立即从 L2 迁移到了 L4 上。L4 发现 H1，更新本地 H1 的信息，然后发布 H1 的地址并指定 SEQ=2。L2 很快就学习到了这个 SEQ=2 的消息，意识到 H1 已经不在本地了，于是发布一个 Withdraw 消息来删除 L1 和 L4 上 SEQ=1 的 H1 信息。L1 陆续收到了 L4 发布的 SEQ=2 的消息以及 L2 发布的 SEQ=1 的 Withdraw 消息，得知 H1 已经不在本地了，于是根据最新版的 SEQ=2 更新本地 H1 的信息，并发布 Withdraw 消息来撤销 L2 和 L4 上 SEQ=0 的 H1 信息。此时，L2 很早之前发布的 SEQ=1 的消息终于到达了 L1，但是 L1 上现在 H1 MAC 的 SEQ 之前已经被更新到了 2，因此 L1 判定该消息已经过期了，就不再做任何的处理。

2. 分布式路由机制

二层说完了来说三层。从以太网的传统实现来讲，三层的转发都是集中式完成的，汇聚层的三层交换机上会配好所有 VLAN 的 SVI，以实现 Inter-VLAN 的路由。EVPN 设计 Type 2 时既携带了 MAC 又携带了 /32 的 IP，这种设计的初衷是方便 Leaf 做 ARP 代答，以避免 ARP 的泛洪。既然带上了 IP，那么 Leaf 就具备了直接为 Overlay 做三层转发的可能，以实现 L3 的分布式转发。对于 Overlay 的场景来说，用 Leaf 做分布式网关还需要解决下面三个问题。

1）**如何识别出 Overlay 的三层流量**。EVPN 规定网关使用任播 MAC 地址，对于所有的 L2，其默认网关都要求使用该任播 MAC 地址，Leaf 上都会预先配好这个 MAC 地址和所有 L2 的 SVI，Leaf 在看到这个 MAC 地址后就会跳到 L3 转发的流程上去做路由了。

2）**如何选择端到端的路由模型**。用术语来说，EVPN 是一种 IRB（Integrated Routing and Bridging）的技术方案，IRB 的路由模型分为对称和不对称两种。不对称 IRB 中，只有接入侧的 Leaf 上会做路由，路由的结果是直接跳进目的 host/VM 所在 L2，目的侧的 Leaf 只做 L2 转发就好了。不对称 IRB 要求各个 Leaf 上有所有 L2 的信息，会造成硬件资源的浪费。在对称 IRB 中，接入侧的 Leaf 做路由的结果是先跳到一个中继的 L2，目的侧的 Leaf

会再做一次路由，从中继的 L2 路由到目的 host/VM 所在 L2。对称 IRB 虽然多做了一次路由，但是 Leaf 不需要了解目的 host/VM 所在 L2 的转发信息，可以大大地节约硬件资源。对于 VxLAN EVPN 而言，对称 IRB 的实现通常需要为一个路由域使用一个 L3 VNI（或者也可以将这个 L3 VNI 看作那个中继 L2 的 VNI），进行 L3 转发时就使用这个 L3 VNI 在 Leaf 间进行传输。

3）**芯片要支持 VxLAN Routing。**VxLAN Routing 需要为 Overlay 和 Underlay 做两次 IP 路由，这通常意味着 Recirculation，如果 Leaf 的芯片不支持 VxLAN Routing，那么就没有办法在 Leaf 上实现分布式 L3 转发。这时就仍然需要使用集中式路由的方式了，或者通过 Spine 或者通过额外的路由设备。

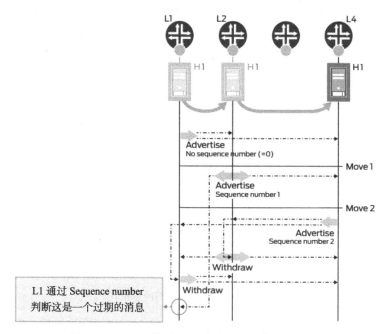

图 1-45 EVPN 使用 SEQ 来维护控制信令的时序

3. Type 5

由于 EVPN 对 IRB 的实现，因此无法简单地将 EVPN 归为 L2VPN 或者 L3VPN。Type 2 的局限在于只能携带 /32 的 IP 地址，而不会对 IP 地址进行聚合。因此，有提案提出通过 Type 5 来为 EVPN 增加宣告网段的能力，主要面向 DCI 中 PE 和 CE 跑 IGP 的场景。在数据中心内部，虚拟机 IP 较为分散，不宜进行聚合，因此，Type 5 通常用来注入 Internet 路由。

4. Type 3

EVPN 通过 Type 3 来处理 BUM 流量。EVPN Type 3 的消息格式如图 1-46 所示，NLRI 后面跟着一个 PMSI Attribute，PMSI Attribute 中的 tunnel 类型指定了 BUM 流量的处理方式，EVPN 既能够支持 Ingress Replication，也可以支持 Underlay Replication。如果采用 Ingress Replication 的方式来处理 BUM 流量，那么就需要在 Leaf 间进行水平分割——当一

个 Leaf 收到另一个 Leaf 发来的 BUM 流量时，不允许它再将流量复制给任何其他的 Leaf，以避免形成环路。

另外，Type 3 的另一个作用是完成 VNI 成员的自动发现以及隧道的自动建立。对于 VxLAN EVPN 来说，Type 3 的 NLRI 里 Ethernet Tag ID 和 PMSI 里的 MPLS Label 都填为 VNI（VLAN based 方式下填 0）。如果 PMSI 中的 tunnel type 指定为 Ingress Replication，那么就需要为每个 VNI 维护对应的头端复制表；如果 tunnel type 属于 Underlay Replication，那么不同的 VNI 则可以选择对 Underlay 组播树进行复用。

5. Type 1

实际上，只要有了 Type 2 和 Type 3 就可以把流量跑通了。不过如果需要做 multi-homed，那么事情就要复杂得多了。前面简单地提了一下 ES 和 ESI，ES 是指为 Host 做 multi-homed 时的一个 Port Group，这个 Port Group 使用 ESI 去标识，ESI 必须是全局唯一的。属于同一个 ES 的不同 Leaf 是对等的关系，它们中的任意一个都可以作为该 Host 路由的下一跳。为此，EVPN 设计了 Type 1 以实现 Leaf 间的负载均衡。

NLRI	信令类型	Inclusive Multicast Ethernet Tag Route (Type 3)	
	Route Distinguisher (RD)	...	
	Ethernet Tag ID	0	
	Originator IP Address	...	
Provider Multicast Service Interface (PMSI) Tunnel		Flags	0 (No leaf information required)
		Tunnel Type	Ingress replication, PIM-SSM, PIM-SM, BIDIR-PIM, ...
		MPLS Label	0 (Not used)
		Tunnel Identifier	Multicast Group IP Address Sender IP Address
Extended Communities		Route-Targets	
其他属性 (Origin, Nest-hop, AS-Path Local-Pref, ...)		...	

图 1-46　EVPN Type 3 的消息格式

图 1-47 是 EVPN Type 1 的消息格式。在 LS2 和 LS3 上配置了 ES 后，它们会向 LS1 发送 Type 1 的消息，填充 ESI 字段以宣告自己所在的 ES，Ethernet Tag ID 填为保留的 MAX-ET（全 F）。LS1 收到 LS2 和 LS3 的 Type 1 之后，就会知道 LS2 和 LS3 是同一个 ES 中的对等体，发往这个 ES 的流量可以通过 LS2 和 LS3 进行负载均衡。

LS2 在向 LS1 发送 H2 的 Type 2 的时候，会对 NLRI 中的 ESI 字段进行填充，LS1 会将 H2 的路由与对应的 ES 关联在一起。既然 H2 在这个 ES 下面，LS1 进而得知一定也可以通过 LS3 路由到 H2。因此，即使 LS3 没有向 LS1 发送 Type 2 宣告 H2（比如 H2 的免费 ARP 被 LAG 分布到了 LS2，而 LS3 并没有收到这个免费 ARP），LS1 在处理发往 H2 的流量时也可以在 LS2 和 LS3 间进行负载均衡。EVPN 将这个机制称为 Aliasing。

Type 1 还有一个妙用是路由的快速收敛。在图 1-48 的场景中，LS2 和 LS3 所在的 ES 下面挂着 100 个 VM，如果 LS3 接入 ES 的链路断掉了，它就需要向 LS1 发送 Type 2 的 Withdraw 消息来撤销相关 VM 的路由。如果该 ES 中有 100 个 VM，那么就要在 Withdraw

消息中——指明这 100 条路由。EVPN 设计了一种叫作 Mass Withdraw 的机制，LS3 在探测到接入 ES 的链路断掉后，会发送 Withdraw 消息直接撤销 LS1 上和该 ES 关联的所有路由，从而加快了收敛。

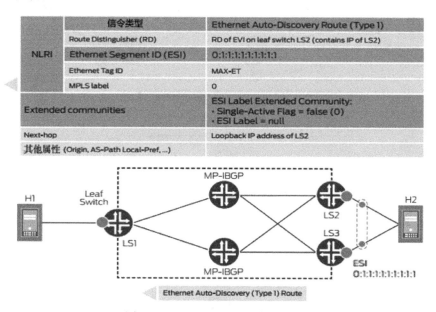

图 1-47 EVPN Type 1 的消息格式

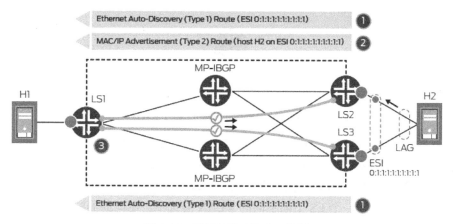

图 1-48 EVPN 的 Aliasing 机制

6. Type 4

Multi-homed 的引入使得 BUM 流量的处理也变得复杂起来，尤其是在 Type 3 指定了 ingress replication 方式的情况下。图 1-50 中的 H1 ～ H4 属于同一个广播域，其中 H3 双上联到 PE2 和 PE3。此时 H1 发出了一个广播包，于是 PE1 将该广播包复制给 PE2 和 PE3，PE2 和 PE3 收到后在分别在本地进行泛洪，于是 H3 就收到了两个相同的包。

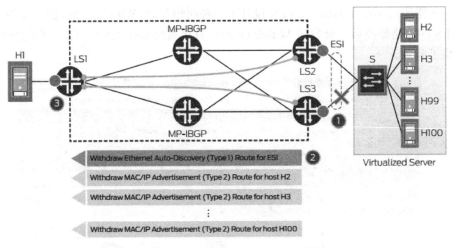

图 1-49 EVPN 的 Mass Withdraw 机制

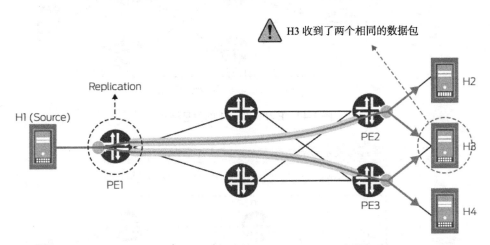

图 1-50 EVPN 要解决的 Duplicate Packets 问题

EVPN 通过 Type 4 解决了这个问题，如图 1-51 所示。属于同一个 ES 的 PE/Leaf 会交互 Type 4 信息，目的是选举出一个 DF（Designated Forwarder），只有 DF 才能够处理 BUM 流量，非 DF 见到 BUM 流量则直接丢弃，以防出现上述 Duplicate Packets 的问题。为了实现 Leaf 间的负载均衡，一个 ES 下面不同的 VLAN 会选举出不同的 DF。

上述就是 EVPN 的主要技术特性。作为 Inter-DC 和 Intra-DC 的多面手，EVPN 可以实现端到端的 Overlay 控制，DC Edge 要通过背靠背在不同封装之间进行切换，如 Intra-DC 的 VxLAN 和 Inter-DC 的 MPLS，实现 EVPN Stitching，如图 1-52 所示。如果选择用 VxLAN 为 Inter-DC 做 Internet OTT，那么就变成了端到端的 VxLAN EVPN，可以经过 Border Leaf 将 VxLAN 转 VLAN，然后再从 DC Edge 上转 VxLAN，或者直接在 Border Leaf 或 DC Edge 上做 VxLAN Stitching。

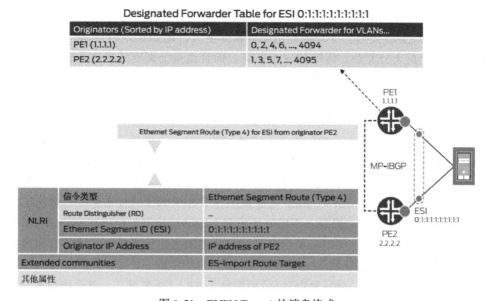

图 1-51 EVPN Type 4 的消息格式

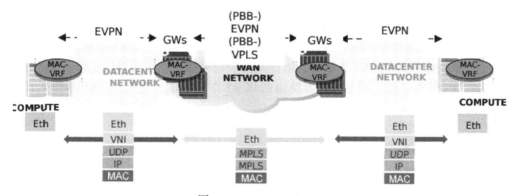

图 1-52 EVPN Stitching

1.15 Underlay 最新技术——Segment Routing

1.14 介绍了"Overlay 万金油"EVPN，本节来看看最新的 Underlay 技术——Segment Routing。入题之前，首先需要介绍一下源路由。

源路由是指由网络中的节点显式地指定流量的传输路径，后续节点将参考这个指定的路径进行转发。相比于直接在源和目的间做最短路径转发，源路由可以有效地满足流量对于时延、带宽等指标的要求。源路由的概念早在网络设计的初期就被提出了，IP 的首部里就有源路由的选项，不过从某种角度来说，源路由和 IP 无连接的本质是有所冲突的，再加上会引入很多的安全问题，因此 IP 源路由并没有得到广泛的应用。MPLS 为 IP 引入了有连接的部分特性，并将安全边界转移到了运营商的设备上，源路由才得以在 MPLS 的流量工程中找到了用武之地。不过，实现源路由的代价非常大，比如 RSVP-TE 需要维护十分复杂的路径状态，配置十分复杂，运维的成本很高，而且流量的调度效率也比较低。不过，由于运营商不愿意随便引入新的技术，因此厂商在广域网上的创新动力不是很足，RSVP-TE 也就一直将就着用了。

2012 年，SDN 开始在商用数据中心落地。虽然在广域网上还不见大的动静，但 Google 自家 B4 的成功，使得运营商开始重新考虑广域网的设计，厂商感受到压力后也不得不开始对广域网技术进行更新。2013 年，IETF 成立了一个名为 SPRING（Source Packet Routing in Networking）的工作组，旨在实现一种简单、灵活的源路由技术，用于更好地规划网络中的路径。Cisco 推动的 Segment Routing 迅速地主导了 SPRING 的技术路线。相比于 RSVP-TE，Segment Routing 的核心设备上不需要维护复杂的路径状态，使用和维护起来就要简单很多。另外，Ingress Router 可以接受由集中式控制器所生成的源路由，能够有效地提高流量调度的效率，因此有的说法将 Segment Routing 称为"SDN 2.0"。

Segment Routing 译为"分段路由"（后面简称为 SR），顾名思义，就是将源和目的间的路径分成不同的小段，逐段来进行流量的转发，和源路由大致是一个意思。分段的办法可以很灵活，如果从源 A 到目的 B 的路径总共有 5 跳依次为 R1 ～ R5，最简单的办法是将 R1 ～ R5 看作一段，这样 R1 ～ R4 都是直接根据 R5 进行路由，这种分段的办法相当于没有使用源路由。如果将每一跳都看作一段，即对应于严格源路由，R1 在做路由时会以 R2 作为目的，R2 做决策时会 R3 为目的，以此类推。如果在路径中间对应于松散源路由，比如将 R1 ～ R3 看作一段，R1 和 R2 做路由时以 R3 作为目的，将 R3 ～ R5 看作一段，R3 和 R4 做路由时会以 R5 为目的。

1.15.1 SID 与 Label

为了更好地实现上述的分段路由机制，SR 设计了一套全新的 SID（Segment ID）标识机制。网络的组成无非就是节点、链路和编址，节点和链路反映了物理拓扑，编址反映了逻辑拓扑。SR 使用 Prefix SID 来标识 IP 前缀，不同的 IP 前缀在 SR Domain 中的 Prefix SID 不能有冲突。SR 的节点使用 Node SID 来标识，每个 SR 节点在 SR Domain 中有全局唯一的 Node SID。实际上 Node SID 是 Prefix SID 的一种，通常来说，SR 节点上跑 IGP/BGP 的 /32 的 loopback 地址的 Prefix SID，就是该节点的 Node SID。SR 节点间的链路由 Adj SID 来标识，Adj SID 是节点本地唯一的，不同 SR 节点上很可能有相同的 Adj SID。

从网络抽象的角度来说，一个物理的拓扑结构可以通过节点 + 链路进行完整的描述，因此对 Node SID、Adj SID 进行有序的排列，就可以对任意路径进行任意的分段。Prefix SID 在实际中用的比较少，下面不会讨论 Prefix SID 的使用。除了 Prefix SID、Node SID、Adj SID 以外，SR 中还有很多其他用途的 SID，比如在不同节点间进行保护及负载均衡的 Anycast SID，对两个节点间的多条并行链路进行保护及负载均衡的 Parallel Adj SID，跨多个 SR 域并能够减小 MPLS Label Stack 深度的 Binding SID 等，这里也不再进行详细的介绍。

SR 要求在流量的入口设备（Ingress Router）上指定分段信息，Ingress Router 会根据路径的分段要求，将相应的 SID 列表封装在 Header 中，后续的设备就可以根据 Header 中的 SID 信息沿着目标路径进行转发。SR 在其 RFC 中提到了 MPLS Label Stack 和 IPv6 SRH 两种 Header，现有 SR 的实现都是用的 MPLS，基于 IPv6 的商用 SR 产品目前还比较少见。下面所说的 SR，都是指基于 MPLS 作为数据平面的 SR。

SR 中的 Label 是用来在数据平面上标识 SID 的。在一个 SR Domain 中，Node SID 是全局唯一的，因此 Node SID 所对应的 Node Label 也需要是全局唯一的。SRGB（Segment Routing Global Block）可以表示为 [start，end]，用于描述 Node Label 的可用范围。SR 中生成 Prefix/Node Label 的规则，就是用 Node SID + SRGB.start 来得到。之所以要设计 SRGB 来为 SID 做偏移，而不是直接用 Node SID 作为 Label，主要是考虑到厂商现有的 MPLS 实现，可能难以找到一个足够容量，且各厂商都支持的 SRGB。在 SR 的 RFC 中，建议一个 SR Domain 内的各个节点使用相同的 SRGB，不过不同厂商 SR 设备上 SRGB 通常是不一样的，因此在进行跨厂家 SR 组网时情况就要复杂一些。考虑图 1-53 中的情况，PE1/P1/PE3 是 Juniper 的设备，PE2/P2/PE4 是 Cisco 的设备。如果 PE 4 的 Node SID 是 44，那么 PE1/P1/PE3 上 PE 4 的 Node Label 就是 800044，而 PE2/P2/PE4 上 PE 4 的 Node Label 就是 16044。所以说，SRGB 是 SR 节点本地的概念，"Node SID 所对应的 Label 也需要是全局唯一的"这个描述实际上并不是十分严谨。在一个 SR Domain 中，Adj SID 是节点本地有效的，Adj SID 对应的 Label 也是节点本地有效的，因此 Adj Label 和 Adj SID 通常直接取相等，两者的取值范围默认是从 SRGB.end 开始递增的。

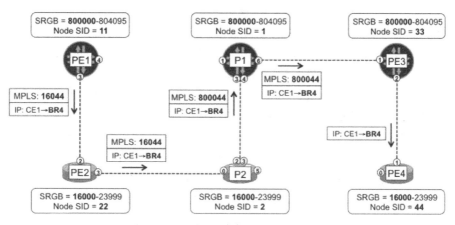

图 1-53　不同的厂商使用不同的 SRGB

1.15.2　控制与转发机制

1. 基于 IGP 的信息同步

SR 通过 IGP 在节点间进行信息同步，主要包括 OSPF 和 ISIS 两种。由于原生的 OSPF/ISIS 只能携带 IP 前缀和下一跳，没有 SID 的概念，因此需要对 OSPF/ISIS 进行 SR 的扩展，以便能够在信令中携带 SRGB、Node SID、Adj SID，以及其他 SID。通过 IGP 的同步，各个 SR 节点上会形成完整的 SID 拓扑图，假如网络中共有 N 个节点，每个节点上有 L 条链路，那么各个节点的 LFIB 中就会形成 $N+L$ 条转发表，其中 N 条是 Node Label 表项，L 条是本地链路的 Adj Label 表项。Node Label 表项中的 out interface 是节点根据拓扑通过 IGP 得最短路径算法得到的，而 Adj Label 表项中的 out interface 是从 SR 邻居的 IGP 宣告消息中直接解析出来的。回过头来再去重新理解 SID，实际上每个 SID 就代表着一个"指令"。Node SID 指令的本质是通过 IGP 路由决定下一跳，属于一种松散的下一跳；而 Adj SID 指令的本质是通过特定的本地链路转发给下一跳，属于一种严格的下一跳。

2. 基于 MPLS 的流量转发

LFIB 中对 Label 的处理动作规则如下：Ingress Router 做 PUSH，以 Egress Router 的 Node Label 作为栈底（如果需要 Service Label，则以 Service Label 做为栈底），上面是希望经过的节点的 Node Label 和希望经过的链路的 Adj Label。对于 Transit Router 来说，如果看到的栈顶是和自己没有本地直连的 Node Label，则 SWAP 栈顶，只不过 SWAP 前后的 Label 是一样的而已；如果看到的栈顶是 Adj Label 或者是和自己有本地直连的 Node Label，则直接 POP 栈顶（相当于 PHP）。因此，Egress Router 收到数据包时，所有 SR 的 Label 都已经被 POP 掉了，然后根据 payload（或者 Service Label）路由给 CE。上述所说的 Service Label 是一个泛指，或者是 VPN Label，或者是 CE Label，或者是 VM Label，或者是其他与客户侧业务相关的标签，Segment Routing 并不负责生成 Service Label。

可以结合图 1-54 中的例子来理解 SR 数据平面上的转发机制，PE1 是 Ingress Router，PE3 是 Egress Router，要求经过 P2 → P1 这条链路进行传输，图中链路的 IGP cost 都相同。首先在 PE1 上做 PUSH，栈底压 Service Label，Service Label 上面是 PE3 的 Node Label，再上面是 P2 本地与 P1 相连链路的 Adj Label，栈顶是 P2 的 Node Label。PE1 查 LFIB，得知去往远端的 P2 有两个可用的下一跳 PE2 和 P1，假设 PE1 选择了 PE2 作为下一跳。PE2 收到后，查 LFIB 匹配 P2 的 Node Label，进行转发同时 POP 掉栈顶。P2 收到后，查 LFIB 匹配 P2 → P1 的 Adj Label 的表项，转发给 P1 同时 POP 栈顶。P1 收到后，查 LFIB 匹配 PE3 的 Node Label 表项，转发给 PE3 同时 POP 栈顶。PE3 收到时，就已经只剩下 Service Label 了，PE3 会根据 Service Label 的处理逻辑来进行后续的转发。图 1-51 中没有体现出 SWAP 的操作，如果 PE1 和 PE2 间又有一个 PE3、PE1 和 P1 间还有一个 P3，PE1 选择了 PE3 作为到 P2 的下一跳，那么 PE3 收到后，查 LFIB 匹配 P2 的 Node Label，转发给 PE2 同时执行 SWAP（SWAP 之后还是 2）。

3. 与 LDP/RSVP-TE 的对比

SR 与 LDP 和 RSVP-TE 一样，都是作为标签转发的控制面，下面来讨论一下这三者的区别。LDP 的作用是在源路由和目的路由间自动生成 MPLS 路径，它是从"路径"（FEC）的角度看待 Label 的，每个 FEC 在每个节点上都有不同的 Label，因此节点上 LFIB 中表项的数量基本上是和网络中的 FEC 数量成正比的，LDP 的控制平面和数据平面都没有体现源路由的思路，无法实现对路径的规划，也没有预留带宽的能力。RSVP-TE 的作用是在源路由和目的路由间特定的路径上自动生成 MPLS 路径，它看待 Label 的角度和 LDP 是一致的，数据平面上还是逐跳做 SWAP，没有用 Label Stack 做源路由。不过，RSVP-TE 控制平面中的 ERO 体现了源路由的思路，控制信令才得以预留沿路的带宽，但是其引入的 session 概念使得设备上需要维护大量的状态信息，而且分布式的路由规划无法充分地利用网络中的带宽资源。

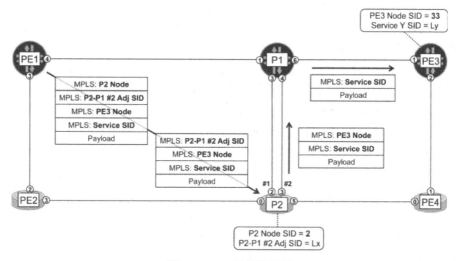

图 1-54　SR 的转发示例

相比之下，SR 弃用了 LDP 和 RSVP-TE，而是使用扩展的 IGP 去宣告 SID 和 Label，它是从"拓扑"的角度来看待 Label 的（不考虑 Prefix SID），每个节点和物理链路都有自己本身的 Label，任意的路径都可以通过组合节点和物理链路的 Label 来表示，因此节点上 LFIB 中表项的数目是和网络中 FEC 的数量无关。SR 的数据平面通过 Label Stack 实现源路由，节点上不需要维护任何和路径相关的状态，源路由的计算可以通过控制器来集中式地完成，能够有效地提高带宽的利用效率，不过 SR 本身并没有预留带宽的能力。

4. TI-LFA 与微环路避免

电信级的网络要求能够在故障出现后的 50ms 内倒换到保护路径上，由于 IGP 的收敛速度无法满足此要求，因此通常要借助于 FRR（Fast ReRoute）技术，FRR 在故障发生前就会得到故障后可用的保护路径，并更新到 FIB 中，因此 PLR 在本地检测到故障后即可立即完成切换。IPFRR 是一种对 IP 前缀进行保护的 FRR 技术，其传统的实现包括 LFA（Loop Free Alternate）和 RLFA(Remote Loop Free Alternate)。LFA 的思路是，以 PLR 本地直连的、且到达目标前缀的最短路径不经过故障处的节点 N 作为下一跳，故障时 PLR 将去往目标前缀的流量转发给 N，N 再将流量路由至目的地，LFA 非常简单但在某些拓扑中无法找到有效的 N。RLFA 的思路是，取 P 空间与 Q 空间的交集 P ∩ Q，其中 P/Q 空间分别表示到达 "PLR/ 目标前缀"的最短路径不经过故障处的节点集合，然后在 P ∩ Q 中选取一个节点 N 作为下一跳，故障时 PLR 先通过隧道将去往目标前缀的流量定向到 N，接着由 N 终结隧道并将流量路由至目的地。相比于 LFA，RLFA 借助隧道提高了拓扑的覆盖率，但是在少数拓扑中，P ∩ Q 仍可能为空集。

而 SR 所支持的 TI-LFA（Topology Independent Remote Loop Free Alternate）可实现 100% 的拓扑覆盖，思路也是先得到 P/Q 空间，如果 P ∩ Q 不为空，则在 P ∩ Q 中找到一个节点 N，故障时 PLR 会压入 N 的 Node Label，引导流量先经过 N 再流向目的地。如果 P ∩ Q 为空，则分别在 P/Q 空间选择节点 NP 和 NQ，并计算出 NQ 与 NP 间不经过故障处的路径 L，故障时 PLR 从栈底到栈顶方向依次压入 NQ 的 Node Label，路径 L 的 Label 列表（可根据实际情况由 Node Label 和 Adj Label 组合得到），于是流量将先被路由至 NP，然后经过路径 L 引导至 NQ，再由 NQ 流向目的地。可以看到，由于 SR 具备显示路由能力，能够对流量进行逐跳的引导，因此故障后，只要在拓扑上 PLR 和目的地仍然是连通的，那么 TI-LFA 就一定引导流量到达目的地，而且 TI-LFA 还能够保证通过故障后最优的路径进行引导，这也是 LFA 和 RLFA 都无法保证的。

另外值得注意的是，由于 IPFRR 的定位是一种在故障发生后短时间内对 IP 前缀进行保护的机制，因此在大部分的实现中，在 PLR 本地完成 IGP 收敛后，PLR 仍然会使用 IGP 收敛后生成的新路由进行转发。不过，这可能会导致一个问题，假设 PLR 本地完成 IGP 收敛后去往目标前缀的下一跳为 C，于是 PLR 将流量转发给 C，但此时 C 还没有完成 IGP 收敛，而且不排除 C 中去往目标前缀的下一跳是 PLR 的可能，在这种可能下 C 又将流量送回给了 PLR，也就导致了环路的产生，直到 C 完成 IGP 收敛后环路才得以解除。

这种由于 IGP 收敛不同步所导致短暂的环路称为 "微环路"，解决微环路问题的一种做法是，当 PLR 本地完成 IGP 收敛后不会立即更新转发表，而继续使用保护路径，直到 PLR 认为 IGP 已完成全局收敛再更新转发表，按照 IGP 收敛后的路由进行转发。不过即使如此，由于 LFA 只能影响 PLR 的转发行为，因此只能保证 PLR 和其下一跳间不产生微环路，无法保证保护路径中其他节点间不产生微环路。而 SR 则允许通过源路由来影响保护路径中每个节点的转发行为，因此采用推迟更新后可以完全地避免微环路的产生。

1.15.3 SDN 2.0?

1. 与 OpenFlow / OVSDB 的对比

上述就是 SR 的核心技术框架。前面提到过，有的厂商将 SR 称为 SDN 2.0。下面不妨就来比较一下 SR 和 OpenFlow/OVSDB。OpenFlow/OVSDB 的特点在于 "全面"，ID 分配、拓扑发现、路由计算、FIB 分发、隧道拆建、流量引导、流量调度以及带宽预留，这些事情它都可以做到。而 SR 是一个专才，只负责根据 SID 生成 LFIB，然后转发源路由的流量，如果要用 SR 做 SDN，就必须要搭伙其他的协议——发现拓扑要靠 IGP/BGP-LS，流量引导要靠 PBR/BGP-Flowspec/NETCONT，流量调度要靠 PCEP，预留带宽要靠 RSVP-TE。那么，相比于 OpenFlow/OVSDB，SR 的优势在哪里呢？从架构上来说，OpenFlow/OVSDB 是纯集中式的，要打通一条路径，需要逐台设备进行控制，而 SR 在分布式和集中式之间找了一个平衡，先通过分布式的协议把拓扑和路由算好，然后找一个代表同步给控制器，

控制器只要计算出目标路径发给 Ingress Router，因此 SR 的可扩展性要强于 OpenFlow/
OVSDB，可以适用于运营商规模的网络。另外，SR 的流量转发并不严格依赖于控制器，
且能够实现 50ms 级别的故障恢复，因此具备更高的可用性。当然，SR 相比于 OpenFlow/
OVSDB 最大的优势还是来自于技术的向前兼容性，出于对商用风险的考量以及技术取向的
惯性，运营商自然会更加倾向于 SR。

2. "端到端"的理想

在大网这块站住脚之后，SR 最近又开始做起了数据中心。借着"云网协同"的概念，
一些厂商提出了将 VM/Container、Host、Leaf、Spine、DC Edge、DC Uplink 全部分配上
SID，以实现 DC-Metro-Core-Metro-Enterprise "端到端 SR" 的宏伟目标。图 1-55 是端到
端 SR 的设想。

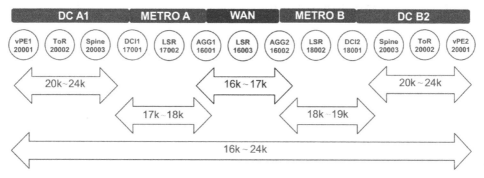

图 1-55　端到端 SR 的设想

要做进数据中心，首先要搞定服务器端，那么对 vRouter 进行升级就是必不可少的，另
外更彻底的是直接扎入到协议栈中，目前 Linux 4.1.0 已经开始提供对 SR 的支持。从服务
器出来之后，就进入了 DC 的 Underlay Fabric，鉴于 Google、Facebook 等大型 OTT 在近几
年将 BGP 应用于超大规模数据中心的推动，SR 拾起了长期以来一直不温不火的 BGP-LU
（BGP Labeled Unicast，RFC3107）来宣告 SID 与 Label 的关系，以拉通 Underlay 上的传输。
到了 DC 的 Edge Router 这里，SR 设计了 BGP-EPE（BGP Egress Peer Engineering，draft-
ietf-spring-segment-routing-central-epe-07）的机制，用于优化 DC 多出口的 BGP 选路。

如果实现了"端到端 SR"，再结合 SDN 控制器开放出来的北向接口，应用即可主动地
规划路径，一些厂商也为此描绘出了"应用驱动网络"的美好愿景。

SR 向数据中心的推动，实际上是 Underlay 对于 Overlay 的反击。不过，数据中心的网
络结构非常规整，网络直径通常都小于 7 跳，带宽的资源也相对充裕，因此 SR 做路径规划
的优势并不明显。如果是为了调度 Elephant Flow，将 SR 引入物理网络未免有些小题大做，
如果是为了做服务链，明显也是在边缘用 OpenFlow 更适合一些。而 TI-LFA 所提供的保护
能力，也不是特别符合 Leaf-Spine "设备热插拔，多路 ECMP" 的设计哲学。"应用驱动网络"
倒是个不错的概念，但是实际上与圈子里一直在提的 " Intent Based Networking" 也并没有
什么本质的区别。

而且，数据中心仍然处于向 VxLAN 演进的前期阶段，SR 想渗透进数据中心，目前来看并不是一个很好的时间点。随着 SDWAN 的流行，企业入云的场景也开始更多地开始使用 VxLAN 来做 Internet OTT。"端到端 SR"还远，"端到端 VxLAN"倒是已经近在眼前了。

1.16 本章小结

数据中心网络技术近十年间的演进，在传统 IDC 向云数据中心转型的大背景下展开，东西向流量的爆发催生了 Leaf-Spine 架构和各路大二层技术，而对于开放性和自动化的强烈诉求，则拉开了 SDN 时代的序幕。同时，在与 SDN 碰撞的过程中，传统网络技术也得到了进一步的升级。本章对这一演进的主线过程进行了回顾，并对其中的一些代表性技术进行了介绍，以作为后续内容的背景知识。

第 2 章 *Chapter 2*

杂谈 SDN

上一章提到过，网络技术当下属于 SDN 的时代，数据中心则正是 SDN 的主战场。不过在介绍 SDN 在数据中心的应用之前，有必要先来好好地聊聊 SDN。SDN 的入门资料在网上俯拾皆是，所以本书不再赘述。本章主要是谈观点，希望能够引导读者对 SDN 做一些深入的思考，既能看得到面子，又能瞧得见里子。

2.1 SDN 与传统网络——新概念下的老问题

SDN 是个时髦的概念，但是它和传统的网络技术究竟有什么区别呢？这是个没有标准答案的问题，一千个人对 SDN 有一千种理解，但是万变不离其宗，无论是由谁通过怎样的方式来定义网络，其作为通信系统的本质和内核是不会变的。SDN 只不过是变革了网络的交付模式，而它在技术上所面临的大部分问题实际上在传统网络中都有迹可循。本节旨在帮助读者认清 SDN 新概念下的老问题。这是个不小的话题，总要找到些思路上的依托。在较为普遍的认识中，SDN 具有三大特征，包括网络可编程、转发与控制相分离以及集中式控制，下面就从这三个特征进行切入。

1. 转发与控制分离

路由设计之初，专用的转发芯片尚不成熟，转发通常是基于通用内核来做的。这个阶段的转发和控制都是由 CPU 来实现的。对于每一个数据包，CPU 都要通过复杂的软件查找算法来匹配转发逻辑，因此在转发速度上有很大瓶颈。再加上 CPU 还要对网络控制消息进行处理，转发和控制对有限 CPU 资源的竞争时常会导致网络性能出现很大波动。随着 ASIC 的成熟，业界通通转向了将转发和控制相分离的架构：设备里面 ASIC 和 CPU 各司其职，CPU 负责计算密集型的控制逻辑的处理，完成计算后通过特定的通道（如 PCIe）将转发规则下发给 ASIC；ASIC 负责按照转发规则进行高速转发。ASIC 的灵活性较差，于是又出现了 NP、FPGA 等，不过转控分离的架构得以保留，目前的网络设备中已经看不到由 CPU 包办一切的情况了。这和 SDN 提出的转控分离是形似的。

估计很多的读者要问了，不是吧？传统设备是在盒子内部"1cm"的转控分离，而 SDN 的控制逻辑可是在远端的。这是个非常普遍的错误理解，笔者在最开始接触 SDN 的时候也是这么想的，因此曾经长期困惑于一个问题：如果 SDN 的控制逻辑一定是在远端的，那么控制器下面肯定不能是对着一个设备，那么"集中式控制"是否是"转控分离"一个必然的结果呢？

实际上，SDN "转控分离"的内涵并不在于远端，而在于开放。ForCES 作为最早的 SDN 标准是没有要求 CE 和 FE 一定要离得有多远的。传统设备的转发与控制的确是分离的，但是转发的接口可不是标准的，更谈不上是开放的，不同 ASIC 上同一种控制逻辑是没有办法直接移植的。换句话说，架构上转控是分离了，但逻辑上转控仍然是强绑定的厂商们正是靠着这一点来捆绑了硬件和软件。对于厂商来说，这种捆绑通常意味着高技术门槛、超额的利润以及牢固的用户锁定，因此他们的一切战略都是围绕着盒子的整体交付来铺开的。商业上不可言说的原因为网络的创新铐上了沉重的枷锁，而 SDN 要求软件和硬件解耦合，这就是厂商们抵触 SDN 的根本原因。

因此 OpenFlow 和 ASIC 的 SDK 并没有本质的区别，更多情况下只是对相同硬件的不同控制方式而已，抽象程度不同罢了。很多人攻击 OpenFlow 说 PacketIn 和 FlowMod 的性能问题没有办法得到解决，可是传统设备的收敛也是要有一个过程的，转发表总不可能是凭空生成的，ASIC 和 CPU 间的双向通信同样不可避免。如果特别在乎与远端的控制器间通信的时延，那么把 OpenFlow 控制器放在设备本地就好了。当然，这放弃了 OpenFlow 集中式控制的能力，但是仍然可以获得开放转发与控制间接口的种种好处。对于 OpenFlow 的误解还有很多，这里先卖个关子，下一节会为 OpenFlow 做一个"平反"。

目前业界 SDN 实现可分为狭义和广义两种，狭义 SDN 的典型实现包括 ForCES 和 OpenFlow，上面说过其本质在于转发与控制间开放的标准接口。而要理解广泛意义上的 SDN，则可以直接从 SDN 的名称入手：既然称为"软件定义网络"，可编程才是 SDN 的基本特征，所有允许通过编程控制的网络都属于广义 SDN，可以通过编程来控制网络的技术都是 SDN 技术。概念上有了"可编程"作为基础，厂商们找到了从转控分离逃离出来的理由，从 API 的角度来切入 SDN。实际上，SDN 的先驱们在起这个名字的背后可能包含了技术外的多方面考虑——它能够给厂商一个缓冲的机会，或者反过来说这也是 SDN 至今仍然能够活下来的必要妥协。

2. 网络可编程

可编程性自从网络出现以来一直是个热点话题，并不是什么 SDN 独特的创举。脚本就是最为初级的编程，通过对 CLI 进行组合与包装来提供网络的自动化。当面对两三台设备的时候，手敲 CLI 然后 show 一下是最为稳妥的方式。当面对十几台设备的时候，或许写个简单的脚本是更好的选择。当设备的数量有几十台的时候，脚本几乎就是唯一的选择了。可是，当面对整个数据中心的设备时，简单的脚本可能就不能满足需求了，一边心里念叨着"这该死的IT",一边祈祷网络不要出现故障。

SDN的出现是希望让网络变得更加智能,SDN"可编程"也并没有要求一定是"转发可编程",从概念上来说只要是编了码都可以算得上是广义上的SDN。因此,"可编程"可以说是个相当宽泛的概念,这也导致了目前业界SDN技术的百家争鸣。网络运维基于SSH或者RPC做远程集中式的脚本开发,省去了到设备前去配CLI的,这种算不算是SDN呢?网管系统开发基于SNMP来做接口包装、界面呈现,SDN提倡的网络可视化SNMP也有极为丰富的支持,这种又算不算是SDN呢?SNMP有可读性差和不支持事务操作等缺点,于是NETCONF/YANG被提了出来,可是YANG不过是Yet Another Next Generation,而NETCONF在2006年由Juniper提出来的时候也没人提SDN,为什么现在就火了呢?BGP几乎所有的路由器都支持,弄一台服务器做BGP反射,然后通过调用数据库接口来做一些选路策略,为什么大家都认可这很SDN呢?这些都是容易引发争议的话题,不过在新的时代,传统的技术确实是可以被赋予新的概念的。既然先驱们起了SDN这个名字,那么就要辩证地来看,不过这个话题的讨论还是要有底线的,否则SDN就变成了"大锅汇",会出现很多"看起来很奇怪"的选手。

从脚本到程序,SDN只是为了塑造一个"更好的网络",而并不是一个"完全不一样的网络"。这原本是一件好事,却让相当一部分搞网络的人心里打了鼓,让程序员这个"具有野心"的行当成了网络界的"阶级敌人"一般的存在。实际上,SDN试图推动的是网络界精细化分工的过程,而编程只是其中的一个环节。IT的各个行业都希望得到既懂编码又懂业务的复合型人才,但这样的人毕竟是有限的,网络的蛋糕足够大,是可以同时容得下只懂网络架构和只懂代码的专才的。

3. 集中式控制

与转控分离和可编程不同,对于SDN的另一个特征"集中式控制"的争论,则更多地出于技术方面。传统网络架构上是基于分布式路由协议的,但是并不是没有一点集中式的影子在里面,大家熟知的WLAN中的AC就是典型的例子。诚然,相比于分布式,集中式在可用性和扩展性方面确实有一些不足,但是这些问题实际上并不是无解的,传统网络就是最好的老师。

在可用性方面,传统的设备看起来就那么一个盒子,除了协议一直在打补丁、端口速度不断进化着以外,好像看不出别的什么学问来,但是把盒子拆开了来看,里面的设计架构实际上和SDN是类似的。大型的盒子里面,业务板都是多插槽,背板也很可能有多块,这些业务板和背板上的逻辑都是由引擎来集中式控制的。那么引擎挂了怎么办,是不是业务板和背板就都不能用了?当然不是,想获得高可用性,可以为盒子多准备一块引擎做冗余。如果两块引擎都挂了或者要在线升级,那么可以使用NSF、GR、ISSU这些来保护业务的数据通道。要是盒子整体挂掉了怎么办,那就多买盒子做主备或者多活。

在扩展性方面,传统网络的扩展性是由分布式来保证的,BGP撑起了Internet的基础。然而在大规模网络中,BGP都需要有一个RR作为路由的集中点,否则由于Full-Mesh也是难于实现可扩展的。每个路由器都和这个点去建邻居,这个点统一收集大家的路由然后再去分发。那么，这个还是分布式吗？是的，因为路由的计算还是路由器自己完成的，集中式的 RR 只负责原封不动地反射。可是不管怎么样，这个点和 SDN 控制器还是处在相同的位置上。而且多数情况下为保证控制平面的性能，RR 是不会跑转发的，这和 SDN 控制器就更像了。RR 不会有扩展性的问题吗？答案是会的，解决的办法是专门对 BGP 代码进行优化，来把性能做强。可是经过优化过后，一个 RR 最多也就可以带几百个 BGP 邻居，如果仍然不能满足需求，那么就再为 RR 引入分簇做冗余或者分级做层次化。

因此，SDN 的集中式为人诟病的可用性和扩展性的问题，并不是传统网络没有遇到，而是它们已经花了多年的时间把问题解决了。但是，传统网络的可用性和扩展性也不是免费的，核心交换机和路由器那么昂贵的价格，每个炫酷的 Feature 可都是做出了自己的贡献的。当然，如果有一天 SDN 也演进到和传统网络一样成熟，其成本也不会太低。不过，转控分离和可编程为 SDN 带来了更为开放的生态以及更低的实现门槛，这些才是传统网络向 SDN 转型的本质驱动力。另外，控制器的 CPU 和内存相比于盒子而言可以看作海量的，控制器的性能不再完全受限于代码的实现质量，一定程度上还可以靠"堆资源"来进行弥补。

这一节的讨论粒度是比较粗的，只是希望能帮助读者认识到 SDN 并不是"网络异教徒"，相反，SDN 恰恰是网络界再次开动技术引擎的助燃剂。后面几个小节，将会对 SDN 的几个特征进行更为深入的讨论。

2.2 转控分离——白盒的曙光

早在 2003 年，IETF 就提出了一种名为 ForCES 的框架，将转发元件与控制元件分离，然后通过标准的接口实现控制，旨在加速转发平面和控制平面的创新。ForCES 中，转发元件被称为 FE，控制元件被称为 CE，CE 通过 ForCES 协议来控制 FE 的转发。CE 和 FE 间在物理位置上没有必然的联系，可以位于一个机箱里通过背板互联，也可以通过以太网或者 IP 进行远端的互联。一个 FE 可以同时连接多个 CE 以实现主备或者负载均衡，CE 和 FE 间的对应关系由 CE-Manager 和 FE-Manager 进行协商。ForCES 框架下的工作流程分为 Pre-association 和 Post-association 两个阶段。Pre-association 阶段中，首先 CE-Manager 和 FE-Manager 间会交换 CE、FE 的列表，然后 CE-Manager 告诉 CE 与之关联的 FE 的信息，FE-Manager 告诉 FE 与之关联的 CE 的信息。Post-association 阶段中，首先在 CE 和 FE 间进行认证、握手、能力协商和初始化配置，然后 ForCES 协议的通道就建立起来了。通道上的信令主要包括 FE 向 CE 发送不知道如何处理的数据报文、FE 向 CE 转发入向的控制报文、CE 向 FE 发送转发表、CE 向 FE 发送出向控制报文、CE 向 FE 请求一些统计数据等。ForCES 协议只规范 Post-association 阶段的交互，Pre-association 阶段的交互则不在 ForCES 协议的范围内。

可以看到，ForCES 协议和 OpenFlow 在基本设计思路上是完全一致的。不过 ForCES 并没有像 OpenFlow 一样火起来，为什么？一方面，时机不够成熟，当时通信领域如日中天，OTT 们还没有与设备厂商们掰手腕的想法，ForCES 想法虽好但太过于超前了。另一方面，找错了切入点，ForCES 的倡导者大多来自于高校和 Intel，然而面向的却是 IP 设备，厂商在 IP 这块有绝对的话语权，当然不会放任 ForCES 胡来。厂商们为什么抵制 ForCES？因为 ForCES 从根上动摇了厂商的利益。

网络设备这一块，从主板、交换芯片这些硬件到操作系统、协议实现这些软件，向来都是各路厂商自成体系，从硬件到软件一并都做了。这个模式有什么问题吗？试想如果 WinTel 不是两个公司的联盟，而是一家公司的话，PC 肯定做不到今天这样普及，如果浏览器、游戏、即时通信等软件都被操作系统套牢，PC 上的应用也不可能像今天一样丰富。

很遗憾，网络设备这一块并没有形成 WinTel 的格局。软硬件的一体化，意味着用户不仅不清楚各个环节的成本，很多时候还要在买回盒子以后为软件的授权（License）另外付费。对于软件本身，用户也不知道它的实现细节，想要加一些新的功能必须依赖于厂商来做定制化。严密的技术封锁压制了市场竞争，网络设备长期由几个巨头把控，他们在分享着庞大的市场需求的同时，还能够获得高昂的产品利润。这些优势都得益于控制与转发的紧密耦合，也就是说，并不是厂商不接受 ForCES 转控分离的概念，而是他们不愿意将转控分离进行开放。一旦开放式的分离，就意味着软硬件的进一步分工成为可能，产业链必然面临重构。

不过，任何行业的发展都无法摆脱精细化分工的必然趋势，ForCES 搞错了时机与切入点，但是没过几年需求就出现了。2005 年前后，Google、Amazon 这些 OTT 巨头的业务开始迅速扩展，对于服务器、存储和网络这些基础设施要进行大规模的建设。这些互联网巨头和电信运营商不同，他们对新技术的态度是更为开放的。首先，他们的技术能力非常强，对厂商不存在什么依赖感，一贯的路数是所有东西都自己来做，如果服务器、存储都能自己来做，网络为什么不行呢？而且，相比于运营商骨干网上的 IP 设备，数据中心在新建时存量设备的压力也比较小。于是，他们开始着手自己研发数据中心的交换机。

Google 摸索出来的思路可以概括为以下三点：

1）从商用芯片公司买芯片，交换机上的软件自己来做；

2）采用 CLOS 结构进行整体组网，从 Scale-Up 转向 Scale-Out；

3）部分控制逻辑集中化，和计算、存储统一管理编排。

从 Google 的角度来看，上述思路的最终目的都脱离不开降低成本。

1）和芯片公司谈好合作，根据芯片公司提供的 SDK 自己来做操作系统和协议栈，不用再为盒子中很多不必要的功能买单。

2）Scale-Out 的思路中不再围绕网络中的大盒子进行组网，将一个大盒子分解成多个小盒子，容量不够了就再加一台设备，设备坏掉了就用任何其他设备顶替掉，总体上可以大幅度降低 CAPEX。

3）集中式控制可以增强自动化的能力，还可以提供更好的流量调度与可视化，虽然开发集中式控制有一定的前期研发成本，但从长期来看是可以降低 OPEX 的。

然而，从传统网络设备厂商的角度来看，上述都是对传统网络的巨大冲击，Google 的设备上将没有任何厂商的色彩，成了"白盒"，这可绝对不是什么好的兆头。

AWS 的思路没有对外公开，但是整体的思路和 Google 应该是类似的。如果说 Google 关上门研究"黑科技"，设备厂商们作为"外人"没什么可说的，那么 AWS 于 2012 年将

10亿美元的大单给了独立的白盒厂家，而没有选择Cisco，这可是公开向市场释放了白盒商用的信号，白盒开始正式走入了人们的视野。可以说2012年就是白盒交换机的"元年"。

相比于Google和AWS，Facebook起步要晚一些，直到2010年才开始自建数据中心，但是FB马上在2011年就有了一个大动作——成立开放计算项目（Open Compute Project，OCP），旨在开源数据中心所有的软硬件设计，想去掉所有传统的服务器和存储厂商，网络厂商自然也"不能幸免"。OCP可谓一鸣惊人，ATT、Verizon、微软、Rackspace、高盛这些体量的用户陆续加入。"白盒"也终于找到了组织，Intel、Broadcom、Mellanox这些商用芯片厂家开始开放芯片的SDK，Cumulus、BigSwitch、Pica8开始推广白盒的软件，Quanta、Accton这些ODM厂商开始跟进白盒的硬件集成与组装。Cisco和Juniper抵挡不过潮流，也在2015年初加入了OCP。随着Google于2016年加入OCP，OCP的影响力已经越来越大。不过AWS目前还没有动静，听闻他们甚至打算开始自己做芯片了，看来技术上的领先优势仍然是比较大的。

既然是分工，那么原来一家通吃的活就要分给不同的人家去做。分工后是什么样子呢？主要拆解成了4个部分，从下向上依次是芯片、机箱、操作系统以及控制与管理软件，如图2-1所示。下面分别从这4个部分对转控分离目前的进展进行具体的介绍。

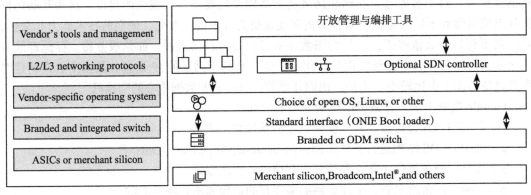

图2-1　白盒的技术堆栈

2.2.1　芯片级开放

1. OpenNSL与OF-DPA

ASIC主要来讲讲Broadcom。Broadcom在SDN方向上主要供应的是Trident和Tomhawk两款ASIC，为OpenFlow和Overlay专门做了一些设计上的优化，目前大部分的白盒都是基于这两款芯片在做。ASIC的软件接口方面，Broadcom实际上与很多高校和OTT都有合作，允许他们通过Broadcom的SDK来进行开发，只不过要签NDA（NonDisclosure Agreement）。OCP来了之后，Broadcom把SDK进行了二次包装，然后开源出来贡献给了OCP，面向传统的L2/L3协议栈的API叫作OpenNSL，面向OpenFlow的API叫作OF-DPA。图2-2a是交换机本地的应用程序通过调用OpenNSL API来控制芯片的行为，图 2-2b 是通过 JSON-RPC 在远端调用 OpenNSL API。图 2-3 是 OpenFlow Agent 收到远端控制器的 OpenFlow 消息后，在交换机本地转化成 OF-DPA API 来控制芯片的行为。

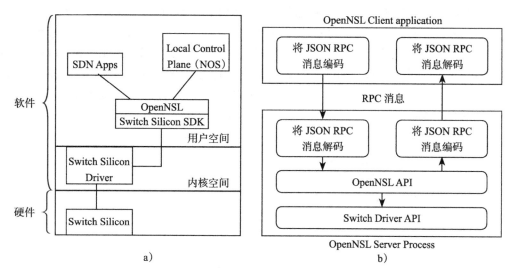

图 2-2 交换机本地的应用调用 OpenNSL API 以及远端通过 JSON-RPC 调用 OpenNSL API

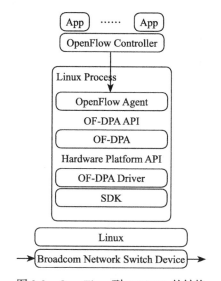

图 2-3 OpenFlow 到 OF-DPA 的转换

OF-DPA 内部实际上用的还是 OpenNSL 的库，不过向上提供的 API 不一样罢了。OpenNSL 和 OF-DPA 提供的接口分别如图 2-4 和图 2-5 所示。之所以把 OpenNSL 和 OF-DPA 的 API 列在下面，是想要告诉读者一件事情，就是白盒的能力最后还是受限于芯片提供的 API 的，并不是控制器让做什么盒子就能做什么。

2. SAI

除了 Broadcom 以外，ASIC 这一领域的选手还有 Intel、Melllanox 以及 Cavium，国内的盛科这几年也逐渐打响了名声。转发的应用为 ASIC 写 Adaptor 可不是一件容易的事，有这么多的 ASIC 厂家，应用如果每移植到一个新的 ASIC 上去就要重写一次 Adaptor，效率就太低了，于是又有人想了一个法子，在各家 ASIC 的 SDK（比如 Broadcom 的 OpenNSL）之上再做一层统一的抽象，ASIC 厂商需要根据这层抽象把自家的 SDK 适配进去，这样转发的应用就可以在不同的 ASIC 间进行无缝移植了，这就是微软提出的 SAI（Switch Abstraction Interface）。

- Buffer Statistics Tracking
- Class of Servie Queue Configuration
- Error Handling APIs
- Initialization APIs
- Kernel Network Configuration
- Layer 2 Address Management
- Layer 3 Management
- Link Monitoring and Notification
- Port Mirroring APIs
- Multicast Management APIs
- Packet Trace
- Policer Configuration APIs
- Port Configuration
- QoS
- Statistics
- Spanning Tree Groups
- Switch Control APIs
- Trunking
- Tunneling
- Packet Transmit and Receive
- VLAN Configuration
- VxLAN
- Warm Boot

图 2-4　Broadcom OpenNSL 提供的 API

- **Initialization**
  - Get version, platform, etc.
- **Flow Table APIs**
  - Add/modify/delete flow entries
  - Statistics get
  - Walk flow table
  - Get flows by cookie
- **Group Table APIs**
  - Add/delete group table entries, walk group table
  - Add/modify/delete buckets, walk buckets
  - Get status
- **Port APIs**
  - Configure
  - Walk port table
  - Get status
- **Queue APIs**
  - Configure rates, get status
- **Packet APIs**
  - Packet send, receive
- **Events**
  - Event receive
  - Port, flow removed, flow added

图 2-5　Broadcom OF-DPA 提供的 API

SAI 的架构如图 2-6 所示，其中 ASIC SDK 被称为 Adaptor，一个 Adaptor 会根据 SAI 将 ASIC 中不同的功能适配到不同的 Adapter Host 中，Adaptor Host 可以看作对不同 ASIC 中特定功能的抽象。Adaptor Host 的概念说起来比较抽象，具体一点来说，MAC 转发和 IP 转发是两个不同的 Adaptor Host，一个 ASIC 如果既支持 L2 又支持 L3，那么其 SDK 就需要把 L2 功能和 L3 功能分别适配到 MAC Adaptor Host 和 IP Adaptor Host 中，而不同 ASIC 的 L2 功能都会适配到 MAC Adaptor Host 中（熟悉 ONOS 的读者应该比较容易理解，Adaptor Host 和 Subsystem 是类似的作用）。虽然 SAI 目前还不是很成熟，但是它对于转控分离的意义十分重大，目前已经有很多 ASIC 厂商提供了对于 SAI 的支持。

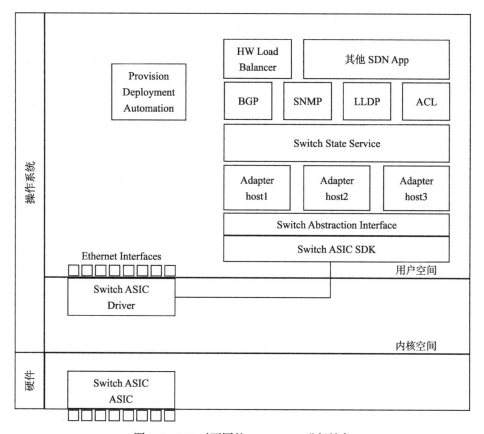

图 2-6　SAI 对不同的 ASIC SDK 进行抽象

2.2.2　操作系统级开放

说完了芯片，再来看操作系统。白盒的操作系统（Network OS，NOS）目前主要的选手有 Cumulus、Pica8、Pluribus 和 BigSwitch。Cumulus 的 Cumulus Linux 是基于 Linux + 传统的协议栈，主要业务是直接卖交换机 OS 给 ODM。Pica8 的 PicOS 是基于 Linux+OVS 的，商业模式是与 ODM 的硬件进行捆绑，不过 Pica8 自己也在做盒子。Pluribus 的 Netvisor 是基于自己的一套虚拟化平台，主要业务是卖自己的盒子，和 ODM 也有一些合作。BigSwitch 的 SwitchLight 是基于 Linux + Indigo（一个开源的 OpenFlow Agent），商业模式是开源交换机 OS，其收入主要来自于控制器，BigSwitch 自己并不卖盒子，而是选择与 ODM 进行合作。

这里有必要对白盒的概念做一个澄清。很多人认为白盒就是指 OpenFlow 交换机，或者认为白盒就是什么控制逻辑都没有的瘦转发设备。其实白盒的定义不是这样的，Wiki 上对 White-Box 的解释是 " a white box is a personal computer or server without a well-known brand name"。对于服务器来说，就是卖给用户裸机，用户愿意用 Windows 还是 Linux 可以自己去选，但是装不了MAC OS。类比到交换机上去理解，就是交换机出厂时不会预装其他任何软件，交换机上安装什么操作系统是用户可以自己选择的，不过可选的操作系统只能是白盒操作系统，用户想装Cisco的IOS肯定是不行的。至于白盒的操作系统里是不是支持OpenFlow，实际上是不做要求的，也可能只有传统的协议栈。大家做久了似乎发现，白盒的关键并不在于是不是OpenFlow，这完全是看用户喜好的，因此以往靠OpenFlow起家的BigSwitch和Pica8都在集成传统协议栈，而专注于传统网络的Cumulus和Pluribus也对OVSDB提供了支持。不过，如果是Cisco自己在原有的IOS上集成了一个OpenFlow Agent，那肯定是算不上白盒的。图2-7来自于BigSwitch，它很好地解释了前面这段话的内容。进一步来说，**白盒并不一定要和SDN挂钩，它只要求转控分离，可编程是锦上添花，对集中式控制不做要求。**

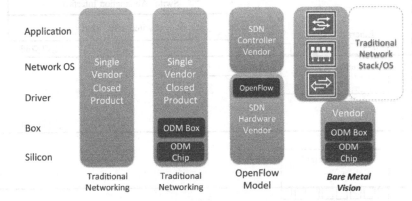

图 2-7　白盒交换机与传统网络设备、SDN 设备的对比

1. ONL

有人获利就肯定有人想着开源。由于BigSwitch主要的卖点是在自己的控制器，因此为了建立生态就顺手把SwitchLight贡献给了OCP，并起了一个响亮的名字叫作Open Network Linux（ONL）。ONL和普通的Linux发行版又有什么区别呢？可以说ONL是Debian Wheezy的加强版，增加了一些和白盒交换机相关的功能，比如对一些外围器件（风扇、电源、USB、LED）的适配、SFP（SFP+）的管理，对ONIE（后面会提到）的支持等，并且将上述功能抽象出了一层接口叫作ONLP，供基于ONL的平台管理应用进行调用。对于转发应用，虽然BigSwitch自己是一直在推OpenFlow的，但是ONL并没有要求转发应用一定是OpenFlow的，ASIC也没有绑定任何Vendor的ASIC。如果想要用Broadcom的芯片，就在ONL上装OpenNSL或者OF-DPA；如果想要多支持厂商的，就再集成SAI。另外，ONL还希望可以做到CPU架构无关（比如x86、PowerPC或者是ARM）。从ONL的设计理念可以看到，ONL确实是奔着通用的NOS去的。

2. FBOSS

FBOSS是Facebook自家白盒交换机上的应用集，主要包括三部分：第一部分是和芯片打交道的程序，为其他应用程序提供芯片的抽象；第二部分是自动化类的程序，分为配置、监测和排错三大类；第三部分是控制类的程序，比如 BGP 等。Facebook 只开源了 FBOSS 中很小的一部分，即图 2-8 中的 FBOSS Agent，FBOSS Agent 运行在 Broadcom 的 OpenNSL 之上，提供对于 Trident 中 L2/L3/VLAN 表的进一步抽象，然后向上提供 Thrift 接口供其他程序调用。另外，FBOSS Agent 还包括了对于一些底层控制信令（如 ARP/DHCP/LLDP）的处理。对于未开源的那部分，Facebook 的说法是自动化和控制类应用都是和自己的网络密切相关的，拿到别的地方也不一定适用。除了 FBOSS Agent 以外，Facebook 还开源了主板的控制程序 OpenBMC，BMC 是主板上用于做主板管理的专用芯片，和主板上大部分的器件都有连接，通过 OpenBMC 可以随时获取主板的状态，比如主板温度。

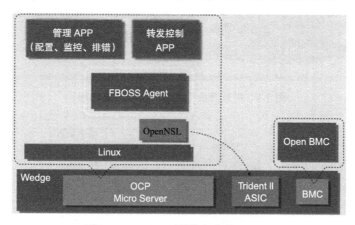

图 2-8 Facebook 开放出来的 FBOSS

3. SONiC

SONiC（Software for Open Networking in the Cloud）是微软在 OCP 里面提到的应用软件集，据说已经被应用到了 Azure 的生产网络中。图 2-9 中绿色的部分是 SONiC 开放出来的，主要包括基于 SAI 的和芯片打交道的程序以及外围器件（如风扇、LED 等）的管理接口。基于 SAI 的和芯片打交道的程序，可以理解成和 FBOSS Agent 中为 OpenNSL 做的抽象层是一样的。外围器件（如风扇、LED）的管理接口，可以理解成和 ONL 提供的 ONLP 是一样的。深色阴影部分是已有的开源项目（如 Quagga/lldpd 等），SONiC 利用这些项目与浅色阴影部分进行了组装。可以看到，和 Facebook 开源 FBOSS 的思路一样，微软开放的 SONiC 也没有涉及自家交换机上的应用，Quagga 的功能毕竟有限，而且原生 Quagga 的性能是否足以胜任大规模生产网络的协议栈，这个事情恐怕还是要打上问号的。实际上，SONiC 做了对外围器件的管理，也做了数据库和 SNMP，不再单纯是一个应用层面的东西了，虽然 SONiC 的说法是要运行在 ONL 之上，但怎么看 SONiC 都是在往通用 NOS 的路子上走。

4. OS 10 与 OpenSwitch

Dell 的 OS 10 也是一个基于原生 Linux 的通用 NOS 平台。Dell 的策略和微软有些相似，OS 10 开源了外围器件的管理接口，还有基于 SAI 的 ASIC 的控制接口，但是像自动化、协议栈这种企业级的应用并没有开放出来，如图 2-10 所示。

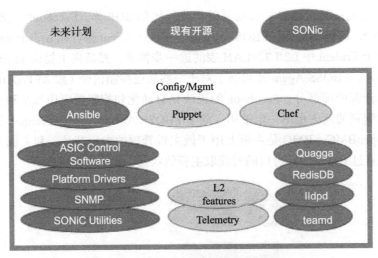

图 2-9　微软开放出来的 SONiC（见彩插）

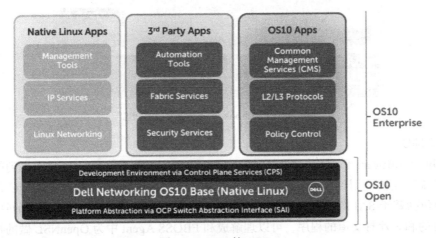

图 2-10　Dell 的 OS 10

OpenSwitch 是 HPE 贡献给 Linux 基金会的开源 NOS。OpenSwitch 和 OpenvSwitch 仅有一个字母之差。HPE 最开始为 OpenSwitch 做的 OPS 版本也是基于 OpenvSwitch 的，不过定位于白盒交换机上的 NOS。OPS（图 2-11）中为 OVS 扩展了很多新的东西，包括 L2/L3 的传统协议栈，ASIC 的驱动与抽象，外围器件的适配与管理，不同 RESTful、Ansible 等不同的北向接口，等等。OPS 为 OVSDB 扩展了很多的 Schema，用于传统的协议栈和白盒的管理。扩展后的 OVSDB 负责各种状态的发布订阅，以驱动不同应用间的通信。OPS 中路由协议栈这部分最初用的是 Quagga，拓扑发现用的 lldpd，lacp 这一块是 HPE 自己贡献的。2016 年 10 月，HPE 宣布不再维护 OpenSwitch 的代码，将其转交给了 Dell 和 SnapRoute，由 Dell 负责 OS，由 SnapRoute 负责协议栈。之后，OpenSwitch 转向 OPX 版本（图 2-12），架构上开始向 Dell 的 OS 10 靠拢，OPS 版本不再进行维护。

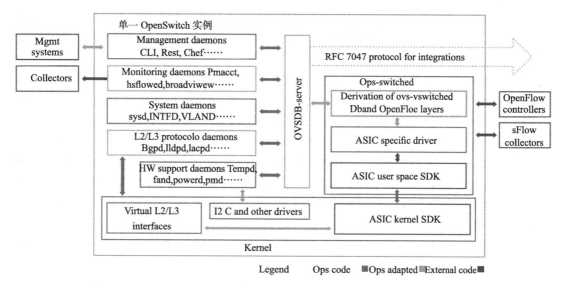

图 2-11　OpenSwitch OPS 版本架构

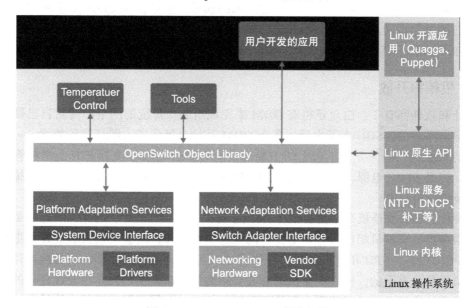

图 2-12　OpenSwitch OPX 版本架构

2.2.3　应用级开放

有了开源的操作系统，还得有应用才算得上是完整的生态。交换机上的应用主要可以分为两大类：第一类用于对一些外围器件的管理；第二类用于设备转发的控制。第一类应用是基础的能力，是必须要有的，但是它体现不出交换机的特色，因此这类功能一般都集成在操作系统中了。第二类应用与 ASIC 打交道，负责控制数据包的转发，是交换机的关键应用，能够真正地体现交换机的水平。如果要对操作系统进行继续的分解，那就是把内核和第一类应用抽离出来作为通用的平台，准确地说，NOS 指的应该就是这一块，然后第二类应用再由专门做协议实现的厂商来做。

如之前所说，白盒上的转发应用可以分为 OpenFlow Agent 和传统的协议栈两种，OpenFlow Agent 这一块开源的 OpenvSwitch 已经非常成熟了，而协议栈这块 Cumulus、Pica8、Pluribus 可都是紧紧攥在手里的。Google 没有使用传统的协议栈，Facebook 的 BGP 没有开源，微软和 DELL 也是犹抱琵琶半遮面。OCP 中有一个项目叫作 FlexSwitch，就是一个开放的 L2/L3 协议栈套件，目前可以提供 VLAN/STP/LACP/BGP/OSPF/ECMP 等基础的功能，后面计划要扩展对 IPv6/MLAG/VxLAN/MPLS 等的支持。FlexSwitch 是个不小的工作量，其背后是一个名叫 SnapRoute 的创业公司，SnapRoute 成立于 2015 年，是由苹果和思科的一些技术人员跳出来组成的团队，他们用 GO 语言重写了 L2/L3 协议栈。2016 年 6 月，SnapRoute 把自己部分的代码作为 FlexSwitch 贡献给了 OCP，然后在同一年的年底和 DELL 一起从 HPE 手中接过了 OpenSwitch 的大旗。

SnapRoute 半年内接连在 OCP 和 Linux 基金会中占领了高地，在白盒的圈子内激起了不小的波澜。虽然说白盒各个厂家都打着开源的旗号，但是像 SnapRoute 这种直接开源商用协议栈的思路确实过于激进，不知道 Cumulus 会作何感想。说到底开源只能作为口号，真动了自家的利益可就不能拿着理想来骗自己了，任何的白盒厂家也都不能例外。

2.2.4　机箱级开放

芯片和软件都有了，白盒还得有 ODM 来完成组装。传统的网络厂商对自己硬件的设计都是秘而不宣的，SDN 来了之后，各个 ODM 开始有机会进入网络设备领域。一个盒子里面都有什么呢？硬件方面主板上的主要部件有 BIOS、CPU、交换芯片、主板管理芯片（BMC），以及 SFP、电源、LED、风扇、USB 这些外围器件；软件方面是操作系统以及众多的交换机应用程序。

在硬件方面，交换机是不需要服务器中的显卡和声卡的，对于内存、硬盘的要求也远远低于服务器。交换机相比服务器主要多的就是交换芯片，白盒交换机的设计多把交换芯片看作 PCIe 设备，CPU 和交换芯片间往往通过 PCIe 通道进行通信。一块交换芯片能够连接的端口数量是有限的，核心交换机通常需要很大的端口密度，因此在设计盒子的时候可能需要对多块交换芯片进行互联，芯片互联架构的设计会导致影响时延、信号串扰和散热等诸多问题，将直接决定交换机整体的性能。另外，交换机的端口除了密度高，速率上通常也要比服务器上的网卡高，白盒的诞生伴随着的光模块成本的下降以及 40GE/100GE 的推广，大量 SFP/SFP+/QSFP 的使用也会对硬件的设计造成很大的影响。ODM 的任务就是做好主板的 PCB 设计，把交换机中的芯片和外围器件有效地"攒"在一起。目前主流的几家白盒交换机 ODM 包括 Accton、Quanta 和 EdgeCore 等。OCP 中很多 ODM 都开源了自己的设计规范，Facebook 也把自家的 Wedge（ToR）和 6 Pack（Spine）开放了出来。

光有硬件肯定是不行的。白盒出厂的时候是裸机，怎么才能装上操作系统呢？当然，可以把 USB 启动盘插在交换机上，然后像给服务器装系统一样安装交换机的 OS。不过，这种方法对于数据中心管理员来说可就不是什么好事情了，他们要面对的是成百上千的交换机，一台一台插 USB 手动装系统是不现实的。好一点的办法应该是类似于服务器的 PXE 启动，交换机插上电之后，自己到远端下载操作系统然后再自动装上。这一技术对于白盒来说很重要，其实现依赖于 Cumulus 为 OCP 贡献的 ONIE（Open Network Installing Environment）。ONIE 是一个集成了 Busybox 的小型 Linux，裸机第一次上电时 BIOS 从 Flash 中加载 ONIE，ONIE 会自动到远端去下载对应的白盒操作系统，将该系统存放在硬盘中，并进行系统的安装，如图 2-13 所示。第二次上电时，BIOS 就会跳过 ONIE，直接从硬盘中加载已经下载好的白盒操作系统。Cumulus 还向 OCP 贡献了 APD（ACPI Platform Description），以适配不同的 BIOS。ODM 在完成组装后，都会在裸机的 Flash 里面预装 ONIE，然后交付的才是一个名副其实的"白盒交换机"。

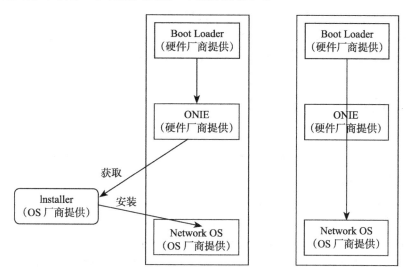

图 2-13 白盒交换机通过 ONIE 自动加载操作系统

2.2.5 白盒的"通"与"痛"

实际上，传统的设备厂商和商用芯片公司也有着密切的合作，不过要自己来做软件和盒子的贴牌，比如 Arista 向来就是这么做的。Arista 可以算作白盒厂家吗？这取决于 Arista 是否愿意把 EOS 开放到 Accton、Quanta 的盒子上去。实际上，早在两年之前就有过传闻 Arista 会把 EOS 放到 DELL 的盒子上，但此事并无下文。Arista 和微软合作参与了 SONiC 的推进，虽然不能代表什么，但是至少说明 Arista 对于白盒的实际态度是不排斥的。Juniper 在市场上已经向白盒示好了，OCX 1100 可以装非 Junos 的 OS，而 Junos 也已经有版本可以运行在其他厂商的白盒裸机上了。Cisco 的态度如何呢？其新产品线 N9K 的设备里面大量地使用了 Broadcom 的 Trident 2，然后基于自家的 ALE 和 ASE 做优化，但目前还尚未见到完全基于 Trident 2 的 Cisco 设备。

大家都知道白盒是不可逆转的趋势，正如 Cisco 前 CEO 钱伯斯所说，"网络设备商的好日子过去了"，厂商们所能做的也只是尽可能地推迟这一天的到来，而实际上他们也都已经在留后手了，Juniper 甚至已经成了白盒的主力军。但是网络真正走入白盒时代会是哪一天呢？目前来看这还需要漫长的时间。除了传统厂商方面给的阻力以外，白盒自身也还面临着一些的问题。一方面，采购上的分解就意味着责任的分解，如果盒子出了问题到底该找谁？另一方面，如果用了开源的技术堆栈，那么后期维护成本将会大大增加，而且一旦失去了厂家的保障，可不是什么问题用户都能自己搞定的。白盒到底应该是个什么样的商业模式？恐怕现在还没有一家公司心里面是有底的。

白盒的概念是 Google、Facebook 引爆的，他们是技术发展的风向标，业界每天都在琢磨着他们的技术。然而，星星之火并没有燎原，这些 OTT 巨头们有研发、维护自己硬件和软件堆栈的能力，在基础设施上愿意尝试新的东西而且肯投钱，一般的企业难以望其项背。这种技术能力上的巨大差异，使得传统厂商目前仍然可以稳坐钓鱼台。不过，云计算的普及，企业的 IT 建设逐渐向云端集中，云服务商探索新技术的动力就成了那把白盒打开新世界大门的金钥匙。若干年后，传统设备的成本摊销掉之后，或许就是白盒发起总攻的时候了。

2.3 网络可编程——百家争鸣

可编程是 SDN 最基本的特征，从某种意义上讲，提供了可编程能力的网络都可以归为广义 SDN。可编程能力可以体现在很多的层次上，从下往上说，有芯片可编程、FIB 可编程、RIB 可编程、设备 OS 可编程、设备配置可编程、控制器可编程和业务可编程。业界不同方面对于 SDN 的理解不同，因此不同厂家提供的 SDN 的开放能力也存在很大的差异。

可编程离不开接口和协议，本节会涉及许多与 SDN 相关的主流接口或者协议。大多数协议的技术细节复杂而艰深，笔者没有能力通过一节的内容使读者了解它们的技术细节，而这也并不是本书的初衷，仅希望能够帮助读者对各协议技术背后的东西有所了解，也希望给读者解释清楚业界对于这些技术的一些普遍误解。

2.3.1 芯片可编程

芯片可编程可以说是最为彻底的 SDN，未来有可能从根本上变革传统数通网络的思维。我们知道数通网络的基础是 payload 前面各种各样包头的使用，不同的包头往往用于不同的业务，每当有了一个新的网络需求，厂家就在 IETF 提草案来规划包头字段，再用一套新的协议来规范其控制逻辑。思路想得差不多了，软件上就开始开发新的协议，硬件上就重新设计电路，然后流片再到量产投入商用。这个过程是很漫长的，没有两到三年是做不下来的，除了巨大的人力投入以外，通常还伴有一些天价的授权成本，而且每设计一个新的包头，这样的工作就要重来一次。经过二三十年的积累，包头和协议多到令人眼花，彼此之间的关系错综复杂，增加新东西要付出的代价也越来越高。

1. P4

芯片可编程的代表技术是 Nick McKeown 教授提出并推动的 P4，被学界寄希望于成为 OpenFlow 2.0。相比于 OpenFlow，P4 可以提供对新包头的自定义能力，要求芯片的解析器、匹配字段、处理动作以及流水线是完全可编程的。通过编写 P4 程序，可以定义包头字段的解析方式、匹配表的数据结构、匹配后的处理动作以及规范各级表间的走向关系。准确地说，P4 是一种支持设备可重构的编程语言，使得新的网络需求的实现不用再等待上述漫长的过程。不过，需要明确的是，P4 仅仅是一种语言，最终数据包的处理还是要实打实地落到芯片上去，所以为了使 P4 程序的重构逻辑能够实际部署下去，还需要通过编译器将其转化为芯片的控制逻辑，不同的芯片需要不同的 P4 编译器。P4 是可以运行在 CPU/NP/FPGA 等不同的芯片架构上，不过 CPU/NP/FPGA 相比于 ASIC，都有着不同程度的性能损失，因此 Nick 和他的团队提出了协议无关的交换机架构（Protocol Independent Switch Architecture，PISA），宣称可以在兼顾到现有 CPU/NP/FPGA 灵活性的同时，达到甚至超过现有 ASIC 的性能。

Nick 教授作为公认的 SDN 之父，他对于 SDN 的理解显然是要远远地领先于这个时代的。业界目前对 OpenFlow 仍然是以观望为主，ONF 为了 OpenFlow 的顺利落地提出了 TTP（Table Type Pattern，可理解为基于特定硬件的流表），通过增加一个编译层来弥补 OpenFlow 与现有 ASIC 架构之间的鸿沟。而 Nick 的理想显然不在于此，P4 实际上只是一个生态上的产物，是"醉翁之酒"，而 PISA 才是最终的"山水之间"。在 OpenFlow 命运的十字路口上，TTP 向右而 P4 向左。不过，任何事情追求单方面的极致都会出问题的，性能和灵活性都是需要付出成本的，业界多少年的思路都是用硬件解决性能，用软件解决灵活性。如果 PISA 真能实现其技术理想，P4 再慢慢把生态做起来，网络行业或许真的就要到变天的时候了，不过从目前来看，仍然是向右走是主流的路线。

2. POF

除了 P4 以外，华为提出的 POF 也可以看作芯片级的可编程。前面也提到了，CPU/NP/FPGA 这些可编程的硬件都可以用来做网络重构，其中 CPU 和 FPGA 在性能上的缺点是比较明显的，而 NP 可以在性能和灵活性间达到一个较为平衡的折中。实际上，业界对于 NP 的使用已经相当广泛了，在一些核心高端的路由器、防火墙里面经常可以见到 NP 的影子。NP 的可编程能力很强，做到协议无关没有任何问题，但是由于微码的开发门槛过高，即便是开放出来也很难用。于是，POF 把华为的 NP 微码中与协议解析相关的逻辑抽象出来，将其扩展到了 OpenFlow 中，使得控制器可以基于"偏移量 + 长度"的方式来自定义新的字段以及制定相应的转发规则。这些规则通过 OpenFlow 下发给交换机，然后由交换机本地转微码部署到 NP 当中，从而满足新的网络需求。POF 和 P4 的区别在于：POF 依赖的是 NP 原有的一部分能力，然后为其进行了进一步的抽象，提供的是一种"支持协议无关的 OpenFlow"；而 P4 是一种高级语言，不依赖于任何芯片，旨在"转发通道级别的全面抽象"。相比于 P4 更多的理想主义色彩，POF 要更加务实一些，或者说是"用新瓶装了旧酒"。不过对于华为来说，盒子的市场仍然在提升，开放芯片并没有实际的商业驱动力，因此 POF 提出后华为也没有花大力气去推。

2.3.2 FIB 可编程

FIB 可编程就是提供直接对转发表进行控制的能力。FIB 可编程的代表技术就是大家所熟知的 OpenFlow 了，这里指的 OpenFlow 还是 OpenFlow 1.X。从 2016 年下半年开始，ONF 已经在尝试把 P4 的思路融入 OpenFlow 里面去了。实际上，OpenFlow 是不止于 FIB 可编程的，但它主要是围绕 FIB 可编程来做的。

OpenFlow 在圈子内毁誉参半：学术界对 OpenFlow 有着同根同源的情怀，IT 出身的人认为 OpenFlow 使用简单可以满足复杂的需求，运营商对 OpenFlow 将信将疑，大部分厂商则对 OpenFlow 嗤之以鼻。不同方面对 OpenFlow 的说法各执一词，也导致了圈子内出现了很多对 OpenFlow 片面的批评或者过度的赞誉。下面是笔者经常被问到的一些问题或者曾经听到的一些表述，这些说法某种程度上来说都有一定的道理，但是如果不予进一步的思考，很容易导致技术思维出现混乱。下面就把它们整理在一起集中做一些分析，希望还给读者一个真实的 OpenFlow。

先来看看负面的说法。

❏ 好久没更版本了，OpenFlow 要不行了。OpenFlow 1.5 之后确实很久没出新版了（OpenFlow 1.6 只对 ONF 会员开放），但很大程度上是因为前期推进得太快了，很多不错的增强都还没有落实到硬件交换机上。再追求速度出新的版本也没有意义，而且 ONF 也在考虑 P4 和 OpenFlow 的关系。测试和一致性认证是一致在推动的。

❏ OpenFlow 是为了学术圈发论文用的。学术圈确实靠着 OpenFlow 出了不少论文，这是件好事，因为 OpenFlow 把网络的门槛降低了。而且基于这些论文，也有很多思路变为了产品。

❏ OpenFlow 只能在数据中心落地。大网上推 OpenFlow 遇到的问题确实远远多于数据中心，不过通过对 OpenFlow 进行一些扩展和定制后，还是可以在大网上找到应用场景的。传输领域的 OpenFlow 已经得到了不错的扩展，包括 PTN 和 OTN。

❏ OpenFlow 只搭 VxLAN。SDN 不等于 OpenFlow，SDN 也不等于 Overlay。OpenFlow 是集中式实现 Overlay 的一种方式，但 OpenFlow 最擅长的不是 Overlay 而是策略。OpenFlow 和 VxLAN 容易被联系在一起，很大程度上是因为 OVS 在云里面火了，而 OVS 恰好对这两个都支持。

❏ OpenFlow 就是 ACL。从设备角度来看，可以这样简单地理解，因为 OpenFlow 流表里两个核心概念 match 和 action，和 ACL 都能对得上。不过 OpenFlow 规范中 match 和 action 的丰富度要高得多，但是交换机上实现了哪些要看具体的产品。

❏ OpenFlow 只能基于流进行编程。OpenFlow 的确具备对细粒度的流进行编程的能力，但没有强制要求必须基于流进行编程。

❏ OpenFlow 就是静态路由。只 match 目的 IP+ 前缀的流表可以看作类比于由控制器下发的静态路由，这只是 OpenFlow 很多用法当中的一种。

❏ OpenFlow 在妄想着干掉 IGP 和 BGP。没有任何官方表述有类似意思的表露，

OpenFlow 控制器向来把 IGP 和 BGP 看作与传统网络互通的东西向协议。在设备数量较少、设备自主可控的情况下，OpenFlow 具备代替 IGP/BGP 的潜力。

❏ OpenFlow 交换机只能实现二层功能。控制器可以模拟网关的逻辑，流表可以完成基于 IP 的转发并改写 TTL 和 MAC，实现路由没有问题。

❏ 控制器必须集中式、端到端控制。OpenFlow 控制器可以部署在 OpenFlow 交换机本地，只负责这一台交换机的流表。虽然损失了集中式控制的一些好处，但是仍然可以获得转发控制分离的所有好处，可用性也有很大的提高。

❏ 控制器挂了，转发就挂了。OpenFlow 协议明确要求交换机支持 standalone 模式，即便控制器挂了，原来的流表仍然可以继续保留在数据通道上。

❏ 首包都要 PacketIn，流量大了控制器就崩了。PacketIn 只是为控制器提供了一种触发式 Reactive 编程的可能，控制器知道的信息可以在首包产生之前就预置到交换机中。使用 OpenFlow 的生产环境中，对于大部分流量采用预置流表的 Proactive 方式，可以有效地减少流量对控制器的冲击。

❏ PacketOut 和 Statistics 类的消息，对控制器消耗太大。ARP/LLDP/LACP/ICMP 可以卸载到交换机本地，OpenFlow 规范没提，不代表 OpenFlow 交换机不能做。Statistics 过于密集地上报控制器确实是有问题的，OpenFlow 本身也不是为了这个设计的，如果实在需要，可以通过 auxiliary connection 来进行优化。

❏ FlowMod 数量太多，交换机资源不够。当 FlowMod 的粒度比较细的时候，确实面临着这个问题，但是有很多办法可以解决，比如流表分级、流表聚合等。

❏ 传统的 ASIC 支持不了 OpenFlow。ASIC 可以支持 OpenFlow，只要另外加适配即可，比如 OF-DPA。ONF 也在积极推动 TTP 和 NDM。目前的 OpenFlow 交换机大部分是基于 ASIC 做适配的，不过基于传统 ASIC 实现 OpenFlow 肯定是有很多限制的。

❏ OpenFlow 必须依赖 TCAM。TACM 是 OpenFlow 需要的硬件资源中的一种，CAM、LPM、RAM 在实际的 OpenFlow 交换机中都扮演着不可或缺的角色。

❏ OpenFlow 没有网管能力。OpenFlow 不是专门为网管设计的，不过可以实现网管的一些功能。如通过收集 Statistics 可以做一些流量统计，通过配合使用 PacketIn/PacketOut/FlowMod 可以发一些探针的包来监测路径。

❏ OpenFlow 多控制器机制做得不好。OpenFlow 只是南向协议，只能规范交换机看待多控制器的视角，没有权利规范多控制器间的控制。OpenFlow 交换机可以连接多个控制器做主备，但是目前协议中没有对负载均衡进行规范。商用 OpenFlow 可以自己扩展负载均衡机制，比如把不同的消息送给不同的控制器。

❏ OpenFlow 协议扩展性差。厂商可以自己定义 Experimenter。而且 OpenFlow 1.3 就已经有 40 多个字段了，现有的 OpenFlow 交换机支持到 20 个左右的字段是也没有问题的。怎么用这些字段是控制器可以自定义的，对于不需要互通的私有场景，控制器好好规划 20 个字段基本足够用了，再增加新的字段是否真的有必要？

❏ OpenFlow 无法实现带状态的控制。通过 PacketIn，控制器可以实现一些带状态的控制，比如 NAPT，但是性能上会有很大问题，如果把 OpenFlow 控制器拉到交换机本地会有所缓解。另外，OVS 已经基于 Conntrack 扩展了 match 和 action，在内核中即可实现带状态的处理。

下面再来看一些浮夸的说法。

❏ Nicira、Google 用的就是 OpenFlow。Nicira 和 Google 确实用了 OpenFlow，不过都发现了 OpenFlow 的一些问题，都基于 OpenFlow 做了私有的扩展。

❏ Neutron OVS 用的就是 OpenFlow。Neutron OVS 没有用 OpenFlow，虽然数据库是集中式的，但转发的控制逻辑还是分布式的（不考虑 l2_pop 及其他扩展）。

❏ OpenFlow 能实现所有网络功能。控制器理论上来说确实是万能的，流表不能处理的事情 PacketIn 和 PacketOut 控制器都是可以做的，不过这有两个前提条件——为 OpenFlow 控制器集成其他的协议收集状态；可以忍受时延与性能下降。

❏ 集中式控制就是 OpenFlow 控制器包办一切。这个说法早期短暂地出现过，不过大家很快意识到这种做法的不合理性。就像前面说过的，部分功能可以卸载到交换机上。

❏ Counter 可以搞定一切运维。Counter 只能记录和流相关的参数，不能覆盖和设备本身的状态和配置信息，需要配合使用 SNMP/OF-CONFIG/OVSDB。不是所有交换机厂家都支持 Counter，号称支持的可能支持得不全面。

❏ 有了 Barrier 就可以搞定事务。Barrier 只是能够保证交换机上执行控制器命令的顺序，做一些简单的状态同步是可以的，但是 Barrier 远远搞不定事务，比如 post-commit 和 roll-back。

❏ 所有功能都可以通过流表卸载。流表通常只能 match 到传输层，应用层是无法处理的，因此 HTTP、DHCP 和 DNS 流表都是没办法实现的。

❏ 可以进行任意粒度的 QoS 保障。配合 OVSDB 在控制器上虽然可以端到端地开通 QoS 路径，但是控制层面通了不代表数据平面能够正常干活。QoS 最后是要落到端口队列上的，而硬件交换机单端口的队列数量是非常有限的，做到为每条流都分配一个队列几乎是不可能的。

❏ OVS 就是专用于 OpenFlow。OVS 是"原生支持 OpenFlow 的虚拟交换机"，而不是"专用于 OpenFlow 的虚拟交换机"。在很多云计算环境中使用了 OVS，但没有使用 OpenFlow。

❏ 不想用 OpenFlow 干的事情，Normal 掉就可以了。协议中 Normal 不是必选而是可选，OVS 实现 Normal 没问题，不代表硬件交换机实现 Normal 就没问题。硬件上支持 OpenFlow 和传统协议双栈的互通是很困难的，所谓的 Hybrid OpenFlow 交换机，一般都是基于物理端口或者 VLAN 把双栈隔离开的。

❏ OpenFlow 适合做安全。没错，OpenFlow 适合做安全策略，但是 OpenFlow 自身又引入了很多新的安全问题。

OpenFlow 是幸运的，又是不幸的。幸运的是借"软件定义一切"的东风着实火了一把，不幸的是初出茅庐就被给予了过高的期待，面对着 NETCONF、BGP 这些"SDN 原住民"，多少显得有些稚嫩。不过每种协议都有自己的问题，不应该一棒子打死，用在该用的地方，OpenFlow还是可以所有作为的。

2.3.3 RIB可编程

RIB可编程就是通过对路由表或者其他路由相关信息进行控制，从而间接控制转发。FIB可编程主要面向OpenFlow交换机，RIB可编程则是传统路由器向SDN演化的常见路线。相比于FIB可编程，RIB的演进思路要平滑一些，在大网上具备广泛的部署基础，目前普遍为厂商和运营商所接受。

1. BGP

传统路由中，BGP是绕不开的话题，Internet的成功很大程度上要归功于BGP，几乎所有的路由器都可以提供对BGP的支持。BGP如何与SDN相联系的？首先，IBGP中天然地存在RR这种集中式的角色，域内所有BGP路由器都和RR建立IBGP邻居，然后这些路由器把自己知道的路由告诉给RR，再由RR反射给其他路由器。传统网络中，RR都是部署在硬件的路由器上的。如果把RR的代码移植到SDN控制器上，那么控制器就有了收集BGP路由的能力。如果再把控制器上的RR模块开放一些接口，使得它在反射前可以通过一些安全策略对反射路由进行过滤，或者通过一些算法来优化反射的路由，比如改写下一跳、改变Local Preference等，那么就可以实现集中式的智能选路了，这通常被称为RR+。

将RR引入SDN控制器还可以实现OpenFlow或者其他SDN网络与传统IP网络的互通，控制器一方面通过OpenFlow收集OpenFlow域的状态并为其生成路由信息，一方面通过IBGP收集IP域的路由信息，由控制器作为控制平面的网关将OpenFlow和BGP进行转化，就可以互通OpenFlow和IP网络的路由信息了。除了通过IBGP进行对接的方式，控制器还可以通过将EBGP消息在特定的OpenFlow端口进行PacketIn和PacketOut，通过OpenFlow交换机来中继EBGP与传统路由器来建立邻居，可以打通物理邻接的OpenFlow网络和IP网络。

BGP是网络领域的老江湖了，经过30多年的发展，无论是在性能还是可扩展性、可用性上都已经为业界所广泛认可，因此在看到BGP与SDN的结合点后，业界有很多声音都在呼吁用BGP取代OpenFlow。虽然有一定的道理，但是要辩证地去看待这个问题。首先，BGP与SDN控制器的集成面临着非常现实的问题。成熟的BGP代码都掌握在厂商的手里，他们是否愿意把自己的BGP集成到控制器里面去就是一个问题。而且厂商的BGP实现基本上都是基于C语言开发的，而目前主流的SDN控制器都是基于Python/Java的。如果直接重写，工作量太大，而且由于语言上的效率问题，使用Python/Java来实现BGP，尤其是RR，性能上要有很大的折损。如果直接集成，多语言的混合编程很可能引入新的性能瓶颈，未必能够达到预期的效果。比较现实的做法，是把BGP独立地跑在控制器外面，通过API来进行交互，这样的话数据库也是两套，是一种双引擎的做法。

其次，传统的BGP是专门为路由设计的，对其他网络功能并没有过多考虑。MP-BGP为BGP提供了良好的可扩展性，基于NLRI可以扩充很多的功能，如BGP-LS用于拓扑发现，BGP-LU 用于分配 MPLS 标签，BGP-FS 用于安全与策略，以及各种各样 BGP-based 的 VPN。但是这些 BGP 的扩展尚未成熟，支持的厂家互通性不够理想，而且限于路由的大框架，其灵活性上也很难有本质上的提升。另外，单纯从选路上来说，BGP 主要面向的是面向分组的、无连接的路由场景，对基于流的、有连接特性的路由场景难以提供有效的支持。因此，OpenFlow 既没有能力消灭 BGP，BGP 也没办法完全代替 OpenFlow。

2. PCEP

PCEP 是另外一种提供 RIB 可编程能力的协议。和 BGP 不同，PCEP 主要面向的是 MPLS 域。在传统的 MPLS 网络中主要有两类场景：一类基本的场景是基于 IGP 中 SPF 的计算结果来构建起一条最小 cost 的标签路径；另一类高级些的场景是基于扩展 IGP 中 CSPF 的计算结果来构建起一条满足复杂路径约束的标签路径。SPF 和 CSPF 虽然都是集中式的路由算法，但是各个路由器仍然是独立进行计算的，这可能会产生出现诸多的问题，导致全局最优的无法实现。PCEP 的思想很简单，就是在网络中部署一个集中式的角色 PCE，由 PCE 根据全局的视图来计算最优的路径信息，然后通过 PCEP 把计算的路由结果返回给 PCC，由 PCC 再部署这条路径。也就是说，PCEP 更适合做路径的端到端优化，而相比之下 BGP 只能控下一跳，适合做局部的拥塞缓解。

可以看到，PCEP 对网络进行集中式控制的思想和 SDN 是不谋而合的，但是要清楚，PCEP 不是专门为了 SDN 而设计的。PCEP 对 PCC 和 PCE 的形态没有进行要求，PCC 通常为路由器中的 Agent，而 PCE 既可以部署到网管中，可以部署到 OSS 中，也可以部署到路由器中。很容易想到，如果将 PCE 实现在 SDN 控制器中，再开放出一些选路策略的接口，就能够将 SDN 可编程的能力引入 MPLS 网络中了。PCEP 本质上就是一种新的 RIB 控制逻辑，对硬件本身没有新的要求，因此 PCEP 可以无缝地升级到路由器中。而且以 PCEP 的工作模式，只要全局视图能够收集上来，算光层的路径也没有任何问题。因此，PCEP 目前被广泛地认为是大网向智能调度、甚至 IP+ 光协同的支撑性技术。

不过，PCEP 仅仅是一种 PCC 和 PCE 间交互转发路径的通道，至于路径是怎么算出来的并不在 PCEP 的范围内。计算路径要依赖的全局视图，PCPE 只能收集路径状态，拓扑要靠 BGP-LS，TED 要靠 OSPF-TE/ISIS-TE，设备和流量状态要靠 SNMP/NetFlow。组网上，PCEP 一般也只和路径起点的 Ingress Router 相连，端到端路径的开通还是要靠 IGP/LDP/RSVP/BGP-LU 这些来分发标签。不过，PCEP 中的 OBJECT 和 BGP 中的 NLRI 一样，也具备很强的可扩展性，因此 PCEP 在 IETF 的工作组也在提各种各样的 PCEP 扩展，希望能够在 PCEP 中原生地支持上述协议的一些功能。不过这些扩展离成熟还差得比较远，目前来看，想拥有一套完整的 PCEP 调度方案，还是需要配套好多协议的。

PCEP 做路径计算确实是很不错的，但是 OpenFlow 控制器也可以做状态收集，复杂路径的计算，现在对光层的支持也在日渐完善，那么 PCEP 的调度方案和 OpenFlow 的调度方案有什么不同呢？功能上，PCEP 想做的事情少，可以把路径计算这件事做得更好，这是没错的，后面提出来的 Stateful PCEP 能够支持维护路径的状态。不过前面说了，想做的事情少意味着 PCEP 要配合其他的协议来做解决方案，多个协议要良好地配合在一起，增加的开发与维护成本又有多少呢？性能、扩展性、可用性上，如果说BGP的优势在于实现已经趋于成熟，那么PCEP的第一个RFC也是2009年才成稿的，协议本身相比于OpenFlow又能成熟到哪里去呢？目前，还没有一家厂商敢说PCEP可以在运营商现网落地带业务了。

上面对BGP、PCEP发了几句牢骚，并不是说OpenFlow就有多好，而是想说请多给OpenFlow一些耐心。到底是FIB可编程好，还是RIB可编程好？要笔者来说，BGP现网上很成熟，但想在SDN里面用好还要下很大的工夫，PCEP做转发控制更专业，但场景也相对受限，OpenFlow更灵活，但想上规模需要花精力去填坑。抛开场景和技术条件来谈哪个协议好哪个协议不好，是没有任何意义的。没有最好的，只有最合适的。

2.3.4　设备配置可编程

1. CLI

这个话题可算是老生常谈了。CLI于网络非常重要，尤其是对于运维，很多时候都需要逐台设备地show，然后靠经验来定位问题。不过，如果敲CLI非要到设备前去插console口连，那实在是一件没有效率的事情，设备多了，人力的成本太高。最早的远程登录技术是Telnet，运维用自己本地的一台服务器就可以登录到远端的设备上去敲命令行。不过Telnet是明文传输，命令很容易被截获和篡改，后面为了安全提出了SSH。几乎所有的网络设备都支持Telnet和SSH，有了远程登录就可以写一些自动化的工具用于设备的集中式管理了。基于shell来写VLAN、ACL，可以说是网络运维的基础技能了。

远程登录只是个简单的通道，设备上有什么就只能用什么。而RPC（Remote Procedure Call，远程过程调用）可以使得这个远程通道上有一些自定义的能力，在远端可以任意地调用这些能力。相比于SSH+shell，RPC+高级编程语言能够描述更为复杂的运维逻辑，但是RPC需要对设备端的系统进行升级，传统的网络设备都不支持。随着云计算的发展，自动化变得越来越重要，Devops概念日渐盛行，数据中心的网络运维自然也要向更好的自动化方向发展。目前流行的Devops工具，包括基于RPC+Ruby的Puppet/Chef以及基于Python+SSH的Ansible，已经被广泛地用于云中，网络设备为了支持与云中其他资源的联合编排，也开始在设备中集成这些能力。

无论是传统的SSH+shell还是目前的Devops，只是CLI多穿了一件衣服，那么它们算不算是SDN呢？从严格的意义上来讲自然不是，大抵上只能归为自动化运维。不过，目前很多SDN控制器还在大量地使用CLI，这并不是因为SDN控制器的能力不行，而是由于厂商设备对其他接口协议的支持时至今日仍然不够成熟，很多情况下只有用CLI才能解决实际的问题。

CLI用在SDN中，最大的问题有两个：①不支持事务性配置，虽然可以通过RPC来包装一些状态机制，但是没有形成标准化；②机器的可读性很差，程序想要看设备的状态只能用show，返回来一大堆字符串根本不适合机器去做解析。为了在SDN中更好地对设备进行管理和配置，必须要解决CLI存在的这两个问题，目前以NETCONF为OVSDB最为常见。

2. NETCONF/YANG

NETCONF 并不是什么新鲜的东西，Juniper 从 2003 年开始提，2006 年就出了 RFC 第一稿。从配置的角度来看，做网络实际上就是在配置一个分布式的数据库，网络的正常运行依赖于不同设备上数据间的配合，因此一个好的网络配置协议需要有良好的机制来维护这些数据的状态。SNMP 已经被证明只适合做监测而不适合做大规模的配置，Puppet 这些为 IT 编排而生的工具在网络领域也并不够专业，因此上述机制的实现需要新设计一套专用的、标准化的 RPC。NETCONF 就是为此而生的，NETCONF 的 RPC 能够实现诸多良好的状态特性，比如配置的分阶段提交、分时生效、回滚、持久化，以及数据的加锁等。有了这些专用的 RPC，网络配置的底层语法是做好了，但光有底层是不够的，还需要有合适的高层语言来对网络配置的语义进行统一的建模。相比于 SNMP BER 的人不可读性以及 CLI 字符的机器不可读性，NETCONF 在数据格式上选用了人类和机器均可读的 XML，XML 自身有建模语言 XSD 和 DSDL，然而它们都是为静态文档设计的，不能有效地满足 NETCONF 对语意的要求，于是 YANG 被提出并成了 NETCONF 指定的数据建模语言。

NETCONF 确实是个非常好的配置协议，良好的事务性设计使得 NETCONF 有能力集中式地把网络和业务给配起来的。再加上 YANG 提供的可扩展性，理论上只要厂商愿意做扩展，那么用 NETCONF 配置 BGP 路由表、MPLS 标签转发表甚至 OpenFlow 流表都是可行的。不过由于 XML 解析的速度存在瓶颈，再加上支持事务性对于数据库的影响，因此 NETCONF 还是更适合实时性要求不高的配置类工作，而不适合对实时性要求较高的控制类工作。

不过，对于 YANG 实际上是存在很多争议的。YANG 第一稿 RFC 的提出是在 2010 年，当时业界并没有引起什么轰动，只是知道这是为了 NETCONF 新设计的一个建模语言。YANG 的全称是 Yet Another Next Generation，可相比于 SMI、XSD 和 UML，除了改变了语法并做了一些简化以外，在网络领域 YANG 似乎也没有表现出什么明显的技术优势。被 OpenDaylight 采纳用于 MD-SAL APP 的建模，成了 YANG 的一个重大转折。对于传统网工来说，YANG module 和 SNMP 中的 MIB 路子类似，相比于 OpenFlow 中全新的资源模型来说要好接受一些，再加上 OpenDaylight 提供的 YANG-TOOLS 能够实现 YANG module 到 Java 的自动映射，进一步省去了网工们在编程语言上的学习成本。随着 OpenDaylight 的推广，YANG 顺理成章地火了一把。

不过 YANG 在一个地方是有优势的，那就是它在 IETF 的网管专业有一个专门的工作组，负责提出标准的 YANG 模型来增强各个厂家的互操作性，以便未来对网络进行统一的建模。对于运营商和 OTT 来说，这自然是求之不得的，但大多数厂商对这件事其实是没有什么感觉的，虽然本质上设备里还是那么一套东西，但真要改造起来可是个巨大的工程。除非用户要求，否则既然之前没有开放给你，为什么现在要主动开放给你？不过，统一 YANG 模型这件事对于网络的用户来说意义重大，还是需要用户主动去推进，然后从市场层面来带动厂商。总体来说，这件事在大形势上是乐观的，但统一究竟要花上多长的时间，还要看各方的博弈。值得一提的是，OpenConfig 作为一个由 Google 主导、致力于 YANG

标准化的开源项目，可以进行长期的关注。

NETCONF 还有一个小兄弟叫 RESTCONF，数据建模还是用的 YANG，不过把 NETCONF 的 RPC 映射到了 RESTful API。其好处是 HTTP 的通用性更强，缺点是 RESTful 的操作受限于 CRUD，相比于 RPC 在灵活性上有很大差距，因此在映射 RPC 的过程中损失了 NETCONF 的一些优秀机制，如数据加锁等。RESTCONF 的流行同样也是受 OpenDaylight 所提携，当然也得益于它自身操作上的简单性。

3. OVSDB

除了 NETCONF/RESTCONF 以外，OVSDB 也是比较流行的配置协议。实际上这个说法是有一点问题的，OVSDB 是 OVS 的数据库，它的管理协议在 RFC 中叫作 "The Open vSwitch Database Management Protocol"，这里讨论的是后者，下面将其简称为 OVSDB MgP。OVSDB 是一个关系型的数据库，支持事务，具备 ACID 的特性，因此 OVSDB MgP 对于事务也有着良好的支持。OVSDB MgP 相比于 NETCONF，RPC 方面是类似的，数据格式上用的是 JSON 解析的速度比 XML 还要快一些，由于 OVSDB MgP 是专门为了 OVSDB 设计的，而 OVSDB 中的表以及表间关系都是固定的，因此 OVSDB MgP 也没有绑定专用的数据建模语言。

对于 OVSDB MgP，同样有几个常见的误解。

❏ **OVSDB MgP 只能配虚拟交换机**。很多白盒厂家都是基于 OVS 来做设备的 OS 的，因此白盒基本上都支持 OVSDB MgP。一些传统厂商如 Juniper、Arista 的设备虽然不是基于 OVS 的，但也都支持 OVSDB MgP，主要是为了和对接虚拟化环境做裸机的接入。

❏ **OVSDB MgP 只能配端口、隧道这些，没有办法配流表或者转发表**。RFC 里面没有对数据模型做限定，通过扩展两端的 OVSDB Server 和 Client，是可以通过 OVSDB MgP 交互任何信息的。

❏ **OVS 就是 OpenFlow 交换机，OVSDB MgP 必须配合 OpenFlow 使用**。不连接控制器的时候，OVS 可以当做一个传统的二层交换机来用，然后用 OVSDB MgP 进行统一配置端口、VLAN，不需要依赖于 OpenFlow。而且根据上一条中所说，对 OVSDB 扩展后 OVSDB MgP 是可以配置流表的，很多 SDN 方案里面只有 OVSDB MgP，而没有使用 OpenFlow。

另外，OF-CONFIG 和 OVSDB MgP 两者都可以用来配置 OpenFlow 交换机，因此也是比较容易混淆的。OF-CONFIG 是 ONF 为 OpenFlow 配套提出的管理协议，OF-CONFIG 用的是 NETCONF 的 RPC，在上面做了自己的数据模型，和 OpenFlow 是强绑定的。OVSDB MgP 是 IETF 中为 OVS 设计的管理协议，有自己的 RPC，数据模型依赖于 OVSDB，和 OpenFlow 没有强绑定关系。

关于设备配置可编程，最后再说一点。虽然提到网络配置通常是对交换机、路由器这些进行配置，但上述所提到的脚本、Devops、NETCONF/RESTCONF、OVSDB 也是可以用来配置控制器的，数据模型建好了都是可以做的。但也千万不要被一些 "NETCONF 万能论"的说法搞晕了，真正做控制该用 OpenFlow 还用 OpenFlow，该用 BGP 还用 BGP。

2.3.5 设备 OS 和控制器可编程

无论是设备 OS 可编程还是控制器可编程，都是指内部编程接口的开放，设备上 OS 受限于盒子中的资源一般都是用 C/C++，而控制器上的资源通常受的限制较少，考虑到大型框架的集成通常都是选 Java。相比于做外部的协议，这一块的争议相对来说要少得多。要么项目本身就是开源的，厂商做些 commit 占个坑赚个好名声，要么是有人自愿把自己设备或者控制器的部分代码开放出来，这样的话别人家也一点都管不着。设备 OS 可编程，开源这一块是 OCP 在推，Facebook 部分开源了自己的 FBOSS，微软在推动 SONiC，厂商的话，Arista 的 EOS 是有开放 SDK 的。控制器可编程，主要就是开源的了，包括 Neutron、OpenDaylight、ONOS 和 OpenContrail，厂商方面有一些基于 OpenDaylight 或者 ONOS 在做商用的版本，给的说法通常都是"可开放集成第三方 APP"，但实际上是否行得通，还是只有试过才能知道。

2.3.6 业务可编程

业务可编程是通常所说的北向接口，控制器把底层的一些接口组合在一起进行适当的封装，然后把高层的业务接口暴露给开发者。从编程方式上来讲有"命令式编程"和"声明式编程"，命令式编程关注 How，即业务的实施细节，而声明式编程关注的是 What，即业务的最终目的。不过，哪些是 What，哪些是 How 呢？实际上也并没有一个明确的界定。封装这件事其实只是为了方便人理解而已，机器是不需要什么封装的。对于不同的人，能够理解、愿意理解到的层面是不同的，因此封装是可以分出来很多层次的，这一层的 How 有可能就是下层的 What。

目前圈子内流行的说法叫作"基于 Intent 的编程"，比如 Cisco 推的 GBP 和华为推的 NEMO。从名义上来讲，两者都属于声明式编程，但 GBP 的封装层次要比 NEMO 更高一些。GBP 的描述逻辑侧重于网络中不同应用间的通信策略，而 NEMO 的描述逻辑仍然要关注于物理网络的拓扑。当然，封装获得友好性是有代价的，封装层次越高，业务可以掌控的东西就越少。到底用什么呢？主要还是看业务场景。如果是云里面的多租户业务，那么网实际上只是辅助应用的，流量能跑通就可以了；如果是运营商的专线业务，那么网就处在核心地位了，自己做路径的规划就非常有必要了。

目前来看，GBP 和 NEMO 都处在较为初级的阶段，技术上不是很成熟，暂时都还谈不上生态。其实业务可编程这块，实际上还是用户自己最了解需求，而无论是 GBP 还是 NEMO 都是 SDN 自己玩出来的，总是有些泛泛不着边际的感觉。相比之下，以场景为驱动的业务接口正在形成事实上的标准，比如云中的 OpenStack Neutron、GBP 和 NEMO 也都在积极地对接 Neutron。运营商这边 ONAP 的轮子也已经开动了，未来不知道是否会发展成 ISP 的 OpenStack。

业务可编程领域也有一些专用的建模语言，比如 YANG 和 TOSCA。YANG 前面介绍过了，TOSCA 是 OASIS 为 NFV 推动的一种建模语言，和 YANG 相比主要多了编排的能力，YANG 擅长描述一个网络业务，而 TOSCA 可以组合起多个业务。OpenStack 已经使用了 TOSCA，而 YANG 主要还是在 OpenDaylight 这块。

2.4　集中式控制——与分布式的哲学之争

转控分离与可编程都体现了 SDN 对于网络开放的愿景。除此之外，SDN 还有一个衍生的特征是集中式控制，这两个特征的提出可以说都是对传统网络的深刻变革。对于开放性来说，技术实现上不是什么问题，但出于商业利益的考虑，对于究竟应该开放到什么程度的讨论往往是各执一词。而对于集中式控制，大家都承认这在特定的场景下是有商业价值的，但到底该如何实现集中式控制，它在技术上带来的新问题该如何解决，一时间也难于形成统一的业界标准。因此在笔者看来，SDN 开放性的痛处在于重构行业的利益分配，而集中式的纠结则在于与分布式长久不衰的哲学之争。

集中式与分布式之争，其实是一个广泛而深刻的命题，小到家庭公司大到社会国家，每个文明系统的组织机制都会面临着在二者之间的抉择，管制带来的是效率与统一，而民主意味的是公平与稳定。管制与民主之间永远存在着博弈，最终势必会趋向于在系统的不同层面上形成不同的组织机制。

作为人类文明中数一数二的大型系统，通信网络的组织机制自然也摆脱不了集中式与分布式之间的争端。Internet 的原型是 ARPANET，ARPANET 最初是美国国防部为军事战争设计的网络，考虑到军网对高可抗毁性的要求，因此基于分组无连接和分布式控制的 IP 得以发展。随着民用通信网络需求的出现，ARPANET 演进为早期的 Internet，IP 同时要为 Internet 提供良好的可扩展性，因此 IP 延伸了分布式控制的思想，以 OSPF 和 BGP 为代表的路由协议进一步奠定了分布式控制在传统网络中的基础性地位。尽管如此，历史上实际上并不缺乏对于集中式的尝试，这不仅存在于学术界，比如 ATM LANE 中使用集中的服务器来做 ARP 解析以仿真 Ethernet，PSTN 的七号信令则通过专用的带外控制平面来建立、拆除电路连接，即使是在 IP 网络中，还是能够看到集中式的一些影子，比如 BGP RR 和 OSPF DR/BDR 通过在设备中选举特殊的角色来扮演局部网络中的集中控制点，比如 SNMP 通过对设备资源模型进行标准化以便在远端进行集中式管理，比如 WLAN AC 能够在带外对瘦 AP 的转发进行集中控制，等等。不过这些集中式技术，或者只是为了辅助分布式控制技术，或者只是为了简化网络管理，或者受限于场景和规模，都没有对分布式控制技术的地位产生本质上的影响。

随着互联网应用的爆炸式发展，连通性变成网络最基本的能力，人们开始转而关注网络连接的质量与灵活性，此时分布式控制无法感知网络状态，管理配置复杂的缺点开始显现出来。而集中式恰恰善于解决上述问题，但苦于难以找到合适的替代技术，因此只能采用打补丁的思路来对现网进行改良。在 SDN 被提出后，人们终于看到了使用集中式代替分布式的理论基础，学术界吹响了使用 OpenFlow 彻底代替传统网络的号角，创业界似乎普遍找到了"撬动地球的杠杆"，媒体也开始大规模为 SDN 造势。

然而，理想与现实之间总是存在着巨大的鸿沟。相比于复杂臃肿的传统网络，基于 OpenFlow 的网络设计确实是简单而且灵活的，非常适合用于小规模网络中的创新。但是由于集中式可扩展性差的老大难问题，另外考虑到传统网络的巨大存量无法直接废弃，因此业界的脚步远远没有跟上学术界吹响的"网络革命"号角，如何基于传统网络向 SDN 进行逐步的演进则成了业界更为务实的发展战略。

抛开复杂的市场因素，单纯地从技术角度来看，分布式控制带来的好处是稳定和可扩展，缺点是没有办法做到全局最优，相反集中式控制的优点是擅长全局的调度，不足之处在其可扩展性较差。因此，简单地评判二者孰优孰劣是有失偏颇的，客观性上必须要承认二者是互补的。综合考虑，一个好的 SDN 设计既需要高效率、易管理，又需要稳定和可扩展，这要求兼顾如下两个基础性原则（后续会分别详细讲解）。

1）**控制与转发通道相分离，形成逻辑上的集中点**，它掌握实时的网络全局视图，能够进行业务的自动部署以及网络的动态调优，并提供整网的单一管理入口。

2）**需要为逻辑的集中点引入分布式协作能力**，以提高 SDN 网络的可扩展性与可用性，并支持与传统网络的兼容与互通。

2.4.1 在功能上找到平衡点

先来说第 1 个基础性原则。

首先，"控制与转发通道相分离，形成逻辑上的集中点"，听起来简单但实际上是有很大的学问的，实际到了工程实现中会遇到很多问题，其中很多问题的答案至少目前还都是需要画问号的。传统的网络设备中控制和转发就是分离的，不过控制逻辑仍然分布在设备的盒子里。那么，要形成 SDN 的逻辑集中点，是不是一定要将控制功能从各个设备里拖出来？BGP RR 和 OSPF DR/BDR 都是局部网络的集中控制点，但它们都是放在设备的盒子里的，如果开放了 BGP RR 和 OSPF DR 的控制权，这算不算是 SDN？

其次，如果只拖出来管理功能，转发的控制能力仍然保留在设备盒子里，这算不算 SDN？如果管理和控制功能都被拖出来，它们一定要放在一个物理实体中吗？管理功能都适合拖出来吗？比如 OAM 和 LLDP。控制功能都适合拖出来吗？比如 ARP/LACP 和快速重路由。如果控制功能要拖出来，一定要拖 FIB 的控制出来吗？把 RIB 的控制拖出来算不算 SDN？把逻辑从设备的盒子里拖出来后，逻辑的集中点怎么部署在网络里？带内，还是带外？如果把转发逻辑拖出来了，而且又要采用带内的部署方式，控制信令本身的转发怎么控制？

要回答上面的问题很不容易，因为不同的场景和需求决定着最终的设计。不过总的来说，还是有以下几点基本的参考原则的。

❑ 管理和控制功能可以放在一起实现，也可以分开实现，具体要看实际的研发能力和存量网络的状态。

❑ 控制信道的能力可能有必要进一步进行切割，一些交互密度高、时延敏感的能力是应该保留在设备中的，比如 BFD 和 FRR。

❑ 大部分情况下，不要企图用控制信道来承载的业务流量的传输。

❑ 尽量使用预下发（Proactive）的方式进行控制，不得已使用触发式（Reactive）的控制方式时要考虑抑制控制信令风暴以及其他形式的控制器 DDOS。

❑ 采用带内的部署方式时，要防止出现先有鸡还是先有蛋的问题。

❑ 最后，算不算是 SDN 的问题不在于集中式控制如何实现，因为它不是 SDN 最为本质的特征，只要是为网络开放出了某一层次的编程接口，都算是广义上的 SDN。

从本书的后续章节可以看到，很多 SDDCN 的实现，尤其是 OpenStack Neutron 中的众多解决方案，它们将策略逻辑独立进行了逻辑上的集中式存储，而 SDN 的控制逻辑仍然被分散到了各个设备本地。其具体的实现放到后面再细谈，在这里先提出来只是为了说明：不同技术背景的团队所实现的 SDN 千差万别，千万不要狭隘地为技术扣帽子。

另外，"掌握实时的网络全局视图，能够进行业务的自动部署以及网络的动态调优"。网络全局视图的实时搜集是 SDN 最重要的支撑性技术之一，搜集的信息主要包括转发设备拓扑、终端的位置与网络参数、转发设备的资源状态、转发设备统计信息、流量统计信息等，搜集的手段多种多样，比如通过设计新的协议（如 OpenFlow），或者直接通过现有的协议（如 SNMP/sFlow/NetFlow），或者对现有协议进行扩展（如 NETCONF、BGP-LS），也可以从专用的网管软件中获取处理后的数据。根据实时的网络全局视图，结合业务的需求，SDN 控制器可以自动地部署业务，并能够动态地对网络进行调优，业务的部署主要是提供可靠的连接性和一致的策略，动态调优主要就是对网络路径进行重新规划，实现的方式同样多种多样（如 OpenFlow/NETCONF/PCEP/BGP），不同的方式各有所长，读者可以回头再看看 2.3 节中的内容。

"提供整网的单一管理入口"，这一点技术上没有什么争议，但是要注意这个入口在不同场景中可能是不同的，这取决于用户的习惯。比如，各个网络厂商的 SDN 控制器都会提供自己的 GUI/CLI，虽然适用于各个场景的网络管理，但是一旦对接了 OpenStack，这个入口就会变成 Horizon，毕竟人家才是云的 Portal。当然，这也是从一般意义上来说的。对于一些大规模的网络，其网络运维方面的分工非常细致，那么将管理功能可以进一步进行分割，并为不同的分割单独不同的管理入口。

2.4.2 在扩展性和可用性上找到平衡点

再来说第 2 个基础性原则。

"需要为逻辑的集中点引入分布式协作机制，以提高 SDN 网络的可扩展性与可用性，并支持与传统网络的互通"。实际上，不只是传统网络中用到了分布式控制技术，任何大规模的 IT 业务系统都需要通过分布式技术来保证可扩展与高可用。当然，前面曾简单地分析了传统网络中分布式路由技术存在的一些不足，为了能够对网络进行全局化和自动灵活的控制，需要将各个设备中的逻辑提取出来（或者提取一部分），形成一个逻辑上集中的网络控制点。不过，SDN 作为一个整体的系统，总需要有一部分来保证扩展性和可用性。因此，逻辑上的集中点并不意味着SDN控制器就是"孤家寡人"，实际上控制平面仍然需要通过分布式协作机制来实现。

这乍一听起来似乎有些荒唐，不是说SDN要解决分布式的缺点吗？难道这些缺点从转发设备中抽离出来，然后转移到控制平面就不存在了吗？虽然有些不好理解，但是这个问题的答案通常是Yes。这是因为，各个SDN控制器掌握着自己控制的本地网络中所有的实时状态（这些信息是在传统的分布式路由协议中各个设备所无法获得的），大家互通一下有无，每个控制器上就有了全局的网络实时状态。可是，控制器间的分布式协作不可避免地要带来时延，A控制器本地网络的实时状态信息转给B不会产生滞后吗？这个确实没办法从根本上进行避免，但所幸SDN控制器在数量上要比转发设备少1～2个数量级，因此大体上来说控制器间分布式协作所产生的开销，对实时性信息造成的滞后效应，是在可接受的范围之内的。

控制平面的分布式协作机制，根据面向的场景不同，分为以下4种实现形式。在对几种形式进行介绍和讨论之前，需要先澄清笔者对于"SDN东西向协议"这一概念的理解——"SDN东西向协议就是运行在异构SDN控制器间的接口协议，用来同步异构SDN控制器中的网络信息"，这里的异构既可以指不同厂家的SDN控制器，也可以指同一厂家不同的SDN控制器。一些容易产生误解的地方在于，有人把同一厂家的定位于不同层次的控制器间的协议理解为"SDN南向协议"，也有人把SDN控制器和传统路由器的通信理解为"SDN东西向协议"。在此做上述概念的澄清，没有哪个对哪个错之分，只是为了方便读者对下面的内容进行理解。

- ❏ 同构控制器的不同实例间运行集群机制，保证SDN的可用性。
- ❏ 异构SDN控制器间运行东西向协议，保证SDN的可扩展性。
- ❏ SDN和传统网络的兼容与互通，可能需要SDN控制器模拟传统的分布式L2/L3协议。
- ❏ 以上三种场景的任意组合，需根据实际情况结合集群、东西向协议和传统的分布式路由协议对控制平面进行设计。

单域内的集群早就成了业界的共识，各个商用的SDN控制器和OpenDaylight/ONOS两个开源控制器平台都实现了自己的集群机制。集群的问题本质上是软件设计的问题，这个问题不在本节的讨论范围之内，下一节会对此进行详细的介绍。这里值得注意的是，即使已经具备了相当可观的高可用性，由于一些不可控因素，控制器集群仍然可能会出现问题，这就需要为转发设备设置一定的逃生机制，以避免大规模的控制器瘫痪造成的业务转发中断。

跨异构控制器的东西向协议，尤其是跨厂商控制器的东西向协议，对于行业未来的发展是至关重要的。尽管如此，这件事情目前推进得还比较缓慢，因为这里涉及太多的技术风险与利益互博。对于厂商来说，自家SDN控制器的未来都生死未卜，目前很难有动力去推动东西向协议的标准化，顶多是在自家的多个异构控制器间简单地互通一下而已，笔者个人理解这实际落地的可能性不大，更多是厂商为了进行市场推广的而已。IETF和IEEE实际上是厂商在主导的，对SDN需不需要控制器这个事情一直都是闪烁其词，更不会愿意花大力气来推控制器互通的标准。ONF在推广OpenFlow的心力上都不是很充足，暂时也没有看到对东西向协议有任何的想法。总而言之，大家对于东西向协议都是"叫好不叫座"，于是就出现了上面的"三不管"状态。学术界中倒是有一些尝试，或者基于层次化的控制平面设计，或者基于水平对等的模型来设计控制平面，不过这件事情由学术界来做实际的效果肯定不会太好，业界对此类论文还没有任何的实质反应。

可对接多厂商控制器这件事是一定要做的，尤其是对于运营商这种大体量的网络，否则用户还是得绑定在一家厂商的产品上，这和原来的景象并无二致。要做成这件事，实际上还有另外一个思路，就是在各厂商控制器的上面再做一层编排器，由编排器来规范接口，然后各个厂家控制器去做适配。换了个说法之后，这事做起来就要容易多了，厂商只能选择积极跟进，否则只能面临被淘汰的命运。云这块已经有了 OpenStack，运营商稍稍落后，不过大家现在也都把这件事想明白了，目前正在积极地推进 ONAP 的发展。云提供商和运营商自己做编排器还有一个好处，就是可以把控住业务的入口，毕竟自家的业务还是自己最熟络，把业务交给设备厂商去做，一来不合适，二来也很容易受到制约。编排器通常被看作业务平面而非控制平面，但从架构上来看编排器会作为系统最顶层的集中点，至于编排器自身还要不要分级，就看用户自身的实际需要了，这块属于纯 IT 问题，争议要小得多。

SDN 和传统网络的兼容与互通，和南向协议的选择有很大的关系。对于 NETCONF/BGP/PCEP 这些广义上的 SDN，实际上是可以很好地工作在传统网络的框架下的。而 OpenFlow 网络和传统网络的互通，目前业界仍然在不断地进行着尝试。这是一个比较大的议题，涉及软硬件不同层面的问题，下面的内容只针对于控制平面的设计思路。以一个简单却比较典型的互通场景为例，该场景中 SDN 和传统网络覆盖着不同地域的设备，只通过边缘的设备进行互联，此时要求 SDN 控制器能够和传统网络进行分布式信令的交互。如果传统网络在与 SDN 互联端口上运行的是 L2，那么控制平面就需要模拟 MAC Learning/VLAN/xSTP/ 等二层逻辑；如果运行的是 L3，那么控制平面上就需要模拟 ISIS/OSPF/BGP 等三层协议。

具体的技术实现上，主要有两种思路：**第一种思路**是直接把 L2/L3 的控制逻辑作为 SDN APP 运行在控制器上，由控制器直接与传统设备进行传统控制信令（如 STP、OSPF、BGP 等）的交互，互通 SDN 域与传统网络的控制信息，然后控制器做一些协议上的转换（类似于传统网络中路由重分布的概念），将传统网络的控制信息通过南向接口下发给 SDN 域内的转发设备。**第二种思路**是在控制器外面独立运行一个协议栈（如 Quagga、BIRD 等），专门负责与传统网络互通路由，然后控制器与协议栈间再互通控制信息，与前一种的区别在于，SDN 控制器不再需要实现复杂的路由逻辑，可以通过一些私有的接口（或者简化版的路由逻辑）来访问协议栈的数据库，这种方式可以有效地减轻控制器端的开发压力。两种实现中，都有一个需要注意的问题：**控制信令在网络中的通信路径，如果采用 In-Band 的部署方式，要把负责控制信令转发的 OpenFlow 流表写好；如果采用 Out-of-Band 的部署方式，控制器在注入路由时要注意下一跳的问题，防止路由器把流量直接引向控制器。**

分布式与集中式，在 SDN 领域仍然会是一个长期争论的话题。既然没有绝对的好与坏，那么解决问题的精髓就在于平衡。Juniper 内部流传着一句很精辟的话，作为上述内容的一个小结，希望能够引发大家更为深入的思考，摆脱对技术的争执，在工程上找到最适合自己的 SDN。

"Centralized what you can, distributed what you must. If something can be centralized, and there are no physical or functional constraints, centralize it; otherwise, it should be left distributed."

2.5 回归软件本源——从 N 到 D 再到 S

说到 SDN，人们最常联想到的有这么几个词，OpenFlow、数据中心虚拟化、广域网优化。从最开始的喊口号到前几年讨论场景，目前 SDN 已经开始真正地沉淀技术，商业上也进入了加速落地的阶段。或者也可以这么说，SDN 近十年的发展逐步经历了从理解网络需求（Networking）到完善南向协议（Defined），再到打造健壮系统（Software）的过程。

在 SDN 的框架下，或者说在软件的世界里，实现大部分现有的网络功能都不会是一件太复杂的事情。抛开分布式协议的枷锁后，网络的创新再也不用等 IEEE/IETF 这些标准组织慢吞吞地输出文档了，用户对网络的需求会普遍转向个性化的定制和敏捷的交付，是时候从厂商主导的传统网络思维转向为用户按需提供网络服务的云计算思维了。

控制器是 SDN 向用户交付的主要产品，既然控制器在网络功能的实现方面足够灵活，那么 SDN 控制器的扩展性、可用性与性能往往会超越接口协议和网络业务本身，成为决定 SDN 能否商用的核心因素。因此，如何构建起一套可扩展、高可用的 SDN 控制器，才是推动 SDN 真正走向大规模落地的关键。

2.5.1 模块管理

长久以来，垂直一体化的行业特性使得网络技术的集合变得无比庞杂。虽然有标准协议的规范，但是各大厂商的产品之间，甚至同一厂商不同的产品线之间的设计区别都很大，跨厂商难于互通一直是用户的一块心病，这也导致了更为显著的厂商锁定现象。SDN 除了能够提升业务敏捷度以外，用户同时还希望 SDN 能够帮助他们摆脱对于厂商的依赖，从而在谈判桌上拿到更多的话语权。除了肩负着驱动异构网络设备的重任以外，SDN 控制器还要承载各式各样的网络基础服务的运行。因此，SDN 控制器的目标应定位于在网络基础服务和设备驱动间构建起一个可扩展的、通用的网络控制平台。

早期的一些轻量级的开源 SDN 控制器，如 Floodlight、POX 和 RYU 等，用户都需要在启动前把需要加载的模块在配置文件中事先指定好，或者在启动的命令行中指定模块。在控制器运行过程中，如果希望启动另外一个模块，需要把控制器关掉后修改配置文件重启，或者在启动命令行中指定新的参数。而且加入一个服务出错了，那么整个控制器也就挂掉了。

上述问题在生产环境中显然是不可接受的，因此 OpenDaylight 和 ONOS 在设计之初都采用了 OSGi（面向 Java 的动态模型系统）的框架。在这类框架下，SDN 控制器中只保留少数的用于平台管理的核心模块，而将各种网络基础服务和设备驱动看作可插拔的外围模块，这些模块可以动态地加载／卸载到 SDN 控制器的核心中，各个模块间能够实现良好的隔离。这样的好处在于，新的 SDN 服务的部署、测试或者上线，并不需要对控制器进行停机升级，以保证现有服务的可用性。如果新的 SDN 服务的运行出现了问题，通常也不会影响到其他现有服务的工作。相比于 Java 在企业级应用框架方面不可比拟的优势，C/C++/Python 在 SDN 控制器领域都暂时落在了下风。

2.5.2 模块间通信

有了动态管理模块的框架，SDN 控制器接下来面临的一个问题就是如何在模块间进行通信。这里所说的模块间通信，是指发生在控制器内部的模块间通信，该机制设计的优劣会直接影响控制器的可扩展性，甚至影响到控制器核心部分的稳定性。实际上，OSGi 的大部分实现中已经提供了模块间的通信机制，不过很多控制器也会自己重写通信机制来优化模块间的通信。

模块间的通信是一个非常复杂的话题，涉及控制器代码实现的方方面面，从通信模式的角度来看，可以分为点对点模式和发布订阅模式。在点对点模式中，源想要和目的通信直接调用模块的目标接口，这种方式实现起来最为简单，代价是增加了模块间的耦合度，一来出了问题容易导致连锁反应，二来模块多了之后接口后期维护的成本也越来越高。在发布订阅模式中，模块间的通信不再直接发生源和目的之间，而是在中间加了一个组件，由这个组件作为中继来协调各个模块间的通信，这样可以获得模块解耦带来的各种好处，而且通信方式更为丰富，中间的组件通过应用级别的路由可以实现点对多点的通信。

点对点虽然听起来没有发布订阅高级，但是从工程的角度来看点对点不受中间组件的约束，它的实现可以更灵活一些。发布订阅虽然提供了解耦合，但是中间组件的引入必然会带来通信效率上的开销，而且这个中间组件本身要足够稳定、强劲，否则它出了问题整个控制器就彻底崩溃了。因此，对于一个好的控制器的设计，两种通信模式都是需要提供出来的，供开发者自己来选择。

回头再来看发布订阅模式下那个中间的组件。它的实现通常是一个消息队列，发布消息的称为生产者，订阅消息的称为消费者。生产者产生了消息后直接把消息投放到消息队列，然后消息队列根据该消息的类型将其推送给相应的消费者，或者由消费者从特定的队列中轮询获得消息。消息队列可以看作一个投递信件的邮差，它对通信的内容实际上是没有任何感知的。除了消息队列以外，中间组件的另一种实现是以数据库为中心的，生产者把它所产生的数据写到数据库中，对这个数据感兴趣的消费者就可以从数据库中读到变化后的数据，或者由数据库将变化后的数据推送给订阅了该数据的消费者。数据库可以看作一个传话的信使，它对通信的内容是可以感知的。

基于消息队列来做发布订阅好，还是基于数据库还做发布订阅好？不同的业务有不同的考虑，而后一种通常来说会更好一些。假设控制器上现在有两个模块，一个是设备的驱动，一个是探测网络拓扑变化的，后一个的工作是要依于前一个的。有一个极端点的例子，是一个破坏者反复地插拔着设备上的网线，这个端口的状态就会不断地在通和断两个状态间发生变化。设备的驱动把这个破坏者的行为如实地记录了下来，然后它要通过一种把这些行为发布给拓扑模块。如果是基于消息队列的，那么拓扑模块有可能在收到大量消息的冲击后就挂掉了，但是这个破坏者仍然在不停地插拔网线，那么消息队列只能如实地把消息缓存下来，等拓扑模块恢复后再把消息一起推送给出去，于是拓扑模块就再次挂掉了。如果是基于数据库的，那么拓扑模块恢复后数据库只把当前端口的状态发给拓扑模块即可，防止对拓扑模块的二次冲击。如果状态变化实在过于频繁，还可以将其识别为安全隐患，从而无论实际端口状态如何变化，对于订阅者可以直接将其置位为 Down，防止拓扑频繁变化对路由稳定性的影响。本质上，数据库带来的好处是由于它维护了通信上层内容的状态，而消息队列对于通信上层的内容是无状态的。不过，维护状态所带来的开销可能是非常巨大的，对于一个好的控制器的设计，发布订阅的方式也都是需要提供出来的，供开发者自己来选择。

观点听起来比较中庸。其实这主要取决于对控制器的定位，如果是要作为一个通用的平台，就需要给开发者最大的灵活性，那么把底层各种机制都提供出来是要更好一些的。如果是要做一个产品，解决特定的问题，那么就选一个最合适的吧。

2.5.3 接口协议适配

通用平台离不开适配。适配对于 SDN 的含义，通常就是指把控制器看作网络中的操作系统，对不同的业务或者设备，或者说对北向接口和南向协议，进行统一的抽象。对北向接口的抽象还好，南向的适配目前遇到了巨大的困境。

从日常的经验来看，这对于操作系统来说应该是天经地义的。之所以听起来这么自然，是因为一提到操作系统，大家的认识大多都是在个人电脑领域的，这个领域里的分工很明确了，做鼠标键盘的厂家没有自己来做操作系统的，微软也不会想着自己去做硬件。再加上 Windows 在市场上具有不可撼动的地位，所有的厂家都要围绕着 Windows 提供的 IO 接口来做驱动的开发。

然而，在网络的圈子里面可不是这样的。传统网络里面盒子的软硬件是一体的，全是厂家自己来玩，而且里面是怎么玩的也不会告诉给你，厂家 A 的引擎是不可能控制厂家 B 的业务板卡的。SDN 来了以后，控制器的角色就好比一个要把所有厂家设备都控制起来的通用引擎，然而现在南向协议五花八门，不同南向协议对设备抽象的模型是完全不一样的，这就给控制器上的适配工作带来了巨大的挑战。试想一下，如果笔记本的触摸板、有线鼠标和无线鼠标，它们的操作方式完全不一样，这会给操作系统带来多大的困扰。而且还有一个问题是，控制器在网络中目前仍然处于十分弱势的地位，即使有一个开源的控制器对南向协议做出了不错的抽象，厂商也不见得愿意把自己的设备适配到上面去，因为厂家是不会用开源控制器和自己商用控制器左右互搏的。

如果想要做适配，从软件实现的角度来看就要在控制器的架构中增加厚厚的一层，屏蔽掉不同南向协议的差异。想要适配的南向协议越多，这一层就要做得越厚，积累到一定程度会严重地影响到控制器的可扩展性。到底是"大且全"，还是"小而美"？这是个见仁见智的话题，没有绝对的优劣。

网络的操作系统最终能顺利地走上 PC 操作系统的路线吗？只有时间能够告诉我们答案。

2.5.4　数据库

网络实际上是一个巨大的数据库。传统的设备通过交互路由协议来维护邻居表、拓扑表以及路由表等。转发设备中磁盘 / 硬盘这类资源极少，闪存一般也只用来存储设备的操作系统，像邻居表、拓扑表、路由表以及一些配置参数通常都是存在 RAM 里面的。RAM 的好处是比磁盘 / 硬盘的读写性能要高很多，对路由协议的性能起到了很好的帮助。RAM 的坏处就是设备掉电后这些表就都没有了，路由还要重新开始收敛，只有一些关键的配置才会被存到硬盘里做持久化。另外，转发设备中的 RAM 本身也不多，这要求做路由协议的开发人员对相关的数据结构要进行非常巧妙的设计。

SDN 出现之后，控制器需要维护全局的视图，控制器中数据的存储与维护对于网络的稳定运行至关重要，因此数据库的设计对于控制器可以说是最为关键的。控制器相比于传统的网络设备，在数据库方面的考虑有如下不同。

首先，SDN 控制器通常都部署在服务器中，各种存储资源非常丰富，可以摆脱开在设备上进行嵌入式开发的约束。存储资源的丰富，意味着数据库的选择就变多了。如果特别在乎速度，那么还是需要使用内存数据库，另外再进行持久化的设计。如果更在意容量和持久化，控制器则可以选择磁盘式数据库。如果要面对海量数据，甚至还可以考虑使用 NAS、SAN 等专用的数据存储解决方案。

其次，SDN 控制器的实现机制是自己决定的，数据类型可以做得更灵活，数据操作的逻辑也可以做得更加自由了。传统网络设备里面，一条表项都会包含有很多的属性字段，为了完成转发可能需要多张表进行迭代查找，因此数据库的设计多为关系型的。对于 SDN 控制器来说，要存的数据增加了很多种类，数据格式会变得五花八门，而且在有了全局的视图后，一些传统的协议必须用到的参数很可能在控制器上就被简化掉了。大多数的数据关系按照键 – 值对（Key-Value）来存可能就足够了，因此非关系型数据库更适合 SDN 控制器。不过，具体的选型还是要看控制器上数据层面的具体实现，对于数据关系比较固定的，或者对于事务性要求较高的，那么关系型数据库可能仍然是首选。

再次，考虑到不同的应用场景，有可能需要为控制器集成特定的功能型数据库，因此一个控制器中可能会同时存在多种类型的数据库。比如，如果要求在控制器上做 Telemetry 数据的趋势分析或者实时反馈，可能就会需要将相关的数据存入时间序列数据库。如果要求在控制器上做网络资源的深度关联，可能就会需要将相关的数据存入图数据库中，等等。

控制器上的数据体量变大后，数据库的性能优化也是一个重大的问题。这个问题对于数据库领域而言可以说是老生常谈了，分区、分表、读库写库分离等思路都是 SDN 控制器可以在工程中借鉴的。

2.5.5　集群与分布式

可用性对于任何的商用系统来说都是首要的考虑因素，对于 SDN 控制器也不例外。通过集群机制来保证同构 SDN 控制器间的高可用，已经成为业界的共识。集群，就是为一个SDN 控制器部署多个实例，让它们彼此之间进行主备或者负载均衡。实现集群有两个关键的技术：一是**虚拟 IP**，让这些不同的实例在逻辑上对业务表现为同一个 SDN 控制器；二是**集群间通信**，使得网络数据能够在多实例间进行同步。

虚拟 IP 主要是通过在多实例间部署负载均衡器来解决，并不属于控制器本身的设计范畴。而集群间通信机制的设计对于控制器来说就至关重要了，对于一个 SDN 控制器而言，集群的设计最能体现该控制器的商用能力。目前有很多开源的框架可以作为控制器实现集群的基础，来帮助进行选主以及数据的同步。有一些控制器出于定制化的原因，会选择自己来重做集群的架构，这导致不同控制器的集群实际跑起来的效果差别很大，很多号称可以商用的控制器在主节点挂掉时还会出现多主甚至无主的情况。

集群是必要的，但是它的引入会带来另外一些让人头疼的问题。集群中各个实例在物理上是分散开来的，彼此之间数据的同步依赖于底层网络进行通信。相比之下，单机中多个进程间是被框在一个机器内部的，彼此之间是通过 IPC 机制进行通信的。由于底层网络相比于 IPC 机制是非常"不靠谱"的：IPC 通信的结果一般来说只有成功和失败，而网络通信还会出现"超时"这种让人摸不着头脑的结果，这会对系统的设计造成很多头疼的问题。考虑这么一个例子，A 通过网上银行向 B 转账，不过由于网络环境太差，账户系统发起的几次尝试都失败了，最后提示 A 请求超时。此时 A 也不知道钱到底转出去没有，于是只能查自己账户，或给 B 打电话确认。如果钱还能找着，那么还好；如果转账的金额"跑丢"了，那么就麻烦了。"钱跑丢了"这件事似乎在生活中很难遇到，但实际上银行的系统在处理转账这个请求时，都是经过严格的设计的，稍有不慎就会导致很多麻烦甚至经济纠纷。

上述现象属于分布式事务中普遍存在的数据一致性问题。根据著名的 CAP 定理，在强制要求系统分区以实现高可用的前提下，所要求的数据一致性越高，在并发性能上付出的代价就会越高。其中的逻辑简单描述如下：要想系统具备高可用性，数据就要复制出多个副本，放到其他节点上进行备份。写入操作如果使得数据发生变化，那么新的数据就需要在各个副本间进行同步。为了保证写过之后在各个副本中读到的都是新的数据，那么在执行同步时写入操作就必须选择等待。

由于分区对于集群来说是必选的，那么就无法兼得良好的数据一致性和业务的高并发。集群要根据自身所承载业务的特征在两者之间进行选择。数据一致性的强度可分为 3 种，由弱到强分别为 Weak、Eventually 和 Strong。Weak 是指当新的数据被成功写入后，读操作可能成功也可能失败。Eventually 是指当新的数据被成功写入后，有可能暂时是读不出来的，但过了一段时间之后一定能被读出来。Strong 是指新数据一旦成功写入，是一定可以被立即读出来的。Weak 对于集群来说通常是不可接受的，一般只在 Eventually 和 Strong 间进行选择。Strong 在数据一致性上是优于 Eventually 的，但代价是成功写入数据需要等待的时间较长，集群处理并发性业务的性能会受到影响。相反，如果选择了 Eventually，那么集群处理并发性业务的性能会很强，不过其数据一致性就会比较弱，常常会出现写进去了但读错了的情况。

网络在本质上可以看作一个超大的集群。传统网络中，IGP 和 BGP 主要处理的数据是路由表，由于对分区的要求非常高，它们在设计中都选择了 Eventually 的数据一致性。不过，对于 SDN 控制器而言，它所要处理的数据不仅仅局限于路由，因此在数据一致性的选择上也不存在必然的倾向，需要根据数据背后的实际业务需求进行数据一致性的选型。对于通用的 SDN 控制器来说，应该具备为不同的业务提供不同的数据一致性的能力。

为了保证高可用，数据一致性与并发的性能之间只能取折中，而折中的程度与数据副本在集群中的分布密度是相关的。通常数据副本的分布有两种方式：第一种是镜像，即把新写入数据的副本复制到集群所有的节点上；第二种是分片，即副本仅会被复制到一部分节点中。镜像方式下，为了实现 Strong 级别的一致性，同步需要发生在数据所在的原始与所有其他节点间，性能的损失很大。分片方式下，为实现 Strong 级别的一致性，同步仅需要发生在数据所在的原始与少数目标节点间，性能的损失很小。不过，这并不意味着分片方式就要好于镜像方式，因为副本数量的减少，不可避免地要损失一部分可用性。

另外，SDN 控制器不仅要通过北向接口对业务，对设备一侧还要操作着五花八门的南向协议。不同的南向协议在集群的实现上区别很大，甚至对于同一个协议内部的不同控制信令来说，集群的具体实现机制也需要具体地去考虑。因此，相比于传统 IT 业务系统的集群而言，SDN 控制器集群的实现难度通常会更高一些，甚至现有的一些面向商用的 SDN 系统在集群上的表现都不尽如人意，甚至在运行集群后性能还会有所下降，这也是目前制约着 SDN 大规模落地最重要的因素之一。

分布式和集群的区别在于，分布式是将不同的功能分散到不同的节点上去，各个节点彼此之间通过协作来交付业务，而集群中各个节点的数据、功能都是一样的，彼此之间只是做主备或者负载均衡。相比于集群，分布式在节点物理位置的组织上不受任何限制，节点间的逻辑耦合关系也比较松散，能够支持更好的可扩展性和可用性。

SDN 控制器是否需要设计为进行分布式系统？就目前来看，集群基本上就可以满足 SDN 控制器的要求。不过，控制器上的功能未来会越来越丰富，主要包括业务开通、管理配置、实时控制和数据分析这四类，而这四类功能的软件实现架构以及对于服务器硬件性能的要求是很不一样的，彼此之间对通信时延的要求也不高，是可以考虑进行分布式设计的，将不同类别的功能进行分散，然后同一类的功能内部再进行集群。不过，如果做成了分布式的，这意味着控制平面所面临的后期运维问题将和传统的分布式网络面临的是一样的，控制平面一旦出现问题，故障排查将变得非常困难。

2.5.6　容器与微服务

当下是基础架构的大变革时代。从 IT 的角度来看，控制器就是一个面向网络控制场景的普通应用，和其他类型的应用并没有什么本质上的区别。SDN 控制器是一个非常新的应用场景，架构设计上的讨论最多也就是停留在集群与分布式方面，SDN 控制器的设计未来会不会走向容器化，甚至微服务？

　　容器这几年红透了 IT 的半边天。容器的出现彻底改变了应用交付的方式，它比虚拟机更轻，比进程更加安全。目前，一些厂商的设备操作系统已经可以支持将特定的服务进行容器化，通常是把成熟的协议栈运行在外面，而把用户或者第三方开发的 SDN 服务放到容器里面，以同时获得稳定性与扩展性。类似地，SDN 控制器的设计也可以借鉴对应的思路，进行容器化的改造，但这种做法是否必要，还要根据产品自身的定位来进行具体的考虑。

　　和容器相伴相生的还有微服务。微服务实际上是一种理念或者说是系统设计风格，主要是为了敏捷开发而生的。微服务实际上仍然是分布式系统，不过它的粒度更细，会将一个服务拆解成多个更小的原子能力，然后再通过工作流将这些原子能力协调起来。那么，SDN 控制器未来需要做成微服务的风格吗？笔者觉得没有必要。虽然大家都在谈论网络敏捷，但在该语境下默认比照的对象都是传统网络，而与上层的应用相比，网络的控制逻辑是不必要也不可能那么多变的，而且控制逻辑的原子能力也很难得到足够精细粒度的抽象，引入微服务架构难免有点牵强。不过，对于电信运营商来说，从传统的、臃肿的单体 OSS/BSS 转向以微服务架构起来的 SDN 编排器，倒是一个不错的选择。

2.6　本章小结

　　转发与控制分离、网络可编程、集中式控制，SDN 的几大特征实际上在传统网络中都有迹可循，只不过在新型的网络交付模式下得到了更进一步的诠释与延伸，传统网络中的很多技术仍然值得 SDN 去参考与借鉴。同时，SDN 为网络引入了软件层面上的全新挑战，有效地去应对这些挑战，是 SDN 未来走向大规模商用的关键。本章对上述方面进行了论述，以澄清 SDN 的本质，梳理出其内在的脉络。

第 3 章 *Chapter 3*

SDDCN 概述

SDN 起源于校园网，不过商用的第一枪却在数据中心打响，究其原因是云计算和 SDN 在设计思想上的深度契合。从这一章开始，将对 SDN 在数据中心的应用进行介绍。本章将对 SDDCN 的设计原则、架构以及关键技术进行介绍，争取为后面章节的展开起到提纲挈领的作用。

3.1 需求

云计算时代的数据中心对网络提出了很多新的需求，首先要解决的是大规模网络的自动化和集中式控制，另外一些新型的 IT 应用架构也要求网络能够变得更加智能。长期以来，传统网络难以满足上述需求，而 SDN 架构的几大特征完美地契合了这些需求。

3.1.1 自动化与集中式控制

对于数据中心的网络管理员来说，新业务的开通通常意味着地址规划加上配置 VLAN、ACL、路由、防火墙等诸多规则，业务终止后还需要回收相关的资源和规则。这些都需要网管去手动操作，然而手动配置的效率是极为低下的，而且很容易出错。不过传统数据中心中，同一业务的资源分布较为集中，因此这些操作不会涉及过多的设备，手动配置网络在成本上是可以接受的。不过，手动配置还意味着较长的业务交付周期，开通一个新的业务往往需要等待数周的时间。

云计算提出了资源池化的思想，虚拟化技术的发展打破了基础设施的物理边界，管理员人均需要维护的虚拟机数量有了数量级的提升，而且为同一业务分配的虚拟机可能分散在不同的机柜、机房甚至不同的数据中心，管理员很难准确地知道虚拟机某一时刻所在的位置。如果再考虑到虚拟机不断地进行着迁移，那么此时手动配置网络将变成一件不可接受的事情。同时，云计算还深刻地变革了传统数据中心的业务交付模式，用户通过在 Web 界面上点选一些按钮、输入一些参数就可以自助地开通或者变更业务，其时间要求达到分钟级甚至秒级。另外，随着防火墙、负载均衡、IDS/IPS 这些 L4 ～ L7 设备的虚拟化，业务的组网方式将变得更为复杂多变。"提交变更申请——分解操作流程——手动配置网络"，这样的传统流程不可能实现如此的敏捷性。

上述自动化需求是如此强烈，使得 SDN 成了云数据中心网络的不二之选。SDN 从架构上就原生地具备自动化和集中控制的能力，通过开放转发设备的控制接口，SDN 控制器可以自动地探测网络拓扑，并下发 VLAN、ACL、路由等诸多规则，做到转发设备的即插即用。SDN 控制器还可以向用户暴露业务接口，用户在此接口基础之上进行二次开发，使得网络可以随用户业务动态地进行调整。SDN 对于运维自动化能力的提升同样显而易见，通过对流量和网络状态进行综合分析，SDN 将有可能对云中的网络故障自动地完成隔离、排查甚至预警。

理论上来说，控制接口、业务接口的开放即提供了网络自动化的基础，不过真正实现一套能够在云数据中心商用的 SDN 系统并非一件易事。控制器内部的层次设计，同一层次不同接口的统一抽象（或者说不同层次接口间的适配），都是好说不好做的事情，其中涉及太多的技术流派之争和复杂的市场利益纠缠。不过，随着 OpenFlow/OVSDB 和 OpenStack Neutron 日渐成熟，SDN 在云数据中心中的落地显现出了标准化的前景，OpenFlow/OVSDB 作为设备接口所体现的灵活性和 Neutron 作为业务接口所体现的包容性，都极大地推动了 SDN 技术在云数据中心网络中的发展，也使得业界深刻体会到了网络开放对于 IT 系统自动化能力的整体提升。SDN 也因而成为云数据中心网络演进的必然趋势。

除了自动化外，云计算所提倡的集约式运营还对集中式调度有着明确的需要。虚拟机作为工作负载经常需要动态地进行迁移，这就需要有一个集中式的控制器来将虚拟机在服务器中进行分布。近几年兴起的软件定义存储（Software Defined Storage，SDS）也提出集中地调度闪存、整列的资源，以提高存储资源利用率和存储节点命中效率。

同样，SDN 所具备的对网络进行集中式调度的能力也是云计算所需要的。通过 SDN 控制器集中地向网络边缘分发网络策略已经广泛地应用在云数据中心网络中，当虚拟机发生迁移时，SDN 控制器可以及时地得知虚拟机迁移后的位置，能够将相关的网络策略重新进行部署，以避免迁移过程中由老旧的网络策略导致的业务中断。另外，有一些论文中提出，通过对网络当前状态，如拥塞、丢包率等指标来优化承载关键业务的虚拟机的位置布放，从而达到优化通信效率、节能等目的。

尽管 VxLAN 等隧道技术可以结合 SDN 控制器的集中调度能力，但由于 SDN 的控制权仅存在于网络的边缘，仍无法对网络核心的传输进行调度。云数据中心网络希望能够对东西向流量进行无阻塞传输，虽然 OSPF/BGP/ECMP 等路由技术已经间接为二层提供了多路径传输的能力，然而它们只能基于流的静态特征对路径进行选择，一来无法感知流的动态特征，二来无法结合网络的实时状态。因此，虽然网络中不存在闲置链路，但各条链路上的负载通常会很不均衡，网络整体的业务吞吐率仍然难以得到有效保障。

若能够使用 SDN 同时控制网络边缘和网络核心，结合测量、流量调度、QoS 等技术，SDN 控制器将拥有流量和网络的动态全局视图，可以有效地对网络核心的传输进行调度，提高云数据中心的业务吞吐率。如此一来，网络将能够真正地做灵活智能，与计算、存储资源三维一体，全面迈向软件定义的数据中心，实现 IT 基础架构的大融合。

3.1.2 应用感知

数据中心的建设是一个大型的系统工程，不考虑电力制冷以及人力上的开销，以每机架为单元，ToR 的成本大概只能占到 5% ～ 8%，服务器的成本占比大约在 25% ～ 35%，而在软件方面所投入的成本，包括操作系统、虚拟化、应用以及管理软件，大概可以占据 70% 甚至更多。因此，与在电信运营商中的基础性地位不同，网络在数据中心内部应该被定位于业务与应用的辅助，如果让应用围着网络来转，显然就是本末倒置了。

虽然数据中心和电信运营商在网络设备厂商中通常是两条独立的产品线，不过数据中心网络架构的设计至今仍然没有摆脱"以网络为中心"的思路，虽然 SDN 为网络提供了可编程的能力，但就目前来看，SDN 的 API 基本上都是为了业务的自动化而设计的，应用仍然只能 Over the Top。大数据、人工智能等新型应用架构的逐步普及，对未来的数据中心网络将提出更高的要求，网络需要能够为这些应用保障一些严苛的 SLA 需求，如传输带宽、端到端时延和传输抖动，等等。因此，网络必须重新思考未来在数据中心的定位，SDN 需要能够更为深刻地理解应用、更为细致地感知应用以及更为灵活地适应应用，使得应用真正能够实现"play with the network"，而非"play around the network"。

下面以 Hadoop 为例，看一看 SDN 为其能够为大数据提供哪些价值。Hadoop 的架构是 Multi-Stage 的，先把数据分布式地存下来，一个 Compute Job 提出后会被拆分为多个 Compute Task 并分配给不同的节点，每个节点在本地完成一小部分 Task 的计算，最后将这些 Task 的计算结果汇总在一起，作为 Job 的最终结果进行返回。在 Hadoop 集群的实现中，分为 Client、NameNode、DataNode、JobTracker 和 TaskTracker 五种主要的角色，主要的工作流如下。

1）数据读取进来之后，Client 将其分解为不同的 Block，然后向 NameNode 发出请求以获得 Block 的存储位置。

2）NameNode 为每个 Block 返回一组 DataNode，并对此进行记录。

3）Client 根据 NameNode 的返回结果，将 Block 写入相应的 DataNode。

4）当 Job 被提出后，Client 将 Job 通知给 JobTracker，JobTracker 会从 NameNode 处获取存储了相关 Block 的 DataNode。

5）JobTrack 将 Job 拆分为不同的 Task（可分为 MapTask 和 ReduceTask），将其发布给不同的 TaskTracker 进行执行，并对此进行记录。

6）MapTask 对本地的数据进行处理，处理完成后将结果存在本地。

7）ReduceTask 从 JobTracker 询问 MapTask 的执行状态，从已完成的 MapTask 所在的

节点拉取 Map 的结果。

8）当所有的 MapTask 都完成后，ReduceTask 得到所有的 Map 结果，并将它们合并为最终结果。

9）此时 JobTracker 将 Job 状态置为成功，Client 读取最终结果。

以网络的视角来看上述过程：①将数据写入 DataNode 的过程需要高带宽；②NameNode、JobTracker 和其他角色间交互的控制信令需要低时延；③Mapper 和 Reducer 的数量通常是 M：N 的（M>N），在 Shuffle 的过程中，可能会出现大量 Many-to-Few 的流量，需要能够处理 TCP Incast 的问题；④只有在所有 Task 都处理结束后 Job 才会完成，需要尽可能地缩短 Reducer 和 Mapper 间 Shuffle 流量的传输时间；⑤集群会同时通过处理多个 Task/Job，网络中会存在大量的 Mice Flow，需要能够处理 MicroBurst 的问题；⑥为了实现高可用，DataNode 间会进行数据的备份，需要放置这种次要流量抢占上述工作流中流量的带宽。

针对上述过程进行优化，整体的目标是降低 Job 的 Completion Time，网络需要能够将大数据流量与其他应用的流量区分开，并识别出大数据的不同流量，保障高带宽型和低延时型流量的 QoS，降低次要流量的优先级。SDN 控制器需要：

1）将上述理解嵌入到控制算法中；

2）与 Hadoop 建立接口，获取到集群中不同角色的位置分布信息；

3）获取网络的实时状态，如物理拓扑、链路带宽、拥塞率，等等。通过将角色的分布信息和网络实时状态输入到算法中，计算出优化后的路径并下发到网络当中，或者对当前路径中大数据流量的 QoS 进行保障。

解决 Incast 和 MicroBurst 的问题，只能从流量的源头来想办法，这需要 Hadoop 自身能够根据网络的状态去优化 Block 和 Task 的分布。因此，SDN 控制器不仅需要从 Hadoop 处获得信息，也需要将网络的实时状态提供给 Hadoop，比如 Server-to-Server 流量统计、Rack-to-Rack 流量统计、拥塞发生点、端到端时延等，使得 JobTracker 和 NameNode 在进行调度时能够结合网络的实际状态来优化 Block 和 Task 的分布，优化 Job Completion Time。

可以看到的是，针对应用来进行网络优化并不是一件很好做的事，因为不同应用的架构、流量模式和通信需求都不一样，目前仍然只能是 case by case 地去考虑。关于大数据优化的更多介绍，可以参考本书 9.10 节中的内容。另一个常见的场景是 VDI，可以通过 SDN 来监测 / 防止启动风暴，以及保证 IP Storage 的传输带宽，来优化虚拟桌面的 QoE。

另外，通过对流量进行采集，再结合大数据和机器学习等技术，便能分析出应用的行为模式。将这些行为模式告知 SDN 控制器，SDN 控制器即可采取有效的优化措施，从而实现网络对于应用的动态感知与自适应。这种与其他工程领域间的交互能力，完全得益于 SDN 为网络所带来的开放性，是传统网络所不可能具备的。

抛开以上的技术原因，SDN 适合在云数据中心落地的基础还得益于数据中心网络的以下特征：

❏ 静态，网络拓扑和地址规划较为固定；

❑ 统一，设备类型相对单一，网络管理权限较为集中；

❑ 独立，通常不会用于传输过路流量，发生故障不会影响外部网络；

❑ 负担轻，设备和链路成本较低，数据中心新建时无需考虑存量设备。

经过多年的实践，目前业界已经广泛地认可了 SDN 对于云数据中心竞争力的提升，云数据中心已经成为 SDN 落地的主战场。因此，云数据中心的管理者们没有必要再怀疑 SDN 是否具有价值，而应该考虑的是如何量体裁衣，使 SDN 更为有效地为自身的业务和运维提供价值。

3.2　整体架构

从这里开始切入 SDDCN 正题，首先，本节将对 SDDCN 的整体架构及其实现形态和功能设计进行抽象性的介绍。

3.2.1　实现形态

在 SDN 理想的实现形态中，转发设备中的控制逻辑被完全剥离出来，上移到集中式的控制器中实现，控制器能够直接控制设备的转发表，控制器对应用 / 编排暴露 API，如图 3-1 所示。

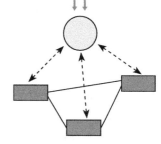

在上述理想形态中，集中式的控制器对网络有着完整的控制权，SDN 的优势得到最大程度的体现。但是在 SDN 实际落地的时候，考虑到扩展性与可用性，其实现形态通常与理想形态有所区别。下面针对 SDDCN 介绍几种常见的实现形态。

为了解决纯集中式的缺点，可采用集中式和分布式相结合的方式，控制功能在集中式的控制器和转发设备间进行切割，控制器统一对应用 / 编排暴露 API。在图 3-2a 中，控制器将某

图 3-1　纯集中式的实现形态

些可在本地执行的控制功能卸载到转发设备中实现，转发设备间不会运行分布式协议。而在图 3-2b 中，转发设备间会运行一些分布式协议，实现基本的转发或者状态监测，而集中式的控制器主要负责对流量进行优化。这种架构的优点是控制器的压力减小，网络对于控制器的依赖性降低，缺点是控制平面实现较为复杂，控制功能在控制器和转发设备间尚无明确的切割原则。

集中式和分布式相结合，在实际的工程实现中还有一种常见的变形，是以集中式的数据库来代替集中式的控制器，由数据库对应用 / 编排暴露 API。在图 3-3a 中，转发设备上保留本地控制逻辑，但彼此之间不运行分布式协议，转发设备间的状态同步是以集中式的数据库作为中间件来实现。在图 3-3b 中，转发设备上保留完整的控制逻辑，彼此之间运行分布式协议进行状态的同步，集中式的数据库负责把配置自动地推给各个转发设备，但是数据库本身不对转发进行控制。这种架构的优点是数据库的集群机制成熟，具备良好的扩展性与可用性，缺点是一些较为复杂的网络优化逻辑难以由数据库来实现。

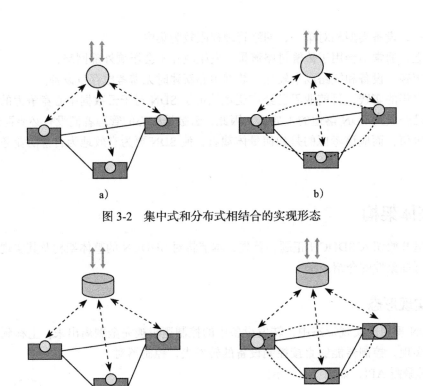

图 3-2　集中式和分布式相结合的实现形态

图 3-3　以数据库为逻辑集中点的实现形态

还有一种较为"另类"的 SDN 架构，是转发设备上保留完整的控制逻辑，设备间运行分布式协议，网络不依赖于任何集中式的控制器或者是数据库。与传统网络不同的是，转发设备会直接向应用 / 编排暴露 API，以实现可视化、自动化或者转发优化，当然通过设备暴露的接口也可以对接第三方控制器。另外在一些实现中，如图 3-4b 所示，通过一台转发设备暴露的 API 即可获得全网的状态与数据，实现网络与应用 / 编排 / 控制的单点对接。这种架构的优点是彻底消除了集中点，扩展性和可用性最强，缺点是难于对网络的控制逻辑进行优化。

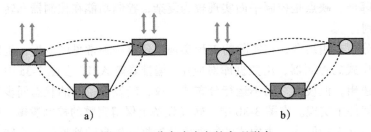

图 3-4　以分布式为主的实现形态

目前，多数 SDDCN 解决方案采用的是图 3-2 或图 3-3 中的某种形态，少数解决方案会做混合的实现，而图 3-4 中的架构多见于白盒交换机厂商的设计中。在本书的 4～7 章中，将对商用和开源 SDDCN 解决方案进行深入的介绍，看过这些章节后，读者可以再翻回来重新理解上述的内容，想必会有更好的效果。

3.2.2　功能设计

图 3-5 是 SDDCN 的功能架构。数据平面上，L2～L3 设备实现基础转发，L4～L7 设备提供增值服务。控制平面上，有一块大的逻辑负责对设备上的路由与资源进行控制与配置，另一块大的逻辑是可视化，把设备上的数据采集上来并进行处理与分析，然后反馈给其他模块以实现闭环的自动化。编排与应用层负责实现不同的业务逻辑。安全与高可用贯穿着 SDN 的三层，为系统的落地提供保障。

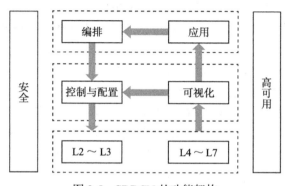

图 3-5　SDDCN 的功能架构

图 3-5 中的模块和控制流已经很清晰了，这里不再做过多的解释。实际上，图 3-5 中的架构不仅局限于 SDDCN，其他场景中的 SDN 系统也正在向这种架构进行收敛。在下一节的内容中，将围绕着该架构，对 SDDCN 中的关键技术进行介绍。

3.3　关键技术

本节将对 SDDCN 的关键技术，包括网络边缘、网络核心、服务链、可视化、安全和高可用进行概要性的介绍。这些关键技术并不是独立的，彼此之间会有很多的交叉，希望读者能够将它们结合起来进行理解。

3.3.1　网络边缘

网络边缘把控着流量的入口，负责在流量开始传输前对其进行一些预处理。相比传统的数据中心，云数据中心的负载形态和流量特征都发生了深刻的变革，而传统网络中接入层的设计，从各个方面来看都难以满足新的要求，对于网络边缘的改造势在必行。

传统数据的中心里，主要工作负载为服务器，与 Internet 互通的南北向流量占主导地位，因此通常采用 3-Tier 的 Hierarchy 网络设计。接入层是网络的边缘，服务器直接物理上联接入交换机，在接入的布线方式上通常采用 EOR（End of Row）或者 TOR（Top of Rack）。EOR 方式中，接入交换机位于独立的网络机柜，服务器的接入需要经过长距离的走线，EOR 的布线管理起来很复杂，但接入设备管理起来较为容易。TOR 方式中，接入交换机位于各个服务器机柜的架顶，简化了服务器接入的布线，但是接入设备数量较多难以管理。除了转发以外，接入交换机主要的功能还包括 VLAN 标记、端口安全和 QoS 等。

1. 虚拟交换机

云数据中心里，虚拟机代替服务器成为主要的工作负载，虚拟机间的东西向流量爆发，传统数据中心的层次化网络设计已经难以有效承载东西向流量，以 Leaf-Spine 模型为代表的扁平化设计开始流行。由于虚拟机网络的第一跳发生在服务器内部，因此 vSwitch 成为云数据中心网络边缘的核心技术。不过，在 vSwitch 中实现过多的网络功能会造成很多的开销，影响服务器中能够容纳虚拟机的数量，因此一些功能需要被卸载到 vSwitch 下一跳的物理交换机中。在 Leaf-Spine 的网络架构下，TOR 取代 EOR 成为主要的布线方式，通常由 vSwitch 和 TOR 共同来完成网络边缘的接入工作。

随着 SDN 在云数据中心的广泛流行，vSwitch 和 TOR 上能够执行的功能也变得更为灵活。OpenFlow 的使用极大地拓展了 ACL 的语义，带来了更为多样的匹配条件和处理动作。VxLAN 逐渐取代 VLAN 成为云数据中心网络虚拟化的主流技术，带来了更多的租户数量和不受物理限制的大二层。另一个常见的场景是，虚拟机经常会发生迁移，网络边缘的策略也需要随之进行自动地变更，如 VLAN 和 QoS 等，而 SDN 控制器上的全局视图也有助于实现策略跟随的自动化。此外，如果流量对于 L4～L7 层的服务有要求，那么在网络边缘上还要支持服务链功能。关于服务链，后面会有一个小节的内容对其进行单独的介绍。

vSwitch 的代表性技术是由 Nicira 发起的，目前承接于 Linux 基金会的 OpenvSwitch（OVS）。OVS 同时支持各版本的 OpenFlow 和丰富的传统网络协议，以 OVSDB 作为 OVS 的管理协议基本上已经成为业界的事实标准。当然，要支持灵活的控制必然会带来的是实现的复杂性，因此 OVS 的虚拟转发通道在效率上是要低于传统的 Linux Bridge 的，不过随着 OVS 对于 DPDK 技术的深度整合，目前 OVS 在转发性能上也得到了长足的提升。OVS 目前已经在各个领域得到了广泛的应用，大多数 SDDCN 解决方案在网络边缘都采用了 OVS 作为 Hypervisor Switch，以获得对网络边缘的灵活控制能力。不过即使开启了 DPDK，由 OVS 来实现 VxLAN 等隧道的封装 / 解封装，开销还是很大的，因此在对于吞吐量有要求的生产环境中，可以通过 TOR 来卸载隧道的封装 / 解封装。另外，SmartNIC 也可以用于卸载 vSwitch 的部分功能，但目前仍不足够成熟。相比 vSwitch-vSwtich VxLAN，TOR-to-TOR 的 VxLAN 还有另外一个好处，那就是可以有效地减少 VxLAN 隧道的数量，降低 Overlay 的维护复杂度。对于一些其他的功能，则可以视情况在 OVS 和 TOR 间进行拆解，若使用 TOR 实现，性能要好一些，但是要考虑到 TOR 所支持的功能集合以及转发表容量。

2. 基于 Overlay+SDN 的虚拟网络

SDN 能够为 VxLAN 隧道的封装提供全局的视图，包括如何在 VTEP 间建立隧道、虚拟机的接入位置，VLAN ID 和 VNI 的映射关系，等等。全局视图的来源有两种：一种是由 OpenStack 这种云管理平台直接将虚拟机的接入位置告知 SDN 控制器。这种方式下，SDN 控制器通过 Proactive 方式将转发表预置在数据平面。另一种是 SDN 控制器不通过与 CMS 交互来学习虚拟机位置，而是当虚拟机上线时触发 Hypervisor 告知控制器，这种方式下 SDN 控制器只能通过 Reactive 的方式动态生成转发表。两种方式互有优缺点：Proactive 方式中，流量到来时可以直接在数据平面本地完成匹配转发，控制信道的实时压力较小，但是这种方式会将很多不常用到的转发表推送下去，在使用 TOR 进行隧道处理时会造成硬件资源的浪费。Reactive 方式中，首包会产生延迟或者被丢弃，而且控制信道的实时压力较大，但是数据平面上只会存在需要用到的转发表。实际情况中，有可能需要在两种方式间进行平衡。

SDN 还有助于网络边缘对流量进行优化。二层流量的优化体现在对于 BUM 流量的处理上，借助于控制器中的全局视图，ARP Request 得以在本地进行代理，一些情况下 DHCP 也可以由 SDN 控制器在本地直接处理。SDN（尤其是 OpenFlow）的灵活性对网络的边界造成了极大的冲击，人们发现三层流量也不一定要通过物理路由器来处理了，任播思想的流行和分布式路由技术的发展，使得三层流量能够在 vSwitch/TOR 本地进行路由，这样不仅可以简化网络路径，还能够避免路由的单点故障。不过，分布式路由技术也可能导致其他的一些问题，比如网络边缘功能过于复杂、故障定位困难等。

通过 SDN 对流量进行优化时，使用 OpenFlow 可以获得相当的灵活性。由于 VM 间的通信仍然不得不依赖于大量的 ARP，因此 ARP 泛洪的抑制是大多数控制器必须要解决的问题。使用标准的 OpenFlow 需要由控制器来代理回复 ARP Reply，当网络规模比较大的时候，控制器处理 ARP 的压力会急剧增大，因此更好的方式是使用 OpenFlow Nicira Extension 将 ARP Reply 的内容预置在 OVS 中，由 OVS 本地在数据平面本地对 ARP 进行代理回复。DHCP 同样依赖于广播，不过其数量远不如 ARP 频繁，因此大多数 SDDCN 方案中 DHCP 仍然通过广播交给 DHCP 服务器去处理。不过，OpenFlow 控制器同样可以代理 DHCP 的回复，但是由于 DCHP 的构造是基于 UDP 之上的，因此 OVS 无法在数据平面本地处理 DHCP，必须由控制器进行回复。分布式路由既可以完全由 OpenFlow 来实现，也可以使用 OpenFlow 结合 vRouter 来实现，不同的 SDDCN 解决方案的设计有所不同。目前业界更接受 OpenFlow 结合 vRouter 的实现方式，不过直接使用 OpenFlow 实现路由，整体性能一般来说会稍好一些。

3. 虚拟网络与物理网络的对接

由于很多的原因（如数据库要跑在物理机上、P-V 的工作负载迁移、物理防火墙的部署等），虚拟化环境需要对接物理环境实现二层互通，这个对接工作通常也需要由网络边缘来实现。二层的对接，需要 vSwitch/TOR 来作为 L2 Gateway 完成异构二层网络间的封装转换，同时 L2 Gateway 往往还需要运行 MAC 自学习和 xSTP 等传统二层网络的控制逻辑。由于二层的对接处会承载大量的东西向流量，因此需要为 L2 Gateway 设计有效的高可用机制。对接了二层后，仍需要考虑的一个问题是：该二层的 IP Gateway 是部署在虚拟环境中，还是物理环境中？这要根据企业实际的情况进行择优处理。值得读者注意的是，即使使用了 SDN 来解决 L2 的对接，仍然难以避免泛洪的使用，这是因为物理工作负载的 MAC 地址 SDN 控制器最初是不得而知的。

与外界的三层对接，需要在网关节点上（可以为 ToR，也可以为服务器）运行传统的路由协议，如 OSPF/BGP 等。TOR 通常能够支持这些协议的运行，而服务器中的 vSwitch 并不具备三层的功能，因此通常需要将 vSwitch 和协议栈做集成部署，或者将 vSwitch 直接替换成 vRouter 来完成路由的工作。SDN 控制器在该场景下的功能一个是通过某种方式（一般是在控制器上运行 OSPF 和 BGP）获取到协议栈 /vRouter 所学习到的外界路由，另一个是将外界路由和 DC 内部路由进行重分布。如果采用的是 vSwitch + 协议栈的方案，由于协议栈只有控制平面，转发仍然要依赖于 vSwitch 的 datapath，那么 SDN 控制器就需要向 vSwitch 下发流表进行转发。如果采用的是 vRouter 的方案，则不需要这么做，因为 vRouter 通常是转控一体的。另外，控制器也可以不依赖于网关节点上的协议栈 /vRouter，而是直接与下一跳的物理路由器交互 OSPF/BGP，然后通过合适的方式指导 vSwitch/TOR 进行转发的处理，不过这种做法并不太常见。

当使用分布式路由时，与外界的三层对接情况要复杂一些。通常情况下，分布式路由只处理东西向流量，南北向流量仍然需用集中地进行路由和 NAT，此时控制器需要将外界的路由反射给各个 Hypervisor，以完成南北向流量的引导。还有一种可能的部署，是将所有的服务器都与外界相连，南北向流量的处理也完全分布式地进行。这种部署的优点是消除了南北向流量的处理瓶颈，缺点是难以对流量进行安全的控制，而且会造成额外的布线成本。另外，实现 SNAT 时往往需要带状态，而 OpenFlow/vSwitch 目前还没有形成有效的规范去保证带状态处理的性能。

相比 OpenFlow，EVPN 使用传统的分布式思路解决了网络边缘的上述问题，同样支持 VTEP 自动发现、ARP 抑制、分布式网关、虚拟机迁移等。EVPN 多为传统的设备厂商所支持，其结合 SDN 的方式主要有两种：一种是在 SDN 控制器上运行 BGP，作为 RR 反射 Overlay 的路由；另一种是控制器通过 NETCONF 或其他配置协议或接口，实现 EVPN 的自动化开通。混合部署 EVPN 和 OpenFlow 也是可行的，此时控制器需要完成两种控制方式间的路由重分布，在 EVPN 路由和 OpenFlow 流表间进行转换。

3.3.2　网络传输

云数据中心里，Fabric 指的是能够为虚拟机间的通信提供高带宽、无阻塞传输的网络。传统数据中心的 3-Tier 网络，对于 Fabric 没有明确的需求。云计算兴起后，数据中心的通信模型发生了巨变，前面章节中反复提到过的一些原因，如虚拟机规模的扩张、东西向流量的激增等，使得 Fabric 成为支撑云数据中心网络的核心技术。高带宽体现在 Leaf-Spine 设备的线卡由 1GE/10GE 向 40GE/100GE 的快速演进，而无阻塞体现在由 xSTP 转向更为高效的控制逻辑上。

xSTP 是一种有阻塞的协议，网络中的链路利用率极低。为了解决这一问题，以 TRILL 为代表的二层 Fabric 技术最先兴起，TRILL 为二层网络引入了路由的智能，带来了多路径转发（ECMP）的能力。不过，TRILL 的运行需要对传输设备进行升级或者更换，而且协议本身仍不够成熟，跨厂商难于互通，维护起来成本也很高。相比之下，OSPF/BGP 等传统的路由协议则要成熟得多，它们天生地就支持 ECMP，而且部署维护起来也更为方便。不过，三层网络的问题在于不够灵活，虚拟机无法大范围进行二层的迁移。考虑到虚拟机迁移是云数据中心的刚需，而 OSPF/BGP 无法独立地支持大二层，因此云数据中心的第一代 Fabric 技术以 TRILL 为主。

1. Underlay 与 Overlay

不过部署 TRILL 可能会带来产商锁定的问题，人们还是希望可以用更为通用的路由协议来运行 Fabric。于是，以 VxLAN 为代表的隧道技术提出在虚拟机二层流量的外面再封装一层 IP 包头，使得二层虚拟网络得以与 Fabric 解耦，这样一来，只要是支持路由的交换机，就都可以用来传输大二层的流量。VxLAN 在提出后，迅速得到了业界的认可，隧道 +OSPF/BGP 代替 TRILL 成为 Fabric 的新一代技术。不过，隧道技术更多地关注于封装，控制平面往往比较简单，因此 SDN 和隧道技术的结合成为新的趋势。如标准的 VxLAN 只能通过二层的自学习来进行转发，二层的泛洪依赖于 Fabric 对于组播的支持。通过 SDN 控制平面的全局视图指导 vSwitch/TOR 上的 VxLAN 封装，能够有效地抑制泛洪，从而消除 VxLAN 对于 Fabric 组播能力的依赖。

从理论上来讲，隧道里面的内容应该对于 Fabric 的传输来说是透明的。不过出于对虚拟网络流量更好的支持，Fabric 需要感知内层包头的一些特征，以方便进行 ECMP 和 QoS 的处理，这就需要提供内层包头字段向外层包头字段映射的机制。VxLAN 使用外层 UDP 源端口号和外层 IP DSCP 字段实现 ECMP 和 QoS，其他隧道协议也各有各的映射规则。不过，这种映射的控制是发生在 vSwitch/TOR 中的，Fabric 使用这些字段也只是服务于传统的路由协议和 DiffServ。ECMP 的处理依赖于 Fabric 设备中的算法，往往是通过 <源 IP，源端口号，目的 IP，目的端口号、协议类型 > 的五元组进行哈希。而 QoS 的实现依赖于管理员对 Fabric 设备进行手工的配置。

2. Underlay 的自动化

从上述描述可见，OSPF/BGP+ECMP Fabric 只是作为 VxLAN 等隧道技术的 Underlay，SDN 的控制逻辑（隧道外层包头的封装、标记策略）主要仍发生在网络边缘。也就是说，转发作为 Fabric 的主要逻辑是不依赖于 SDN 控制器的，而依然通过传统的路由协议来支撑。从提供连接的角度来说，传统的路由协议已经做得足够好了，用 SDN 控制器来定义 Fabric 的转发，目前还没有看到明确的场景和需求。但是为了实现网络边缘和 Fabric 的统一管理，简化 Fabric 上的手工配置，很多厂家开始考虑将 Fabric 的管理功能从网管软件转移到 SDN 控制器中，作为云数据中心网络提供单一的管控入口，虽然有别于通过 OpenFlow 对 FIB 直接进行编程，但这仍然可以算得上是广义上的 SDN。例如，在 ZTP

（Zero Touch Provisioning）技术中，管理员可以预先为 Fabric 编写好脚本，为设备分配好角色、ID 以及 OSPF/BGP 参数，设备加电之后会通过 DHCP Option 获得控制器的地址，从控制器上同步这些配置的脚本，并在本地自动加载这些配置，省去了手动对 Fabric 进行初始化的工作。对于一些更为复杂的 Fabric 管理场景，比如涉及事务性的操作，可以通过 NETCONF 作为南向的配置协议，或者使用 Puppet、Ansible 等自动化部署工具来完成。

3. Underlay SDN

当然，用 SDN 来定义 Fabric 的转发完全是可以实现的。相比 Internet，数据中心 Fabric 的网络结构和地址规划都是相对简单和固定的，OSPF/BGP 这类分布式路由协议并不会带来明显的优势。相比分布式路由协议，基于 SDN 的 Fabric 可以提供更为精细的流量策略（QoS），能实现对拥塞的动态调优（大象流），当网络发生故障时有利于提供精确定位和自动修复，当网络进行割接时也能够更加有效地进行路径切换。当然，少数厂商的转发设备上也实现了拥塞自适应、隧道 OAM 等特性，不过这些特性需要深度定制化的芯片来提供支持，无法做到跨厂家互通。

如果使用 SDN 来控制 Fabric 的转发，那么网络边缘的隧道技术就变得不是那么必要了，从学术角度来讲，通过在边缘对现有字段的重新规划，足以满足云数据中心对于网络的需求，还可以消除由隧道封装所带来的开销。当然，使用 SDN 来控制 Fabric 也并不意味着网络边缘就不能使用隧道。

另外，随着光端口成本的降低和光交换技术的成熟，未来的数据中心网络有可能会向 IP + 光的架构进行演进，那么流量的特征感知、光路的自动开通、IP 光的智能协同，这些都需要 SDN 对网络的传输进行全局的管理与控制才有可能得到实现。

不过，如果从现实的角度来考虑，基于 SDN 的 Fabric 需要对数据中心网络进行较大的改造，推动起来存在着很多的阻碍因素。尽管如此，国外还是有一些 SDN 创业公司选择走上了这条技术路线，希望通过 SDN + 白盒彻底地改造云数据中心网络。相比之下，国内的环境要保守得多，无论是互联网企业还是运营商，都鲜有魄力承担"对网络动大手术"的风险。

3.3.3 服务链

服务链是指，业务流量需要按照特定的业务逻辑有次序地经过特定的服务节点，如从 Internet 进入数据中心访问云中 Web 服务的流量，需要先经过 FW 进行过滤，然后再经过 LB 在多个 Web 服务器实例间进行分流，最后才会发送给某一 Web 服务器实例。传统的数据中心网络中，FW/LB/IPS 均使用专业硬件设备来实现，这些硬件设备的价格十分昂贵，一两个节点就需要负责处理全部的流量，设备的体积通常也很庞大，部署的灵活性较差。在实际部署中，受限于传统的路由机制，这些服务节点或者被旁挂在汇聚设备上，或者被串在汇聚设备和核心设备之间。在旁挂的方式中，需要在汇聚设备上手动配置 PBR 去实现引流，使得流量能够按照特定的顺序经过这些设备；在串联的方式中，不需要做额外的配置，但是服务节点处理流量的压力太大，很可能会成为性能方面的瓶颈。

随着 NFV 的发展，服务节点的形态正逐步从专用硬件向 VNF 转变，形态上的虚拟化使得服务节点的部署不再受物理位置所局限，VNF 可以插入到网络边缘的任意位置，有时还会在不同的位置间进行迁移。因此，传统的路由机制无法满足虚拟化环境中服务链的实现需求，而 SDN 凭借着高度的自动化以及对路由的灵活修饰能力，已经成为数据中心服务链的支撑性技术，而其中流量的分类和引导是 SDN 实现服务链的基础。

1. 流量的分类

流量分类的目的，是识别出来哪些是服务链流量，哪些不属于服务链流量。从概念上来说，流量的分类需要通过专用的流量分类设备来完成，由 SDN 控制器向流量分类设备下发流量分类策略。但在实际中，分类的功能往往集成在转发设备中进行实现，此时分类策略所能达到的粒度也由转发设备来决定。粗放一点的粒度可以是以端口为单位的，以租户为单位的精细一点的粒度往往需要对 L2 ～ L4 中的字段进行组合来识别"流"。当然，也可以在转发的设备上集成 DPI 对流量进行应用层面的分类。

通常来说，流量的分类结果往往是确定的，分类也只需要在服务链的入口设备上进行一次就可以了，但是考虑到某些 VNF 会对流量的字段进行改写，如 NAT 会改写源 IP 地址、LB 可能会改写源 / 目的 IP 地址，那么经过这些服务节点的改写后，针对原始流量特征的分类结果可能就会失效了，因此就需要控制器向转发设备下发规则对流量重新进行分类。某些 VNF 会对流量进行更为细致的分类，比如 IPS 会根据流量的动态特征分析可能的恶意流量源，据此将黑名单上主机所发出的流量引导到堡垒主机上。这时，也需要 IPS 将分析出来的黑名单告知控制器，控制器向转发设备下发高优先级的分类策略以识别恶意流量。当 IPS 发现攻击已经结束时，黑名单解除，相应的分类策略控制器要及时地清除。

当然，上面所举的 NAT、LB 和 IPS 的例子，都可以看作针对 Per Session 的动态处理。要求控制器能够动态地获取 VNF 的处理结果，并维护 Session 的状态，实现难度较高。相比之下，静态地下发 Per Flow 的分类策略的实现则要简单得多。

2. 流量的引导

有了流量分类作为基础，即可对流量进行引导，使之按需特定的顺序经过 VNF。要实现流量的引导，最为核心的就是对数据进行重新封装。封装的思路无外乎有下面几种：

1）在数据包原有字段间插入新的垫层；

2）使用数据包的保留字段或已有的但不会用到的字段；

3）为数据包封装外层包头；

4）改写现有字段。

封装的字段需要有效地携带服务链转发所需的信息，主要包括以下三类：流量所属的服务链 ID、流量当前在服务链上所处的位置以及下一跳的目的地址。

除了上述三类基本信息外，某些场景下封装还要携带 VNF 的处理结果，以便后续的 VNF 或者转发设备能够根据处理结果调整流量处理或者转发的策略。这些处理结果的信息通常被称为 Context，Context 的定义与 VNF 的处理机制密切相关，因此不同的 VNF 使用的 Context 的语义可能会非常灵活，这就需要控制器来协调 Context 的分配，同时要求数据平面的封装可以灵活地进行扩展。

流量的引导通常还需要保证上下行流量所经过的路径是对称的，这不仅要求双向经过的 VNF 顺序是对称的，还要求必须经过相同的 VNF 实例，以防某些 VNF 上出现半开连接而将流量丢弃。当 VNF 进行在线迁移时，需要动态地调整流量的引导规则，此时应尽量保证数据包不乱序，并且尽可能地减少由于路径调整造成的业务中断时间。

基于 SDN 的服务链有很多种实现方式。得益于 OVS 在数据中心的普及，基于 OpenFlow 来实现服务链是最为常见的，OpenFlow 在网络边缘可以精确地识别流量，然后通过流表引导流量在不同的 VNF 间进行跳转。其他的实现方式还包括 VLAN Stitching、PBR、BGP VPN、NSH、SR 等。PBR 和 OpenFlow 的原理类似，本质上都属于 ACL，相比于传统方式下在汇聚设备上手配策略路由，控制器可以自动化地配置 PBR。VLAN Stitching 方式中，控制器会为服务链上的每一跳配置专用的 VLAN，通过在这些 VLAN 中进行的泛洪，流量就能够自然地流经各个 VNF。BGP VPN 方式中，控制器会为服务链分配专用的 VPN 标识，并根据 VNF 的分布信息集中地修改 BGP 的下跳来实现引流。NSH 为服务链设计了新的包头，引入了新字段 SPI 和 SI 来转发流量 NSH 作为一种数据面的封装，可以配合 OpenFlow 来使用。SR 原生地支持源路由，控制器会根据 VNF 的分布生成 label stack，直接在 header 中指定要经过的各个 VNF。

3. 其他方面的考虑

为了保证 VNF 工作的性能，同时考虑到安全性的问题，不同的服务链可能会被分配不同的 VNF 实例，当某种类型的 VNF 的性能要求较高时，可以分配该类 VNF 的多个实例。为了实现多个 VNF 间的负载均衡，SDN 控制器需要通过一些监测技术来维护这些 VNF 实例的负载状态，同时需要运行一些负载均衡算法来保证多个 VNF 实例的高可用。

在服务链中引入 OAM，主要是对服务链路径的状态进行监测，这一块业界目前还没有形成标准，参考 IETF 相关的 Draft，可以看到对于服务链路径状态的监测包括主要以下几个方面。

- ❑ **连通性**。包括可达性、Path MTU、包的乱序和损坏等。
- ❑ **连续性**。包括链路故障、路径故障、VNF 故障等，可以通过 BFD 来实现。
- ❑ **路径跟踪**。包括路径上逐跳的跟踪，当存在多链路时需要跟踪 ECMP 路径，需要中继设备能够支持对 OAM 的探针进行回复。
- ❑ **性能**。包括时延、丢包，需要支持时间戳以及时间同步机制（如 NTP、GPS）。

基于 SDN 实现服务链是一个新兴的技术领域，无论是在工程实现还是学术研究中，目前都存在着很多的空白，这里无法逐一而述。另外，服务链的实现不仅依赖于 SDN 对流量的识别和引导，还依赖于 NFV 对 VNF 的管理与监测。SDN 与 NFV 系统间需要进行接口交互和功能切割，这超出了本书的讨论范围，有兴趣的读者请自行了解。

3.3.4　可视化

传统数据中心里，网络运维一直是件"很痛"的事情。网络是数据中心正常运转的基础，网络状态正常时对业务是透明的，一旦网络出了问题，很多技术团队就会找上门来。小至服务器分不到 IP、Web 访问迟缓，大至数据库连接不稳定，甚至业务的大面积瘫痪，网络运维人员不得不独自对着大量的网络设备进行故障的排查。尽管网络设计已经想尽了一切办法去缩小故障域，但是一个小问题的排查很可能需要花上几个小时的时间，稍有不慎，一条配置出了错，还有可能引发更为严重的问题。有时候花了几个小时去排查网络，但最后发现问题根本就不是出在网络上。在人们的印象中，网络总是"最不靠谱"的，出了问题首先归因于网络也是人之常情。

云数据中心里，虚拟机的数量和网络的规模数倍于传统数据中心，再加上业务对于敏捷性和高可用的要求，网络运维如果不能变得更为智能、自动化，那么一旦发生网络故障，云中的业务可能会受到毁灭性的打击。而且，虚拟交换机的引入会使得网络故障的排查变得更加困难，一方面管理的边界从物理网络延伸进了服务器，另一方面也对网络运维人员的技能提出了新的要求。

传统的网管其实一直就定位于简化网络的运维，不过由于网络一直不够开放，各大厂商设备网管接口区别巨大，网管能采集上来的数据很多，但是难以进行有效的整合，基本上就是出了问题进行告警，并不具备故障的分析、定位和自动纠错的能力。SDN 提出后，网络变得更加标准、开放，控制器通过全局的网络视图就能将部分运维的功能自动化。全局视图的形成依赖于控制器的可视化能力，而可视化能力主要包括网络可视化和流量可视化两个方面。

1. 网络可视化

网络可视化又可分为网元可视化和组网可视化。网元可视化要求控制器能够与设备进行交互，采集设备的运行时数据，如电源、背板、CPU、内存等基础硬件的状态，Up/Down、收发包速率、丢包率等端口状态，以及 MAC 表、BGP 表等转发表项的状态。另外，控制器作为 SDN 中最为关键的网元，其自身的状态、性能、异常记录和管理日志也需要进行全面的维护。

和传统网管做网元可视化的目的不同，SDN 控制器采集到设备运行时的数据，会将其用于控制的反馈和优化，比如通过 buffer 当前的载荷情况来优化传输路径，因此对数据采集接口的实时性要求较高。SNMP 的通用性较强，但是 Polling 的效率低，Push 的功能弱，无法实现实时数据的采集。NETCONF 普遍被看作 SNMP 的代替者，但实际上其优势在于事务性的配置，在监测和可视化方面相比 SNMP 并没有明显的优势，尽管通过 Subscribe/Notification 对 Push 模型进行了增强，但是由于采用了 XML 的数据格式，因此在序列化 / 反序列化性能上存在着明显的瓶颈，同样无法胜任对实时性要求较高的场景。至于 OpenFlow/OVSDB，由于二者对于设备的资源建模侧重于转发方面，对设备本身缺乏足够的描述能力，因此并不适合做网元的可视化。目前，业界正在推动采用 gRPC 来传输实时数据。gRPC 采用 ProtoBuffer 作为数据格式，序列化 / 反序列化的性能很高，对于 Push 模型的支持也更好。因此，gRPC 已被普遍视为实现 Telemetry 数据采集的标准传输技术，各个主流厂商的设备和一些 SDN 控制器都已经对 gRPC 提供了支持。

组网可视化要求 SDN 控制器能够全面地了解网络的物理结构和逻辑结构。网络的物理结构主要就是指拓扑。拓扑发现有两种思路：一种是由控制器集中式地进行探测和计算，在这种方式下，控制器能够主动地参与到拓扑发现中，但是控制器上的处理压力较大。另一种是由设备运行分布式的协议获取拓扑，然后再以某种方式将拓扑告知控制器，在这种方式下，控制器只能被动学习拓扑，但是控制器上的处理压力得以减小。网络的逻辑结构主要是指 IP 编址和路由，对于虚拟化环境而言，还包括租户标识的分配、虚拟机的位置分布、虚拟机间的通信策略、虚拟机间通信所走的路径等。对于网络中任何一个虚拟机或者任何一个 IP 地址，SDN 控制器应该可以明确地指出其所在的服务器；对于网络中任意两个虚拟机或者任何两个 IP 地址，SDN 控制器应该明确知道二者是否可以进行通信，如果可以通信，应该明确两者之间通信的逐跳的路径。这不仅要求控制器能够衔接起南北向接口提供的信息，还需要将 Overlay 和 Underlay 进行关联。当底层网络中存在 ECMP 时，控制器需要对哈希算法的结果进行预判，或者通过探针来探测 Underlay 中真实的转发路径。

2. 流量可视化

网络可视化关注的是网络本身，而流量可视化关注的是用户使用网络的行为，如大象流统计、分类流量统计、流量分时走势等。理论上来说，上述功能都可以通过 SDN 控制器集中式地实现，但是考虑到流量的数据量级，往往需要通过部署独立的流量分析软件来实现。有很多的商用 / 开源的产品可供选择，这些软件将处理的结果反馈给 SDN 控制器，有助于实现更为精准的网络控制与优化。

"流"层面的分析可使用传统的 NetFlow、sFlow 来实现，设备会对流量进行采样和统计，然后将结果返回给相应的分析软件，这种实现方式中交换机 / 路由器直接参与到了流量的分析中。gRPC 同样可以用于流量的可视化，可以根据五元组或者其他特征来对流量进行实现采集与推送，实现实时的 Telemetry。不过"流"仅关注的是 L2 ～ L4 的特征，如果要看到应用层面的特征，就需要通过部署深度包检测（Deep Packet Inspection，DPI）来实现了。DPI 的部署思路有两种：一种是在每个服务器上部署一个专门用于 DPI 的虚拟机，通过 vSwitch 将本地的一些流量镜像到这个虚拟机上。这种方式对 vSwitch 要求较低，但是需要为每个服务器额外维护一个虚拟机。另一种思路是直接在 vSwitch 中集成 DPI 的引擎，这种方式不需要额外的虚拟机，但是对 vSwitch 的要求非常高。在一般情况下，会采用第一种思路来部署 DPI，但 DPI 的使用需要占用服务器上大量的计算资源，会在一定程度上影响服务器承载虚拟机的能力。

如果想要对流量进行更深层次的分析，如安全威胁诊断或用户行为跟踪，就需要借助专业的分析软件来进行处理了，此时交换机 / 路由器主要负责将流量镜像并导入专业的分析软件中，而并不直接参与流量的分析。导入的方式分为带内和带外两种，带内方式镜像流量与业务流量共存于一张网络中，这就需要 SDN 控制器对它们进行区分，并对镜像流量进行适当的引导。带内方式的优点是组网简单，缺点是镜像流量会占用业务流量的带宽，需要配合 QoS 来实现业务流量与镜像流量的隔离。相反，带外方式中镜像流量会有独立的网络进行传输，带外方式的优点是镜像流量不会占用业务流量的带宽，缺点是独立组网会带来额外的成本。

对于政府、电信和金融几类行业的数据中心来说，流量可视化的需求非常强烈，能够接受独立为镜像流量组网的成本，因此可以选择通过带外方式进行流量的导出。此类网络的设计既可以选择传统的方式，也可以选择 SDN。使用 SDN 的好处在于可以方便地模拟 NPB（Network Packet Broker）设备的功能，通过对镜像流量进行汇聚、分类、过滤、负载均衡等操作，将流量有针对性地导出到合适的流量分析软件上，能够有效地提高流量分析软件的工作效率。继网络虚拟化之后，NPB 很有可能成为 SDN 的另一个杀手级应用。

做好了上述的可视化工作，就能够得到网络/流量的当前状态和历史数据，这些数据是海量的、细碎的，但是其中蕴含着巨大的价值，为网络的排障和优化提供了基础。网络常见的故障包括网络拥塞、设备/链路故障、路由黑洞/环路/震荡等。通过将这些故障的定位和成因分析返回给控制器的控制逻辑，即可对部分故障进行自动的修复，以实现闭环的自动化运维。进一步地，可以结合大数据和机器学习对原始的数据进行处理，以呈现出更为有价值的信息，比如通过大数据分析出攻击的发生，并反馈给 SDN 控制器丢弃嫌疑流量，或者通过机器学习分析出用户应用的行为模式，增强网络对于所承载的应用的理解，有针对性地优化资源在应用间的分配。

3.3.5　安全

安全从来是数据中心网络的核心问题。传统的数据中心网络内部往往采用分区部署的方式，或者直接进行物理上的隔离，或者通过 VLAN+ACL 进行逻辑上的隔离。数据中心与外界网络的互通则由专业的防火墙设备来完成，这些防火墙通常旁挂在汇聚层，集中地把控着数据中心流量的出入。

云数据中心在负载类型和流量模型上有别于传统数据中心网络，对上述的网络安全模型提出了巨大的挑战。

1）虚拟化打破了数据中心网络的物理边界，物理分区的方式再难适应大二层网络。

2）租户数量和虚拟机规模有了数量级的提升，而且虚拟机还经常发生迁移，因此手动配置 VLAN 和 ACL 将是不可接受的，网络安全同样需要自动化。

3）东西向流量的爆炸使得数据中心内部的安全问题更为明显，集中式部署的防火墙通常会导致东西向流量的路径迂回。

4）硬件防火墙虚拟化能力较弱，难以适应云数据中心对安全的弹性需求。

1. 多维安全模型

云数据中心里，网络安全的设计需要变得更加立体，从数据中心级别，到租户级别，到子网级别，再到端口级别，为云中的业务提供更为可靠的保障。数据中心级别的安全仍然需要在数据中心入口集中式地设置防火墙，由于硬件防火墙不能满足数据中心对安全的弹性需求，因此需要结合虚拟化技术来实现防火墙资源的池化。租户级别的安全可以通过 VxLAN 等 Overlay 技术对不同租户进行隔离，防止流量在租户间泄露。子网级别的安全可以通过 vRouter 实现，也可以通过虚拟化的防火墙（vFW）来实现，不同的租户需要分配不同的 vRouter/vFW 实例，以获得灵活性和通信隔离。端口级别的安全通常被称为安全组或者微分段（Micro-Segment），需要与虚拟机进行绑定，可在 vSwitch 上实现，或者将分布式的 vFW 以 inline 的方式串在 vNIC 和 vSwitch 之间，同时要保证端口安全策略随虚拟机进行迁移。对应于微分段，有的厂商还提出了宏分段（Macro-Segment），以实现虚拟机和裸机间东西向流量的安全。

上述安全模型通常需要结合 SDN/NFV 进行实现。vRouter/vFW/vIDS/vIPS 等 VNF 实例本身的实现属于 NFV 技术，并且需要依赖于 DPDK 等加速技术以保证性能。SDN 控制器负责通过 NETCONF 或者 RESTful API 对 VNF 进行自动化的管理配置，包括对安全组规则的下发、安全策略的配置和 Session 的管理，以及将不同租户的流量引导到不同的 VNF 实例中。当然，从 NFV 的视角来看，SDN 控制器所做的这些工作大部分也可以通过 MANO 来实现，这里不去探讨两种视角的区别。

安全组作用于网络边缘，能够实现端口级别的防护，以 Iptables 为主要的实现机制。SDN 控制器可以集中式地分发或配置 Iptables 规则，不过这通常需要在虚拟机和 vSwitch 间额外地引入一跳，导致增加了一个潜在的故障点，而且会对性能造成很大的影响，因此并不是理想的选择。如果 vSwitch 设备支持 OpenFlow（如 OVS），那么可以通过流表来匹配 L2 ～ L4 的字段以实现安全组策略，即相当于传统网络中的 ACL。不过 OpenFlow 流表是无状态的，如果希望通过 OpenFlow 实现有状态的策略，可以将首包 PacketIn 给控制器去维护状态，但是这种方式会对性能造成很大的影响，还可以使用 ovs conntrack 等扩展功能，在 OVS 本地完成状态的维护，但是目前这种方式的实现还不是很成熟。

如果考虑到为 OpenFlow 做硬件卸载，那么 ACL 规则就会被从 vSwitch 上转移到 TOR 上，限于 TCAM 的容量，此时 SDN 控制器需要对 ACL 规则进行适当的聚合，在获得足够灵活性的同时要防止 ACL 规则的溢出。同时，SDN 控制器还需要实时地感知虚拟机的位置，当虚拟机发生迁移时能够及时地将 ACL 规则进行迁移。

VNF 上策略的配置对于 SDN 控制器的问题不大，其粒度也往往在于租户和数据中心级别，因此策略的变化不会非常频繁。Session 的管理则会相对复杂一些，可能需要面临如下的两个挑战。

1）**Session 的同步方式**。如果 SDN 控制器需要实时同步 Session 的状态，那么当 Session 数量很多时，控制信道上的开销会很大。如果 SDN 控制器定期同步 Session 状态，那么 SDN 控制器中全局视图的实时性就会受到影响。OpenFlow 控制器还支持对于 Session 的直接控制，此时 Session 建立的速率以及 OpenFlow 控制器的压力的处理可能就会成为瓶颈。因此，Session 的同步方式要根据实际场景和需求来进行选择。

2）**Session 的备份**。高可用是防火墙以及其他网络高级服务的基本要求，实现高可用是有代价的，不同层面的高可用代价不同。在路由层面解决防火墙高可用性是最为基本的，其代价较低，但是对于 Session 的控制能力不强，在切换时很可能会导致业务的中断。如果同时和 Session 层面进行防火墙状态的热备份，其可用性会很高，但是实现的代价较高。实现热备份有两种方式：第一种是通过 SDN 控制器在 VNF 实例间进行同步，控制信道压力大；第二种是直接在 VNF 实例间进行同步，数据平面带宽的开销会很大。

SDN 只能实现网络层面的安全，对于数据安全问题，只能将流量引入专业的数据分析软件进行处理。传统的数据中心里，需要部署 SPAN 或者 TAP 来实现端口镜像，SPAN 和 TAP 的实现受限于资源和成本，只能部署在少数的关键位置。SDN 可以动态地将镜像点插入网络中的任意位置，为虚拟化环境提供更好的可视性。当数据分析软件完成分析后，可以将分析的结果（如恶意流量的特征）反馈给 SDN 控制器，然后由 SDN 控制器下发安全规则将恶意流量丢弃，实现"数据＋应用＋网络"的闭环安全防护。另外，随着近几年大数据的发展与普及，SDN 控制器上也得以直接集成一些数据分析的功能，能更好地服务于数据中心安全。

2. 服务链与安全

多租户环境中，不同的租户会获得不同的 VNF 实例。SDN 控制器需要完成流量的引导，即所谓的服务链技术。服务链技术通常在 vSwitch 上实现，当 VNF 实例采用集中式部署时，服务链的引流策略只需要部署在少数 vSwitch 上。当 VNF 实例采用分布式部署，服务链的实现将变得非常复杂。

一般而言，通过服务链将一些安全相关的 VNF 串在一起，就可以满足绝大部分的安全需求。如果需要实现更为专业的流量安全策略，数据中心运营商可以与流量清洗中心进行合作，将那些难以区分的流量牵引到专业的清洗中心进行处理。攻击流量被清洗中心过滤掉，安全的流量被回注到数据中心进行服务。流量的牵引可以在数据中心入口通过 OpenFlow 来完成，也可以在城域网入口通过 PBR 直接对可疑流量进行牵引，清洗过后的流量再通过专线或者隧道回注到数据中心。

3. SDN 本身的安全问题

前面概括地说明了 SDN 对于数据中心安全性的提升。不过在引入 SDN 后，SDN 本身的安全就成了其他网络安全的基础。控制器是 SDN 的大脑，其安全问题首当其冲，最基本的要求是在控制器的南向和北向接口上做认证、加密和数据校验，防止非法接入、窃听、重放等攻击形式。控制器上某些操作的执行需要进行鉴权，这要求控制器本身能够支持多租户或者 RBAC（Role-Based Access Control），同时对一些性关键的操作需要进行审计，以确保其合规性。在网络部署中，如果 SDN 控制器需要暴露在公网上，就需要对其采取更为全面的安全措施，如 DOS 和 DDoS 防护等。

相比 IT 层面的安全问题，SDN 自身的安全性更加值得深入的探讨和研究，尤其是一些新生的网络控制协议。它们在增强了传统网络能力的同时，也会引入很多潜在的安全问题，对于这些问题的研究还仍然停留在学术讨论阶段，目前还没有形成特别成熟的安全防范体系。鉴于 SDN 仍没有进入大规模的商用，因此 SDN 自身的安全问题还并不突出，不过这些问题如果不能及时得到解决，那么 SDN 的大规模落地恐怕就只能是纸上谈兵了。

3.3.6 高可用

和安全一样，高可用对于云数据中心网络来说同样是至关重要的。传统网络中广泛使用了各种高可用技术，如实现多网卡绑定的 LACP、实现链路冗余的 xSTP、实现网关冗余的 VRRP、实现多路径的 ECMP、实现数据中心互联的 VPLS、实现故障检测的 BFD 等。总结起来，主要可归为以下几个方面：设备关键组件要有冗余、物理拓扑要有环路保护、路由要快收敛防震荡以及多数据中心间要做双活 / 主备。

1. 网络冗余与监测

传统网络中的冗余机制同样也适用于 SDDCN 的设计。对于一个 SDDCN 的产品来说，应尽可能地多提供高可用的功能，这是在生产环境中落地最为重要的加分项。不过需要明确的是，这些冗余机制并不一定都要通过 SDN 的方式来实现。

- ❑ 设备关键组件要有冗余，比如多背板、多主控、多电源、多风扇等，SDN 白盒交换机在设计中需要考虑上述要求。
- ❑ 物理拓扑要有环路保护，要求 SDN 控制器能够处理多网卡绑定（LACP），并在 Leaf-Spine 间实现负载均衡。在对接传统网络时，还需要能够正确处理 STP 的 BDPU 以防止环路，以及出口 IGP/BGP 以实现多路径。
- ❑ 路由要快收敛防震荡，要求 SDN 控制器能够快速发现拓扑变化，计算并开通倒换路径，或者由控制器预先下发逃生路径给设备，发生故障时在本地完成路径切换。
- ❑ 多数据中心间要做双活 / 主备，要求 SDN 控制器提供数据中心间的 2 层连接通路，该通路上应该支持 QoS 以区别对待不同的业务，少数场景下还需要在多数据中心间做流量调度。

除了冗余机制的设计外，网络还需要提供实时、全面、准确的监测机制。传统网络中有监测通断 BFD、监测性能的 NQA 等手段，这些手段可以继续在云数据中心中使用，设备间交互不同的探针对网络中不同的状态进行监测，当发生状态异常或者指标波动的时候，设备可以主动上报给 SDN 控制器，然后由 SDN 控制器根据一些网络管理的策略执行对应的动作，以保证网络的高可用。当然，SDN 控制器上也可以集成探针的生成、接收和参数调整等功能。

2. 消除控制器的单点

高可用的天敌是单点，网络中应该尽可能地消除单点。传统数据中心网络中，路由器和防火墙是流量集中经过的地方，最容易成为单点。在 SDDCN 产品的设计中，应尽可能提供分布式路由、分布式 NAT 以及分布式防火墙，消除流量的集中点，避免网络中出现单点故障。

由于 SDN 比传统网络多引入了控制器这一角色，因此还需要考虑控制器的单点问题。对于数据中心而言，控制器通常是部署在 intra-net 的，受到直接攻击的可能性比较小，只要集群部署得当，控制器的可用性是可以有所保障的。集群是个纯软件架构的话题，可以说是老生常谈了，当然，不同控制器对于集群本身的实现是有好有坏的。如果控制器上的业务允许控制器进行无状态的主备或者负载均衡，那么实现起来较为容易，不过大部分情况下控制器间都需要进行状态同步，此时就需要考虑数据持久化、数据分片、数据一致性、设备控制权主从、脑裂检测等诸多方面的问题。一般来说，控制器可以通过一些成熟的开源分布式产品（如 Zookeeper、ETCD、Consul 等）来实现集群，一揽子地解决集群的问题，但是考虑到集成后的性能以及功能上的定制化，一些控制器需要分解出更为复杂的技术堆栈，甚至另起炉灶自己来"造轮子"，这就需要根据业务需求以及企业自身的技术水平具体地来考虑了。

不过，即使控制器的集群做得再好，也不可能提供 100% 的可用性，因此要考虑在集群整体瘫痪的时候，保证数据平面上的通路仍然能够正常完成流量的转发。实现这个目标有几种主要的思路。

1）设备立即切换到传统的分布式控制。这种方式实现复杂而且网络的状态不可控。

2）设备仍然能够按照控制器之前下发的策略继续转发，直到控制器被修复后重新接受新的控制策略。这种方式实现简单但是中间会存在控制的真空期。

3）将基础类的控制策略保留在设备本地，将优化类的控制策略放在控制器上，控制器出现问题时也不会影响基础的转发。这种方式取了前两种方式的优点，代价是控制器失去了一部分控制的权限。

控制器的高可用还会涉及的另外一个问题，那就是升级。理想情况下，控制器应该能够提供做热补丁的能力，不用重启控制器就可以补掉程序中的 Bug。在实际情况下，控制器也至少应该提供集群的不间断升级能力，即在升级控制器 A 时可以将其控制权临时转移给控制器 B，控制器 A 完成升级后切换控制权，然后再升级控制器 B，A 和 B 都升级完成后再做负载均衡。

实际上，控制平面的高可用也并不是只有 SDN 才会面临的问题，传统网络中对设备主控同样提供了很多高可用机制，比如主备控制引擎的倒换技术，数据平面的不中断转发技术、主控的热升级技术等。这些机制和上述提到的 SDN 控制器的高可用，都是可以一一对应起来的，SDN 控制器在做架构设计时不妨向传统网络多多"取经"。

3. 负载均衡

应用的高可用通常通过负载均衡器（简称 LB）来实现，LB 可以看作 L4 ～ L7 层的转发器，它和防火墙一样属于网络的一部分。对于传统的 Hardware LB 或者 VNF vLB，SDN控制器可以通过 NETCONF、RESTful API 等方式自动地向其下发配置。对于 OpenFlow交换机，SDN 控制器也可以向其下发流表来模拟一些简单的负载均衡行为。为了避免单点，LB 本身同样也得做高可用，多个 LB 的前端需要有一个 Distributor 来分散 VIP 流量。Disrtibutor 的实现既可以使用传统的 BGP+ECMP，通过路由收敛来保证高可用，也可以使用多台 OpenFlow 交换机组成 Distributor Fabric 来实现。

高可用是个很大的话题，从网络到应用到数据，ICT 的任何层面都对高可用有着无止境的追求。但是，越高的可用性通常也意味着越高的成本，而可用性和成本并不是线性的关系，因此在生产环境中到底需要多少的高可用，还是需要数据中心的管理者在需求和成本间进行综合考虑。

3.4　本章小结

　　经过多年的发展与验证，目前 SDN 在数据中心的应用已经形成了明确的市场需求，技术上也已经显现了初步的骨架。本章对 SDDCN 的需求、整体架构和关键技术进行了提炼，其中的一些内容未免有些抽象，读者可以先继续阅读接下来的几章，然后再查看本章所述内容，应该会达到更好的理解效果。

商用 SDDCN 解决方案

以 2012 年 VMware 收购 Nicira 为标志，SDN 在数据中心落地的旗号正式吹响，众多创业公司开始进行相关的技术创新，各大厂商也着手在产品与市场上进行了布局。经过 5 年左右时间的发展，商用 SDDCN 已经度过了早期的探索阶段，目前正处在从先锋客户试水转向大规模商用的关键节点上。本章将对一些具有代表性的商用 SDDCN 解决方案进行深入的剖析，帮助读者从技术上了解目前商用 SDDCN 的发展现状。

4.1 VMware NSX

VMware 是虚拟化技术的先驱者，其强大的计算虚拟化产品已经深入各行各业的日常使用中。VMware 最早的虚拟化产品是 VMware Workstation，在 PC OS 的基础上提供了桌面级的虚拟机，其网络环境比较简单，基本的需求就是虚拟机之间要能够通信。另外，虚拟机也可能需要和外界通信。VMnet 作为 VMware Workstation 中的虚拟交换机，提供了 3 种网络模式：Host-only、Nat 和 Bridge。Host-only 模式只允许虚拟机间在同一网段中进行通信，不允许虚拟机与外界通信，IP 地址由 VMware 环境来分配；Nat 在 Host-only 的基础上增加了虚拟机与外界通信的功能，虚拟机的网关会指向 VMware 环境中同网段的某一 IP 上，由这一 IP 进行 NAPT 转换实现与外界的通信；Bridge 模式中，虚拟机网卡将与宿主机物理网卡处于同一物理局域网中，虚拟机的 IP 地址由外界的 DHCP 服务器来分配，而物理网卡需要开启混杂模式作为 VMnet 与外界交换机互联的 Trunk 口。

随着服务器虚拟化在数据中心的普及，VMware 推出了旗舰产品 vSphere 来提供对物理服务器直接进行计算虚拟化的能力。数据中心的网络环境比 PC 中的网络复杂得多，是承载业务的生产环境，对于网络安全的要求是头等大事，而且数据中心内的流量类型更为多样，不同的流量对于 QoS 的要求自然也不尽相同。上述需求使得 vSphere 中集成的虚拟交换机必须支持更为复杂、灵活的网络策略。同时，由于虚拟机迁移这一刚性需求，虚拟交换机上的网络策略还要能够自动地跟随虚拟机进行迁移。另外，为了简化数据中心网络的运维，必须要支持对于海量虚拟交换机的统一管理。VDS（Virtual Distributed Switch）是 VMware 给出的方案（原来叫作 DVS），VDS 中能够对 VLAN 进行集中式、精细化的管理。

可以看到，植根于 VMware 强大的计算虚拟化基因，VMnet/VDS 都是基于 x86 平台进行的软件实现，这与 Cisco 这类传统的网络设备厂商基于芯片和网络协议来解决问题的视角是截然不同的。不过，VMnet 和 VDS 都是 VMware 在服务器内部用来自给自足的，对 Cisco 并没有任何的影响。为了巩固双方在各自领域的地位，Cisco 和 VMware 还联合研发了虚拟交换机 Cisco Nexus 1000v。由于 Cisco 在网络方面的专业性，N1000v 支持比 VDS 更为高级的网络功能。Cisco 获得 N1000v License 的利润，VMware 的客户则能够享受到更好的网络服务，因此 Cisco 和 VMware 长期保持着不错的关系。

随着云计算浪潮的来袭，数据中心网络架构发生了巨大的变化。Cisco 于 2010 年左右开始大力布局 Nexus 系列的硬件产品，包括做接入的 N2K 和 N5K 以及做汇聚 / 核心的 N7K，在相关芯片和控制协议的研发上投入了大量的资源，已经为云数据中心网络的转型做足了准备。

4.1.1　从 NVP 到 NSX

Cisco 的网络虚拟化联姻 VMware 的服务器虚拟化，似乎将成为云数据中心的标准打包方案，二者的未来看上去很美。然而，SDN 的出现改变了数据中心网络的市场格局。Nicira 的 NVP 平台是最早的基于 SDN 的数据中心网络解决方案。Nicira 是 SDN 的骨灰级选手，推出了 OpenFlow 和 OVS，该公司三位最主要的创始人 Martin Casado、Nick McKeown 和 Scott Shenker 是业界公认的 SDN 奠基者。NVP 所选的技术架构当时让人眼前一亮，使用 Overlay 构建纯软件的虚拟化网络，SDN 只负责网络边缘的控制，而不会对现有网络产生任何影响，可以说是现有数据中心网络向 SDN 演进的最佳形态。

VMware 看到了 NVP 在商业上具备的巨大价值，一旦将 NVP 集成到自己的虚拟化解决方案中，那么今后便有机会在网络虚拟化上与 Cisco 掰一掰手腕，从而开拓自己从未有机会触碰的市场。而 Cisco 同样敏感地意识到了 NVP 带来的挑战，这种纯软件的 SDN 解决方案对于 Nexus 系列交换机在数据中心市场的布局将形成巨大的挑战，一旦 VMware 收了 NVP，那么肯定要吃不少苦果子，但如果自己拿到 NVP，那么操作的空间可就大得多了——既可以选择温和地推进 NVP，等到 Nexus 赚的盆满钵满，再迅速通过 NVP 来占领数据中心的 SDN 市场。当然，也可以内部消化掉 NVP，坐等 SDN 自生自灭。于是争端一触即发，2012 年年中，双方展开了对 Nicira 的收购大战。

从最后的结果来看，VMware 以 12.5 亿美元收购了 Nicira。VMware 收购 Nicira 后，基于 NVP 的原型推出了自己的 SDN 网络虚拟化平台 NSX，高调进军数据中心网络市场，也宣告着放弃了与 Cisco 在网络领域的合作关系。当然，Cisco 也不会坐以待毙，于 2013 年

以 8.64 亿美元收购了 SDN 创业公司 Insieme，同时发布了 ACI 的架构与产品。此后，NSX
和 ACI 在数据中心展开了正面的交锋，数据中心 SDN 也正式走上了商用的道路。

不过，鉴于 NVP 选择开源的技术是其成功的先决条件之一，于是 NSX 采用了"两
条腿走路"的策略：NSX-V 将 NVP 的技术特征嫁接到了 VDS 上，将其网络虚拟化与
服务器虚拟化的产品共同交付；NSX-MH 则保留了 NVP 的开源基因，仍然使用 OVS 和
OpenFlow/OVSDB 支撑 SDN 架构，可以服务于 KVM、XEN 等非 VMware 的服务器虚拟化
产品。2016 年 5 月，VMware 推出 NSX-T，NSX-T 是对 NSX-MH 的一次重大的更新，旨
在提供更好的 Hypervisor Agnostic 特性。

4.1.2　NVP 控制平面设计

如图 4-1 所示，NVP 的控制平面分为两层，在上面负责和业务打交道是 Logical
Controller，在下面负责和设备打交道的是 Physical Controller。Provider 通过 CLI/GUI/
RESTful API 指定租户的逻辑拓扑信息，Logical Controller 接收并存储逻辑拓扑信息，并
根据声明式的语言 nlog 自动将其转化为成逻辑转发流表（universal flows）。universal flows
对应的是租户层面的逻辑转发资源，如 logical port id、logical datapath 等，是物理资源无
关的。Logical Controller 通过 RPC 将 universal flows 下发给 Physical Controller。Physical
Controller 中存着逻辑转发资源与物理转发资源间的映射关系，如 vNIC 和 Transport Node
的 IP 的对应关系等，它会根据这些映射关系将 universal flows 转换为 physical flows /
configuration，然后通过 OpenFlow Nicira Extension/OVSDB 发送给设备，以指导设备的
转发。

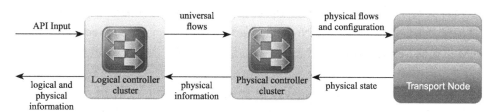

图 4-1　NVP 的两层控制架构

为了实现控制平面的高可用性，logical controller 和 physical controller 均采用分布
式集群进行 Master / Hot Standby 部署，使用 ZooKeeper 来进行 leader 选举、全局 logical
network id 的分配以及 RESTful API 的信息配置。为了保证策略在分布式集群中的一致性，
NVP 对 API 的执行采用了严格的时序同步。另外，NVP 还为配置信息设计了快照机制，方
便进行回滚。

4.1.3　NVP 数据平面设计

NVP 的转发设备就是 OVS，也称为 Transport Node，通过 OpenFlow Nicira Extension
和 OVSDB 与 Physical Controller Cluster 进行通信，每个 Transport Node 都会指定一个

Master Controller 和多个 Slave Controller。Transport Node 进一步分为三类，Hypervisor、Service Node 和 Gateway。Hypervisor 连接着 VM，Service Node 负责集中地处理广播和组播流量，Gateway 负责连接 VM 与物理主机。图 4-2 为 NVP 的数据平面结构。

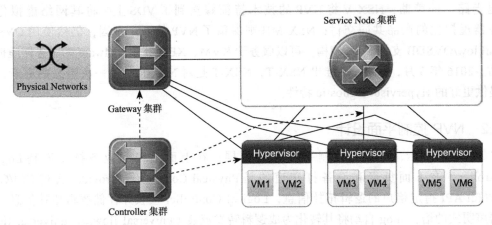

图 4-2　NVP 的数据平面结构

Transport Node 间的通信建立在隧道的基础上，隧道封装默认采用 Nicira 私有的 STT。STT 采用无状态的 TCP 包头对 L2 帧进行封装，这样的好处是得以利用硬件网卡的 TSO 技术对封装后的 TCP 包进行快速的分片 / 重组，从而允许 VM 上的应用产生巨型 TCP 负载，以提高端到端应用的通信效率。同时，NVP 也提供了对 VxLAN 和 GRE 封装的支持。

为了实现数据平面的高可用性，Service Node 和 Gateway 均采用了集群式的部署。Service Node 集群采用了负载均衡的工作机制，各个 Hypervisor 通过哈希算法将不同的组播 / 广播流量分散给不同的 Service Node 进行处理。Hypervisor 与 Service Node 的隧道上运行着 CFM 以监测 Service Node 的状态，一旦心跳信令中断，则将该隧道上的流量切换到另外的隧道上。

不同于 Service Node 集群，Gateway 集群采用主备的工作机制，各个 L2 segment 在 Gateway 集群中只能与 1 个 Gateway 建立隧道以连接到物理网络，这是为了防止因物理网络中运行的 MAC 自学习而在多个 Gateway 间产生环路。为了实现 Gateway 的主备，Gateway 间通过 CFM 监测彼此的状态，并采用轻量级的 leader 选举算法，为每个 L2 segment 选举出活动的 Gateway，与各个 Hypervisor 间建立隧道。另外，当主备 Gateway 间进行切换时，物理网络是不会进行路径切换的，因此很可能会出现路由黑洞。解决这个问题需要在 Gateway 上运行特殊的机制以更新物理网络上的 MAC Table；或者由新选举出来的主 Gateway 发送所有 VM 的免费 ARP 通告，或者所有的 Gateway 参与物理网络的 STP 选举，由新选举出来的主 Gateway 发送 TCN 来触发物理网络上的更新。

4.1.4　NVP 转发过程分析

NVP 的转发采用了 Proaltive 的模式，因此其转发过程分为两个阶段：第一阶段是控制平面对全局转发信息的学习和分发；第二个阶段是数据包在 datapath 上的处理。

第一阶段如图 4-3 所示，其中（1）是 Hypervisor/Gateway 将 MAC 地址 /vNIC 的情况通过 OVSDB 告知控制平面，（2）是控制平面接收 Provider 提供的租户信息，（3）是控制平面结合（1）和（2）的输入，通过 nlog 产生流表并下发给 Hypervisor、Service Node 和 Gateway。

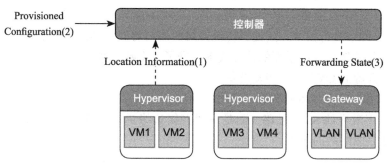

图 4-3　控制器学习并分发全局信息

第二阶段如图 4-4 所示，当 VM 的数据包从 vNIC 进入 OVS，首先第一级流表会根据 vNIC 所属的租户并为其标记 metadata，然后根据 metadata 将数据包送到相应的流水线中继续进行匹配。流水线的后续匹配过程将完成对数据包的 L2/L3 处理，最终会根据 egress 流表中的逻辑对包进行转发。

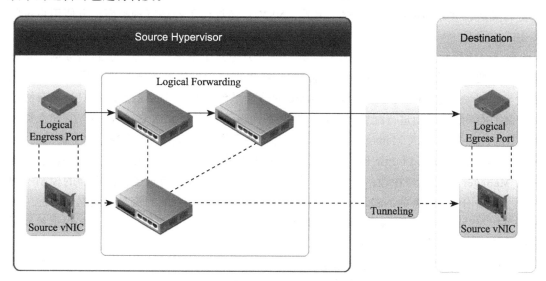

图 4-4　在 OVS 中进行逻辑转发和隧道封装

对于单播流量，若目的地在同一个 host 中，则直接转给目的 VM 的 vNIC；若目的地在另外的 host 中或者在物理网络中，则需要封隧道转发给相应的 Hypervisor 或者 Gateway。对于广播 / 组播流量，则需要选择一个 Service Node，封装相应的隧道交由该 Service Node

进行复制，以免占用源 Hypervisor 上过多的 CPU。注意，logical datapath 上转发的决策完全发生在源 Hypervisor 上，决策的结果会放在隧道的 header 中，目的 Hypervisor/Service Node/Gateway 只需要根据隧道 header 中的相关字段将数据包直接转发给相应的 vNIC/NIC 即可。

论文的最后对于 NVP 平台的成功做了一些解读，有如下几点。

❑ Overlay 网络的抽象与传统网络一致，NVP 的用户可以基于常见的网络策略对 Overlay 网络进行控制，这使得传统网络的用户可以自然地接受 NVP。

❑ nlog 的使用使得控制平面的计算效率提升了一个数量级。

❑ 采用了开源的 OVS 作为转发设备。

❑ 准备采用 DPDK 技术对数据平面进行加速。

❑ 没有采用激进的 SDN 思路，而是只对网络边缘进行了 SDN 的控制，使得用户能够平滑地完成网络的演进。

4.1.5　NSX-V 整体架构

NSX-V 用于在纯 VMware vSphere 环境对网络进行虚拟化，并不支持 KVM、XEN 等开源服务器虚拟化技术。虽然 NSX-V 面向的是 VMware 自家的产品，但还是保留了 NVP 的大部分 SDN 技术特征，并提供了强大的 NSX Edge 以支持更为丰富的 NFV 组件，为 NSX-V 的组网提供了更多的可能性。NSX-V 的微分段技术中实现了分布式防火墙，能够支持更为灵活、立体的网络安全策略。另外，NSX-V 还提供了网络管理平面，方便用户进行集中式的管理。

如图 4-5 所示，NSX-V 的产品架构由上到下分为三个平面：管理、控制与数据。管理平面的主要组件为 NSX Manager，它通过 UI 提供虚拟化网络的视图呈现与集中式的单点配置与管理，通过 RESTful API 与 VMware 的管理平台交互、通过 RESTful API/私有协议对控制平面/数据平面进行配置与管理。控制平面组件主要为 NSX Controller，它向上通过 RESTful API 接收 NSX Manager 的配置与管理，向下通过私有协议来管控数据平面的转发，另外 DLR（Distributed Logic Router）Control VM 也是 NSX Controller 的一个组件，它接受 NSX Manager 的配置与管理，并运行传统的路由协议，作为分布式逻辑路由器的控制平面与下一跳路由器（通常为 NSX Edge）交换路由信息，以处理南北向流量。数据平面的组件主要包括 NSX vSwitch 和 NSX Edge，通过私有的协议与控制平面进行通信，并根据控制平面提供的全局信息进行转发。

可以看到，NSX-V 的这套架构是一套纯软的方案，也就是说，从管理到控制再到设备全是软件实现的，将虚拟网络透明地 Overlay 在物理网络之上。对于纯软的方案来说，功能从来都不是问题，性能与高可用才是软件产品能否成功的关键，NSX-V 作为生产级别的网络虚拟化平台，自然也少不了对这些方面的考虑。下面对 NSX-V 的技术实现进行介绍。

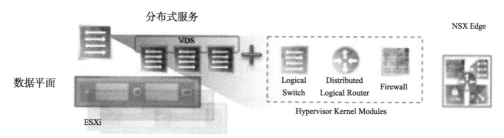

图 4-5　NSX-V 整体架构

4.1.6　NSX-V 管理平面设计

管理平面的主要组件是 NSX Manager，其主要功能有以下几点。

❑ 管理、推送控制平面和数据平面互相认证的安全证书。

❑ 部署、配置 NSX Controller。

❑ 配置 NSX vSwitch 和 NSX Edge。

❑ 网络流量的采样与监控。

除了以上管理功能，NSX Manager 还会作为 NSX vSwitch 中 DFW（Distributed FireWall，DFW）模块的控制平面，它将绕过 NSX Controller，通过 RabbitMQ 向 ESXi 主机 Hypervisor 中的 vsfwd 进程发分布式防火墙的策略。分布式防火墙的策略可以通过 NSX Manager 的 API 来指定，也可以通过 vSphere Web Client 来生成，此时 vCenter Server 可以看作分布式防火墙的管理平面。

管理平面的工作流程简要示意如图 4-6 所示：① NSX Manager 自身的部署，② NSX Manager 向 vCenter 注册，③部署、配置控制平面，④⑤配置数据平面。

NSX Manager 通过标准虚拟机模板的方式部署在 vSphere 环境中，可采用 HA 或者 FT 的方式进行备份。虽然 NSX Manager 有自己的 UI，不过为了方便管理，NSX Manager 还是会注册到 vCenter 中，用户在 vCenter UI 中的 Network && Security 选项卡下可以对 NSX 网络进行间接的管理。

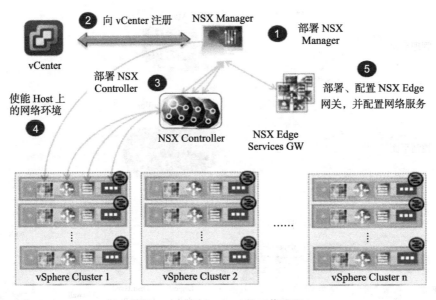

图 4-6   NSX Manager 的工作流程

4.1.7　NSX-V 控制平面设计

NSX Controller 向上通过 RESTful API 与管理平面进行交互，以获取安全证书和租户的业务策略，向下通过私有协议与 ESXi 主机中 Hypervisor 的 netcpa 进程交互，汇聚数据平面的信息并控制数据包的 L2/L3 转发，如图 4-7 所示。NSX Controller 上面存储的信息主要包括：ARP 表（用于在设备本地抑制 ARP 的泛洪）、MAC 地址表（用于 L2 的单播）以及 VTEP 表（用于定向封装隧道解除物理网络上的组播）和路由表（用于分布式路由）。ARP/MAC/VTEP 表均从 ESXi 主机的 Hypervisor 处学习得到，路由表则从 DLR Control VM 学习得到。

当采用分布式路由处理南北向流量时，DLR 和它下一跳路由器（通常是 NSX Edge，也可能是物理路由设备）间的转发逻辑是由传统的分布式路由协议来决策的，DLR 的转发平面分布在各个 ESXi 主机上，如果要为 DLR 做路由，只能将 DLR 的控制逻辑从 DLR 的转发平面抽离出来，与下一跳路由器交互 OSPF/BGP 等路由协议，以打通南北向流量。DLR Control VM 就是承载 DLR 控制逻辑的实体，它逻辑上属于 NSX Controller 的一个组件。图 4-8 给出了 DLR Control VM 的工作原理：①通过 NSX Manager 部署、配置 DLR Control VM，主要包括 DLR 的 port/MAC/IP 和 DLR 上要运行的路由协议，目前 DLR 上只支持 OSPF 和 BGP。②NSX Controller Cluster 将 DLR 的 port/MAC/IP 信息发布给 ESXi 主机，以便在 ESXi 主机本地进行 L3 逻辑转发。③DLR Control VM 与下一跳路由器（图中为 NSX Edge）交互分布式路由协议，DLR 向外发布了租户的 IP 地址，学习到了通向 Internet 的路由。④DLR Control VM 将学习到的路由告诉给 NSX Controller Cluster；⑤NSX Controller Cluster 向 ESXi 主机中的 DLR 反射 Internet 路由，使其网关指向下一跳路由器

（图 4-8 中为 NSX Edge）；⑥ DLR 根据 Internet 路由将 VM 产生的 Internet 送给下一跳路由器（图 4-8 中为 NSX Edge）。

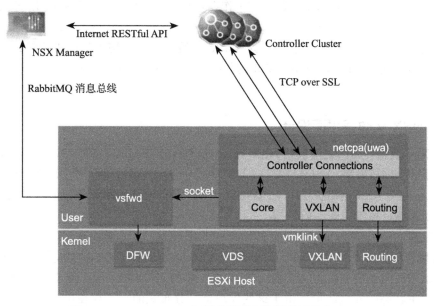

图 4-7 NSX Controller 与管理平面和数据平面的交互

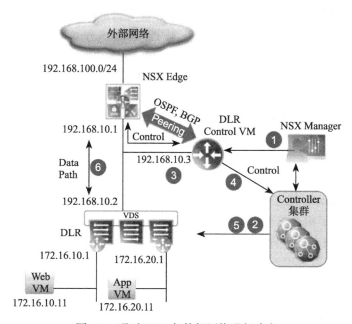

图 4-8 通过 DLR 与外部网络进行路由

控制平面的 NSX Controller 和 DLR Control VM，同样是以虚拟机的形式部署在

vSphere 环境中的。NSX Controller 的工作负载很大，因此需要建立 Controller 集群，Controller 节点间通过 Paxos 算法实现同步，为了完成 Leader 的选举，集群中节点的个数需要为奇数。NSX Controller 集群通常工作在负载均衡的模式下，不同的 ESXi 主机可以选择不同的 Controller 节点作为 Master，而且同一个 ESXi 主机中的 VTEP 和分布式路由功能也可以选择不同的 Controller 节点作为 Master，后一种负载均衡粒度更为精细，由 Cluster Slicing 机制来实现。DLR Control VM 的负载没有 NSX Controller 那么大，进行简单的主备部署即可。

4.1.8　NSX-V 数据平面设计

NSX-V 数据平面的组件包括 NSX vSwitch 和 NSX Edge。NSX vSwitch 在 VDS 的基础上添加了 3 个内核模块：VxLAN(VTEP)、DLR(分布式逻辑路由器) 和 DFW(分布式防火墙)。NSX Edge 则为 NSX 网络提供了 L2 GW 以及 L3-L7 的高级网络服务，如集中式路由 /NAT、集中式防火墙、负载均衡、VPN 等。

先来看 NSX vSwitch。VDS 负责租户的二层转发，VM 连接在 VDS 上。VxLAN 模块对目的地位于其他 ESXi 主机的 L2 帧封装 VxLAN Header。DLR 模块负责租户的三层转发，包括东西向流量和南北向流量。DFW 与 VM 的 vNIC 相关联，能够 per VM 的细粒度、定制化、带状态的安全防护。由于这些模块都是分布式的，不存在单点故障的问题，因此 NSX vSwitch 本身就具备了很高的可用性，不需要再设计额外的 HA 机制。

NSX Edge 可以理解为 NSX-V 提供的 NFV 产品套件。L2 Gateway 用来实现 NSX 租户网络和物理主机的二层连通，L3 Router 负责集中式的路由和 NAT，用于连接 NSX-V 租户网络与 Internet。除了二层和三层网关外，NSX Edge 还提供了诸多的高级网络服务：防火墙用来提供 per VDC 级别的安全防护，负载均衡既可以集成在三层网关上，又可以独立于三层网关部署，高版本的 NSX-V 还支持 DLB（Distributed Load Balancer），VPN 既可以部署 L2 VPN 又可以部署 L3 VPN，L2 VPN 采用私有封装实现跨域二层互通，L3 VPN 支持 IPSEC 和 SSL 两种。NSX Edge 通常放在 NFV POD 下面采用集中式部署，以连接 NSX-V 网络与外界网络，因此需要为 NSX Edge 设计 HA 机制，以保证其可用性。对于上述不同的 NSX Edge 功能，它们的 HA 机制都不尽相同，此处不进行详细的分析。

在 vSphere 环境中，除了 VxLAN 所承载的 VM 通信的数据流量以外，VDS 上还通过 VMkernel 接口承载了很多其他类型的流量，如管理流量、vMotion 流量和存储流量，这些流量的特征和优先级截然不同，对物理网络的需求自然也有很大的区别。因此，这 4 种类型的流量在上联时可以采用不同的 VLAN ID，并在上联口使用 VLAN Trunking，以便进行复用、隔离和 QoS 规划。

4.1.9　NSX-V 转发过程分析

接下来看 NSX-V 的转发过程，假设此时控制器已经学到了各个 Hypervisor 本地的虚拟机信息，形成了全局的 ARP/MAC/VTEP 表，DLR Control VM 也完成了外部路由的学习与注入。

1. VSIP

流量从虚拟机 vNIC 出来之后,首先进入到内核中的 VSIP(VMware internetworking Service Insertion Platform)进行处理。VSIP 可以看作一个 Service IOChain,第三方的 VNF 可以部署到 VSIP 中不同的 Slot 上,流量进入 VSIP 后会按照 Slot ID 由小到大的顺序依次经过各个 VNF 进行处理,因此 VSIP 可用于实现服务链的功能,如图 4-9 所示。默认情况下,Slot 0(DVFilter)负责无状态 ACL 的实现,Slot 1(vmware-sfw)负责 Anti Spoofing,Slot 2 即为 DFW 对 vNIC 流量进行线速的安全过滤,Slot 4-Slot 12 可用于部署第三方的 VNF。

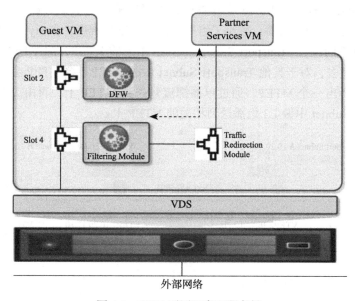

图 4-9 VSIP 可用于实现服务链

2. BUM 流量的处理方式

如果没有部署第三方的 VNF,那么在 DFW 过滤后就进入 VDS 进行二层的处理。如果流量源和目的在同一个 ESXi host 中,则由 VDS 直接完成本地的转发;否则,需要通过 VxLAN Module 封装隧道跨越 IP Underlay 进行传输。IP Underlay 在 NSX 中被称为 Transport Zone,Underlay 中不同的子网被称为 Transport Subnet。标准的 VxLAN 依赖于 Underlay 上的组播来模拟 BUM 流量的泛洪,相比之下,NSX-V 的 VxLAN Module 还提供了如下两种处理 BUM 流量的模式:

❑ Unicast Mode。源 VTEP 会对 BUM 流量做头端复制,然后单播到其他相关的目标 VTEP 上,从而得以完全消除掉组播。在 Unicast Mode 具体的实现中,如果目标 VTEP 和源 VTEP 处在同一个 Transport Subnet 中,则由源 VTEP 直接单播给目的 VTEP;如果目标 VTEP 和源 VTEP 不在同一个 Transport Subnet 中,那么 NSX-V 会在目标 VTEP 所在的 Transport Subnet(设为 TS X)中选择出一个 VTEP 作为 UTEP,源 VTEP 发往 TS X 中目标 VTEP 的所有流量都会先发给 UTEP,并标记 VxLAN 报头中的 REPLICATE_LOCALLY 位，UTEP 收到后发现 REPLICATE_LOCALLY 被置位从而得知这是一个泛洪包，于是 UTEP 会再一次对流量进行复制并单播发送给 TSX 中其他的 VTEP。如图 4-10 所示，四个 VM 属于同一个 VxLAN Segment，VM 1/VM 2 所在的 VTEP 1/VTEP 2 属于 Transport Subnet A，VM 3/VM 4 所在的 VTEP 3/VTEP 4 属于 Transport Subnet B，因此 VM1 发出的 BUM 流量会被 VTEP 1 单播发给 VTEP 2 以及 Transport Subnet B 中的 UTEP（图 4-10 中为 VTEP 3），而不会直接单播给 VTEP 4，VTEP 3 负责将流量中继给 VTEP 4。

❑ Hybrid Mode。Hybrid Mode 是组播和头端复制的结合方式，Underlay 只需要做 L2 组播而不需要做 L3 组播，减小了组播的部署和维护难度。在 Hybrid Mode 具体的实现中，对于同一个 Transport Subnet 中其他相关的 VTEP，源 VTEP 会通过 L2 组播把流量送过去，对于其他 Transport Subnet 中的 VTEP，源 VTEP 会为这些 Transport Subnet 选择出一个 MTEP，通过单播把流量送到 MTEP 上，再由 MTEP 在其所属的 Transport Subnet 中做 L2 组播送到相关的 VTEP 上。

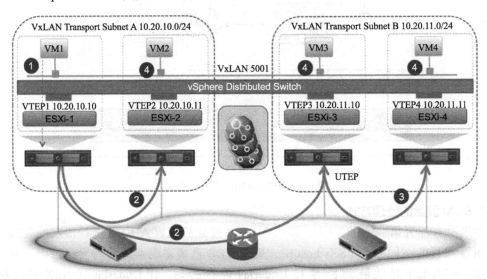

图 4-10　NSX-V VxLAN Module 的 Unicast Mode

3. L2 流量的处理

有了上述介绍作为基础，下面来具体介绍 NSX-V 对于 L2 流量的处理。图 4-11 是虚拟机间 ARP Request 的处理过程，VM 1 向 VM 2 发送的 ARP Request 被 VDS 1 所截获，由于 VDS 1 本地没有 VM 2 的 ARP 信息，于是 VDS 1 将该 ARP Request 封装到控制消息中上报给 Controller。Controller 收到后在全局信息表中进行查找，并将 VM 2 的信息 <MAC 2，IP 2，VTEP 2> 返回给 VDS 1。VDS 1 收到控制器返回的信息，更新本地的 ARP/MAC/VTEP 表，并生成一个 ARP Reply 返回给 VM 1。如果 Controller 中也还没有 VM 2 的信息，就需要对 ARP Request 进行泛洪了，泛洪的模式可采用 Multicast/Unicast/Hybrid 中的任意一种。

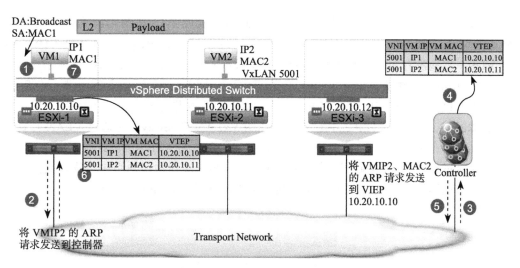

图 4-11 VM 1 向 VM 2 发送 ARP Request 的处理

收到 ARP Reply 后，VM 1 开始向 VM 2 发送单播。如图 4-12 所示，由于 VDS 1 之前已经从 Controller 处学习到了 VM 2 的信息，包括 VM 2 所在 VTEP 2 的 IP 地址，因此 VDS 1 会直接封装 VxLAN 单播给 VTEP 2，VTEP 2 解封装后学习 VM 1 的信息更新本地的转发表，并将流量发送给 VM 2。之后 VM 2 回复 VM 1 的流量，VDS 2 也直接封装 VxLAN 单播回给 VTEP 1。

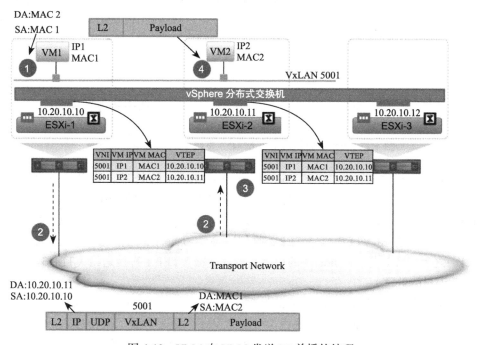

图 4-12 VM 1 向 VM 2 发送 L2 单播的处理

虚拟环境与物理网络互通的 L2 流量，处理过程如图 4-13 和图 4-14 所示。图 4-13 是 VM 1 向物理主机 host 3 发送 ARP Request 的处理，该 ARP Request 同样被 VDS 1 所截获，VDS 1 本地没有 host 3 的 ARP 信息于是上报给 Controller。假设 MAC 3 刚刚接入物理网络，Controller 中并没有 host 3 的信息，于是通知 VDS 1 进行隧道上的泛洪，VTEP 1 将流量送给 VTEP 2 和 VTEP 3。VTEP 2 学习 VM 1 的信息并将流量送给 VM 2，VM 2 会将该 ARP Request 丢弃。VTEP 3 中有一个 Virtual VxLAN Gateway，它通过 VLAN 与物理网络连接，并存有 VNI 和 VLAN 的映射关系，于是它在收到 ARP Request 后，学习 VM 1 的信息，并通过相应的 VLAN（图 4-13 中为 VLAN 100）送到物理网络中。物理交换机学习 VM 1 的信息随后进行泛洪，从而物理主机 host 3 收到了该 ARP Request。

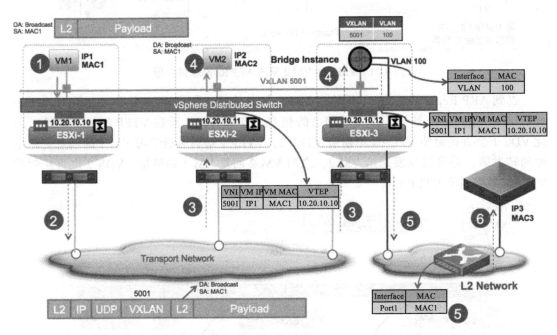

图 4-13　VM 1 向物理主机 MAC 3 发送 ARP Request 的处理

图 4-14 是物理主机 MAC 3 向 VM 1 发送 ARP Reply 的处理。物理交换机学习 host 3 的信息，根据之前学习的 VM 1 的信息转发到 VTEP 3 中的 Virtual VxLAN Gateway。Virtual VxLAN Gateway 学习到 host 3 的信息，根据之前学习的 VM 1 的信息，将 VLAN 转换为 VxLAN 并单播给 VTEP 1。VTEP 1 收到后会学习 host 3 的信息，并把 ARP Reply 送给 VM 1。之后 VM 1 发送给 host 3 的单播流量就会被 VTEP 1 直接送给 VTEP 3。

4. L3 流量的处理

下面再来说 NSX-V 对于 L3 流量的处理，先来说虚拟机间的东西向流量。图 4-15 中 VM 1 和 VM 2 位于不同的网段，现由 VM 1 向 VM 2 发送单播。流量进入后，VDS 发现目的 MAC 地址是分布式网关的任播 MAC 地址得知这是一个 L3 的流量，于是交给 DLR

Module 进行处理。NSX-V 中，DLR Module 采用了非对称的方式来实现分布式路由，因此在匹配目的 IP 后直接会路由到 VM 2 所在的网段，解析出 VM 2 的 MAC 地址，然后封装 VxLAN 单播给 VTEP 2。VTEP 2 解封装，然后转发给本地的 VM 2。这里要注意的是，由于采用了非对称的方式，因此 VM 2 回复 VM 1 的单播流量会在 VTEP 2 做路由，直接路由到 VM 1 所在的网段，解析出 VM 1 的 MAC 地址，然后封装 VxLAN 单播给 VTEP 1，VTEP1 解封装然后转发给本地的 VM 1。

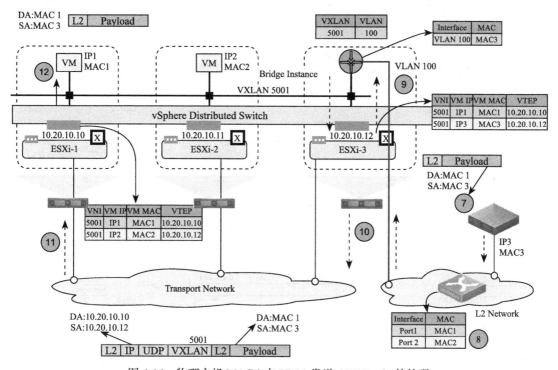

图 4-14　物理主机 MAC 3 向 VM 1 发送 ARP Reply 的处理

南北向 L3 流量的处理如图 4-16 和图 4-17 所示，DLR 的下一跳为 NSX Edge。图 4-16 是对于 External Network 访问 VM1 的流量的处理，流量先到达 NSX Edge，根据 DLR Controller VM 宣告的路由，VM 1 所在网段的下一跳是 DLR 上联 NSX Edge 网段（图 4-16 中的 Transit Network）的虚拟接口的地址。于是 NSX Edge 将流量送到本地的 DLR Module 中，由 DLR Module 直接路由到 VM 1 所在的网段，解析 VM 1 的 MAC 地址，然后封装 VxLAN 送给 VTEP 1，VTEP 1 解封装后转发给 VM 1。

图 4-17 是对于 VM1 向 External Network 所回复流量的处理。VM 1 的流量被交给本地的 DLR Module 进行处理，根据从 DLR Control VM 处学到的路由，External Network 的流量的下一跳为 NSX Edge 下联 DLR 的虚拟接口（图 4-17 中的 Transit Network），在解析出该虚拟接口的 MAC 地址后，封装 VxLAN 送给 NSX Edge 所接入的 VTEP 2，VTEP 解封装然后转发给 NSX Edge。

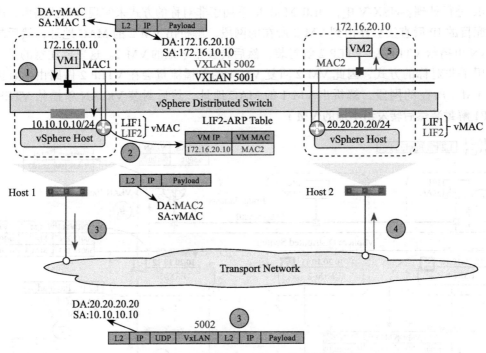

图 4-15　VM 1 向 VM 2 发送 L3 单播的处理

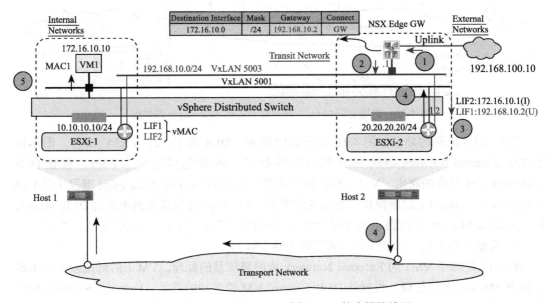

图 4-16　External Network 访问 VM1 的流量的处理

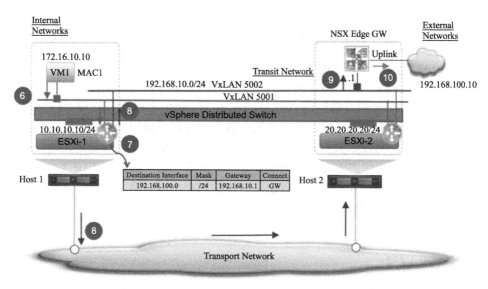

图 4-17　VM1 向 External Network 回复流量的处理

4.1.10　NSX-MH 与 NSX-T

NSX-MH 与 NSX-V 最大的区别就是 NSX-MH 在数据平面使用了开源的 OVS，因此能够支持非 vSphere 环境，如 KVM、XEN 等。既然数据平面使用的是 OVS，那么南向协议自然也就还是 OpenFlow 和 OVSDB，因此 NSX-MH 基本保留了 NVP 已有的技术实现，如用流水线实现 L2 和东西向的分布式路由，支持用 Service Node 处理广播 / 组播，使用 STT 做 Hypervisor 到 Hypervisor 的隧道，等等。同时，为了向 NSX-V 看齐，NSX-MH 在 NVP 的基础上也增加了很多的新功能。

1）增加了 NSX-Manager 作为管理平面，为控制平面和数据平面的认证提供证书。

2）在 Controller 集群中引入了切片机制，实现控制平面的负载均衡。

3）支持集成物理的 L2 Gateway，Hypervisor 使用 VxLAN 协议与物理 L2 Gateway 互通。

4）Service Node 支持从 STT 向其他隧道的转换。

5）通过在 OVS 上挂 vRouter 来支持集中式的 L3 网关，更好地支持 VM 与 Internet 间的通信。

6）通过 OpenFlow 流表为 per VM 引入 L2-L4 的安全策略，但不支持有状态的 Session。

NSX-T 是 NSX-MH 的升级版，旨在提供更好的 Hypervisor Agnostic 特性，并增强了对 OpenStack 和容器的支持。也有 VMware 的官方说法是，NSX-T 将融合 NSX-V 和 NSH-MH 的代码库，功能上将作为 NSX-MH、NSX-V 功能的超集。2017 年 2 月，NSX-T 发布了 1.1 版本，官方给出的一些 New Features 如下所示。

1）DHCP Server。支持动态分配 IP 以及静态 IP 绑定。

2）Metadata Proxy Server。虚拟机实例能够从 OpenStack Nova 中迅速获得其实例参数。

3）Geneve。使用 Geneve 代替 STT 作为 Hypervisor 到 Hypervisor 的隧道。

4）MAC Learning。支持一个 logical port 下存在多个 MAC 地址。

5）IPFIX。支持 logical switch 和 logical port 粒度的 IPFIX 监测。

6）Port Mirroring。支持在 Transport Node 上将流量引向 sniffer tool。

从最初的 NSX-MH 到升级版的 NSX-T，说明 VMware 不仅是要 NSX 服务于 VMware 的服务器虚拟化，而是希望它可以成为通用的数据中心网络虚拟化平台。要成为通用的平台，技术和生态两个角度都要具备领先之处。技术上 NSX 无疑是行业领先的，前面也已经详细地进行了介绍。生态方面，VMware 已经与众多网络厂商进行了深度的合作，使得 NSX 能够间接地管理到硬件交换机，以交付完整的数据中心网络。就目前而言，NSX 可以说仍然是商用 SDDCN 的领跑者。

4.2 Cisco ACI

其实在网络厂商的圈子里，SDN 早就不是什么新概念了。ForCES（见本书 2.2 节）作为"SDN 上古神兽"在 2004 年就有了第一版 RFC。2006 年 Juniper 向 IETF 提交 NETCONF，希望能够对各厂家设备的 CLI 进行标准化，同时在远端通过开放 API 对网络进行自动化配置与管理，至于 OpenFlow 其实也早在 2008 年就被提出了，不过当时也没有在业界引起太大的波澜。2004 年到 2012 上半年，面对初现"狼子野心"的 SDN，Cisco 可谓是镇定自若，策略上并没有采取过分的打压。

事后来看，当时 Cisco 显然没有预料到 SDN 近 10 年蓄势后的爆发力，导火索就是 2012 年 7 月 VMware 对 Nicira 的 12.6 亿美元的天价收购，这表明 SDN 的商用方案正式进军数据中心。Cisco 收购 Nicira 失败后，开始秘密孵化 SDN 创业公司 Insieme，并派出了 Cisco 技术扛把子 MPLS 中的 MPL 三人帮助打造 Insieme 的软硬件。2013 年 4 月，Cisco 领衔各大厂商成立 SDN 开源项目 OpenDaylight，随即于 6 月发布 ONE 战略，钱伯斯正式公开承认 SDN 的未来地位。

2013 年 8 月，Google 发布了基于 SDN 的广域网解决方案 B4。2013 年 10 月前后，Awazon 放弃与 Cisco 近 10 亿美元的设备订单而选择基于 SDN 的数据中心白盒解决方案。世界上两家 Top 5 的高科技公司相继投向 SDN，抛开技术上的原因不谈，这明显地为市场释放了 SDN 将加速落地的信号。Cisco 没办法再等下去了，在 2013 年 11 月初正式收购 Insieme，并高调发布其数据中心 SDN 解决方案 ACI（Application Centric Infrastructure），围绕 Cisco 自己的硬件打造 SDN，正式宣布与完全基于软件的 NSX 开战。2014 年 4 月，Cisco 部分开源了 ACI 的南向协议 OpFlex（draft-smith-opflex），向 OpenFlow+ 白盒发起反击。

自从 ACI 推出以来，业界围绕着 NSX 和 ACI 的讨论和比较就从来没有停止过。NSX 骨子里是更为正宗的 SDN 学院派，NSX-MH 更是将网络设备进行了彻底的开放。而 ACI 其实是打了 SDN 的擦边球，其整体方案仍然是围绕 Cisco 的硬件来展开的，因此有人说

ACI 算不得是 SDN，而是一种 HDN（Hardware Defined Networking）。不过从广义 SDN 的角度来看，ACI 仍然开放出来了一定的网络可编程能力，因此它仍然属于 SDN，而且其技术上有很多有趣的地方，本节就来对 ACI 的实现进行探讨。

4.2.1　整体架构

如图 4-18 所示，ACI 的架构并不复杂，APIC（Application Policy Infrastructure Controller）作为控制平面，向上通过 GUI/CLI/RESTful API/Python Scripts 向管理员提供配置、管理、策略下发的接口，向下通过 OpFlex 协议将策略推送给 Leaf/vLeaf 设备中的 PE（Policy Element）模块，PE 模块会将策略转换成设备能够理解的配置并部署到设备中。

> 注 APIC 上的策略都将生效于 ACI 网络的边缘，因此 APIC 只会向 Leaf/vLeaf 推送策略
> 意 略，而并不会向 Spine 推送策略。另外，Leaf/vLeaf/Spine 的转发都不受 APIC 控制。

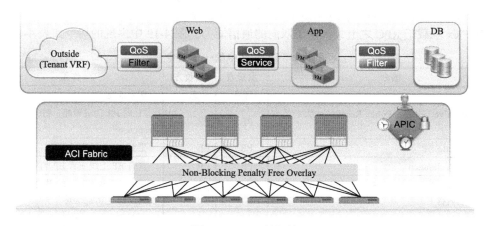

图 4-18　ACI 的架构

为了方便后面介绍 ACI 的控制平面，这里对 ACI 使用的南向协议 OpFlex 进行简单的介绍。OpFlex 基于声明式（declarative）的配置管理方式，相比 CLI/OVSDB/NETCONF 这类命令式（imperative）的配置管理方式，OpFlex 将策略实现的复杂性从控制器中剥离，控制器只负责管理和推送策略，策略的实现交由转发设备来完成。这种声明式的配置管理方式在一定程度上可以减轻控制平面的压力。OpFlex 的通信模型如图 4-19 所示，ER（Endpoint Registry）存储着工作负载（EP）的信息并根据 PR 中的策略将 EP 分类形成 EPG（EndPoint Group），PR（Policy Registry）存储着业务策略，PE（Policy Element）负责监测 EP 并在转发设备本地执行策略，Observer 负责监测转发设备的状态信息。PE 分布在各个转发设备本地，而 ER、PR 和 Observer 则是逻辑上集中的。对于 ACI 来说，PE 分布在各个 Leaf/vLeaf 上，ER、PR 和 Observer 则分布在 APIC 集群中。

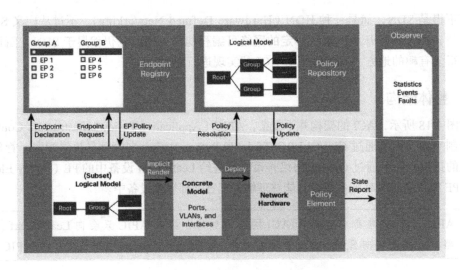

图 4-19 OpFlex 的通信模型

OpFlex 承载于 RPC 之上，提供了双向的通信能力，图 4-19 中出现的信令如表 4-1 所示。

表 4-1 OpFlex 中的一些信令

信令	发起方	接收方	作用
Identity	任意	任意	握手消息
Policy Resolve（图中的 Policy Resolution 为老版本的名称）	PE	PR	PE 向 PR 请求策略，PR 收到后回复 Response
Policy Update	PR	PE	更新 PE 上已有的策略
Endpoint Declaration	PE	ER	宣告 EP 上线或者 EP 的状态变更
Endpoint Resolve（图 4-19 中 的 Endpoint Request 为老版本的名称）	PE	ER	请求 EP 在 ER 上的注册信息，ER 收到后回复 Response
Endpoint Policy Update	ER	PE	更新已有的 EP 业务策略
State Report	PE	Observer	上报 PE 上的 fault/events/statistics

4.2.2 管理与控制平面设计

相比 NSX，ACI 并没有设计单独的管理平面。不过实际上，与其将 APIC 称为控制平面，倒不如称之为管理平面来得贴切，因为 OpFlex 擅长的是对业务策略和设备的管理，却并不具备对转发设备的转发进行直接控制的能力。

为了实现"以应用为中心"，最为关键的技术就是对应用策略的自动管理和部署。APIC使用了"承诺理论"来管理、部署这些应用策略。"承诺理论"是指控制平面只维护应用策略的状态，而不去真正执行策略，策略完全由转发设备来执行。如果转发设备执行失败，将会导致应用策略的部署失败。ACI 中"承诺理论"的执行依赖于策略对象模型（Policy Object Model，POM）的建立，ACI 中基础的 POM 如图 4-20 所示，EPG（Endpoint Group）代表了一组具有相同通信约束的 EP，同一个 EPG 内的 EP 间可以无障碍通信，不同 EGP 的 EP 间的通信规则由合约（Contract）来进行约束。一个应用可以由多个 EPG 和这些 EPG 彼此之间的 Contract 构成，它们共同形成一个应用策略 ANP（Application Network Profile）。EPG 的分类规则非常灵活，管理员可以根据应用策略的需要来制订 EPG 的分类规则，如同一 VLAN、同一 VxLAN Segment 甚至同一 DNS 后缀，等等。Contract 主要包括入向/出现 ACL、QoS、重定向和服务链。基于这些多样的 EPG 和 Contract，ACI 管理员可以通过 CLI/GUI/RESTful API/Python Scripts 制订丰富的 ANP，由 APIC 维护并分发这些 ANP，由转发设备来完成 ANP 的执行。

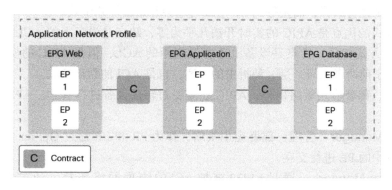

图 4-20 ACI 中策略对象的基础模型

APIC 的 POM 中，除了通过 EPG 来对 EP 进行应用策略级别的分类外，还可以通过 Bridge Domain 和 Network 来对 EP 进行 L2 和 L3 的界定。Bridge Domain 是一个或者多个 subnet 的集合，一个 Network 可以包含多个 Bridge Domain，逻辑上是一个 VRF。同一 EPG 下的 EP 必须属于同一个 Bridge Domain，但是不同 EPG 间的 EP 可以根据 Contract 跨越 Bridge Domain/Network 进行通信，也就是说，ANP 的制定逻辑上是不受任何局限的。图 4-21 是 ACI 策略中几个关键概念的关系。

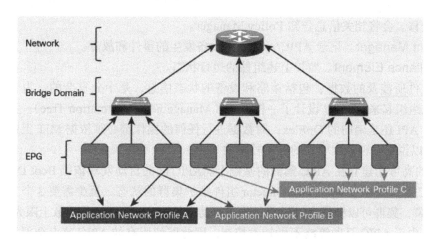

图 4-21 ACI 策略中几个关键概念的关系

APIC 向 Leaf/vLeaf 推送应用策略的方式有 3 种。

1）策略预装，即所有的应用策略都由 APIC 预先推送给 Leaf/vLeaf，策略在设备本地即刻编译，编译后可在 datapath 上生效。

2）策略触发式推送，即 EP 上线时 Leaf/vLeaf 会通过一条 Endpoint Request 向 APIC 请求相关的策略，APIC 收到请求后将策略推送给 Leaf/vLeaf，策略在设备本地即刻编译，编译后可在 datapath 上生效。

3）策略预推送，即所有的应用策略都由 APIC 预先推送给 Leaf/vLeaf，但是策略在设备本地不会立刻进行编译，而是等到 EP 上线时才会开始编译并生效。

第一种方式的优点是 APIC 的实时开销几乎为零，缺点是设备上的 ACL 较多；第二种方式与第一种方式相反，优点是设备上不存没有用的 ACL，但是 APIC 的实时开销较大；第三种方式介于前两者之间，是一种折中的方案，也是 ACI 的默认模式。

除了管理、部署应用策略以外，APIC 还需要对转发设备进行管理。APIC 有以下 8 个主要的组件。

❏ Policy Manager。管理、部署应用策略，作为 PR 和 ER 通过 OpFlex 协议与 ACI 转发设备中的 PE 进行交互。

❏ Topology Manager。通过 LLDP 维护 ACI 的物理网络拓扑，通过 ISIS 维护 ACI 的 L2/L3 逻辑拓扑。同时维护设备清单，包括序列号 / 资产号 /port/linecard/switch/chasis 等。

❏ Observer。监测 APIC/ACI 转发设备 / 协议 / 性能等，并提供告警和日志。作为 Observer 通过 OpFlex 协议与 ACI 转发设备中的 PE 进行交互。

❏ Boot Director。负责 APIC/ACI 转发设备的启动，自动发现，IPAM 和固件升级。

❏ Appliance Director。负责 APIC Cluster 的建立。

❏ VMM Manager。与虚拟机管理程序（VMware vCenter/Hype-V SCVMM/libvirt）交互，维护 Hypervisor 上的网络资源信息，如 NIC/vNIC/VM names 等，能够感知虚拟机迁移。会将相关信息告知 Policy Manager。

❏ Event Manager。记录 APIC/ACI 转发设备发生的事件和故障。

❏ Appliance Element。监控上述组件的运行状态。

上述组件所涉及的数据，包括策略和设备的状态信息，是十分复杂的，为了能将这些数据有效地组织起来，APIC 设计了一棵 MIT（Management Information Tree）。无论是北向的 RESTful API 还是南向的 OpFlex，对数据进行任何的操作都必须依据 MIT 上的路径，因此 APIC 可以说是一种数据驱动的控制器架构。

APIC 的高可用建立在 APIC 集群的基础上。APIC 间的自动发现依赖 Boot Director 组件完成，APIC 节点间通过 Appliance Director 组件维护集群的状态。至少需要 3 个节点才能形成 APIC 集群，集群可以根据 ACI 网络规模进行动态的扩容，集群中节点数上限为 31 个。不过实际上，由于 APIC 只做策略不做转发控制，因此即使所有的 APIC 节点全部挂掉，整个 ACI 网络的 L2/L3 转发是不会受到任何影响的。APIC 集群间的 MIT 数据管理采用 shard 实现，shard技术将MIT上的一份数据复制成多份备份到不同的集群节点中，数据的读写必须发生在原始的节点上，原始节点再向该数据的备份节点进行同步，以保证数据的最终一致性。APIC中需要做shard的组件有4个：Policy Manager、Topology Manager、Observer和Boot Manager，它们的数据在APIC集群上都存有3个备份，随机地分布在各个APIC实例中。

由于APIC集群间的通信以及APIC与ACI转发设备的通信都是通过IP完成的，而ACI网络中的IP连接是不受APIC控制的，因此APIC可以采用In-Band的部署在ACI网络中，而且APIC集群不必位于同一机架下，如图4-22所示。出于商业方面的考虑，Cisco一般会将APIC打包在其UCS刀片服务器进行部署，装有APIC的服务器建议双归到两台冗余的TOR上（N9000 Leaf）。当APIC采用Out-of-Band部署时，应通过至少1G的Ethernet的管理端口与设备进行连接，以保证控制信道足够的带宽。

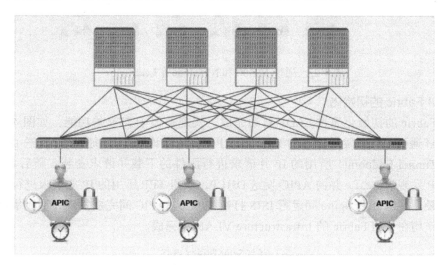

图4-22 APIC以In-Band方式进行部署

4.2.3 数据平面设计

1. N9300与N9500

ACI转发设备构成的网络称为ACI Fabric，Fabric通过ISIS实现互联。ACI Fabric采用Leaf-Spine的物理拓扑，Leaf与Spine间可采用物理全互联，Leaf间以及Spine间不建议进行物理直连。Cisco专门为ACI Fabric拓展了其Nexus系列的交换机——N9K，通常以N9300系列作为Leaf，用于服务器/防火墙/路由器等设备的接入；以N9500系列作为Spine，为Leaf间的互联提供高速、无阻塞的连接，如图4-23所示。

- ❏ Leaf的软件基于Nexus OS进行了裁剪，并增加了PE模块来处理OpFlex协议中APIC推送下来的处理应用策略。Leaf提供了两种模式的OS：Standalone模式，用于兼容之前的Nexus Switch；Fabric模式，用于ACI Fabric。Leaf的硬件设计上，要求支持二层桥接（VLAN/VxLAN/NvGRE）和三层路由（OSPF/BGP），并能够基于原始帧的目的 MAC 或 IP 封装隧道，还能够在本地执行应用策略。

❑ Spine 的软件设计中，并不要求支持 OpFlex。Spine 的硬件设计上要求提供 Fabric 模块的热插拔、高密度的 40GE/100GE 以太网端口。另外，后面会详细谈到，Spine 还需要支持大规模的 MAC/IP 到 VTEP IP 间映射的 database mapping，以及 VxLAN Hardware Proxy。

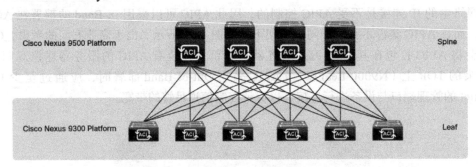

图 4-23　通过 N9300 和 N9500 部署 Leaf-Spine

2. ACI Fabric 的初始化

ACI Fabric 的初始化通过 LLDP 自动完成，实现类似于 ZTP 的功能，如图 4-24 所示。首先，Leaf 通过 LLDP 发现直连的 In-Band APIC，然后该 Leaf 会向 APIC 发送 DHCP，获得 TEP（Tunnel Endpoint）所用的 IP 并请求进行固件的下载并请求安装。随后各个 Spine 通过 LLDP 发现该 Leaf，并向 APIC 发送 DHCP，获得 TEP 所用的 IP 并请求进行固件下载与安装。最后，Leaf 和 Spine 间运行 ISIS 打通 Fabric，APIC 间完成发现并形成集群。上述初始化工作均在 ACI Fabric 的 Infrastructure VLAN 中完成。

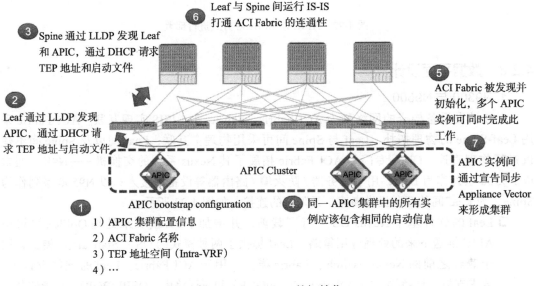

图 4-24　ACI Fabric 的初始化

3. ACI Fabric 的接入

通过 Hypervisor 中的 vSwitch 可以将 VM 接入 ACI Fabric，ACI 支持的 vSwitch 主要有以下 3 种：Open vSwitch、VMware VDS 和 Cisco AVS。对于 OVS，VM 的发现是由 OpenStack 直接告知 APIC 的。而对于 VDS，VM 的发现是通过在 Leaf 和 VDS 之间运行扩展的 LLDP 来实现的。Leaf 发现 VM 后，通过 OpFlex 通知 APIC 新的 EP 上线并请求应用策略的下发。图 4-25 和图 4-26 分别给出了通过 OVS 和 VDS 接入 ACI Fabric 的交互流程，图中表述得非常清晰，就不再逐步骤解释了。

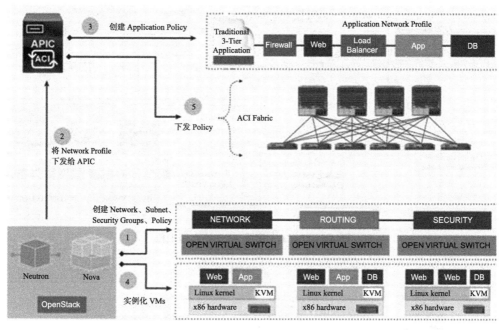

图 4-25　ACI 中使用 OVS 接入虚拟机

对于 AVS，因为这是 Cisco 自家的产品，可以支持 OpFlex，所以 APIC 可以通过 OpFlex 探测到 VM 的上线，当然由于 APIC 和 AVS 通常属于不同的 blade/host，因此中间要经过 Leaf 做一次中继。如图 4-27 所示。

如图 4-28 所示，vSwitch 上的转发模式有 3 种可选：① FEX 模式，vSwitch 收到的所有流量都通过 Leaf 处理，即使源和目的在同一个 vSwitch 上。② Local Switching 模式，同一个 EPG 内部的流量在 vSwitch 本地执行应用策略，跨 EPG 的流量送给 Leaf 处理。③ Full Switching 模式，vSwitch 可以在本地处理处理同一个 EPG 内部的流量以及跨 EPG 的流量。后面两种模式只有 AVS 可以采用，因此本地执行应用策略要求 vSwitch 支持 OpFlex。

Leaf 上支持通过以不同的封装形式接入 ACI，比如 VLAN、标准 VxLAN 和 NvGRE，如图 4-29 所示。与 VLAN 的对接，Leaf 会完成 eVxLAN 与 VLAN 间的转换。另外，整个 ACI Fabric 将以 Transparent Mode 接入外界 VLAN 的 STP 环境，以避免产生环路。如果是与标准 VxLAN/NvGRE 进行对接，Leaf 会完成 eVxLAN 与标准 VxLAN/NvGRE 间的转换。

因此，ACI 也是可以作为 NSX 的 Underlay 进行部署的，当然前提是拥有足够的人力和财力。

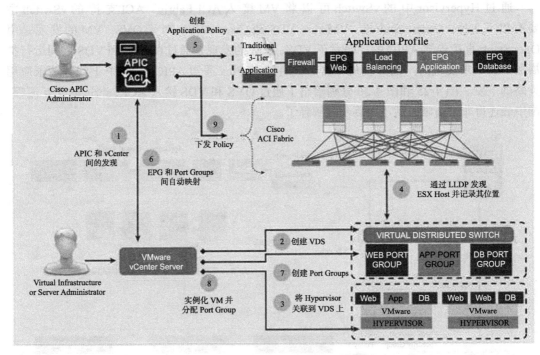

图 4-26　ACI 中使用 VDS 接入虚拟机

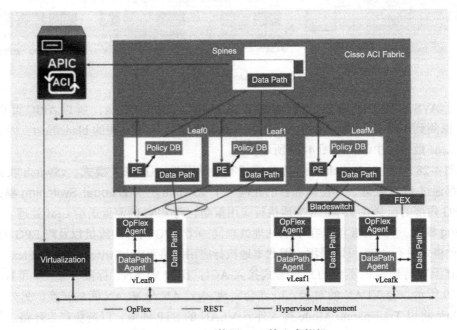

图 4-27　ACI 可使用 AVS 接入虚拟机

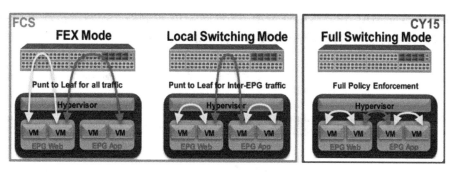

图 4-28　vSwitch 上的三种转发模式

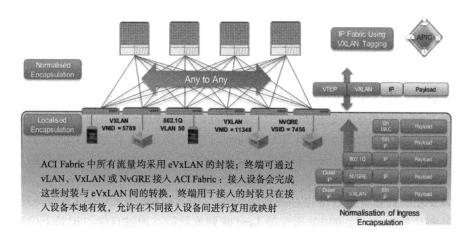

图 4-29　ACI 支持以多种封装形式接入

4. eVxLAN

租户网络上的转发是基于 VxLAN 进行的，Overlay 在 ACI Fabric 之上。为了更好地支持应用策略的部署，ACI 拓展了标准的 VxLAN Header，形成 eVxLAN，如图 4-30 所示。其中比较关键的是记录了源 EPG 的 Source Group 字段，策略在 datapath 上的执行就是通过这个字段完成的，24bit 的 VNID 不再指代标准 VxLAN 中的 Segment ID 了，而是根据情况指代 Bridge Domain 或者 Network，VNID 后面还有一些扩展位，比如用于实现 Flowlet DLB 的 LB。

5. Overlay 组网设计

VxLAN Overlay 上的转发是 ACI 的核心，在本质上体现了 Cisco 对于 SDN 的理解。有别于一些 SDN 控制器直接操作 FIB 来控制 Overlay 的转发，APIC 只关心应用的策略而并不关心 VxLAN Overlay 上的转发，VxLAN Overlay 上的转发完全由 ACI Fabric 设备来实现。

在 Overlay 中转发流量，依赖于虚拟机 MAC/IP 与其所在的 VTEP 间的映射关系。通常有三种思路来学习该映射关系：第一种是分布式的自学习（如标准 VxLAN，只能学 MAC）；第二种是由 SDN 控制器直接从 CMS 获取映射关系（如 OpenStack Neutron）；第三种是转发设备自学习本地的 MAC/IP，然后将 MAC/IP 告诉 SDN 控制器，控制器整理好 MAC/IP 和 VTEP 的映射关系再反射给其他的转发设备（如 VMware NSX）。

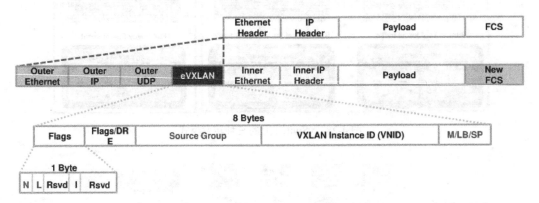

图 4-30　ACI eVxLAN 的报头格式

　　ACI 的思路则有别于上述几种方式。在 ACI 中，Leaf 会对本地 EP 的 MAC/IP 采用自学习，但是 Leaf 不会将该信息告知 APIC，而是将该信息通过一种名为 COOP（Council of Oracles Protocol）协议随机地同步给某一个 Spine，然后该 Spine 会通过 COOP 将该信息同步给其他的 Spine。经过各个 Leaf 的同步，Spine 会获得 ACI 网络中所有 EP 的信息，不过却并不会将该信息反射给其他的 Leaf。如果 Leaf 看到一个未知的目的 MAC/IP，默认情况下不会采取泛洪，而是会将数据包直接送给 Spine，Spine 在查找到目的 EP 的转发信息后，代为转发给相应的 Leaf。目的 EP 所在的 Leaf 收到流量后，通过自学习记录下位于远端的源 EP 的 MAC/IP，用于处理后续的返回流量。因此可以看到的是，ACI 网络中的转发实际上可以概括为自学习 +Spine Proxy，和 APIC 没有任何的关系，而 Spine 却在一定程度上对转发进行着控制。

　　转发表的实现上，Leaf 中存在 LST（Local Station Table）和 GST（Global Station Table）两种。如图 4-31 所示，LST 中存着所有本地的 EP 的转发信息，主要包括 MAC 和 IP/32 与本地端口的对应关系，GST 则通过 Cache 来缓存部分远端 EP 的转发信息，主要包括 MAC 和 IP/32 与远端 Leaf 的对应关系。Spine 存有 ACI 网络中所有 EP 的转发信息，主要包括 MAC 和 IP/32 与其所在 Leaf 的对应关系。考虑 Spine 中要存所有 EP 的信息，因此 ACI 为 N9500 系列设备的线卡设计了专用的芯片，以实现 hardware mapping database，通过扩展线卡就可以对容量进行扩充，最多能够提供一百万以上的表项。

　　由于 ACI 采用了分布式路由，因此与 Internet 的 L3 对接的关键就变成了如何将 Internet 路由分发给 Leaf。如图 4-32 所示，ACI 对此的实现过程为：在 ACI Border Leaf 以 VRF-Lite 方式与外界路由器相连，并运行 OSPF/BGP 以学习 Internet 路由。经过路由重分布后，ACI Border Leaf 会将学习到的 Internet 路由通过 MP-BGP 告知 Spine，Spine 将作为 BGP-RR 通过 MP-BGP 将 Internet 路由反射给其他的 Leaf。整个过程同样没有 APIC 参与，完全由 ACI 的转发设备完成。由于采用了动态路由协议，因此这部分流量的高可用性可通过 HSRP/VRRP 以及 ECMP 等传统方式来实现，这里不再赘述。

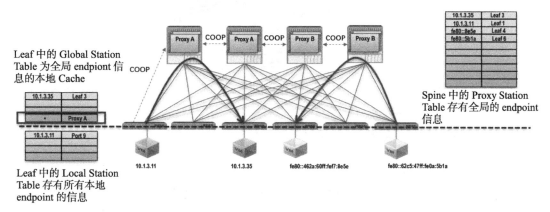

图 4-31 ACI 中的 LST 与 GST

转发表项的实现上，由于 External Routes 会以聚合的形式存在，因此需要使用传统的 LPM Table 做最长前缀匹配，而没有用 LST 或者 GST。

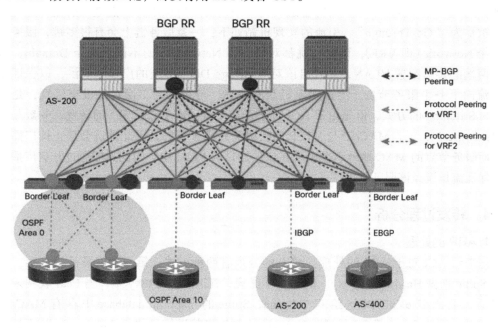

图 4-32 ACI 与 Internet 的对接

6. 服务链机制设计

ACI 通过 Service Graph 来支持服务链（SFC）的自动化，如图 4-33 所示，开启了 Service Graph 后，APIC 将负责对服务节点的参数以及 SFC 路径进行配置。SFC 是通过 Contract 起作用的，Contract 两端的 EPG 间的流量将通过服务链进行处理。

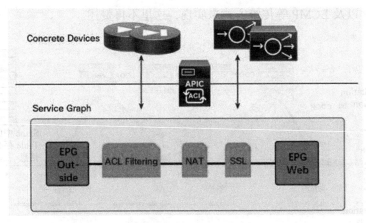

图 4-33　ACI 通过 Service Graph 来实现服务链

因此，Service Graph 中的转发机制与路由的实现位置是密切相关的：若路由实现在服务节点上，则流量在路由的过程中必然会经过该服务节点，因此无须对该服务节点进行引流，这种部署模式被称为"Go-To"；若路由功能不在服务节点实现，而在接入设备上实现，则该服务节点对于流量是完全透明的，因此需要对该服务节点进行引流，这种部署模式被称为"Go-Through"。引流的实现机制如下：一条服务链上会有很多跳，服务链对应一个 Network（即 VRF），而每一跳都对应与该 Network 中的不同 Bridge Domain，每一跳上两端的接口配置 VLAN，并开启该对应 Bridge Domain 上的广播和泛洪，以保证流量能够流向下一个服务节点。上述引流机制的设计，与正常的二层转发没有区别，是一种 VLAN Stitching 的方式，但是由于 ACI 对于普通流量（非 SFC 流量）的转发，一般是依赖于 Hardware Proxy 上 MAC/IP 与 VTEP 的映射关系来进行的，因此默认会禁止掉广播和泛洪，而服务节点的 MAC 地址不会出现在流量的目的 MAC 中，因此只能通过开启广播和泛洪来保证流量流经该服务节点。

4.2.4　转发过程分析

1. ARP 的处理

先来看 ACI 对于 ARP 的处理。ARP 的处理有两种方式：第一种就是泛洪；第二种是通过 Spine 来做 Hardware Proxy。泛洪自不必说，Hardware Proxy 中，当 Leaf 收到未知的 ARP 后，会封装 eVxLAN 送给一个 Spine，Spine 的 mapping database 中存有 MAC/IP 的映射关系，因此 Spine 将重新封装 eVxLAN 的包头将其送给目的所在的 Leaf，从而抑制了 ARP 的泛洪，如图 4-34 所示。ACI 默认开启的是 Hardware Proxy，第一种方式常用于默认网关位于 ACI Fabric 之外的情况。

2. 单播流量的处理

对于单播流量，如果目的 MAC 为分布式路由器的任播 MAC，则进行匹配 /32 的目的 IP 地址做三层转发；否则，匹配 MAC 做二层转发。对于二层的 IP 流量，实际上也可以通

过匹配 /32 的 IP 地址来完成转发。对于源和目的在同一个 Leaf 下的情况，Leaf 查 LST 后直接在本地完成转发，不用封装 eVxLAN。对于源和目的在不同 Leaf 下的情况，如果源所在 Leaf 的 GST 中有目的 MAC/IP 的转发表项，对于二层流量则直接把原始帧包在 eVxLAN 中送给目的所在的 Leaf，其中以 VNID 指代该二层所对应的 Bridge Domain，对于三层流量则先完成 MAC 的改写，并将改写后的帧包在 eVxLAN 中送给目的所在的 Leaf，其中以 VNID 指代该三层所对应的 Network，这实际上是一种对称 IRB 的实现。

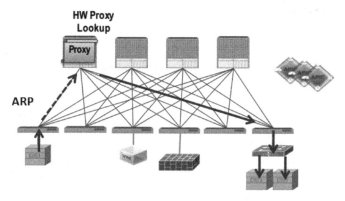

图 4-34　ACI 使用 Hardware Proxy 抑制 ARP 泛洪

　而对于源和目的在不同 Leaf 下的情况，如果源所在 Leaf 的 GST 中没有目的 MAC/IP 的转发表项，就会通过封装 eVxLAN 发往一个 Anycast VTEP，这个 Anycast VTEP 由多个 Spine 组成以实现负载均衡，其中的一个 Spine 收到后会查 mapping database 并封装新的 eVxLAN 定向单播给目的所在的 Leaf，如果 Spine 也不知道目的的位置，就只能在目的所属的 EPG 内进行泛洪。

　图 4-35 对上述机制进行了解释，其中可以看到的是在源所在的 Leaf 和目的所在的 Leaf 上会根据源和目的所在的 EPG 去执行策略，这也是 ACI 的 eVxLAN 相比标准 VxLAN 在处理机制上的独特之处。

3. 组播流量的处理

　ACI Fabric 在初始化时会通过 ISIS 生成 FTAG 转发表，FTAG 是 ACI Fabric 拓扑的生成树，用于实现 Underlay 上的组播，一个 ACI Fabric 中可以同时支持 16 个 FTAG。这些 FTAG 会以不同的 Spine 作为根，一个 Spine 可以同时作为多个 FTAG 的根。APIC 会为每个 BD 分配一个 Underlay 组播地址（GIPo），这个 BD 中所有的 BUM 流量都会使用其 GIPo 在 Underlay 上进行传输，不同的 GIPo 可以使用不同的 FTAG 实现负载均衡。Leaf 会将本地存在的 BD 通过 COOP 同步给 Spine，Spine 会根据此信息为该 BD 所对应的 GIPo 来修剪 FTAG 树，去掉本地不存在该 BD 的 Leaf。

　当 Leaf 收到组播流量后，根据该组播流量所属的 BD（设为 BD 1）来封装 eVxLAN，目的地址为 BD 1 的 GIPo（设为 GIPo 1），并通过哈希得到一个 FTAG（设为 FTAG 1）来转发目的地址为 GIPo 1 的流量。FTAG 1 的根 Spine（设为 Spine 1）收到目的地址为 GIPo

1 的流量后，查找 GIPo 1 在 FTAG 1 上的转发表，复制流量并转发给其他的本地存在 BD 1 的 Leaf。组播流量转发机制的具体示意见图 4-36。

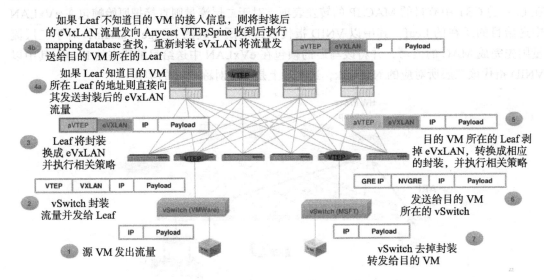

图 4-35　ACI 对单播流量的处理

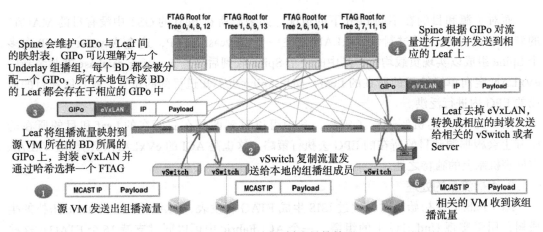

图 4-36　ACI 对组播流量的处理

4.2.5　议 ACI 与 SDN

ACI 的技术实现就分析到这里了。概括地说，ACI 就是北向 ANP + 南向 OpFlex，ACI 的 SDN 完全是围绕着应用策略来做。"以应用为中心"，说白了就是一个向上开放 API、向下能够自动部署的 Policy Profile。其实，由于数据中心向来有着自动化管理的诉求，因此绝大多数数据中心网络厂商在其解决方案中都可以提供 Policy 的编程能力，只不过一般都是针对一个 EPG 的，并没有向 ACI 提供 ANP 这种端到端的 Policy Graph。端到端固然吸引人，但是这也必将导致 Policy 的制定异常复杂。对于网络管理员来说，写好一个 ANP 不会是件容易的事，甚至开始接触的时候会比敲 CLI 更让人头疼。

响亮的口号总是让用户很受用的，但是醉翁之意不在酒，这实际上更像是 Cisco 通过"网络黑盒"提供 SDN 的一个幌子。不过，在数据中心的场景中，"网络黑盒"确实也不会是一个大问题，毕竟用户更关心的是虚拟机上的应用负载。从用户的角度来看，SDN 的最大价值仅仅是为应用提供更灵活的连接。ACI 的技术路线确实是打了 SDN 的擦边球，关于"ACI 究竟属不属于 SDN"的讨论不绝于耳。"以应用为中心"听起来很 Client-Oriented，以此为掩护，Cisco 也得以能够继续走封闭设备的路线。不过，Cisco 一再强调 APIC 不仅仅是 Super Network Management System，虽然多少有些欲盖弥彰。

从广义的角度来说，ACI 仍然属于 SDN，只不过其"软件定义"的能力不那么彻底罢了。Cisco 当然不会情愿把设备的控制权开放给别人，技术路线的选择从来都是以商业目的为基础的，Cisco 走 ACI 这条路线自然也无可厚非。当然，ACI 在技术上有很多的创新，当初 Insieme 还为 N9K 的线卡设计了专用的芯片，这也导致 ACI 不仅不能兼容的厂家的设备，Cisco 自家的其他 Nexus 系列的产品也没办法跑在 ACI Fabric 中。

自从发布的那一天开始，PK 掉 NSX 就成了 ACI 最大的目标，不过以目前来看，NSX 还是要领先 ACI 半个身位。技术层面的东西实际上是次要的，最终还是取决于各方在市场上的博弈。前有 NSX 后有白牌，ACI 前方的路可谓是任重而道远。

4.3　Cisco VTS

Cisco 这等体量的公司，是不会把所有筹码都压在一个产品上的。实际上，2015 年的时候 Cisco 内部至少有 4 ～ 5 个团队在做数据中心的 SDN 产品。通过图 4-37 所示的 Cisco 数据中心 SDN 产品线，可以清晰地看到 Cisco 在数据中心网络产品线的设计与规划思路。

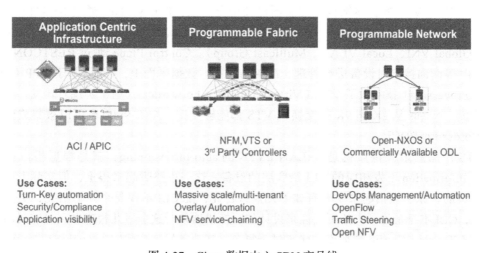

图 4-37　Cisco 数据中心 SDN 产品线

ACI 被 Cisco 定位于一站式解决方案，即一个产品就能够把 Underlay + Overlay 都搞定。ACI 在市场上发力较早，也是最为大家所熟知的产品。ACI 的优势在于自动化和策略，但是它的问题在于整个解决方案是 Cisco-Only 的，不仅无法跨厂商，甚至只有 N9K 才能玩得转。

另外，Cisco 还为 ACI 配套了一个数据中心可视化平台 Tetration，Tetration 具备感知数据中心每个 Packet 的能力，集成了 Spark、InfluxDB、Kafka 等大数据工具。并结合私有的机器学习算法，实现了应用状态与行为的可视化。然后再将这些数据注入 ACI，即可对应用策略进行动态调整，实现网络对应用的感知与适应。

随着 EVPN 的兴起，Cisco 也开始在 Nexus 系列中集成 EVPN 的能力。EVPN 的优势在于可扩展性和标准化，但是手动配置起来非常复杂，Cisco 为此提供了另一个产品 VTS（Virtual Topology System），提供对于 Nexus 全系列交换机以及 ASR 9K 上 EVPN 的控制与自动化配置。VTS 是面向 Overlay 的产品，对 Underlay 没有独立的管理能力。

目前除了 ACI 和 VTS 以外，Cisco 在数据中心还有 NFM（Nexus Fabric Manager）和 DCNM（Data Center Network Manager）两个产品。NFM 面向的应用场景是 Underlay + Overlay 的自动化配置，相比 ACI 没有做策略的能力，相比 VTS 来说只能配 N9K 系列交换机上的 EVPN，而且 NFM 所能够支持的网络规模也较为受限。DCNM 则主要面向 Underlay 的管理 + 配置，不过目前也逐渐集成了一些 Overlay 的可视化功能。

VTS、NFM、DCNM 三个产品的定位实际上有一定的重叠，都是通过集中式的 Manager 来自动化下发设备配置。不过，由于 VTS 还支持通过 MPBGP、RESTCONF 来跑控制协议，因此可以将其看作一个 SDN 方案，而将 NFM 和 DCNM 看作传统网管的升级。本节将对 VTS 进行介绍，对于 NFM 和 DCNM，请读者自行查阅资料。

4.3.1 整体架构

图 4-38 是 VTS 的整体架构。控制器由两部分组成：Policy Plane 通过 RESTful API 对接编排器和 GUI，除了存放租户的业务数据以外，还负责维护 VxLAN EVPN 的 Resource Pool（Global VNI、Local VLAN、Multicast Group）。Control Plane 通过 RESTCONF/CLI/MP-BGP 等南向接口对设备进行管理、配置与控制。数据平面上，Cisco 基于 VPP（Vector Packet Processing）技术做了 VTF（Virtual Topology Forwarder），用于实现软转发。物理交换机方面，Nexus 从 2K 到 9K 的交换机 VTS 都能够支持，ASR 9000 也可以被集成到方案中做 Border Leaf/DCI。

VTS 产品的最大特点就是 VxLAN EVPN 的 auto-provisioning，就是根据租户提供的 service information 下发相应的 CLI 给底层的设备。这一思路听起来很土，但实际上要做好是非常难的，原因概括起来主要有如下几点：首先，配 CLI 不仅是个体力活儿，更是个经验活儿，CLI 本身是为了人的可读性来设计的，换机器来干这个事儿很难做到足够灵活。其次，CLI Running Config 数据库的状态过于复杂。在业务发生变更时，Running Config 的数据库就需要在不同的状态间进行转换，CLI 多了之后状态集合的规模将会变得十分巨大，每个转换的过程需要配哪些新的命令，需要去掉哪些旧的命令，都需要逐一地进行考虑，并在程序中进行模板化。另外，控制器和设备间 Running Config 数据库的状态必须要同步。CLI 远程配下去了，哪些成了哪些没成，控制器都要能够记录下来，该回滚的时候需要进行回滚，该重配的时候就得重配。如果网管自己通过设备的 console 口"偷偷地"配了几条新的命令，控制器需要及时得知这一信息，并判断这几条命令是否合法。最后，不同厂商的设备 CLI 模型不同，适配不同厂家设备的 CLI 就相当于要实现不同的南向接口。

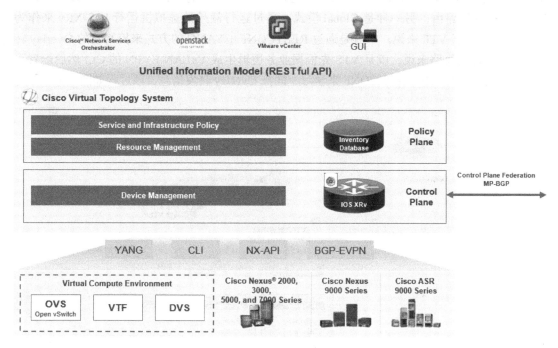

图 4-38　VTS 的整体架构

Tail-F 是做 auto-provisioning 这件事的行家。Tail-F 于 2005 年成立，一直致力于网络的编排与自动化，在 IETF 主导推动了 NETCONF，用来系统地解决 auto-provisioning 实现中遇到的上述问题。NCS 作为 Tail-F 的拳头产品，主要的应用场景就是各种 SP 业务的auto-provisioning，主要提供 Cisco、Juniper 设备 CLI 的自动化。NCS 这种集中向下推配置的思路，十分符合 Cisco 对 SDN 技术路线的规划。Cisco 于 2014 年年中以 1.75 亿收购了 Tail-F，NCS 也自然划归到了 Cisco 的名下。VTS 的 auto-provisioning 就是基于 Tail-F的 NCS（Network Control System）来实现的，VTS 控制平面的实现中，很多地方都会看到NCS 的影子。

除了 auto-provisioning 以外，VTS 可以外挂 IOS-XRv 来支持 MP-BGP，由此具备了对 Overlay 路由的控制能力，这使得 VTS 能够被称为真正意义上的 SDN 产品。不过，VTS只是具备对 Overlay 网络的管控能力，对 Underlay 的管理只能结合其他的产品来做，比如DCNM。

4.3.2 管理与控制平面设计

VTS 是一个 VxLAN EVPN-based 的产品，其主要的功能就是对 VxLAN EVPN 进行配置，然后对 Overlay 的转发表进行控制。配置方面就不细说了，实际上就是把 VxLAN EVPN 的功能加到了 NCS 的软件架构中，并做了 Web 上的包装，协议上可以走 SSH+CLI，也可以走 Nexus 自己的 NX-API。控制方面，ACI 是把 RR 做在了 N9500 里面。由于 VTS 不仅要支持 N9K，还要兼容之前的 N 系列产品，因此提供了两种 RR 的模式：一种是 Inline 模式，通过 Spine 来反射路由；另一种是 Global 模式，通过运行额外的虚拟机运行 IOS-XRv 来作为 Virtual RR。对于 VTF 来说，VTS 是通过 RESTCONF + YANG 的方式来控制它的 Overlay 转发表。从整体的思路来说，就是 VTS 先根据业务逻辑生成 VxLAN EVPN 的 CLI 然后配置下去，然后通过 MP-BGP+RESTCONF 来学习、同步 Overlay 转发信息，该过程如图 4-39 所示。

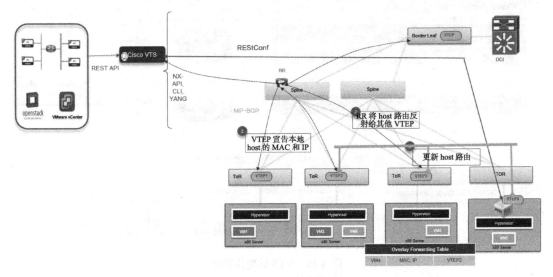

图 4-39　VTS 的控制机制

下面通过图 4-40 来看一个具体的工作流程，以 VTS 与 OpenStack 对接为例。

1）租户在 OpenStack 中创建一个 Tenant，在 Tenant 中创建两个 Subnet。

2）VTS 生成一个新的 Tenant。

3）从资源池中分配可用的 L2 VNI 给两个 Subnet。

4）VM 实例启动，nova 完成 port plug。

5）nova 将 VM 与 host 的对应关系告诉 VTS，VTS 更新（VM，host，ToR，VLAN，VNI）的表项。

6）VTS 向 ToR 下发 VxLAN EVPN 的配置实现 auto-provisionning。

7）host 中的 L2 Agent 向 VTS 请求为该 VM 分配的 Local VLAN，并对 vSwitch 进行配置，此时可开始 L2 通信。

8）租户在 Tenant 中创建一个 Router，将两个 Subnet 连接起来。

9）VTS 对 IRB 进行配置，包括 L3 VNI 和网关任播地址等，此时可开始 L3 通信。

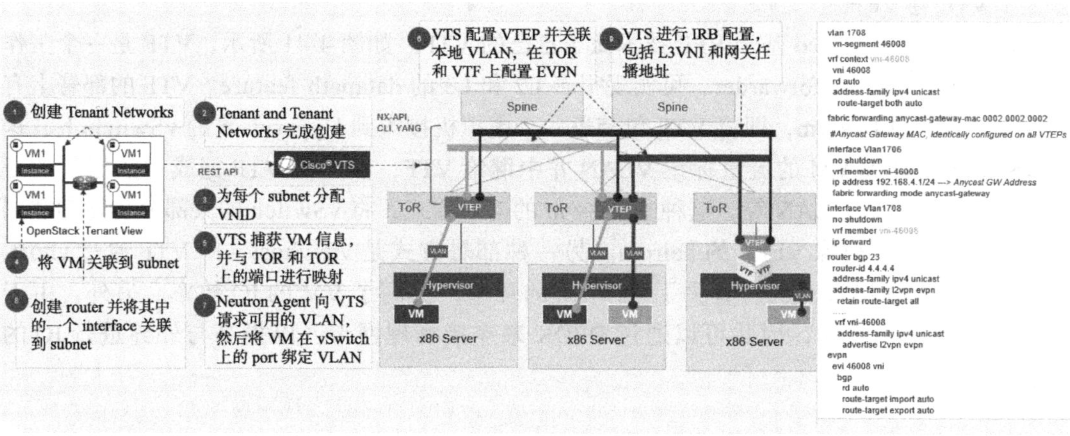

图 4-40　VTS 对接 OpenStack 的工作流程

对于上述工作流程，还需要做如下说明。

1）（VM，Host，ToR，VLAN，VNI）的映射关系对于 VTS 来说至关重要，其中：Host 和 ToR 间的对应关系是通过 LLDP 发现的；VM 和 Host 间的信息是 nova 告诉给 VTS 的；VLAN 是 VTS 为不同的 Subnet 动态分配的，这个 VLAN 只在 ToR/vSwitch 本地有效，ToR 侧的 VLAN 是由 VTS 配置的，vSwitch 侧的 VLAN 需要和 ToR 侧的 VLAN 配置一致，不过 VTS 没有对 vSwitch 配置的能力，因此需要由 L2 Agent（针对 VTS 修改后的）向 VTS 请求，得到这一 VLAN 后在本地进行配置；VNI 是 VTS 动态分配的（全局有效），包括用于 Bridging 的 L2 VNI 和用于 Routing 的 L3 VNI，VTS 只提供对对称 IRB 的支持。

2）VTF 上的 Overlay 转发表是 VTS 通过 RESTCONF 下发的，而 ToR/Border Leaf/DCI 上的转发表是通过 MPBGP 学习到的，两类转发表在 VTS 上完成结构的转换，这一过程即相当于路由的重分布。如果 RR 使用了 Global 的模式，那么 VTS 直接充当 RR 反射转发信息。如果使用了 Inline 的模式，Overlay 路由的反射则由 Spine 完成，此时 VTS 仍然需要通过 MPBGP 从 Spine 处学习 EVPN 路由，以完成 RESTCONF/MPBGP 间的路由重分布。

3）虽然 OVS/Linux Bridge 等 vSwitch 都具有 VTEP 的功能，但是在 VTS 的设计中，考虑到性能问题，VxLAN 封装 / 解封装的功能都上提到了 ToR 上去完成，只有在使用 VTF 时才会直接在 VTF 上做 VxLAN 的封装 / 解封装。

4.3.3　数据平面设计

数据平面上，VTS 可以管理 Nexus 从 N2K 到 N9K 的交换机和作为 Border Leaf/DCI 的 ASR 9000。从理论上来讲，VTS 这样向下推 CLI 的思路可以用于任何厂家的设备上，如果把不同厂家、或者同一厂家不同版本的 CLI 看作不同的南向接口，那么 VTS 就可以看作一个 multi-vendor，multi-protocol 的 SDN 解决方案，就像当年 Tail-F 的 NCS 一样，这也正是

VTS 对自身未来的产品定位。

1. VTF 与 VPP

软转发方面，Cisco 基于 VPP 技术做了自己的 VTF。如图 4-41 所示，VTF 是一个工作在用户空间的 packet forwarder，可实现很多 L2 和 L3 的 datapath feature。VTF 的部署上有两种：一种是 vtf-as-vm，即将 VTF 包装进一个虚拟机接入到 Hypervisor 的 vSwitch 上，这个 vSwitch 将其他 VM 的流量标记 VLAN 并中继给 VTF，然后由 VTF 完成对数据包的处理，包括 ACL 和 VxLAN 等。这种 vtf-as-vm 的部署方式，将 vSwitch 的大部分功能卸载到了 VTF 中去做，很像 VEPA 的 hairpin。另一种部署方式是 vtf-vhost，即 VTF 通过 vhost-user 直接将 VM 接入，从而省去了 vSwitch 的环节，提高了 VM 的 IO 效率。另外，由于 VTF 工作在用户空间，因此可以通过 DPDK 来连接物理网卡，以提高与外界进行 IO 的性能。

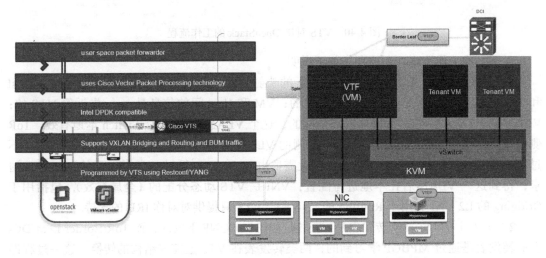

图 4-41　VTS 可通过用户空间的 VTF 在用户空间进行软转发

VPP 是一个 datapath 技术，控制平面的功能还是需要有一个 Agent 来辅助完成，如图 4-42 所示。如果是 RESTCONF/NETCONF 的控制接口，可使用 Honeycomb Agent 来接受管理与配置；如果需要跑 BGP 和 OSPF 这类路由协议，可以起一个沙盒来跑 Quagga/Bird，然后在通过 VPP 提供的 low level API 来注入转发表。

VPP（Vector Packet Processing）并不是一项新技术了，Cisco 早在 2002 年就开始投入商用了。2016 年 2 月，Linux 基金会创建 FD.io，旨在为 NFV 提供高性能的 IO 服务，Cisco 将 VPP 捐了出来撑起了 FD.io 的技术框架。VPP 中 datapath 上的最小功能模块被称为 Node，用户可以开发自己的 Node，然后通过 NodeGraph 将不同的 Node 串联起来，因此通过 VPP 的框架能够非常灵活地组织包处理的 pipeline。另外对于新的 Node，VPP 可以进行动态地插入，而不用中断 datapath 的转发。VPP 的工作机制如图 4-43 所示。

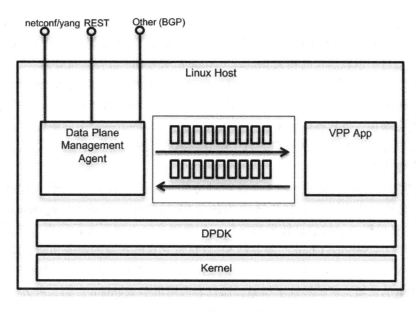

图 4-42　VPP 支持多种控制机制

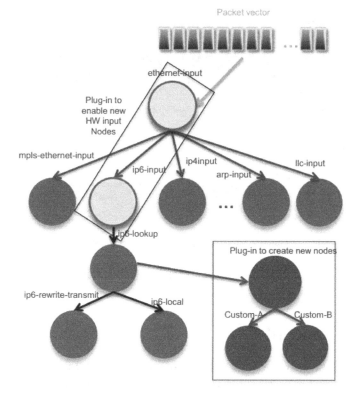

图 4-43　VPP 的工作机制

那么作为一种 datapath 技术，VPP 的高效体现在哪里呢？除了支持 vhost-user 和 DPDK 以外，它还对 iCache 和 dCache 的读取顺序进行了优化，简单地说就是各个 Node 在处理数据包时，都会对一组数据包的相关 header（Node 所关心的）进行"批处理"（vector packet processing），而不是采用逐个数据包流过 NodeGraph 的做法（scalar packet processing），这样可以有效地减少内存和 iCache/dCache 间的数据移动。虽然从个体来看，一些数据包的处理时延可能会增加，但从整体上来看可以大大地提高 IO 的效率。上面解释得比较浅，有兴趣的读者可以查阅 VPP 的相关资料，以了解其具体的转发机制。

2. 服务链机制的设计

服务链机制的设计方面，VTS 支持两种方式，如图 4-44 所示。第一种是 L2 Service Chain，在这种方式中，一个服务链中的各个 SF 间使用不同的 L2 segment（VLAN ID、VNI），VTF 只根据二层的信息转发数据包，如果服务链上需要进行路由，则必须由 SF 完成。第二种是 L3 Service Chain，服务链 SF 只负责它自己本身的业务功能，路由和引流的功能放到了 VTF 上面来做。第一种方式对于 SF 的要求较高，路由的实现对于很多 SF 来说都是非常沉重的负担，可扩展性上很差，而且会占用很多 segment；第二种方式把服务链实现的复杂性（包括流量识别、标记、引导、负载均衡、OAM 等）都交给了 VTF 去做，从而把 SF 解放了出来，可扩展性上有很大的增强。

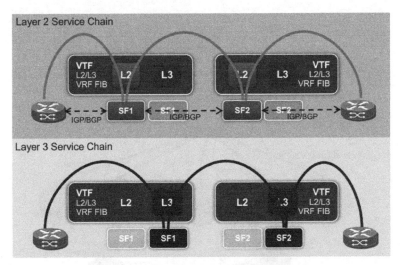

图 4-44　VTS 支持两种方式说实现服务链

4.4　Juniper Contrail

相比 Cisco ACI 和 VMware NSX 在数据中心 SDN 领域的高调竞争，Juniper 的 Contrail 显得有些不温不火。Contrail 是 Juniper 收购来的，收购的时间点在 VMware 收购 Nicira 之后、Cisco 收购 Insieme 之前。2012 年中旬，VMware 和 Cisco 爆发 Nicira 收购战，Juniper

虽然只是此事的围观者，但是却明白 SDN 在数据中心落地的时间节点已经到了。于是，J 开始筹划对 Contrail System 的收购。除了 Cisco 和 VMware 收购战带来的压力以外，从 J 家自身在数据中心的境遇来看，此桩收购也是顺理成章的。J 的产品在业界被牢牢地定位于 SP-Oriented，在数据中心的市场上一直没能获得突破，QFabric 推出后也是叫好而不叫座。 Contrail 和 Nicira 一样，走的都是服务器端 Overlay + SDN 的路线，因此通过收购 Contrail， J 也能够绕开与 Cisco、Arista 在盒子上的正面竞争。从技术上来看，Contrail 控制器的南向 用了 BGP 和类 BGP 的 XMPP，数据平面对的是 vRouter 而非 vSwitch，这对于 SP 出身的 Juniper 可谓正中下怀。2012 年 11 月，J 家技术元老 Kompella 出任 Contrail CTO。在技术 上搞清了路数后，J 于同年 12 月上旬推动 Contrail System 挂牌，在挂牌仅仅两天后就迅速 地敲定了这笔收购，最终以 1.76 亿美元成交。

2013 年，Contrail 产品面世，同时 Juniper 还发布了开源版的 OpenContrail。Contrail 以 其领先的 SDN 理念以及完整的产品设计架构，在业界造成了不小的轰动，被很多人称赞为 "SDN 的技术担当"。不过，和 QFabric 一样，Contrail 的市场表现并没有完全匹配得上其 精湛的技术，虽然份额上也有着还算不错的占比，但始终不及 VMware NSX 和 Cisco ACI。 除了宣传方面的原因，Contrail 作为 Overlay 方案是要与 VMware NSX 正面交锋的，可是 VMware 在服务器端有着无可匹敌的市场地位，VMware NSX 提供的 Overlay 可以天然地 绑定 VMware 其他的计算和存储虚拟化产品，而 J 自己只有网络的虚拟化，无法提供完整 的虚拟化解决方案，只能拼着 vSphere 一起来做。对于用户来说，自然希望由一个 vendor 来搞定所有环节，因此 NSX 显然更为用户所认可，尽管 Contrail 在网络方面的技术不落下 风，甚至是更胜一筹。不过，随着开源技术的逐步成熟，产品的分解也正在被业界所接受 与认可，Contrail/OpenContrail 也借此在一些使用 OpenStack 的客户环境中找到了集成的突 破口。

反观 Cisco，ACI 继续走着传统的路数，围绕着硬件的盒子来做解决方案，再加上 Cisco 在服务器端有自己的 UCS 刀片，对于一些不在乎成本且熟悉 Cisco 设备的用户来说 自然是首选。因此，Contrail 在战略上多倾向于与 OpenStack 进行集成对接，技术上缺少关 键环节，就只能在夹缝中求生存了。

实际上，2013 年，OpenContrail 是 J 一个很好的生态切入点，当时 OpenDaylight 还 远远未成气候，ONOS 还没成立，而 OpenContrail 在 github 上已经有了成型的项目，官方 一篇近 100 页的体系架构文档也把方方面面都说得很清楚了。但是后来 OpenContrail 没有 在社区生态上投入足够的力量，因此开源这一块也没有能够做起来，而 OpenDaylight 和 ONOS 现在却做得风生水起。

Contrail 和 OpenContrail 实现上是同源的，下面就来看一看 Contrail，领略一下"SDN 技术担当"的风采[⊖]。

4.4.1 整体架构

Contrail 主要分为数据和控制两个平面，上层的管理和编排由云管理平台作为统一的入口。数据平面上，vRouter 部署在服务器的 host kernel 中完成 IP/MPLS 转发，网关路由器部署在数据中心边缘负责连接外部网络（Internet、VPN、DCI），服务节点部署在服务器或者网络边缘负责实现安全、负载均衡等增值功能。形态上，vRouter 是软件实现的，网关路由器一般为硬件大盒子，服务节点可以为硬件也可以为 VNF。控制平面分为三类模块：Configuration 模块负责接受北向的业务配置信息，将其转化为网络底层信息然后分发给 Control。Control 模块通过南向接口与数据平面上的各种设备进行交互，控制转发或者部署网络策略。Analytics 模块负责搜集 Contrail 系统中各个模块（包括 vRouter 和 Control）的运行数据，以实施网络监测与分析。为保证高可用，控制平面的三类模块在部署上都是 Active-Active 的，组合起来构成了一个物理上分布、逻辑上集中的控制器。Contrail 的整体架构如图 4-45 所示。

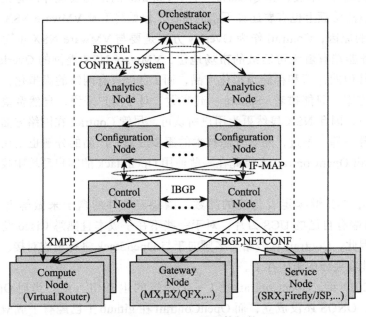

图 4-45　Contrail 的整体架构

接口方面，控制平面的 Configuration 和 Analytics 模块通过 RESTful API 向云管理平台提供配置和监测的接口。Control 模块通过 XMPP 控制 vRouter，通过 BGP/NETCONF 与网关节点交互，也可以通过 NETCONF 来配置服务节点。关于 BGP 和 NETCONF，这里不再讨论，下面主要对 XMPP 进行简单的介绍。

XMPP（Extensible Messaging and Presence Protocol，RFC 6120-6122）的原身是 Jabber。Jabber 是一种开源的即时通信协议，Jabber 服务器可以维护客户端的在线信息和关系列表等，并在不同的客户端间传递通信消息，因此可以把 Jabber 的服务器理解为消息分发的中间件。在 Jabber.com 被 Cisco 收购后，IETF 为了避免歧义将 Jabber 的核心提炼成了 XMPP。XMPP 继承了 Jabber 即时性强的特点，数据格式基于 XML，可读性高且易于扩展，被广泛应用在了各种通信场景中。Contrail 使用 XMPP 在控制器和 vRouter 之间交换网络信息，包括虚拟机、租户网络的参数以及租户路由表等。

传输租户的路由表是 XMPP 在 Contrail 中最为关键的任务。XMPP 和 BGP 一样拥有极强的可扩展性，通过自定义 XMPP 的扩展，可以传输和 BGP 类似的路由语义。之所以没有直接用 BGP，原因可能有两点：① XMPP 已经在大型实时系统中得到了充分的验证，适合去支撑控制器向 vRouter 分发大规模的 VM 路由。② BGP 本身的实现非常复杂，包括了各种各样的属性参数，这些参数在 Contrail 中是不太需要的，而一些 Contrail 所需要的非路由信息（如 VM ID 等），若使用 BGP 进行传输还需要进行额外的扩展。因此 Contrail 使用了 XMPP 在控制器和 vRouter 间传输路由，而对于网关路由器等就直接使用了标准的 MP-BGP。

关于使用 XMPP 传输租户路由，IETF draft-ietf-l3vpn-end-system 给出了详细的规范。这里不再深入介绍。下面给出一个简单的例子，图 4-46 中有一个租户 Red（租户 ID=1），该租户有两台虚拟机分别位于两个不同的计算节点上。其中具体的封装后面会详细分析，这里读者只需要直观地感受一下 XMPP 传路由的格式，后面在分析控制信令交互时不会再列出 XMPP 的具体消息格式。

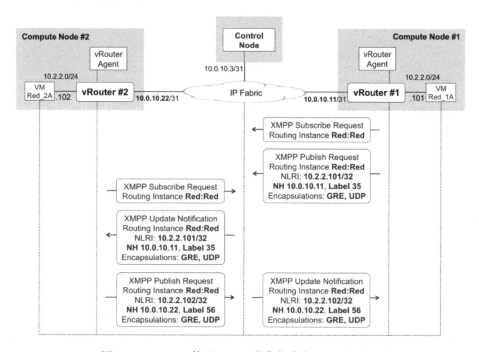

图 4-46　Contrail 使用 XMPP 收集与分发 Overlay 路由

计算节点 1 中的 vRouter 1 通过 XMPP 向控制器订阅 Red 租户的路由：

```xml
<?xml version="1.0"?>
<iq type="set" from="vrouter_1"
            to="network-control@contrailsystems.com/bgp-peer"
            id="subscribe779">
    <pubsub xmlns="http://jabber.org/protocol/pubsub">
<subscribe node="default-domain:mpls-in-the-sdn-era:Red:Red">
    <options>
        <instance-id>1</instance-id>
    </options>
</subscribe>
    </pubsub>
</iq>
```

下面两段代码给出了 Red_1A 发布路由所使用的 XMPP 消息的具体格式，Red_2A 发布路由同理。计算节点 1 中的 vRouter 1 通过 XMPP 向控制器发布虚拟机 Red_1A 的路由：

```xml
<?xml version="1.0"?>
<iq type="set" from="vrouter_1"
            to="network-control@contrailsystems.com/bgp-peer" id="pubsub20">
    <pubsub xmlns="http://jabber.org/protocol/pubsub">
<publish node="1/1/default-domain:mpls-in-the-sdn-era: Red:Red/10.2.2.101">
    <item>
        <entry>
            <nlri>
                <af>1</af>
                <safi>1</safi>
                <address>10.2.2.101/32</address>
            </nlri>
            <next-hops>
                <next-hop>
                    <af>1</af>
                    <address>10.0.10.11</address>
                    <label>35</label>
                    <tunnel-encapsulation-list>
                        <tunnel-encapsulation>gre</tunnel-encapsulation>
                        <tunnel-encapsulation>udp</tunnel-encapsulation>
                    </tunnel-encapsulation-list>
                </next-hop>
            </next-hops>
            <virtual-network>default-domain:mpls-in-the-sdn-era:Red
            </virtual-network>
            <sequence-number>0</sequence-number>
            <local-preference>100</local-preference>
        </entry>
    </item>
</publish>
    </pubsub>
</iq>
<iq type="set" from="vrouter_1"
            to="network-control@contrailsystems.com/bgp-peer"
            id="collection20">
    <pubsub xmlns="http://jabber.org/protocol/pubsub">
<collection node="default-domain:mpls-in-the-sdn-era: Red:Red">
    <associate
node="1/1/default-domain:mpls-in-the-sdn-era:Red:Red/10.2.2.101" />
```

```
        </collection>
            </pubsub>
</iq>
```

控制器通过 XMPP 向 vRouter 2 更新虚拟机 Red_1A 的路由，可以看到 Contrail 的控制器即相当于路由反射器，把类似于 EVPN Type 2 和 Type 5 的路由信息封装到 XMPP 消息中。

```
<?xml version="1.0"?>
    <message from="network-control@contrailsystems.com"
        to="vrouter_2/bgp-peer">
<event xmlns="http://jabber.org/protocol/pubsub">
    <items node="1/1/default-domain:mpls-in-the-sdn-era:Red:Red">
        <item id="10.2.2.101/32">
            <entry>
            <nlri>
                <af>1</af>
                <safi>1</safi>
                <address>10.2.2.101/32</address>
            </nlri>
            <next-hops>
                <next-hop>
                    <af>1</af>
                    <address>10.0.10.11</address>
                    <label>35</label>
                    <tunnel-encapsulation-list>
                        <tunnel-encapsulation>gre</tunnel-encapsulation>
                        <tunnel-encapsulation>udp</tunnel-encapsulation>
                    </tunnel-encapsulation-list>
                </next-hop>
            </next-hops>
            <virtual-network>default-domain:mpls-in-the-sdn-era:Red
            </virtual-network>
            <sequence-number>0</sequence-number>
            <local-preference>100</local-preference>
        </entry>
        </item>
    </items>
</event>
    </messages>
</iq>
```

4.4.2　管理与控制平面设计

Contrail 的管理 / 控制平面包括 Configuration、Control 和 Analytics 三个模块，这些模块分别完成不同的功能。下面来具体看看每个模块的设计。

1. 模块设计

Configuration 模块接收业务的网络配置与策略，然后在本地将业务描述转化为底层的网络描述，并分发给相应的 Control 模块。Configuration 可以看作 Contrail 控制器中的"编译器"。Contrail 最一开始就提出了"SDN 作为编译器"（SDN as a Compiler）的设计思想，Configuration 模块即是 Compiler 的核心。如图 4-47 所示，Configuration 模块包含 5 个组件：RESTful API Server 完成业务 API 的收发；Message Bus 是模块中各个组件的消息总线；Schema Transformer 完成业务描述和网络描述间的转换；IF-MAP Server 通过 IF-MAP 协议完成网络描述向对应的 Control 模块的发布；Control 模块对配置和策略的订阅，ZooKeeper+Cassandra 构建分布式数据库集群以实现高可用。

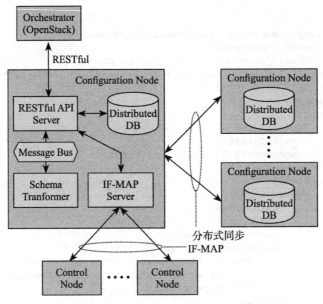

图 4-47　Contrail Configuration Node 的设计

如图 4-48 所示，Control 模块通过 IF-MAP Client 接受 Configuration 模块分发的网络描述，然后通过不同的南向协议与数据平面不同的设备进行交互。与 vRouter 的通信通过 XMPP Server 完成，可以接收 vRouter 对虚拟机、租户、租户路由信息的订阅，并作为中间件向其他 vRouter 进行相关信息的发布。与网关路由器间的通信通过 NETCONF Client 和 BGP Peer 来完成。NETCONF 负责对网关路由器进行配置，对服务节点的配置也可以通过 NETCONF 来实现。MP-BGP 作为东西向协议在 Control 模块和网关路由器间同步路由信息，Control 将 XMPP 收上来的租户路由转化为 MP-BGP 有选择地发送给网关路由器，网关路由器将 Internet、VPN、DCI 路由通过 MP-BGP 传给 Control 模块。MP-BGP 还用来在多个 Control 模块间进行路由同步，同时数据平面的设备会与 2 个或 2 个以上的控制模块相连，以实现 Control 模块的高可用，这相当于在多个 BGP 反射器间做冗余备份。Proxy 的作用是在 XMPP 和其他协议间进行转换，以对接其他的控制逻辑。

Analytics 模块监测数据平面设备与其他控制器模块的运行数据与信息：与 vRouter、Configuration 模块、Control 模块间通过 Sandesh 协议来获取其日志和事件，与网关路由器和服务节点可通过 NetFlow 和 SNMP 等传统的协议来进行管理与监控。Analytics 模块将这些数据与信息完整地存在数据库中，一些网络分析类的应用可以通过 RESTful API 来有选择地获取这些数据。如图 4-49 所示，Analytics 模块包含 6 个组件：RESTful API Server 接受应用对数据的请求和响应；Message Bus 是模块中各个组件的消息总线；Collector 负责收集设备与控制器模块的运行数据与信息；Query Engine 一个简单的 MapReduce 引擎，为网络状态的大数据分析提供基础；Rules Engine 按照一些网络监测的策略，由特定事件触发状态的自动收集。ZooKeeper+Cassandra 构建分布式数据库集群以实现高可用。

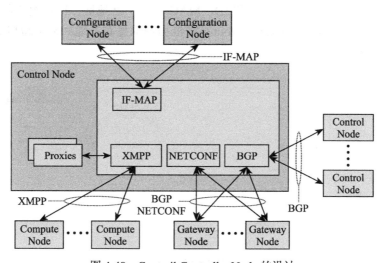

图 4-48 Contrail Controller Node 的设计

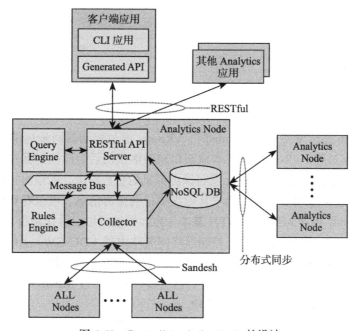

图 4-49 Contrail Analytics Node 的设计

2. Overlay 的控制逻辑

上面简单介绍了 Contrail 控制器 3 个模块的设计。下面来详细地介绍一下 Control 模块中的 Overlay 控制逻辑。

图 4-50 是虚拟机上线时的控制信令交互。虚拟机 plug 到 vRouter 后，vRouter 通过 XMPP 向控制器请求该虚拟机的信息，控制器上已经通过 Configuration 模块存下了虚拟机的信息，包括对应的虚拟网卡 vNIC 的 ID、MAC 地址、IP 地址、所在租户的 ID 等，并通过 XMPP 将该信息回复给 vRouter。vRouter 将根据该信息在本地回复虚拟机的 DHCP，完成虚拟机的网络初始化。

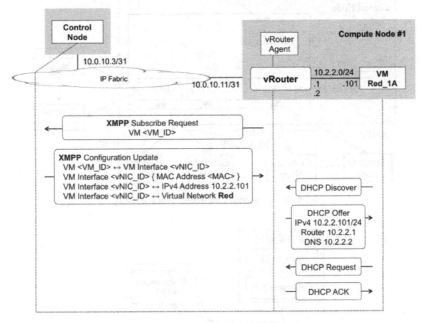

图 4-50　虚拟机上线时的控制信令交互

前面的图 4-46 是转发使用 L3 mode 时，vRouter 通过控制器同步远端虚拟机的路由信息时控制信令交互过程。vRouter 发现本地新出现的虚拟机后会向控制器发布其虚拟机的租户路由，然后控制器会向其他 vRouter 发布该虚拟机的租户路由。若该虚拟机属于一个新的租户，vRouter 还会向控制器订阅该租户其他虚拟机的路由信息。可以看到该过程中 XMPP 交互的内容与传统的 BGP/MPLS L3 VPN 基本一致，控制器可以看作是租户路由的反射器。

图 4-51 是转发使用 L3 mode 时，控制器将网关路由器（DC-GW）上的外部路由（包括 Internet、VPN、DCI）和 vRouter 上的租户路由进行相互注入时控制信令的交互过程。控制器作为 XMPP 和 MP-BGP 格式转换的网关，和 DC-GW 间通过 MP-BGP 进行路由同步。数据平面可采用 MPLSoGRE 或者 MPLSoUDP。

图 4-52 是转发使用 L2_L3 mode 时，vRouter 通过控制器同步远端虚拟机的 MAC 路由时控制信令交互过程。vRouter 发现本地新出现的虚拟机后会向控制器发布其虚拟机的租户

路由，然后控制器会向其他 vRouter 发布该虚拟机的租户路由。若该虚拟机属于一个新的租户，vRouter 还会向控制器订阅该租户其他虚拟机的路由信息。可以看到该过程中 XMPP 交互的内容与 EVPN Type 2 基本一致，控制器可以看作租户路由的反射器。该过程与 L3 mode 中使用 MPLSoverX 封装时有一点不同，控制器会推送 VNI 作为数据平面中 Segment 的标识，而在 L3 mode 中控制器推送的是 MPLS Label 作为数据平面中目的 VM 的标识。

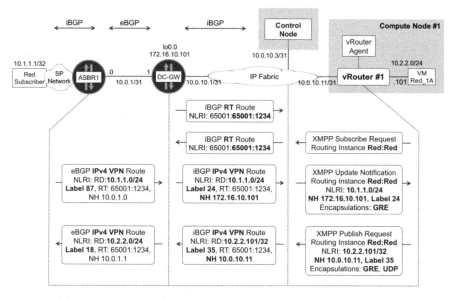

图 4-51　L3 mode 下控制器完成内部租户路由与外部路由的重分布

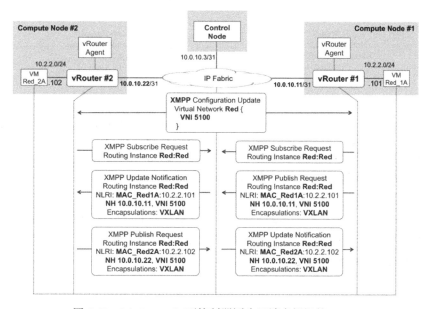

图 4-52　L2_L3 mode 下控制器同步远端虚拟机的 MAC

图 4-53 是转发使用 L2_L3 mode 时，控制器将网关路由器（DC-GW）上的裸机路由和 vRouter 上的租户路由进行相互注入时控制信令的交互过程。控制器和 vRouter 间的 XMPP 交互与图 4-52 一致，控制器作为 XMPP 和 MP-BGP 格式转换的网关，和 DC-GW 间通过 MP-BGP 进行路由同步。这一过程需要同时发布 BGP/MPLS L3 VPN 和 EVPN Type 2 的路由信息，BGP/MPLS L3 VPN 路由用于跨子网的通信，EVPN Type 2 用于子网内的通信。

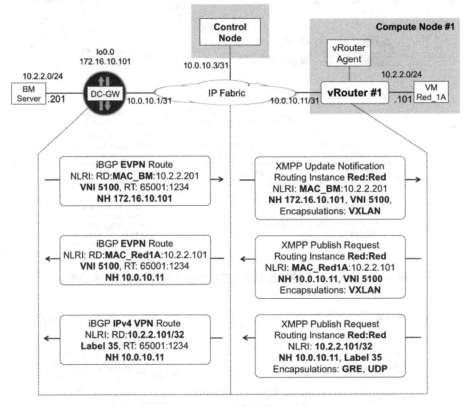

图 4-53　L2_L3 mode 下控制器完成内部租户路由与外部路由的重分布

图 4-54 是转发使用 L2_L3 mode 时，控制器上的租户 MAC 路由和 L2 ToR 下的 MAC 表，通过 ToR Service Node（TSN）进行同步。控制器和 TSN 间通过 XMPP 交互，L2 ToR 和 TSN 间通过 OVSDB RPC 交互，TSN 可看作 XMPP 和 OVSDB 格式转换的网关。由于 L2 ToR 只能支持 VxLAN 封装，因此 vRouter 和 VxLAN 下虚拟机和逻辑的通信数据平面只能通过 VxLAN 来进行传输。对于 ToR 下裸机发送的 ARP/DHCP 等广播信息，ToR 将作为裸机的广播代理对数据包进行复制和转发。

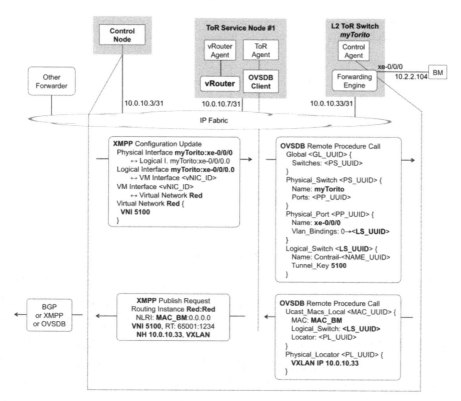

图 4-54　L2_L3 mode 下控制器通过 TSN 控制硬件 VTEP

4.4.3　数据平面设计

vRouter 是 Contrail 中最重要的数据平面设备，分为 vRouter Agent 和 vRouter Forwarding Plane 两个部分，如图 4-55 所示。vRouter Agent 运行在用户空间，是控制器在设备本地的 XMPP、Sandesh 代理，并且实现了 ARP/DHCP/DNS。vRouter Forwarding Plane 运行在内核空间，负责数据包的高速转发。vRouter 支持 MAC/IP/MPLS 的 VRF FIB，支持地址的 Overlap。

Contrail 是一种 Overlay 技术，支持多种数据平面的隧道封装，包括 MPLSoverGRE、MPLSoverUDP、MPLSoverMPLS、VxLAN 等。鉴于 Juniper 在 SP 强大的技术背景，而且 vRouter 原生地提供 MPLS 的转发，MPLS 肯定是 Contrail 推荐的首选封装。Juniper 其实最希望推动的是 MPLSoverMPLS 的发展，即在 Underlay 中也使用 MPLS 进行转发。但是 MPLS Underlay 在数据中心的推动有着很大的困难：首先，大多数数据中心交换机是不支持 MPLS 的；其次，数据中心的运维人员对 MPLS 并不了解；最后，数据中心对 MPLS 流量工程也没有明确的需求。因此，常用的是 MPLSoverGRE 和 MPLSoverUDP，而 MPLSoverMPLS 并没有流行起来，虽然现在 SR 也在试图推向数据中心，但是这个事情未来的前景也并不明朗。

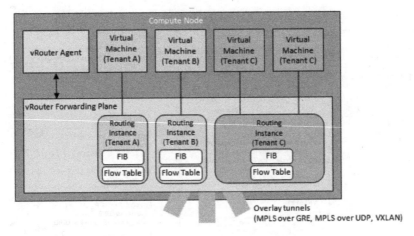

图 4-55　Contrail vRouter 示意图

在 MPLSoverGRE 和 MPLSoverUDP 中，GRE/UDP 负责在 Underlay 上传输到远端的 vRouter 上，MPLS 在 vRouter 本地唯一标识着虚拟机，vRouter 在剥掉外层 GRE/UDP 封装后根据 MPLS 转发给本地的虚拟机。MPLSoverGRE 和 MPLSoverUDP 中的内部既可以支持 L2 流量也可以支持 L3 流量。在 VxLAN 中，UDP 负责在 Underlay 上传输到远端的 vRouter 上，vRouter 在剥掉外层 VxLAN 封装后根据内层的 MAC 地址转发给本地的虚拟机，VxLAN 的内部只用于承载 L2 流量。计算节点间的连接，以及计算节点和网关路由器的连接，既可以使用 MPLSoverGRE 和 MPLSoverUDP 也可以使用 VxLAN，取决于流量的模式（L3/L2_L3）。而计算节点和 L2 ToR 间的连接就只能通过 VxLAN 了。

图 4-56 给出了 vRouter 的 Overlay/Underlay FIB 和 Underlay 路径上的 MPLSoverGRE 封装。

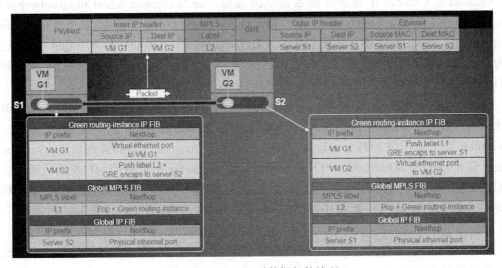

图 4-56　vRouter 对数据包的处理

4.4.4　转发过程分析

1. L2 和 L3 流量的处理

Contrail 的转发分为两种模式 L3 mode 和 L2_L3 mode。L3 mode 是完全基于虚拟机的 32 位 IP 地址进行转发，无论是跨子网的 Inter-Subnet 流量还是同一子网内的 Intra-Subnet 流量，L3 mode 的转发采用 MPLSoverGRE/MPLSoverUDP 的封装。而在 L2_L3 mode 中，同一子网内的 Intra-Subnet 流量是基于 MAC 进行转发，采用 VxLAN 封装，而跨子网的 Inter-Subnet 流量是基于虚拟机的 32 位 IP 地址进行转发，采用 MPLSoverGRE/MPLSoverUDP 的封装。

在 L3 mode 中，vRouter 对于 Inter-Subnet 流量采用 32 位 IP 地址转发自然是可以理解的，而对于同一子网内的 Intra-Sunbet 流量，vRouter 则需要进行 ARP 代理，当虚拟机向同一子网其他虚拟机发送 ARP Request 时，vRouter 会截获此请求并代理回复 ARP Reply 发布 vRouter 网关的任播 MAC 地址 00:00:5e:00:01:00，因此当通信开始后，vRouter 即可截获所有的通信流量，然后根据目的虚拟机的 32 位 IP 地址进行路由，然后将流量的 IP 报文封装在 MPLSoverGRE/MPLSoverUDP 中，远端的 vRouter 收到后解掉 GRE/UDP 的封装，根据 MPLS 进行标签路由，转发给虚拟机前重新为流量添加二层包头，其源地址为 vRouter 网关的任播 MAC 地址 00:00:5e:00:01:00，目的地址为目的虚拟机的 MAC 地址。因此，在 L3 mode 中，虚拟机的 ARP 表中，和自身处于同一网段所有 IP 地址都被解析为了同一个 MAC 地址 00:00:5e:00:01:00，这也是将 L2 转发转化为 L3 转发的一般实现方法。

在 L2_L3 mode 中，对于 Intra-Subnet 流量和 Inter-Subnet 流量，两者的处理办法是有所不同的。对于 Intra-Subnet 流量，vRouter 表现为交换机，vRouter 不会代理回复 ARP Reply，而是通过头端复制的方式在该子网进行泛洪（这一点的实现其实不是很好，即使 vRouter 不去代理回复 ARP Request，也可以将该 ARP Request 定向封装单播到目的虚拟机所在的远端 vRouter，来避免泛洪造成的开销），但是与传统二层交换机的区别是 vRouter 会通过 XMPP 学习 MAC 路由而非自学习，通信开始后 vRouter 会根据学习到的租户 MAC 路由表来进行二层转发，数据平面的封装采用 VxLAN。对于 Inter-Subnet 流量，L2_L3 mode 的处理方式与 L3 mode 的处理相同，都是基于 32 位 IP 地址进行转发，由于 VxLAN 内部只能支持 L2，因此 L2_L3 mode 下 Inter-Subnet 流量也只能采用 MPLSoverGRE 或者 MPLSoverUDP 的封装。

2. 服务链流量的处理

对于服务链，Contrail 从最开始的版本就开始提供了支持，主要是面向运营商接入网和移动核心网的场景设计的，当然数据中心内部的服务链也是自然可以提供支持的。Contrail 使用 BGP 策略来引导服务链流量（draft-fm-bess-service-chaining），实现方式有两种：

1）在服务链路径上的每一跳都使用不同的 SFC VRF，如果服务链上有 N 个节点，那么它就需要使用 N−1 个 VRF，这种方式称为 Transit VN Model。Transit VN Model 中，控制器向服务链各跳中的 egress VRF 下发 BGP 路由将流量送给该跳的 ingress VRF，向各跳的 ingress 下发 BGP 路由将流量送给服务节点。

2）在服务链路径上只使用流量源所在的 VRF 和流量目的所在的 VRF，这种方式称为 Two VN Model。Two VN Model 中 vRouter 通过两个 VRF 来识别 SFC 流量，然后通过修改 BGP 下一跳来引导流量。

图 4-57 中，租户 Red 中的 VM Red_1A 发向 Internet 间的通信需要依次经过服务节点 VM SI_A 和 VM SI_B 的处理，那么在 Two VN Model 方式中的转发流程为：Red_1A 发出数据包到 vRouter 1 上，被识别为 VRF Red——Red 中的流量并从 tapX 端口送到 SI_A 的左臂，SI_A 完成处理后从右臂送到 vRouter 1 的 tapY 端口，被识别为 VRF Internet:service <SC_ID>_SI_A 中的流量并标记 label=37 送给 vRouter 2，vRouter 2 匹配 LFIB 剥掉 label 并从 tapZ 端口送到 SI_B 的左臂，SI_B 完成处理后从右臂送到 vRouter 2 的 tapT 端口，被识别为 VRF Internet——Internet 中的流量并标记 label=90 送给 DC GW，之后 DC GW 再 swap label 送到相邻的 ABSR 上。对于 Red_1B 来说，它发向 Internet 间的通信需要依次经过 SI_A 和 SI_B 的处理，Red_1B 发出数据包到 vRouter 2 上，被识别为 VRF Red：Red 中的流量并标记 label=35 送给 vRouter 1，vRouter 1 匹配 LFIB 剥掉 label 并从 tapX 端口送到 SI_A 的左臂，后面的处理就是一样的了，此处不再赘述。

实际上通过修改 BGP 下一跳的方式对于某些需要精细匹配的服务链场景来说是不够的，因为 BGP 路由只能匹配目的 IP 地址，因此需要 Contrail 需要通过 XMPP 来模拟 BGP FlowSpec 的语义，以实现传统服务链的 PBR 能够支持的流量识别粒度，实际上这也就趋同于 OpenFlow 中的 N Tuple Match 和 Output Action 了。

对 Contrail 的介绍就到这里了，其技术思想的精华可以概括为以下几点：数据平面使用 vRouter 而非 vSwitch，从而为网络带来了很多特性支持；Contrail 的控制器是分布式的，三类控制模块（Configuration、Control、Analytics）的功能切割与实现解耦为系统提供了完整、清晰的架构；控制平面使用了 BGP 和类 BGP 的 XMPP，获得了良好的兼容性、可用性和扩展性；服务链的功能最开始设计时即被提出，并在各个版本不断进行完善。

Contrail 的技术轮廓早在 2013 年就已经形成了，直至今天来看其设计理念和技术架构仍然是业界领先的，无愧于"SDN 的技术担当"，希望在市场方面 Contrail 和 OpenContrail 未来能有更好的表现。

4.5　Nuage VCS

Nuage Network 是 2013 年 Alcatel-Lucent（现以被 Nokia 收购）成立的全资子公司，其 SDN 产品线统称为 VSP（Virtualized Service Platform），包括数据中心虚拟化方案 VCS（Virtualized Cloud Services）、SDWAN 方案 VNS（Virtualized Network Soervices）和安全方案 VSS（Virtualized Services Security）。除了 VSP 以外，Nuage 还提供了 VSAP（Virtualized Service Assurance Platform），可以看作传统设备的增强型网管，以配套 VSP 产品使用。

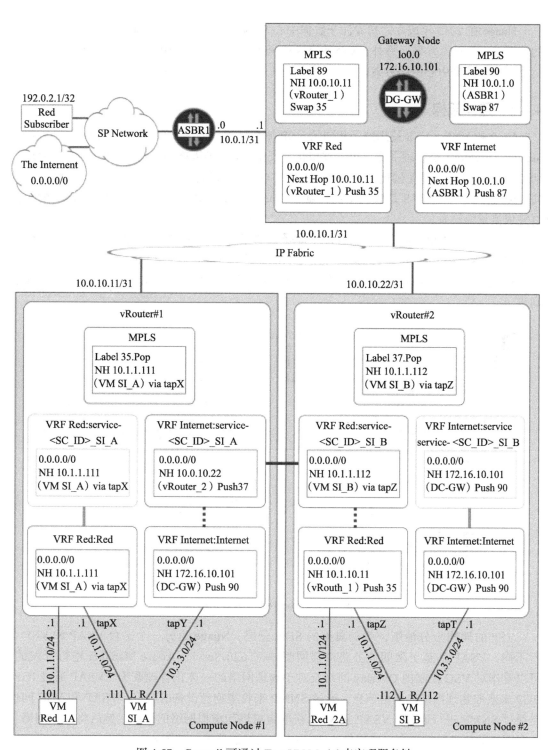

图 4-57　Contrail 可通过 Two VN Model 来实现服务链

Nuage 在 2013 年成立之初专注于数据中心 SDN，和 NSX 以及 Contrail 类似，VCS 提供的也是 Overlay 的方案。另外，VSS 和 VSAP 可以配套 VCS 使用，提供业务开通 + 安全 + 运维的完整数据中心网络方案。

4.5.1 整体架构

VCS 和 VNS、VSS 使用的是相同的 VSP 体系架构，如图 4-58 所示。VSD（Virtualized Service Director）是管理平面，负责虚拟化、安全、QoS 等策略的管理以及网络数据的分析。VSC 是控制平面，基于阿朗业务路由器的 SR-OS 平台进行开发，从 VSD 接受策略并据此向 VRS 进行控制。VRS 是数据平面，基于 OpenvSwitch 做了一些增强，接受 VSC 的控制以完成流量的转发。

接口方面，VSD 通过 RESTful API 接受云管理平台的编排，通过 XMPP 把策略分发给 VSC。VSC 和 VRS 间通过 OpenFlow/OVSDB 进行通信，由于 VSC 继承于 SR-OS，因此 VSC 还提供了对 BGP 的良好支持，用于 VSC 间以及 VSC 和 DC 出口路由器间的状态同步。

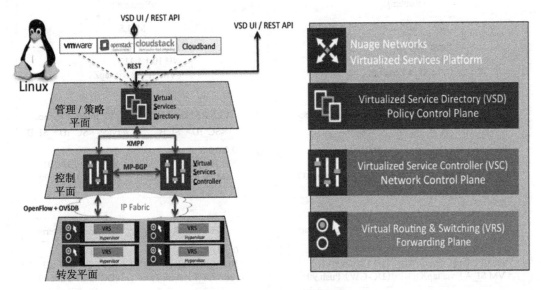

图 4-58　Nuage VCS 体系架构

VSP 的架构十分清晰，就是典型的 SDN 分层。Nuage 的另一个平台 VSAP 和 VSP 有所不同，VSAP 是基于阿朗业务路由器网管——5620 Service Aware Manager 进行开发的，可以看作对 VSC 控制的 Overlay 网络及对于物理网络的一体化管理系统。VSAP 通过 IGP、BGP 来获取物理网络的路由信息，通过 SNMP 来收集物理设备的状态。VSAP 和 VSC 间也是通过 SNMP 进行通信，VSAP 从 VSC 获取虚拟机和虚拟网络的信息，然后将虚拟网络与物理网络的信息进行整合，以提供 P+V 一体化运维的能力，如图 4-59 所示。

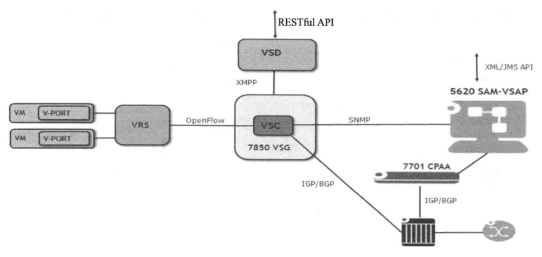

图 4-59　VSAP 对物理网络进行管理

4.5.2　管理平面设计

VSD 是 VSP 架构中的管理平面，提供了一个策略与分析引擎，支持以虚拟机的方式进行集群部署。如图 4-60 所示，计算资源与网络资源的状态、租户的业务策略以及管理策略都存在 VSD 中，当网络出现异常时可以自动地进行告警。VSD 还内置了 Hadoop 引擎，以支持对网络数据的深度挖掘和性能分析。当然，VSD 只是负责对策略和虚拟网络的数据进行管理，对于 VSC 和物理网络的管理是由 VSAP 完成的。

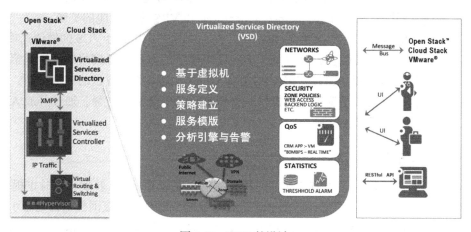

图 4-60　VSD 的设计

4.5.3　控制平面设计

VSC 是基于 SR-OS 来开发的，继承了 SNMP、BGP、OSPF 等传统网络协议，并补充了 XMPP 和 OpenFlow/OVSDB，分别用于和 VSD 与 VRS 的交互，如图 4-61 所示。

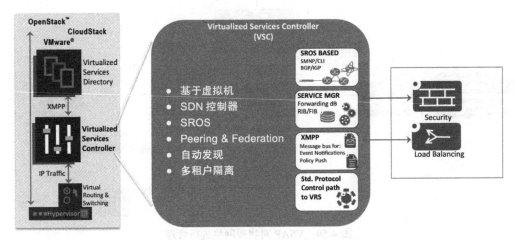

图 4-61　VSC 的设计

控制的逻辑即为 VRS 监测到 VM 上线后，即通过 OVSDB 通知 VSC，VSC 再通过 OpenFlow 向其他的 VRS 反射该 VM 的转发流表，VSC 没有使用 Routing VM，而是直接使用了 VRS 上的流表实现分布式路由。VSC 与 HWVTEP 间通过 OVSDB 来同步 MAC 地址。VSC 与 DC 出口路由器间通过 MP-BGP 来进行路由同步，VSC 会实现 OpenFlow 和 MP-BGP 间的转化。VSC 间的冗余备份也可以通过 MP-BGP 来实现。

由于 VRS 支持 OpenFlow/OVSDB，因此 VSC 可以方便地部署安全、QoS、NAT 等策略，如 Drop、镜像、限速、端口映射等。服务链的策略通过 OpenFlow 的引流也很容易实现。为了实现一些有状态的策略，需要对 OpenFlow 和 VRS 进行相应的扩展。

安全方面，Nuage 基于 VSP 的架构提供了 VSS，VSS 可以作为 VCS 的增值选项。VSS 主要有三点功能：第一是**防护**，可以基于上一段中描述的方式实现网络级或者虚拟机级的细粒度隔离；第二是**探测**，通过扩展 VRS 和 VSD 的功能以实现流量的数据分析，以及安全策略的命中情况；第三是**反馈**，可提供一些探测后的安全策略告警，通过开放 API 可以实现应用对网络的闭环安全控制。

4.5.4　数据平面设计

数据平面上，Nuage 提供 VRS 作为虚拟交换机来完成 Overlay 转发，同时也提供 VSG 作为 HWVTEP。VRS 是基于 OpenvSwitch 进行增强的，通过在单级网桥上构建流水线来实现转发、安全、QoS、NAT 等策略，封装上支持 VxLAN 和 MPLSoverGRE，VxLAN 用于 VRS-VRS 或者 VRS-HWVTEP 间的封装，MPLSoverGRE 则可用于 VRS-DC 出口路由器间的封装。ARP 和 DHCP 的处理也是在 VRS 本地完成的，以抑制广播。

虽然 Nuage 在数据中心主推的是基于 VRS 的 Overlay 方案，不过 VSG 也可以作为硬件配套的一种选择。VSG 是基于 SR-OS 的硬件交换机，可以连接 VSC 作为 HWVTEP 接入裸机，也可以工作在 controller less 状态跑 OSPF、BGP/MP-BGP 等路由协议，VSAP 可以通过 SNMP 对 VSG 进行管理。VRS 的设计如图 4-62 所示。

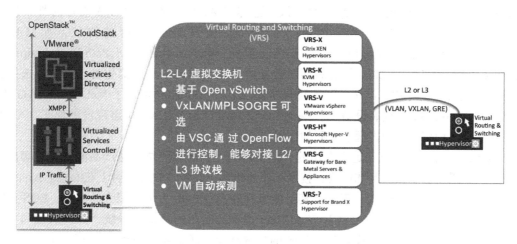

图 4-62 VRS 的设计

虽然说 Nuage 名义上是一家 SDN 创业公司，但创立之初背后就有 IP 大佬坐镇，实力自然不容小觑。不过随着 SDWAN 的火热，Nuage 将重心从 VCS 转向了 VNS，当然使用的也还是类似的 Overlay 架构。

4.6 Arista EOS 与 CloudVison

相比 Cisco 和 Juniper，Arista 算是网络圈子的"新兵"，不过近几年 Arista 在数据中心交换机的市场份额上升得非常快，在 Gartener 近三年的 Magic Quadrant 中与 Cisco 并列第一象限。高速上涨的背后是 Arista 对于数据中心的专注，其交换机的两点核心竞争力——低延时和开放性，成为 Arista 在云数据中心网络领域脱颖而出的基础。

先来看低延时。某些特定领域的应用，如超算和高频交易，对延时的要求十分苛刻。对于低延时应用来说，InfiniteBand 在技术上是最好的网络选择，不过以太网正在靠着简单性、低成本和 40GE/100GE 端口不断地进行着渗透，低延时以太网 + RoCE 正在获得低延时网络的市场份额。低延时对以太网要求的不仅是带宽的 Non Over-Subscribe，还需综合考虑设备的转发架构、端口的 buffer 深度、链路的负载均衡、精细的拥塞可视化以及完整的网络数据审计，来构成一整套的低延时解决方案。Arista 凭借着直通式转发、大 buffer、ECMP + M-LAG 以及其 LANZ 和 DANZ 技术，在低延时以太网市场上形成了独特的竞争优势，在金融圈子内拥有大量的客户。随着大数据和其他分布式计算应用的大规模爆发，低延时的需求被引入了云计算数据中心，Arista 也得以借这股东风找到了新的市场爆发点。

再来谈开放性。Arista 做设备秉承的理念是 "Merchant Silicon + Open Protocol >> Vendors Proprietary Fabrics"，即通过通用的芯片和标准的协议来组盒子，通过开放性和低成本来抗衡 Cisco。"通用的芯片"意味着 Arista 不会自己玩芯片，而是会选择 Broadcom 等专业芯片公司的产品，以降低高昂的芯片研发成本，如果对 ASIC 有特殊需要（如 LANZ），也是找芯片公司进行定制。"标准的协议"意味着 Arista 的组网通常依赖着的都是标准的 L2/L3 协议，如 STP、OSPF、BGP、ECMP 等，少数 Arista 私有的协议，如 M-LAG 和 VARP，也是参照开放协议进行修改的。因此，和 Cisco 的 FabricPath 以及 Juniper 的 QFabric 不同，Arista 在 2010 年前后面对着即将爆发的数据中心虚拟化时，并没有选择自己搞一套大二层的专用 Fabric，而是联合 VMware 和 Microsoft 推出了 VxLAN 和 NvGRE，希望把二层 Overlay 在现有设备上。搭上了 VMware 对于 VxLAN 生态建设的便车，Arista 又一次在网络虚拟化领域占据了有利的位置。

当然，光占据市场位置是没有用的，把技术的内功修炼到位才是产品能够持续卖出去的根本。如果自己不做芯片和协议，技术上想要出彩，就要在软件平台上花心思。Arista 显然很早就搞清楚了这个道理，于是在其交换机软件平台 EOS 上下了很大的工夫。EOS 是完全基于开源 Linux 来做的，相比于 WindRiver 提供的专用网络操作系统，其开放性和可维护性有着本质上的提升。恰逢其时，EOS 的技术路线正好契合了 SDN 所提倡"把盒子开放出来"的理念，Arista 作为传统的设备厂商，得以在 SDN 的大时代中站稳了脚跟。

自家数据中心的盒子年增长率惊人，Arista 就没有动 vSwitch 的心思，虽然自己也在做 SDN 控制器但也没有大张旗鼓地去宣传，而是主力在推动自己的 Underlay SDN。这里注意，Underlay SDN 是为了补充 Overlay SDN 的，这与 Cisco ACI "以硬件为中心"的 SDN 理念有着本质的不同，虽然 Arista 自己也支持纯硬件的方案，但是并没有在市场上与 VMware NSX 直接竞争。Arista 与 VMware 两家一直处于深度合作的状态，并于 2014 年签订了战略合作关系，图 4-63 是两家合作的路标。

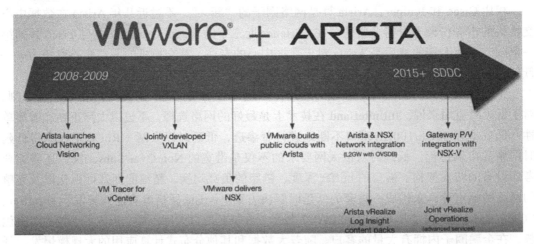

图 4-63　Arista 与 VMware 的合作路标

Arista 于 2015 年推出了 CloudVision。CloudVision 在架构中所处的是控制器的位置，但它却不是一个正统意义上的 SDN 控制器，而更像是一个交换机管理的统一入口。由于 Arista EOS 的可编程能力开放得已经很全面了，因此直接基于 EOS 做一个 Network Wide Dashboard 把交换机的状态数据都同步上来，再增加一些对数据的整合与分析，去不去 Define 转发看实际需要了。Arista 对于 SDN 的理解更倾向于是 "Software Driven Networking"，即 "软件驱动网络"，一词之差，里面却包含了很多深意。

4.6.1 整体架构

Arista 所有型号的转发设备都是基于 EOS 软件平台的，可以支持传统的 L2/L3 转发，也可以支持通过 OpenFlow 来控制转发。EOS 是完全基于开源 Linux 的，因此用户还可以将一些定制化的功能集成到 EOS 中。EOS 北向开放了诸多的接口，如 native SDK、eAPI、XMPP、CLI、SNMP、OpenFlow/OVSDB、Python、Puppet 等，用户可以调用这些接口直接对交换机进行控制与管理。CloudVision 是全网的统一管理面板与控制入口，其核心是基于 EOS 进行增强扩展的。CloudVison 在南向上提供 XMPP、eAPI、gRPC 等，将底层交换机 EOS 上的信息同步上来并整理成全局视图，还提供了一些数据分析与自动化控制的功能。CloudVision 北向上支持 OVSDB、RESTful API 和 EOS CLI，第三方的控制器（如 VMware NSX）或者编排器（如 OpenStack）可以通过 CloudVison 的北向接口与其做单点对接，CloudVsion 会作为代理，控制底层所有的物理交换机。这样对于控制器或者编排器来说，CloudVison 就是一个 Network Wide Enhanced EOS，而不用再和所有的交换机进行互联。图 4-64 所示即为 Arista 基于 EOS/CloudVison 的 SDN 架构。

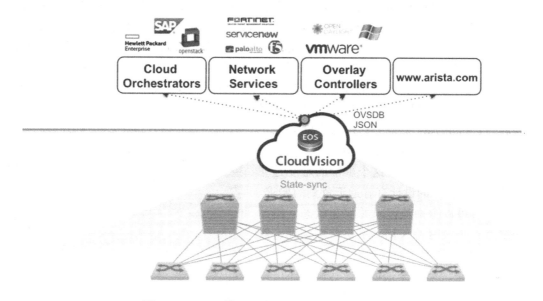

图 4-64　Arista 基于 EOS/CloudVison 的 SDN 架构

1. EOS

EOS 是 Arista 最重要的技术，交换机和控制器上的软件都是基于 EOS 进行构建的。在介绍管控平面和数据平面之前，我们有必要先来介绍一下 EOS 的设计架构。EOS(Extensible Operating System) 是一个完全基于开源 Linux 的网络操作系统，完全基于开源 Linux 的意思就是，用户可以像运维服务器一样来运维交换机，Linux 诸多的开源工具可以直接集成在 EOS 中，Bash 和 Shell 也可以用来简化运维，为了实现隔离，虚拟机和容器也可以很容易地就塞到 EOS 中。EOS 作为网络操作系统，上面跑着数百个程序，EOS 使用 ProcMgr 来实现对这些程序的监测与管理，使用 SysDB 作为中间件来协调程序间的通信，如图 4-65 所示。

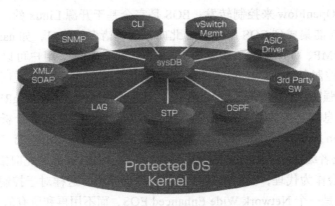

图 4-65　EOS 以 SysDB 为核心

SysDB 是一种 in-memory 数据库，能够维护所有程序的原始状态，如 VLAN、VxLAN、MAC 表、路由表、端口、LED 等，以及各种计数器。SysDB 作为中间件，支持在程序间对这些状态进行 "发布 – 订阅"，从而可以避免由于引入 IPC 机制所带来的复杂度和耦合性，这使得 EOS 获得了很强的可用性以及可扩展性。为实现系统级的高可用，SysDB 间需要进行状态的同步，这不仅表现在设备的双引擎之间，还表现在多台交换机间，如 M-LAG 就依赖交换机间的 SysDB 同步来支撑跨设备的链路聚合。

对于 CloudVison 来说，它作为全网的统一面板需要同步所有交换机 EOS 中的状态信息来维护全网状态的一致性，这个事情的难度是非常大的，对数据库的设计有着近于苛刻的要求。SysDB 虽然可以全面地记录并发布状态，但是它的缺点在于没有持久化、不支持事务性、数据查询的支持也不好，而且数据背后的网络逻辑对于 SysDB 来说是完全透明的。因此 Arista 以 SysDB 为核心，重新包装了一层 NetDB 在外面，如图 4-66 所示。NetDB 有以下两个特点：①同步能力更强，支持事务；②数据量更大，支持中央数据库。Arista 还专门设计了 Net Table 以增

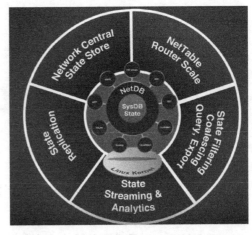

图 4-66　CloudVison 使用 NetDB 进行增强

强路由的收敛速度和路由表容量，为了支持某些 Telemetry 数据的实时同步，EOS 还增加了对 gRPC 和 ProtoBuffer 的支持。

开放性上，除了不涉及芯片以外，EOS 几乎在网络的各个层面都进行了开放：交换机操作系统是开源的，可以开放集成 Linux Shell 和开源工具，可以嵌入 VM 和 Container。数据平面上的 FIB 可以通过 OpenFlow 来直接控制，而 DirectFlow 与 OpenFlow 类似，能够在兼容现有 L2/L3 协议栈前提下提供面向流的编程能力，DirectFlow 可以通过 CLI 或者 eAPI 来进行配置。EOS SDK 是开放的，可以做 in-box 的协议或者应用开发；支持 Python/Go 和 Puppet/Chef/Ansible 以简化运维。EOS 还提供了 eAPI，可以将 EOS CLI 封装在 JSON-RPC 里给 CloudVison 或者第三方控制器、编排器或者应用来调用。协议栈的部分实现甚至也可以开放给特定的客户。

4.6.2　管理与控制平面设计

CloudVison 在设计之初，只是通过 XMPP 把交换机 EOS 上的状态数据同步到一个集中的全局数据库中，然后通过 Portal 把全局视图提供出来。这实际上可以看作一个偏向于网管的入口，除了一些 ZTP 功能用于配置自动化以外，并没有过多的控制逻辑，因此 CloudVison 最初的定位并不是作为 SDN Controller，而是 Network Wide Enhanced EOS。随着这几年的发展，CloudVison 逐渐增加了对虚拟网络进行直接控制的能力和对全局数据的监测分析能力，因此 CloudVison 现在可以看作 Arista 的 SDN 控制器。

CloudVison 分为 CloudVison Portal（CVP）和 CloudVison eXchange（CVX）两个部分，CVP 和 CVX 可以采用分布式部署，各自可以支持 3 个节点的集群。其中，CVP 是一个 Web 平台，是网络的管理入口，负责提供网络的配置以及全局数据的可视化，其主要功能包括以下几点。

- ❑ 用户安全，支持 RBAC。
- ❑ 基于 JSON 的 RESTful API。
- ❑ 设备的镜像、快照、智能升级。
- ❑ 设备自动上线、管理与配置、配置回滚。
- ❑ 网络的实时状态与历史状态、大数据分析。

CVX 是增强的 EOS 环境，它相当于网络中的控制器，负责业务到网络下行的自动化控制，其主要功能包括以下几点：

- ❑ 提供 EOS 的 CLI、API 以及基于 JSON-RPC 的 eAPI。
- ❑ OVSDB 接口协议。
- ❑ 物理网络的拓扑发现。
- ❑ VxLAN 控制逻辑（VCS，VxLAN Control Service，基于 Arista 的私有协议）。
- ❑ Vmware NSX 与 OpenStack，对 VLAN 和 VxLAN 两种组网模式提供支持。
- ❑ 宏分段（Macro-Segmentation Services），实现虚拟机和裸机间东西向流量的安全。

Arista 一直主打的是 Underlay Fabric 上的 SDN，这种 SDN 应该理解为软件驱动网络，主要功能包括自动化和遥测两大类。自动化即为对 Fabric 进行自动的维护，主要包括：配置、回滚与智能升级等。遥测即为网络的可视化，主要包括数据流量分析、时延分析、网络追踪等，这些数据可以通过 gRPC 实时地推送给 CloudVison 进行呈现，以及后续的分析与处理。表 4-2 是对 Arista 支持的一些遥测功能做一个简单的整理。

表 4-2　Arista 支持的一些遥测功能

功能	描述
时延分析（LANZ）	LANZ Agent 对队列 buffer 进行实时的监测，可达 us 级
数据流量分析（DANZ）	通过 TAP/Mirror+Broker 送给专业的流量分析软件，或者使用 sFlow 进行本地或远端的流量分析
设备健康追踪	对 CPU、内存、风扇等的监测
虚拟机追踪	显示虚拟机在 Fabric 中的位置与信息
路径追踪	通过 Probe 来探测特定流量在 Fabric 上的路径
应用追踪	分析 Hadoop 节点的流量状态

Arista 对待 Overlay SDN 的策略比较复杂，图 4-67 是 Arista 对于 VxLAN 控制平面设计思路的演化。早期 Overlay SDN 控制器并不成熟，再加上 Arista 是标准 VxLAN 的主要推动者，因此 Arista 当时就实现了"组播 + 自学习"的基于硬件的 VTEP。CloudVison 虽然有能力同步 VxLAN 的转发表，但只是并没有参与到整个的转发控制中。随着 NSX、Neutron 的发展，Arista 第二阶段的思路是 CloudVison 通过 OVSDB 与第三方控制器、编排器进行单点对接，然后作为代理来集中地配置交换机。对于 VMware NSX 来说，大部分的转发逻辑都跑在了 Hypervisor 上，CloudVison 主要负责作为代理控制 Arista 的 VxLAN L2GW 上的转发以及为 NSX 提供 Underlay Fabric 的可管理性和可视性。对于 Neutron 来说，CloudVison 可以做的事情要多一些，它有自己的 ML2 Driver 和 Service Plugin，接受 Neutron 的编排信息后向交换机分发 VxLAN 的转发逻辑，能够完整地支持 HWVTEP 以及 L3 GW。随着 EVPN 标准的成熟与发展，Arista 也像其他厂商一样接受了基于硬件的分布式 VxLAN 控制方案，交换机上跑 EVPN 学习自行 VxLAN 转发表，CloudVison 负责通过 MP-BGP 对接出口的路由器来同步路由表，以打通 DC 内部与 DC 外部。

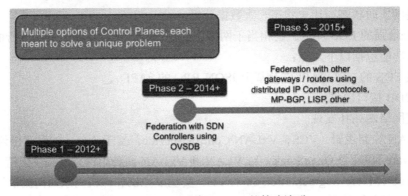

图 4-67　Arista 对待 Overlay 的策略演进

服务链方面，由于 Arista 自己不做虚拟交换机，因此只能从物理组网角度入手。考虑到 VMware 提出的微分段（Micro-Segment）用于保证虚拟机东西向流量的安全，因此 Arista 提出了宏分段（Macro-Segment）的概念，将东西向流量的安全引入到虚拟机和物理机间通信的场景，如同一子网内 APP 虚拟机和 DB 裸机之间的通信。CloudVison 通过与 Firewall Controller 交互，得到相关的安全策略，包括流量的特征和目标防火墙的位置，然后通过 OpenFlow 或者其他控制协议向流量源所在的 Leaf 交换机下发策略，通过 Port+SRC_MAC+VLAN 的方式识别出相关流量然后送到目标防火墙。防火墙处理后将合法流量返回，防火墙所在的交换机再根据 DST_MAC+VLAN 将流量发往目的地。

4.6.3　数据平面设计

从 EOS 的角度来看，Arista 交换机的软件平台很有特色，EOS 确实在开放性上为其他厂商做出了表率。至于对盒子的整体比较，这个事情见仁见智，就不做比较了。

鉴于盒子在数据中心仍然有着不错的前景，再加上和 VMware 不错的关系，目前没有听到 Arista 有打入服务器内部做 vSwitch 的计划。除了 VMware 以外，Arista 还在 2015 年和 HP 进行了合作，甚至有段时间还传闻 EOS 要移植到 HP 的盒子中，不过此事似乎也没有了后话。不过，Arista 已经提出了 EOS+ 的解决方案，并提供了 VM-based 的 vEOS 和 Container-based 的 cEOS，如果未来能够放开盒子一体化的约束，Arista 毫无疑问会是白盒圈子的翘楚。

4.7　HUAWEI AC-DCN

看完了国外大厂的 SDDCN 产品，本节来看华为的相关产品。华为对 SDN 方向上的探索比较多元化，下面从底层向上来看，梳理一下华为在 SDN 领域的产业链——芯片方面，华为推出了以太网络处理器 ENP（Ethernet Network Processor）来支持 Hybrid OpenFlow。交换机软件方面，华为基于 VRP 8 + Linux Container 对多种南向协议接口提供支持。交换机硬件方面，敏捷交换机 S12700 主要面向园区，CE（Cloud Engine）系列主要面向云数据中心。南向接口方面提出了 POF（Protocol Oblivious Forwarding，协议无感知转发），以支持数据平面的可编程。控制器层面方面主要分为 SNC（Smart Network Controller）和 AC（Agile Controller）两个系列，其中经过 3 年左右的演化目前 AC 系列成为了主流，目前已经发布到了 3.0 版本。编排方面，华为有自己的云管理平台 FusionSphere，而 NetMatrix 则是 SDN/NFV 编排器。网管方面则是 eSight。

之所以要先把华为这些产品线先做一个交代，是因为这些概念都是华为这几年间提出来的，很容易让人混淆。下面主要介绍与数据中心 SDN 相关的敏捷控制器 AC-DCN。

4.7.1　整体架构

华为于 2013 年正式发布 AC 1.0，AC 1.0 主要定位在智能园区网的场景，侧重于无线侧的接入与安全策略。可能是考虑到与 TRILL 产品线的竞争，因此虽然 AC 1.0 对于数据中心有所涉及，但是在市场上并没有进行过多的宣传。同年，华为的 SDN 产品线中以 ENP 芯片、S12700 交换机和 SNC 控制器为主打，因此 AC 1.0 并没有获得很多的关注。

2015 年，华为发布 AC 2.0，随着 SDN 在数据中心落地形势的明朗，AC 2.0 开始推广面向数据中心的 AC-DCN 控制器，并提出了以"SDLAN+SDSAN+SDDCI"为主体技术架构的"敏捷数据中心网络 3.0 解决方案"，以连接计算资源、存储资源和多数据中心，如图 4-68 所示。SDLAN 主要解决的问题是虚拟网络的自动化部署与物理网络的自动化运维。SDSAN 主要解决的问题是 FC/FCoE 的集中式控制与管理。SDDCI 主要解决的问题是跨 DC 站点的 WAN 链路调优。

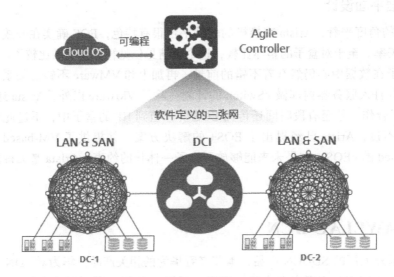

图 4-68　AC 2.0 中的 AC-DCN

2016 年年底，华为发布 AC 3.0，AC 3.0 将三大业务场景正式定位在园区、数据中心和广域网。针对数据中心场景，华为推出了"云数据中心网络 5.0 解决方案"，鉴于 IP 超融合概念的兴起，该方案不再关注于 SDSAN，而是将重点放在了多类型 VxLAN 控制与精细化运维等方面。

除了定位的转变，AC 还经历了平台级别的变化。前两个版本的 AC 是基于 OpenDaylight 进行二次开发的，以 MD-SAL 为核心提供华为的业务组件，对接华为的硬件设备，并对集群等关键机制进行了增强。由于华为在 ONOS 社区地位的逐步加强，以及出于一些其他的商业因素，AC 3.0 提出了"基于 ONOS 来统一园区、数据中心和广域网三大场景控制器"的技术转型路线。对于 AC-DCN 来说，由于前两个版本都是基于 Open-Daylight 来做的，一些功能模块都已经相对成熟，因此目前 AC-DCN 的主体仍然是基于 OpenDaylight 的，这从华为给出的官方说法"AC 3.0 基于 ONOS 平台为核心，同时兼容 OpenDaylight 应用"中也可知一二。

4.7.2　管理平面设计

华为的视角并不局限于网络，而是拥有完整的数据中心虚拟化产品线，直接与 VMware 在服务器虚拟化领域进行竞争。对应地，华为还推出了自己的云管理平台 FusionSphere，可以作为云编排器直接与 AC 进行交互。与 FusionSphere 不同，NetMatrix 是华为专门为 SDN/NFV 设计的协同编排器，与可以作为 AC 的编排器发放数据中心网络业务。

华为的 eSight 智能网管可以用于云数据中心的网络管理，在其白皮书中提及了对如下管理功能或特性的支持。

- ❑ 故障管理：提供 IP、IT、业务的实时和远程告警。
- ❑ 配置管理：预置常用的业务配置模板，提供配置文件的备份、比较与恢复。
- ❑ 报表管理：提供预定义报表以及报表的定制化能力。
- ❑ 设备管理：路由器、交换机、防火墙和 WLAN 设备。
- ❑ 可视化管理：物理拓扑、IP 拓扑、网络流量以及网络性能与 SLA。
- ❑ 虚拟资源管理：虚拟化拓扑、TOR、服务器、虚拟交换机和虚拟机。
- ❑ 策略管理：安全策略、网卡绑定、VLAN、QoS、ACL 和网络策略自动迁移。

4.7.3　控制平面设计

AC-DCN 的接口协议如图 4-69 所示，北向通过 RESTful API 与云管理平台或者编排器进行交互，处理虚拟网络的业务需求。南向通过多种协议与数据平面设备进行交互，来进行网络控制与监测。东西向主要用于对接计算资源的控制器，用于感知虚拟机信息。

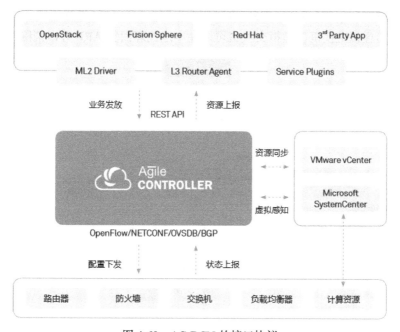

图 4-69　AC-DCN 的接口协议

1. VxLAN 的控制逻辑

由于 AC-DCN 最初是基于 OpenDaylight 的，因此它继承了 ODL 支持多种南向协议的优点，对 OpenFlow/OVSDB/NETCONF/BGP 的组合使用，使得 AC-DCN 能够支持多种多样的 VxLAN 控制逻辑，为底层的 Overlay 的组网逻辑提供了灵活的选择。

图 4-70 是基于 OpenFlow/OVSDB 的纯硬件组网，AC-DCN 将隧道表、VxLAN 转发表等集中地分送给 Leaf ToR，AC-DCN 可以代理回复 ARP 等以消除广播。

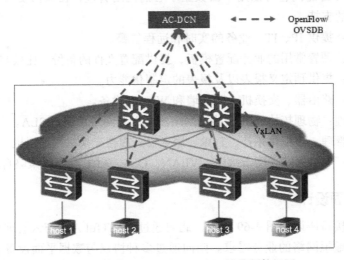

图 4-70   基于 OpenFlow/OVSDB 的纯硬件组网

图 4-71 是基于 OpenFlow/OVSDB 的纯软件组网，AC-DCN 将隧道表、VxLAN 转发表等集中地分发给虚拟交换机，虚拟交换机可以在本地代理回复 ARP 等以消除广播。

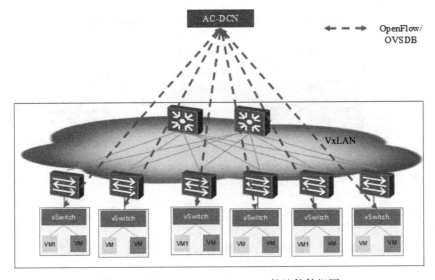

图 4-71   基于 OpenFlow/OVSDB 的纯软件组网

图 4-72 是基于 OpenFlow/OVSDB 的软硬件混合组网。

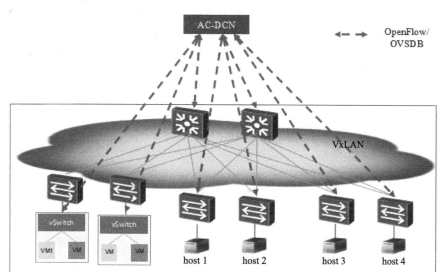

图 4-72　基于 OpenFlow/OVSDB 的软硬件混合组网

图 4-73 是基于 EVPN 的纯硬件组网，Leaf ToR 作为 BGP Client 发布虚拟网络的路由，Spine 作为 BGP RR 来进行路由反射，以在多个 Leaf ToR 间同步虚拟网络的路由。Leaf ToR 可以代理回复 ARP 等以消除广播。由于华为还没有能够支持 EVPN 的 vRouter，因此 EVPN 对于 AC-DCN 来说没有纯软件的方案。AC-DCN 在这种情况下只负责对 EVPN 进行集中式的配置，不直接控制路由逻辑。

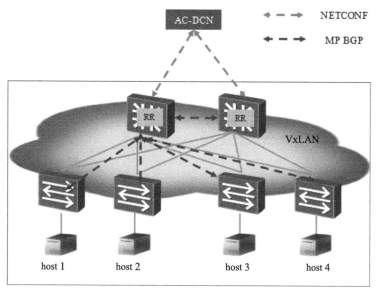

图 4-73　基于 EVPN 的纯硬件组网

图 4-74 是基于多种协议的多控制平面混合组网。虚拟交换机的控制由 AC-DCN 通过 OpenFlow/OVSDB 集中式完成，硬件上的转发逻辑由 Leaf ToR/Spine 间运行的 EVPN 分布式完成，AC-DCN 运行 MPBGP 与作为 BGP RR 的 Spine 节点交互 EVPN 路由，并在本地对 OpenFlow/OVSDB 与 MPBGP 进行格式转换，以同步虚拟交换机和硬件交换机上的控制逻辑。NETCONF 用于下发 EVPN 配置。

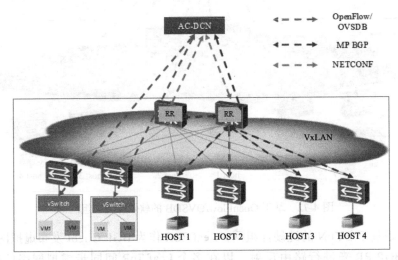

图 4-74　基于多种协议的多控制平面混合组网

图 4-75 由 AC-DCN 直接作为 EVPN 中的 BGP RR 与 Leaf ToR 进行交互来同步虚拟网络的路由，Spine 节点将不再运行 BGP RR。这种方式的好处是可以在 AC-DCN 上自动化地调整 BGP 的反射策略，从而得以对路径进行优化，这是一种类似于 IP 骨干网上 RR+ 的设计方案，不过这对控制器上 RR 实现的性能要求较高。

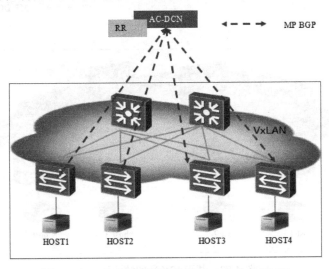

图 4-75　AC-DCN 直接作为 EVPN 中的 BGP RR

2.可视化机制

为了能够将 Overlay 和 Underlay 网络进行一体化的运维，AC-DCN 通过 OVSDB、SNMP、sFlow 等监测协议获取虚拟交换机集合硬件交换机的原始状态数据，如时延、丢包、缓存等，然后结合大数据平台对这些数据进行二次处理，为上层的网络运维应用提供数据基础，应用基于这些数据可以进行故障定位、故障自动恢复或者在故障发生前进行预判并采取一些措施（如路径优化）来避免故障的发生。如图 4-76 所示。

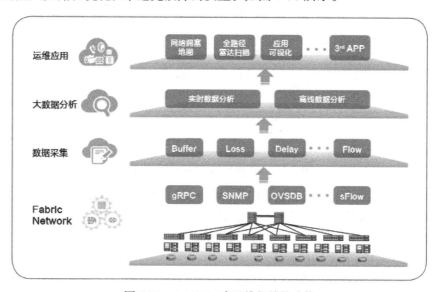

图 4-76　AC-DCN 中运维相关的功能

除了为应用提供网络状态数据以外，AC-DCN 还提供了多元的网络可视化能力，如设备可视化、拓扑可视化、租户可视化、路径可视化、流量特征可视、应用状态可视化等。其中，路径可视化是通过 NQA（Network Quality Analyze）技术在带内实现的，通过为某些业务流（如五元组）发送一些 NQA 探针包，可以在该探针包中插入中继节点的标识和时延、带宽等 Metadata，从而获得业务流在 Underlay 上的转发路径信息。

4.7.4　数据平面设计

硬件交换机上，华为 CE 7800/8800/12800 系列可以提供 VxLAN Routing，因此 Leaf ToR 和 Spine 都可以作为 VxLAN L3 Gateway，分别提供分布式和集中式的路由。另外，CE 系列的交换机除了 VxLAN 以外，还同时支持了一些传统的 Fabric 技术，如堆叠 iStack、横/纵向虚拟化 CSS+SVF、TRILL 等。这与 Cisco 将基于 VxLAN 的 N9K 和基于 FabricPath 的 N7K 产品线独立演进的思路是有所区别的。

如图 4-77 所示，CE 系列交换机的操作系统都采用了华为的 VRP 8，VFP 8 内嵌了 OPS（Open Program System）模块，为交换机的控制提供了开放的接口，允许通过 Linux Container 来扩展控制与管理功能。

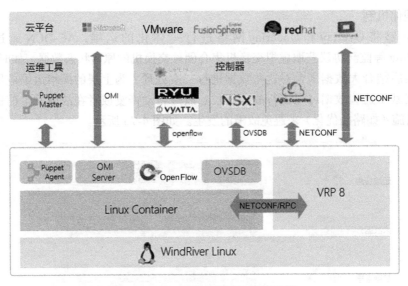

图 4-77　CE 系列交换机的操作系统

虚拟交换机方面，华为有自己的 CE1800V，控制上提供对于 OpenFlow 1.0、OpenFlow 1.3 和 OVSDB 的控制器接口，转发上提供对 VxLAN 和 GRE 封装的支持。AC-DCN 也可以对接开源的 OpenvSwitch。不过，CE1800V 相比 OVS 也没有太多的优势可言，因此华为还是为 AC-DCN 主推 CE 系列的盒子。

以上就是对华为数据中心 SDN 的介绍。相比 Cisco、VMware 和 Juniper，华为在 SDN 数据中心方向上切入较晚，因此在其方案架构上有很多可借鉴的成熟思路，基于众多的开放标准，AC-DCN 提供了多种南向协议和可选的 Underlay Fabric，因此在技术路线上来看 AC-DCN 还是比较灵活的，不过 AC-DCN 目前的版本仍处于早期阶段，未来在市场上会表现如何还是个未知数。

4.8　Bigswitch BCF 与 BMF

讲过了各大厂商的产品和方案，从本节开始介绍 SDN 领域中最令人振奋的一股力量——创业公司。2012 ~ 2015 年，SDN 创业的主战场是数据中心虚拟化，但 2015 年已经开始转向 SDWAN。数据中心 SDN 第一阶段的拼杀基本已经结束了，经过市场的整合，一些创业公司已经投入了大厂商的怀抱，只有少数的几家仍然在市场上独自打拼，其中以 BigSwitch 最为大家所熟悉。

BigSwitch 可以说是根正苗红的 SDN 玩家，该公司于 2010 年成立，很多主要创始人都是从 Clean State 项目组出身的，包括 Guido Appenzeller 和 Rob Sherwood。此二人和 Martin Casado 属于同一拨选手，几人都是 OpenFlow 的骨灰级玩家，不过 BigSwitch 和 Nicira 走的路线却有着很大的差异，BigSwitch 用 OpenFlow 做的是 Underlay，数据平面上做的是白盒的 OS，而 Nicira 用 OpenFlow 做的是 Overlay，数据平面上搞的是 Hypervisor 上的 vSwitch。两者相比较而言，Bigswitch 的理念是用纯 OpenFlow 来做数据中心，偏向于狭义范畴的 SDN，而 Nicira 走的理念则更接地气一点，Overlay 一提出来对了很多人的胃口。随着 VMware 的天价收购，Nicira 成了 SDN 界最为知名的明星，而 BigSwitch 则至今仍然独立地存在着。

BigSwitch 为 OpenFlow 贡献了非常多的知名开源项目，控制器有 FloodLight、协议编译工具 Loxigen、虚拟化中间件 FlowVisor、交换机代理 Indigo 以及测试工具 OFLOPS 等，这些开源项目（尤其是 Floodlight）奠定了 BigSwitch 在开源 SDN 生态圈中的重要地位。OpenDaylight 在成立之初，BigSwitch 作为白金会员希望把自己的控制器代码作为 OpenDaylight 控制器的核心，不过社区最后采纳了将 BigSwitch 和 Cisco One 控制器进行融合的方案，以提供对 OpenFlow 在内的多种南向协议的支持。"提供多种南向协议的支持"听起来很美好，背后实际上是厂商当时对于火热的 OpenFlow 的围剿，眼看着 OpenDayLight 社区与 OpenFlow 背道而驰，BigSwitch 在社区仅成立两个月后就立即选择了退出。不过，在 Cisco 的强大号召下，OpenDaylight 还是建立起了广泛的生态，一定程度上可以说是成功地给 OpenFlow 降了温。

市场策略上，BigSwitch 把基于 Indigo 的交换机操作系统 Switch Light 也贡献了出来，并和 Accton 等 ODM 厂商共同推广 OpenFlow 白盒，而 BigSwitch 主要还是卖 OpenFlow 白盒上游的控制器。目前来看，BigSwitch 已经在北美争取到了一些客户。资本方面，BigSwitch 在 2011 和 2012 两年在 A、B 两轮一共拿了 3880 万美元，2016 年的 C 轮有 4850 万美元，最新的消息是 2017 年 7 月份又拿到了 3070 万美元的资金，融资情况还是很不错的。

4.8.1　整体架构

BigSwitch 产品的体系架构就是典型的控制器 +OpenFlow 交换机。限于 OpenFlow 的应用场景，BigSwitch 的产品是专门为数据中心所设计的，其方案分为两套：Big Cloud Fabric（BCF）和 Big Monitoring Fabric（BMF）。BCF 用于网络自动化，BMF 用于 DMZ 与网络可视化。针对数据中心安全，BigSwitch 还专门提出了 BigSecure，不过里面还是用的 BCF 和 BMF 的技术，只是换了个说法而已。

要理解 BigSwitch 产品的体系架构，更好的办法就是直接从公司的名字入手，即将基于白盒设备的 Fabric 抽象成一台"大的交换机"，通过 OpenFlow 对其进行集中式的单点控制。从反向的角度还可以理解为，将网络中昂贵的机箱式大盒子换成多个便宜的白盒设备，以获得较低的拥有成本以及更好的可扩展性。如图 4-78 所示，无论是 BCF 还是 BMF，都贯彻着这一思想。

BigSwitch 的产品线如图 4-79 所示。BCF 和 BMF 都分为两个版本，BCF 的 P 版本用于 VMware 环境，P+V 版本用于 OpenStack 环境，BMF 的 Out-of-Band 版本用于带外流量分析，Inline 版本用于 DMZ。

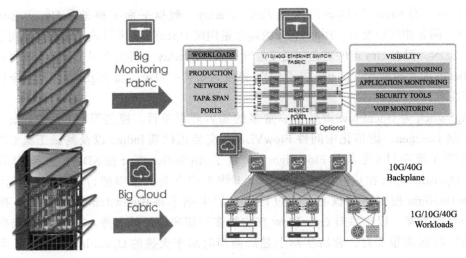

图 4-78　BigSwitch 的产品设计思维

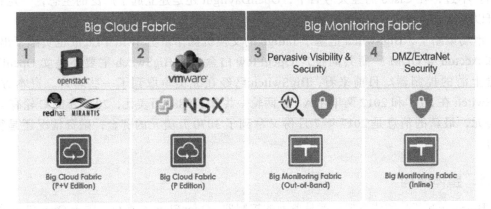

图 4-79　BigSwitch 的产品线

4.8.2　BCF 控制平面设计

BCF 的设计是要将传统的 Chassis Switch 结构和功能"移植"到 Leaf-Spine 架构中，其中 Leaf 相当于线卡，Spine 相当于背板，而 Controller 则相当于控制引擎。那么 BCF 要实现的主要有以下几点：

- ❏ Chassis Switch 的线卡是即插即用的，因此 Leaf 和 Spine 需要支持 ZTP。Chassis 线卡上的能够支持 L2、L3 的转发，因此 Leaf 上需要实现分布式路由。
- ❏ Chassis 内背板上的转发不需要复杂的 L2、L3 协议，因此 Controller 需要通过 OpenFlow 直接控制 Underlay Fabric 上的转发而非通过隧道 Overlay 在 IGP/BGP 上。
- ❏ Chassis Switch 的控制引擎通常都是冗余的，并且是单点管理的，因此 Controller 需要实现集群形成一个物理上分布、逻辑上统一的控制器。

❏ Chassis Switch 即使双引擎全部失效了，也有 GR、NSF 等机制来保证数据平面的正常转发，因此 Controller 集群都挂后数据平面也不能够失效。

❏ Chassis Switch 背板也是冗余的，因此 Fabric 中的交换机、链路、路由都应该是互为备份的。

BCF 与传统 Chassis 的对比如图 4-80 所示。

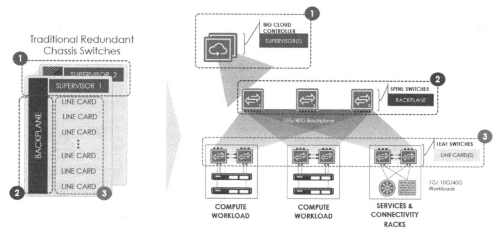

图 4-80　BCF 与传统 Chassis 的对比

1. BigSwitch 对 OpenFlow 的理解

可以看到，相比于其他数据中心 SDN 方案，BCF 最大的特点就在于它使用 OpenFlow 来代替 IGP/BGP 来运行 Underlay，支持在不使用 VxLAN 封装的情况下实现虚拟化。其优点在于节约了 IGP/BGP 的运维成本，不需要分别去购买 Overlay 的 Underlay 的控制逻辑。不过，BCF 需要将 Leaf-Spine 都替换成 OpenFlow 白盒，这样一来难以复用现有的设备，而且目前来看使用 OpenFlow 做 Underlay 的思路还没有被业界所普遍接受。不过作为 OpenFlow 的发源地，北美的市场上还是有一些客户愿意对此进行尝试的，包括 Verizon 这样的 Tier-1 运营商。

想用 OpenFlow 来搞 Underlay，不可避免地要回答两个问题：① TCAM 不够用怎么办？②触发式的逻辑对控制器的冲击怎么解决？

BCF 给出的答案是：① OpenFlow 虽然对 flow-based forwarding 有很好的支持，但是不是只能基于流进行转发，OpenFlow 本质上只是一个更灵活的 FIB RPC 而已。对于普通的 L2、L3 流量，交换机在本地把 OpenFlow 流表转化成 CAM 和 LPM 即可，现有的芯片里面 CAM 表项轻松上 100K，LPM 可能少一些不过也要比 ACL 多得多。需要用 flow-based 的时候再用，比如一些安全、服务链策略，不过这种策略通常是不会很多的。②同理，OpenFlow 只是提供了对 PacketIn 的支持而已，FlowMod 的逻辑是没必要非得和 PacketIn 绑定在一起的。如果把触发式转为预置式，那么和传统网络中控制引擎提前学好路由表，再同步到线卡里面去是没有区别的。如果一上线就打流量，传统设备达到线速转发也是需

要一段时间的，这是无法避免的。另外，BigSwitch 对 OpenFlow 的理解也不是完全狭义的
"数据平面没有任何控制逻辑"，一些需要触发的行为可以通过卸载到交换机上去完成，如
DHCP、ARP 等，这可以进一步减少 PacketIn 对控制器的冲击。

思路谈完了，开始讲具体的设计。图 4-81 是 BCF 的业务网络模型，租户表示为
Tenant，一个 Tenant 可以有多个 Segment，每个 Segment 通常对应于一个 VLAN，同一个
Tenant 下的不同 VLAN 之间通过 Logical Router 进行通信，不同的 Tenant 间通过 System
Logical Router 进行通信，System Logical Router 逻辑上与出口路由器进行双上联，以对接
非虚拟化环境。

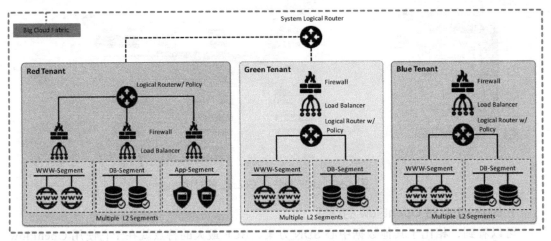

图 4-81 BCF 的业务网络模型

BCF 分为 P+V 版本和 P 版本。其中，P+V 版本是为了 OpenStack 设计的，除了白盒
以外，BigSwitch 还提供了自己的虚拟交换机 IVS（也是基于开源的 Indigo 的），由于不使
用 VxLAN，因此 BCF 能够方便地提供 Overlay+Underlay 的一体化控制，包括虚拟机定位、
路径追踪等。

2. P+V 版本

图 4-82 是 P+V 版本中 BCF 的转发逻辑。可以看到其转发表并不复杂，本地转发的就
直接走目的所在的 Port，远端的就通过 Group 选一个下一跳发出去。这些转发表都是 BCF
控制器通过 OpenFlow 流表预置的，DHCP、ARP、ICMP 以及 NAT/NPAT 都是卸载到交换
机本地完成的，不需要通过 PacketIn 上送控制器，以避免流量对控制器的冲击。

对于 L3 流量，采用的是"任播 + 分布式路由"的做法，各个 Segment 中的 .1 地址
即为对应的 Logical Router 接口，这些 Logical Router Interface 都使用相同的 MAC 地址，
Logical Router 分布在流量接入的 vSwitch/Leaf 上，识别出 L3 流量就在直接完成 MAC 地
址的改写并对 TTL 减 1，然后在目的的 Segment 中进行转发。如果是跨租户的 Inter-Tenant
L3 或者 Internet 流量，还需要额外在 System Router 上进行一次路由，为了方便一些安全策
略的实现，System Router 的转发逻辑被分布在了 Spine 中。

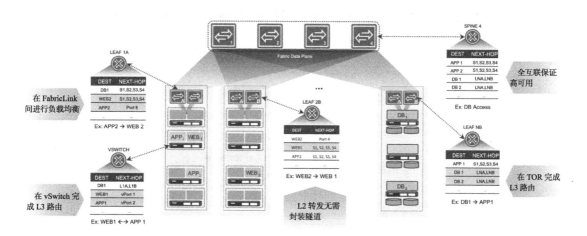

图 4-82　P + V 版本 BCF 的转发逻辑

当然，控制器能够完成上述逻辑的前提是能够得知物理网络的拓扑以及虚拟机、裸机的位置。对于物理网络的拓扑，需要在控制器上事先通过交换机的 MAC 地址来定义其拓扑角色（vSwitch、Leaf 或者 Spine），LLDP 和 LACP 被卸载到交换机本地以探测交换机间的连接，以及裸机 / 虚拟机与交换机间的 Bond 连接。对于虚拟机的位置，vSwitch 可以通过监听 vNIC 的 plug 动作来上报。对于裸机的位置，就只能通过事先定义或者通过与 OpenStack 的接口来获取了。

3. P 版本

P 版本主要是用于与 VMware NSX 的对接。在最开始的几个版本，BCF 不提供对于 VxLAN 的支持，因此只能作为单纯的 Underlay SDN 方案，无法作为 HWVTEP 将裸机接入 NSX 环境。DHCP、ARP 是由 NSX 来负责的，拓扑和 Bond 的发现是通过 LLDP/CDP 来完成的，BCF 为 VTEP 间的通信提供 Transport VLAN 的自动化配置，VxLAN 的封装与解封装都是由 VDS 来完成的。不过，虽然 BCF 不参加 VxLAN 的控制过程，但是可以通过 vCenter 间接地从 NSX 处得到虚拟机与 VTEP 的对接关系，做一些整合后即将虚拟机和 Underlay 的位置关系显示出来，如图 4-83 所示。对于路径的追踪，由于 Underlay 不具备 VxLAN 的能力，就只能提供好目标流量所对应的外层包头信息，包括源 VTEP IP、目的 VTEP IP 和源端口号（由内层包头的五元组哈希得到，可以标识内层流量）与目的端口号，因此这是一种这种比较初级的路径追踪方案。

2016 年之后，BCF 开始在 P 版本中添加对 VxLAN 的支持，以提供对裸机接入 NSX 环境。其原理也很简单，就是在 BCF Controller 上使能 VxLAN，然后配置好 HWVTEP 上 Segment VNI 到 Port、VLAN 的映射关系，然后 BCF Controller 和 NSX 直接通过 OVSDB 进行通信交互 MAC 与 VTEP 的映射关系，然后再向 HWVTEP 同步转发表，裸机发送的 ARP 也由 HWVTEP 来代理完成，如图 4-84 所示。实际上对于 NSX 来说，BCF Controller 就是 HWVTEP，可以看作 NSX 和物理交换机间的中继。BCF 有了对 VxLAN 进行处理的能力以后，路径的追踪就可以直接通过内层流量特征来完成了，而不用再提供外层包头。

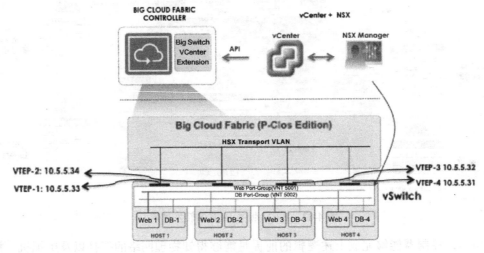

图 4-83　BCF P 版本与 NSX 的对接

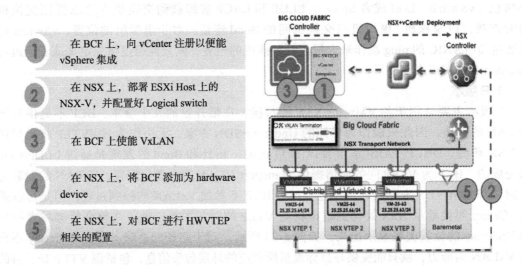

图 4-84　BCF P 版本支持通过 VxLAN 将裸机接入 NSX

回头再来说说 VLAN 和 VxLAN。Broadcom Trident 2 早在 2012 年就支持了 VxLAN，为什么 BCF 最开始没有选择对 VxLAN 进行支持呢？原因可能有两点：① VxLAN 封装后把内层报文隐藏了起来，Leaf 和 Spine 上的一些转发逻辑写起来比较困难。② Trident 2 不支持 VxLAN Routing，BigSwitch 并不具备改芯片的能力，之所以使用了 Trident 2，是没有办法在硬件上打通 L3 流量的。随着 Trident 2+（支持 VxLAN Routing）在 2015 年的上市，BCF 也开始提供了对 VxLAN 的支持，不过 VxLAN 对于 BCF 来说主要还是用在 P 版本中，来为 NSX HWVTEP 接入裸机的。不过前面说过，VxLAN 这种 Overlay 思路是和 BCF 的思路有冲突的，因此在对接 OpenStack 的 P+V 版本中，BCF 可控的环节多了，就仍然使用 VLAN 来做 Fabric 了。

当然，使用 VLAN 做 Fabric 就面临数量不够用的问题，解决这个问题的做法有两个：一个是 VLAN Rewrite，将本地和 Port 绑定的 Local VLAN 与传输用的 Segment VLAN 进行一次映射，虽然转化后还是只有 4K，不过这能够解决一定的问题，因为一些租户可以只放在一个 vSwitch/Leaf 下，不用占用全局的 Segment VLAN。不过这是治标不治本的。另一个就是 QinQ，也就是 VLAN Stack，一个 VLAN 不够用就再嵌套一个 VLAN，QinQ 结合 VLAN Rewrite，理论上也是可以支持到 1600 万的租户的。

不过，不论是 VMware 还是 OpenStack，基本上都是用在私有云里面的，4K 通常来看都是够用的。而且像 BCF 这种 Overlay 和 Underlay 都需要由控制器来控制的方案，规模也是不会做得太大。因此 BCF 在销售策略上是以 POD 为规模在卖，客观上讲是算不得大二层了，当然，传统的 Chassis 也就是在 POD 内部用一用，如图 4-85 所示。目前来看，想要二层上规模，主流上还是得用 VxLAN。

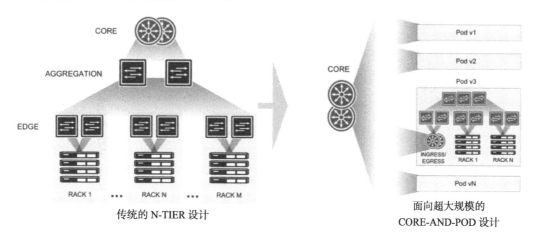

图 4-85　BCF 主要面向 POD 内部的控制

4.8.3　BMF 控制平面设计

BMF（最初称为 Big Tap）是 BigSwitch 最早开始推的产品，分为两个版本：Out-of-Band 版本用于带外监测，Inline 版本用于 DMZ。如图 4-86 所示，BCF 左侧的为 Inline BMF，实现 DC 入口处的流量安全；BCF 右侧的为 Out-of-Band BMF，实现 BCF（或者其他生产网络）的流量可视化。

1. Out-of-Band BMF

图 4-87 是 Out-of-Band BMF 的示意图。一些 OpenFlow 白盒组成一个 Monitoring Fabric，两侧分别连接生产网络和第三方的网络可视化软件，BMF Controller 通过 OpenFlow 对生产网络产生的 TAP 或者 SPAN 流量部署一些策略，如过滤、聚合、分流等，

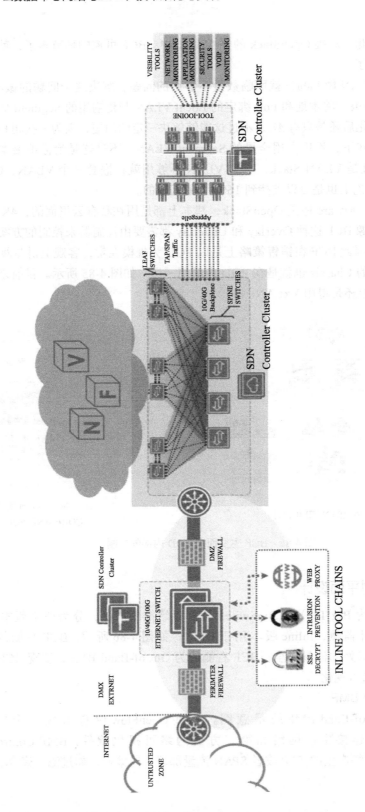

图 4-86　Inline BMF 和 Out-of-Band BMF（见彩插）

然后再有针对性地转发给网络可视化软件,以提高网络可视化软件的处理效率。实际上,这些功能传统的 NPB(Network Packet Broker)就可以实现,不过传统 NPB 都是一些专用的 Chassis,这些 Chassis 虽然功能和性能强大,但是价格昂贵而且可扩展性较差。Out-of-Band BMF 的思路就是通过 OpenFlow Fabric 来替换 Chassis,通过 Controller 的灵活控制来实现类似的 NPB 功能,优点是可以降低成本、提高可扩展性以及能够开放出来一些监控策略的 API,这与 BCF 的设计思路是基本一致的。

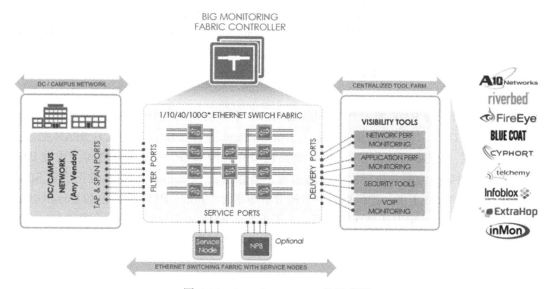

图 4-87　Out-of-Band BMF 的示意图

不过,由于 OpenFlow 交换机的 NPB 功能相比专用的 Chassis 还是有限的,比如一些去重、加时间戳、分片等,因此 BigSwitch 还为 BMF 提供了可选的 Service Node,以实现这些“OpenFlow Beyond”的 NPB 功能。另外,如果策略想匹配一些隧道包的内层特征,标准的 OpenFlow 也是无法提供支持的。BMF 通过对 OpenFlow 进行扩展解决了这一问题,思路就是匹配时不指定字段名称了,而是通过 Anchor + OffSet 的方式来自定义报文解析与匹配。该技术被称为 DPM(Deep Packet Matching),和 POF 中的相关机制是类似的,不过 DPM 是受到长度限制的。

该方案中 OpenFlow 交换机的端口被划分为几种不同的角色。连接生产网络的 TAP/SPAN 流量的端口称为 Filter Interface,连接网络可视化软件的端口称为 Delivery Interface,Fabric 内部互联的端口称为 Core Interface。Service Node 通常通过两个端口来接入 Fabric,Pre-Service Interface 用于从 Fabric 接收流量,Post-Service Interface 用于处理完流量后重新注入 Fabric。

Out-of-Band BMF 实际上就是通过 OpenFlow 来 Match 特定的流量(如 12 元组),然后通过 Drop、Output、Group 等动作在不同的 Interface 间执行过滤、引流、聚合等策略。当前,前提是首先在 BMF Controller 上实现定义好交换机端口的角色以及 Fabric 的拓扑。这个的控制逻辑也没有什么特定的模式，完全是根据监控的策略来实现的，这里不再赘述。

既然是用 OpenFlow 做策略的，那么又有两个问题了：①两个优先级相同的策略，发生冲突了，怎么办？②策略要是细一点，只能用 TCAM 来做了。如果策略多了，TCAM 不够用怎么办？这两个问题实际上非常偏学术，在工程上只能做一些简单的处理，BMF 的做法是：① BMF Controller 对新下发的策略和老的策略进行比较，发现发生了冲突，就尽量把 Match 和 Action 合并进一条流表。②对流表做优化，主要是对含有 inport 和 ip_prefix 的流表进行适当的聚合。当然，无论如何处理，这都必将损失一定的策略精度。

除了部署监控策略以外，BMF Controller 本身也提供了一些数据的可视化，比如主机追踪、子网追踪、TAP 分析、sFlow 数据采集、SNMP 监测等。不过，更为精细的可视化就只能通过引流到第三方专业的网络可视化软件来完成了。

2. Inline BMF

图 4-88 是 Inline BMF 的示意图。IInline BMF 主要面向的场景是在 DMZ 区域部署服务链，以实现 DC 入口处的流量策略。与 Out-of-Band 需要额外的 TAP 或者 SPAN 把流量引到带外不同，Inline 直接将 OpenFlow 交换机串在外网和 DC 入口设备之间，通过 BMF Controller 识别某些流量并执行服务链的引流，当然这台 OpenFlow 交换机也把流量 SPAN 到 BMF Out-of-Band 上去，进行更进一步的分析与审计。Inline BMF 实际上和 Out-of-Band BMF 是一套软件，技术上还是那些东西，由于 Inline BMF 通常只涉及一两台交换机，其策略的实现还要比 Out-of-Band BMF 简单一些，这里就不再赘述了。

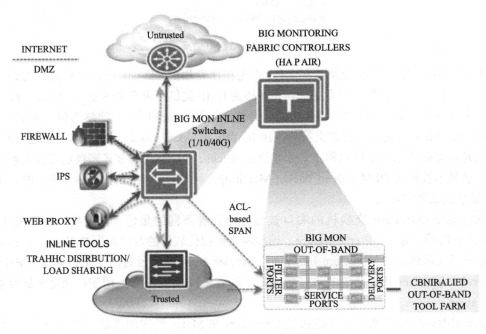

图 4-88　Inline BMF 的示意图

4.8.4　数据平面设计

前面提到过，BigSwitch 的商业逻辑是为 ODM 提供自己的开源交换机 OS 来捆绑白盒，从而达到销售自己的 OpenFlow 控制器的目的。BigSwitch 开源出来的交换机 OS 叫作 Switch Light，简单地说，可以把 Switch Light 理解成带有 Open Flow Agent 的开源 Linux。图 4-89 是对 Switch Light 结构的介绍，分别来看看图中各个颜色所指代的部分。

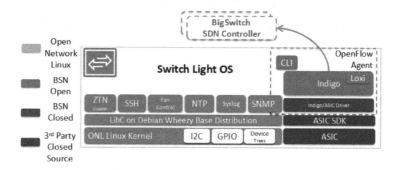

图 4-89　Switch Light 的设计（见彩插）

图 4-89 中间下方的方框部分是开源 Linux，当然这个 Linux 的发行版并不是我们日常用的 Ubuntu，而是基于开源网络操作系统 ONL（Open Network Linux）。ONL 是专门为 baremetal switch 设计的操作系统，它提供了很多开源的、标准化的网络 OS 模块，如用于对设备的监控的 SNMP、用于交换机自动化配置的 ZTN Loader、用于记录日志的 Syslog 等，还包括一些交换机外设（如风扇和 LED）的驱动。ONL 希望在硬件和交换机的网络程序间提供一个通用的平台，其代码是完全开源的，ONL 于 2015 年被 OCP（Open Compute Project）采纳为标准的开源交换机网络操作系统。
Baremetal switch 只要是支持 ONIE（Open Network Install Environment）就可以自动下载 ONL Image。

当然，ONL 只是一个通用的 OS，Switch OS 厂商需要基于 ONL 来提供他们自己的 OS，如 Cumulus、Pica8 等。Switch Light 是 BigSwitch 提供的基于 ONL 的 OS，其定制化的内容就在于 Indigo，即为图 4-89 中橙红色（CLI 和 Indigo）的部分。Indigo 是 BigSwitch 开源出来的一个 OpenFlow Agent，图 4-90 是其 Indigo_v2 内部模块的简单示意。Indigo 北向是 OpenFlow 控制器（图 4-90 中为 BigSwitch 开源的 Floodlight），

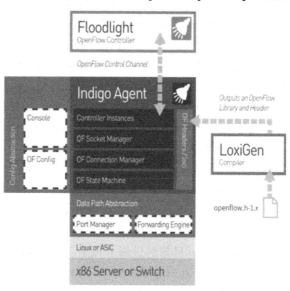

图 4-90　Indigo_v2 的设计

LoxiGen（同为 BigSwitch 开源）为其提供 OpenFlow 协议的编码。南向是转发通道的 SDK。如果转发是 ASIC，那么 Switch Light 经过包装后就变成了白盒交换机；如果转发是 Linux Kernel，那么 Switch Light 经过包装后就是虚拟交换机 IVS（Indigo Virtual Switch），IVS 同为 BigSwitch 开源。

　　Switch Light 不是 OpenFlow 传统意义上的"Thin Agent"，Switch Light 在 Indigo 之外还增加了很多本地功能，如 DHCP、ARP、LLDP、LACP、ICMP 等，能够有效地防止这些流量对 Controller 的冲击，以增强 Controller 的可靠性。图 4-91 示意了 IVS 相比于标准的 OpenvSwitch 在用户空间增加的部分功能。

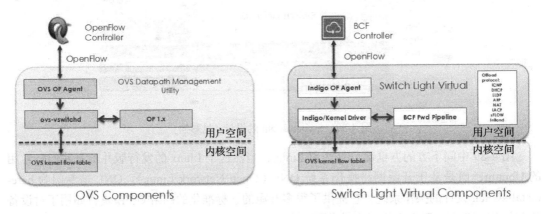

图 4-91　IVS 将部分功能进行了卸载

　　对于图 4-89 中的 ASIC，目前能够支持 OpenFlow 的主流 ASIC 为 Broadcom 的 Trident 2 和 Tomahawk。Trident 2 和 Tomahawk 都是通过传统的转发表来模拟 OpenFlow 流表的行为的，Broadcom 开放了 OF-DPA 作为 Trident 2 和 Tomahawk 的 SDK，以方便 OpenFlow Agent 对芯片进行操作。实际上，把 OF-DPA 说成 ASIC SDK 并不是十分准确，因为出于保密的考虑，Broadcom 在 ASIC 和 OF-DPA 中间还另外做了一层抽象，所以 OF-DPA 准确地说应该是"SDK of ASIC SDK"。最开始，BigSwitch 并没有把 Indigo 的 OF-DPA Adaptor（见图 4-91）开放出来，不过现在从 github 上来看，还是可以看到 OF-DPA Adaptor 的。

　　由于 BigSwitch 的重点放在了控制器上，因此 BigSwitch 没有选择自己做盒子，而是通过与 ODM（如 Accton、Quanta 等）合作来建立控制器的生态。BigSwitch 为 ODM 提供交换机的 OS，ODM 来做盒子的整体集成与包装。BigSwitch 自己倒是基于 x86 为 BMF 做了 Service Node，用于弥补 OpenFlow 在实现 NPB 功能上的不足。

　　上述就是对 BigSwitch 的介绍了。作为 SDN 骨灰级的创业公司，BigSwitch 一直在坚持"OpenFlow + 白盒"的技术路线，虽然在生态方面做出了巨大的努力，但是由于众多因素，OpenFlow 目前的进展并没有完全符合预期。不过，BigSwitch 在产品上也看得比较准，尤其对 Monitoring Fabric 和 DMZ，可以算是 OpenFlow 在数据中心的杀手级应用了。BigSwitch 对 OpenFlow 最初所设想的 SDN 路线的长期坚持，且不谈未来究竟前景如何，这种对执着的技术追求可以说在鱼龙混杂的 SDN 创业圈子里是一股清流。如果将来有一天 BigSwitch 也被收购了，那么 OpenFlow 颠覆传统网络的梦想，或许也就该画上句号了。

4.9 Midokura Midonet

Midonet 是日本的 Midokura 公司开源出来的 Neutron 组网方案。Midokura 早在 2010 年就开始做云中的网络虚拟化，他们最开始做 Midonet 是用的 Python，后来改用了 Java+Scala。2014 年年底的 OpenStack 大会上，Midokura 将 Midonet 开源出来并集成到 Neutron plugin 中。目前，Midonet 已经更新到了 5.4 版本。

Midokura 构建起来的生态比较热闹，既有 Eucalyptus、Mirants 这些云计算玩家，也不乏 Redhat、Suse 和 Ubuntu 等开源 IT 界的老大哥，Broadcom 和 Fujitsu 等通信巨头也赫然在列。2013 年 4 月，Midokura 在 A 轮融资中拿到了 1730 万美元，在 2016 年 6 月的 B 轮融资中拿到了 2000 万美元，在资本市场上的表现只能说是不温不火。

4.9.1 整体架构

从组件来看，MidoNet 以 ZooKeeper + Cassandra 构建全局数据库 Network State DB Cluster，NSDB 中存储网络中的各种状态数据。转发的控制逻辑被分布在设备本地——Midolman，转发通过 ovs datapath 来实现。如图 4-92 所示，转发设备分为 Edge 和 BGP Gateway 两种，Edge 负责虚拟机的接入，BGP Gateway 负责对接 Internet。Edge 与 Edge 间，Edge 与 Gateway 间的 Underlay 网络（称为 tunnel zone）支持 VxLAN 和 GRE 两种隧道方式。

从接口来看，租户网络的逻辑拓扑通过 RESTful API 下发并存于 NSDB，NSDB 和 Midolman 间通过 RPC 进行双向同步，NSDB 把租户网络的信息分发给 Midolman，而 Midolman 会将本地的信息上报给 NSDB，NSDB 再同步到其他的 Midolman。Midolman 实际上取代了 OVS 在 user space 中的 vswitchd 和 ovsdb-server，因此也并没有使用 OpenFlow 和 OVSDB，而是直接通过 Linux Netlink 来操作 kernel space 中的 odp（ovs datapath）。图 4-93 给出了 host 中 Midolman 所处的位置。

Midonet 典型的组网模型如图 4-94 所示，vPort、vBridge（图中为 Virtual Switch）、Tenant vRouter 分别和 Neutron 中 Port、Network 和 Router 相对应。相比 Neutron，Midonet 还设计了 Provider vRouter，对 public-network 进行了增强。

一般来说，在 Neutron 的 public-network 中，各个 Tenant Router 的 External Interface 与 Physical Router Interface 在同一个 CIDR 下，这就会产生两个问题：①由于 Tenant Router 没有发布路由的能力，这就使得 Tenant 间通信（在有 FIP 的情况下）只能走南北向流量的路由，得绕到 Physical Router 上再绕回来。②Neutron 社区中对 public-network 的控制机制仍然比较缺乏，Tenant Router 不支持做 multi-home，尽管很早就有蓝图，但一直也不见什么进展。

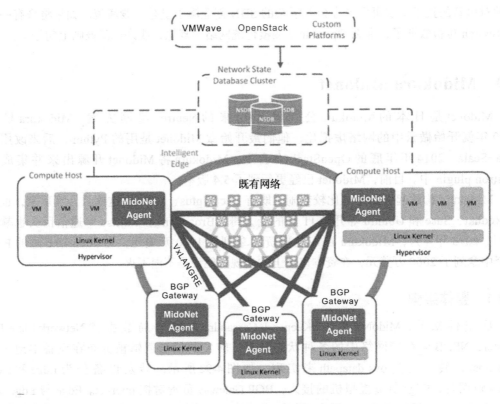

图 4-92　Midonet 的架构

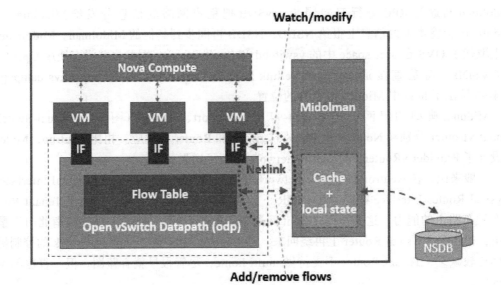

图 4-93　Midolman 取代了 vswitchd 和 ovsdb-server

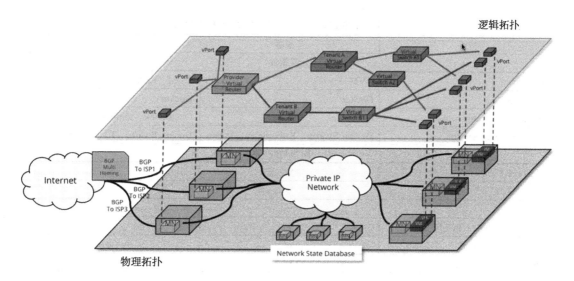

图 4-94　Midonet 典型的组网模型

Midonet 解决这一问题的思路是，从逻辑的视角增加了对 Provider Router 的资源描述，Provider Router 在 Edge 本地即可以直接完成跨 Tenant 流量的处理，与 Internet 间的南北向流量送到 BGP Gateway，BGP Gateway 能够在多个 Uplink 上进行选路。处理的机制后面再做介绍，下面先通过图 4-95 给出简单的示意。

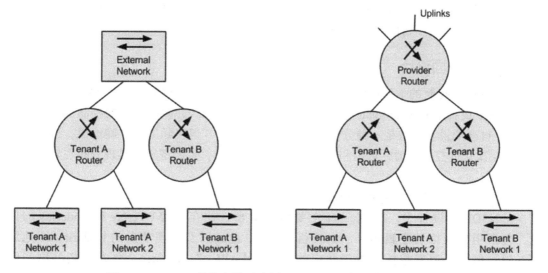

图 4-95　Neutron 的路由模型（左）和 Midonet 中的路由模型（右）

根据 Midokura 官网给出的信息，开源版和企业版的 Midonet 能够支持的上游软件、网络功能以及管理功能，见表 4-3。

表4-3　开源版和企业版 Midonet 支持的特性

特性	开源版	企业版
上游软件		
Hypervisor	KVM	KVM，ESXi
Container	Docker	Docker
Cloud Orchestrator	OpenStack	OpenStack、vSphere
Container Orchestrator	Docker Swarm、Kubernetes，Mesos	Docker Swarm、Kubernetes，Mesos
网络功能		
L2 over L3	√	√
分布式路由	√	√
硬件 VTEP	√	√
L3 网关：EBGP + ECMP	√	√
安全：Port/Network	√	√
NAT：有状态 / 无状态 / 端口重定向	√	√
管理功能		
RESTful API/CLI	√	√
GUI	×	√
Troubleshoot	支持得不好	支持得较好
日志	手动	自动

以 Midonet 最新的 5.4 版本为参考，其支持的一些高级功能包括 FWaaS、LBaaS、L2 Gateway、Dynamic Routing、VPNaaS、QoS 等。可以说在对于 OpenStack 网络的支持方面，Midonet 是功能最为丰富的 SDN 产品之一。

4.9.2　控制平面设计

在 Midonet 控制的平面设计，基于 ZooKeeper 和 Cassandra 构建了全局数据库 NSDB，分布在各个设备中的 Midolman 与 NSDB 双向地同步信息，并执行具体的控制逻辑。根据 Midonet 自己的说法，这是一种分布式的控制平面设计，但实际上更准确地说，这应该属于一种层次化的控制平面，数据和状态集中在 NSDB 中，控制逻辑的实现分布在转发设备本地。

1. NSDB 中的 ZooKeeper 与 Cassandra

在 NSDB 的设计中，ZooKeeper 主要负责集群，并存储着 Overlay 和 Underlay 的信息，包括租户网络的逻辑拓扑、虚拟机 MAC/IP 地址以及物理节点的 Underlay IP 地址等。租户网络的逻辑拓扑来源于北向的 RESTful API，ZooKeeper 会将逻辑拓扑同步给相关的 Midolman，而 Midolman 则会把本地虚拟机 MAC/IP 地址的 Underlay IP 和上报给 ZooKeeper，ZooKeeper 再将该信息同步给相关的其他设备上的 Midolman，以指导 Midolman 上转发逻辑的实现。另外，ZooKeeper 还会存储着网络中各种的监测数据，包括集群相关的、租户相关的、流量相关的数据，等等。ZooKeeper 是和业务直接相关的，如果

ZooKeeper 集群挂掉后，虽然已有流量仍然能够进行转发，但是新出现的流量和租户网络拓扑的更新就没有办法做处理了。

Cassandra 负责存储 Flow-State 的相关信息，主要包括 NAT Mapping 和 Connection Tracking 两种。之所以要存储这些信息，一方面是为了进行全局的同步，来保证 IP/Port 的使用不产生冲突，另一方面是为了做持久化，以防重启后流状态的丢失。在 Midonet 的早期版本中，Flow-State 只能通过 Cassandra 进行同步，新的流量出现时需要 Reactive 地向 Cassandra 进行资源的请求。从 1.6 版本开始设备本地缓存 Flow-State，并通过私有的协议 Proactive 地在 Midolman 间进行同步。5.2.1 版本后，设备在本地即能够对 Flow-State 进行持久化，这使得系统不再依赖于 Cassandra，目前 Cassandra 在 Midonet 的部署中默认是不做开启的。

2. Midolman 中的 Overlay Simulation

下面来对 Midolman 的设计机制进行介绍。图 4-96 中 netlink channel 下方就是 Midolman 的堆栈。当 odp 收到一个 packet 时，如果找不到流表，就要上行向 user space 的 Midolman 发出 upcall，Midolman 首先查找 odp flow-table 的副本，没有查找 wildcard flow-table，再没有就需要进入 Overlay Simulation 阶段了。之所以称为 Simulation，是因为 Midolman 仿真了 Overlay 中的各个设备（port traffic filter、vBridge、vRouter），packet 会根据 port binding 的映射关系送入特定的 Overlay 设备，这些设备存有 Overlay 转发表（port traffic rule，L2 rule，L3 rule），因此也就具备在 Overlay

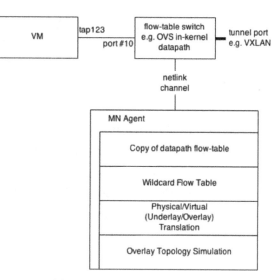

图 4-96　Midolman 的内部设计

上进行转发的能力，于是 packet 就会根据 Overlay 转发表在 Midolman 中跑一次 Overlay Simulation。Overlay Simulation 过程中各个 Overlay 设备的匹配字段和处理动作，会被整合成 exact match + action set，然后翻译成一条 odp 流表项，下行送回 odp。之后的相同类型的 flow traffic 就直接匹配该 odp 流表项做处理了。

当然，Midolman 进行 Overlay Simulation 的前提是要了解 Overlay 和 Underlay 的拓扑以及资源映射关系。Overlay 与 Underlay 的参数（包括 Edge IP，Port Binding，MAC，IP、Filter Rule 等）、以及网络中的实时状态（包括 L3 Connection、NAT Mapping 等）都存在于 NSDB 中，Midolman 会通过 RPC 同步这些数据。

假设 Midolman 已经拿到了这些数据，Overlay 的示例拓扑如图 4-97 所示，现在 VM1 通过 tap123 连接 OVS，并第一次开始发包，最一般的过程抽象为 DHCP + ARP + Ping。

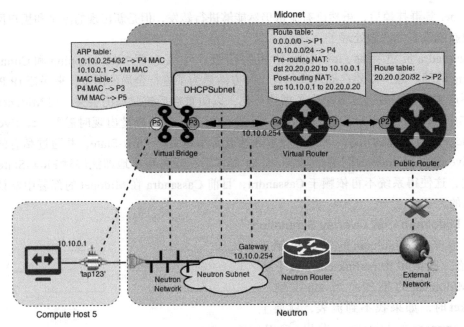

图 4-97　Overlay 的示例拓扑

odp 第一次看见 DHCP/ARP 包，送给 Midolman，Midolman 也还不知道该怎么办，那就跑 Simulation。首先，根据 Port Binding 的映射关系 tap123 对应着 Overlay 中的 P5，于是就从 P5 进入其所在的 vBridge 开始 Overlay 上的转发。

如果 P5 上配置了安全策略，在送入 vBridge 之前还要先经过 Filter Rule 的处理，包括 Port Mirroring、Service Redirection Chain、filtering Chain 三个过程，如图 4-98 所示。对于 DHCP/ARP 来说，主要做 Anti-Spoofing；对于 Ping 和其他流量，主要做 Firewall。

图 4-98　vPort 对数据包的处理

如图 4-99 所示，进入 vBridge 后，就开始了 vBridge 的处理，vBridge 中主要有 ARP 表和 MAC 转发表。对于 ARP，则直接构造 ARP Reply 并从 P5 送出，下行送到 odp 后将 action 翻译为 output=port 10，返回给 VM1。对于 DHCP、Ping 和其他流量，主要就是 Overlay 上的 L2 转发。

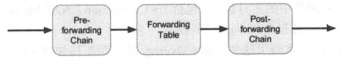

图 4-99　vBridge 对数据包的处理

DHCP、Router Ping 以及 L3 流量会经由 vBridge 送到 vRouter，vRouter 中主要就是路由表。对于 DHCP/vRouter Ping，构造相应的 DHCP/Ping 报文然后通过 P3 再次进入 vBridge 处理。L3 流量的处理逻辑如图 4-100 所示，还是典型的 Iptables 的思路，不做过多解释。

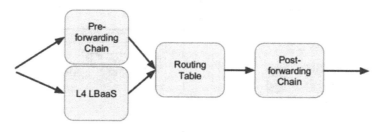

图 4-100　vRouter 对数据包的处理

南北向流量和 Tenant 间的流量会被 Tenant vRouter 中的静态路由送往 Provider Router，Provider Router 对于一个云来说只有一个，由 Cloud Operator 进行管理。Provider Router 的 Internet 路由表是 BGP Gateway 上运行的 Quagga BGPd 形成的（也支持静态路由），Midolman 提供 API 和 CLI 对 Quagga 进行 BGP 的控制，包括配置 BGP Peer、发布 BGP 路由等。Provider Router 可以有多条 Uplink（默认情况下是 3 条），相应地映射为不同 BGP Gateway 上的端口，可以支持 ECMP 和 Failover。

以上就是 Overlay Simulation 主要的处理逻辑了。可以看到，虽然没有了 OpenFlow Pipeline 的概念，但 Midolman 的设计还是体现了 Pipeline 的思想，而且在实现上与传统的 L2/L3 设备中的 pipeline 是很像的。

4.9.3　数据平面设计

Midonet 的数据平面上，包括 Edge 和 BGP Gateway，用的是 ovs datapath（odp），Midolman 直接通过 netlink 操作。odp 中的流表一般都是对流量进行精确匹配的，而且即使 odp 支持带掩码的 Megaflow Cache，Midolman 也没有采用这种方式，对此官方博客的解释是："prefers more granular flows for statistics/counting purposes"。

先来看东西向流量。Edge 的 odp 上连接着 Tunnel Port 和 VM Port。由于 Overlay Simulation 所有的处理都是发生在源所在的 Edge 中，因此当发生跨 Edge 的流量时，为了使得目的所在 Edge 中的 odp 能够直接转发到目标 VM，需要源所在 Edge 中的 odp 为流量标记 tunnel id，而目的所在 Edge 中的 odp 要预置流表匹配 tunnel id 并直接转发给相应的目标 VM。注意，tunnel id 在 Midonet 中并不表示 segment，而是全局唯一地标识 vPort（这里对应于 VM，还有可能是 BGP Gateway 上的 Uplink），目的所在的 odp 会匹配 tunnel id，并直接从相应的 vPort 送给目的虚拟机，这一点的设计上是和 NVP 一致的。考虑 Edge 1 中的 VM 1 发向 Edge 2 中的 VM 2 发送流量，图 4-101 和图 4-102 分别示意了 Edge 1 和 Edge 2 中 odp 上相关的流表。

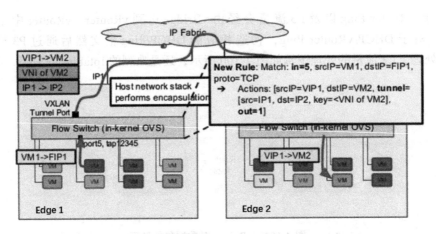

图 4-101　Edge 1 中的流表为流量标记 tunnel id 并送给 Edge 2

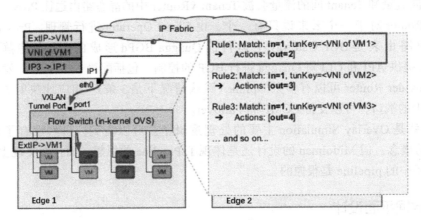

图 4-102　Edge 2 中的流表匹配 tunnel id 直接送给 VM2

再来看南北向流量。如图 4-103 所示，Midonet 通过 BGP Gateway 来对接 Internet，BGP Gateway 会通过多条 Uplink 上联 Internet，并运行 Quagga BGPd 与外界动态地交互路由，能够在不同的 Uplink 间进行选路。

Edge 上的 odp 通过 dstIP 识别出 Internet 流量，通过 tunnel port 送给 BGP Gateway，并使用 tunnel id 标识 BGP Gateway 上的某一个 Uplink，如图 4-104 所示。BGP Gateway 中的 odp 连接着 tunnel port，Quagga port 和 Uplink port，需要预置一些流表来处理 BGP 协议，如图 4-105 所示。用于处理流量的流表，就是改写 MAC 地址并从指定的 uplink port 送出。

另外，Midonet 支持通过两种思路来对接二层物理网络的对接：①Edge 先走 VxLAN 到 Hardware VTEP，在此终结 VxLAN 并根据二层的转发表从物理端口送出，图 4-106 是通过 OVSDB 配置 Cumulus 交换机上的映射关系。②物理网络与 Edge 直连，虚拟机的流量先走到 VLAN Agnostic Virtual Bridge 标记 VLAN，然后通过 VLAN Aware Virtual Bridge 的 Trunk 口送到物理网络中，如图 4-107 所示，相应的流表这里不做深入介绍。

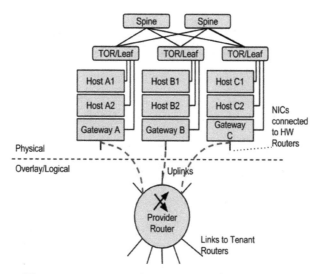

图 4-103 Midonet 通过 BGP Gateway 与 Internet 对接

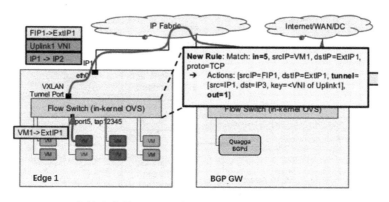

图 4-104 Edge 1 中的流表将 Internet 流量送给 Gateway 并以 tunnel id 标记 Uplink

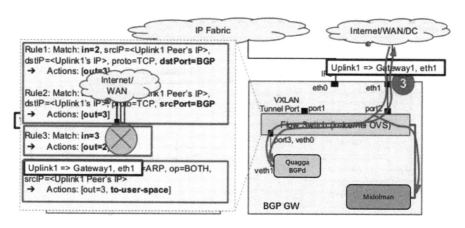

图 4-105 Gateway 上会预置一些流表来处理 BGP

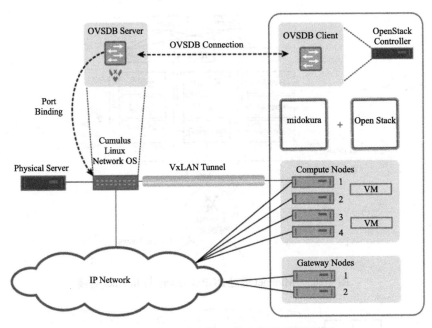

图 4-106 通过 HW VTEP 接入物理二层网络

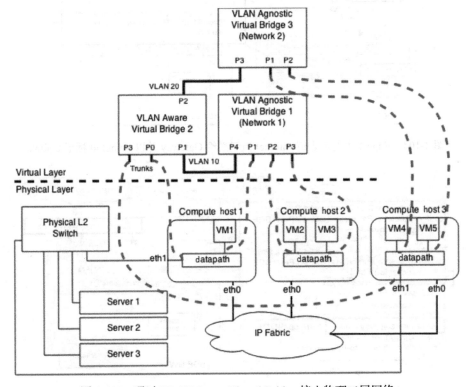

图 4-107 通过 VLAN Aware Virtual Bridge 接入物理二层网络

4.10 PLUMgrid ONS

2011 年，Cisco 的几位工程师跳出去创办了一家名为 PLUMgrid 的网络虚拟化公司。PLUMgrid 的技术路线十分新颖，它抛开当时风光无二的 OpenvSwitch 和 OpenFlow，以 eBPF（extended Berkerly Packet Filter）技术为基础实现了自己的可编程 datapath 技术——IOVisor，能够提供类型丰富的 in kernel VNF，支持更为全面的 Overlay 组网模型，同时具备更好的处理性能。产品方面，PLUMgrid ONS（Open Networking Suite）用于对接 OpenStack，PLUMgrid 还有一个称为 CloudApex 的可视化产品，2016 年 8 月分别发布了 ONS 6.0 和 CloudApex 2.0。开源方面，2015 年 8 月，PLUMgrid 将 IOVisor 贡献给了 Linux 基金会，希望打造出一个良好的生态系统，Cisco、华为、Intel、Broadcom 等通信巨头也都参与到了项目之中。

公司运作方面，PLUMgrid 在 2011 年成立之初就拿到了 2700 万美元的融资，2014 年 B 轮又融到了 1620 万美元。之后 PLUMgrid 在资本市场上的表现不是很活跃，直到 2016 年年底被 VMware 收购，又一个 SDN Startup 消失在了历史的舞台上。尽管 PLUMgrid 已经被收购了，不过考虑到它在技术的独到之处，所以这里还是把 PLUMgrid 独立写成了一个小节，希望其技术理念不会因为市场上的表现而被大家所遗忘。

4.10.1 整体架构

图 4-108 是 PLUMgrid 的产品架构。CloudApex 是 PLUMgrid 提供的一款偏向于数据采集与分析的工具，它通过 IOVisor 来追踪网络中每个包的信息（而非抽样），并将这些信息进行关联呈现出租户网络的详细情况，便于管理者进行排障。关于 CloudApex，不再进行深入的介绍。

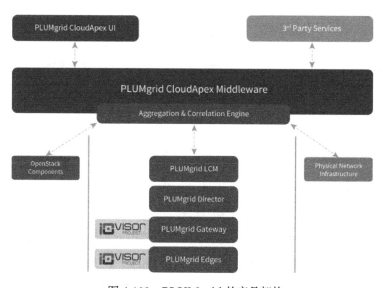

图 4-108　PLUMgrid 的产品架构

PLUMgrid ONS 是一套纯软的网络虚拟化产品，包括 Edge、Gateway、Director 和 LCM（Life Cycle Manager）等部件。数据平面上，Edge 和 Gateway 都是基于 IOVisor 来实现的，分别部署在计算节点和网关上，它们接受 Director 的控制，为不同的租户构建出不同的 VD（Virtual Domain）。VD 中可以部署很多类型的 kernel VNF，包括 Bridge、Router、NAT、DHCP、DNS、TAP 等，通过 SIA（Service Insertion Architecture）还可以在集成第三方的 VNF。管理平面上，LCM 联合 ToolBox 为 ONS 提供了三大类的运维功能，包括部署前的环境检查、运行时的状态维护以及发生问题后的网络诊断。

图 4-109 是 ONS 中 Overlay 典型的组网模型。一个租户 VD 的典型组网模型就是虚拟机通过不同的 Bridge 接入，Bridge 上挂着对应子网的 DHCP，Bridge 上联到 Static Router，Static Router 再上联一个 NAT 接到 Connector 上，Connector 再负责连接到外网（Service VD）。如果租户需要多个子网，可以在自己的 Static Router 下面挂多个 Bridge。如果租户想要对外发布自己的路由信息，则需要使用 Dynamic Router。如果租户需要内部的 DNS，则可以在自己 Virtual Domain 的任何位置放一个 DNS。

Service VD 对应于 OpenStack 的 public network，在 OpenStack 的 public network 中 tenant 间的通信需要进行 hairpin，DVR 无法直接拉通同一 host 上不同租户的虚拟机，在 Plumgrid 中可以通过在 Service VD 中增加一个 Router 来解决这一问题。这方面的设计和 Midonet 中的 Provider Router 是一致的。

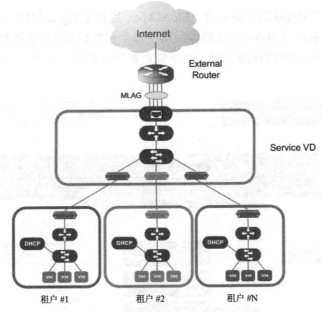

图 4-109　Service VD 可以直接拉通不同的租户

Underlay 的组网方面还是通过 VxLAN 来拉通 Fabric，PLUMgrid 还支持通过 IPSec 对数据平面的流量进行加密。设备分为 Edge 和 Gateway 两种角色，Edge 负责接入虚拟机，通过 IOVisor 提供各种 kernel VNF 的实现，Gateway 负责对接物理网络，形态上既可以选择软件的 PLUMgrid Gateway，也可以集成其他厂家的硬件 VTEP。

4.10.2　数据平面设计

1. BPF 与 eBPF

PLUMgrid 的技术基石是 IOVisor，而要了解 IOVisor，就必须先了解 eBPF。众所周知，网络协议栈的设计和实现都是分层的，数据包经过协议栈时包头会被逐层剥掉，应用层是看不到 L2 ～ L4 的头的。如果想要实现 vSwitch 或者 vRouter，必须要看到 L2/L3 的头，此时通常需要对协议栈进行修改（内核旁路技术除外），通过在 Linux 协议栈中插入 hook 点，将数据包从通用的协议栈处理流程中"钩"出来，以对数据包进行自定义的处理。BPF（Berkeley Packet Filter，伯克利数据包过滤器）是一种著名的数据包捕获机制，用户可以编写自己的 BPF 程序，将其 hook 到协议栈特定的位置，然后将满足某些特征的数据包过滤出来并送到 user space 中进行处理。BPF 可以在 3 个位置做 hook，在 raw socket 处"钩"出来的是完整的有 L2 头的数据包，在 stream socket 处"钩"出来的是以 UDP 头为起始的数据包，在 datagram socket 处"钩"出来的是以 TCP 头为起始的数据包。比如想获得所有 HTTP 的包，就可以自己写一个 BPF 程序去匹配 80 端口，然后将关联到 datagram socket 的 hook 点上即可，如图 4-110 所示。Linux 在很早的版本中就提供了对 BPF 的支持，很多大家耳熟能详的网络程序都是通过 BPF 来实现的，包括 TC、DHCP、nmap、libcap 等。

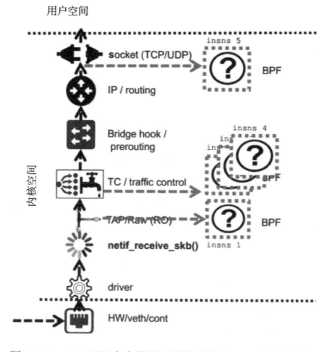

图 4-110　BPF 可以在内核的不同位置插入 hook 捕获数据包

　　不过由于实现上的原因，BPF 能够支持的功能十分有限，比如只有 2 个寄存器，寄存器是 32 位的，对数据包进行处理的指令也很少，只能对数据包进行解析和匹配，因此 BPF 主要用来对数据包进行过滤，难以实现更为复杂的网络处理功能。eBPF（extended BPF）的提出解决了 BPF 的上述问题，主要体现在以下几个方面。

❑ 寄存器资源更为充足，能够提供 10+ 的 64 位寄存器。

❑ 指令更为丰富，eBPF 程序能够对数据包字段进行改写、移位、交换等操作，因此 eBPF 程序能够实现更为复杂 L2 ～ L7 的 kernel VNF。

❑ 支持 key/value 的数据结构 bpf_map，可以通过用户空间将网络表项（如 MAC 表、路由表、NAT 表等）注入内核的 eBPF 程序中，eBPF 程序会据此进行查找与转发。

❑ bpf_map 中存有一类特殊的映射关系，记录每个 eBPF 程序的文件描述符，因此不同的 eBPF 的内部结构如图 4-111 所示。eBPF 程序间能够实现灵活的跳转，可以非常方便地实现服务链。

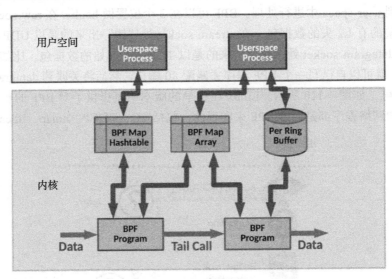

图 4-111　eBPF 的内部结构

　　由于 eBPF 是一种伪机器代码，其开发的门槛较高，因此 eBPF 还配套了 LLVM 等编译工具，支持开发者通过 C 语言进行 eBPF 程序的开发。另外，eBPF 还提供了代码注入内核前的监测，防止 eBPF 程序间逻辑冲突或者成环。

2. IOVisor

　　IOVisor 实际上就是 PLUMgrid 基于 eBPF 所形成的可编程 datapath 技术，支持很多类型的 kernel VNF（见图 4-112），并且可以通过用户空间的 VNF Helper 来接受外界的控制，为不同的租户组合出不同的 VNF Composition Graph，以提供网络连接以及执行其他的网络策略。在 IOVisor 开源后，PLUMgrid 还为其提供了配套的运维和开发工具，不过其自身的 kernel VNF 并不在开源的范围内。

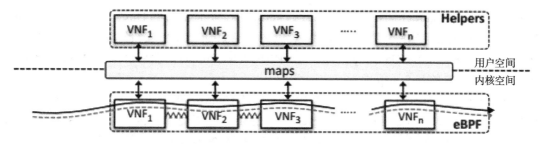

图 4-112　IOVisor 架构的简单示意

这里要讨论一个问题，OpenvSwitch 也能够提供灵活的 pipeline 处理能力，其 datapath 也是工作在 kernel 中的，通过不同的 OpenFlow 流表也可以实现很多 VNF 的功能，那么 IOVisor 和 OpenvSwitch 的区别在哪里？

首先，OpenvSwitch 只能支持 L2、L3 以及少数 L4 的字段，对于一些 L4 ～ L7 的功能，通常需要转发到用户空间的 VNF 中去完成，IO context 的切换会导致时延的增加，如果 VNF 采用集中式的部署方式，还会导致 hairpin 和单点故障等问题。而 IOVisor 使用的是 eBPF 技术，它没有对字段的任何限定，可以在内核中直接完成一些 L4 ～ L7 VNF 的功能，能够大幅地降低时延。同时，VNF 可以分布到各个 Hypervisor 的 kernel 中，租户虚拟机所在的各个 Edge 上，都会加载其 Virtual Domain 中所需的所有 kernel VNF，避免了 hairpin 和单点故障的问题。

不过，OpenvSwitch 可以使用用户态 datapath 来解决上述问题，且结合 vhost-user 可实现零切换、零拷贝的虚拟机 IO。但是 eBPF 却只能工作在内核态，因此在虚拟机 IO 这一块不占上风。

其次，即使 OpenvSwitch 通过 P4 实现了协议无关，扩展新的字段也需要停止 OpenvSwitch，然后对代码进行重新的编译。而 IOVisor 允许将一个实现了新功能的 VNF 在线地部署到 kernel 中，而不用中断 datapath 中现有 VNF 的运行。

IOVisor 和 OpenvSwitch 并不构成完全的竞争关系，实际上，在 VMware 收购 PLUMgrid 后，OVS 社区开始积极地讨论使用 eBPF 对内核中的 odp 进行重构，以及使用 IOVisor 对 OVN 的数据平面进行整体的重构。总之，eBPF/IOVisor 是很酷、很强大的 datapath 技术，上面所做的介绍十分粗浅，有兴趣的读者可以深入地进行探索。

4.10.3　控制平面设计

Director 通过 RESTful API 与 Neutron 中的 PLUMgrid Driver 通信，根据租户不同的需求将 kernel VNF 发布到相应的 Edge/Gateway 中，形成 Virtual Domain 为租户提供连接与服务。Director 与 Edge/Gateway 间的接口是 PLUMgrid 私有的协议。

当租户的拓扑发生变化时，Director 会告诉 Edge/Gateway 该租户的 Virtual Domain 中需要哪些 kernel VNF（图 4-113 中的 DP），以及这些 kernel VNF 之间的连接关系是怎样的。当租户启动新的虚拟机实例时，Director 会通知相关的 Edge/Gateway，将租户 Virtual

Domain中所需的kernel VNF在线地加载到kernel中，并向对应的Director注册这些kernel VNF。至于kernel VNF中用于处理数据包的表项（如MAC表、路由表、NAT表等），Director会下发给Edge/Gateway的用户空间中的VNF Helper，然后由VNF Helper将表项注入kernel VNF的bpf_map中。

Director还会为不同的kernel VNF生成不同的Control Plane（CP），CP的功能和传统设备中supervisor的功能相同，为kernel VNF提供那些不便于在内核中实现的控制逻辑（比如Bridge CP执行数据包的复制与泛洪，DHCP CP提供DHCP包的处理能力，Dynamic Router CP提供处理路由协议的能力）。某些VNF Helper（如NAT Helper）还可以将Director中VNF CP的部分控制逻辑卸载到Edge/Gateway本地，以减少DP和CP间控制信道上的开销。

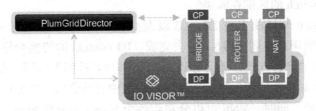

图 4-113　Director 和 CP 共同作为 DP 的控制平面

在可用性的设计上，3个Director实例形成一个Director Cluster，3个实例对外表现为一个VIP，一个Director Cluster所控制的区域称为一个PLUMgrid Zone。Director实例间通过keepalived来实现failover，通过数据库来同步配置与状态。当Cluster中1台实例挂掉时，其余的实例会重新启动挂掉的Director服务。当Cluster中有2台（或者3台）Director挂掉时，该Zone即进入Headless Mode，此时DP无法和CP进行交互，不过datapath上仍然能够根据之前的状态继续进行转发。

4.10.4　转发过程分析

数据包在Virtual Domain中转发时，会经过各个kernel VNF的处理，下面会对一些典型的VNF的工作原理进行介绍，帮助读者理解PLUMgrid ONS对于数据包的处理机制。

虚拟机发出的数据包会被kernel中的PEM模块截获，PEM会根据vNIC找到其所属的Virtual Domain，并将其定向给Virtual Domain中与该虚拟相连的第一个kernel VNF进行处理——通常第一个kernel VNF会是Bridge。Bridge VNF由datapath上的Bridge PLUMlet（PLUMlet即为kernel VNF）和Director中的Bridge CP组成，如图4-114所示，Bridge PLUMlet会进行MAC自学习，并根据目的MAC地址进行转发。对于目的MAC地址已知的单播流量，如果目的在本地则直接进行转发，如果目的在远端的Edge上则需要封装VxLAN包，其中tunnel id标识的是目的虚拟机，而不是租户，因此目的虚拟所在的host做完VxLAN解封装后会直接根据tunnel id从相应的vNIC转发出去，这点和NVP/Midonet中的设计是一样的。

对于 BUM 流量，如果其目的 IP 地址已知，则转为单播发送（主要针对 ARP）；如果目的 IP 地址未知，则 Bridge PLUMlet 会将其上报给 Bridge CP，由 Bridge CP 完成数据包的复制，并向其他在同一个 Virtual Domain 中注册过的 Bridge PLUMlet 进行泛洪。

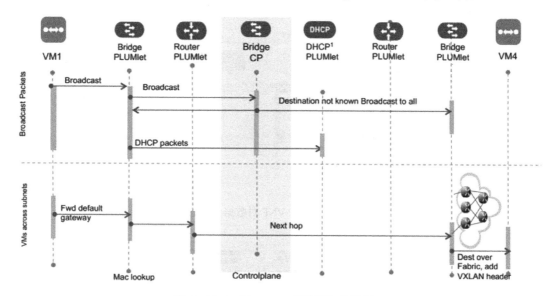

图 4-114　Bridge VNF 对数据包的处理

虚拟机发出的第一个数据包通常会是 DHCP Discover 的广播。根据上一段中的介绍，Bridge PLUMlet 会将这个 Discover 发送给 Bridge CP，Bridge CP 会通过这个包学习到源 MAC 地址和 Edge 的对应关系，记录下来作为 VxLAN 的控制信息。然后这个 DHCP Discover 会被复制并泛洪回 Bridge PLUMlet，Bridge PLUMlet 发现这是一个从 Bridge CP 发送的 DHCP Discover，认为 Bridge Domain 已经学习到了 VxLAN 的控制信息，于是将该 DHCP Discover 定向到 DHCP PLUMlet 上，DCHP PLUMlet 并不具备处理 DCHP 包的能力，于是将这个 DHCP Discover 上报给 DHCP CP，DHCP CP 将作为 DHCP Server 将可用的 IP 地址回复给虚拟机。DHCP 后续的交互就是单播了，Bridge 将根据目的 MAC 地址进行转发，如图 4-115 所示。

跨网段的东西向流量需要经过 Router VNF 的处理，在两个 Bridge 的子网间进行路由，如图 4-116 所示。VM1 首先广播 ARP 请求默认网关的 MAC 地址，通过对 Bridge VNF 的介绍可知这个 ARP 会被转成单播发送给 Router PLUMlet，Router PLUMlet 不具备处理 ARP 包的能力，将其上报给 Router CP，Router CP 单播回复在该子网下接口的 MAC 地址。收到 ARP Reply 后，VM1 向另一个子网中的 VM4 发起通信，数据包首先到达 Router PLUMlet，然后 Router PLUMlet 会查询路由表，那么，根据下一跳来改写 MAC 地址然后发送到下一跳所在的 Bridge PLUMlet 上。

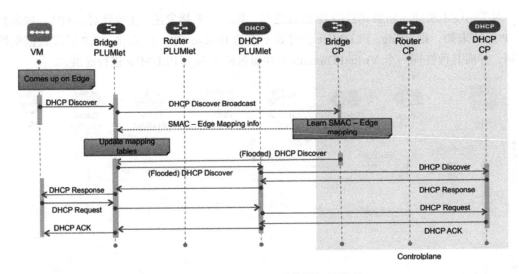

图 4-115　DHCP VNF 对数据包的处理

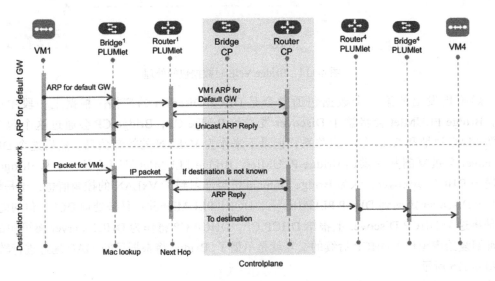

图 4-116　Router VNF 对数据包的处理

对于发向 Internet 的南北向流量，通常需要经过 NAT 的转换。如图 4-117 所示，NAT PLUMlet 会部署在 Router PLUMLet 的上联口，Router PLUMLet 查找路由表后发现这是一个发向 Internet 的数据包，于是定向给 NAT PLUMlet。NAT PLUMlet 会查找 NAT 表，如果源虚拟机配置了 Floating IP，那么 NAT PLUMlet 会直接完成转换并定向给连接了 Service VD 的 Connector。如果源虚拟机没有 Floating IP 则需要进行端口映射，此时 NAT PLUMlet 会将数据包上报给 user space 的 NAT Helper，NAT Helper 分配好 flow 资源后更新 NAT PLUMlet 中的 NAT 表项，然后就可以处理后续的流量了。这里使用 NAT Helper 是为了提高

NAT 的性能，否则从 NAT PLUMlet 上报 Director 中的 NAT CP 上时延太大会严重影响性能。

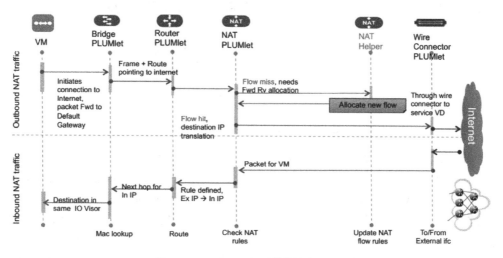

图 4-117　NAT VNF 对数据包的处理

如果租户想把路由发布到外网上，就不需要 NAT 了，此时会通过 Dynamic Router CP 和外网运行路由协议，Dynamic Router PLUMlets 会根据动态学习到的路由表，直接完成 Internet 流量的转发。

4.11　Plexxi Switch 与 Control

本节来介绍一家以光 SDN 为主打的创业公司——Plexxi。Plexxi 成立于 2010 年，和 BigSwitch 同属于 SDN 最早的一批探路者。同样，Plexxi 也专注于数据中心 SDN。和选择 Overlay IP 进行传输的大部分厂商显著不同的是，Plexxi 引入了光传输来处理跨机架的流量，这意味着 ToR 间的流量是电路交换的，而不用在路径上进行任何的查表转发，因此能够实现真正的 "1-Tier" 架构。从融资状况来看，截至 2015 年的 D 轮，Plexxi 一共已经融到了 8000 多万，2016 年年初又收到了 Google 的投资，未来可期。

4.11.1　整体架构

毫无疑问，Plexxi 底层的光技术非常酷，不过其主打的却是 "Affinity Driven Network" 的概念，控制器会获取到应用的通信模式，并能够据此动态对光通道进行灵活的调整，以满足应用对于网络传输的需求。Affinity 一词在 IT 领域很常见，用于定性地反映两个通信主体间的关系。具体对于网络而言，Affinity 可以指对于带宽、时延、安全的需求，实际上就可以理解为应用间通信的网络策略。在 Plexxi 对于 Affinity 的设计中，分为 Affinity Identifier、Affinity Group、Affinity Link 和 Affinity Attribute 几个基础概念，如图 4-118 所示，其中 Affinity Group 是指一组相同类型的应用（如 Web、APP、DB 等），这些应用通过 Affinity

Identifier 进行标识（如 Port、VLAN、MAC、IP 等），Affinity Link 以及附着在其上的 Affinity Attributes 代表不同 Affinity Group 间定性的通信需求（如优化带宽、QoS 保障等）。

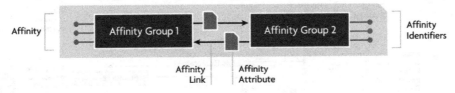

图 4-118　Plexxi 对于 Affinity 的设计

可以看到，Plexxi 所提出的 Affinity 和 Cisco ACI 中提出的 EPG/ANP 是类似的，目的都是通过应用间的通信策略来驱动网络。不过相比于 EPG/ANP，Affinity 更加强调策略的动态性，它可能会随着流量特征的变化而变化。比如，某个 ToR Pair 间的流量在某一段时间内非常的密集，那么 Affinity 就会反映出该 ToR Pair 对带宽需求的提高，并驱动网络为该 ToR Pair 增加带宽，等到过一段时间后流量下去了，那么 Affinity 就会反映出该 ToR Pair 对带宽需求的降低，并驱动网络减少该 ToR Pair 间的带宽，同时将回收的带宽分配给其他的 ToR Pair。

Plexxi 的产品架构如图 4-119 所示。Plexxi Switch 作为 ToR，通过电口接入服务器，不同 Plexxi Switch 通过光口互联，以环形拓扑最为简单与常见。Plexxi Control 是一个 Out-of-Band 的控制器，北向上通过 Affinity API 从外部（如云管理平台、应用可视化分析等）获取应用的通信特征，并将其转化为 Affinity Model，南向上通过私有协议与 Plexxi Switch 交互，获取光连接的拓扑以及 MAC 的接入位置。结合 Affinity Model 和底层网络的信息，Plexxi Control 中的 Algorithmic Fitting Engine 能够动态地计算出能满足当前应用需求的光路由，并通过南向接口将其推送给 Plexxi Switch。Plexxi Connect 能够将应用的 API 转换为 Affinity API，其实现位置没有要求，可以外置也可以放在 Plexxi Control 本地。

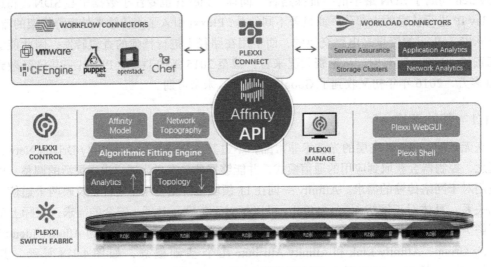

图 4-119　Plexxi 的产品架构

下面主要对 Plexxi Switch 和 Plexxi Control 的关键技术进行解析。至于 Plexxi Connect，虽然它对于构建" Affinity Driven Network"的生态而言有重要意义，不过从技术上来讲它只是一个 API 网关，因此后面不会再对其进行介绍。

4.11.2　数据平面设计

Plexxi Switch 目前已经出到了第三代，盒子内部大致的设计模式如图 4-120 所示。右下角是一块商用 Packet Switching ASIC，用于接入服务器，并完成 L2/L3 的转发。LightRail Interface 是光口，通过 MTP 光纤在交换机间传输流量，CWDM 收发器会产生光信号并复用到 LightRail Interface 上。坐在中间的 CrossPoint 是光/数字交叉连接器，Packet Switching ASIC 的内部端口和 CWDM 收发器都连接到 CrossPoint 上，由 CrossPoint 完成电路交换。另外，Plexxi Switch 上还会有一组额外的 FlexxPort，这种端口的连接方式很灵活，既可以连接到 Packet Switching ASIC，也可以连接到 LightRail Interface 上。

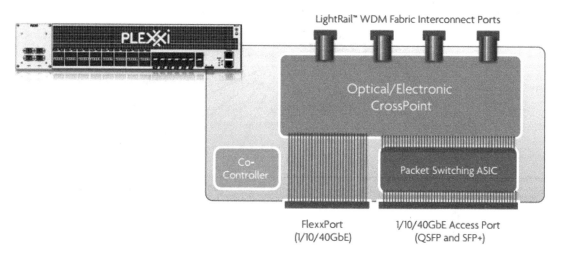

图 4-120　Plexxi Switch 的大致设计

对于同一个 Plexxi Switch 下不同服务器间的流量，直接由 Packet Switching ASIC 完成本地的 L2/L3 转发。对于不同 Plexxi Switch 下服务器间的流量，源交换机在自己的 Packet Switching ASIC 上完成 L2/L3 并送到 CrossPoint，CrossPoint 再将流量送到收发器上，收发器产生某种波长的光信号，然后通过 LightRail Interface 进行 L1 的传输。光信号在传输的过程中，可能是一跳的也可能是多跳的，如果是多跳的，那么过路交换机在收到光信号后会直接在不同的 LightRail Interface 间直接传输，不需要再经过 Packet Switching ASIC 的处理。目的地所在的交换机从 LighRail 收到光信号后，会通过 CrossPoint 送给 Packet Switching ASIC，再做 L2 转发给目的地。

这里需要强调的是，Plexxi Switch 并不是只是有光纤口的 L2/L3 交换机，而是同时具备 L2/L3 分组交换和 L1 电路交换能力的混合式交换机。跨交换机流量的传输路径，决定于

CrossPoint 上交叉连接的规则以及收发器上波长的使用。多跳路径中的过路设备并不会终结物理层的光信号，因此环形的物理拓扑虽然看起来很简单，但在逻辑上能够提供丰富的物理层光路径。

下面通过图 4-121 中的例子来做进一步的介绍。Plexxi Switch 中 1 个 LightRail Interface 上可以跑 12 个波长，在初始条件下（即在控制器还没有重构光路径时），会有 4 个波长分给 1 跳可达的邻居交换机，这些波长被称为 Local Channel，剩余的 8 个波长会以 2/2/2/2 的方式分配给 2/3/4/5 跳可达的交换机，这些波长被称为 Express Channel。Express Channel 即相当于两个非物理直连交换机间的"直达通道"。这种初始的分配方式被称为"5 Degree Chordal Ring"，图 4-121 是"5 Degree Chordal Ring"的简单示意，图中每个交换机各有两个 LightRail Interface，多个交换机连接成一个环形的物理拓扑，两个 LightRail Interface 分别用于环中 east-torwards 和 west-towards 流量的传输，若 LightRail Interface 上单波长带宽为 10Gbps，那么 east-torwards 方向上与邻居交换机的带宽就是 40Gbps，与 2/3/4/5 跳可达的交换机间的带宽就都是 20Gbps，west-towards 方向上是完全对称的。

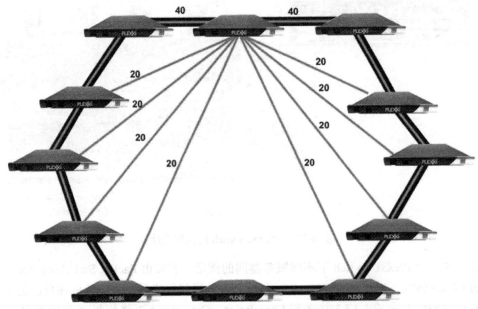

图 4-121　"5 Degree Chordal Ring"方式中的波长 / 带宽分配

当然，除了简单的环形物理拓扑以外，如果 Plexxi Switch 的 LightRail Interface 比较多，那么交换机间可以形成非常丰富的物理拓扑。比如图 4-122 中，左上角和右上角的 Multi-Dimensional（右上角可扩展为 2D-Torus），左下角和右下角的拓扑叫不上具体的名字，均可用于 POD 间的互联，每个 POD 内部则是 Leaf-Spine 的结构。这些物理拓扑本身就具备了多个维度的连接，再加上逻辑上 highly-meshed 的光路径，为跨交换机的流量提供了丰富的传输路径。

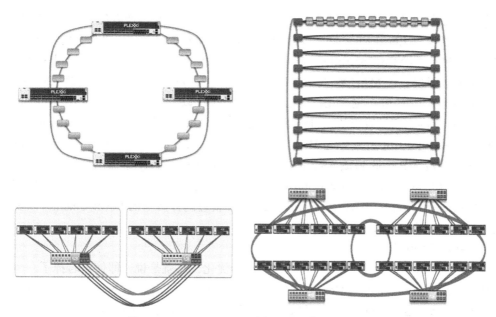

图4-122 Plexii Switch形成的一些典型物理拓扑

4.11.3 控制平面设计

有了这些传输路径做基础，再加上 Packet Switching ASIC、CrossPoint 和收发器所提供的可编程能力，控制平面能够对光路径进行非常灵活的调度。不过，Plexxi 并没有采用纯集中式的控制，如图 4-123 所示，其控制平面的架构是层次化的，除了 Out-of-Band 的 Plexxi Control 外，还有分布于各个 Plexxi Switch 本地的 Co-Controller。

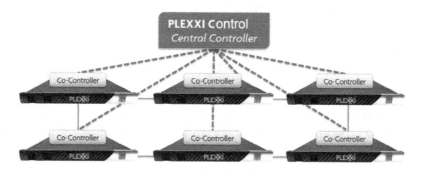

图4-123 Plexxi 层次化的控制平面

1. Co-Controller

Co-Controller 的作用是实现分布式的基础转发，而并不负责对光路径进行优化。Co-Controller 的主要功能包括邻居的发现、Reactive 式的二层转发、路径负载均衡、路径监测以及快速重路由。下面来具体说一下基础转发的过程，考虑一个多跳传输的场景，A 向 B

发起通信：①当 A 所在的 ToR 收到 ARP Request 的广播后，会向所有位于相同 VLAN 的本地端口以及所有的 Local Channel（包括 east-towards 和 west-towards 两个方向）进行泛洪，并将该数据包上送给 Co-Controller，Co-Controller 完成 MAC A 的学习，并通过一种私有的协议在交换机间发布该 MAC 地址。② East-towards 方向的过路交换机收到该 ARP Request 后，同样也会向所有和 A 位于相同 VLAN 的本地端口以及所有 east-towards 方向的 Local Channel 进行泛洪，不过对于从光口传进来的数据包并不会上报给 Co-Controller 进行学习，而是通过 A 所在的 ToR 所宣告的 MAC 路由来学习。West-towards 方向上同理。该过程一直持续下去，最终 B 会收到该 ARP Request。③ B 把 ARP Reply 单播出来以后，B 所在的 ToR 会上报给 Co-Controller，Co-Controller 会通过散列在多条光路径间进行负载均衡，这些路径包括 east-towards 和 west-towards 中距离 A 较近的方向上的 Local Channel 以及可以直达 A 所在 ToR 的 Express Channel。

2. Plexxi Control

对应地，Plexxi Control 只负责对光路径进行优化，也就是说，即使它宕掉了，也不会影响到基本的互通性。Plexxi Control 对光路径进行优化的工作流程为：①收集所有交换机中的信息，主要包括 Local Channel 和 Express Channel 的分配以及 MAC 的接入位置，并根据上述信息形成网络的全局视图。②将 Affinity Model 和全局视图输入 Algorithmic Fitting Engine 中，为 Affinity Group 间的通信计算出符合 Affinity Attributes 的光路径，这被称为 FSAT。③完成 FSAT 的计算后，剩余的光路径可用于传输那些并没有指定 Affinity 的流量，Algorithmic Fitting Engine 同样会为这部分流量计算出加权的光路径，这被称为 PSAT。实际上可以将 PSAT 理解为对于 Co-Controller 所实现的基础转发的优化。④ FSAT 和 PSAT 是由 Plexxi Control 自动生成的，对于用户来说属于一种隐式的路径优化。Plexxi Control 还提供了一种 UDT 的方式，允许用户显式地指定传输特定流量的光路径。⑤如果现有的光路径不能满足上述的优化需求，那么 Plexxi Controll 还会调整 CrossPoint 和收发器，以对光路径进行重构。⑥上述步骤都完成后，Plexxi Control 会将结果主动地推给交换机，并通过 2-phase commit 来保证一致性。

以光传输为技术主体来构建数据中心网络，这种思路多见于学术界的研究中，Plexxi 将其产品化的做法可以说是革命性的，超越了当时甚至是目前工业界对于数据中心网络的理解。不过，与应用的紧密关联使得 Plexxi 在网络优化领域形成了独到的优势，吸引了一些有相关需求的用户。同时，光传输所带来的高带宽、低时延和稳定性，也使得 Plexxi 在存储的场景中找到了一些机会。超融合的兴起为 Plexxi 提供了汇聚自身优势的抓手，于是 Plexxi 已经开始将重心转向了超融合网络架构的构建。

4.12 Pluribus

本章的内容是关于商用 SDDCN 解决方案的，不过到目前为止，还并没有对白盒厂家做介绍（BigSwitch 主要是卖控制器，不算是白盒厂商），这是因为白盒和 SDN 实际上并没有必然的联系，虽然印象上两者总是一同出现，实际上白盒只要求转控分离，可编程属于锦上添花，对集中控制不做要求，设备形态上一般是硬件的盒子，协议方面一般都会集成传统的 L2/L3 协议栈。白盒如果连上控制器就算是 SDN 的方案，否则通过传统的分布式协议把网络跑通也没有任何问题，很多大型 OTT 买了（或者自己做了）白盒，主要是看中了白盒在成本和可控性方面的优势，而并不一定是为了要做 SDN。

白盒这一块的创业选手有很多，最为人所熟知的是 Cumulus 和 Pica8。Cumulus 的侧重点在于传统的协议栈，Pica8 的侧重点在于 OpenFlow，目前两者发展的都还不错，值得长期的关注。不过从技术上来说，Cumulus 和 Pica8 都只能算是中规中矩，相比之下 Pluribus 就比较有意思了，虽然它也是只做盒子不做控制器，不过这里还是要花上一节的篇幅，对 Pluribus 独特的设计理念进行一下介绍。

Pluribus 成立于 2010 年，三个联合创始人中有两个来自 Sun，植根于在服务器端强大的软硬件基因，Pluribus 提出了"Server Switch"的概念，改变了传统交换机的硬件设计，并通过操作系统 Netvisor 实现了对 Server Switch 特色的管理与控制。不过从 Server Switch+Netvisor 的角度来看，Pluribus 严格意义上并不能算是一家白盒厂商，后来 Pluribus 部分开放了 Netvisor 形成 ONVL（Open Netvisor Linux），支持把 ONVL 跑在 ODM 的盒子上，从而正式走进了白盒的圈子。

新颖的技术理念和深厚的技术功底使得 Pluribus 在资本市场上得到了广泛而持续的关注，2012/2013 年 C 轮 4400 万美元，2015 年 D 轮 5000 万美元，2017 年年初 E 轮又得到资方追投的 2100 万美元。无论从技术还是从市场上来说，Pluribus 已经成为一股不可忽视的力量。

4.12.1 Server Switch 设计

下面来看技术，首先要对 Server Switch 的设计进一步的介绍。图 4-124 展示了传统交换机和 Server Switch 的内部设计。在传统交换机的架构设计中，通常只看重 ASIC 的性能和容量，投入 CPU、RAM 和 Disk 上的成本十分有限，因此传统的交换机只适合于高速转发，而无法对数据包进行业务层面的处理，也无法对流量的特征产生认识。比如要实现可视化，交换机中 ASIC to CPU 的带宽有限，数据上来了之后，也没有足够富裕的 CPU 去做深入的处理，即使做过一些处理，同样没有足够的存储空间能记录下来。因此，在传统的可视化方案中，要么损失精度通过 sFlow 做采样，要么提高成本通过 TAP 和 Broker 把流量引到专用的分析软件中做处理。

Pluribus 转换了看待交换机的视角，重新设计了交换机的架构，在网络、计算和存储资源间进行了平衡。交换机中会使用高性能的服务器 CPU 以及大容量的 RAM，以提高交换机内部的计算能力，同时还会配置 SSD 以及 SSD 扩展槽，提供 T 级别的数据存储能力。Broadcom 或者 Intel 商用的 Switch ASIC，通过多通道 10Gbps PCIe 与 CPU 相连，CPU 通过 PCIe 接口直接控制 ASIC 上的硬件资源，如 L2/L3 Table 和 TCAM 等，从而对转发进行高速、高效、灵活的控制。因此，Pluribus 的交换机就可以看作增加了商用 ASIC，拥有大量网卡的服务器，不仅能够进行高速转发，同时具备密集型计算以及大容量存储的能力。

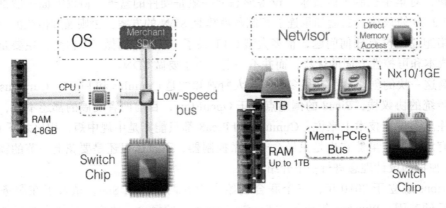

a) 传统交换机的内部设计　　　　　　　　b) Sever Switch 的内部设计对比

图 4-124　传统交换机和 Server Switch 的内部设计

简单归纳一下，Server Switch 的设计理念主要包括以下两点：①增强交换机的 CPU、RAM 和 Disk，把一些提供网络附加值的功能植入交换机中。②通过 CPU 对 Switch ASIC 进行直接的控制，就像直接控制网卡一样。表 4-4 给出了 Pluribus Freedom 数据中心 F 系列交换机的硬件配置，可以看到基本上是对照着服务器的标准来配备资源的。

表 4-4　Pluribus Freedom 数据中心 F 系列交换机的硬件配置

Capability	F64-M	F64-L	F64-XL	F64-FL1T
Ethernet Ports	48 × 10G/1G (SFP/SFP+)+ 4 × 40G(QSFP+)	48 × 10G/1G (SFP/SFP+)+ 4 × 40G(QSFP+)	48 × 10G/1G (SFP/SFP+)+ 4 × 40G(QSFP+)	48 × 10G/1G (SFP/SFP+)+ 4 × 40G(QSFP+)
Processors(Cores)	1 Xeon E5-2620 (6 Cores)	2 Xeon E5-2620 (12 Cores)	2 Xeon E5-2640v2 (16 Cores)	2 Xeon E5-2620 (12 Cores)
Memory	32GB	64GB	256GB	128GB
Storage Configuration	2 × 120GB SSD	2 × 120GB SSD	2 × 120GB SSD 2 × 300GB SSD	2 × 120GB SSD 825GB FusionlO
Storage Expansion Slots	4 × 2.5"SATA SSDs/HDDs	4 × 2.5"SATA SSDs/HDDs	2 × 2.5"SATA SSDs/HDDs	4 × 2.5"SATA SSDs/HDDs

4.12.2　Netvisor 设计

硬件之上的操作系统 Netvisor 是 Pluribus 最核心的技术，图 4-125 是 Netvisor 的设计架构，从下向上依次可分为基础 OS 层、虚拟化层和应用层。图中绿色的部分是 Netvisor 自己的东西，基础 OS 层上主要增加了对于 Switch ASIC 的控制逻辑，虚拟化层上增加了 Fabric-Cluster 的机制，应用层上增加了一些二层的逻辑（主要是 vLAG 实现跨机箱链路聚合）并开放了 Netvisor 的接口。图中可以看到，Netvisor 能够通过 KVM/QEMU 来提供虚拟

机，利用 Server Switch 中丰富的计算资源，这些虚拟机可以做很多事情，比如 OpenStack
Control Node、L4～L7 VNF、L2～L7 User App 等，实现 InNetwork Applications。

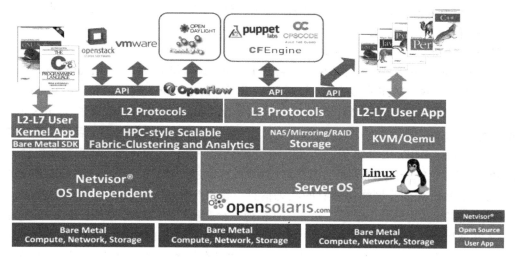

图 4-125 Netvisor 的设计架构（见彩插）

1. 基础 OS 层

Netvisor 的基础 OS 层，即图 4-125 中的 Netvisor OS Independent 部分，负责与硬件直
接打交道，主要是对 Switch ASIC 的控制进行了优化。传统交换机中的 Network OS 往往都
是通过芯片厂商提供的 SDK 来间接控制 Switch ASIC，而不是直接对 ASIC 进行控制，因
为经过 SDK 的抽象后能够降低开发的难度。不过，ASIC SDK 的底层实现通常是单线程的，
这使得 ASIC-to-CPU 的实际性能受到了很大的损失。Netvisor 则绕过了 SDK，将 Switch
ASIC 上的硬件资源直接映射到了 OS 中，因此得以通过 PCIe PIO 对 ASIC 进行直接的控
制，包括读写 Register、L2/L3 Table 和 TCAM 等，并通过 Multi Thread 的设计进一步优化
了性能，从而大幅度地提高了 ASIC-to-CPU 的实际性能。上述技术的原型是 Sun 提出的一
种 NIC 虚拟化技术——Crossbow，Netvisor 对其进行了发展，使得 Switch ASIC 能够被虚
拟化并整合进 OS 中，有兴趣的读者可以参考 Crossbow 的文献。

凭借高配的 CPU 和 RAM 以及高性能的 ASIC-to-CPU 通道，Pluribus 在其交换机中
大大地提升了 CPU 流量处理方面的地位。在 Pluribus 的交换机中，网络中所有的转发表
都存在于 CPU 中，ASIC 只是作为 CPU 中软转发表的 Hardware Cache。流量的首包过来
之后，先上送 CPU 查找软转发表，找到对应的表项后 CPU 再将其写入 ASIC。也就是说，
ASIC 并不会进行硬件的 MAC 自学习，而是完全将控制权交给了 CPU，这也彰显了 Server
Switch 的设计理念。另外，在进行可视化的时候，Multi Thread 的设计使得 Netvisor 可以实
时、全面的读取 ASIC 的状态，这也为 Netvisor 中丰富的 Analytics 特性提供了基础。

Netvisor 为应用层提供了丰富的接口形式，比如 C、Java、RESTful、Ansible 等。
Netvisor 抽象出了一套与 ASIC 厂商无关的 FDK（Freedom Development Kit），应用不仅能

读取网络的状态，还能够通过 Netvisor 来控制 ASIC 的行为，这对于防火墙、VPN 这些网络应用来说很关键，通过 Netvisor FDK 就能够在 ASIC 上实现 Hardware Acceleration。另外，Netvisor 中还会提供 OpenStack 和 OpenFlow/OVSDB 的接口，用于对接外部的第三方 SDN 控制器。

2. 虚拟化层

Netvisor 的虚拟化层是最有特色的，它基于 Pluribus 自研的 VCF（Virtualization Centric Fabric）进行实现。VCF 在功能上主要可以分为 Fabric Automation、Fabric Visibility 和 Fabric Virtualization 三大部分，其中：Fabric Automation 能够自动地把 Leaf-Spine 的 Underlay Fabric 打通，这依赖于 Netvisor 中所集成的 L2/L3 协议栈，包括 VLAN、STP、VLAG、OSPF、BGP、ECMP 等，以及类似于 ZTP 的一类自动化技术，实现交换机的 Plug and Play。基于 Underlay 的连通性之上，交换机间会通过一种类似于 Server Clustering 的技术，Peer-to-Peer 地同步网络中所有的状态信息，登录到任何一个交换机上进行 show，都可以看到网络中所有的状态信息。同样，在任何一台交换机上所进行的 Fabric-Wide 的配置或者 API 调用，都会被同步到 Fabric 中的其他交换机上，增量的配置将被看作一个 Atomic Transaction，以 3-phase commit 来保证一致性，如果在任意一台交换机上的同步失败，那么所有其他以同步的交换机都会进行回滚。

FabricVisibility 能够提供精细的网络可视化，主要包括以下方面。

1）Application Telemetry：通过读取 ASIC 上的状态，Netvisor 可以全面地记录网络中 Flow/Connection 的信息，比如流量经过的路径、端到端的延时、生存时间等，对原始的信息进行加工后，Netvisor 还会提取出更直观的信息，比如应用的 Top Talker、Client-Server 的流量源分布等。这些实时以及历史的信息，可以被无损地存入 SSD 或者 Fusion IO 中，为 Trouble Shooting 和审计提供可靠的数据基础，Pluribus 将其称为"Time Machine"。

2）vPort：Netvisor 会将 Fabric 中所有的 endpoint 都抽象为 vPort，为 vPort 记录 Switch_ID、MAC、VLAN、IP、Status、Hostname、Migration_Counter 等方面的信息，并在所有交换机间进行同步 vPort Table，因此每一个交换机都知道任意一个 vPort 的信息，也就得以通过软件形成 L2/L3 的转发表。当流量首包上报给 CPU 后，查询 vPort Table 并将相应的表项更新到 ASIC 中，Leaf 还会进行 ARP 代答以消除 ARP 广播。

3）vFlow：通过 TCAM 提供 flow-based forwading 的能力，支持匹配 In_Port、MAC、IP、IP、掩码、端口号等常用的 L1-L4 字段，提供 drop、to_port、to_cpu、copy_to_cpu、set_vlan、set_tunnel 等处理动作。通过 vFlow 可以实现很多功能，比如把某些可疑的流量 copy_to_cpu，然后在 Netvisor 中用 wireshark 逐包地去分析，服务链也可以通过 vFlow 来实现。vFlow 可以在本地或者全局范围生效，如果是全局生效那么完成同步后，所有的交换机都能够执行该 vFlow 的策略。

Fabric Virtualization 实现的是网络的虚拟化，主要包括以下方面。

4）VNET：Netvisor 通过 VNET 来隔离不同的逻辑网络，不同的 VNET 可以看作不同的 Fabric Container。VNET 间不仅是一个控制层面的概念，VSphere 对服务器的硬件资源进行虚拟化并在此基础之上提供虚拟机，而 Netvisor 则能够对 Switch ASIC 上的硬件资源，包括 Port、VLAN、VxLAN 和 L2/L3 Table 等，进行虚拟化，并在不同的 VNET 间进行分配与隔离。

5）**Netvisor Machine**：利用 Netvisor 中集成的 KVM/Qemu 在交换机上开通虚拟机，实现 InNetwork Application，可提供 vRouter、NAT、Load Balancer 等 VNF，以及 OpenStack Control Node、OpenFlow Controller 等。另外，也可以通过 vFlow 把流量 mirror 到这些虚拟机中，在交换机本地进行应用的可视化。和交换机外接的 endpoint 一样，Netvisor Machine 也可以被划分到某个 VNET 中。

3. VCF-IA

Pluribus 还为 Netvisor 设计了专用的监控软件 VCF-IA，它通过 Netvisor 提供的 API 把数据读取出来，实现了数据呈现、模糊搜索、用户自定义分组、报表和告警等功能。由于 Netvisor 会在所有的交换机间同步网络信息，因此 VCF-IA 只需要对接任意一台交换机就可以拿到所有的数据，如图 4-126 所示。

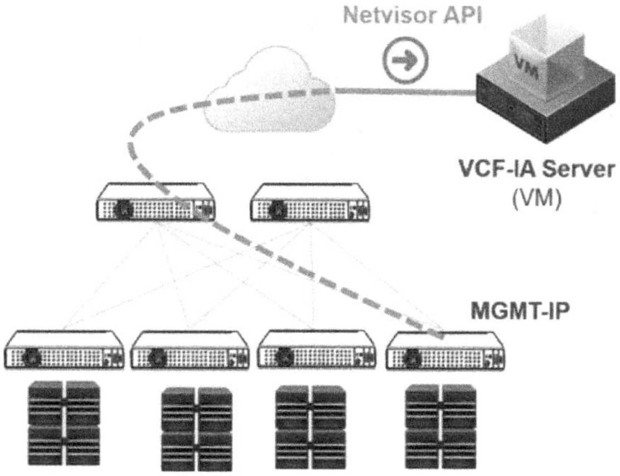

4.12.3　再议数据中心 SDN

图 4-126　Pluribus VCF-IA 的部署

Pluribus 作为一家白盒厂商，在其产品线中并没有提供控制器，而且在 Pluribus 所提倡的纯分布式 SDN 的架构下，确实也找不到控制器的位置。在前面关于 Netvisor 设计的内容中，处处体现了 Pluribus 对于数据中心 SDN 的独到理解。

1）在大家普遍接受的 SDN 架构中，控制器位于设备的远端，通过 TCP/IP 与设备交互一些控制信令来控制转发，这些信令先到设备本地的 Agent，Agent 再转换为 ASIC SDK，这一交互过程中的时延很大，甚至会超过数据中心内部一些短流的生存时间，此时再精巧的控制逻辑都没有实际的意义了。因此，Pluribus 的想法就是把 SDN 的控制逻辑放在设备本地，依靠对 ASIC-to-CPU 性能的优化，为控制提供极限的反应速度。

2）集中式的 SDN 控制器通常需要连接大量的设备，因此在扩展性方面存在一定的问题，把控制逻辑回归到设备中，再通过 Peer-to-Peer 机制来做集群，可以完全消除网络中的单点。如果需要外接第三方 SDN 控制器，控制器也只需要和一台交换机进行连接即可，当然这只是理论上的设想，控制器中的绝大部分应用在这种部署方式下是没有办法正常工作的。

3）通过 Netvisor FDK 为应用提供了 OS BareMetal 的编程能力，应用可以通过 Netvisor 来控制 Switch ASIC 的行为，实现 InNetwork 的 SDN Programmability。vFlow 提供了类似于 OpenFlow 的能力，通过 Netvisor 的 API 操作 vFlow，其效果和通过 FlowMod

操作 OpenFlow 流表并没有本质区别。

技术就介绍到这里了。Pluribus 做 Server Switch 的灵感来自于 Sun，可以算得上是最早将 Server Switch 产品化的公司了，这个理念放在今天来看，和超融合有异曲同工之处，不论市场未来究竟如何，在技术创新上来说是要竖大拇指的。如果要笔者来评 DataCenter Networking 的魔力象限，Pluribus 毫无疑问应该在 Visionaries 中榜上有名。

4.13　本章小结

商用 SDDCN 的竞赛中，仍然是 VMware NSX 和 Cisco ACI 领跑，其他厂商目前还是处于跟随的状态。虽然都是围绕着 Overlay 的思路在做，不过有的厂家偏向于软件，有的则偏向于硬件。相比之下，一些创业公司的技术方案则会更加新颖，但技术只是实力的一部分，最终能否成功上位主要还得看市场方面的运作。商用方案要考虑的方面太多，本章只选择了各方案中的关键性设计来做介绍。另外，本章的内容中涉及了很多笔者的个人观点，仅供参考。

开源 SDDCN：OpenStack Neutron 的设计与实现

开源在 IT 界早已蔚然成风，优秀的开源软件正在被越来越多地应用到生产环境当中。对于开源云计算领域，OpenStack 的网络组件经过多年打磨，在功能上已趋于收敛，OpenStack Neutron 得到广泛应用。SDN 领域的两大开源控制器（OpenDaylight 和 ONOS）也正在逐步实现数据中心网络的基础功能，虽然在稳定性上有所欠缺，不过未来的发展是乐观的。开源部分的内容比较多，需要拆开来说，本章先来介绍 OpenStack Neutron。

本章所涉及的代码以 neutron-stable-ocata 版本为准。

5.1　网络基础

OpenStack 是主流的开源云计算平台，目前已经有了很多大规模的商用案例，所有与云相关的，无论是商用软件还是开源平台都在积极寻求与 OpenStack 的对接。在网络这一块，OpenStack 经历了由 Nova-network 到 Quantum 再到 Neutron 的演进过程，各个版本网络的特征如下：

1）Nova-network 是隶属于 Nova 项目的网络实现，它利用了 Linux Bridge（早期，目前也支持 OVS）作为交换机，具备 Flat、Flat DHCP、VLAN 3 种组网模式。

优点与缺点：优点是性能出色，工作稳定，支持多主机部署以实现 HA；缺点是网络模块不独立，功能不够灵活，组网模式也比较受限。

2）Quantum 作为独立的网络管理项目出现在 F 版本中，除了 Linux Bridge 外还支持 OVS，以及其他商业插件，组网模式增加了对 GRE 和 VxLAN 两种 Overlay 技术的支持。

优点与缺点：优点是功能灵活，支持大二层组网；缺点是集中式的网络节点缺乏 HA，而且各厂商插件无法同时在底层网络中运行。

3）Neutron 出现在 H 版本中，它是因为 Quantum 和一家公司的名称冲突而改名的。Neutron 对 Quantum 的插件机制进行了优化，将各个厂商 L2 插件中独立的数据库实现提取出来，作为公共的 ML2 插件存储租户的业务需求，使得厂商可以专注于 L2 设备驱动的实现，而 ML2 作为总控可以协调多厂商 L2 设备共同运行。Neutron 继承了 Quantum 对大二层的支持，还支持 L2 PoP、DVR、VRRP、HA 等关键功能，集成了很多 L4～L7 的网络服务。

优点与缺点：优点是开始引入 SDN 思想，功能上更为丰富，网络兼容性强；缺点是不够稳定，HA 机制仍缺乏大规模商用的检验。

从应用场景来看，Nova-network 组网模式较为简单，一些复杂的网络需求无法实现（比如两个公司合并，有大量 IP 地址重叠的 VM 要迁移到一个平台上，而且要求迁移后都要用原来的 IP）。不过由于其简单稳定的特点，仍然可用于中小型企业的生产环境中。Quantum 属于一个过渡版本，实际的部署较为少见。Neutron 可以支持大二层，在多个版本的演进后，功能上也更为丰富，不过原生 Neutron 的稳定性和 HA 还不够成熟，在生产环境中仍然需要进行功能裁剪和二次开发。

5.1.1 网络结构与网络类型

下面开始介绍 Neutron 的网络结构，对于 Nova-network 和 Quantum 本节暂不讨论。首先需要对 Neutron 中的 3 类节点和 3 种网络进行介绍，如图 5-1 所示。

（1）3 类节点

控制节点实现镜像、块存储、身份认证、前端等服务，运行 Nova-compute 的调度模块以及 Nova api-server。计算节点实现 Nova-compute，以及 Neutron 的一些 Agent。网络节点实现 Neutron 的一些 Agent。注意，由于 OpenStack 为分布式架构实现，因此 Neutron-server 既可以运行在控制节点中，也可以运行在网络节点中。

（2）3 种网络

OpenStack 内部模块之间的交互发生在管理网络，虚拟机之间的通信发生在数据网络，而 External Network/API Network 网络是连接外网的，无论是用户调用 Openstack API，还是虚拟机与外网间的互通都需要经过这个网络。目前 OpenStack 通常采用 Out-of-Band 方式进行部署，管理网络与另外两个网络是独立的，也不涉及复杂的组网需求，本章后续内容的分析只针对数据网络与 External Network/API Network 网络。

Neutron 的数据网络支持 3 种常见的网络类型，包括 Flat、VLAN 和 Overlay。

（1）Flat 类型

Flat 类型最为简单，所有的虚拟机共用一个私有 IP 网段，IP 地址在虚拟机启动时完成注入，虚拟机间的通信直接通过 HyperVisor 中的 vBridge/vSwitch 进行转发，公网流量在该网段的网关上进行 NAT。

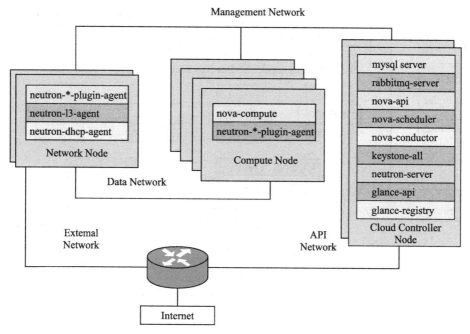

图 5-1　Neutron 中的 3 类节点和 3 种网络

（2）VLAN 类型

VLAN 类型引入了多租户机制，虚拟机可以使用不同的私有 IP 网段，一个租户可以拥有多个 IP 网段。虚拟机 IP 通过 DHCP 获取。网段内部虚拟机间的通信直接通过 HyperVisor 中的 vBridge/vSwitch 进行转发，同一租户跨网段通信可以通过 vRouter 做路由，公网流量在该网段的网关上进行 NAT。

（3）Overlay 类型

Overlay 类型利用隧道技术进行隔离和传输，相比于 VLAN 类型有以下改进。

1）租户数量从 4096 增加到 1600 万；

2）租户内部的二层通信可以跨越底层的 IP 网络，虚拟机能够迁移到任意位置；

3）一般情况下，不需要对底层网络进行任何额外的配置。

5.1.2　VLAN 网络类型中流量的处理

有了以上知识作为基础，就可以分析虚拟机的通信过程了。以下将通过两张图来分析 Neutron 中的 VLAN 网络类型，HyperVisor 中的网络设备以 OpenvSwitch 为例。Overlay 类型与 VLAN 类型的区别只在于将图 5-2 中的 br-eth1 替换成 br-tun 即可，具体 Overlay 网络中的转发如何完成，后面的小节中会做更为细致的介绍。

图 5-2 所示为计算节点上的网络实现。以虚拟机发出流量的方向为例，从源虚拟机开始分析。

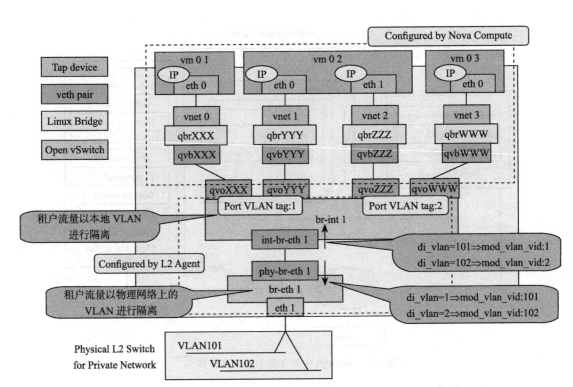

图 5-2　VLAN 网络类型在计算节点的实现

1）虚拟机发出的流量，经过 QEMU 注入到 TAP 设备中。TAP 设备是一种软件实现的以太网卡，此处配合 QEMU 模拟了虚拟机网卡的硬件功能。

2）TAP 设备并不是直接连接到 OVS 上的，而是通过 Linux Bridge 中继到 OVS br-int 上的，其原因在于 OVS 无法实现 Linux Bridge 中一些带状态的安全规则，而这些规则往往用于以虚拟机为单位的安全组功能的实现。qbr 是 quantum bridge 的缩写，Neutron 中沿用了 Quantum 的叫法。

3）qbr 与 br-int 间的连接通过 Linux 的 veth-pair 技术实现，qvb 代表 quantum veth bridge，qvo 代表 quantum veth ovs。veth-pair 用于连接两个虚拟网络设备，它们总是成对出现以模拟虚拟设备间的数据收发，其原理是反转通信数据的方向，需要发送的数据会被转换成需要收到的数据重新送入内核网络层进行处理。veth-pair 与 TAP 的区别可以简单理解为 veth-pair 是软件模拟的网线，而 TAP 是软件模拟的网卡。

4）br-int 是计算节点本地的虚拟交换设备，完成流量在本地的处理：本地虚拟机送入的流量标记为本地 VLAN，送到本地虚拟机的流量去掉本地 VLAN，本地虚拟机间的二层流量直接在本地转发，本地虚拟机到远端虚拟机、网关的流量由 int-br-eth1 送到 OVS br-eth1 上（在 Overlay 模型中送到 OVS br-tun 上）。无论是 VLAN 模型还是 Overlay 模型，由于 br-int 上 VLAN 数量的限制，计算节点本地最多支持 4096 个的租户。

5）br-int 与 br-eth1 间的连接在图 5-2 中通过 veth-pair 技术来实现。从 Juno 版本开始，

使用 OVS patch 代替 veth-pair 作为默认的网桥连接方式，以便提高性能。

6）br-eth1 将该计算节点与其他计算节点、网络节点连接起来，根据 Neutron-server 中 OVS Plugin 的指导，完成流量送出、送入本地前的处理：根据底层物理网络租户 VLAN 与本地租户 VLAN 间的映射关系进行 VLAN ID 的转换（在 Overlay 网络类型中此处进行隧道封装，并进行 VNI 与本地租户 VLAN ID 间的映射）。由于受底层物理网络中 VLAN 数量的限制，所以 VLAN 模型最多支持 4096 的租户，而 Overlay 网络类型中，24 位的 VNI 最多支持 1600 万的租户。

7）br-eth1 直接关联物理宿主机的硬件网卡 eth1，通过 eth1 将数据包送到物理网络中。在 Overlay 模型中 br-tun 通过 TUN 设备对数据包进行外层隧道封装并送到 HyperVisor 中，内核根据外层 IP 地址进行路由，从硬件网卡 eth1 上将数据包送到物理网络中。TUN 与 TAP 的实现机制类似，区别在于 TAP 工作在二层，而 TUN 工作在三层。

图 5-3 所示为网络节点上的网络实现。以流入网络节点的流量方向为例，从底层物理网络流量通过 eth1 进入 br-eth1（在 Overlay 模型中为 br-tun）开始分析。

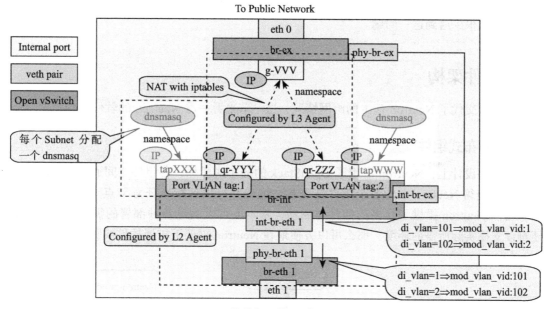

图 5-3　VLAN 网络类型在网络节点的实现

1）br-eth1 将网络节点与计算节点连接起来，完成流量送入网络节点前的处理：根据底层物理网络租户 VLAN 与本地租户 VLAN 间的映射关系进行 VLAN ID 的转换（在 Overlay 网络类型，此处进行解封装，并进行 VNI 与本地租户 VLAN ID 间的映射）。注意，虽然同一租户在底层物理网络上的 VLAN ID（在 Overlay 模型中为 VNI）是唯一的，但是在网络节点与计算节点，以及不同计算节点中同一租户对应的本地 VLAN ID 并不要求不同。另外由于网络节点也要在 br-int 上使用本地 VLAN，而租户跨网段流量与公网流量都要经过网络节点，因此使用单个网络节点时，Neutron 最多能支持 4096 租户，可采用部署多个网络节点的方式来解决这一问题。

2）送入网络节点的流量，由 br-eth1（br-tun）通过 veth-pair 送给 br-int，br-int 连接了本地不同的 namespace，包括实现 DHCP Agent 功能的 dnsmasq，以及实现路由功能的 vRouter。dnsmasq 负责给对应租户的虚拟机分配 IP 地址，而 vRouter 负责处理租户内跨网段流量以及公网流量。不同的租户有不同的 dnsmasq 和 vRouter 实例，因此不同租户间可以实现 IP 地址的复用。

3）vRouter namesapce 通过 qr（quantum router）接口接收租户内跨网段流量以及公网流量，在 namespace 的协议栈中对跨网段流量进行路由，改写 MAC 地址并通过相应的 qr 接口向 br-int 送出数据包。公网流量在 vRouter namespace 的协议栈中进行 NAT，并通过 qg（quantum gateway）接口发送给 OVS br-ex。

4）br-ex 通过关联物理宿主机的硬件网卡 eth1 将流量送至 Internet 路由器。

5）br-int 与 br-ex 间的连接，主要是保证在 vRouter 出现问题时流量能够不中断转发，不过实际上很少遇到这一问题。

5.2 软件架构

上一节交代了 Neutron 基本的组网情况，这一节来看一看 Neutron 的软件架构。

5.2.1 分布式组件

在架构设计上，Neutron 沿用了 OpenStack 的分布式思想，各组件之间通过消息队列进行通信，使得 Neutron 中的各个组件甚至各个进程都可以运行在任意节点上，如图 5-4 所示。目前 Neutron 提供了众多的插件与驱动，基本上可以满足各种部署的需要，如果这些还难以支撑实际所需的环境，那么可以方便地在 Neutron 框架下扩展插件或驱动。

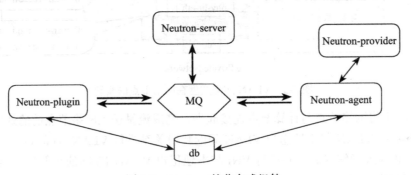

图 5-4　Neutron 的分布式组件

在图 5-4 中，除了消息机制以外还涉及 5 类 Neutron 组件，Neutron Server、Neutron

Agent、Neutron Plugin、Neutron Database、Neutron Provider，下面先对这几个组件的作用进行简单介绍，再根据这几个组件间的交互来介绍 Neutron 主体代码的实现。

1）Neutron Server 可以理解为一个专门用来接收 Neutron RESTful API 调用的服务器，然后负责将不同的 RESTful API 分发到不同的 Neutron Plugin 上。

2）Neutron Plugin 可以理解为不同网络功能实现的入口，各个厂商可以开发自己的插件。Neutron Plugin 接收 Neutron Server 分发过来的 RESTful API，向 Neutron Database 完成一些信息注册，然后将具体要执行的业务操作和参数通知给自身对应的 Neutron Agent。

3）Neutron Agent 可以直观地理解为 Neutron Plugin 在设备上的代理，接收相应 Neutron Plugin 通知的业务操作和参数，并转换为具体的 Neutron Provider 操作。当 Neutron Provider 发生问题时，Neutron Agent 会将情况通知给 Neutron Plugin。

4）Neutron Provider，即为实际执行功能的网络设备，一般为虚拟交换机（OVS 或者 Linux Bridge），少数方案中使用虚拟路由器。

5）Neutron Database，顾名思义就是 Neutron 的数据库，一些业务相关的参数都存在这里。

5.2.2 Core Plugin 与 Service Plugin

在开始分析代码之前，还需要先对 Neutron Plugin 进行一些更为详细的介绍，Neutron Plugin 分为 Core Plugin 和 Service Plugin 两类。

（1）Core Plugin

在 Neutron 中即为 ML2（Modular Layer 2），负责管理 L2 的网络连接。ML2 主要包括 Network、Subnet、Port 3 类核心资源，对这 3 类资源进行操作的 RESTful API 被 Neutron Server 看作 Core API，由 Neutron 原生提供支持，见表 5-1。

表 5-1 Core Plugin 中的核心资源

Network	代表一个隔离的二层网段，是为创建它的租户而保留的一个广播域。Subnet 和 Port 始终分配给某个特定的 Network。Network 的类型包括 Flat、VLAN、VxLAN、GRE 等
Subnet	代表一个 IPv4/v6 的 CIDR 地址池，以及与其相关的配置，如网关、DNS 等，该 Subnet 中的 VM 实例随后会自动继承该配置。Sunbet 必须关联一个 Network
Port	代表虚拟交换机上的一个虚拟交换端口。VM 的网卡 VIF 连接 Port 后，就会拥有 MAC 地址和 IP 地址。Port 的 IP 地址是从 Subnet 地址池中分配得来的

（2）Service Plugin

Service Plugin 即为除 Core Plugin 以外其他的插件，包括 l3 router、firewall、load balancer、VPN、metering 等，主要实现 L3 ～ L7 的网络服务。这些插件要操作的资源比较丰富，对这些资源进行操作的 RESTful API 被 Neutron-server 看作扩展 API，需要厂家自行进行扩展。

上一节曾经提到，Neutron 对 Quantum 的插件机制进行了优化，将各个厂商的 L2 插件中独立的数据库实现提取出来，作为公共的 ML2 插件存储租户的业务需求，使得厂商可以专注于 L2 设备驱动的实现，而 ML2 作为总控可以协调多厂商的 L2 设备共同运行。在

Quantum 中，厂商都开发各自的 Service Plugin，它们不能兼容而且开发重复度很高，于是在 Neutron 中就设计了 ML2 机制，使得各厂商的 L2 插件完全变成了可插拔的，方便 L2 中 network 资源的扩展与使用。

ML2 作为 L2 的总控，其实现包括 Type 和 Mechanism 两部分，每部分又分为 Manager 和 Driver，如图 5-5 所示。Type 指的是 L2 网络的类型（如 Flat、VLAN、VxLAN 等），与厂商实现无关。Mechanism Manager 是 ML2 规范的，而 Mechanism Driver 则是各个厂商根据自己设备机制来实现的。

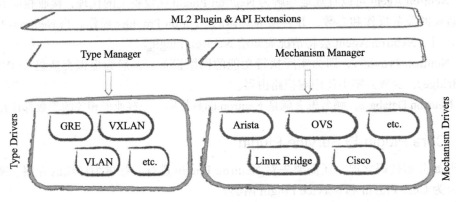

图 5-5　ML2 结构示意

Neutron 最早出现在 Havana 版本中，这一版只有少数厂商将 L2 驱动迁移到了 neutron.plugins.ml2.driver 目录下，其余大部分厂商仍然留在 neutron.plugins 下，L2 和其他的 Service Plugin 都混在一个文件中。到了 Kilo 版的时候，大部分厂商都将 L2 的驱动转移到了 neutron.plugins.ml2.driver 下。不过从 Liberty 版开始，厂商又开始将 ML2 Mechanism Driver 开始向外迁出，和自己其他的 Service Plugin 并列，一起形成和 Neutron 级别平行的 networking-XXX。因此，在目前的版本中，neutron.plugins.ml2.driver 目录下只剩下了几个通用的 Mechanism Driver，而不见了厂商驱动的影子。表 5-2 所示为 Ocata 版中 neutron.plugins.ml2.driver 目录下的几个 Mechanism Driver，以及它们各自所具备的能力。

表 5-2　Ocata 中 ML2 原生的 Mechanism Driver

type driver/mech driver	Flat	VLAN	VXLAN	GRE
Open vSwitch	yes	yes	yes	yes
Linux bridge	yes	yes	yes	no
SRIOV	yes	yes	no	no
Mac VTap	yes	yes	no	no
L2 population	no	no	yes	yes

除了 ML2 以外，Neutron 中还有其他很多的 Service Plugin，比如 L3、LBaaS、FWaaS、QoS 等，从目录结构上来看，这些 Service Plugin 通常都会包括一些开源实现的 driver，而

厂商的私有实现目前都放在 Neutron 外面的 networking-XXX 中了，如图 5-6 所示。

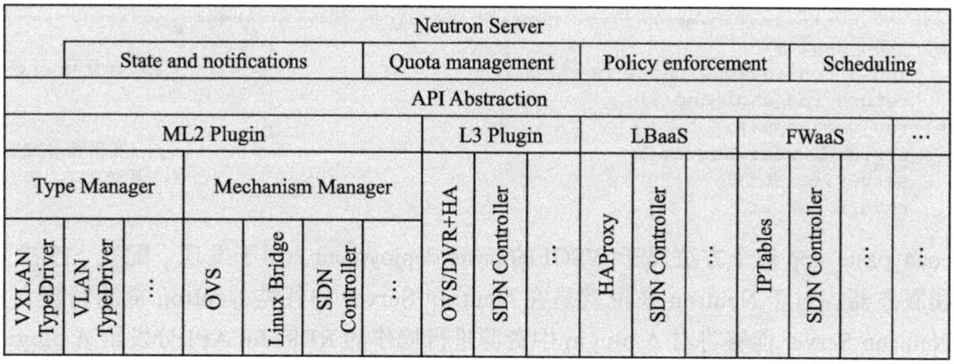

图 5-6 一些典型的 Neutron Service Plugin

5.3 WSGI 与 RPC 的实现

一般而言，Neutron Server 和各 Neutron Plugin 部署在控制节点或者网络节点上，而 Neutron Agent 则部署在网络节点上和计算节点上。本节先来介绍控制端 Neutron Server 和 Neutron Plugin 的实现，在本章的 5.5 节将对设备端 OVS Agent 的实现进行介绍。

从 Neutron Server 的启动开始说起。Neutron Server 的启动入口在 neutron.cmd.eventlet. server.__init__ 中，main() 启动了两个服务，第一是启动 WSGI 服务器作为 Neutron API Server，用于监听 Neutron RESTful API；第二是启动 Core Plugin 和各个 Service Plugin 的 RPC listener，用于 Plugin 与 Agent 间的通信，两类服务作为"绿色线程"并发运行。从 SDN 的角度来看，WSGI 负责 Neutron 的北向接口，而 Neutron 的南向通信机制主要依赖于 RPC 来实现。当然，不同厂商的 Plugin 也可能使用其他的南向通信机制。

```
==================== neutron.cmd.eventlet.server.__init__ ====================
def main():                                    // 由命令行 neutron-server start 触发
    server.boot_server(_main_neutron_server)
def _main_neutron_server():
    if cfg.CONF.web_framework == 'legacy':
        wsgi_eventlet.eventlet_wsgi_server()
============ neutron.server.wsgi_eventletdef eventlet_wsgi_server ============
def eventlet_wsgi_server():
    neutron_api = service.serve_wsgi()                        // 启动 WSGI 服务器
    start_api_and_rpc_workers()                // 将 API server、Core/Service
                                               // Plugin 作为"绿色线程"运行
```

5.3.1 Neutron Server 的 WSGI

首先来介绍 WSGI 的机理。启动 WSGI 服务器，会执行到 neutron.service 的 _run_wsgi 方法，该方法中加载了各类 Neutron 资源，并实例化 WSGI 服务器，然后启动 WSGI 的

socket，这样 Neutron Sever 就开始监听 Neutron RESTful API 了。

```
============================== neutron.service ==============================
def _run_wsgi():
    app = config.load_paste_app()                          // 加载 Neutron 资源
    return run_wsgi_app()
def run_wsgi_app():
    server = wsgi.Server()                                  // 实例化 WSGI 服务器
    server.start()                                          // 启动 WSGI 的 Socket
    return server
```

Load_paste_app 这个方法属于 WSGI 的 paste deployment，用于发现、配置、连接 WSGI 应用和服务器。对于 Neutron 来说就是在 Neutron Server 和各类 Neutron 资源间建立关系，使得 Neutron Server 能够将对 A plugin 中资源进行操作的 RESTful API 分发给 A plugin，将对 B plugin 中资源进行操作的 RESTful API 分发给 B plugin。Neutron 的 paste deployment 配置文件为 etc.neutron.api-paste.ini，如下所示。

```
======================= etc.neutron.api-paste.ini ==========================
[filter:extensions]
paste.filter_factory = neutron.api.extensions:plugin_aware_extension_middleware_
factory
[app:neutronapiapp_v2_0]
paste.app_factory = neutron.api.v2.router:APIRouter.factory
```

Extension API 中的 URL 与 Extension 资源间的关联由 neutron.api.extensions. plugin_aware_extension_middleware_factory 方法来完成。Filter_factory 返回 neutron.api.extensions 中的 ExtensionMiddleware，ExtensionMiddleware 负责生成 Extension API 的 URL 和 Extension 资源的 Application 化。

Core API 中的 URL 与 Core 资源间的关联由 neutron.api.v2.router.APIRouter 来完成。APIRouter 类在实例化过程中，首先实例化并加载 Core Plugin 和各个 Service Plugin（注意，Service Plugin 的加载也是在 APIRouter 实例化时完成的），然后生成 Core API 的 URL，最后将 Core 资源 Application 化为 Controller 实例，Controller 实例负责 RESTful 资源的增删改查。这样当 WSGI 服务器收到 RESTful API 请求后，就能够根据请求中的 URL 找到资源的 Controller，然后 Controller 会自动拼接字符串，得到并调用相应的 Core Plugin 方法，如所请求操作的资源是 network，Action 是"Create"，则应该调用的 Core Plugin 方法就是"create_network"。

默认配置中 Neutron 的 Core Plugin 为 ML2（neutron.plugins.ml2.plugin）。ML2 在执行 create_network 方法时，首先向 Neutron-database 注册，然后发布一个资源为 network，event 为 AFTER_CREATE 的事件（neutron.plugins.ml2.rpc. AgentNotifierApi 会订阅这个事件，并向 L2 的各个 Agent 发送 create_network 的 RPC），通过 Mechanism Manager 将该 network 的参数传给底层各个 Mechanism Driver，Mechanism Driver 再具体进行执行 create 操作。

```
========================= neutron.plugins.ml2.plugin =========================
class Ml2Plugin()
```

```
def create_network():
    result, mech_context = self._create_network_db()
    // 向 DB 进行注册，为该 network 分配一些参数，并完成 precommit 验证
    registry.notify(resources.NETWORK, events.AFTER_CREATE, …)
            // 发布事件，触发 agent 上进行 create_network
    try:
        self.mechanism_manager.create_network_postcommit()
                // 调用各个 mechanism driver 的 create_network_postcommit 方法
    return result
```

关于 Neutron-server 北向的 WSGI 部分就介绍到这里，RESTful API 中业务请求在网络设备中的落实主要通过 RPC 机制来完成。

5.3.2 Neutron Plugin 与 Neutron Agent 间的 RPC

控制端 Neutron Plugin 与设备端相应 Neutron Agent 间的通信一般由 RPC 机制实现。在开始进入 Neutron RPC 服务代码分析前，需要先简单地了解一下 RPC。

在 OpenStack 组件内部 RPC 机制的实现默认是以 AMQP 作为通信模型的。AMQP 是用于异步消息通信的中间件协议，有 4 个重要的概念。

1）Exchange：根据 Routing key 转发消息到不同的 Message Queue 中。

2）Routing key：用于 Exchange 中，判断哪些消息需要发送对应的 Message Queue。

3）Publisher：消息发布者，将消息发送给 Exchange 并指明 Routing Key。

4）Consumer：消息接收者，从 Message Queue 中获取消息，并在本地执行。

总体来说，消息发布者将 Message 发送给 Exchange 并且说明 Routing Key。Exchange 根据 Message 的 Routing Key 进行路由，将 Message 正确地转发给相应的 Message Queue。Consumer 将会从 Message Queue 中读取消息。

Publisher 可以分为 4 类：Direct Publisher 发送点对点的消息，Topic Publisher 采用"发布订阅"模式发送消息，Fanout Publisher 发送广播消息，Notify Publisher 同 Topic Publisher，发送与通知相关的消息。类似地，Exchange 可以分为 3 类：Direct Exchange 根据 Routing Key 进行精确匹配，只有对应的 Message Queue 会接收到消息；Topic Exchange 根据 Routing Key 进行模式匹配，只要符合模式匹配的 Message Queue 都会收到消息；Fanout Exchange 将消息转发给所有绑定的 Message Queue。

了解了基础知识以后，再来看代码。之前提到过，启动 Core Plugin 和各个 Service Plugin 的 RPC listener 也是在 neutron.cmd.eventlet.server.__init__ 的 main() 方法中触发完成的。

```
==================== neutron.cmd.eventlet.server.__init__ ====================
def main():                                     // 命令行 neutron-server start 触发
    server.boot_server(_main_neutron_server)
def _main_neutron_server():
    if cfg.CONF.web_framework == 'legacy':
        wsgi_eventlet.eventlet_wsgi_server()
==================== neutron. server.wsgi_eventlet ====================
def eventlet_wsgi_server():
    start_api_and_rpc_workers()
```

```
def start_api_and_rpc_workers():
    try:
        worker_launcher = service.start_all_workers()
============================= neutron.service =============================
def start_all_workers():
    workers = _get_rpc_workers() + _get_plugins_workers()
                      // 分别为 Core Plugin 和各个 Service Plugin 实例化 rpc_worker
    return _start_workers() // 该方法中调用 oslo_service 中的 ProcessLauncher 启动
                      // 各个 Plugin 的 rpc listener，这里不做深入的代码分析
```

Neutron 中控制端 Neutron Plugin 和设备端相应的 Neutron Agent 间的 RPC 通信是单向异步的，在 plugin 和 agent 上都要开启 Publisher 和 Consumer。由于同一类 Agent 往往不止一个，因此 Neutron 的 RPC 采用 "发布订阅" 模式在 Plugin 和 Agent 间传递消息，在 Publisher 和 Consumer 实例化时需要指定全局唯一的 Topic（在 neutron.common.topics 中定义）。

Neutron 中 Publisher 类的命名规范为 **AgentNotifierApi，它们的实例可以向特定的 Consumer 发送消息，Consumer 接收到消息后，通过 dispatcher 解封装，调用 **RpcCallBacks 在本地执行消息体。Core Plugin 和 Service Plugin 在构造函数执行过程中（在 APIRouter 的实例化时调用）实例化了 AgentNotifierApi，其 RpcCallBacks 的实例化由 Plugin 的 start_rpc_listener 完成，start_rpc_listener 是在 neutron.service 执行 start_all_workers 时调用的，见上面的代码。

5.4 虚拟机启动过程中网络的相关实现

正确地接入虚拟机，是网络能够发挥作用的前提。因此在介绍 Neutron 所提供的各种网络服务之前，这里需要插入一个小节，介绍一下虚拟机在启动过程中，是如何获取 MAC、IP 地址，以及如何接入网络的。

5.4.1 虚拟机的启动流程

虚拟机的启动命令通常来自于控制节点命令行的 nova boot，该命令被组装成 RESTful API 发送到 Nova api server。Nova api server 与 Neutron Server 做的是一样的事情：接收 RESTful 请求，运行一些调度机制，计算出虚拟机部署的位置，然后通过 RPC 与相应计算节点上的 Nova-compute 进行通信，而启动虚拟机的实际工作由 Nova-compute 完成。当然，以上过程与网络并没有什么关系，这里不再分析具体的实现机制。

假定 Nova-compute 已经通过 RPC 收到了开始工作的命令，那么就从这里开始进行代码分析。在此之前，先看一看 OpenStack 组件层面的调用流程，如图 5-7 所示，图中①～⑤的工作内容依次为：① Nova 请求 Port 资源；② Neutron 生成 Port 资源；③ Neutron 将 Port 相关信息通知给 dhcp agent；④ dhcp agent 将 Port 相关信息通知给 dhcp server（dnsmaq）；⑤ 虚拟机被拉起并通过相应的 Port 接入网络。

虚拟机启动后就会发送 DHCP Discover，dnsmaq 会分配给虚拟机一个 IP 地址，这样就

可以开始通信了。下面来看具体实现过程。在开始具体的代码解读之前，先给出代码的主体思路。

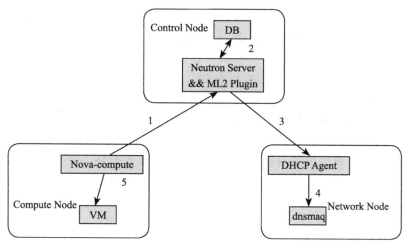

图 5-7　虚拟机启动的工作流

1）Nova-compute 向 Neutron Server 发送 create_port 的 RESTful API 请求，生成新的 Port 资源。

2）Neutron Server 收到该 RESTful 请求，通过 APIRouter 路由到 ML2 的 create_port 方法。在该方法中，获得了 Neutron-database 新生成的 Port，并通知 ML2 Mechanism Driver 该 Port 的生成。

3）Nova-compute 向 Neutron 发送 update_port 的 RESTful API 请求。

4）Neutron Server 收到该 RESTful 请求，通过 APIRouter 路由到 ML2 的 update_port 方法。在该方法中，Neutron-database 更新该 Port 的状态，并根据 ML2 Mechanism Driver 的不同，决定后续的处理：若 Mechanism Driver 为 hyperv/linuxbridge/ofagent/openvswitch，则需要通过 ML2 的 update_port 方法执行 RPC 远程调用 update_port；对于其余的 Mechanism Driver，ML2 的 update_port 方法调用其自身的 update_port_postcommit 方法进行处理。这些 Mechanism Driver 可能使用非 RPC 方式与自身的 Agent 通信（如 RESTful API、NETCONF 等）。

5）ML2 执行完 update_port 方法后，Port 资源在 WSGI 中对应的 Controller 实例通过 DhcpAgentNotifyAPI 实例 RPC 通知给网络节点上的 DHCP Agent（也可能通过一些调度机制通知给分布在计算节点上的 DHCP Agent）。

6）DHCP Agent 收到该 RPC 通知后，通过 call_driver 方法将虚拟机中 MAC 与 IP 的绑定关系传递给本地的 DHCP 守护进程 dnsmaq。

7）Nova-compute 通过 Hypervisor Driver 的 spawn 方法将虚拟机接入网络，然后启动虚拟机。

5.4.2　Nova 请求 Port 资源

首先，Nova-compute 接收远端的 RPC 调用，入口方法为 nova.compute.manager 的 build_and_run_instance 方法。其主要逻辑是先调用 _build_resource 方法为虚拟机分配网络和存储资源，然后调用相关 hypervisor driver 的 spawn 方法启动虚拟机，为虚拟机分配网络资源，它是以 _build_networks_for_instance 方法为入口的。在这个方法中会得到虚拟机在宿主机中的 MAC 地址集合，生成虚拟机的 DHCP 选项，然后调用 _allocate_network 方法获取虚拟机的网络参数。

从 _allocate_network 方法跳入 _allocate_network_async 方法，尝试获取虚拟机的网络参数。进入 nova.network.neutronv2.api 的 allocate_for_instance 方法负责与 Neutron-server 进行 RESTful API 通信，以获取虚拟机相应的网络资源。主要逻辑是，先 create_port，并过滤掉已经被使用过的 MAC 地址，然后再 update_port，最后包装成一个 NetworkInfo 返回其网络参数。

```
======================= nova.network.neutronv2.api. =========================
class API():
    def allocate_for_instance()
        // create_port
        requests_and_created_ports = self._create_ports_for_instance()
        available_macs = _filter_hypervisor_macs()        // 过滤已经用过的 MAC 地址
        ordered_nets, ordered_ports, preexisting_port_ids, update port, created_
        port_ids = self._update_ports_for_instance()
```

到这里，Nova-compute 就完成了 Port 资源的申请，总结起来就是接收业务请求的虚拟机参数，然后将涉及网络的请求通过 RESTful API 发送给 Neutron Server。

5.4.3　Neutron 生成 Port 资源

Port 是 3 种核心资源中的一种，Neutron Server 通过 APIRouter 将 create_port 或者 update_port 请求路由到 ML2 plugin 中（参考 5.3.1 节），假设 Port 是第一次申请，那么要先进行 create 操作再更新。

1. ML2 对 create_port 的处理

收到 create_port 的 RESTful API 后，由 ML2（neutron.plugins.ml2.plugin）执行 create_port 方法。该方法的主要工作为：① 在 Neutron-database 中新建该 Port 的信息；② 将请求交给 Mechanism Driver 去完成 Port 在网络中的部署；③ 进行 port_binding。

```
======================= neutron.plugins.ml2.plugin. =========================
class Ml2Plugin()
    def create_port():
        result, mech_context = self._create_port_db()
        registry.notify(resources.PORT, events.AFTER_CREATE, …)
        try:
            self.mechanism_manager.create_port_postcommit()
        try:
            bound_context = self._bind_port_if_needed()
```

首先，来看 ML2 调用的数据库方法 create_port_db。Ml2Plugin 继承了 neutron.db.db_base_plugin_v2.NeutronDbPluginV2，并会执行 NeutronDbPluginV2 类中的 create_port_db 方法，该方法主要做了两个事情：① 分配可用的 MAC 地址，如果参数中的 MAC 地址可用，那么为其分配该 MAC 地址，如果不可用则 DB 生成一个可用的 MAC 地址。② 在虚拟机所在租户子网的地址池中获取 IP 地址。然后会通过 mechanism_manager 的 create_port_precommit 方法将 create_port 操作提交给各个 Mechanism Driver。precommit 相当于两阶段提交的第一阶段，校验各个 Mechanism Driver 是否有能力进行 create_port 操作，如果不能进行该操作，则需要对数据库进行回滚。

```
======================== neutron.plugins.ml2.plugin. ========================
class Ml2Plugin()
    def _create_port_db():
        session = context.session
        with session.begin(subtransactions=True):
            port_db = self.create_port_db()
                    // 为虚拟机分配 MAC 和 IP，并将虚拟机信息写入数据库
            self.mechanism_manager.create_port_precommit()
                    // 提交 create_port 给各个 mechanism driver，如果出错需进行回滚
```

Precommit 成功后，会跳出来发布一个 resource 为 Port，event 为 AFTER_CREATE 的事件，neutron.plugins.ml2.rpc.AgentNotifierApi 会订阅这个事件，并向底下的各个 L2 agent 发送 create_network 的 RPC。

发布事件后会进行 create_port_postcommit，Mechanism Manager 遍历各个 Mechanism Driver，从而完成 Port 在网络中的创建。这里要注意的是，在 ML2 中几个常见的 Mechanism Driver（如 linuxbridge 和 OpenvSwitch）都没有重写抽象类的 create_port_postcommit，而是直接会 pass 掉，它们下面对应的 agent 是通过上一段介绍的机制来实现 create_port 接收的。

然后是进行 bind_port 处理。Port 的属性（host/vnic_type/profile/vif_type 等）会更新到数据结构中，然后通过 Mechanism Manager 的 bind_port 方法，遍历各个 Mechanism Driver，从而执行 bind_port 方法。bind_port 方法有的 Driver 实现了（如 linuxbridge/openvswitch 等），但要进行一些信息校验，有的则直接过滤掉了。

2. ML2 对 update_port 的处理

收到 update_port 的 RESTful API 后，由 ML2（neutron.plugins.ml2.plugin）执行 update_port 方法。这个方法和 create_port 的主体逻辑类似：首先更新数据库中该 Port 的信息，然后是 update_port_precommit，发布事件，update_port_postcommit，最后重新处理 bind_port 以更新之前的数据结构。在 bind_port_if_needed 方法中，有个名为 need_port_update_notify 的布尔型参数，用于判断 Port 的信息是否有更新。如果有更新，bind_port_if_needed 会调用 _notify_port_updated 方法发送一个 update_port 事件给相应的 Agent。Neutron OVS-agent 执行 update_port 事件的代码分析请参考 5.5.2 节。

```
======================== neutron.plugins.ml2.plugin. ========================
class Ml2Plugin()
```

```
def update_port():
    with session.begin(subtransactions=True):
        updated_port = super().update_port()           // 更新数据库
        if port_db['device_owner'] == const.DEVICE_OWNER_DVR_INTERFACE:
            for dist_binding in dist_binding_list:
                self.mechanism_manager.update_port_precommit()
    registry.notify(resources.PORT, events.AFTER_UPDATE, …)
                        // 发布 resource 为 Port, event 为 AFTER_UPDATE 的事件
    try:
        for mech_context in bound_mech_contexts:
            self.mechanism_manager.update_port_postcommit()
    bound_context = self._bind_port_if_needed()
                    // 之前会判断是否需要做 port_update_notify
```

5.4.4　Neutron 将 Port 相关信息通知给 DHCP Agent

Port 资源生成好了，还需要向 DHCP Agent 更新 MAC 地址与 IP 地址的绑定关系，这依赖于 RPC 两端的通信工作。

1. Neutron Server 发出 RPC

DhcpAgentNotifyAPI 的实例负责与 DHCP Agent 进行 RPC 通信，它在实例化的时候会订阅关于 Port 的事件，然后触发 _native_event_send_dhcp_notification 方法来与 DHCP Agent 进行交互。前面曾提到，ML2 Plugin 在 update_port 的过程中会发布一个 resource 为 Port，event 为 AFTER_UPDATE 的事件，因此 DhcpAgentNotifyAPI 会看到这个事件，然后发送一个方法为 port.update.end 的消息触发 DHCP Agent 上对应的回调函数。

2. DHCP Agent 接收 RPC

DHCP Agent（neutron.agent.dhcp_agent）在初始化过程中实例化了 RPC 的 Publiser，可以主动向 Neutron Server 同步 DHCP 的数据库状态，当然 DHCP Agent 也可以被动地监听 Neutron 发出的 RPC 通知。当收到 port_update_end 的消息后，会执行 port_update_end 方法。

```
========================== neutron.agent.dhcp.agent ==========================
class DhcpAgent():
    def port_update_end():
        self.call_driver()
```

5.4.5　DHCP Agent 将 Port 相关信息通知给 DHCP Server

接着上面向下走。call_driver 方法会找到 DHCP Server，即 dnsmaq（neutron.agent. linux.dhcp），然后执行 dnsmaq 的 reload_allocations 方法，以便对 DHCP 参数进行更新。

5.4.6　Nova 拉起虚拟机并通过相应的 Port 接入网络

转了一大圈，回到了起点 Nova-compute（nova.compute.manager），在 5.4.2 节中提到了在 build_and_run_instance 方法的最后，会调用 Hypervisor Driver（如 libvirt）的 spawn 方法来启动虚拟机。Libvert（nova.vert.libvert.driver.LibvirtGenericVIFDriver）的 spawn 方法会创建虚拟

机的镜像和网络，创建网络时会调用到 nova.virt.vif 中的 plug_ovs_hybrid 方法，然后该方法会调用 _plug_bridge_with_port 方法。在 _plug_bridge_with_port 方法中，先调用 nova.network. linux_net 的 _create_veth_pair 方法在 qvb 和 qvo 间建立连接，然后通过 ip link 启动 Linux Bridge，最后通过 brctl 和 ovs-vsctl 将 qvb 和 qvo 添加到 Linux Bridge 和 OVS 上。

```
========================= nova.virt.libvirt.vif ===========================
class LibvirtGenericVIFDriver():
    def _plug_bridge_with_port():
        if not linux_net.device_exists(v2_name):
            linux_net._create_veth_pair(v1_name, v2_name, mtu)
                    // 建立连接，v1_name 和 v2_name 分别是 qvbxxx 和 qvoxxx
            utils.execute('ip', 'link', 'set', br_name, …)
                    // 启动 Linux Bridge
            utils.execute('brctl', 'addif', br_name, v1_name, …)
                    // 将 qvbxxx 添加到 Linux Bridge
        if port == 'ovs':
            linux_net.create_ovs_vif_port(self.get_bridge_name(vif), v2_name, …)
                    // 将 qvoxxx 添加到 OVS
```

这些工作完成后，虚拟机启动过程中的网络处理就都结束了。启动虚拟机，通过 DHCP 获取 IP 地址，然后就可以进行通信了。

5.5　OVS Agent 的实现

接着来介绍设备端的 Neutron Agent。控制端 APIRouter 通过 WSGI 接收北向的 RESTful API 请求，Neutron Plugin 通过 RPC 与设备端进行南向通信。设备端 Agent 则向上通过 RPC 与控制端进行通信，向下则直接在本地对网络设备进行配置。Neutron Agent 的实现有很多，彼此之间也没什么共性，本节选取比较有代表性的 Neutron OVS Agent，对其实现进行框架性介绍。

OVS Agent 的启动入口为 neutron.plugins.ml2.drivers.openvswitch.agent.ovs_neutron_ agent.py 中的 main 方法，其中实例化了 OVSNeutronAgent 类，然后启动这个实例与 Neutron Server 间的 RPC 通信。这个 OVSNeutronAgent 的实例即负责在本地配置并监测 OVS。

```
====== neutron.plugins.ml2.drivers.openvswitch.agent.ovs_neutron_agent =======
def main():
    try:
        agent = OVSNeutronAgent()            // 实例化 ovs_neutron_agent
        agent.daemon_loop()                  // 使能 agent 与 Neutron-server 间的 RPC
```

5.5.1　网桥的初始化

OVSNeutronAgent 的实例化过程主要包含如下几个步骤，其中各个网桥的作用请参考上一小节的介绍，流表的具体逻辑在 5.6 节和 5.7 节中介绍。

```
======== neutron.plugins.ml2.drivers.openvswitch.agent.ovs_neutron_agent ========
class OVSNeutronAgent()
    def __init__():
        self.setup_integration_br()
        self.setup_rpc()
        self.setup_physical_bridges()
        if self.enable_tunneling:
            self.setup_tunnel_br()
            self.setup_tunnel_br_flows()
            self.dvr_agent = ovs_dvr_neutron_agent.OVSDVRNeutronAgent()
            if self.enable_distributed_routing:
                self.dvr_agent.setup_dvr_flows()
            self.sg_agent = agent_sg_rpc.SecurityGroupAgentRpc()
            self.run_daemon_loop = True
            self.connection.consume_in_threads()
    def setup_integration_br():
        self.int_br.create()                    // 创建 br-int 网桥
        self.int_br.set_secure_mode()               // 配置安全模式
        self.int_br.setup_controllers()             // 配置控制器
        if self.conf.AGENT.drop_flows_on_start:
        // 判断是否需要在启动时清空网桥中的数据
            self.int_br.delete_port(self.conf.OVS.int_peer_patch_port)
            // 删除 patch 口
            self.int_br.delete_flows()              // 清空现有的流表
        self.int_br.setup_default_table()           // 配置默认流表
    def setup_rpc(self):
        self.plugin_rpc = OVSPluginApi()            // 这个 Publisher 实现为空
        self.sg_plugin_rpc = sg_rpc.SecurityGroupServerRpcApi()
            // 安全组的 Publisher
        self.dvr_plugin_rpc = dvr_rpc.DVRServerRpcApi()     // DVR 的 Publisher
        self.state_rpc = agent_rpc.PluginReportStateAPI()
            // 本地 OVS 状态的 Publisher
        consumers = [[topics.PORT, topics.UPDATE],
                     [topics.PORT, topics.DELETE],
                     [constants.TUNNEL, topics.UPDATE],
                     [constants.TUNNEL, topics.DELETE],
                     [topics.SECURITY_GROUP, topics.UPDATE],
                     [topics.DVR, topics.UPDATE],
                     [topics.NETWORK, topics.UPDATE]]
        if self.l2_pop:
            consumers.append([topics.L2POPULATION, topics.UPDATE])
        self.connection = agent_rpc.create_consumers()
            // 创建 agent 本地的各个 Consumer
    def setup_physical_bridges():
        for physical_network, bridge in six.iteritems():
            br.create()
            br.set_secure_mode()
            br.setup_controllers()
            if cfg.CONF.AGENT.drop_flows_on_start:     // 判断是否需要在启动时清空流表
                br.delete_flows()
            br.setup_default_table()
            ...             // 省略掉的代码主要完成 br-ex 和 br-int 间的连接，
                            // 其代码层次较深，这里不做展开
    def setup_tunnel_br():
        self.tun_br.create()
```

```
        self.tun_br.setup_controllers()
        ...              // 省略掉的代码主要完成 br-tun 和 br-int 间的连接，
                         // 其代码层次较深，这里不做展开
        if self.conf.AGENT.drop_flows_on_start: // 是否在启动时清空流表
            self.tun_br.delete_flows()
    def setup_tunnel_br_flows():
        // 这个方法中的流表逻辑很复杂，这里不做代码层面
        // 相关流表的分析，可参考本章 5.6 节和 5.7 节中相关内容
        self.tun_br.setup_default_table()
```

1）通过 setup_intergration_br 方法启动 br-int 网桥。该方法通过 ovs-vsctl 在本地创建网桥，配置安全模式，配置控制器，并对网桥中的流表进行初始化。

2）通过 setup_rpc 方法启动 RPC。在该方法中实例化了一些 RPC Publisher，以及代理本地的 RPC Consumer。OVS-agent 的 RPC Consumer 监听 7 类 topic：update_port、delete_port、update_tunnel、delete_tunnel、sg_update、dvr_update、network update。L2pop update 可选监听。

3）通过 setup_physical_bridge 方法启动 br-ex 网桥。该方法通过 ovs-vsctl 在本地创建网桥并对其进行初始化，并建立与 br-int 间的连接。

4）通过 setup_tunnel_br 方法启动 br-tun。该方法通过 ovs-vsctl 在本地创建网桥并对其进行初始化，建立与 br-int 间的连接。然后，通过 setup_tunnel_br_flows 方法初始化 br-tun 上的流表。

5）实例化 OVSDVRNeutronAgent，初始化相应的 RPC Publisher，如果开启了 DVR，则向各个网桥下发 DVR 的流表。

6）实例化 OVSSecurityGroupAgent，初始化相应的 RPC Publisher，初始化防火墙。

7）把 run_daemon_loop 变量置为 True，并初始化 Agent 中的各个 RPC listener。

5.5.2 使能 RPC

实例化 OVSNeutronAgent 之后，main 方法调用 daemon_loop 方法，之后调用 rpc_loop。rpc_loop 的主要工作就是轮询一些状态，根据这些状态，进行相应的操作。如一旦探测到本地的 OVS 重启了，就重新创建本地的网桥并添加连接。另外，一旦 RPC 监听到 update_port 事件，则在本地使能相应的 Port。

OVSNeutronAgent 的 process_network_ports 方法在这里有必要说明一下。对 Port 的增加和更新的处理调用了 treat_devices_added_or_updated 方法，对 Port 的删除调用了 treat_devices_removed 方法。treat_devices_added_or_updated 方法又会调用 treat_vif_port 方法，由 treat_vif_port 方法再调用 port_bound 方法。在 port_bound 方法中，会首先调用 provision_local_vlan 方法，然后下发流表打通网桥间对应 segment 的流量，最后会更改数据库中 br-int 网桥的属性，为端口绑定 VLAN。

```
========= neutron.plugins.ml2.drivers.openvswitch.agent.ovs_neutron_agent =======
class OVSNeutronAgent()
    def port_bound():
```

```
if net_uuid not in self.vlan_manager or ovs_restarted:
    self.provision_local_vlan()              // 打通网桥间对应 segment 的流量
    self.int_br.set_db_attribute()           // 为端口绑定 VLAN
```

上述就是对 OVS-agent 的框架性介绍，启动完毕后，便开始了与 Neutron Server 间的 RPC 通信。在本节的介绍中，跳过了所有和流表设计相关的内容，接下来就来看一看 OVS-agent 为 Overlay 流量设计的转发机制。

5.6　OVS Agent 对 Overlay L2 的处理

5.6.1　标准转发机制

本节来看看 OVS Agent 对于 Overlay 中二层流量的处理。在 Overlay 模型中，二层的通信涉及 ovs br-int 和 ovs br-tun，br-int 负责接入虚拟机并实现节点本地的通信，br-tun 负责实现跨节点的通信。如图 5-8 所示，对于两个同网段的虚拟机间通信，经过的路径为：源所在的 br-int、源所在的 br-tun、目的所在的 br-tun、目的所在的 br-int。

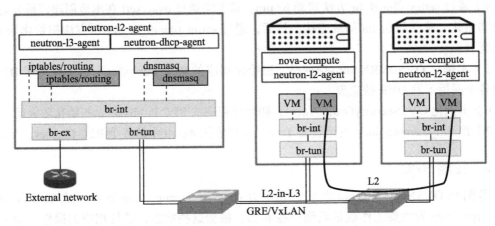

图 5-8　Overlay 中二层流量的路径

br-int 可以看作普通的二层交换机，即完成 VLAN 标签的增删和正常的二层自学习与转发。br-tun 采用多级流表实现节点间的转发，并负责隧道的封装 / 解封装。br-int 上的流表不必细说，图 5-9 给出了标准处理流程，对于 br-tun 上流水线的设计，更详细的流表规划信息可在 neutron.plugins.openvswitch.agent.common 目录下的 constants.py 文件中查看。

所有流经 br-tun 的数据包首先进入 Table 0 进行处理。Table 0 对数据包的来源进行判断，从与 br-int 相连的 patch-int 进入的数据包交给 Table 2 处理，从 GRE 或者 VxLAN 端口（不同节点间的隧道有不同的 Port_ID）进入的分别交给 Table 3、Table 4 处理。Table 2 根据数据包的目的 MAC 地址判断是否为单播，若是则送往 Table 20，否则送往 Table 22。Table 20 根据〈 VLAN_ID，MAC 〉到〈 PORT_ID，TUNNEL_ID 〉的映射关系将单播包送到特定的隧道，Table 22 将非单播包复制后送到所有隧道。进入 Table 3 或者 Table 4 的数据包，首先判断 TUNNE_ID 是否合法，若合法则添加本地 VLAN_ID 并送往 Table 10，否则丢弃。Table 10 记录数据包的 VLAN_ID，MAC、入端口以及 TUNNEL_ID，将〈 VLAN_ID，MAC 〉到〈 PORT_ID，TUNNEL_ID 〉的映射关系写入 Table 20，然后将数据包从与 br-int 相连的 patch-int 送出。上述流表的具体表示如下：

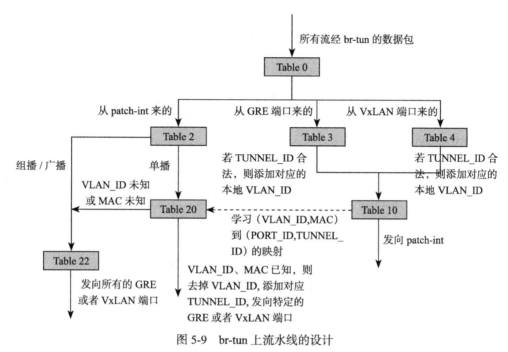

图 5-9　br-tun 上流水线的设计

```
============================ Tables in br-tun ================================
Table 0
    table=0, priority=1, in_port=patch_int, actions=resubmit(,2)
    table=0, priority=1, in_port=<gre-port>, actions=resubmit(,3)
    table=0, priority=1, in_port=<vxlan-port>, actions=resubmit(,4)
    table=0, priority=0, actions=drop
Table 2
    table=2, priority=0, dl_dst=00:00:00:00:00:00/01:00:00:00:00:00, actions=resubmit
(,20)
    table=2, priority=0, dl_dst=01:00:00:00:00:00/01:00:00:00:00:00, actions=resubmit
(,22)
Table 3
    table=3, priority=1, tun_id=xxx, actions=mod_vlan_vid: xxx, resubmit(,10)
    table=3, priority=0, actions=drop
Table 4
    table=4, priority=1, tun_id=xxx, actions=mod_vlan_vid: xxx, resubmit(,10)
    table=4, priority=0, actions=drop
Table 10
    table=10, priority=1 actions=learn(table=20,hard_timeout=300,priority=1,NXM_OF_
VLAN_TCI[0..11],NXM_OF_ETH_DST[]=NXM_OF_ETH_SRC[],load:0->NXM_OF_VLAN_TCI[],load:NXM_
```

```
NX_TUN_ID[]->NXM_NX_TUN_ID[],output:NXM_OF_IN_PORT[]),output:patch-int
```
Table 20（其他的流表项由 Table 10 的 learn action 触发生成）
```
    table=20, priority=0, actions=resubmit(,22)
```
Table 22
```
    table=22, priority=1, dl_vlan=xxx, actions=strip_vlan, set_tunnel:xxx, output-
>[gre/vxlan ports]
    table=22, priority=0, actions=drop
```

对上述流表的语法进行两点介绍。

1）流表间的跳转并没有用标准 OpenFlow 规范中的指令 GOTO_TABLE，而是使用了 Nicira 的扩展动作 resubmit。

2）Table 10 中的〈 VLAN_ID，MAC 〉到〈 PORT_ID，TUNNEL_ID 〉，映射关系的自学习使用了 Nicira 扩展的寄存器机制，使得数据平面具备了一定程度的智能，这能够大大减少控制信道的负担。在 OpenFlow 1.5 中也提出了类似的机制。这里分析一下 Table 10 流表中的 learn action。

❏ table=20，表示将学习到的流表放入 Table 20。

❏ NXM_OF_VLAN_TCI[0..11]，记录当前数据包的 VLAN_ID（VxLAN 数据包中本来没有 VLAN，是由 Table 3 根据 tunnel_id 映射后添加上去的）作为 match 中的 VLAN_ID。

❏ NXM_OF_ETH_DST[]=NXM_OF_ETH_SRC[]，记录当前数据包的源 MAC 地址作为 match 中的目的 MAC 地址。

❏ load:0->NXM_OF_VLAN_TCI[]，表示 action 中要去掉 VLAN_ID。

❏ load:NXM_NX_TUN_ID[]->NXM_NX_TUN_ID[]，表示 action 中要封装隧道，隧道 ID 为当前隧道 ID。

❏ output:NXM_OF_IN_PORT[]，表示 action 中的输出，输出端口为当前数据包的输入端口。

可见，上述过程就是标准 MAC 自学习在隧道中的扩展，无非就是将 <VLAN_ID，MAC> 到 PORT_ID 的映射变为了 <VLAN_ID，MAC> 到 <PORT_ID，TUNNEL_ID> 的映射。这种自学习仍然要依赖于泛洪来完成。

5.6.2 arp_responder

在传统网络中 ARP 依赖于广播泛洪的原因在于没有一个集中式的控制平面，而 Neutron 中的数据库存有所有虚拟机 MAC 地址与 IP 地址间的映射，可以说是一个天然原生的控制平面。因此有人提出将该映射关系注入 OVS 本地，在本地处理 ARP 广播，以避免隧道上的泛洪，这就是 arp_responder。

arp_responder 的实现并不复杂，就是在介绍的流水线中增加一个 ARP Table（Table 21）去处理 ARP Request。Table 21 中会事先存好 MAC 与 IP 的映射关系，如果 ARP Table 匹配 ARP Request 消息中的目的 IP，则构造一个 ARP Reply，从 ARP Request 的入端口返回给虚拟机。如果匹配失败，则跳转到 Table 22 继续泛洪。上述过程如图 5-10 所示，之所以保留

ARP Table 到 Table 22 的跳转，一方面是考虑与外界 L2 进行对接时，Neutron 无法得知其 MAC/IP 信息，仍然需要依赖于泛洪，另一方面是考虑控制平面的延迟或其他不可控因素，如果状态同步发生了滞后，则同样也要依赖于泛洪去解决问题。

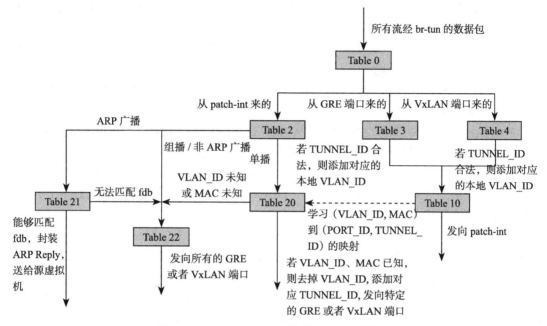

图 5-10　ARP Responder 通过 Table 21 来实现

可以看到，对于 Table 2 的后续处理增加了 ARP Table 一个分支，所有的 ARP Request 都发往了 Table 21（在 Table 2 中匹配 ARP Request 流表项的优先级高于单纯匹配广播流表项的优先级）。Table 21 中流表项匹配字段包括：以太网类型（ARP）、VLAN ID 和 ARP 请求中的目的 IP 地址，动作的伪代码如下：

```
ARP_RESPONDER_ACTIONS = ('move:NXM_OF_ETH_SRC[]->NXM_OF_ETH_DST[],'
                         'mod_dl_src:%(mac)s,'
                         'load:0x2->NXM_OF_ARP_OP[],'
                         'move:NXM_NX_ARP_SHA[]->NXM_NX_ARP_THA[],'
                         'move:NXM_OF_ARP_SPA[]->NXM_OF_ARP_TPA[],'
                         'load:%(mac)#x->NXM_NX_ARP_SHA[],'
                         'load:%(ip)#x->NXM_OF_ARP_SPA[],'
                         'in_port')
```

其中：

1）move:NXM_OF_ETH_SRC[]->NXM_OF_ETH_DST[]，表示将 ARP Request 数据包的源 MAC 地址作为 ARP Reply 数据包的目的 MAC 地址；

2）mod_dl_src:%(mac)s，表示将 ARP Request 的目的虚拟机的 MAC 地址作为 ARP Reply 数据包的源 MAC 地址；

3）load:0x2->NXM_OF_ARP_OP[]，表示将构造的 ARP 包的类型设置为 ARP Reply；

4）move:NXM_NX_ARP_SHA[]->NXM_NX_ARP_THA[]，表示将 Request 中的源 MAC 地址作为 Reply 中的目的 MAC 地址；

5）move:NXM_OF_ARP_SPA[]->NXM_OF_ARP_TPA[]，表示将 Request 中的源 IP 地址作为 Reply 中的目的 IP 地址；

6）load:%(mac)#x->NXM_NX_ARP_SHA[]，表示将 Request 的目的虚拟机的 MAC 地址作为 Reply 中的源 MAC 地址；

7）load:%(ip)#x->NXM_OF_ARP_SPA[]，表示将 Request 的目的虚拟机的 IP 地址作为 Reply 中的源 IP 地址；

8) in-port，表示将封装好 ARP Reply 从 ARP Request 的输入端口送出，返回给源虚拟机。

arp_responder 的工作机制很简单，却有效地减少了隧道上的泛洪。其实 DHCP 也存在类似的问题，如果只在网络节点上放置 DHCP Server，那么所有的 DHCP DISCOVER 消息都要靠隧道泛洪发送到网络节点上。当然，DHCP 消息的数量和产生频率远远赶不上 ARP，问题也不会那么明显。

解决 DHCP 存在的上述问题，一种思路是在 Table 22 上专门写一条高优先级的 DHCP 流表项去匹配 DHCP 广播消息，并将其封装隧道送到网络节点进行处理。另外，也可以在 Table 2 上用一条高优先级的 DHCP 流表项去匹配 DHCP 消息，这条流表项只需要将 DHCP 消息通过相应的端口转交给 dhcp namespace 即可。之所以用 namespace 实现，是因为 DHCP 消息封装在应用层，OpenFlow 流表无法直接支持 DHCP 消息的封装，因此这个工作得由分布在计算节点上的 DHCP namespace 来完成。

第一种思路的优点是实现简单，但是一旦网络节点发生单点故障，虚拟机便无法正常使用 DHCP 获取 IP，不过在 K 版中就已经有人在多个网络节点中实现了 dhcp_loadbalance。第二种思路的实现复杂一些，但能够避免网络节点中单点故障带来的问题，实现分布式 DHCP。实际上，在第二种思路中也可以将 namespace 换成是本地的轻量级 SDN 控制器，然后动作换成是 PacketIn，由控制器 PacketOut 完成 DHCP 的代理。

5.6.3 l2_population

arp_responder 只能处理 ARP，在处理未知单播时仍然需要泛洪。那么，既然 Neutron 的数据库中有虚拟机的完整信息，包括虚拟机所在服务器的信息，不妨直接在 Neutron Server 侧起一个 Driver，预先把虚拟机的分布信息推送给 Agent，这样 Agent 在封装 tunnel 的时候就可以有的放矢，而不是盲目地泛洪了。因此，l2_population 的 Mechanism Driver 在发现 Port Up 了之后，会将对应虚拟机的信息以 fdb_entry 的形式同步给 OVS-agent，OVS-agent 上的处理逻辑如下所示：

1）首先判断本地是否存在和目标虚拟机在同一个 segment 的虚拟机。如果存在，则和目标虚拟机所在的服务器间自动建立隧道。如果不存在，则不进行后续的处理。

2）建立隧道后，向 Table 22 下发 Flood 流表，将新的隧道端口加入到泛洪的出端口中。

3）然后，向 Table 21 下发 Arp Responder 流表。

4）最后，向 Table 20 下发 Unicast 流表，将后续发往目的虚拟机的流量单播到其所在的服务器上。

可以看到 l2_population 在同步 FDB 的时候，并没有引入新的流表，只是改变了几个相关流表的生成来源，并且在这一过程中将 arp_responder 的流表也一同下发给了 agent。实际上，l2_population 的 Mechanism Driver 就相当于 SDN 控制器，只不过它可以完成的功能比较单一，只用于同步 L2 的控制信息。

5.7 OVS Agent 对 Overlay L3 的处理

5.7.1 标准转发机制

上一节介绍了二层流量的处理，本节来看看 OVS Agent 对三层流量的处理，包括东西向流量和南北向流量两类。

东西向流量，是指同一租户不同网段的虚拟机间的通信，具体可以分为两种：

1）在同一个计算节点上不同网段内虚拟机之间的通信；

2）在不同计算节点上不同网段内虚拟机之间的通信。

南北向流量，是指租户虚拟机与外网间的通信，具体也可分为两种：

1）虚拟机主动访问外网的流量，需要进行 SNAT 处理；

2）外网通过 Floating IP 访问租户虚拟机的流量，需要进行 DNAT 处理。

在 Neutron 较早的版本中，上述流量都需要通过网络节点上的 vRouter 来处理。如图 5-11 所示，同一租户不同网段的两台虚拟机间的通信，经过的路径为：源所在的 br-int、源所在的 br-tun、网络节点中的 br-tun、网络节点中的 br-int、租户 vRouter 的 namespace、网络节点中的 br-int、网络节点中的 br-tun、目的所在的 br-tun、目的所在的 br-int。

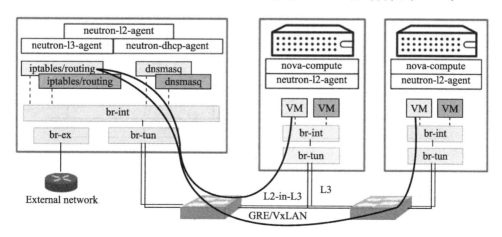

图 5-11 Overlay 中三层流量的路径

Neutron OVS 对租户三层流量的上述处理，实际上和传统网络对于三层流量的处理方式是一样的。虽然这种设计非常经典，但它存在两个明显的问题，一是路径上的跳数太多增加了时延，二是 vRouter 会成为单点降低了可用性。解决这两个问题的思路包括以下几种。

1）部署多个网络节点，并通过算法将三层流量在不同的 vRouter 间进行调度和负载均衡，这种方式实现复杂而且路由的状态也很难同步。

2）在 vRouter 间通过 VRRP 来同步 Router 状态。这种方式很成熟，常见于传统网络中，不过只能工作在主备模式，而且三层流量仍然需要绕行到网络节点上进行处理。

3）把 vRouter 的功能分布在各个计算节点中实现。在这种方式中，三层流量的通信路径都可以得到最优的处理，分布式的架构也自然消除了单点故障的问题。

Neutron 中第三种思路的实现称为 DVR(Distributed Virtual Router)。DVR 在 J 版中提出，增强了 Neutron OVS 三层网络的可用性。不过，DVR 与 Neutron 其他功能的兼容性不是很好，后续的版本仍在不断地修复 DVR 的问题。下面将着重介绍 DVR 处理东西向流量的机制，最后简要给出 DVR 处理南北向流量的模型。

5.7.2 DVR 对东西向流量的处理

DVR 对同一租户不同网段内虚拟机之间通信的处理的组网结构如图 5-12 所示。DVR 的使用对于租户来说是透明的，不过隐藏在其背后的实现比较复杂，涉及的处理机制比较多，需要依赖于计算节点上 OVS Agent 和 L3-agent 的相互配合。OVS Agent 负责在 br-int 和 br-tun 上增加一些 DVR 流表，而 L3 Agent 则负责在本地完成路由工作。

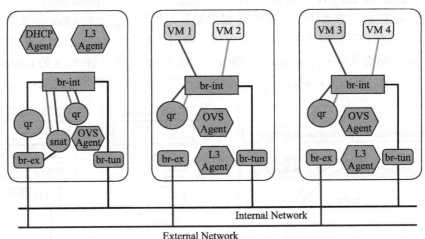

图 5-12　DVR 组网结构示例

接下来的讲解发生在图 5-13 所示的场景中：某租户有红、绿两个网段，两台虚拟机 vm1、vm2 分属两个网段，分别位于计算节点 CN1、CN2 上，租户拥有一个 DVR 路由器 r1，分布在两个计算节点之上。假定 vm1 已经通过 ARP 获得了 CN 1 中 r1 在红色网段接口的 MAC 地址 r1 red mac，现在 vm1 发起向 vm2 的 ping request。

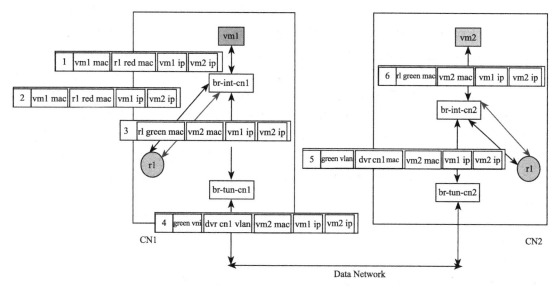

图 5-13 DVR 转发过程示例

抛开流表的格式与下发的过程，先按照图中序号来看一看 DVR 流表下发后进行通信的各个阶段的数据包特征。这里规定 < 源 MAC，目的 MAC，源 IP，目的 IP 地址 > 为数据包的特征四元组。

1）vm1 发出的 ping 包特征为 <vm1 mac，r1 red mac，vm1 ip，vm2 ip>，该数据包送至 br-int-cn1。

2）br-int-cn1 在之前 ARP 过程中学到了 r1 red mac 所在端口，将 ping 包直接转发给 CN1 中的 r1。

3）r1 进行路由，得知目的虚拟机连接在绿色网段上，而且 r1 中存有目的虚拟机的静态 ARP 表项，不需要进行 ARP 解析。于是 CN1 中的 r1 通过其绿色网段接口将 ping 包重新送回 br-int-cn1。此时 ping 包的特征为 <r1 grn mac，vm2 mac，vm1 ip，vm2 ip>，br-int-cn1 还不知道 vm2 连在何处，进行泛洪。

4）br-tun-cn1 由 br-int-cn1 收到 ping 包，将源 MAC 地址修改为全局唯一的 dvr cn1 mac，封装好隧道，标记绿色网段的 TUNNEL_ID，直接送往 CN2。此时 ping 包封装在外层包头内，其特征为 <dvr cn1 mac，vm2 mac，vm1 ip，vm2 ip>。

5）br-tun-cn2 收到后去掉外层包头，打上绿色网段本地的 VLAN 标签，送给 br-int-cn2，此时 ping 包的特征仍为 <dvr cn1 mac，vm2 mac，vm1 ip，vm2 ip>。

6）br-int-cn2 识别出这是 CN1 经过绿色网段送过来的流量，于是将源 MAC 地址改回 r1 grn mac 并剥掉 VLAN 标签。br-int-cn2 还不知道 vm2 连在哪里，于是就将 ping 包泛洪。此时 ping 包的特征为 <r1 grn mac，vm2 mac，vm1 ip，vm2 ip>。

7）vm2 收到 ping request，回复 ping echo，反向的通信过程和上述基本一致。

上述步骤给出了通信的外在特征，下面还需进一步说明某些步骤内在的实现原理。

在3）中，"r1中存有目的虚拟机的静态ARP表项"，是因为在各个部署了DVR的计算节点中，l3-agent事先从Neutron数据库中获取了虚拟机的网络信息，直接注入了r1中。这是为了防止r1跨隧道泛洪获取vm2的MAC地址（可以通过l2_population来实现）。

在4）中，"将源MAC地址修改为全局唯一的dvr cn1 mac"，是因为在所有计算节点上，r1位于相同网段的接口MAC地址是一致的，即CN1上的r1 red/grn mac与CN2上的r1 red/grn mac一致。因此为了防止对端br-tun的混乱，Neutron为每个部署了DVR的计算节点分配了全局唯一的dvr mac地址，br-tun在进行隧道传输前都需要对源MAC地址进行改写。"封装好隧道，标记绿色网段的TUNNEL_ID，直接送往CN2"，是因为DVR要求开启l2_population事先学习<VLAN_ID，MAC>到<PORT_ID，TUNNEL_ID>的映射，以避免隧道上的泛洪。

在5）中，br-tun-cn2解封装后，判断流量若是由dvr cn1送过来的，则不进行自学习，直接将流量送给br-int-cn2。

在6）中，br-int-cn2实现了存有所有部署了DVR计算节点的全局唯一的MAC地址，因而可以识别dvr cn1发送过来的流量，完成源MAC地址的回写后进行转发。

通过上述描述，应该对整个过程有了一定的认识，下面来具体看看流表的情况。由于CN 1和CN 2是对等的，所以将只针对CN 1进行介绍，CN 2可类比得到。

1. br-int-cn1上的流表

前面介绍过，在未开启DVR之前br-int-cn1上只有Table 0，而在开启DVR后，OVS Agent将为其增加DVR流表Table 1。Table 0在进行正常的二层转发之前会做如下判断：入端口是否为与br-tun-cn1相连的patch-tun，以及源MAC地址是否属于dvr MAC地址（由于示例场景比较简单，图5-13中示例流表只匹配了CN2的dvr-cn2-mac）。如果满足这两个条件，Table 0会将数据包送到Table 1中去处理。Table 1根据VLAN判断目的虚拟机所在的网段，将源MAC地址改为r1位于该网段接口的MAC地址，剥掉VLAN并根据目的虚拟机的MAC地址进行转发。下面给出各个流表项，并对新增的流表项进行了标注。

```
============================= br-int-cn1 中的流表 =============================
Table 0
# 入端口是否为与br-tun-cn1相连的patch-tun？源MAC地址是否属于dvr MAC地址？若是则转给
Table 1
    table=0, priority=2, in_port=patch-tun, dl_src=dvr-cn2-mac, actions=resubmit(,1)
    table=0, priority=1, actions=NORMAL
Table 1
# 根据VLAN_ID判断目的虚拟机所在网段，将源MAC地址改为r1位于该网段接口的MAC地址，剥掉VLAN
并根据目的虚拟机的MAC地址进行转发
    table=1, priority=4, dl_vlan=2, dl_dst=vm1-mac, actions=strip_vlan, mod_dl_src:
r1-red-mac, output: vm1-port
# 根据VLAN_ID判断目的虚拟机所在网段，将源MAC地址改为r1位于该网段接口的MAC地址，剥掉VLAN,
并根据目的IP所在网段，向所有属于该网段的端口转发。正常情况下，数据包由上面priority=4的表项进行处
理，该表项可能是为了防止上面表项未下发时流量能够送到目的虚拟机而设置的
    table=1, priority=2, ip, dl_vlan=red, nw_dst=red-subnet, actions=strip_vlan, mod_
dl_src:r1-red-mac, output:[vm1-port,…]
```

```
# 丢弃未能匹配上的流量
table=1, priority=1, actions=drop
```

2. br-tun-cn1 上的流表

再来看 br-tun-cn1 上的流表。Table 0 对数据包的来源进行判断：从与 br-int 相连的 patch-int 进入的数据包交给 Table 1 处理，从 VxLAN 端口（以 VxLAN 为例）进入的交给 Table 4 处理。Table 1 判断数据包是否为发向 r1 的 ARP，或者其他发给 r1 的二层帧，如果是则丢弃（为了保证虚拟机送到 r1 的数据包只在本地转发）。如果 Table 1 判断数据包是由 r1 发出来的，则将源 MAC 地址改为 CN1 的 dvr MAC 地址（为了避免对 br-tun 的混乱），然后送往 Table 2。Table 2 根据数据包目的 MAC 地址判断是否为单播，若是则送往 Table 20，否则送往 Table 22。Table 20 根据 <VLAN_ID，MAC> 到 <PORT_ID，TUNNEL_ID> 的映射关系将单播包送到特定的隧道，该映射关系可事先通过 l2_populaiton 学习而得到，也可以通过 Table 10 的触发学习而得到。Table 22 将非单播包复制后送到所有隧道。进入 Table 4 的数据包，首先判断 TUNNE_ID 是否合法，若是则标记本地 VLAN_ID 并送往 Table 9，否则丢弃。Table 9 判断数据包源 MAC 地址是否属于 dvr MAC 地址（由于示例场景比较简单，图 5-13 中示例流表只匹配了 CN2 的 dvr-cn2-mac），如果是则直接送给 br-int-cn1 处理，否则转给 Table 10 进行学习。Table 10 记录数据包的 VLAN_ID，MAC 以及 TUNNEL_ID，将 <VLAN_ID，MAC> 到 <PORT_ID，TUNNEL_ID> 的映射关系写入 Table 20，然后从与 br-int 相连的 patch-int 送出去。下面给出各个流表项，并对新增的流表项进行了标注。

```
============================ br-tun-cn1 中的流表 ================================
Table 0
table=0, priority=1, in_port=patch_int, actions=resubmit(,1)
table=0, priority=1, in_port=<VxLAN-port>, actions=resubmit(,4)
table=0, priority=0, actions=drop
Table 1
# 判断数据包是否为发向 r1 的 ARP，或者其他发给 r1 的二层帧，如果是则丢弃。这保证了虚拟机送到 r1 的
数据包只在本地转发
table=1, priority=4, arp, dl_vlan=red-vlan, arp_tpa=r1-red-ip, actions=drop
table=1, priority=4, arp, dl_vlan=grn-vlan, arp_tpa=r1-grn-ip, actions=drop
table=1, priority=2, dl_vlan=red-vlan, dl_dst=r1-red-mac, actions=drop
table=1, priority=2, dl_vlan=grn-vlan, dl_dst= r1-grn-mac, actions=drop
# 判断数据包是否由 r1 发出，若是则将源 MAC 地址改为 CN1 的 dvr MAC 地址（为了避免对 br-tun 的混
乱），然后送往 Table 2
table=1, priority=1, dl_vlan=red-vlan, dl_src= r1-red-mac, actions=mod_dl_
src:dvr-cn1-mac, resubmit(,2)
table=1, priority=1, dl_vlan=grn-vlan, dl_src= r1-grn-mac, actions=mod_dl_src:
dvr-cn1-mac, resubmit(,2)
table=1, priority=0, actions=resubmit(,2)
Table 2
table=2, priority=0, dl_dst=00:00:00:00:00:00/01:00:00:00:00:00, actions=
resubmit(,20)
table=2, priority=0, dl_dst=01:00:00:00:00:00/01:00:00:00:00:00, actions=
resubmit(,22)
Table 4
table=4, priority=1, tun_id=red-vni, actions=mod_vlan_vid: red-vlan, resubmit(,9)
table=4, priority=1, tun_id=grn-vni, actions=mod_vlan_vid: grn-vlan, resubmit(,9)
```

```
table=4, priority=0, actions=drop
```
Table 9
```
# 判断源MAC地址是否属于dvr MAC地址，若是则直接交给br-int-cn1，不再进行地址学习
table=9, priority=1, dl_src=dvr-cn2-mac, actions=output:patch-int
# 其余提交给table 10处理，进行地址学习
table=9, priority=0, actions=resubmit(,10)
```
Table 10
```
table=10, priority=1 actions=learn(table=20,hard_timeout=300,priority=1,NXM_OF_
VLAN_TCI[0..11],NXM_OF_ETH_DST[]=NXM_OF_ETH_SRC[],load:0->NXM_OF_VLAN_TCI[],load:NXM_
NX_TUN_ID[]->NXM_NX_TUN_ID[],output:NXM_OF_IN_PORT[]),output:patch-int
```
Table 20
```
table=20, priority=0, dl_vlan=grn-vlan, dl_dst=vm2-mac, actions=strip_vlan, set_
tunnel:grn-vni, output->cn2-vxlan-port
table=20, priority=0, dl_vlan=red-vlan, dl_dst=vm1-mac, actions=strip_vlan, set_
tunnel:red-vni, output->cn1-vxlan-port
table=20, priority=0, actions=resubmit(,22)
```
Table 22
```
table=22, priority=1, dl_vlan=red-vlan, actions=strip_vlan, set_tunnel:red-vni,
output->[cn2-vxlan-port, networknode-vxlan-port]
table=22, priority=1, dl_vlan=grn-vlan, actions=strip_vlan, set_tunnel:grn-vni,
output->[cn2-vxlan-port, networknode-vxlan-port]
table=22, priority=0, actions=drop
```

3. DVR的流水线

DVR流水线如图5-14所示，图中未表示l2_population。

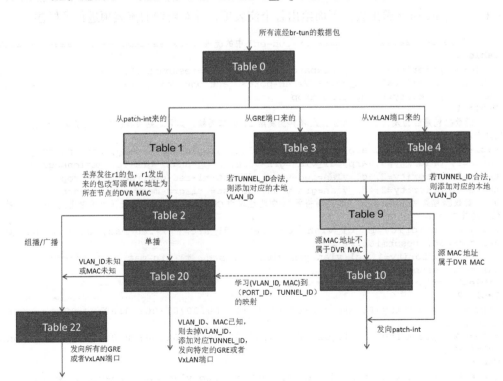

图5-14　DVR的流水线

　　以上的示例即为 DVR 对不同计算节点中同一租户不同网段虚拟机之间通信的处理，如果 vm1 和 vm2 位于同一计算节点中，则只有 br-int 参与转发，br-tun 将只起到一个作用，即将虚拟机发给 r1 的包限制在节点本地。

5.7.3　DVR 对南北向流量的处理

　　DVR 对于南北向流量的处理有两种模式，第一种是对于 Floating IP，路由后直接在节点本地完成 NAT。这种纯分布式的代价是，计算节点本地需要和 external network 有直连，而且需要一个 FIP 的 namespace 去为本地的 Floating IP 做 ARP Proxy，FIP 上还需要消耗一个额外的 external IP，如图 5-15 所示。第二种是对于其他非 Floating IP 业务的流量，路由后仍然需要走到网络节点上进行集中式的 SNAT，如图 5-16 所示。

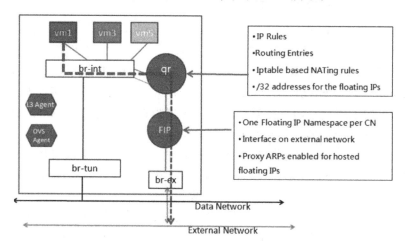

图 5-15　在计算节点本地处理 Floating IP 的流量

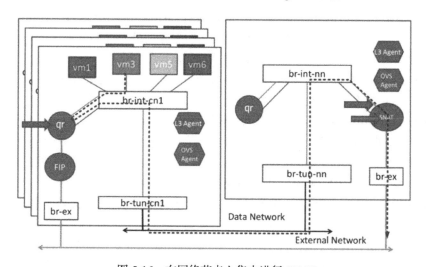

图 5-16　在网络节点上集中进行 SNAT

5.8 Security-Group 与 FWaaS

关于网络安全，OpenStack 的实现有 Nova-Security-Group、Neutron-Security-Group、Neutron-FWaaS。其中，Nova-Security-Group 的作用点在虚拟机内部，是虚拟机内部的防火墙。Neutron-Security-Group 的作用点在虚拟机的接入设备上，是一组虚拟机的防火墙。Neutron-FWaaS 分为 v1 和 v2 两个版本，v1 作用于租户的 router，为租户网络提供集中式保护；v2 可作用于所有 Neutron Port，为网络中的各类端口提供保护。这些不同粒度的安全策略为 OpenStack 网络提供了多层次的防护体系，本节来介绍一下 Neutron-Security-Group，Neutron-FWaaS 放到下一节介绍。

5.8.1 Neutron-Security-Group

在 G 版本之前，OpenStack 只能提供 Nova-Security-Group，而 Nova-Security-Group 存在几个问题，如只能处理入向的流量，只能作用于一个虚拟机实例，在实现上对 IP Overlapping 的支持也有一些问题。在 G 版本中，OpenStack 开始同时支持 Nova-Security-Group 和 Quantum-Security-Group，Quantum-Security-Group 可独立地实现安全组功能，能够处理入向和出向的流量，而且能够作用于一组虚拟机。随着 Quantum 迁移到 Neutron，Quantum-Security-Group 延续下来自然就成为了 Neutron-Security-Group。

一个 Neutron-Security-Group 中包含 1 或多条规则，可以匹配流向和 5 元组，允许多个虚拟机端口关联到该 Neutron-Security-Group 中，也允许一个虚拟机端口同时关联多个 Neutron-Security-Group。安全组中的规则会在虚拟机启动时生效，启动后更改的规则也能够动态地生效，能够匹配某条规则的数据包允许通过，不能匹配任何规则的数据包将被丢弃。在默认情况下，每个虚拟机端口都会自动地受到一个 Default Security Group 的保护，其中包含如下规则。

1）对于虚拟机发出的出向流量——允许通过 DHCP 请求 IP 地址，不允许对外提供 DHCP 服务，只允许以虚拟机自身的 MAC 和 IP 作为源地址（防止欺骗攻击），允许状态为已建立连接的数据包，禁止状态为无效连接的数据包。

2）对于发向虚拟机的入向流量——允许 DHCP Server 返回流量，允许状态为已建立连接的数据包，禁止状态为无效连接的数据包。

在 Neutron-Security-Group 的实现中，通常使用 Linux Bridge 作为 provider，即使在使用 Open vSwitch 进行转发时，虚拟机端口和 OVS 端口间往往也会接入一个 Linux Bridge 作为过渡。这是因为 Neutron-Security-Group 需要进行带状态的防护，而早期版本的 OVS 中流表并不支持带状态，想要实现带状态的规则只能由 PacketIn 给控制器，这在性能上存在很大问题，因此要以 Linux Bridge 作为过渡，通过 Iptables 来实现带状态规则。

后面随着 OVS 对 conntrack 的支持，社区中有人提出通过 OVS 来直接实现带状态规则，从而去掉 Linux Bridge，以简化组网结构。这种思路无疑是正确的，但是现在的成熟度和性能都有待验证。目前来说，仍然有必要保留 Linux Bridge 作为安全组的实现。在本书

6.6.2 节的内容中，会介绍通过 OVS conntrack 实现安全组的实例。

5.8.2　FWaaS v1

从 H 版本开始，Neutron 提供了 FWaaS v1 服务，其默认的实现是在网络节点上的 router namespace 中部署 Iptables 规则，对进出租户网络的流量进行过滤。FWaaS v1 中有 3 个主要的概念：firewall rule 是防火墙规则，能够匹配五元组，支持 allow/deny/reject 3 个动作；firewall policy 是一组 firewall rule 的集合，可提供策略的审计功能；firewall 是防火墙的逻辑概念，一个 firewall 只能有一个 firewall policy，一个租户只能有一个 firewall，不同租户可以共用一个 firewall（即一个 firewall 可以关联多个 router）。

可以看到，FWaaS v1 的设计是从传统网络中借鉴过来的，它主要提供的是网络级别的防护。不过在虚拟化环境中，这种级别的防护是不够的，比如租户内部的东西向流量不会走到 router 上，因此 FWaaS v1 无法提供对东西向流量的保护。Neutron-Security-Group 能够为虚拟机提供保护，但是它的设计初衷是为了保护虚拟机上的应用，因此它匹配的通常是源 IP+ 目的端口（对于 ingress 方向），或者目的 IP+ 目的端口（对于 egress 方向），而不支持同时匹配五元组。

5.8.3　FWaaS v2

从 M 版本开始，Neutron 提供了 FWaaS v2。FWaaS v2 将 FWaaS v1 和 Neutron-Security-Group 两者的功能和特点综合到了一起，既能提供灵活的匹配规则，又能提供虚拟机级别的防护。从设计上来看，FWaaS v2 引入 firewall_group 的概念代替了 FWaaS v1 中的 firewall，一个 firewall_group 中包含 ingress 和 egress 两条 firewall policy，一个 firewall_group 可以关联多个 Port（而 FWaaS v1 中 firewall 要关联的是 router）。而 firewall rule 和 firewall policy 的概念并没有大的变化，只是在 firewall rule 中去掉了 reject 这个动作。

FWaaS v2 的上述设计，提供了一种通用的安全策略描述，连带着把 FWaaS v1 和 Neutron-Security-Group 中一些其他的限制也都解决掉了。FWaaS v2 相比于 FWaaS v1，增强了如下特点。

1）提供了端口级别的安全策略，可作用于 router 端口、虚拟机端口或者 VNF 端口等。

2）一个策略中可以为 ingress 和 egress 两个方向关联不同的规则。

3）一个 Neutron Port 可以关联多个 firewall_group。

4）有计划地引入 address group 和 service group，将 IP 地址和端口号解耦合。

FWaaS v2 相比于 Neutron-Security-Group，增强了如下特点。

1）支持显式的 deny 操作，rule 的组合可以更加灵活。

2）可以同时匹配五元组。

3）firewall policy 可以在 firewall_group 间复用。

4）有计划地引入 address group 和 service group，将 IP 地址和端口号解耦合。

5）未来 service group 可能会支持 L7 的语义。

尽管 FWaaS v2 综合了 FWAAS v1 和 Neutron-Security-Group 的功能，但是 FWaaS v1 和 Neutron-Security-Group 目前仍然独立于 FWaaS v2 存在。FWaaS v1 已经被标记为了 Depreciated，但是目前社区仍然会继续维护其 API，未来在 R 版本中可能会终结 FWaaS v1 的历史使命。而 Neutron-Security-Group 在实际部署中会和 FWaaS v2 混合使用，这个原因在于 FWaaS v2 和 Neutron-Security-Group 的使用者是不同的，网络管理员倾向于使用 FWaaS v2，而用户或者应用管理员则更习惯于 Neutron-Security-Group。

FWaaS v2 希望提供的是一个通用的 Port 保护机制，因此除了 L3 端口以外，L2 端口也在 FWaaS v2 的计划之内，这时 Iptables 就不是一个好的选择了，因此 FWaaS v2 默认的后端实现正在向 OVS 倾斜，流表添加在了 br-int 里面，具体的流表设计就不做介绍了，有兴趣的读者请自行了解。

5.9 LBaaS

负载均衡是实际生产环境中不可或缺的一个环节。从 G 版本开始，Neutron 通过子项目 LBaaS 来提供负载均衡的服务，默认使用 HAProxy 作为 backend driver。这一阶段的 LBaaS 称为 LBaaS v1，从功能和可扩展性上来讲，LBaaS v1 存在着很大的局限。因此从 K 版本开始，社区推进了 LBaaS v2，在 Liberty 版中将 LBaaS v1 标记为 Depreciated，并在 Newton 版本中下架了 LBaaS v1。本节先来介绍一下 LBaaS v1 和 LBaaS v2，最后再简单地看一看 OpenStack 中负载均衡的新势力 Octavia。

5.9.1 LBaaS v1

LBaaS v1 的设计架构如图 5-17 所示，其中包括 4 个基础性的概念。VIP 是业务对外表现的 IP 地址，一般来说 VIP 对于 Client 是公网可见的。Pool 可以看作业务实例所形成的资源池，一个 Pool 只能对应一个 VIP，一个 Pool 对应一个独立的 HAProxy（默认）进程。HAProxy 进程存在于网络节点独立的 namespace 中并拥有 VIP，它收到目的地址为 VIP 的流量后会分配给后端不同的业务实例，可支持的算法包括 ROUND_ROBIN、LEAST_ CONNECTIONS、SOURCE_IP 3 种，支持基于 cookie 的会话保持。业务实例称为 Member，

一个 Member 只能属于一个 Pool，一个 Pool 中会有多个 Member，一个 Member 只能监听一个业务端口，同一个虚拟机的不同业务端口属于不同的 Member。Health-Monitor 用来监测 Pool 中不同 Member 的状态，多次轮询后没有响应即认为 Member 处于不可用状态，HAProxy 将不再向该 Member 分配流量，Member 恢复响应后置为可用状态，之后 HAProxy 分配流量时会重新考虑该 Member，一个 Pool 中可以没有 / 有一个 / 多个 Health-Monitor。

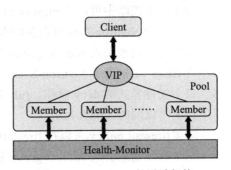

图 5-17 LBaaS v1 的设计架构

LBaaS 的后端通常是通过专用的负载均衡软件来实现的，开源的主要有 HAProxy、Nginx 以及 LVS，OpenDaylight 的 Netvirt 项目中通过 OVS contrack 简单地实现了 LBaaS v1，可参考本书 6.6.2 节中的相关介绍。

LBaaS v1 的架构很清晰，但是存在以下几个问题：

1）HAProxy 的 namespace 部署在网络节点上，会出现绕路、单点等通用的问题。

2）一个 VIP 只能绑定一个端口号，无法同时对多种业务流量进行负载均衡。

3）不支持应用层的负载均衡，若如 URL 重定向。

4）无法支持 TLS Termination。

5.9.2　LBaaS v2

为解决上述问题，LBaaS v2 重构了 LBaaS v1 的数据结构，形成了图 5-18 中的设计架构。Pool/Member/Health-Monitor 的概念没有大的变化，而 LBaaS v1 的 VIP 结构中 IP 和端口号解耦合为 LoadBalancer 和 Listener，一个 LoadBalancer 对应一个虚拟 IP 地址，一个 LoadBalancer 可以有一个或多个 Listener，每个 Listener 对应一个 HAProxy 进程，负责监听一个业务端口。另

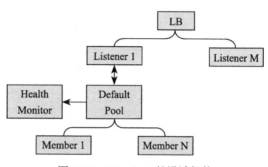

图 5-18　LBaaS v2 的设计架构

外，Listener 还可以通过绑定容器来终结 TLS，一个 Listener 可以绑定多个 L7Policy 来实现 L7 的负载均衡。一个 L7Policy 可以有多个 L7Rule，L7Rule 支持与 hostname/path/file type/header/cookie 进行比较。

不过，无论数据结构怎么变化，都无法改善 HAProxy 部署在网络节点上所产生的问题。解决的思路就是将 HAProxy 从网络节点中拿出来，将其放到独立的虚拟机里面，一方面位置上不再受到限制，另一方面可以在多个 HAProxy 虚拟机实例间实现高可用。

5.9.3　Octavia

Octavia 位于 OpenStack 的 Big Tent 下，专门用于实现 OpenStack 环境中的负载均衡。Octavia 旨在提供对 LB VNF 的全生命周期进行管理，因此也可以看作是一个 NFV 项目。Octavia 内部逻辑的流程控制用的是 TaskFlow，盛放 HAProxy 的虚拟机实例称为 Amphorae，Amphorae 间运行 KeepAlived，在 O 版本中还不能实现多活，只能支持主备，其设计架构如图 5-19 所示。

Octavia 出现于 L 版本中，在项目级别上和 Neutron 是平行的，和 Neutron 做独立的版本演进。Octavia 有自己一套独立的 API，通过在内部做一些转换即可以作为 LBaaS v2 的一个 driver，目前基本上可以完全兼容 LBaaS v2。Octavia 自出现就得到了广泛的关注，从 Roadmap 来看未来的 features 会很丰富，是一个值得持续关注的项目。目前社区已经决定

将 LBaaS v2 合并到 Octavia 中，不过短时间来看，LBaaS v2 仍然会继续进行维护。

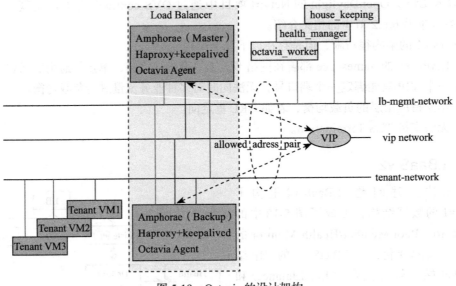

图 5-19　Octavia 的设计架构

5.10　TaaS

Neutron 有个子项目叫作 TaaS（Tap as a Service），它能够把流量镜像到特定的、运行有流量分析软件的虚拟机中，以实现流量的可视化。TaaS 在 Neutron 中仍然属于比较新的子项目，目前还没有正式纳入 Neutron 的标准 API 中。不过，鉴于流量可视化对于 OpenStack 网络运维和安全的重要性，本节会对 TaaS 进行介绍。

在 TaaS 的设计中，有几个主要的概念：Destination Port 是镜像流量的目的地，即运行有流量分析软件的虚拟机；Source Port 是指镜像的流量源，通常是租户的某台虚拟机；Tap Service 是指一个镜像流量服务的实例；Tap Flow 是指一个流量镜像服务的规则。在 O 版的 TaaS 中，一个 Tap Service 需要关联一个 Destination Port，一个 Tap Service 可以包含一个或多个 Tap Flow，每个 Tap Flow 需要关联一个 Source Port。因此，租户开通一个 TaaS 需要两个步骤。

1）创建一个 Tap Service 并指定一个虚拟机作为 Destination Port。

2）然后创建一个 Tap Flow，关联上一步中创建的 Tap Service 并指定一个虚拟机作为 Source Port。为了防止租户间的流量泄露，一个 Tap Service 只能属于一个租户，相应的 Destination Port 和 Source Port 也都必须属于该租户。

从架构上来看，TaaS Plugin 负责处理 TaaS API，分析其合法性并通过 RPC 分发给相应的 TaaS Agent，TaaS Agent 控制本地的 Driver 对流量镜像进行底层实现。O 版中 TaaS 的 Driver 只有 OVS，br-int 和 br-tun 中的流水线均进行了相应的扩展，另外 TaaS 还设计了一个 br-tap，串在 br-int 和 br-tun 中间，便于提供更为灵活的镜像策略，如图 5-20 所示。

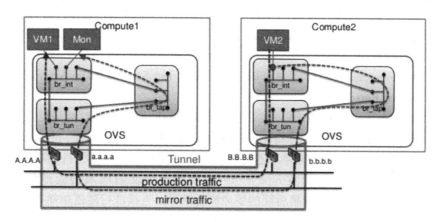

图 5-20　TaaS 中增加了 br-tap 实现流量镜像

TaaS 所涉及的流表很多，流水线画起来比较复杂，下面概括地介绍一下其实现思路。首先要明确的是，Source Port 和 Destination Port 在分布位置上并没有必然的联系，可能位于同一个 host 中，不过更多的时候位于不同的 host 中。针对两种不同的情况，数据的流向分别如下所示。

（1）第一种情况

Source Port 和 Destination Port 位于同一个 host 中，此时镜像流量不需要经过 br-tun 处理。Source Port 的流量流入 br-int 之后：

1）br-int 识别出这是某个 Source Port 的流量，于是将其镜像到 br-tap 中，同时为镜像流量标记其所属 Tap Service 的专用 VLAN。

2）由于 Destination Port 就在本地，因此 br-tap 在收到从 br-int 发过来的镜像流量后，直接通过 in_port 将其反射回 br-int。

3）br-int 发现这是从 br-tap 发送过来的流量，去掉 Tap Service 的 VLAN，并将流量送给本地的 Destination Port。

（2）第二种情况

Source Port 和 Destination Port 位于不同 host，此时镜像流量需要经过 br-tun 在不同的 host 间进行传输。Source Port 的流量流入 br-int 之后。

1）br-int 识别出这是某个 Source Port 的流量，于是将其镜像到 br-tap 中，同时为镜像流量标记其所属 Tap Service 的专用 VLAN。

2）由于 Destination Port 不在本地，因此 br-tap 在收到从 br-int 发送过来的镜像流量后，将其传送给 br-tun。

3）br-tun 发现这是从 br-tap 发送过来的流量，知道要将其送到远端的 Destination Port，不过 br-tun 此时并不知道 Destination Port 位于哪个 host 中，因此只能进行隧道泛洪，tunnel_id 标记为 Tap Service 的专用 VNI 以便和业务流量进行区分。

4）Destination Port 所在 host 的 br-tun 收到该镜像流量后，去掉封装并标记 Tap Service 的 VLAN，然后将其发送给本地的 br-tap。其他 host 的 br-tun 收到该镜像流量后会直接丢弃。

5）br-tap 从 br-tun 上收到镜像流量后，得知 Destination Port 就在本地，于是透传给本地的 br-int。

6）br-int 发现这是从 br-tap 送过来的流量，去掉 Tap Service 的 VLAN，并将流量送给本地的 Destination Port。

对于第二种情况：在 3）中第一次处理镜像流量的时候需要经过隧道泛洪，为了能够在处理后续流量时避免泛洪，因此 4）中 Destination Port 所在 host 的 br-tun 收到该镜像流量后，在送给本地 br-tap 的同时，还会复制一次并通过 in_port 反射回给 Source Port 所在 host 的 br-tun。Source Port 所在 host 的 br-tun 收到这个反射回来的流量后，即可得知 Destination Port 所在的 host，于是后续的镜像流量就可以直接进行隧道单播了。

TaaS 支持将 Source Port 的入向流量和出向流量都导向 Destination Port。由于 TaaS 是实现在 OVS 上的，因此它和虚拟机间还隔着 Linux Bridge 上的 Security Group。对于 Destination Port 而言，需要禁止其入向 SG 规则从而放行所有的镜像流量。对于 Source Port 而言，目前 TaaS 对入向流量的处理发生在入向 SG 规则之前，对出向流量的处理发生在出向 SG 之后。与之相反，理想状态下对入向流量的处理应该发生在入向 SG 规则之后，出向流量的处理应该发生在出向 SG 规则之前。目前社区正在 OVS 中集成 SG 功能，完成后这一顺序问题即可得到解决。

TaaS 对于生产环境来说是个非常好的功能，不过由于 TaaS 的设计是基于 In-Band 的，因此镜像流量会占据业务流量的带宽，而且将多个 Source Port 的流量都镜像到一个 Destination Port 上，Destination Port 的压力也太大了，这些都需要 TaaS 进行优化，比如通过 QoS 做镜像流量限速，通过 Policy Filtering 筛选流量，或者通过 Quota 做 Source Port 的配额。

5.11 SFC

Neutron 在 L 版本中提供了一个处理服务链的 Service Plugin，叫作 Networking-SFC。这个插件提供了描述 SFC 的能力，提供了一个基于 OVS 的 sfc_driver 的实现。SFC 的概念就不再重复了，直接来介绍一下 Networking-SFC Service Plugin 为用户提供的 API。

为了能把各个 SF 串起来，API 需要描述的基本内容包括：SF 通过哪些端口接入网络，筛选出什么样的流量送到 SFC 路径上进行处理，SFC 路径上都需要经过哪些 SF。对应到 Networking-SFC Service Plugin 中的数据结构，分别是 Port_Pair（一个 SF 有出向、入向两个 Port）、FlowClassifier 和 Port_Chain，用户操作的逻辑就是先创建好 SF 对应的 Port_Pair，然后创建一个 FlowClassifier 描述流量特征，最后创建一个 Port_Chain 并关联一个 FlowClassifier 和多个 Port_Pair。

还有另外一个概念是 Port_Pair_Goup，一个 Port_Pair_Group 中包括一个或多个 Port_Pair。用户可以创建一个 Port_Pair_Group，把同一类型 SF 的不同实例所对应的 Port_Pair，纳入这个 Port_Pair_Group 中，底层的 Driver 读到这一语义后，会自动在组内的 SF 实例间进行负载均衡。

下面再来看基于 OVS 的 sfc_driver 的实现。Sfc_driver 需要干的第一件事，是把 SFC 流量识别出来，实现上就是向 br-int 下发 FlowClassifier 流表，根据 L1 ～ L4 层的特征对流量进行分类。从 SFC 路径端到端的角度来考虑，这里面会有两个问题。

1）流量在入口处匹配后如何进行标记，一旦入口处做了标记（如 MAC/VLAN/MPLS/NSH 等），那么路径的后续节点就只需要匹配标记字段了，而不需要再进行 L1 ～ L4 的匹配。目前，基于 OVS 的 sfc_driver 只能支持通过 MPLS 进行标记，MPLS 的标签在 SFC 路径上会逐跳发生变化，相当于 NSH 中 SI 的逐跳递减。

2）如果中间某个 SF 不支持对标记的处理，那么在发送给该 SF 前需要把标记去掉，而对于经过该 SF 处理结束后发送出来的流量，需要重新进行分类并标记新的 MPLS。

第二件事，是将 SFC 流量转发给某个 SF。这又分为两种情况。

1）目标 SF 在本地，这依赖于向 br-int 下发 ingress 和 egress 流表，匹配 MPLS 直接转发给本地目标 SF，如果目标 SF 不支持 MPLS 的话，则需要去掉 MPLS 标签。

2）目标 SF 在远端，此时 br-int 会匹配 MPLS 并将流量送进 br-tun（如果目标是一个 Port_Pair_Group，则使用 group_table 进行负载均衡），Networking SFC Plugin 会通过 L2 pop 向 br-tun 下发 fdb_entry 指导 tunnel 的建立与封装。基于 OVS 的 sfc_driver 目前只能支持通过 VxLAN 作为隧道的封装。

因此，基于 OVS 的 sfc_driver 在数据平面上采用的是 MPLSoverEthernetoverVxLAN 的封装，VxLAN 用于在 OVS 间进行传输，而 MPLS 则用于 OVS 本地的 SF 转发，如图 5-21 所示。

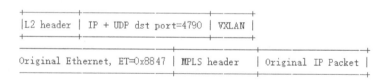

图 5-21　基于 OVS 的 sfc_driver 所使用的封装

社区上有一个 Symmetric Port Chain 的蓝图，它让流量能够双向对称地经过 SF 实例，保证 SF 上状态的完整性，在 O 版本中这基本上已经得到了实现。另外还有一个蓝图也比较有意思，对于少数类型的 SF（如 IDS），它们接收了流量之后就不会再把流量吐出来，因此当 SFC 路径上有 IDS 存在时，就需要在特定的位置对流量进行镜像，而不是直接把流量转发给 IDS。

5.12　L2-Gateway

如果租户的 VxLAN 网络想要和外界物理二层进行对接，那么需要有一个 VxLAN

Gateway 对 VxLAN 和 VLAN 间进行转换。Neutron 有一个子项目叫作 L2-Gateway，负责实现 VxLAN Gateway 的自动化管理与控制。L2-Gateway 的架构如图 5-22 所示，其中的 L2 GW agent 实际上是一个适配器，它通过 RPC 和 L2 GW Plugin 中的 Driver 进行通信，通过 OVSDB 和 VxLAN Gateway 中的 OVSDB Server 通信，并在两侧进行信息同步。

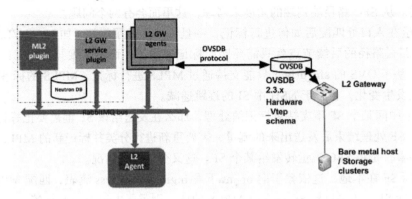

图 5-22　L2 Gateway 的架构

之所以没有在 L2 GW Plugin 和 VxLAN Gateway 间进行直接通信，而是加了个 L2 GW Agent 做适配，出发点应该是不想在 Plugin 中直接集成 OVSDB 这种重量级的南向协议。因此，与其说 L2 GW Agent 是个适配器，倒不如把它看作是一个功能比较单一的 SDN 控制器，北向通过 RPC 接收 L2 GW Plugin 的编排，南向通过 OVSDB 控制 VXLAN Gateway。L2 GW Agent 南北向的通信都遵守着 OVSDB 的 hardware_vtep schema 中所定义的数据结构。

OVSDB 的 hardware_vtep schema，是 OVS 中的一个 spec，它是 VMware 为了用 NSX 来管理其他厂商硬件的 VxLAN Gateway，从而实现裸机的集成。这个 schema 提出来之后得到了厂商广泛的响应，目前 Arista、Juniper、Brocade、Dell、HP、华为都提供了相应的支持，可以说这个 schema 已经成为了厂商交换机（尤其是 ToR）SDN 化的事实标准，因此 L2 GW Agent 是能够控制多厂商的硬件 VxLAN Gateway 的。虽然 schema 前面扣的是 hardware 的帽子，不过也很早开始就得到 OVS 的支持，因此 OVS 也可以作为软的 VxLAN Gateway 被 L2 GW Agent 统一控制。

hardware_vtep schema 中的数据结构，这里不做深入介绍。L2 GW Plugin 侧能提供的信息主要包括：虚拟机的 MAC 地址及其所在服务器中 VTEP 的 IP 地址（创建虚拟机时获得，用于形成 schema 中的 Ucast_Remote_Mac 和 Mcast_Remote_Mac），所属租户使用的 Segment ID（即 VNI）及 VNI/VLAN 的映射关系（通过 L2 GW 的 API 获得，用于形成 schema 中的 Logical_Switch 和 Physical_Port）。VxLAN Gateway 侧能提供的信息主要包括：接口和 VLAN 的绑定关系（从本地配置中获得，用于形成 schema 中的 Physical_Port），物理网络后面的 MAC 地址（自学习得到，用于形成 schema 中的 Ucast_Local_Mac 和 Mcast_Local_Mac），VTEP 的 IP 地址（从本地配置中获得，用于形成 schema 中的 Physical_Switch 和 Physical_Locator）。

L2 GW Agent 收集到两侧所提供的信息后，会进行接口转换并完成信息同步。VxLAN Gateway 侧，是设备在本地监听到 OVSDB Server 的变化后自动生效的，L2 GW Plugin 侧是 RPC consumer 收到 L2 GW Agent 发布的事件后写 Neutron DB 的，并调用 L2 pop 的 RPC 通知给相关 hypervisor 上的 vSwitch。实际上，上述过程也是 MAC 路由重分布的过程。

目前，L2-Gateway 可以支持 L2 GW Agent 的 HA，但是无法实现 VxLAN Gateway 的主备或者双活，当然，OVSDB hardware_vtep schema 本身也没有提供相应的描述机制。

5.13　Dynamic Routing

上一节介绍了 Overlay 网络与外界的二层对接，本节将介绍 Overlay 网络与外界的三层对接。Neutron 中的租户网络通常作为一个 Stub，与外界网络进行三层通信，通常这依赖于 vRouter 上的默认路由和 NAT。不同租户的 vRouter 通常都上联到同一个二层的 Provider Network 中，Floating IP 也都是在这个 Provider Network 的地址池中进行分配的。不过，如果租户不希望做 NAT，而是希望和外界形成一个扁平的路由域，那么就只能在 Provider Router 上手动地配置静态路由，指定到该租户路由的下一跳。

导致这种情况的原因在于，vRouter 的实现通常是一个轻量的 namespace，因此并不具备动态路由的能力。Neutron 中有一个子项目叫做 Dynamic Routing，它的思路是在 OpenStack 环境中部署 BGP Agent，由 BGP Agent 驱动本地的 BGP Speaker 把某些租户路由动态地发布给 external gateway。如图 5-23 所示，BGP Speaker 和 external gateway（图中表示为 Provider Router）建立 BGP 邻居，发布路由时会把租户网络（self-service network）的 IP 前缀作为 Prefix，把租户 router 在 Provider Network 中的接口作为下一跳。对于 Floating IP 的处理也是一个道理，只不过 prefix 会变成 /32 而已。

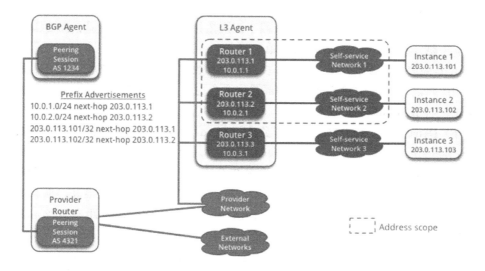

图 5-23　Dynamic Routing 示意图

上述过程对于 BGP 协议本身而言是非常简单的，但是如果想要从上到下拉通 Dynamic Routing，还要解决两个关键的问题——大部分租户通常还是希望通过 NAT 出去，那么数据平面上的 Router 怎么知道哪些流量走 NAT，哪些不走 NAT 呢？控制平面上的 BGP Agent 怎么知道哪些租户的路由需要发布给 external gateway 呢？

这里需要先介绍一下 Subnet Pool 和 Address Scope 两个概念。Subnet Pool 是在 K 版中提出的，对于一些不太在意 IP 地址规划的租户来说，使用 Subnet Pool 可以简化建立 Subnet 的流程，Neutron 会在 Subnet Pool 中自动选择可用的 IP 地址分配给租户，而不用在创建 Subnet 的时候明确指定 CIDR。一个 Subnet Pool 可以有多个 Subnet，在一个 Subnet Pool 中各个 Subnet 使用的 IP 地址不会发生重叠。Address Scope 是在 M 版中出现的，一个 Address Scope 可以包含多个 Subnet Pool，这些 Subnet Pool 间的 IP 地址是不可以重叠的，因此一个 Address Scope 中的所有 IP 地址都不会出现重叠的情况。

Address Scope 的实际作用在于，在同一个 Address Scope 中所有的 IP 地址都是可以直接路由的，而不需要进行 NAT。也就是说，Address Scope 会直接影响到 L3 Agent 中的 Iptables 规则。L3 Agent 上通常会有一个 Provider Network 侧的接口，以及多个 tenant network 侧的接口。若 tenant network 侧的接口和 Provider Network 侧的接口在同一个 Address Scope 中，则对于相关流量直接路由转发不进行 NAT，否则路由后还是需要进行 NAT 的。这就解决了刚才提到的数据平面上的问题。为了解决控制平面上的问题，Dynamic Routing 的 Plugin 会选择出所有跟 Provider Network 侧接口在同一个 Address Scope 下的 tenant network 侧接口，并将它们的路由通过 RPC 推给 BGP Agent，BGP Agent 再驱动本地的 BGP Speaker，并将这些路由发布给 external gateway。

可以看到，在 Dynamic Routing 设计中，以 BGP Speaker 作为集中式的控制平面，而以各个 vRouter 作为分布式的数据平面。Dynamic Routing 为什么选择 BGP，而不是 IGP 呢？原因大概可以想到如下两点。

1）IGP 作为链路状态协议，需要依赖于汇聚拓扑和本地路由的计算，而 BGP 可以显式地指定下一跳，实现和维护起来相对简单。

2）IGP 的信令依赖于二层的组播，控制平面和数据平面解耦起来相对困难，而 BGP 是一种应用层协议，因此 BGP Speaker 的部署位置会更加灵活。目前，Dynamic Routing 只支持 Ryu 的一种 BGP Speaker。

另外，Dynamic Routing 只能对租户路由进行 advertise 或者 withdraw，还不支持将 BGP Speaker 学习到的外部路由注入到 vRouter 中的操作，因此也无法在多个 external gateway 间进行多上联。实际上，Dynamic Routing 在最初设计时是把 multi-homed 排在用例的首位的，不过在 Neutron 中对于 multiple provider_network 的支持一直都不是很好，而且 Router 上 multiple external_gateway 的功能也很弱，目前来看 Dynamic Routing 距离实现 multi-homed 或者更高级一点的 uplink policy 差距还比较大。

如果 Dynamic Routing 和 DVR 同时使用，那么在进行宣告的时候，对于 Floating IP 而言其下一跳指向计算节点本地的 FIP namespace 的 external IP，而对于非 Floating IP 的网段，其下一跳会指向网络节点上的 SNAT namespace 的 external IP（划分 Address Scope 之后，DVR SNAT namespace 上不会进行 NAT）。对于非 Floating IP 的网段，下一跳之所以没有直接指到计算节点上，是因为目前 DVR 通常会把非 Floating IP 流量送到网络节点上，进行集中式的 SNAT，而计算节点本地只负责处理 Floating IP 的流量。

5.14 VPNaaS

目前很多企业都会选择混合云的组网方式，以求在成本和安全上获得平衡，而企业站点和公有云之间的点对点 VPN 连接，则以 IPSEC VPN 最为常见。早在 H 版本，Neutron 中就成立了子项目 VPNaaS，提供了对于 IPSEC VPN 的支持。顾名思义，这个子项目最初提出来的时候是希望构建一个通用框架，提供各种形式的 VPN，如 IPSEC、SSL、L2TP、MPLS 等，但是这些 VPN 的组网架构和数据模型完全不同，很难统一纳入到同一个项目下。虽然社区中出现过 SSL VPNaaS 和 MPLS VPNaaS 两个 blueprint，但是它们都没有代码层面的实现，后面成立了 BGP VPN 项目，但是它并不属于 VPNaaS，而是和 Neutron 平级。因此从实际使用的角度来说，VPNaaS 可以等同地看作是 IPSEC VPNaaS。

IPSEC VPN 的原理这里不做介绍，由于涉及的协议比较多，因此 IPSEC 在配置上会显得非常冗长。在设备使用命令行开通一个 IPSEC VPN 时，大概需要如下步骤：建立一个 IKE 策略（可以看作是 IPSEC 控制平面的参数），建立一个 IPSEC 策略（可以看作是 IPSEC 数据平面的参数），建立一个兴趣流（哪些流量送进 IPSEC VPN），最后建立一个点对点的 IPSEC 连接，并将之前建立好的 IKE 策略、IPSEC 策略，以及兴趣流关联到这个 IPSEC 连接上来。

VPNaaS 的数据模型和 API 的设计也是照着上述思路来设计的：ike_policy 用于描述 IKE 策略，ipsec_policy 用于描述 IPSEC 策略，endpoint_group 用于描述兴趣流，ipsec_connection 用于描述 IPSEC 连接。一个 ipsec_connection 会关联一个 ike_policy、一个 ipsec_policy 和 local/peer endpoint_group。这些数据结构涉及的参数非常多（比如加密用什么算法、SA 的生命周期是多少，等等），而相当一部分用户实际上并不是很关心这些参数的选取过程，因此在 VPNaaS 的 API 中将很多参数都设成了可选项，以方便用户开通。

上述信息把一个点对点 IPSEC VPN 的所有基本逻辑特征都交代清楚了，最后再为 ipsec_connection 关联一个 ipsec_service，进而和某个 vRouter 进行绑定，以明确隧道的端点。然后，VPNaaS 中的各个 Driver 就负责把上述信息推送给 vRouter，vRouter 会在本地进行相应配置，这样一个 IPSEC VPN 就建立好了。需要注意的是，在 vRouter 处理流量时，NAT 通常会发生在 IPSEC 之前，如果 NAT 修改了流量的 IP 地址，那么 IPSEC 的兴趣流就无法发挥作用了，因此 vRouter 上的 NAT 规则通常要进行一些调整，以放行 IPSEC 的兴趣流量。

目前 VPNaaS 所支持的开源 IPSEC 实现，主要就是 OpenSwan 和 StrongSwan。两者的代码是同源的，目前都有商业公司在支撑，其特性上的优与劣，在这里不进行对比。

5.15　Networking-BGPVPN 与 BagPipe

5.15.1　Networking-BGPVPN

由于 IPSEC 自身缺少路由的控制平面，因此它更多地使用在企业点对点入云的场景中，而并不适合进行 full-mesh 或者 partial full-mesh 的连接。对于多点互联的 DCI 场景，基于 BGP 的 VPN 无疑是更好的选择。最开始的时候，Neutron 中相关的 blueprint 叫做 MPLSVPNaaS，侧重于用 MPLS 跨骨干网实现 IPVPN，BGP 只作为一个实现手段。随着 EVPN 的发展，技术的侧重点开始转向 BGP，独立出了一个与 Neutron 平级的 Service Plugin——Networking-BGPVPN。Networking-BGPVPN 在 API 层面提供了对 IPVPN 和 EVPN 两种连接类型的支持，用例也不仅仅面向于 inter_dc，而是更多地开始考虑 intra-dc 的需求，比如在计算节点间跑 BGP 同步租户路由，实现租户内的互通和租户间的隔离，或者在计算节点和 DC Edge Router 间跑 BGP，然后依赖于 DC Edge Router 上已有的广域网 VPN 方案来拉通多个 DC 间的流量。

Networking-BGPVPN 的 API 非常简单，对于用户来说就是创建一个 BGP VPN，然后把这个 VPN 和现有的 network/router 关联在一起。用户在创建 BGP VPN 时，甚至都不用指定任何参数。之后 VPN 的开通，是 driver 驱动后端的 agent 来完成的，目前 Networking-BGPVPN 支持 3 个 driver/agent，包括 OpenDayLight、OpenContrail 和 BagPipe，下面来对 BagPipe 进行介绍。

5.15.2　BagPipe

BagPipe 的 agent 拿到了 Networking-BGPVPN 的外面，独立作为一个项目叫作 Networking-BagPipe。Networking-BagPipe 在实现上分为 BagPipe-BGP-Agent 和 BagPipe-BGP 两个部分。BagPipe Agent 可以看作是一个接口的适配器，它通过 RPC 与 BGPVPN 中的 BagPipe Driver 交互，解析出 BGP VPN 中所包含的本地端口，然后转化成 RESTful 接口发送给 BagPipe-BGP。BagPipe-BGP 收到 RESTful 请求后，针对每个本地端口进行 plug，plug 操作有两个主要的动作：① 将端口的信息包装成 BGP 路由表项并通过 BGP Speaker 发布给所有的 MP-BGP Peer；② 向 datapath 下发本地端口的转发信息。BGP Speaker 收到 Peer 发布的路由后，会向 datapath 注入远端端口的转发信息。

在 O 版中，BGP Speaker 只支持 ExaBGP，ExaBGP 能够同时支持 IPVPN 和 EVPN 的 MP-BGP 地址族，datapath 支持 Linux Bridge 和 OVS 两种，其中 Linux Bridge 可以用作 IPVPN 和 EVPN 的 datapath，而 OVS 目前只实现了 IPVPN 的 datapath。发布路由不需要多说，下面说一下基于 OVS 的 IPVPN datapath 的实现。

在图 5-24 中可以看到，BagPipe 引入了一个新的网桥 br-mpls 来实现 IPVPN，叫做 br-mpls，目前它在上联方向上可以提供 3 种类型的数据封装，包括 MPLSoverEthernet、MPLSoverEthernetoverGRE 和 VxLAN：① 使用 MPLSoverEthernet 时，通过目的 MAC 进行

Underlay 路由找到 Peer 节点，通过 mpls_label 标记本地端口。② 使用 MPLSoverEthernetover-
GRE 时，通过 GRE 进行 Overlay 找到 Peer 节点，通过 mpls label 标记本地端口。③ 使用
VxLAN 时，通过外层目的 IP 进行 overlay 找到 Peer，tunnel_id 用于标记虚拟机端口而非指代
VNI。使用 MPLSoverEthernet 和 MPLSoverEthernetoverGRE 的时候，br-mpls 的上联端口统一
称为 mpls_interface，使用 VxLAN 的时候，br-mpls 的上联端口称为 VxLAN interface。

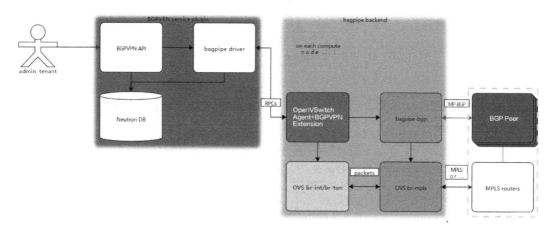

图 5-24　BagPipe 的架构

再来介绍一下 br-mpls 上的流表设计，如图 5-25 所示。Br-mpls 上共有 4 个 Table，
Table 0 负责对流入 br-mpls 的流量进行分类，如果是从本地端口进入的流量，那么标记端
口所属的 VRF 并送给 Table 2；如果是从 MPLS/VxLAN interface 进来的则发送给 Table 1。
Table 2 匹配 VRF，如果是发给网关的流量则从与 gateway namesapce 连接的 patch 口送出，
如果不是发给网关的流量则根据目的 IP 前缀进行负载均衡并送给 Table 3。Table 3 匹配目
的 IP 前缀，如果目的地在本地，则 push mpls label 或者 set vxlan tunnel_id 给 Table 1，如
果目的地在远端则封装 MPLSoverEthernet/MPLSoverEthernetoverGRE/VxLAN，并从对应
的 mpls_interface/vxlan interface 送出。在 Table 1 中，对于从 mpls_interface 进入的流量，
匹配 mpls label，修改源 MAC 和目地 MAC 地址，然后剥掉标签并发送给本地端口，对于
从 vxlan_interface 进入的流量，匹配 tunnel_id，修改源 MAC 和目地 MAC 地址然后发送给
本地端口。

抛开 match 和 action，简单来说，Table 0 用于流量分类，区分从本地流入和从远端流
入的流量。Table 1 用于解封装流量，并发送给本地端口。Table 2 用于将发给网关的流量牵
引到 gateway namespace 上。Table 4 用于封装流量，完成 MAC 的改写，并发向本地或者远
端端口。其中，Table 1 的流表是在 plug 操作的执行过程中写进入的，而 Table 2 和 Table 3
上的流表是由 BGP Speaker 学习到新路由时触发写入的。

实际上，BagPipe 除了可以作为 BGPVPN 的后端以外，还可以运行 EVPN 作为 ML2 的
后端，在每次监听到 update_port 的时候就可以把端口的信息注入到本地的 fdb 中，再通过

Type 2 消息宣告给远端。在目前 Ocata 的版本中，BagPipe 只能支持以 Linux Bridge 作为 EVPN datapath，还不支持 OVS。相比于 l2_population，BagPipe 的好处在于分布式的部署，而且 BGP Peer 间只可以发布本地端口的路由，而 l2_population 的 Driver 通过 MQ 会把所有的端口信息发给所有的 Agent，因此 BagPipe 在性能、可扩展性和可用性上都有不小的提升。

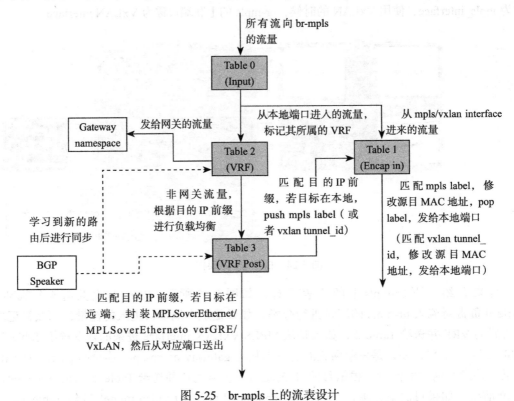

图 5-25　br-mpls 上的流表设计

5.16　DragonFlow

DragonFlow 是华为以色列技术团队创立的，在 OpenStack 的 K 版开始提交代码。DragonFlow 最初的目标是通过可插拔、无状态、轻量级的 SDN 控制器来实现分布式路由，它是为了解决 DVR 中存在的一些问题而提出的，主要是 DVR 会造成计算节点上资源和性能的一些损耗。

1. 架构演进

早期，DragonFlow 的设计架构以及控制流如图 5-26 和图 5-27 所示。L3 Controller-plugin 处理 L3 Extension API，然后通过 RPC 将 L3 信息同步给网络节点上的 L3 Controller-agent。L3 Controller-agent 会向计算节点中的 br-int 发送分布式路由表，而 SNAT/DNAT 则在网络节点上进行集中式处理。实现方面，L3 Controller-agent 中实际上就是 Ryu，通过下

发 OpenFlow 流表在 OVS 中直接实现路由。

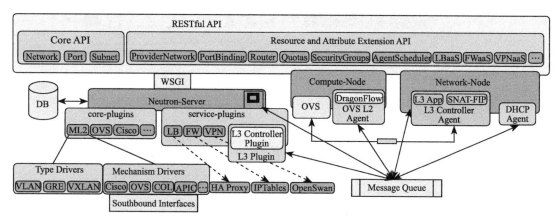

图 5-26　DragonFlow 的早期设计架构

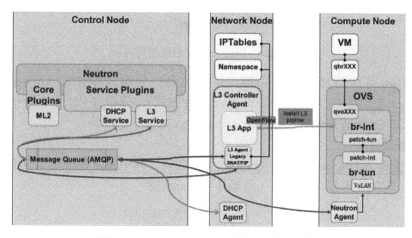

图 5-27　DragonFlow 早期架构中的控制流

经过一段时间的发展后，DragonFlow 不再局限于 DVR 的实现，其整体架构也有了很大的变化，如图 5-28 所示。可以看到 DragonFlow 在功能上已经集成了对 L3 Extension API 以及 L2 Core API 的支持，架构也由早期网络节点上的单点 Controller 变为了计算节点上分布式的 Controller。Controller 通过本地的 SB DB Driver 操作 OVS，通过本地的 NB DB Driver 与 Distributed DB 交互业务数据。Distributed DB 是可插拔的数据库框架，存有业务与资源的全局视图。

可以看到，DragonFlow 在宏观架构上和 Midonet 很像，都是 DB Driven 的。这种架构介于集中式和分布式之间，以 DB 作为逻辑上的集中点。分布式的 Controller 以 DB 为中间件来同步状态。相比于纯集中式的 SDN 架构，这种架构的优势是能够借助成熟的 DB 集群机制有效地消除单点的问题，分布式的 Controller 在南向通道上的性能会更好一些。劣势在于数据库中不适合有复杂的算法，因此难以实现一些集中式的网络优化。

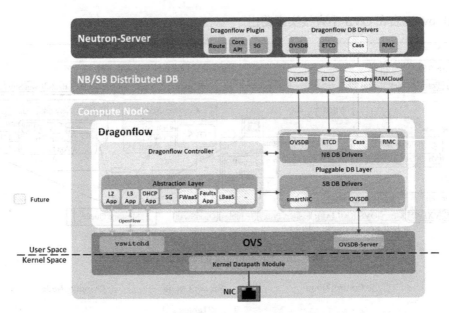

图 5-28　DragonFlow 目前的架构

DragonFlow 目前已经支持的功能，主要包括：分布式 DHCP、arp_responder、l2_population、分布式路由（Reactive/Proactive 两种方式）、分布式 DNAT、分布式/集中式 SNAT、带状态 Security Group、Anti Spoofing、Ryu BGP、QoS 等。

2. 流水线设计

图 5-29 所示为 DragonFlow 流水线中的主要逻辑，其中浅灰色的是完全 Proactive 的，而天蓝色的（即 DHCP 与 L3Lookup）是部分 Reactive 的。

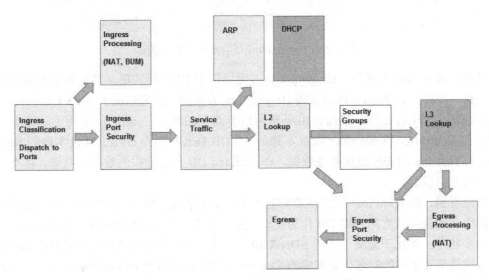

图 5-29　DragonFlow 流水线中的主要逻辑

Table 0 是 Ingress Classfication 与 Dispatch to Ports 流表，图 5-30 所示为它的几种情况：1）对于本地 VM 产生的流量，通过 metadata 标记好租户 ID，然后送入 Ingress Port Security 流表对源 MAC/IP 进行监测，以防止欺骗。2）对于隧道传入的流量，匹配 tunnel_id 并直接发给目的 VM。3）对于 Floating IP 的南北向流量，送入 Ingress Processing 流表，完成 NAT 和 FloatingIP 的 ARP 代答。

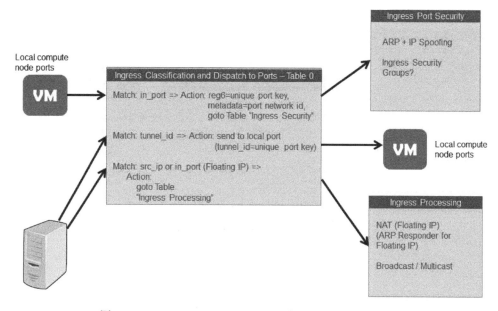

图 5-30 Ingress Classification Table 对进入的流量进行分流

通过 Ingress Port Security 流表的反欺骗检查后，送入 Service 流表，它的作用是过滤出 ARP 和 DHCP 信令以便进行特殊处理，其余流量则送入 L2 Lookup 流表。ARP Request 送入 ARP Table，ARP Table 的设计采用了 Proactive 模式，控制器事先预置好 ARP Reply 的流表项，在数据平面本地直接实现 ARP 代答。DHCP 消息送入 DHCP Table，DHCP Table 的设计采用了 Reactive 模式，由控制器完成分布式的 DHCP 代答。操作过程如图 5-31 所示。

L2 Lookup 流表处理 L2 流量，如图 5-32 所示。它根据目的 MAC 地址判断是否为 L3 流量，如果是则送入 L3 Lookup Table。如果判断是 L2 的广播 / 组播，则标记租户的网络 ID，然后送入 Egress Security 流表。如果判断是 L2 单播，则标记目的虚拟机的 ID，然后送入 Egress Security 流表。

L3 Lookup 流表处理 L3 流量，在图 5-33 中以 Reactive 的实现方式为例。它根据目的子网判断流量是否为东西向流量，如果是则将首包发送给控制器，控制器下发用于路由的流表，改写 MAC 减 TTL 并标记目的虚拟机的 ID，然后送给 Egress Security 流表进行处理。如果是南北向流量则送入 Egress Processing 流表，Egress Processing 会判断源虚拟机是否申请了 Floating IP，若是则将其源 IP/MAC 地址转换为 Floating IP/MAC 地址并直接从相

应端口发送出去完成转发，如果没有申请 Floating IP 则进行 SNAT 并送入 Egress Security
流表进行处理。

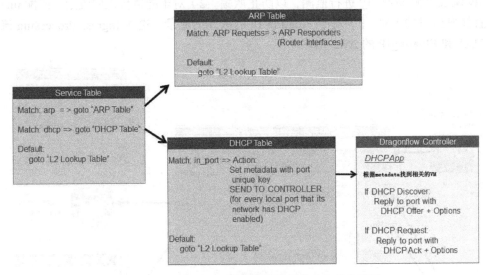

图 5-31　Service Table 用于分流控制信令和业务流量

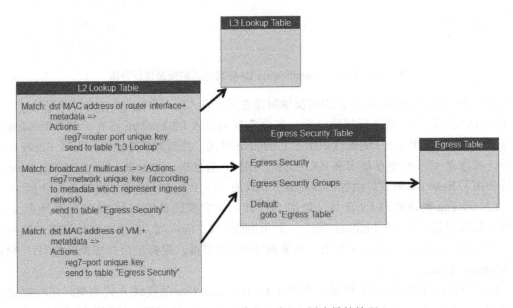

图 5-32　L2 Lookup Table 对于二层流量的处理

Egress Security 流表处理后，将合法流量送入 Egress 流表。Egress 流表将本地流量直
接转发，远端流量则用 tunnel_id 标记目的虚拟机，远端收到后匹配 tunnel_id 即直接发给目
的虚拟机。如图 5-34 所示。

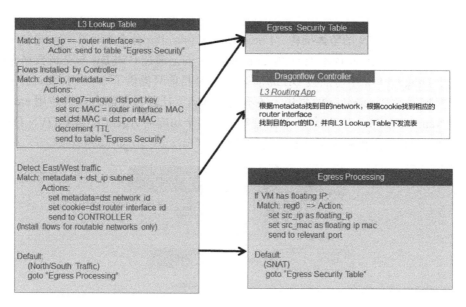

图 5-33 L3 Lookup Table 对于三层流量的处理

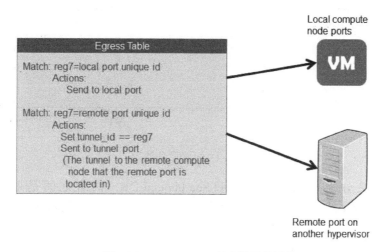

图 5-34 Egress Table 完成最后的转发

5.17 OVN

OVN（Open Virtual Network）由 OVS 社区孵化，其目标是为 OVS 提供原生的网络虚拟化能力，在社区对其未来的定位上，有可能会成为 OVS 在 OpenStack 中的缺省后端（default backend）。OVN 在 2015 年初成为 OVS 的子项目，在 OVS 2.6.0 中首次提供正式版中，紧接着在 OpenStack 的 N 版中进行了集成。

1. 架构设计

图 5-35 所示为 OVN 的整体架构，Local OVN Controller 分布在计算节点或者网络节点上，向下通过 OpenFlow 指挥本地 OVS 的 pipeline，向上通过 OVSDB 与全局数据库进行同步。相比于 DragonFlow 中可插拔 DB 的框架，OVN 目前只提供了 OVSDB Server，在集群的实现上只能通过 Pacemaker 做主从，还不支持 A/A，社区有考虑在未来使用 etcd。相比于现有的 Neutron OVS，对于 OVN 可以理解为把多个功能的 Agent 聚到了 OVN Controller 中进行实现，可以有效地减少了 Agent 的数量。

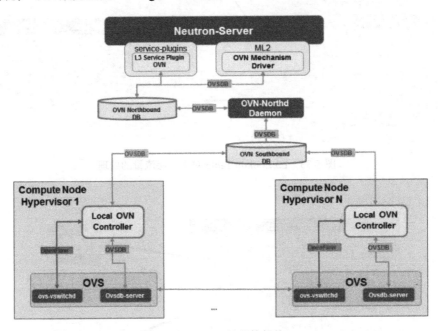

图 5-35　OVN 的整体架构

OVN 的 DB 又分为 Northbound DB 和 Southbound DB，两者之间是通过守护进程 OVN-Northd 联系起来的。Northbound DB 存储上层的业务信息，而 Southbound DB 存储底层网络的状态，属于南北向数据库分离的设计。目前 Northbound DB 和 Southbound DB 都在同一个 OVSDB Server 实例中实现。

具体说，Northbound DB 负责把 Neutron 中的数据结构转换为 OVN 中的数据结构，OVN-Northd 根据 OVN 的数据结构产生 logical flows（租户网络视图中的流表，与底层 OVS 中的流表不同）存入 Southbound DB。一方面，Southbound DB 会把 logical flows 推送给相关的 OVN Controller，另一方面，各个 OVN Controller 会把本地信息（如 VIF 的信息、MAC 地址和接入位置）同步到 Southbound DB 中，Southbound DB 再把这些信息同步给其他的 OVN Controller。最后，OVN Controller 将 logical flows 映射为 physical flows，通过 OpenFlow + OVSDB 来部署本地的 OVS。这种在 logical flows/physical flows 间进行转化的思路，实际上是从 Nicira NVP 中延续下来的，这也并不难理解，因为 OVN/OVS 的几个主

要开发者，都出身于当年的 Nicira。

OVN 目前已经支持的功能，主要包括：分布式 DHCP、ARP Responder、L2_pop、分布式路由（Proactive）、分布式 DNAT、分布式 / 集中式 SNAT、带状态安全组、Anti、L2 Gateway、QoS、TraceRoute 等。

OVN 在 Northbound DB 中保存着租户的逻辑拓扑，其模型如图 5-36 所示，图中只给出了比较主要的逻辑组件。其中，Switch 上有多个 Port 并负责这些 Port 所连的虚拟机间的二层通信。Distributer 连接多个 SW，实现不同网段虚拟机间的通信。同时，Distributer Router 还会连接 Gateway，通过 Gateway 与外界实现三层互联。

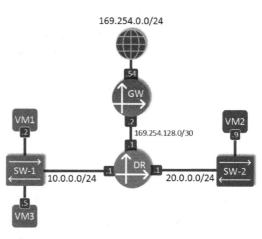

图 5-36　OVN Northbound DB 中的逻辑网络模型

OVN-Northd 根据北向 DB 中的模型，生成租户网络的转发逻辑 logical flows，并将 logical flows 推送给相关的 OVN Controller。logical flows 的生成是 OVN 中最为关键的步骤，为 Switch、Distributed Router 和 Gateway 生成 logical flows 的逻辑是不同的。从整体设计的角度来看，logical 对于流量的处理可分为 Ingress 和 Egress 两个阶段，当源和目的位于同一个主机中时，Ingress 阶段和 Egress 阶段的处理是在相同的 OVS 上，如果源和目的位于不同的主机中，那么两个阶段位于不同 OVS 上。除了一些入向的处理以外，目的地的路由也在 Ingress 阶段完成，Egress 阶段不会再进行路由，而是根据 Ingress 处理的结果直接将流量转发给目的地。

2. logical flow datapath 的设计

图 5-37 所示为在 Switch 中 logical flow datapath 的简要示意图，考虑 VM1 发向同网段 VM3 的流量。ingress 阶段，VM1 发出的流量通过 Port Security 过滤掉非法的源 MAC/IP，之后进入 Egress ACL 进行安全组的 Egress Filtering，然后筛选出 ARP/DHCP 作为本地代答，业务流量进入 Destination 做 MAC 转发。如果 VM1 和 VM3 在相同的主机上，则直接跳到 VM3 接入的 Port 上进行处理，先在 Ingress ACL 中进行安全组的 Ingress Filtering，最后通过 Port Security 过滤非法的目的 MAC/IP。如果 VM1 和 VM3 在不同的主机上，那么 Ingress 阶段处理结束后根据转发结果封装隧道，送到 VM3 所在主机中进行 Egress 阶段的处理。

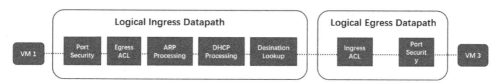

图 5-37　OVN Switch logical flow datapath

图 5-38 所示为 Gateway 中 logical flow datapath 的简要示意图，考虑 VM1 发向外网的流量。在 Ingress 阶段，VM1 的流量先通过 Port Security 过滤掉非法的源 MAC/IP，然后进入 IP Input 处理发给 Gateway 本身的流量（Gateway Port 不需要安全组的保护），之后 UNSNAT 负责处理 SNAT 的下行流量，DNAT 负责处理 Floating IP 的转换，IP Routing 负责路由改源 MAC 地址减 TTL，Next Hop Resolver 接在 IP Routing 后面根据目的 IP 改写目的 MAC 并进行转发。至此 Ingress 阶段处理结束，然后进入 Egress 阶段，SNAT 处理 SNAT 的上行流量，然后通过 OUTPUT 送到 External Network 中。

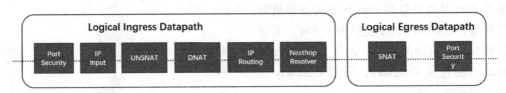

图 5-38　OVN Gateway logical flow datapath

上面简单地介绍过了 logical flow，Southbound DB 会把这些 logical flow 发给相应的 OVN Controller，然后由 OVN Controller 转换成 OpenFlow 流表并下发到 OVS 的 pipeline 中生效。OVN Controller 要完成这一步的转换，必须要结合物理网络中的相关信息，这主要包括 Port 实际接入的 in_port，以及隧道在 Underlay 中的 IP 地址。Southbound DB 负责从各个 OVN Controller 处收集这些信息并进行全局同步。

3. 流水线设计

OVS pipeline 的设计思路大致如下：Table 0 匹配 in_port 并送到相应 logical flow datapath 的入口。Logical flow datapath 对应 Northd 生成的 logical flow 的逻辑，这由 OVS pipeline 中一连串的 Table 来实现。在 logical flow datapath 处理结束之后，会跳入 OVS pipeline 中最后一个 Table，这个 Table 会根据在 Ingress 阶段所形成的路由结果，映射到相应的物理端口（包括隧道）上进行实际的转发。

5.18　本章小结

Neutron 是 OpenStack 为云计算网络搭出来的一个框架，或者说是构建起来的一个生态环境，其原生的 OVS plugin/agent 是目前最为常见的 SDDCN 开源方案，它已经能够满足基本业务功能的需求，以及一部分增值类的业务，如 FWaaS、LBaaS、TaaS、SFC 等，仍然需要进一步的完善，或者依赖于第三方的 provider 来提供支持。本章介绍了 Neutron 相关的设计机制，在实际部署中，可有针对性地对其进行裁剪和二次开发。

开源 SDDCN：OpenDaylight 相关项目的设计与实现

云和虚拟化方向的整合，一直伴随着 OpenDaylight 的发展。在最早的 Hydrogen 版本中，就有了 OpenStack Service、OVSDB Neutron 和 VTN 这 3 个云相关的项目。发展到 Carbon 版本，目前与云 / 虚拟化相关的有 Neutron No rthBound、Netvirt、VTN、GBP、LISP、SFC、FaaS 等诸多项目。本章先简单地介绍一下 ODL 的整体架构，然后对 ODL 中 OpenFlow Plugin 的实现进行介绍，并对 Neutron NorthBound、Netvirt、VTN、SFC 几个项目进行代码导读。

本章所涉及的代码都是以 Stable-Carbon 版本为准的。

6.1 架构分析

OpenDaylight 社区成立于 2013 年 4 月，从 2014 年 2 月发布第一代的 Hydrogen（氢版本）开始，每半年发布一个版本，2017 年年底已经发布到了第 7 代的 Nitrogen（氮版本）了。从项目成员来看，ODL 几乎囊括了全球 ICT 界的精英与翘楚；从社区活跃度来看，ODL 在项目数、贡献人数、代码提交次数等方面相比于其他 SDN 开源项目都处于遥遥领先的地位；从实际应用来看，基于 ODL 的解决方案在云、NFV、广域网、移动核心网等多种场景中都已经有了实际的案例，很多厂商用 SDN 控制器也是基于 ODL 的内核进行二次开发的。

ODL 的主体采用 Java 开发，为了实现 Plugin 的生命周期管理，使用了开源的 Karaf 项目（一种 OSGI 架构的实现），使用者可以根据自己的需求，动态地加载或者卸载 Plugin。ODL 的架构设计经历了两个阶段，从以适配思想为主导的 AD-SAL，演变为以模型驱动思想为主导的 MD-SAL。

6.1.1 AD-SAL 架构

AD-SAL（API Driven Service Abstraction Layer，API 驱动的业务抽象层）的架构如图 6-1 所示。

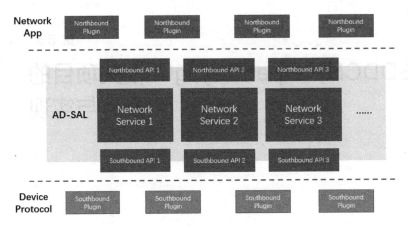

图 6-1　AD-SAL 的架构

AD-SAL 的核心在于 SAL，即通过中间的业务抽象层屏蔽底层南向协议的差异，为北向应用提供统一的南向适配接口，北向应用不可以直接跨越 AD-SAL 调用南向协议提供的接口。AD-SAL 提供的适配接口包括拓扑、流表、数据包、设备等。

显然，这是一种典型的分层设计思想。目前 ONOS 的架构与 AD-SAL 十分类似，可以把 ONOS Core 中各个 Subsystem 看作是 AD-SAL 中提供的各类适配服务。图 6-2 给出了 ONOS 的架构，方便读者与 AD-SAL 进行对照。

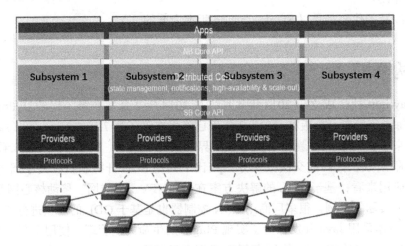

图 6-2　ONOS 的架构

AD-SAL 希望通过统一的抽象层吸收南向协议的差异，为控制器上的应用开发提供统一的接口。这个出发点毋庸置疑是好的，但是在具体的实现中却碰到了两难的问题：

1）由于各类南向协议的差异实在是太大了，如果要进行统一的抽象，就需要去差异化，那么就会损失南向协议中一些功能的灵活性，开发者也就失去了使用这些功能的可能。

2）如果要保证功能的完整性，则所有南向协议中的所有功能都需要在 AD-SAL 中定义相应的 API，这反过来又造成了 AD-SAL 的复杂化，会直接影响整个架构的可扩展性和可维护性。

6.1.2　MD-SAL 架构

为了摆脱这个两难问题带来的窘迫性，ODL 在第二个版本 Helium 中将 AD-SAL 改为了 MD-SAL。MD-SAL（Model Driven Service Abstraction Layer，模型驱动的业务抽象层）的架构如图 6-3 所示。

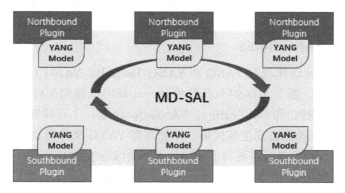

图 6-3　MD-SAL 的架构

虽然名字中还带着 SAL 的字样，但实际上 MD-SAL 的核心在于模型驱动，它放弃了为北向应用统一适配南向协议的思路，转而将南向协议和北向应用平等看待，通通看作是附着在 MD-SAL 上的 Plugin。MD-SAL 位于各个 Plugin 的中间，为 Plugin 提供通信能力，而 MD-SAL 自身则不提供任何业务逻辑。MD-SAL 提供的 3 类通信机制，如图 6-4 所示，DataStore 提供数据的存储与读写，并支持数据的发布订阅；RPC 提供 Plugin 间的 API 调用；Notification 则提供事件的发布订阅。

从 IT 的角度来理解 MD-SAL，实际上就是消息总线加上数据库。虽然 ODL 中的 Plugin 数量繁多，但是 MD-SAL 的存在使得各个 Plugin 间得以高度解耦，使得平台具有了通用性以及良好的可扩展性，因此如果以操作系统的角度去理解，MD-SAL 是一种类似于微内核的设计。有好处就会有代价，MD-SAL 既然放弃了统一适配的尝试，其实也就是基本放弃了抽象所带来的好处，MD-SAL 的应用开发者仍然不得不去关心底层南向协议的具体机制。当然，这反过来也提供了相当的灵活性，应用可以更好地利用南向协议不同的特色，而不用再受到适配层的约束。

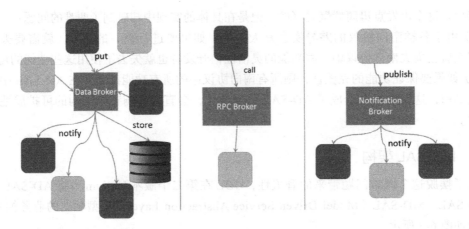

图 6-4　MD-SAL 提供的 3 种通信机制

6.1.3　YANG 和 YANG-Tools

　　MD-SAL 的模型驱动体现在 YANG 和 YANG-Tools 上。YANG（RFC 6020）是一种标准化的网络建模语言。基于 MD-SAL 开发的 Plugin 都可以使用 YANG 语言对自身进行描述，包括数据结构、RPC 和 Notification。YANG-Tools 是一个有特殊用途的 Plugin，类似于 UML 工具，能根据类图自动生成代码，即能够将 YANG 文件自动转化为 Java 代码。开发者在编写 Plugin 代码之前，首要的工作就是为模块编写 YANG 文件，声明该 Plugin 的数据结构，以及要提供的 RPC 和 Notification。然后通过 YANG-Tools 处理这个 YANG 文件，为该 Plugin 生成 Java 代码的骨架，开发者可以基于这个骨架进行业务逻辑的开发。在业务逻辑当中，可以通过 MD-SAL 访问 DataStore，监听 DataStore 的变化，调用其他 Plugin 的 RPC，或者发布/订阅 Notification。开发完成后，通过 Maven 将 Plugin 转化成 OSGi Bundle，将其导入到 Karaf 之后就可以运行起来了。其流程如图 6-5 所示。

图 6-5　基于 YANG 的开发流程

　　目前，ODL 中的 Plugin 大多数都使用 blueprint 完成 OSGi 中的注册。通过 Plugin 中的 features.pom，可以看到所有需要运行的模块，各个模块中的 blueprint 文件会指定初始入口类、初始化时所执行的方法，以及暴露给框架的引用，等等。因此，在分析 Plugin 业务逻辑的时候从 features.pom 和各模块的 blueprint 入手能够迅速地找到切入点。

6.1.4　MD-SAL 的内部设计

　　上面两个小节所讲的是 MD-SAL 作为黑盒子对外表现出来的样子。图 6-6 所示的框中是 MD-SAL 内部架构的简要示意图，其中蓝色方框都是属于 MD-SAL 的功能。这个图里面有两个关键词，Binding-Aware（以下简称 BA）和 Binding-Independent（以下简称 BI），BA 指的是与语言相关的 MD-SAL 操作，BI 指的是与语言无关的 MD-SAL 操作。当然这只是从字面上来理解，如果要深入理解的话，需要先介绍一下 DOM 的概念。

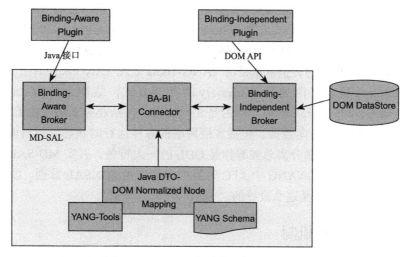

图 6-6　MD-SAL 的内部实现（见彩插）

　　DOM（Document Object Model，文档对象模型）是 W3C 规范的一种用于访问 XML 数据的标准。DOM 是与语言无关的，其实现机制将 XML 文档映射成一个节点对象树，这个节点对象树在逻辑上表示 XML 文档的内容。通过 DOM 提供的 API 对这些节点对象进行读或写，即可以访问 XML 文档的内容。

　　出于设计之初对 NETCONF/YANG 的重视，ODL 选择 DOM 作为构建 MD-SAL 中 DataStore 的核心技术，一方面 NETCONF 传输使用的编码格式就是 XML，另一方面 YANG 中的数据结构通常就是以树形的结构组织起来的，而且 YANG 和 XML 还可以进行无损转换，因此基于 DOM 来构建 ODL 的 DataStore 就再合适不过了。是什么导致 ODL 在设计之初对于 NETCONF/YANG 如此重视呢？ NETCONF/YANG 在技术上固然有一些特色，不过其背后主要的推动力还是源自一些非技术的因素，简单地说就是当时厂商需要一种南向技术来制衡日益崛起的 OpenFlow，这里就不展开去说明了。

　　虽然 YANG 和 XML 是可以相互转化的，不过为了更好地服务于 YANG，MD-SAL 定义了一套 NormalizedNode 模型作为 DOM DataStore 的数据结构，通过 DOM API 可以直接对 DOM DataStore 中的 NormalizedNode 进行操作。由于 DOM 是与语言无关的，因此 Plugin 直接通过 DOM API 进行开发的方式，即 BI。与 BI 相对的就是与语言相关的 BA，具体到 MD-SAL 来说就是开发者基于 YANG-Tools 生成的 Java 代码骨架来编写 Plugin 的业务逻辑，并在业务逻辑中通过 Java DTO 来间接描述 DOM NormalizedNode，通过 Java API 来间接地操作 DOM DataStore。之所以说间接，是因为实际上可以把 DOM DataStore

看作是一种 BI Plugin，它只能理解 DOM NormalizedNode 和 DOM API，因此在 BA Plugin 和 DOM DataStore（也包括其他 BI Plugin）进行交互时，需要进行 Java DTO/API 到 DOM NormalizedNode/API 的转换。在这个转换过程中会损失掉一些性能，有厂商测试的结果显示，基于 BI 开发 Plugin 相比于 BA 可提高 30% ~ 40% 的性能。

回头再来看图 6-6。BA、BI 两类 Plugin 分别使用不同的接口进行 MD-SAL 开发，两类 Broker 实现相应 RPC/Notification/DataStore 的路由功能，BA Plugin 和 BI Plugin 间进行通信，或者 BA Plugin 和 DOM DataStore 间进行通信时，需要由 BA-BI Connector 来完成转换，其中对 DataStore 操作的转换依据是由 YANG-Tools 处理 YANG 文件时生成的。

DOM DataStore 目前采用的是 in memory 的存储方式，结构上分为 configuration 和 operational 两棵树，configuration 树存储的是北向数据，包括业务上的一些需求或者配置，而 operational 树存储的是南向数据，包括底层网络的各种运行时状态。每当谈起 MD-SAL 的 DataStore 时，南北向数据分离总被看作是 ODL 的一大特色，其实 MD-SAL 的这种设计思路也是源自于 NETCONF/YANG 中 RFC 的要求，并非由 MD-SAL 首创。实际上大多数网络操作系统的数据库也都是这么设计的。

6.1.5　MD-SAL 的集群机制

MD-SAL 的集群是基于 Akka 实现的，主要提供了 Distributed DataStore 和 Remote RPC Connector 两个功能，如图 6-7 所示。

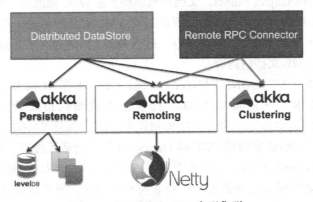

图 6-7　ODL 通过 Akka 实现集群

Distributed DataStore 的实现，一是依赖于 akka-persistence 的持久化，DateStore 的操作日志会写入 LevelDB 中，还会定期对 DataStore 的状态进行快照以存入本地文件系统中；二是依赖于 akka-remoting 进行节点间的通信；三是依赖于 akka-clustering 进行集群管理。Distributed DataStore 采用 Raft 算法实现了数据的强一致性。

由于使用了强一致的做法，为提高 Distributed DataStore 的性能，ODL 实现了数据分片的机制。数据分片也称为 Shard，即对 DOM 树进行切分，切分出来的子树作为一个 Shard。Shard 不必在每个集群节点上都有 Replica（副本），但是至少需要在一个节点上存有

Replica。图 6-8 给出了 ODL Distributed DataStore 中 Shard 的简要示意图。一个 Shard 不管有多少 Replica，都只有一个 Leader，当调用 DataStore 接口写 Shard 时，需要 Leader 先处理写操作，然后再由 Leader 同步给各个 Replica，等到所有的 Replica 都完成同步后写操作才算完成。

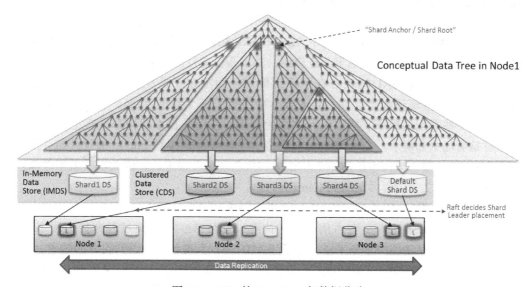

图 6-8　ODL 的 DataStore 与数据分片

Remote RPC Connector 负责跨节点 RPC 通信，它没有持久化的问题，因此只使用了 akka-remoting 和 akka-clustering，RpcRegistry 的同步采用的是 Gossip 协议。

RPC Provider 在实例化的时候，会向 MD-SAL 中的 RpcRegistry 进行注册，MD-SAL 会记录 Provider 所在的位置。RPC Consumer 在调用 RPC 时会指明 Context，据此 MD-SAL 通过 RpcRegistry 判断被调用 RPC 的 Provider 是否在本地，如果是则直接在本地执行 RPC Callback，否则 MD-SAL 会发送跨节点的 RPC 调用消息，目标收到后在本地执行 RPC 回调函数。ODL 中跨节点的 RPC 调用如图 6-9 所示。

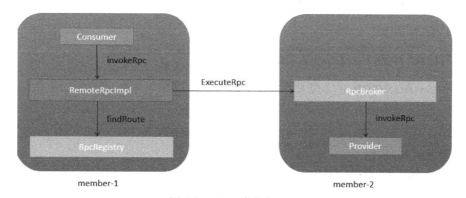

图 6-9　ODL 跨节点 RPC

6.1.6　其他

从 AD-SAL 到 MD-SAL，ODL 在架构设计上相比于其他 SDN 控制器有其独到之处，具有很好的通用性和扩展性。不过，虽然模型驱动听起来很高大上，但是 YANG 和 DOM DataStore 的引入使得 MD-SAL 中 internal APP 的开发变得无比艰难，不花上几个月的时间来消化 MD-SAL 本身，稍微复杂一点的功能估计是很难搞定的。还有一种开发方式，是通过 RESTCONF 来开发外部 APP，但是 RESTCONF 在设计上是 CS 模式的，而且交互上会受到 RESTful 的限制，因此适用于业务应用，并不适合进行网络基础服务的开发。

前面提到过，MD-SAL 的核心在于模型驱动，而不在于适配。但是，这并不意味着 ODL 就没有办法实现适配了，在 Boron 版本中出现了一个新的 Plugin 叫作 Genius，这个 Plugin 带着一些适配的影子。所以说存在即为合理，任何的技术架构都没有绝对的好坏之分，关键是看场景和需求。由于 Genius 比较新，只影响到极少数 Plugin 的设计与开发，它后面会在 ODL 的整个架构中扮演一个什么样的角色现在还很难说，因此本节就不做深入介绍了，本章的 6.5.2 节中会再次提到 Genius。

以目前情况来看，MD-SAL 还达不到商用的要求。

一方面，DOM DataStore 会占用很大的内存，而且 BA-BI 转换过程会损失很多性能，对于侧重于实时控制功能的服务来说，它基于 MD-SAL 实现起来会遇到明显的瓶颈。

另一方面，虽然 ODL 从 Helium 版本就开始为 MD-SAL 引入了集群机制，但是 ODL 集群的实现一直饱受诟病，不仅是稳定性的问题，有的时候集群之后性能甚至会下降。Beryllium 版本后，社区加强了对集群的重视程度，但是考虑到 MD-SAL 实现上的复杂性，因此估计在短期的几个版本内也难以有根本性的改善。

另外，ODL 社区的未来发展也面临着很多不确定因素，社区高管的离任，ONOS 和 ONF 的联手，白金会员中 Brocade 被收购，Cisco 投入的力量渐弱，这些都难免会让人心里画上问号。不过，鉴于很多公司都已经加入进来了，它肯定还是会一直向前发展的，至于能走多远，有待后几个版本的观察。

了解了 MD-SAL 后，就要开始对 ODL 的代码进行分析了。后面的分析将着重介绍代码的逻辑，对于 MD-SAL 相关的内容不再进行过多介绍。

6.2　OpenFlow 的示例实现

OpenFlow 和 OVSDB 是实现云网络业务的基础协议，本节将对 ODL OpenFlow 的实现进行介绍。假设网络中有一台 OF 交换机连接两个主机，该 OF 交换机由一个 ODL 示例控制，示例中开启了一个内部 APP——l2switch 实现 reactive forwarding。现在先从代码的角度来看看以下几个问题：

1）OF 交换机如何连上 ODL；

2）l2switch 如何获得 PacketIn；

3）l2switch 如何下发 PacketOut；

4）l2switch 如何下发 FlowMod。

OpenFlow 在 ODL 中 的 实 现 依 赖 于 OpenFlowJava 和 OpenFlow Plugin。 其 中 OpenFlowJava 工作在最底层，它通过 Netty 实现 socket 收发，并对 OpenFlow 消息进行封装、解封装。OpenFlowPlugin 工作在 OpenFlowJava 之上，负责对 OpenFlow 消息的具体处理，并提供 RPC 方法，其他 Plugin 可以调用这些 RPC 方法来使用 OpenFlow 协议。

在 ODL 中 OpenFlowJava 和 OpenFlow Plugin 的实现非常复杂，下面在讲解代码时，主要会注重代码的实现逻辑，对一些具体的调用和设计模式不进行展开讨论。

6.2.1　OF 交换机的上线

查看 openflowplugin-impl 下的 blueprint 文件，得知 OpenFlowPlugin 的入口类为 OpenFlowPluginProviderFactoryImpl。该入口类负责生成 OpenFlowPluginProviderImpl，并执行 OpenFlowPluginProviderImpl 的 initialize 方法。initialize 方法逻辑示意如下，主要是实例化一些 Manager，并通过 startSwitchConnections 方法使能 OpenFlow 的底层信道。

```
================ openflowplugin.impl.OpenFlowPluginProviderImpl ===============
public class OpenFlowPluginProviderImpl
    public void initialize()
        connectionManager = new ConnectionManagerImpl();
        deviceManager = new DeviceManagerImpl();
        rpcManager = new RpcManagerImpl();
        statisticsManager = new StatisticsManagerImpl();
        startSwitchConnections();
    private void startSwitchConnections()                    // 使能 OpenFlow 的底层信道
        return switchConnectionProvider.startup();           // 在 OpenFlowJava 中实现
```

上述 StartSwitchConnections 方法中的 switchConnectionProvider 是在 OpenFlowJava 中实现的。查看 openflowjava-protocol-impl 下的 blueprint 文件，得知 OpenFlowJava 的入口类 为 core.SwitchConnectionProviderFactoryImpl。SwitchConnectionProviderFactoryImpl 负责生成 SwitchConnectionProviderImpl，在 SwitchConnectionProviderImpl 的构造方法中，主要就是实例化了 SerializerRegistryImpl 和 DeserializerRegistryImpl，并通过这两个实例的 init 方法注册了 OpenFlow v1.0 和 OpenFlow v1.3 中各类数据结构。

SwitchConnectionProviderFactoryImpl 的 startup 方 法 被 OpenFlowPluginProviderImpl 中 startSwitchConnections 方法调用，它通过 Netty 进行与 OpenFlow socket 相关的操作。socket 收到消息后，会最终调用到 core.connection.ConnectionAdapterImpl 的 consumeDeviceMessage 方法，这里面的调用层次比较深，就不进行代码的分析了。

```
===== openflowjava.protocol.impl.core.SwitchConnectionProviderFactoryImpl ======
public class SwitchConnectionProviderImpl
    public SwitchConnectionProviderImpl()
        serializerRegistry = new SerializerRegistryImpl();      // Outbound 编码器
        serializerRegistry.init();
        deserializerRegistry = new DeserializerRegistryImpl(); // Inbound 解码器
```

```
        deserializerRegistry.init();
    public ListenableFuture<Boolean> startup()  // 被 OpenFlowPluginProviderImpl 中的
                // startSwitchConnections 方法调用，通过 netty 进行 socket 操作
        try
            serverFacade = createAndConfigureServer();
    private ServerFacade createAndConfigureServer()
        if (transportProtocol.equals(TransportProtocol.TCP) ||
            transportProtocol.equals(TransportProtocol.TLS)) // 使用 TCP 或 TLS 传输
            server = new TcpHandler(connConfig.getAddress(), connConfig.getPort());
            connectionInitializer = new TcpConnectionInitializer();
```

ConnectionAdapterImpl 的 consumeDeviceMessage 方法，会将 OpenFlow 中各类 Symmetric 消息和 Asynchronous 消息都交给实现了 OpenFlowProtocolListener 接口的实例去处理（注意，ConnectionAdapterImpl 的 consumeDeviceMessage 方法不会处理 ControllertoSwitch 类消息，如 FlowMod、PacketOut 等），实现 OpenFlowProtocolListener 接口的类存在于 OpenFlow Plugin 中，有以下两个。

1）openflowplugin.impl.connection.listener.OpenflowProtocolListenerInitialImpl，处理握手阶段的 Symmetric 消息，包括 Hello、EchoRequest 和 Error 3 种。

2）openflowplugin.impl.device.listener.OpenflowProtocolListenerFullImpl，处理非握手阶段的 Symmetric 消息和 Asynchronous 消息，其中 Symmetric 消息仍包括 Hello、EchoRequest 和 Error 3 种，Asynchronous 消息主要包括 PacketIn、PortStatus 等。

OpenflowProtocolListenerInitialImpl 实例的 onHelloMessage 方法调用了 handshakeStepWrapper 的 run 方法，run 方法调用了 handshakeManager 的 shake 方法，shake 方法的主体逻辑如下所示。若判断需要由控制器发起 Hello，则通过 sendHelloMessage 方法发送 Hello 消息，若收到了交换机发出来的 Hello，则进行 OF 版本协商。协商好版本后，会通过 postHandshake 方法协商 Features，之后就认为连接已经建立成功了。

```
============== openflowplugin.openflow.md.core.HandshakeManagerImpl =============
public class HandshakeManagerImpl
    public synchronized void shake()
        try
            if (receivedHello == null)    // 若控制器首先发起 hello
                sendHelloMessage();       // 向设备发送 hello
        if (useVersionBitmap && remoteVersionBitmap != null)         // 如果有可用版本
            handleVersionBitmapNegotiation();       // 调用 postHandshake 方法
    protected void postHandshake()
        Future<RpcResult<GetFeaturesOutput>> featuresFuture = connectionAdapter
            .getFeatures();          // Features 请求
        Futures.addCallback()
            public void onSuccess()
                if (rpcFeatures.isSuccessful())
                    handshakeListener.onHandshakeSuccessful();    // 连接建立成功
```

OnHandshakeSuccessful 的执行过程，会通过 SalRegistrationManager 的 onSessionAdded 方法实例化一个 ModelDrivenSwitchImpl 作为该交换机在控制器上的代理，通过这个

实例可以对该交换机进行 OpenFlow 的相关操作，如发送 FlowMod、GroupMod 等。onSessionAdded 方法紧接着会发布一个 nodeAdded 的 Notification，相关的 MD-SAL 模块可以订阅这一 Notification。上述过程的调用层次太深，因此这里不做代码分析了。

至此，该交换机就完成了上线。

6.2.2　l2switch 获得 PacketIn

交换机已经连接上了控制器，此时一台主机向另一台主机发送数据包，交换机包装 PacketIn 消息发送给控制器。OpenFlowjava 对该消息进行解封装，通过 ConnectionAdapterImpl 的 consumeDeviceMessage 方 法 将 该 消 息 交 给 OpenflowProtocolListenerFullImpl 实例的 onPacketInMessage 方法进行处理，由 onPacketInMessage 方法再调用 DeviceContextImpl 实例的 processPacketInMessage 方法进行处理。DeviceContextImpl 实例的 processPacketInMessage 方法会发布一个 packetReceived 的 Notification，l2switch 模块中的 EthernetDecoder 实例通过 onPacketReceived 方法订阅这一事件。

```
================= openflowplugin.impl.device.DeviceContextImpl =================
public class DeviceContextImpl
    public void processPacketInMessage()
        final ListenableFuture<?> offerNotification =
            notificationPublishService.offerNotification(packetReceived);
                    // 发布一个 packetReceived 的 Notification
=============== l2switch.packethandler.decoders.EthernetDecoder ===============
public class EthernetDecoder
    public void onPacketReceived(PacketReceived packetReceived)
        decodeAndPublish(packetReceived);    // 订阅 packetReceived 的 Notification
```

这里需要特别注意的是，ODL 对 Notification 的处理采用了最为原始的"发布—订阅"模式，这意味着 ODL 并没有设计一种机制对多个订阅了 packetReceived 事件的模块进行约束，因此订阅了 packetReceived 事件的模块对 PacketIn 消息的处理是没有明确先后顺序的。这种对 PacketIn 的处理机制，会使开发存有潜在的安全问题。后面在介绍 ONOS 时，会分析在 ONOS 中保证多个模块对 PacketIn 有序处理的相关机制。

EthernetDecoder 实 例 的 onPacketReceived 方 法 调 用 了 decodeAndPublish 方法 对 PacketIn 消息进行进一步的处理，通过 decode 方法将 PacketIn 消息格式化，然后再发布一个 ethernetPacketReceived 事件。ArpDecoder 实例、Ipv4Decoder 实例和 Ipv6Decoder 实例都通过 onEthernetPacketReceived 方法订阅了 ethernetPacketReceived，这些实例的 onEthernetPacketReceived 方法，会判断 Ethernet 的帧类型是否与自身类型相符，若符合则通过 decode 方法对格式化后的 PacketIn 消息进行进一步的格式化，然后再发布相应的 ArpPacketReceived/ Ipv4PacketReceived/ Ipv6PacketReceived 事件。

在 L2switch 模块中，订阅 ArpPacketReceived 事件的子模块有 4 个，订阅 Ipv4PacketReceived 事件的子模块有 2 个，订阅 Ipv6PacketReceived 事件的子模块也有 2 个，如表 6-1 所示。

表 6-1　L2switch 模块中子模块对事件的订阅情况

事件	订阅事件的子模块	子模块对事件的处理
ArpPacketReceived	addresstracker	记录 IP 和 MAC 间的关系，以及第一次通信、最后一次通信的时间
	hosttracker	记录主机的连接点
	arphandler	回复 ARP Reply
	l2switch-main	下发 L2 双向流表
Ipv4PacketReceived	addresstracker	记录 IP 和 MAC 间的关系，以及第一次通信、最后一次通信的时间
	hosttracker	记录主机的连接点
Ipv6PacketReceived	addresstracker	记录 IP 和 MAC 的关系，以及第一次通信、最后一次通信的时间
	hosttracker	记录主机的连接点

6.2.3　l2switch 下发 PacketOut 和 FlowMod

经过上面的调用过程，现在数据包进入了各个子模块的视野。下面通过 arphandler 来介绍 PacketOut 的实现，通过 l2switch-main 来介绍 FlowMod 的实现。

1. PacketOut

ArpHander 通过 onArpPacketReceived 方法接收 ARP 包，调用 PacketDispatcher 的 dispatchPacket 方法进行处理，dispatchPacket 方法获得 ARP 目的主机的接入端口，然后调用 sendPacketOut 方法将已知目的的 ARP 直接发送给目的主机，这样可以避免泛洪不必要的开销。sendPacketOut 方法使用 OpenFlowPlugin 中 PacketProcessingServiceImpl 提供的 RPC——transmitPacket 方法，transmitPacket 调用 handleServiceCall 方法将 PacketOut 消息通过 socket 下发给目的主机的接入交换机。可以看到，l2switch 中的 ArpHandler 并没有完成 ArpProxy 的功能，只是将 ARP 消息经过控制平面进行了转发。

```
================= l2switch.arphandler.core.ArpPacketHandler ===================
public class ArpPacketHandler
    public void onArpPacketReceived()
        packetDispatcher.dispatchPacket(packetReceived.getPayload(),
                rawPacket.getIngress(), ethernetPacket.getSourceMac(),
                ethernetPacket.getDestinationMac());
================= l2switch.arphandler.core.PacketDispatcher ===================
public class PacketDispatcher
    public void dispatchPacket()
        if (srcConnectorRef != null)
            if (destNodeConnector != null)      // 若 ARP 的目标主机已知
                sendPacketOut();                 // 直接通过目标主机的接入交换机发送 PacketOut
            else                                 // 若 ARP 的目标主机未知
                floodPacket();                   // 在当前交换机上泛洪 PacketOut
    public void sendPacketOut()
        packetProcessingService.transmitPacket();
```

2. FlowMod

前面提到，控制器和交换机握手结束后，会为交换机生成一个 ModelDrivenSwitchImpl 实例。ModelDrivenSwitchImpl 的祖先接口为 ModelDrivenSwitch，它继承了 OpenFlow

Plugin 中各种各样的服务，因此这个实例可以代理交换机的 OpenFlow 相关操作。

```
=============== openflowplugin.api.openflow.md.ModelDrivenSwitch ===============
public interface ModelDrivenSwitch extends SalGroupService, SalFlowService,
    SalMeterService, SalTableService, SalPortService, ...
```

要下发 FlowMod 的话，调用 ModelDrivenSwitchImpl 的 RPC 的 addFlow 方法即可。不过，l2switch 下发流表直接调用了 OpenFlowPlugin 中 SalFlowService 的 RPC 方法 addFlow。其逻辑为：每当收到 ARP 时，l2switch 便认为 ARP 的源主机和目的主机就要开始通信了，于是 l2switch-main 子模块中的 ReactiveFlowWriter 实例就通过 onArpPacketReceieved 方法监听 ArpPacketReceieve 事件，方法不会处理 ARP，而是通过 FlowWriterServiceImpl 实例的 addBidirectionalMacToMacFlows 方法下发 L2 双向流表。addBidirectionalMacToMacFlows 方法通过 loopremove 模块获得源和目的间的通信路径，最后调用到 SalFlowService 的 addFlow 方法向相关的交换机下发流表。

```
=================== l2switch.flow. FlowWriterServiceImpl ====================
public class FlowWriterServiceImpl
    public void addBidirectionalMacToMacFlows()
        addMacToMacFlow(destMac, sourceMac, sourceNodeConnectorRef); // 从目的到源
        addMacToMacFlow(sourceMac, destMac, destNodeConnectorRef);   // 从源到目的
    public void addMacToMacFlow()
        writeFlowToConfigData();
    private Future<RpcResult<AddFlowOutput>> writeFlowToConfigData()
        return salFlowService.addFlow(); // 通过 SalFlowService 的方法下发流表
```

以上就是对 ODL 中 OpenFlow 通信实例的介绍，当然这中间省略了很多复杂的调用逻辑。有了这部分内容作为基础，接下来开始对 ODL 中与云业务相关的 Plugin 的实现进行介绍。

6.3　OpenStack Networking-ODL

OpenStack 网络通过 networking-odl 项目与 OpenDaylight 进行对接，目前支持的 Plugin 包括 ML2、L3、FWaaS、LBaaS、SFC、BGPVPN、SFC、L2GW、QoS 等，其功能非常丰富。关于 ODL 对这些功能的后端实现，会放到本章后面的内容中进行具体介绍，本节先来看看 networking-odl 的设计。

6.3.1　v1

Networking-odl 经历了两个版本。在 v1 版本中 networking-odl 的主要工作就是将 Neutron 的 RESTful API 转化为 ODL 的 RESTful API，然后直接进行透传，networking-odl 本身是没有任何状态的。由于 ODL 在本地有自己的数据库，因此在使用 networking-odl v1 时，尤其是在 Neutron HA 的部署方式下，Neutron 和 ODL 间的数据库同步存在很大的问题。例子有很多，下面举一个最简单的。

现有 Neutron A 和 Neutron B，首先发生的操作是 Neutron A 收到 create_port 的 API，

Neutron A 写入 Neutron DB，然后发 create_port 给 ODL，紧接着发生的操作是 Neutron B 收到 delete_port 的 API 删除刚刚经由 Neutron A 添加的 Port，Neutron B 写入 Neutron DB，然后发送 delete_port 给 ODL。此时，Neutron 数据库中已经没有这个 Port 了，但是由于某种网络原因，Neutron 发给 ODL 的 delete_port 先于 create_port 到达，导致 ODL 会对先到的 delete_port 报错，并对后到的 create_port 执行相应的操作，因此在 ODL 数据库中这个 Port 是存在的。这种状态的不一致很可能会导致业务的崩溃，在生产环境中这是不可接受的。

6.3.2　v2

从 M 版本开始，networking-odl 提出了 v2 版本，希望能解决数据库同步问题。Networking-odl v2 中的做法是增加一个 Syncer，它在收到 Plugin 北向的 RESTful API 后，不是直接透传给 ODL，而是通过 Syncer 来同步 Neutron 和 ODL 间的状态。Networking-odl v2 的架构如图 6-10 所示，图中 ODL 也表示成了集群的形式。

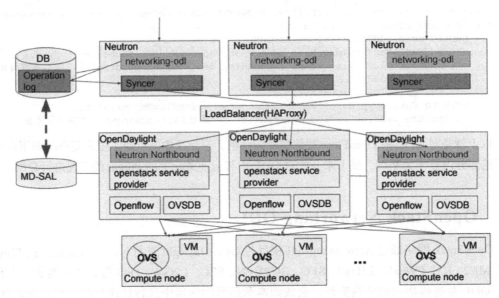

图 6-10　通过 networking-odl v2 与 ODL 对接

具体来说，整个由上及下的工作流如图 6-11 所示。用户发送一个 Neutron API，由 Neutron-Server 路由给相应的 ODL v2 Driver，ODL v2 Driver 不会直接发送给 ODL，而是将该 API 作为一个 journal entry 存入 Journal DB 中，标记其状态为 PENDING。Networking-odl v2 会在后台运行一个 Journal Thread，Journal Thread 会读取 Journal DB 中最先存入的 journal entry，将其状态置为 PROCESSING，然后转化为相应的 RESTful API 发送给 ODL，并阻塞等待 ODL 的执行结果。如果 ODL 执行成功，则 Journal Thread 将该 journal entry 状态置为 COMPLETED，表示执行成功，否则将该 journal entry 状态重新置回 PENDING，并将其 Retry Counter（重试计数器）加 1。当某个 journal entry 的 Retry Counter 超过一定次数

时，Journal Thread 会将其状态置为 FAILED，表示执行失败。除了 Journal Thread 以外，后台还会有 MaintenanceThread 去处理 COMPLETED 和 FAILED 的 journal entry，如图 6-12 所示。

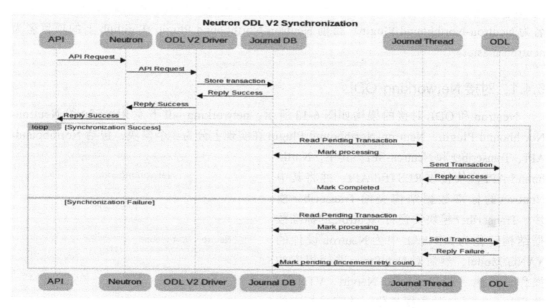

图 6-11　networking-odl v2 的工作流

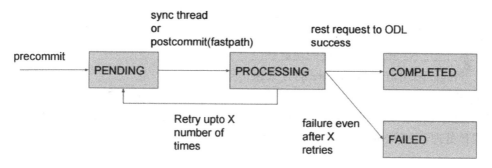

图 6-12　networking-odl v2 中 Journal 的状态机

数据库同步出现问题，主要源于操作顺序的混乱。而 Journal 的作用实际上就是为 Neutron 和 ODL 间的操作引入顺序执行的能力，从而有效解决同步过程中遇到的问题。不过，Journal Thread 的阻塞必然会降低 Neutron 与 ODL 间的并发能力，为了不影响 Neutron 北向业务 API 的并发能力，因此 networking-odl v2 在收到 Neutron 北向 API 并成功存入 Journal DB 后会直接返回，这从图 6-11 中也能够看得出来。

实际上，Neutron 和 SDN 控制器间数据库的同步问题是相当普遍的，这一部分如果做得不好基本上就意味着无法在生产环境中应用。Networking-odl v2 也只能说是一个初步的探索，未来还需要不断地优化，以平衡一致性和并发性的要求。

6.4 Neutron-Northbound 的实现

ODL 中有一个专门用来接收、分发 networking-odl 的 RESTful API 的 Plugin，在
Hydrogen 和 Helium 两个版本中，实现这一功能的 Plugin 叫作 OpenStack Service，后面改
名为 Neutron-Northbound Plugin。目前 Neutron-Northbound Plugin 在 github 上的项目名为
neutron-master。

6.4.1 对接 Networking-ODL

Neutron 和 ODL 对接的架构如图 6-13 所示，networking-odl 下发 RESTful 给 Neutron-
Northbound Plugin，Neutron-Northbound Plugin 在实现上分为 3 个模块，包括 Northbound-

API、Transcriber 和 Neutron-SPI。其中，North-
bound-API 模块接收 RESTful API，并将其中
Neutron 的标准数据结构交给 Transcriber 模
块。Transcriber 模块负责将 Neutron 的标准数
据结构转化为 MD-SAL 中为 Neutron 设计的
YANG Model，然后对 DataStore 进行相应的
操作，其他一些 Plugin（如 Netvirt、VTN 等）
监听 DataStore 上的数据变化，并完成相应的
后端操作。Neutron-SPI 模块在 Boron 之前的版
本中，能够从 Northbound-API 处接收 Neutron
的数据结构，并直接发送给后端的 Plugin。从
Boron 版本开始，Neutron-SPI 模块的功能被废
弃掉了，Plugin 采用监听 DataStore 的方式来
触发后端操作。

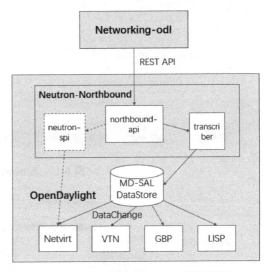

图 6-13　Neutron 和 ODL 对接的架构

在下面的代码分析中，将以 Create Port 为例来介绍 Neutron-Northbound Plugin 对 RESTful
API 的具体处理。由于 Neutron-SPI 模块目前已经被弃用了，因此不再对其进行介绍。

6.4.2 RESTful 请求的处理示例

Northbound-API 模块中的 NeutronPortsNorthbound 负责对标准 Port 资源的 RESTful
请求进行处理，其中 Create_Port 请求由 createPorts 方法处理。createPorts 方法主要调
用了 create 方法，然后由 create 方法将标准的 Create Port 请求交给 Transcriber 模块中
NeutronPortInterface 的 add 方法。

```
=============== neutron.northbound.api.NeutronPortsNorthbound ==================
public final class NeutronPortsNorthbound
    public Response createPorts()
        return create();
=============== neutron.northbound.api.AbstractNeutronNorthbound ==============
```

```
public abstract class AbstractNeutronNorthbound
    protected Response create()
        if (input.isSingleton())
            neutronCRUD.add();  // 调 Transcriber 中 NeutronPortInterface 的 add 方法
```

Transcriber 模块中 NeutronPortInterface 的 add 方法，经过一系列的调用来到 updateMd 方法，该方法首先通过 toMd 方法将标准的 Create Port 请求转化为 MD-SAL 中为 Neutron Port 定义的数据结构，然后通过 put 操作将转换后的数据结构写入数据库。Database 的更新会触发相应的 Neutron 事件，一些实现 Neutron 业务的 Plugin 可以通过监听 Neutron 事件来触发相关的业务逻辑。

```
================ neutron.transcriber.AbstractNeutronInterface ================
public abstract class AbstractNeutronInterface
    private void updateMd()
        final T item = toMd();      // 转化为 MD-SAL 中为 Neutron Port 定义的数据结构
        final InstanceIdentifier<T> iid = createInstanceIdentifier();
                                    // 创建 Neutron Port 在 DOM 树上的标识
        tx.put(LogicalDatastoreType.CONFIGURATION, iid, item, true);
                        // 使用 PUT 操作将新的 Neutron Port 更新到 configuration 树上
        final CheckedFuture<Void, TransactionCommitFailedException> future =
tx.submit();
                                    // 提交 transaction 写数据库
```

6.5　Netvirt 简介

OVSDB-Netvirt 和 VPNService 可以说是 ODL 中功能最丰富的两个 Plugin。从字面上来理解，OVSDB-Netvirt 是通过 OVSDB 来实现网络虚拟化的，VPNService 提供 VPN 服务而没有限定南向协议，两者都能作为 OpenStack 网络的后端，在功能上有很多重叠。在 Beryllium 版本中，OVSDB-Netvirt 从 OVSDB 中抽离出来，成为一个独立的 Netvirt Plugin。在 Boron 版本中，社区开始推进将 VPNService 合并入 Netvirt。下文为了便于区别，合并前的 Netvirt 还是称为 OVSDB-Netvirt，而 Netvirt 特指合并后的 Netvirt Plugin。

在合并前，OVSDB-Netvirt 和 VPNService 的功能对比如表 6-2 所示。

表 6-2　OVSDB-Netvirt 和 VPNService 的功能对比

共有的功能	OVSDB-Netvirt 独有的功能	VPNService 独有的功能
分布式的 L2/L3 转发	ARP Responder	BGPVPN
DNAT, 1:1 SNAT	安全组	MAC 地址学习和老化
HWVTEP	服务链	OpenFlow-based DHCP
	LBaaS v1	Aka SNAT（NAPT）

6.5.1　OVSDB-Netvirt 和 VPNService 的合并

OVSDB-Netvirt 早在 ODL 的 Hydrogen 版本中就已经出现了，经过几个版本的发展后，对 OpenStack 网络的支持已经很完善，可以说是 ODL 中的"明星项目"，在合并前其项目结构如图 6-14 所示。北向上依赖 Neutron-Northbound 来处理 RESTful API，而所有后端的实现都是由 Netvirt-provider 目录下的 Application 来完成的，南向上通过 OpenFlow 和 OVSDB 来操作 pipeline。

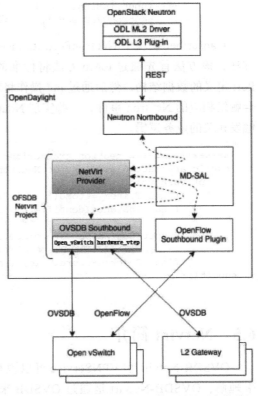

同样作为 OpenStack 网络的后端，虽然 VPNService 的功能也很多，但是 VPNService 的名气一直没有 OVSDB-Netvirt 大，借着这次和 OVSDB-Netvirt 的合并，VPNService 才得以走入主流视野。VPNService 是一个十分庞大的项目，在合并前主要分为三大块。一是 Neutron VPN Manager，它监听 DataStore 中由 Neutron Northbound Transcriber 生成的数据结构，并将其转化为 VPNService 的数据结构，再存入 DataStore 中。二是各类业务逻辑模块，它们监听 DataStore 中 VPNService 的数据结构，并提供相应的业务实现，主要包括负责二层网络连通性的 ELAN Manager，负责三层网络连通性的 VPN Manager，负责 NAT 的 NATService，等等。三是各类通用的资源管理，如负责隧道管理的 Tunnel Manager，负责接口管理的 Interface Manager，等等。

图 6-14　OVSDB-Netvirt 的项目结构（合并前）

和 OVSDB-Netvirt 合并后，社区的计划是将 VPNService 现有的代码分散到 3 个 Plugin 中。Neutron VPN Manager 和各类业务逻辑模块合并到新的 Netvirt 中，各类通用的资源管理提取到 Genius 中，而与 BGP VPN 直接相关的模块仍然保留在 VPNService 项目中。合并后的代码结构如图 6-15 所示。

对于合并的具体操作方式，社区计划将其分为 3 个阶段，如图 6-16 所示，图中 Netvirt Project 指的是合并后的 Netvirt，图中的 Netvirt 指的则是原有的 OVSDB-Netvirt。

Carbon 版本处于第二个阶段。由于 OVSDB-Netvirt 和 Genius 不能兼容，因此对 OVSDB-Netvirt 和 VPNService 进行代码上的合并是很困难的，两者目前是 Netvirt 下两种独立的 Provider，Netvirt Plugin 现在的项目结构如下所示。在 ODL 的后续版本中，Netvirt Plugin 将以 VPNService 为代码基础进行后续功能的开发和迭代，而 OVSDB-Neutron 的代码会继续进行维护，但不会再提供新的功能。

```
netvirt-master
    openstack/          // 这个子模块是原来的 OVSDB-Netvirt
    vpnservice/         // 这个子模块是原来的 VPNService
```

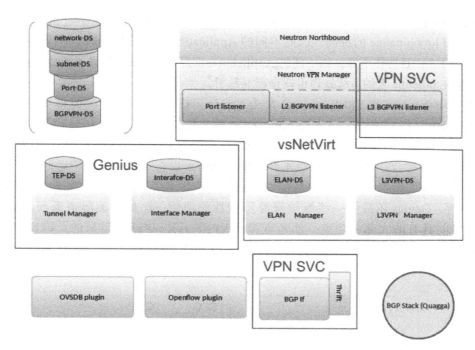

图 6-15　合并后的代码结构

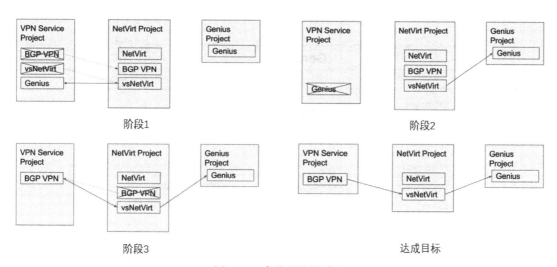

图 6-16　合并的阶段计划

6.5.2 Genius

说到这里，就需要介绍一下 Genius 这个 Plugin 了。ODL 中有很多能够提供 Neutron 后端服务的 Plugin，每个 Plugin 都包含很多的 Application，这些 Application 在实现上都会用到 OpenFlow pipeline。OpenFlow Pipeline 可以看作是一种网络资源，不过由于 ODL 缺乏编排 OpenFlow pipeline 的机制，因此不同的 Application 想要协作起来，在开发上会造成很大的耦合。一旦协作不好，如不同的 Application 向同一个 Table 下发了彼此冲突的流表，那么流量在 pipeline 上的后续处理也就全都混乱了。

OVSDB-Neutron 和 VPNService 合并为 Netvirt，推动了这一资源编排机制的出现。OVSDB-Netvirt 和 VPNService 中的 Application 都非常多，两者的 pipeline 设计也都非常复杂，如果没有一种编排机制来协调，那么开发新功能的困难会越来越大。OVSDB-Neutron 和 VPNService 的合并是在 Boron 版本开始的，Genius 也在这一版本中应运而生。图 6-17 所示为 Genius 的架构示意图，它目前能够协调的资源包括 Interface、Tunnel、OpenFlow Pipeline 等，Genius 还提供一些维护资源可用性的功能，比如监测隧道通断。实际上，Genius 目前具有的大部分功能，都是直接从 VPNService 中迁移出来的。VPNService 和 Genius 的原生兼容，也正是社区选择 VPNService 而非 OVSDB-Netvirt 进行演进的一个最重要的原因。

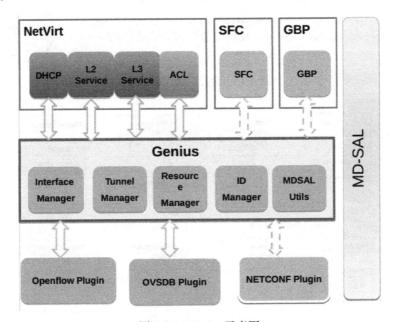

图 6-17　Genius 示意图

图 6-17 中还体现了一个信息，即 Genius 可以作为南向协议的适配，为北向 Plugin 提供统一操作底层资源的 API，从而使北向的 Plugin 和南向协议解耦。换一句话说，Genius 所希望实现的目标和 AD-SAL 是非常类似的。目前 Genius 只提供极少数资源的适配，如果 Genius 未来想要做大，也势必和当初的 AD-SAL 面临同样的问题。不过，Genius 的主要作用在于资源的编排，这一点应该是大势所趋，但是适配会借着 Genius 重新在 ODL 中拾回其基础性的地位吗？这一点笔者也不得而知，只能看后面版本的发展了。

6.6 Netvirt-OVSDB-Neutron 的实现

Netvirt-OVSDB-Neutron 现在所在的代码路径是 netvirt-master-openstack，其目录结构如下所示。其中，net-virt 分支提供了各个 Application 的业务逻辑，它会对接 Neutron-Northbound，并触发 net-virt-providers 分支中相应 Application 对 Pipeline 进行操作；net-virt-it 分支提供了 integration-test 框架；net-virt-providers 分支提供了 Applcation 对 Pipeline 的操作逻辑；Netvirt2 是在 Beryllium 版本中出现的，从目前 Carbon 版本的代码来看，它会对接 net-virt 的代码结构进行重构，将 net-virt、net-virt-it 和 net-virt-provider 收入到同一个目录下，并将 hwvtep 的功能集成进来。

```
netvirt-master
    openstack
        net-virt/              // 提供各个 Application 的 Manager，并对接 Neutron-Northbound
        net-virt-it/           // 提供 integration-test 框架
        net-virt-providers/    // 提供各个 Application 对 Pipeline 的操作逻辑
        net-virt-sfc/          // 提供服务链的实现
        netvirt2/              // Beryllium 版本出现，重构 net-virt 的代码结构
        sfc-translator/        // Boron 版本出现，重构 net-virt-sfc 的代码结构
```

net-virt-sfc 分支提供了服务链的实现，但是它只能处理 ODL SFC 中的 API，不能对接在 Boron 版本中出现的 Neutron SFC 的 API Sfc-translator，从 Carbon 版本的代码来看，它提供了对于 Neutron SFC 的 RESTful API 的适配，功能上没有看到什么新的变化。

下面将主要介绍 net-virt、net-virt-providers 两个分支的代码逻辑。由于 net-virt-sfc 目前在实现上还不完整，所以不会对其进行介绍，关于 SFC 的相关内容可以参考本章的 6.8 节。

6.6.1 net-virt 分支

net-virt 分支的目录结构如下所示，其中省去了冗长的 Package 前缀。net-virt 对接 Neutron-Northbound Plugin 有两种方式，第一种是通过实现 Neutron-SPI 中的 INeutron***Aware 接口，直接处理 RESTful API；另一种是监听 DataStore 中由 Transcriber 写入的数据结构，间接地处理 RESTful API。由于从 Boron 版本开始，Neutron-Northbound 不再支持 Neutron-SPI，因此目前 net-virt 只能通过监听 DataStore 的方式来间接地处理 RESTful API。RESTful API 会先由 ***Handler 进行处理，然后调用 impl 目录下相应 Application 的业务逻辑，在业务逻辑的实现中再通过 net-virt-providers 分支中相应的 Application 去操作 OpenFlow pipeline，最终实现数据平面上相应的处理。

```
net-virt
    openstack
        api/              // 提供 net-virt-providers 中各个 Applcation 的接口
        impl/             // 提供了各类 Application 业务逻辑的实现
        translator/       // 提供了两种对接 Neutron-Northbound 方式的实现
        ***Handler        //
```

1. ***Handler 对 RESTful API 的处理

以 PortHandler 为例进行分析，其他的 ***Handler 模块虽然在业务逻辑上互有区别，但是在代码逻辑上与 PortHandler 基本是一致的。RESTful API 发布一个 Create_Port 后，无论是哪种对接 Neutron-Northbound 的方式，都会使用 PortHandler 的 neutronPortCreated 方法。该方法会将 Port 资源的描述封装成一个 NorthboundEvent 然后发布出去，同时 PortHandler 会通过 processEvent 方法监听该事件，并调用 doNeutronPortCreated 方法进行处理。

doNeutronPortCreated 方法主要干了两件事情。一是判断该 Port 是否已经在线，如果已经在线则调用 netvirt.providers.openflow13.OF13Provider 中的 handleInterfaceUpdate，下发二层相关的流表。二是通过 neutronL3Adaptor 的 handleNeutronPortEvent 方法来实现与该 Neutron Port 三层相关的处理逻辑。

```
=========================== netvirt.PortHandler ============================
public class PortHandler
    public void neutronPortCreated()
        enqueueEvent(new NorthboundEvent(neutronPort, Action.ADD));   // 发布事件
    public void processEvent()
        NorthboundEvent ev = (NorthboundEvent) abstractEvent;
        switch (ev.getAction())
            case ADD:
                doNeutronPortCreated();                // 处理事件
                break;
    private void doNeutronPortCreated()
        for (Node node : nodes)                        // 遍历所有 Node
            OvsdbTerminationPointAugmentation port = findPortOnNode();
            if (port != null)                          // 如果在 Node 上找到了 Port
                if (network != null && !network.getRouterExternal())
                if (bridgeConfigurationManager.createLocalNetwork())
                    networkingProviderManager.getProvider().handleInterfaceUpdate();
                        // 调用 netvirt.providers.openflow13.OF13Provider 中
                        // 的 handleInterfaceUpdate, 下发二层相关的流表
    neutronL3Adapter.handleNeutronPortEvent(neutronPort, Action.ADD);
                        // 实现该 Neutron Port 三层相关的处理逻辑
```

OF13Provider 的 handleInterfaceUpdate 方法会调用 programLocalRules 方法向该端口所在的交换机下发流表，从该端口流入的流量标记为 VLAN，流向该端口的流量剥掉 VLAN 并进行转发。另外，programLocalRules 方法还会下发流表，使能与该端口相关的 Fixed 和 Custom 安全组规则。接下来会判断计算节点间的网络类型：如果是 VLAN 类型，则调用 programVlanRules 方法来处理计算节点间的 VLAN 流量；如果是隧道类型，则会遍历除该新建端口所在的交换机（称为源交换机）以外的，所有其他远端交换机，在源交换机和远端交换机间建立隧道，并通过 programTunnelRules 方法处理计算节点间的隧道流量。

```
================== netvirt.providers.openflow13.OF13Provider ==================
public class OF13Provider
    public boolean handleInterfaceUpdate()
        programLocalRules();
                // 向该新建端口所在的交换机下发流表, 流入新建端口的流量标记 VLAN,
                // 流出新建端口的流量剥掉 VLAN 并转发, 使能相关的安全组规则
```

```
    if (isVlan(networkType))              // 若计算节点间通过 VLAN 组网
        programVlanRules();               // 处理计算节点间的 VLAN 流量
    else if (isTunnel(networkType))       // 若计算节点间通过隧道组网
        for (Node dstNode : nodes.values())
            // 遍历除该新建端口所在的交换机以外的，所有其他的远端交换机
            if ((src != null) && (dst != null))
                sourceTunnelStatus = addTunnelPort();
                                // 若源交换机尚未与远端交换机间建立隧道，
                                // 则在源交换机上新建该隧道
                if (dstBridgeNode != null)
                    destTunnelStatus = addTunnelPort();
                                // 若远端交换机尚未与源交换机间建立隧道，
                                // 则在目的交换机上新建该隧道
            if (sourceTunnelStatus)
                if (isSrcinNw && isDestinNw)
                    programTunnelRules();
                                // 向源交换机上下发 BUM 流表
                    programTunnelRules();
                                // 向远端交换机上下发 BUM 流表
                else if (configurationService.isRemoteMacLearnEnabled())
                    programTunnelRules();
                                // 可通过 OVS 的 learn action 支持 MAC 地址自学习
            if (destTunnelStatus)
                programTunnelRules();       // 向远端交换机下发流表，用于处理
                                            // 发向该新建端口的 L2 单播流量
                if (…)
                    programTunnelRulesInNewNode();
                                // 向该新建端口所在的交换机下发流表，用于处理发向
                                // 与该新建端口在同一二层的其他端口的，L2 单播流量
```

neutronL3Adaptor 的 handleNeutronPortEvent 方法会根据 Port 的类型跳入不同的 if-else 逻辑分支。如果 Port 是连接到 external network 的 ROUTER_GATEWAY，则调用 net-virt-providers 分支中 GatewayMacResolverService 实例的 resolveMacAddress 方法定期地获取 external gateway 的 MAC 地址（这个方法会放到后面 net-virt-providers 部分再分析）；如果 Port 是 ROUTER_INTERFACE，则会调用 handleNeutronRouterInterfaceEvent 方法去处理；若上述两个判断都不能满足，那么 Port 就是连接虚拟机的 Port，则会调用 updateL3ForNeutronPort 方法去处理。

```
======================= netvirt.impl.NeutronL3Adapter =======================
public class NeutronL3Adapter
    public void handleNeutronPortEvent()
        if (neutronPort.getDeviceOwner().
                equalsIgnoreCase(OWNER_ROUTER_GATEWAY))
            // 如果端口是连接到 external network 的 ROUTER_GATEWAY
            if (!isDelete)
                this.triggerGatewayMacResolver();
                // 定期地解析 external gateway 的 MAC 地址
        if (neutronPort.getDeviceOwner().
            equalsIgnoreCase(OWNER_ROUTER_INTERFACE) ||
            neutronPort.getDeviceOwner().
            equalsIgnoreCase(OWNER_ROUTER_INTERFACE_DISTRIBUTED))
                // 如果该端口是 ROUTER_INTERFACE
```

```
if (neutronPort.getFixedIPs() != null)
    for (Neutron_IPs neutronIP : neutronPort.getFixedIPs())
        this.handleNeutronRouterInterfaceEvent();
    else                        // 若上述条件都不满足，则该端口是虚拟机的接入端口
        this.updateL3ForNeutronPort();
```

如果 Port 是 ROUTER_INTERFACE，则 handleNeutronRouterInterfaceEvent 方法首先会调用 programFlowsForNeutronRouterInterface 方法。programFlowsForNeutronRouterInterface 方法的主要逻辑如下一段代码所示，具体作用见其中注释，被注释的方法同样会调用 net-virt-providers 分支中相应的 Application 来操作 pipeline。然后，handleNeutronRouterInterfaceEvent 方法会调用 updateL3ForNeutronPort 方法，由 updateL3ForNeutronPort 方法遍历所有的 neutronPort 并调用 net-virt-providers 分支中 l3ForwardingProvider 实例的 programForwardingTableEntry 方法，对发送到 ROUTER_INTERFACE 的 L3 流量进行目的 MAC 地址的改写。

```
===================== netvirt.impl.NeutronL3Adapter =========================
public class NeutronL3Adapter
    private void programFlowsForNeutronRouterInterface()
        for (Node node : nodes)
            for (Neutron_IPs neutronIP : ipList)
                for (NeutronRouter_Interface srcNeutronRouterInterface :
                            subnetIdToRouterInterfaceCache.values())
                                // 遍历租户所有的 ROUTER_INTERFACE
                    programFlowsForNeutronRouterInterfacePair);
                        // 改写 L3 流量的源 MAC 地址，实现各个租
                        // 户网络所连 ROUTER_INTERFACE 间的路由
            if (! isExternal)
                programFlowForNetworkFromExternal();
                    // 改写 L3 流量的源 MAC 地址，实现由租户网络所
                    // 连的 ROUTER_INTERFACE 到 external_network,
                    // 以及所连的 ROUTER_GATEWAY 的路由
            distributedArpService.programStaticRuleStage1();
                    // 下发流表代理 ROUTER_INTERFACE 回复 ARP
            programIcmpEcho();
                // 下发流表代理 ROUTER_INTERFACE 回复 ICMP
        programIpRewriteExclusionStage1();
                // 没有分配 Floating IP 的虚拟机实例的流量跳过 NAT 处理
```

如果 Port 是连接虚拟机的 Port，则会直接通过 updateL3ForNeutronPort 方法，调用 net-virt-providers 分支中 l3ForwardingProvider 实例的 programForwardingTableEntry 方法，从而对发送到新建虚拟机端口的 L3 流量进行目的 MAC 地址的改写。

到这里，PortHandler 对 Create Port 的处理就结束了，Update Port 的处理也是类似的，在执行过程中会对 Security Group 进行处理。除了 PortHandler 以外，处理 Network、Subnet、Router、FloatingIP 这类资源的 **Handler 结构都是类似的，不过处理的逻辑都比较简单，主要就是更新 ODL 中相关的数据结构，FloatingIPHandler 的逻辑复杂一些，要通过 net-virt-providers 分支中的 InboundNatService、OutboundService 模块处理 FloatingIP 实

例中的南北向流量，以及通过 net-virt-providers 分支中的 ArpResponderService 模块完成 Floating IP 的静态 ARP Reply。FwaasHandler 没有具体的实现，LBaaS***Handler 会通过 net-virt-providers 分支中的 LoadBalancerService 模块对流量 L2 ～ L4 字段进行改写以实现负载均衡。

2. OVSDB Event 的触发逻辑

与 Neutron 从上向下发送 RESTful API 不同，还有另外一大类业务触发逻辑，它们是由设备通过 OVSDB 从面上报给 ODL 的，net-virt 分支中的 SouthboundHandler 负责对这类 OVSDB 事件进行处理。SouthboundHandler 通过 ovsdbUpdate 方法将 OVSDB 事件转换为 Southbound Event，对 Southbound Event 的处理逻辑如下所示。

```
====================== netvirt.SouthboundHandler =========================
public class SouthboundHandler
    public void processEvent()
        switch (ev.getType())
            case NODE:
                processOvsdbNodeEvent();      // 处理物理节点上线，创建 br-int 和 br-ex
            case BRIDGE:
                processBridgeEvent();         // 处理 br-int 和 br-ex 的状态更新
            case PORT:
                processPortEvent();           // 处理 Port 的状态更新，虚拟机首次
                                              // 上线后由此触发流表的下发
            case OPENVSWITCH:
                processOpenVSwitchEvent();    // 处理 OVS 守护进程的状态更新
```

当在物理节点上执行 ovs-vsctl set-manager 命令完成和 ODL 中的 OVSDB 连接时，SouthboundHandler 会接收到 ovsdbNodeEvent，紧接着触发 processOvsdbNodeEvent 方法的执行。processOvsdbNodeEvent 方法最终调用 BridgeConfigurationManagerImpl 实例的 prepareNode 方法从而创建 br-int 和 br-ex，后续的流水线设计大多发生在 br-int 上，br-ex 只负责连通 br-int 和 external 以区别南北向流量的传输路径。

当 bridge 创建好时，SouthboundHandler 会接收到 ovsdbBridgeEvent，紧接着触发 processBridgeEvent 方法的执行，由 processBridgeEvent 方法调用 NodeCacheManagerImpl 的 nodeAdded 方法，然后发布节点上线的事件。该事件由 processNodeUpdate 方法来处理，在 processNodeUpdate 方法中会回调 SouthboundHandler 的 notifyNode 方法，notifyNode 方法会调用 netvirt.providers.openflow13.OF13Provider 的 initializeOFFlowRules 方法初始化 br-int 和 br-ex 上的流表。

```
====================== netvirt.SouthboundHandler =========================
public class SouthboundHandler
    private void processBridgeCreate()
        if (datapathId != null)
            nodeCacheManager.nodeAdded();
                    // 调用 NodeCacheManagerImpl 的 nodeAdded 方法
    public void notifyNode (Node node, Action action)
        if ((action == Action.ADD) && (southbound.getBridge(node) != null))
            networkingProviderManager.getProvider().initializeOFFlowRules();
```

```
                           // 初始化 br-int 和 br-ex 上的流表
================== netvirt.impl.NodeCacheManagerImpl =====================
public class NodeCacheManagerImpl
    public void nodeAdded()
        enqueueEvent(new NodeCacheManagerEvent(node, Action.UPDATE)); // 发布事件
    public void processEvent()
        switch (ev.getAction())
            case UPDATE:
                processNodeUpdate();      // 处理事件
    private void processNodeUpdate()
        for (NodeCacheListener handler : handlers.values())
            try
                handler.notifyNode();     // 回调 SouthboundHandler 的 notifyNode 方法
```

Bridge 的初始化完成后，就等着虚拟机的接入了。虚拟机的接入是由 Nova 通过 ovs-vsctl add-port 命令完成的，此时 SouthboundHandler 会收到 ovsdbPortEvent，紧接着触发 processPortEvent 方法的执行。processPortEvent 方法最终通过 handleInterfaceUpdate 方法来处理主机的上线，包括为主机下发 L2 流表、ARP Responder 流表和 L3 流表。这些的具体实现会在 6.6.2 节中进行介绍。

```
======================== netvirt.SouthboundHandler =========================
public class SouthboundHandler
    private void processPortUpdate()
        if (network != null)
            if (!(Action.UPDATE.equals() && isMigratedPort()))
                if (!network.getRouterExternal())
                    handleInterfaceUpdate();
    private void handleInterfaceUpdate()
        if (network != null && !network.getRouterExternal())
            if (bridgeConfigurationManager.createLocalNetwork())
                networkingProviderManager.getProvider().handleInterfaceUpdate();
                                         // 下发 L2 的流表
        if (action.equals(Action.UPDATE))
            distributedArpService.processInterfaceEvent();
                         // 下发流表，代理该端口回复 ARP
        neutronL3Adapter.handleInterfaceEvent();          // 下发 L3 的流表
```

3.一个时序机制的设计

这里有一点要说明一下。本节最开始在对 PortHandler 的介绍中，提到了它也会执行 OF13Provider 的 handleInterfaceUpdate 方法，下发与该端口相关的流表。Southbound Handler 和 PortHandler 为什么要下发重复的流表呢？

之所以在代码中要进行这种设计，其根源在于 Nova 和 ODL 间状态的不一致。在前面 5.4 节中曾介绍过，Nova 会先调用 Neutron 的 RESTful API，等到 Create_Port 和 Update_Port 都结束后才会执行 plug 操作。另一方面，Neutron 中的 Networking-odl 为了保证北向 RESTful API 的并发性能，采用了异步设计，它在接收到 Nova 发出来的 RESTful API 后会立即返回 OK，而不会等到 ODL 执行完 Create_Port 和 Update_Port 再向 Nova 返回相关的消息。

因此，很可能出现的一种情况是，Nova 认为 Update_Port 已经成功了，然后就执行了端口的插入操作。于是，OVS 会通过 OVSDB 将 Port 已上线这一状态告诉给 ODL 的

OVSDB Plugin，接着 OVSDB Plugin 会发布一个 PortEvent，不过 Southbound Handler 在收到这个 PortEvent 的时候，却不知道该如何操作，因为此时 ODL 还没有完成 Create_Port，甚至连 Create_Network 还都没有来得及执行，因此它很有可能不知道如何下发和该端口相关的流表。这时，对于与该端口相关流表的下发，就需要等到 PortHandler 在处理 Create_Port 时，重新判断一下之前发生的情况：若 Southbound Handler 先处理了 OVSDB 插件发布的 PortEvent，那么虽然 Southbound Handler 不会下发流表，但是数据库里一定有该端口已上线的记录。如果 PortHandler 发现了该端口上线的记录，就会认为之前出现了时序错乱的问题，此时 PortHandler 就会"代替"Southbound Handler 下发和该端口相关的流表。

有了上面的铺垫，回头再去看本节开头 PortHandler 中的处理逻辑，就会得到一种更为深入的理解了。按照正常的时序，PortHandler 在处理 Create_Port 时，端口应该还没有执行 Plug，那么遍历已上线端口的结果应该是找不到该新建端口的，此时就不会执行 OF13Provider 的 handleInterfaceUpdate 方法下发流表，而是等到 Southbound Handler 监听到端口上线的事件后再去下发流表。

之所以花了一些篇幅去讲这个问题，是希望读者能够了解到，对于一个分布式系统来说，如果想保证业务逻辑的健壮性，需要把状态和时序梳理得非常清楚。这种问题需要具体问题具体分析，因此在后面的代码分析中，就不再对类似设计进行说明了。读者在自己啃代码的时候，如果遇到一些看似冗余的设计，那么多半就是出于对状态和时序的考虑了。

6.6.2　net-virt-providers 分支

在 net-virt-providers 分支的目录结构下，各类 Service 负责实现 Pipeline 上各级流表具体的 Match 和 Action，而 PipelineOrchestratorImpl 主要用于规范 Pipeline 流表间的跳转逻辑。

1. 流水线设计

Pipeline 中的各级 Table 如下所示。其中，Table 0 对入向流量进行标记，并将某些控制信令交给控制器，Table 20 负责实现分布式的 ARP 代答，Table 30 负责为浮动 IP 的南北向流量做入向 NAT，Table 31 负责将流量导入 Table 39 和 Table 40，Table 39 + Table 40 可实现基于 Learn 的 ACL，Table 40 还能够独立实现基于 Conntrack 的出向 ACL 规则，Table 50 负责实现负载均衡，Table 60 在各个节点实现分布式路由，完成对 L3 流量改写 SRC MAC、改 Segment ID 以及减 TTL 这 3 个工作。Table 70 负责回复 Virtual Router 的 ping request，以及对 L3 流量改写 DST MAC，Table 80 在目前版本中没什么作用，Table 90 负责实现 Security Group 中的入向 ACL 规则，Table 100 为浮动 IP 的南北向流量做入向 NAT，Table 105 负责完成 MAC 地址的自学习，Table 110 负责完成 L2 流量的转发。

```
==================== netvirt.providers.openflow13.Service ====================
public enum Service
    CLASSIFIER ((short) 0, "Classifier"),                    // 对入向流量进行分类
    GATEWAY_RESOLVER((short) 0, "External Network Gateway Resolver"),
                    // 解析 External Network Gateway 的 MAC 地址
    DIRECTOR ((short) 10, "Director"),                       // 目前暂时没有用到
    SFC_CLASSIFIER ((short) 10, "SFC Classifier"),          // net-virt-sfc 中会用到
```

```
ARP_RESPONDER ((short) 20, "Distributed ARP Responder"), // 分布式的 ARP 代答
INBOUND_NAT ((short) 30, "DNAT for inbound floating-ip traffic"),
                        // 为浮动 IP 的南北向流量做入向 NAT
RESUBMIT_ACL_SERVICE ((short) 31, "Resubmit service for Learn ACL"),
                        // 将流量导入 Table 39 和 Table 40
ACL_LEARN_SERVICE ((short) 39, "ACL Learn Service"),
                        // 配合 Table 40 可实现基于 Learn 的 ACL
EGRESS_ACL ((short) 40, "Egress Acces-control"),
                        // 配合 Table 39 可实现基于 Learn 的 Egress ACL,
                        // 也可以独立实现基于 Conntrack 的 Egress ACL
LOAD_BALANCER ((short) 50, "Distributed LBaaS"),      // 负载均衡
ROUTING ((short) 60, "Distributed Virtual Routing (DVR)"),
                        // 分布式路由, 根据目的 IP, 改写源 MAC,
                        // 改 Segment ID, 减 TTL
ICMP_ECHO ((short) 70, "Distributed ICMP Echo Responder"),
                        // 分布式的 ICMP 代答
L3_FORWARDING ((short) 70, "Layer 3 forwarding/lookup service"),
                        // 根据目的 IP 改写目的 MAC
L2_REWRITE ((short) 80, "Layer2 rewrite service"),   // 目前暂时没有用到
INGRESS_ACL ((short) 90, "Ingress Acces-control"),
                        // 配合 Table 39 可实现基于 Learn 的 Ingress ACL,
                        // 也可以独立实现基于 Conntrack 的 In gress ACL
OUTBOUND_NAT ((short) 100, "DNAT for outbound floating-ip traffic"),
                        // 为浮动 IP 的南北向流量做入向 NAT
L2_LEARN ((short) 105, "Layer2 mac remote tep learning"),// 远端 MAC 地址自学习
L2_FORWARDING ((short) 110, "Layer2 mac,vlan based forwarding");
                        // 根据目的 MAC 进行转发
```

pipeline 上 Table 间的跳转逻辑如图 6-18 所示，其逻辑是：分类→入向 NAT →出向 ACL →负载均衡→ IP 转发→入向 ACL →出向 NAT → MAC 转发。其中，为了实现有状态的 ACL，设计了好几个表，这比较难以理解，这一部分在后面会详细介绍。

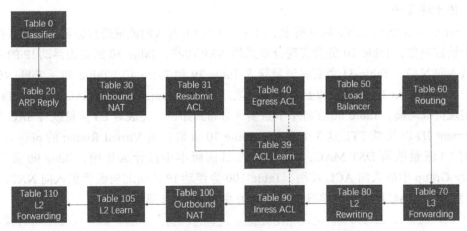

图 6-18　Netvirt-OVSDB-Neutron 中的流水线设计

2. 转发相关的流表

ClassifierService 负责对进入 br-int 的流量进行标记。ClassifierService 中的方法比较多，这里不具体分析代码了，表 6-3 列出了各个方法的作用。

表 6-3 OVSDB-Netvirt 中 ClassifierService 中的方法

programLocalInPort	对 Overlay Segment 中的虚拟机标记 tun_id
programLocalInPortSetVlan	对 VLAN Segment 中的虚拟机标记 vlan_id
programDropSrcIface	丢弃源 MAC 未知的流量
programTunnelIn	透传 Overlay Segment 中其他节点传来的流量
programVlanIn	透传 VLAN Segment 中其他节点传来的流量
programLLDPPuntRule	将 LLDP 流量上交控制器

由于在 ODL 中下发流表，Match 和 Action 的写法十分冗长，这里 Match 和 Action 的代码就不放上来了，请读者自行参考源代码。

ArpResponderService 负责处理虚拟机和 Router Interface 的 ARP 请求，通过预置的流表自动进行回复。这和 Neutron 的 arp_responder 做的事情是一样的。这一工作由 programStaticArpEntry 方法实现。

InboundNatService/OutboundNatService 分配了 Floating IP 中虚拟机实例的南北向流量，通过 programIpRewriteRule 方法对这类流量进行目的 / 源 IP 地址的改写。由于 InboundNat/OutboundNat Table 是串在 Pipeline 里面的，因此还需要通过 programIpRewriteExclusion 方法来放行东西向的三层流量。

GatewayMacResolverService 模块在 netvirt.providers.services.arp 目录下，负责定期获取 external router 的 MAC 地址。前面在 net-virt 分支中曾讲到，当利用 neutronL3Adaptor 的 handleNeutronPortEvent 方法判断 Neutron Port 是否连接到 external 的 ROUTER_GATEWAY 时，则会调用 GatewayMacResolverService 实例的 resolveMacAddress 方法，这一方法会通过 init 方法定期向 external router 发送 ARP Request。当然，为了能够收到 external router 的 ARP Reply，还需要 sendGatewayArpRequest 方法在发送 ARP Request 前，向 Table 0 下发一条流表对预期的 ARP Reply 进行收集。

当 external router 回复的 ARP Reply 送到控制器后，GatewayMacResolverService 通过 onPacketReceived 方法进行订阅，并通过 ArpResolverMetadata 实例的 setGatewayMacAddress 方法更新 external router 的 MAC 地址。更新动作会触发一个类型为 SUBTYPE_EXTERNAL_MAC_UPDATE 的 NeutronL3AdapterEvent，NeutronL3Adaptor 监听到这一事件后会通过 updateExternalRouterMac 方法更新 OutboundService 下发的 SNAT 流表，保证 external router 的 MAC 地址变更后仍能正常转发南北向的流量。

RoutingService 负责模拟 L3 流量的路由过程，通过 programRouterInterface 方法可以对这类流量改写源 MAC 地址、减 TTL、改写 tunnel_id 等。减 TTL 好理解，改写源 MAC 地址可理解成是从路由器的一个接口路由到了另外一个接口，改写 tunnel_id 实际上就是改变了流量当前所在网段的 Segment ID（可以理解为这是一种非对称的 IRB 的实现）。

IcmpEchoResponderService 也向 Routing Service Table（Table 70）下发流表，它通过 programIcmpEchoEntry 方法代理 Router Interface 回复 ICMP，该方法在逻辑上分为虚拟机 ping 同一租户中同网段的 Router Interface，以及虚拟机 ping 同一租户中不同网段的 Router

Interfaces 两部分。

L3ForwardingService 通过 programForwardingTableEntry 将目的 MAC 地址改写为目的虚拟机的 MAC 地址。L3Forwarding Table 在 Pipeline 中是紧跟在 Routing Table 后面的，之所以目的 MAC 地址的改写要与源 MAC 地址的改写分开，主要是为了节约资源，避免出现 N^2 级别的流表开销。

L2ForwardingService 提供了控制 L2 转发的 API，L2ForwardingService 中的方法有很多，表 6-4 列出了一些主要方法的作用。

表 6-4 OVSDB-Netvirt 中 L2ForwardingService 中的方法

programLocalUcastOut	网络类型为 Overlay，目标虚拟机所在的交换机本地，发向目标虚拟机的 L2 单播流量
programLocalVlanUcastOut	网络类型为 VLAN，目标虚拟机所在的交换机本地，发向目标虚拟机的 L2 单播流量
programLocalBcastOut	网络类型为 Overlay，目标虚拟机所在的交换机本地，发向目标虚拟机所在网络的 L2 广播流量
programLocalVlanBcastOut	网络类型为 VLAN，目标虚拟机所在的交换机本地，发向目标虚拟机所在网络的 L2 广播流量
programTunnelOut	网络类型为 Overlay，在远端交换机上，发向目标虚拟机的 L2 单播流量
programVlanOut	网络类型为 VLAN，在远端交换机上，发向目标虚拟机的 L2 单播流量
programTunnelFloodOut	网络类型为 Overlay，在远端交换机上，发向目标虚拟机所在网段的 L2 广播流量
programTunnelUnknown-UcastFloodOut	网络类型为 Overlay，在远端交换机上，发向目标虚拟机所在网段的 L2 未知单播流量
programVlanBcastOut	网络类型为 VLAN，在远端交换机上，发向目标虚拟机所在网段的 L2 广播流量

3. 与安全组相关的流表

Ingress ACL 和 Egress ACL，是 OVSDB-Neutron 中最复杂的模块，它负责实现 Security Group 的功能。由于 Security Group 的实现要求是有状态的，因此不能通过 Proactive 方式静态下发流表，OVSDB-Neutron 提供了两种 Security Group 的实现方式，一种是基于学习的 semi stateful ACL，另一种是基于 conntrack 的 full stateful ACL。

基于 learn 的实现是由 Table 31、Table 39 和 Table 40 共同完成的。Table 31 中有一个默认的流表，其逻辑是通配所有的流量，动作是两个连续的 Resubmit。第一个 Resubmit 把流量送到 Table 39，Table 39 的名字为 ACL Learn Table，顾名思义其中的流表不是由控制器下发的，而是由其他流表通过 OVS learn 同步得到的，Ingress ACL Table（Table 90）筛选出合法的入向流量后，即会向 Table 39 同步流表，匹配对称的出向流量并标记 Reg6=0x1。在 Table 31 中默认流表的第二个 Resubmit 会把流量送到 Table 40，Table 40 的名字为出向 ACL Table，它会匹配（由 Table 39 标记的）Reg6=0x1，即与合法入向流量对称的出向流量，将其放行到 Pipeline 上的下一个（Table 50）进行后续处理，其他没有标记 Reg6=0x1 的流量，则会看作非法流量而丢弃。

基于 conntrack 的实现可以由 Table 40 单独完成。Table 40 中有几条默认的 Fixed Security Group 流表：第 1 条是如果数据包没有被 netfilter 处理过，则交给 netfilter 来处理，

netfilter 处理后 Resubmit 重新进入 Table 0；第 2/3 条是如果数据包已经被 netfilter 处理过，且状态为 ESTABLISHED/RELATED，则认为流量合法，Resubmit 给 Pipeline 上的下一阶段（Table 50）进行后续处理；第 4/5 条是如果数据包已经被 netfilter 处理过，且状态为 NEW/INVALID，则认为流量合法并丢弃。当用户新建一个 Security Group Rule 的时候，会向 Table 40 下发一条流表，匹配 Security Group Rule 所允许的合法流量，如果其中某个数据包已经被 netfilter 处理过，且状态为 NEW，则进行 Commit，后续的数据包经过 netfilter 处理后状态会变为 ESTABLISHED 或者 RELATED，因此它会被第 2 条或者第 3 条默认流表所匹配，从而被 Table 40 放行，开始进行 Pipeline 的后续处理。

4. 与负载均衡相关的流表

LoadBalancerService 对于负载均衡的处理逻辑分为两部分，包括在 inbound 方向对发给 VIP 流量的处理，以及在 outbound 方向对从 member 返回流量进行的处理：

1）对于由 inbound 方向发给 VIP 的流量，manageLoadBalancerMemberVIPRulesFirstPass 方法会下发流表，匹配发向 VIP 流量的首数据包，该流表会通过 OVS 的 multipath 基于 5 元组来做哈希，然后将哈希结果存在 Reg1 里面，再把首数据包 Resubmit 回 Load Balancer Table。ManageLoadBalancerMemberVIPRulesSecondPass 方法会下发流表，来处理被 Resubmit 回 Load Balancer Table 的数据包，从而匹配 Reg1 中的哈希结果，目的 IP 和 MAC 被改写为相应 member 的 IP 和 MAC。

2）对于由 outbound 方向从 member 返回的流量，manageLoadBalancerMemberReverseRules 方法会下发流表，匹配 member 返回的流量，源 IP 和 MAC 改写为 VIP 的 IP 和 MAC。

受限于 OpenFlow 的能力，LoadBalancerService 无法实现对 member 的健康监控，也无法实现 L7 的负载均衡。Carbon 版本中，OVSDB-Netvirt 没有提供对于 Neutron LBaaS v2 的处理逻辑。

6.7 Netvirt-VPNService 的实现

OVSDB-Netvirt 与 VPNService 的合并是从 Boron 版本开始推进的，目前 Carbon 版本处于第二个阶段，与 BGP VPN 直接相关的模块还没有独立出去。Netvirt-master 下有 openstack 和 vpnservice 两个子目录，其中 openstack 是原有的 OVSDB-Netvirt Plugin 中的模块，仍然处于维护状态但不已再提供新的功能，vpnservice 是从原有的 VPNService Plugin 中迁移过来的模块。NetVirt-VPNService 的架构如图 6-19 所示。

在 Carbon 版本中，Netvirt-VPNService 的主要模块及其功能如表 6-5 所示。

上述功能的实现都依赖于 OpenFlow Plugin 和 OVSDB Plugin。VPNService 将上述功能都串在了一个 Pipeline 里面，如图 6-20 所示。表间的跳转关系非常复杂，从宏观逻辑上来看：Table Classifier（Table 0）根据流量的入端口类型（如虚拟机端口、隧道端口、Provider

Network 接口）进行分类，其设计流程如图 6-20 所示。Table Dispatcher（Table 17）根据流量的特征进行分类，需要经过 ACL 走 Ingress ACL 这条路径（Table 211 ~ 213），L2 的流量走 MAC 这条路径（Table 48 ~ 55）。在 MAC 这条路线上完成已知单播的转发和 BUM 的泛洪，L3 的流量走 IP 这条路径（Table 19 ~ 47），在 IP 这条路线上完成转发和 NAT。进行端口转发之前都会送到 Egress Dispatcher（Table 220）中，Egress Dispatcher 会将一些流量送到 Egress ACL 线上进行处理（Table 241 ~ 243）。

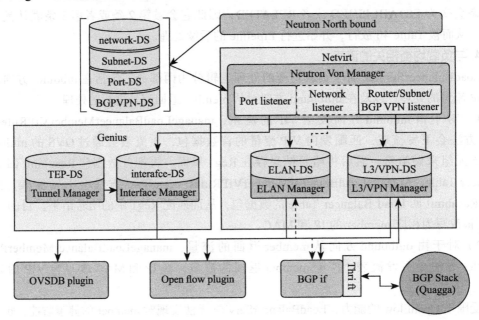

图 6-19　Netvirt-VPNService 的架构

表 6-5　Netvirt-VPNService 中的主要模块

主要模块	功能	备注
Neutronvpn	监听 Datastore 中由 neutron-northbound plugin 的 transcriber 转换后的数据结构，再次转化为 vpnservice 中的数据结构，并存入 Datastore 中	无
dhcpservice	控制器代答 DHCP	无
aclservice	提供安全组功能	可以支持 full stateful 的基于 Conntrack 的 ACL 和 semi stateful 的 Learn Based ACL
elanmanager	维护租户网络的二层连通性，支持 L2GW	可以支持 Dynamic MAC Learning/Aging/Migration，可支持 Static MAC Entry，控制平面正在集成 EVPN，数据平面只能够支持 VxLAN
vpnmanager	维护租户网络的三层连通性	本身并不能作为 provider，需要通过 bgpmanager 来操作控制平面，通过 fibmanager 来操作数据平面
bgpmanager	接受 vpnmanager 的控制，通过 Thrift 与外部 BGP 引擎（如 Qugga）进行通信，同步 RIB	支持 BGP 引擎上的 MPLS_VPN 和 EVPN

（续）

主要模块	功能	备注
fibmanager	接受 vpnmanager 的控制，向 OVS 下发流表，转发三层流量	计算节点间使用 VxLAN，计算节点和 Edge Router 间使用 MPLSoverGRE
natservice	支持 DNAT 和 SNAT	支持 controller based / conntrack based NAPT（Boron 中只支持 controller based NAPT）
SFC	提供服务链功能	依赖于其他 Plugin 提供的路径开通功能
cloud-service-chain	提供服务链功能	在 elan 和 l3vpn 的 Pipeline 上集成服务链功能
Ipv6-service	提供对 IPv6 的支持	控制面和 Pipeline 都进行实现

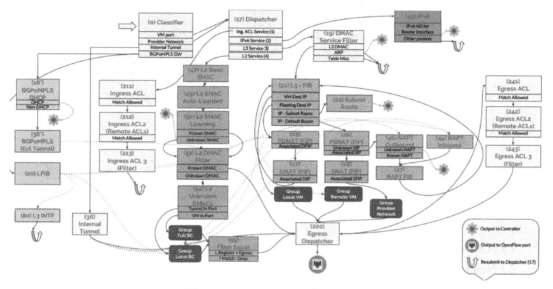

图 6-20　VPNService 的流水线设计

VPNService 的实现非常复杂，模块多，各个模块中的文件也很多，而且代码调用的层次也很深。本节不会对 VPNService 的代码进行分析，只针对其中最主要的两个模块，完成 L2 功能的 elanmanager 和完成 L3 功能的 vpnmanager 的业务逻辑进行简单介绍。

6.7.1　elanmanager

elanmanager 模块可提供 Intra-DC 租户 L2 网络的转发功能，它的基本设计思路是当发生 create_network 的时候创建一个 ELAN Instance，当发生 create_port 的时候创建一个 ELAN Interface，当 Port 状态变为 Up 后更新相关的流表。

发生 create_network 时，elanmanager 主要的工作流如图 6-21 所示。

1）Neutronvpn 模块监听 DataStore，发现 Neutron-Northbound 创建了一个 Network。

2）Neutronvpn 模块创建一个新的 ELAN Instance，写入 DataStore 中。

3）Elanmanager 模块监听 DataStore，发现 neutronvpn 创建了一个新的 ELAN Instance，于是向 Genius 中的 ID Manager 请求一个 ELAN Tag，这个 ELAN Tag 是 ELAN Instance 的唯一标识，用于数据平面的封装，泛洪的时候将匹配 ELAN Tag 进行转发。

发生 create_port 时，elanmanager 主要的工作流如图 6-22 所示。

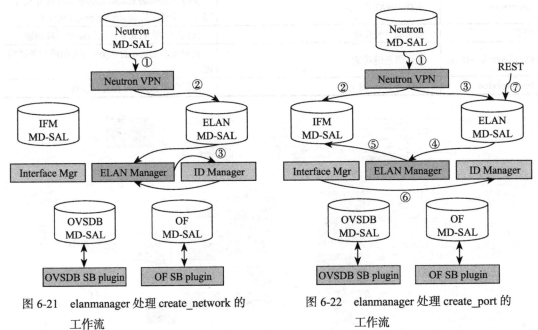

图 6-21　elanmanager 处理 create_network 的
工作流

图 6-22　elanmanager 处理 create_port 的
工作流

1）Neutronvpn 模块监听 DataStore，发现 Neutron-Northbound 创建了一个 Port。

2）Neutronvpn 模块调用 Genius 中的 Interface Manager，创建一个新的 Interface。

3）Neutronvpn 模块创建一个新的 ELAN Interface，并写入 Config DataStore 中。

4）Elanmanager 模 块 监 听 DataStore，发现 neutronvpn 创建了一个新的 ELAN Interface。

5）Elanmanager 向 DataStore 注册，以便监听该 ELAN Interface 的状态。

6）Genius 中的 Interface 管理器向 Genius 中的 ID 管理器请求该 ELAN Interface 的 Lport Tag，这个 Lport Tag 是 ELAN Interface 的唯一标识，用于数据平面上的封装，单播的时候将匹配 ELAN Tag 进行转发。

7）可以通过 elanmanager 提供的 RESTful API，将 MAC 地址与该 ELAN Interface 进行绑定，这会被写入 Config DataStore 中。它的用处是指定 Static MAC Entry，这类表项是不会老化的。

Port 状态变为 Up 时，elanmanager 主要的工作流（下发流表的操作，包括 6.9.10.11，在代码实现中并不是严格按照下面的顺序来执行的）如图 6-23 所示。

1）OpenFlow Plugin 上报 Port_Status 消息，Genius 中的 interface manager 会得知 Open-

Flow Port 的状态变为 Up，同时会得知该 OpenFlow Port 所在交换机的 DPN ID（即为 DPID），更新 DataStore。

2）Elanmanager 模块监听 DataStore，得知该 ELAN Interface 状态变为 Up，同时得知该 ELAN Interface 所在交换机的 DPN ID，更新 DataStore。

3）Elanmanager 维护某个 ELAN Instance 中所有相关交换机的 DPN ID，并写入 Operational DataStore 中。

4）Elanmanager 通过 bind service 将该 ELAN Interface 的 Lport Tag，以及它所属的 ELAN Instance 的 ELAN Tag，并写入 DataStore 中。

5）Genius 中的 interface manager 监听 DataStore，发现需要为 Interface 进行 bind service，于是向该 Interface 所在交换机的 Dispatcher Table（现为 Table 17）下发流表，

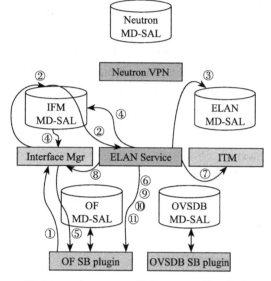

图 6-23　elanmanager 处理 Port Up 的工作流

该流表会使用 metadata 标记流量所属的 ELAN Tag（相当于标记 VLAN）。

6）Elanmanager 模块向该 Interface 所在交换机的 SMAC Learing Table（为 Table 50）下发流表，声明该 Interface 的 MAC 地址为已知的 MAC 地址。

7）Elanmanager 模块通过 Genius 中的 tunnel manager 获得交换机间 VxLAN 隧道的接口名称。

8）Elanmanager 模块通过 Genius 中的 interface manager 获得 VxLAN 隧道接口对应的 OpenFlow Port ID。

9）Elanmanager 模块向该 ELAN Interface 所属 ELAN Instance 中相关交换机的 DMAC Table（现为 Table 51）下发流表。

- 对于该 ELAN Interface 所在的交换机而言，匹配 metadata 中该 ELAN Instance 的 ELAN Tag（相当于 VLAN）以及该 ELAN Interface 的 MAC 地址，或者入端口为 VxLAN 的隧道接口以及 tunnel_id 为该 ELAN Interface 的 Lport Tag，动作是 output 到本地 OpenFlow Port。

- 对于其他交换机而言，匹配 metadata 中该 ELAN Instance 的 ELAN Tag（相当于 VLAN），以及该 ELAN Interface 的 MAC 地址，动作是 output 到 VxLAN 隧道接口对应的 OpenFlow Port，并将 tunnel_id 设为该 ELAN Interface 的 Lport Tag。

10）对于该 ELAN Interface 所在的交换机而言，如果之前没有任何其他相关的 ELAN Interface（相关是指和该 ELAN Interface 属于同一个 ELAN Instance）接入，那么 Elanmanager 模块会向该交换机的 Unknown DMAC Table（现为 Table 52）下发流表，为该 ELAN Interface

所属的 ELAN Instance 建立本地泛洪表，以及 VxLAN 隧道泛洪的头端复制表。

11）Elanmanager 模块会向该 ELAN Interface 所在交换机的 Filter Equal Table（现为 Table 55）下发流表，过滤掉从某个接口的子接口 A 进入，经过 pipeline 处理后从该接口的子接口 B 送出的流量，以实现水平分割。

Elanmanager 对二层功能的实现，有如下几个特色。

1）SMAC Learing Table 中 MAC 地址会老化，如果 MAC 发生了迁移，SMAC Learing Table 中默认流表会将 PacketIn 给控制器，控制器能及时学习到 MAC 的新位置并对 DMAC Table 进行同步。

2）能对 hwvtep 提供支持，把 hwvtep 中的 local_mac 重分布到各个计算节点中。关于 hwvtep，请参考 5.12 节中的介绍。

3）支持通过 RESTful API 下发静态 MAC 表项。

4）隧道通过 Lport Tag 和 ELAN Tag 标识目的地，目的交换机上不用再查 MAC 地址可以进行转发，对单播流量直接查 Lport Tag，对 BUM 流量直接查 ELAN Tag 即可。

5）Filter Equal Table 提供水平分割功能，支持 VLAN Trunk、VLAN 子接口和 Transparent VLAN。

6.7.2　vpnmanager

vpnmanager 可提供 Intra-DC 租户 L3 网络的转发功能，也可以通过 BGP 来提供计算节点和 DC Edge Router 间的路由，从而同步实现 Inter-DC 的三层互通。Vpnmanager 的基本设计思路是，当发生 create_router 时创建一个 VRF Instance，当发生 create_port 时将 Port 关联到 VRF Instance 中，并通过 bgpmanager 将该 Port 的路由宣告出去，通过 fibmanager 更新相关的流表。

发生 create_router 时，vpnmanager 主要的工作流如图 6-24 所示。

1）Neutronvpn 模块监听 DataStore，发现 Neutron-Northbound 创建了一个 Router。

2）Neutronvpn 模块创建一个新的 VRF Instance，写入 DataStore。

3）Vpnmanager 模块监听 DataStore，发现 neutronvpn 创建了一个新的 VRF Instance，于是向 Genius 中的 ID Manager 请求一个 VRF Tag，这个 VRF Tag 是 ELAN Instance 的唯一标识，用于数据平面上的封装。

发生 create_port 时，vpnmanager 主要的工作流如图 6-25 所示。

1）Neutronvpn 模块监听 DataStore，发现

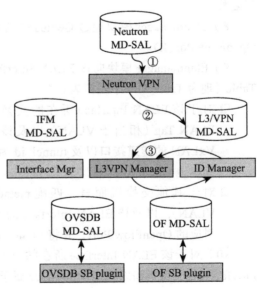

图 6-24　vpnmanager 处理 create_router 的工作流

Neutron-Northbound 创建了一个 Port。Neutronvpn 模块判断该 Port 的类型，如果该 Port 是一个 VM Port，则直接对其执行后续操作，如果该 Port 是个 Router Port，则遍历与其在同一 Subnet 中的所有 VM Port，分别执行后续操作。

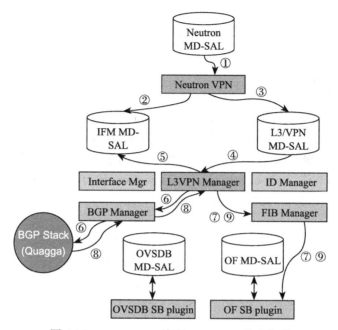

图 6-25　vpnmanager 处理 create_port 的工作流

2）Neutronvpn 模块调用 Genius 中的 Interface Manager，创建一个新的 Interface。

3）Neutronvpn 模块创建一个新的 VPN Interface，写入 Configration DataStore。

4）Vpnmanager 模块监听 DataStore，发现 neutronvpn 创建了一个新的 VPN Interface。

5）Vpnmanager 模块监听 DataStore，得知该 VPN Interface 状态变为 Up。

6）Vpnmanager 模块通过 bgpmanager 模块操作外部 BGP 引擎，并发布该 VPN Interface 的路由。

7）Vpnmanager 模块通过 fibmanager 模块下发流表，从而完成数据平面的转发与封装（VxLAN 或者 MPLSoverGRE 的封装）。

8）外部 BGP 引擎收到 BGP Peer（比如 DC Edge Router）同步的远端路由，通过 bgpmanager 模块反馈给 vpnmanager 模块。

9）Vpnmanager 模块通过 fibmanager 模块下发流表，通过 BGP Peer 同步到远端路由，从而完成数据平面的转发与封装（VxLAN 或者 MPLSoverGRE 的封装）。

这里要说明一个问题，就是 elanmanager 和 vpnmanager 并不是冲突的，两者可以配合起来实现分布式的 L2/L3 转发。从最新版的代码来看，elanmanager 也在考虑通过 bgpmanager 操作外部 BGP 引擎中的 EVPN 来宣告 MAC 路由。如果这样的话，elanmanager 和 vpnmanager 加起来实际上和 BagPipe 就很像了，区别在于 VPNService 只在控制器上起一个 BGP Speaker，然后控制器向所有的计算节点进行 BGP RIB 和流表的重分布，而 BagPipe 需要在每个相关的计算节点上起 BGP Speaker，BGP RIB 和流表的重分布也是在本地完成的。所以说，本质上还是集中式和分布式的区别，因此，也不能说哪个方案好哪个方案坏。VPNService 的优势在于功能比较丰富，但是它的框架太重，相反 Bagpipe 虽然功能较少，但是框架较轻，上手起来会很容易。

6.8 SFC 的实现

ODL 中 SFC Plugin 是在 Helium 版本开始推进的，主要目的是在各类网络环境下支持 SFC 的编排和部署，经过多个版本的发展，SFC Plugin 已经提供了多元化的服务链的实现方式。下面列出了其根目录下一些典型的模块，对于网络而言，SFC 最关键的是 classifier 和 SFF 的实现，本节将以 sfc-classifier.sfc-scf-openflow 和 sfc-renders.sfc-openflow-renderer 为例，介绍基于 OpenFlow 的服务链的实现机制。

```
sfc-master
    sfc-classifier/        // classifer 的实现，目前提供 openflow 和 vpp 两种
    sfc-netconf/           // 通过 NETCONF 配置 SFF 部署 SFC
    sfc-ovs/               // 通过 OVSDB 配置 OVS SFF 部署 SFC
    sfc-renders/           // SFF 的实现，目前提供 OpenFlow、VPP、NETCONF 等方式
    sfc-vnfm-tacker/       // 对 OpenStack Tacker 的支持
```

6.8.1 sfc-openflow-renderer 分支

sfc-renders.sfc-openflow-renderer 分支下的目录结构如下所示，其中 listeners/ 下的模块负责监听 DataStore 中与 SFC 相关的数据结构，主要包括 RSP（Rendered Service Path）和 SFG（Service Function Group），并触发 processors/ 下相应模块的处理逻辑。Processers/ 下相应的模块会通过 openflow/ 下 SfcOfFlowProgrammerImpl 提供的方法来部署 SFC 的 Pipeline。

```
sfc-renderer
    listeners/             // 监听 RSP 与 SFG，触发相应的处理逻辑
    openflow/              // 处理 SFC 业务相关的 PacketIn 和 FlowMod
    processors/            // 提供对 RSP 的处理
    SfcOfRender            // 入口类
```

sfc-openflow-renderer 的启动会实例化入口类 SfcOfRender，SfcL2Render 的构造函数实例化了 listeners/ 下的 SfcOfRendererDataListener（监听配置参数）、SfcL2SfgDataListener（监听 SFG）和 SfcL2RspDataListener（监听 RSP），openflow/ 下的 SfcIpv4PacketInHandler（负责处理 PacketIn）和 SfcOfFlowProgrammerImpl（负责部署 SFC Pipeline），以及 processors/ 下的 SfcOfRspProcessor。SfcOfRspProcessor 是实现 SFC 业务逻辑的主体类。后面的介绍主要会围绕 SfcOfRspProcessor 和 SfcOfFlowProgrammerImpl 对 RSP 的创建来展开。

```
======================= sfc.ofrenderer.SfcOfRenderer ========================
public class SfcOfRenderer
    public SfcOfRenderer()
        this.sfcOfFlowProgrammer = new SfcOfFlowProgrammerImpl();
        this.sfcOfRspProcessor = new SfcOfRspProcessor();
        this.openflowRspDataListener = new SfcOfRspDataListener();
        this.sfcOfSfgDataListener = new SfcOfSfgDataListener();
        this.sfcOfRendererListener = new SfcOfRendererDataListener();
        this.packetInHandler = new SfcIpv4PacketInHandler();
```

1. RSP 的创建

当用户通过 SFC 的北向接口提出新建一个 RSP 的方案时，MD-SAL Datastore 中的 SFC.
RSP 数据会更新并发出通知，SfcL2RspDataListener 监听到这个通知并调用 SfcOfRspProcessor
实例的 processRenderedServicePath 方法，该方法负责完成 RSP 的构建，其主体为一个 try 语
句。该 try 语句的主要逻辑是，首先为该 RSP 生成 SFF Graph 并设置 RSP 的传输参数，然后
在更新结束后向 SFF 下发流表并开通该 RSP，最后将 SFF Graph 写入 DataStore。

```
================ sfc.ofrenderer.processors.SfcOfRspProcessor =================
public class SfcOfRspProcessor
    public void processRenderedServicePath()
        try
            SffGraph sffGraph = populateSffGraph();     // 为该 RSP 生成 SFF Graph
            transportProcessor.processSffDpls(); // 为 RSP 中的各个 SFF 端口
                                                 // 分配 Dataplane Locator
            transportProcessor.setRspTransports(); // 为 RSP 中的各个 Hop 分配传输
                                                   // 网络上的路径标识
            Iterator<SffGraph.SffGraphEntry> sffGraphIter
                                    = sffGraph.getGraphEntryIterator();
            while (sffGraphIter.hasNext())  // 遍历 SFF Graph, 下发流表开通 SFC 路径
                entry = sffGraphIter.next();
                initializeSff();
                configureTransportIngressFlows();
                configurePathMapperFlows();
                configureNextHopFlows();
                configureTransportEgressFlows();
            transportProcessor.updateOperationalDSInfo();
                // 将 SFF Graph 写 DataStore
```

为 RSP 生成 SFF Graph 是通过 populateSffGraph 方法完成的。一个 RSP 对应着一个
SFF Graph，在这个 SFF Graph 中有一个 SFF Graph Entry 列表，这些 SFF Graph Entry 依次
对应 RSP 各跳（PathHop）的信息。populateSffGraph 方法中的 while 循环用于更新该 RSP
上除最后一跳外其他 PathHop 的信息，while 后紧接的两行代码用来更新 RSP 上最后一跳的
信息。其中，EGRESS 这个变量需要解释一下，它并不指代任何 SFF，而是指 RSP 中最后
一跳的目的设备，通常为接入目的主机的 classifier，同理源代码中的 INGRESS 也不指代任
何 SFF，而是指 RSP 中第一跳的源设备，通常为流量的 ingress classifier。当然，classifier
的实现也可能使用 OF 交换机，还有可能与 first SFF 实现在同一台 OF 交换机上，这一点到
了后面 sfc-scf-openflow 部分再讲解。

```
================ sfc.ofrenderer.processors.SfcOfRspProcessor =================
public class SfcOfRspProcessor
    private SffGraph populateSffGraph()
        Iterator<RenderedServicePathHop> servicePathHopIter =
                rsp.getRenderedServicePathHop().iterator();
        while (servicePathHopIter.hasNext()) // 遍历该 RSP 上的 PathHop, 并更新信息
            entry = sffGraph.addGraphEntry();
            entry.setPrevSf();
        entry = sffGraph.addGraphEntry();      // 更新 RSP 上最后一跳的信息
        entry.setPrevSf();
==================== sfc.ofrenderer.processors.SffGraph =====================
public class SffGraph
    public SffGraphEntry addGraphEntry()
        SffGraphEntry entry = new SffGraphEntry();
    public class SffGraphEntry
        public SffGraphEntry()
            this.srcSff = srcSff;              // 该 PathHop 的源 SFF
            this.dstSff = dstSff;              // 该 PathHop 的目的 SFF
            this.sf = sf;                      // 该 PathHop 要发往的目的 SF
            this.sfg = sfg;                    // 目的 SF 所在的 SFG
            this.pathId = pathId;              // 该 PathHop 所属 RSP 的 SPI
            this.serviceIndex = serviceIndex;  // 该 PathHop 在 RSP 中的 SI
            this.prevSf = null;                // 进入该 PathHop 前流量所经过的 SF
```

这里还要再说一说 PathHop（即 SffGraphEntry）的数据结构，以便分析后续代码。每一个 PathHop 主要包括以下 7 个成员变量：srcSff 是该 PathHop 的源 SFF，dstSff 是该 PathHop 的目的 SFF，prevSf 是进入该 PathHop 前流量所经过的 SF，sf 是该 PathHop 要发往的目的 SF，sfg 是目的 SF 所在的 SFG，pathId 是该 PathHop 所属 RSP 的 Service Path Index（SPI），SPI 是 RSP 的全局唯一标识，serviceIndex 是该 PathHop 在 RSP 中的 Service Index（SI），在 RSP 中每经过一个 PathHop，SI 就会减 1。

接着说 processRenderedServicePath 方法。populateSffGraph 方法更新了 SFF Graph Entry 的信息后，还需要更新 RSP 上各个 SFF 的 dataplane locator（processSffDpls 方法），以及传输网络中各个 PathHop 的参数（setRspTransports 方法）。dataplane locator 是 SFF 在传输网络上的身份标识，用于指导 SFF 下发流表。

2. 流水线的设计

各种信息都更新完毕后，就到了向各个 SFF 下发流表的时候了。这里先简单地看一下 sfc-openflow-renderer 的流表设计，完成业务逻辑的分析后，会详细对 Pipeline 进行介绍。

Table 0 是流量分类表，用于对 SFC 流量进行识别，它所包含的流表项主要在 sfc-scf-openflow 中完成下发；Table 1 是转发入口表，用于区分 RSP 的传输方式；Table 2 是路径映射表，通过包头中传输标识来识别 RSP；Table 3 是路径映射 ACL 表，识别流经 TCP Proxy SF 的 RSP；Table 4 是下一跳表，用于决定 RSP 下一跳 SFF/SF 的 dataplane locator；Table 5 是出口转发表，根据 RSP 下一跳 SFF/SF 的 dataplane locator 进行转发。

```
================ sfc.ofrenderer.openflow.SfcOfFlowProgrammerImpl ================
public class SfcOfFlowProgrammerImpl
    public static final short TABLE_INDEX_CLASSIFIER = 0;
```

```
public static final short TABLE_INDEX_TRANSPORT_INGRESS = 1;
public static final short TABLE_INDEX_PATH_MAPPER = 2;
public static final short TABLE_INDEX_PATH_MAPPER_ACL = 3;
public static final short TABLE_INDEX_NEXT_HOP = 4;
public static final short TABLE_INDEX_TRANSPORT_EGRESS = 10;
```

回到 processRenderedServicePath 方法，来看 Pipeline 相关的业务逻辑。Pipeline 流表的下发是以 PathHop 为单位进行循环的，其逻辑体现在 processRenderedServicePath 方法 try 语句块的 while 循环中。循环会依次拿到 RSP 上的各个 PathHop，并向该 PathHop 的 srcSff 和 dstSff 下发流表。

```
================= sfc.ofrenderer.processors.SfcOfRspProcessor ================
public class SfcOfRspProcessor
    public void processRenderedServicePath()
        try
            while (sffGraphIter.hasNext())          // 遍历 SFF Graph
                entry = sffGraphIter.next();        // 每个 entry 对应 RSP 上的一个 Hop
                initializeSff();                    // 初始化 SFF 上的流表
                configureTransportIngressFlows();
                                                    // 向 Transport Ingress Table 下发流表
                configurePathMapperFlows();         // 向 Path Mapper Table 下发流表
                configureNextHopFlows();            // 向 Nexthop Table 下发流表
                configureTransportEgressFlows();
                                                    // 向 Transport Egress Table 下发流表
```

InitializeSff 方法的作用是依次向 dstSff 中的各级流表下发 table-miss 流表，对通配的流量进行处理，当 dstSff 为 EGRESS 时则直接返回。通过观察 SfcOfFlowProgrammerImpl 中对应的方法，得知只有 Table 1（转发入口表）和 Table 10（出口转发表）会对不能识别的流量采取丢弃的策略，具体原因后面会讲到。

```
================= sfc.ofrenderer.processors.SfcOfRspProcessor ================
public class SfcOfRspProcessor
    private void initializeSff()
        if (entry.getDstSff().equals(SffGraph.EGRESS))
            return;                                 // 当 dstSff 为 EGRESS 时则直接返回
        if (!getSffInitialized())
            transportProcessor.configureClassifierTableMatchAny();
            if (entry.usesLogicalSFF())             // 此分支与 Genius 相关，此处不做介绍
                ...
        else
            this.sfcOfFlowProgrammer.configureTransportIngressTableMatchAny();
            this.sfcOfFlowProgrammer.configurePathMapperTableMatchAny();
            this.sfcOfFlowProgrammer.configurePathMapperAclTableMatchAny();
            this.sfcOfFlowProgrammer.configureNextHopTableMatchAny();
            this.sfcOfFlowProgrammer.configureTransportEgressTableMatchAny();
```

ConfigureTransportIngressFlows 方法会向 PathHop 的 dstSff 中的 Transport Ingress Table 下发流表。它首先会判断 PathHop 的 dstSff 是否为 EGRESS，如果是则直接返回。如果 dstSff 不是 EGRESS，则向 dstSff 的 Transport Ingress Table 下发流表，具体方式为：一是处理从 prevSff 流入 dstSff 的流量，二是处理由目的 SF 处理后流入 dstSff 的流量。

```
================ sfc.ofrenderer.processors.SfcOfRspProcessor =================
public class SfcOfRspProcessor
    private void configureTransportIngressFlows()
        if (entry.getDstSff().equals(SffGraph.EGRESS))
            return;
        transportProcessor.configureSffTransportIngressFlow();
                                // 处理从 prevSFF 流入 dstSFF 的流量
        if (entry.getSf() != null)
            transportProcessor.configureSfTransportIngressFlow();
                              // 处理由目的 SF 处理过后流入 dstSFF 的流量
```

ConfigurePathMapperFlows 方法会向 PathHop 的 dstSff 中的 Path Mapper Table 下发流表。其逻辑和 configureTransportIngressFlows 方法完全一致。

```
================ sfc.ofrenderer.processors.SfcOfRspProcessor =================
public class SfcOfRspProcessor
    private void configurePathMapperFlows()
        if (entry.getDstSff().equals(SffGraph.EGRESS))
            return;
        transportProcessor.configureSffPathMapperFlow();
                              // 处理从 prevSFF 流入 dstSFF 的流量
        if (entry.getSf() != null)
            transportProcessor.configureSfPathMapperFlow();
                              // 处理由目的 SF 处理过后流入 dstSFF 的流量
```

ConfigureNextHopFlows 方法会向 PathHop 的 srcSff/dstSff 中的 Nexthop Table 下发流表，对流量的目的地进行标记。其逻辑如下所示。

1）对于 srcSff，它需要判断 srcSff 与 dstSff 是否相同（即 prevSF 与目的 SF 是否连接在同一个 SFF 上），若相同则 srcSff 将会把从 prevSff 发过来的流量目的地标记为 Sf，如果不相同则 srcSff 将会把从 prevSff 发过来的流量目的地标记为 SF 所在的 dstSff。另外，如果 dstSff 是 EGRESS，则 srcSff 会把 prevSf 发来的流量的目的地标记为 EGRESS。

2）对于 dstSff，只需要将从 srcSff 发来的流量目的地标记为 Sf。

```
=================== sfc.ofrenderer.processors.SfcOfRspProcessor ==================
public class SfcOfRspProcessor
    private void configureNextHopFlows()
        if (sfDstDpl != null)
            if (entry.getSrcSff().equals(SffGraph.INGRESS))
            transportProcessor.configureNextHopFlow();
                                    // 如果 srcSff 是 INGRESS, 则 dstSff 把 INGRESS
                                    // 送过来的流量的目的地, 标记为 Sf
            else
            transportProcessor.configureNextHopFlow();
                                    // 如果 srcSff 不是 INGRESS, 则 dstSff 把 srcSff
                                    // 送过来的流量的目的地, 标记为 Sf
        if (entry.getDstSff().equals(SffGraph.EGRESS))
            transportProcessor.configureNextHopFlow();
                                    // 如果 dstSff 是 EGRESS, 则 srcSff 会把 prevSf 处理
                                    // 后的流量的目的地, 标记为 EGRESS
        if (sfSrcDpl != null)
            if (entry.getSrcSff().getValue().equals(entry.getDstSff().getValue()))
```

```
              transportProcessor.configureNextHopFlow();
                  // 如果 prevSf 和 Sf 在同一个 SFF 上（即 srcSff==dstSff），
                  // 则 srcSff 会把 prevSf 处理后的流量的目的地，标记为 Sf
          else
              transportProcessor.configureNextHopFlow();
                  // 如果 prevSf 和 Sf 不在同一个 SFF 上（即 srcSff!=dstSff），
                  // 则 srcSff 会把 prevSf 处理后的流量的目的地，标记为 Sf 所在的 dstSFF
```

ConfigureTransportEgressFlows 方法会向 PathHop 的 srcSff/dstSff 中的 Transport Egress Table 下发流表，根据 Nexthop Table 标记的目的地，通过传输网络进行转发。其逻辑如下。

1）对于 srcSff，如果 dstSff 是 EGRESS，则 srcSff 会把目的地被标记为 EGRESS 的流量，通过传输网络发送给 EGRESS。如果 dstSff 不是 EGRESS，则 srcSff 会把目的地被标记为 dstSff 的流量，通过传输网络送给 dstSff。

2）对于 dstSff，只需要将目的地被标记为 Sf 的流量，通过传输网络送给 Sf。

```
================== sfc.ofrenderer.processors.SfcOfRspProcessor ==================
public class SfcOfRspProcessor
    private void configureTransportEgressFlows()
        if (entry.getDstSff().equals(SffGraph.EGRESS))
            transportProcessor.configureSffTransportEgressFlow();
            return;
                    // 如果 dstSff 是 EGRESS，则 srcSff 会把目的地标记
                    // 为 EGRESS 的流量发送给 EGRESS，方法直接返回
        if (sfDstDpl != null)
            transportProcessor.configureSfTransportEgressFlow();
                    // 目的地标记为 Sf 的流量，则 dstSff 会把流量送给 Sf
        if (entry.getSrcSff().equals(SffGraph.INGRESS))
            return;           // 如果 srcSff 是 INGRESS，则不需要做后面的处理
        if (!entry.getSrcSff().getValue().equals(entry.getDstSff().
                    getValue()) || entry.isIntraLogicalSFFEntry() &&
           !entry.getSrcDpnId().getValue().equals(entry.getDstDpnId().getValue()))
            transportProcessor.configureSffTransportEgressFlow();
                    // 目的地标记为 dstSff 的流量，则 srcSff 会把流量送给 dstSff
```

到此，processRenderedServicePath 方法就完成了 RSP 的开通。

3. 相关流表的介绍

上面所讲的内容是 sfc-openflow-renderer 业务逻辑的设计，下面来看看 Pipeline 实际的样子，如表 6-6 所示。

表 6-6　SFC 的流水线

Table 0（Classifier）	为了兼容 sfcscfopenflow
Table 1（Transport Ingress）	根据传输方式的不同，选择 GOTO Table 2 或者 Table 4
Table 2（Path Mapper）	识别 RSP 的传输标识，通过 metadata 进行标记，然后剥掉 RSP 的传输标识
Table 3（Path Mapper ACL）	专门用于处理 TCP Proxy SF 的流量
Table 4（Nexthop）	根据 Table 2 标记的 metadata，和流量当前在 RSP 中的位置标识，生成下一跳目的地
Table 10（Transport Egress）	根据下一跳目的地进行转发，如果是 dstSff 不是 EGRESS 则需要打上新的传输标识

各个 Table 中表项的设计与 RSP 使用的传输方式密切相关。在目前版本的 sfc-openflow-render 中，RSP 可以支持以下几种传输方式：VLAN、MPLS 和 NSHoverVxLANGPE（NSH-overEthernet 支持的还不完整），不过一个 RSP 只能选择一种方式在 SFF 间进行传输。SF 和 SFF 间目前只支持通过 VLAN 方式进行传输。

Processers 下面为不同类型的传输方式提供了不同的 SfcRspProcessor***，它们都继承了抽象类 SfcRspTransportProcessorBase，针对传输网络的不同特点对 configure***Flow 方法进行了不同的实现。结合各个 SfcRspProcessor*** 和 SfcOfFlowProgrammerImpl，下面介绍一下在几个 Table 中，Match 和 Instruction 的设计逻辑。

Table 0（分类表）在 sfc-openflow-render 中的实现十分简单，就是通配所有的流量然后 GOTO Table 1，这一级流表的存在看似没有必要，实际上它考虑了 sfc-openflow-render 与 sfc-scf-openflow 的配合使用。sfc-openflow-render 只实现了 SFF 的转发逻辑，classifier 逻辑的实现还要依赖于 sfc-scf-openflow，而对于 sfc-scf-openflow 来说 Table 0 就比较重要了，因此 SFF 上的分类表被保留了。到了 sfcscfopenflow 部分会提到 Table 0 中的流表逻辑。

Table 1（转发入口表）做的工作也并不复杂，对于使用 VLAN/MPLS 进行传输的 SFC 流量，GOTO Table 2，对于使用 NSHoverVxLANGPE/NSHoverEthernet 进行传输的 SFC 流量，GOTO Table4。如果 SFC 流量不属于以上传输网络的类型，则丢弃掉。使用 NSHoverVxLANGPE/NSHoverEthernet 进行传输的 SFC 流量，之所以旁路掉 Table 2 而直接 GOTO Table4，是因为 Table 2 存在的作用是根据包头中的传输标签来识别 RSP，而 NSH 封装中的 SPI 字段本身就标识着 RSP，因此不需要再用 Table 2 进行标记。

Table 2（路径映射表），根据流量流入时携带的传输标签来识别 RSP，并通过 metadata 在 Pipeline 中标记 RSP，以便 Table 4 决定下一跳。其 match 与 instruction 的逻辑如下：Match 域与 RSP 使用的传输方式有关，若使用 VLAN 方式则匹配 VLAN ID，若使用 MPLS 则匹配 mpls label，如果使用 NSHoverVxLANGPE 或者 NSHoverEthernet 进行传输时，Table 2 不会有机会匹配。从 SF 进入 dstSff 的流量也要被 Table 2 处理，目前大部分的 SF 不支持 MPLS 和 NSH，因此只能通过 IP DSCP 来标记 RSP，因此对于从 SF 出来的流量，Table 2 还要匹配 DSCP 字段。Instruction 如下：1）标记 metadata。2）剥掉传输标签（VLAN ID/mpls label），3）GOTO Table 3。Table 2 中的通配流量会直接 GOTO Table 3。

Table 3（路径映射 ACL 表）完成的工作是相对独立的，它负责匹配与 TCP Proxy SF 相关的流量。由于 TCP Proxy SF 作为中间件会产生新的包（包括 Proxy 向客户端回复的 TCP SYN_ACK 和向服务器发送的 TCP SYN），而这些包并不会被 classifer 所标记，因此需要 Table 3 根据 srcip+dstip 为 PacketIn 上的包标记 metadata，以维持 RSP ID 的信息。在之前介绍的 configureSffEgress 方法中，如果目的 SF 是 TCP Proxy SF，则 dstSff 会在 Table 10 中将 TCP_SYN 包 PacketIn 上去（只有 OpenFlow 1.5 支持匹配 TCP_SYN），然后 SfcIpv4PacketInHandler 实例会向 Table 3 下发双向的流表项，匹配 TCP socket 的 srcip+dstip 以及流量的 metadata，然后 GOTO Table 4。Table 3 对于通配流量，直接 GOTO Table 4。

Table 4（下一跳表）负责标记流量的目的地，通配流量 GOTO Table 10。Match 域与 RSP 使用的传输方式有关，VLAN/MPLS 方式下匹配 metadata+srcmac（metadata 标

识 RSP，相当于 SPI，srcmac 标识所在 RSP 的位置，相当于 SI），NSHoverVxLANGPE/NSHoverEthernet 方式匹配 SPI 和 SI。Instruction 如下：1）改写 dstmac（VLAN/MPLS），或者外层包头的 dstip（NSHoverVxLANGPE），或者外层包头的 dstmac（NSHoverEthernet），作为下一跳的 dataplane locator，以标记目的地。2）GOTO Table 10。

Table 10（出口转发表）根据下一跳的 dataplane locator 来选择转发的端口，对于通配流量直接丢弃。Match 域与 RSP 使用的传输方式相关，VLAN/MPLS 网络匹配 metadata+dstmac，NSHoverVxLANGPE/NSHoverEthernet 匹配 SPI+SI。另外对于 TCP Proxy SF 的 SYN 包还要 PacketIn。Instruction 如下：1）对于 VLAN/MPLS 网络修改 srcmac 并打上新的传输标签，如果是送给 SF 的流量还要标记 DSCP；对于 NSHoverVxLANGPE/NSHover-Ethernet 需要修改 NSH Context。2）当 dstSff 为 EGRESS 时，要剥掉所有标签或者包头。3）从 outport 进行转发。

从源码上来看，各种传输方式的实现在 SfcOfFlowProgrammerImpl 中都混在了一起，非常容易产生混乱。表 6-7 是一个对各种传输方式的总结，可以与表 6-6 结合起来进行理解。

表 6-7 各种传输方式的总结

	RSP 标识	当前在 RSP 中的位置标识	下一跳目的地
VLAN	VLAN ID，逐跳变化（对于从 prevSf 流入的流量为 VLAN ID+DSCP))	Src MAC，逐跳变化	Dst MAC
MPLS	MPLS Label，逐跳变化（对于从 prevSf 流入的流量是只能为 VLAN+DSCP)	Src MAC，逐跳变化	Dst MAC
NSHover VxLANGPE	NSH 首部中的 SPI，端到端不变	NSH 首部中的 SI，逐跳变化	外层包头的 Dst IP
NSHover Ethernet	NSH 首部中的 SPI，端到端不变	NSH 首部中的 SI，逐跳变化	外层包头的 Dst MAC

6.8.2 sfc-scf-openflow 分支

SFC 中 classifier 主要完成两个工作，第一是识别 SFC 流量，目前 sfc-scf-openflow 能够支持 I2 元组中的大部分字段，以及 SCTP 与 IPv6，如果用户没有提供 SFC 流量的特征字段，将只匹配 inport 来识别 SFC 流量。第二是对 SFC 流量进行封装并送往 first SFF，目前 sfc-scf-openflow 还不支持 VLAN 和 MPLS，只能提供对 NSHoverVxLANGPE 的支持。

这部分的代码逻辑相对而言要简单一些，入口类 renderders.SfcScfOfRenderer 实例化了 listeners.SfcScfOfDataListener，SfcScfOfDataListener 会监听 DataStore 中的 ServiceFunctionClassifier，在 add 方法中会调用 processors.SfcScfOfProcessor 的 createdServiceFunctionClassifier 方法，这个方法经过多个层次的调用会走到 processors.NshProcessor 的 processAceByProcessor 方法。processAceByProcessor 方法的主体逻辑，是先根据 Classifier 的特征生成 Match，然后依次向 Table 0 下发流表，处理从 INGRESS 流向 Classifier 的流量，以及其对称方向上返回给 INGRESS 的流量。

```
================== sfc.scfofrenderer.processors.NshProcessor==================
public class NshProcessor
    public List<FlowDetails> processAceByProcessor()
        Optional<Long> inPort = classifierInterface.getInPort();
        Match match = inPort.map().map().map().map().orElseThrow().build();
                            // 根据 Classifier 的特征生成 Match，如果没有指
                            // 定流量特征，则默认只匹配入端口
        If (addClassifier)                    // 处理从 INGRESS 流向 Classifier 的流量
            theFlows.add(classifierInterface.initClassifierTable());
                                // 初始化 Table 0，通配流量 GOTO Table 1
            theFlows.add(classifierInterface.createClassifierOutFlow());
                                // 对从 INGRESS 流向 Classifier 的流量进行
                                // NSHoverVxLAN 封装，发向 firstSff
        List<FlowDetails> theReverseRspFlows = processReverseRsp();
                                // 处理对称方向上返回给 INGRESS 的流量
    protected List<FlowDetails> processReverseRsp()
        if (addClassifier)
            Optional.ofNullable(classifierInterface.createClassifierInFlow()).
ifPresent();
                                // 对于对称方向上返回给 INGRESS 的流量，
                                // 解封装 NSHoverVxLAN，发给 INGRESS
```

对于从 INGRESS 流向 Classifier 的流量，Table 0 中的流表会通过 ApplyActions 立即执行动作，因此数据包的一个副本将跳出 Pipeline，立即封装 NSHoverVxLANGPE，并送往 firstSFF 的 VxLAN 端口。那么 Sfc-scf-openflow 实现的 classifier 与 sfc-openflow-renderer 实现的 first Sff 是怎么串在一起工作的呢？可分为如下两种情况来考虑。

1）如果 classifier 与 first Sff 分开部署，那么 first Sff 的 Table 0 中就只有通配的流表项，收到数据包后进入 Table 1，若判定为 NSHoverVxLANGPE 的包，则送到 Table 4 进行后续处理。

2）如果 classifier 与 first Sff 为同一台 OF 交换机，那么 first Sff 的 Table 0 即为 classifier 的 Table 0，first Sff 和 classifier 也共用一个 VxLAN 端口，所以 classifier 发送出来的 NSHoverVxLANGPE 包会从内核绕回来，再次送入 Pipeline。不过此时的数据包因为已经加了一层封装，因此在 Table 0 中通配流表项后送入 Table 1，若 Table 1 判定为 NSHoverVxLANGPE，则发送到 Table 4 进行后续处理。

6.9 VTN Manager 的实现

VTN 在本质上，是一个利用 OpenFlow 实现网络虚拟化的 Plugin，它希望在直观上给网络使用者提供一个逻辑上的网络。使用者可以通过 VTN Manager 提供的 RESTful API 或者 Web UI 给出逻辑网络的拓扑连接，如图 6-26 所示，图中的使用者希望得到处于不同网段的两台主机。它们分别连接在两个网段的逻辑交换机上，逻辑交换机间通过逻辑路由器实现网段间的通信。VTN 会根据这些逻辑拓扑的连接向物理的 OpenFlow 网络下发流表，以实现两台主机间的通信，并且隔离不同使用者所拥有的主机。

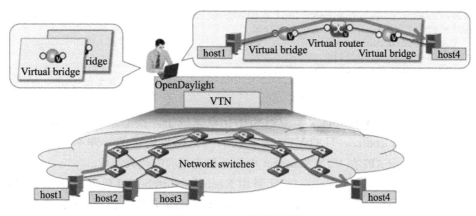

图 6-26　VTN 原理示意图

上述描述的是在 SDN 网络中泛化的虚拟化场景，而云则是这一场景的典型应用。VTN Plugin 早在 ODL 的第一个版本 Hydrogen 中就有了，是最开始对 OpenStack 提供支持的 Plugin。目前，VTN Plugin 中这部分逻辑叫做 VTN Manager。本节将对 VTN Plugin 中的 VTN Manager 进行代码导读。

除了 VTN Manager 以外，目前 VTN Plugin 还包括 VTN Application 和 VTN Coordinator。VTN Application 会向 VTN Manager 发送 REST GET，将逻辑网络所在的实时状态信息以 JSON 格式呈现出来，避免用户通过 curl 一条一条地发送状态请求。VTN Coordinator 使用 C 语言编写，它独立于 ODL 控制器运行，用来控制多个 VTN Manager 跨域协同工作。

VTN Manager 主要有两个子模块：neutron 分支用于 VTN Manager 和 OpenStack 的对接，触发相应的虚拟化逻辑；implementation 分支则负责虚拟化逻辑的实现。

6.9.1　neutron 分支

neutron 分支的入口类是 NeutronProvider，它会实例化 NeutronNetworkChangeListener 和 PortDataChangeListener，它分别监听 DataStore 中由 Neutron-Northbound 更新的 Neutron-Network 和 NeutronPort。NeutronProvider 还会实例化 OvsdbDataChangeListener，用于监听 OpenStack 节点的上线以及虚拟机实例的接入。这些 ***ChangeListener 都会调用 implementation 中的模块来实现对应的业务逻辑。

在 OpenStack 环境中，OvsdbDataChangeListener 首先会通过监听 DataStore 得知 OpenStack 节点的上线。OvsdbDataChangeListener 对该事件进行处理，最终会走到 neutron. impl.OVSDBEventHandler 的 nodeAdded 方法。nodeAdded 方法主要做了两件事情：写 DataStore 驱动 OVSDB Plugin，在节点上建立 br-int，然后写 DataStore 将节点的 eth0 添加到 br-int 上。这里要注意的是，由于 VTN Manager 的 Underlay 网络可以都是 OpenFlow 设备，因此在 nodeAdded 方法中没有必要为 br-int 添加隧道端口和隧道逻辑。可以看到，后面 implementation 中 VBridge 的转发逻辑也并没有用到隧道。

```
==================== neutron.impl.OVSDBEventHandler =====================
public final class OVSDBEventHandler
    public void nodeAdded()                      // 探测到节点上线
        if (key != null)
            if (!isBridgeOnOvsdbNode())
                if (addBridge())                 // 在节点上建立 br-int
                    addPortToBridge();           // 将节点上的 eth0 绑定到 br-int 上
```

上述工作结束后，OpenStack 节点的初始化就完成了。接下来，OpenStack 用户会建 Network、Subnet 和 Router。目前 VTN 的实现仍然是比较简单的，并不支持 L3 的通信，Subnet API 和 Router API 在 VTN Manager 中都还没有相应的代码实现。

NeutronNetworkChangeListener 监听到由 Neutron-Northbound 更新的 NeutronNetwork 后，会调用 NetworkHandler 的 neutronNetworkCreated 方法，这个方法再调用 VTN-ManagerImpl 的 updateBridge 方法，该方法会通过 RPC 调用 implementation 分支中相应的 VBridgeManager 模块，为这个 NeutronNetwork 创建对应的 VBridge。VTN 目前并不支持 L3 的通信，Neutron Network 和 VBridge 在实现中也因此为一一对应的关系。

同样，PortDataChangeListener 监听由 Neutron-Northbound 更新的 NeutronPort 后，调用 createPort 方法，createPort 方法会获得 NeutronPort 所在的 NeutronNetwork 和该 Neutron-Netowork 对应的 VBridge，然后调用 VTNManagerImpl 的 updateInterface 方法，该方法会通过 RPC 调用 implementation 分支中相应的 VInterfaceService 模块，生成一个 VInterface 并添加到对应的 VBridge 上。

```
======================= neutron.impl.NetworkHandler =========================
public final class NetworkHandler
    public void neutronNetworkCreated()
        if (result != HTTP_OK)
            ...
        else
            result = vtnManager.updateBridge();
==================== neutron.impl.PortDataChangeListener ====================
public final class PortDataChangeListener
    private void createPort()
        if (port == null)
            ...
        else
            int result = vtnManager.updateInterface();
```

到这里，VTN Manager 主要的初始化工作就完成了。可能有读者会觉得很奇怪，前面介绍的 Netvirt Plugin 中的 OVSDB-Neutron 和 VPNService 在初始化时，业务逻辑可是相当复杂的，会下发很多的流表以保证虚拟机的通信，为什么 VTN Manager 的初始化工作却这么简单呢？

在本节的开始提到过，VTN Manager 的设计目标是通过 OpenFlow 实现泛化的网络虚拟化。它的实现思路是，首包都 PacketIn 给控制器，控制器会仿真流量在租户网络中的处理，然后根据仿真结果下发流表，后续的流量直接匹配流表进行转发。因此，当 VTN Manager 与 OpenStack 进行对接时，仍然保留了这种 Reactive 的设计思路，初始化的工作实际上就是把租户网络的视图保存在控制器中，然后等着 PacketIn 把首包送上来，再触发后续的处理逻辑。

VTN Manager 的这种实现思路和 Midokura 是很类似的，只不过 VTN Manager 实现仿真是通过集中式的 ODL 来完成的，而 Midokura 实现仿真是通过分布式的 Midolman 来完成的。VTN Manager 是由 NEC 公司创建并维护的，Midokura 也是日本的创业公司研发出来的产品，看来日本的同行们做 SDN 虚拟化的思路还挺一致的。

6.9.2 implementation 分支

implementation 分支的目录结构如下所示，config 下的 VTNConfigManager 负责 VTN 的配置管理，flow 下的 VTNFlowManager 负责流表的下发，inventory 下的 VTNInventoryManager 负责监听 Node、Port 和 Topology 的状态变化，packet 下的 VTNPacketService 负责处理 PacketIn 和 PacketOut，provider 下的 VTNManagerProviderImpl 负责整个 VTN Manager Plugin 的管理，routing 下的 VTNRoutingManager 负责物理路径的计算。逻辑网络的通信都要依赖于 VTNRoutingManager 将逻辑路径转化为物理网络中的流表，util 下有很多小的工具模块，vnode 是 VTN 元素的实现逻辑，如 Vtenant、VBridge、Vinterface 等。

```
implementation
    vtn.manager.impl
        config/              // VTN 的配置管理
        flow/                // VTN 相关流表的下发
        inventory/           // 监听 Node、Port 和 Topology 的状态变化
        packet/              // PacketIn 和 PacketOut 的处理
        provider/            // VTN Manager 的管理
        routing/             // 负责物理路径的计算
        util/                // 一些工具模块
        vnode/               // 各类 VTN 的数据结构，如 VBridge/Vinterface
```

Implementation 分支的入口类，是 provider 下的 VTNManagerProviderImpl，VTNManagerProviderImpl 会实例化各个子模块，如 VTNConfigManager、VTNFlowManager、VTNInventoryManager、VTNPacketService 和 VTNRoutingManager，等等。

在 neutron 分支的最后说到，若 VBridge、VInterface 准备完毕后就可以等着虚拟机发包了。假设现在有如下场景，用户有一个两台虚拟机的逻辑二层网络，物理网络中 host 1 连在 s1-eth1，host 4 连在 s4-eth1。现在 host 1 开始向 host 4 发包，s1 发送 PacketIn 给控制器，如图 6-27 所示。

VTNPacketService 中的 onPacketReceived 方法收到了这个 PacketIn，然后调用 VTNManagerProviderImpl 实例中的 post 方法发布一个 PacketInEvent，这个 PacketInEvent 的发布是通过 MD-SAL 来完成的，发布的实现逻辑十分复杂。VTenantManager 订阅了这一事件，并通过 notifyPacket 对其进行处理，notifyPacket 方法会先判断流量是否为控制器产生的流量（如 LLDP），如果是则直接忽略，否则判断为虚拟机产生的通信流量，调用 receive 方法对流量进行后续的处理。receive 方法会通过 getMapping 方法获得 s1-eth1 所对

应的 VInterface，然后动态生成一个 VTenant 实例并调用其 receive 方法。

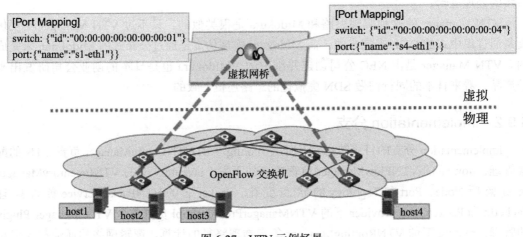

[Port Mapping]
switch: {"id":"00:00:00:00:00:00:00:01"}
port: {"name":"s1-eth1"}}

[Port Mapping]
switch: {"id":"00:00:00:00:00:00:00:04"}
port: {"name":"s4-eth1"}}

虚拟网桥

虚拟
物理

OpenFlow 交换机

host1   host2   host3   host4

图 6-27　VTN 示例场景

```
================= vtn.manager.internal.packet.VTNPacketService =================
public final class VTNPacketService
    public void onPacketReceived()
        if (it.hasNext())
            if (ev != null)
                vtnProvider.post();       // 发布一个事件
================= vtn.manager.internal.vnode.VTenantManager =================
public final class VTenantManager
    public void notifyPacket()
        if (src.equals(pctx.getControllerAddress()))
            ...                           // 如果是控制器产生的包，则不做任何处理
        else
            try
                receive();                // 处理由虚拟机发出的包
    private void receive()
        TenantNodeIdentifier<?, ?> ref = getMapping();
        if (ref != null)
            new VTenant().receive();
```

对于 VTenant 的 receive 方法，会通过 evaluate 方法判断数据包是否需要丢弃（drop）或者重定向（redirect）。如果 evaluate 认为需要丢弃或者重定向，就抛出相应的异常，如果是丢弃的异常则什么都不做，如果是重定向，就调用 redirect 方法，redirect 方法会再调用 VBridge 的 redirect 方法进行重定向的相关处理。Evaluate 的实现中用到了 FlowFilter 的概念，这是用户指定的转发策略，重定向的策略可以用来实现 SFC 的功能。如果不需要丢弃或者重定向，则调用 VBridge 的 receive 方法，receive 方法调用 VBridge 的 receive 方法转发相关的处理。

```
===================== vtn.manager.internal.vnode.VTenant =====================
public final class VTenant
    public void receive()
```

```
try
    pctx.evaluate();                    // 判断该数据包是否属于某个FlowFilter，
                                        // 如果是，则抛出异常进行丢弃或者重定向
    VirtualBridge<?> bridge = reader.getBridge();  // 获得相关的VBridge
    if (bridge == null)
        ...
    else
        bridge.receive();    // 通过VBridge的receive方法进行转发相关的处理
catch (DropFlowException e)              // 需要丢弃的话，控制器什么都不用做
catch (RedirectFlowException e)
    redirect();                         // 需要重定向的话，执行VBridge的receive方法
```

　　VBridge 的 receive 方法，先通过 match 方法得到数据包所对应的 VInterface，然后通过 forward 方法转发的相关逻辑。首先通过 learnMacAddress 方法进行 MAC 地址的学习，接着进行特定流量的过滤，再通过 getDestination 方法返回目的虚拟机的接入端口。若流量为目的地已知的单播则重载另外一个 forward 方法，在源、目的交换机间选择一条传输路径，并向支路径相关的交换机下发流表，首包则直接从目的交换机进行 PacketOut。若流量为 BUM 类型则在 getDestination 方法中直接调用 broadcast 方法进行处理，broadcast 方法会在该 VBridge 上除入口 VInterface 以外的所有 VInterface 上进行泛洪。

```
==================== vtn.manager.internal.vnode.VirtualBridge ====================
public abstract class VirtualBridge
    public final void receive()
        VirtualMapNode vnode = match();  // 得到数据包所对应的VInterface
        if (vnode == null)
            ...
        else if (vnode.isEnabled())
            forward();                      // forward方法完成转发的相关逻辑
==================== vtn.manager.internal.vnode.VBridge ====================
public final class VBridge
    protected void forward()
        if (pctx.getFirstRedirection() == null)
            learnMacAddress();              // MAC地址学习
            if (pctx.isToController())
                return;                     // 忽略掉发给控制器的包
        MacEntry ment = getDestination();       // BUM流量直接泛洪并返回null，
                                            // 已知单播流量返回虚拟机的接入端口
        if (ment != null)
            forward();                  // 重载另一个forward方法，对已知单播进行转发
    protected final void forward()          // 重载的forward方法，负责完成最终的转发
        List<LinkEdge> path = rr.getRoute();    // 获得源和目的交换机间的转发路径
        if (path == null)
            ...
        else
            pctx.transmit();            // 首包直接在目的交换机上做PacketOut
            pctx.installFlow();         // 向转发路径上相关的交换机下发流表
```

　　虽然 VTN 的 VBridge 采用的是 Reactive 的方式，但是通过上面的描述我们可以看到，对于已知目的地的单播包来说 Reactive 只发生在第一跳交换机上，一旦第一跳送 PacketIn

给控制器，控制器就会一次性选好后续的传输路径并依次向相应的交换机下发流表，第一跳后还是相当于是 Proactive 的。BUM 流量没有办法，就只能逐跳 PacketIn 了。

6.10 本章小结

OpenDaylight 是一盘大杂烩，如果说其中有比较聚焦的场景，那么就是数据中心这一块了。本章介绍了 OpenDaylight 本身的架构，以及在社区中与数据中心业务相关的项目设计与实现，随着 OVSDB-Netvirt 与 VPNService 的合并，社区这边陆续又有了很多新的大动作，具体的实现仍然需要逐个版本地进行跟进。

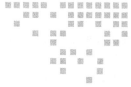

开源 SDDCN：ONOS 相关项目的设计与实现

ONOS 在云这一块，主要是 CORD 和 SONA 两个 use case，其中 CORD 主要面向运营商端局，而 SONA 主要面向于云数据中心。实际上，还有一个面向云数据中心的项目叫做 ONOSFW，它是为了 OPNFV 的集成而设计的。本章将先对 ONOS 的架构进行介绍，再对 ONOS 中 OpenFlow 的实现进行介绍，然后进行 SONA 和 ONOSFW 的代码导读。CORD 所涉及的业务与本书的侧重点并不是十分吻合，但其中的某些设计具备一定的参考价值，因此本章最后会对 CORD 进行一个概要性的介绍。

本章所涉及的代码都是以 Kingfisher 版本为准的。

7.1 架构分析

ONOS 是由 On.Lab 推动的 SDN 控制器，致力于提供 Carrier-Grade 的 SDN 基础平台。OnLab 是由斯坦福发起的 SDN 开源组织，自 On.Lab 成立以来，ONOS 的发展非常迅猛。相比于 OpenStack 和 OpenDayLight 的半年一个版本，ONOS 的第一只鸟 Avocet 是在 2014 年 12 月份出生的，这只鸟每隔 3 个月就进化一次，目前已经到了第十三代 MagPie。相比于 OpenDaylight 广泛的应用场景，ONOS 专注于运营商领域，从成负来看不乏全球顶级的大型运营商，一些拥有网络基础设施的高校与科研机构也名列其中。

由于 ONOS 的方向比较专一，因此它在项目驱动方式上和 ODL 也有所不同。ODL 是以应用来驱动用例的，而 ONOS 则是通过用例去驱动应用的，一个用例下面往往会有多个应用进行支撑。ONOS 的 Wiki 上列出了很多的用例，其中一些主要的如下：CORD（端局云化）、

SONA（数据中心网络虚拟化）、Packet Optical Convergence（IP+ 光协同）、IP RAN（接入网）、SDN-IP（SDN 与传统 IP 域互通）、VPLS（L2VPN）、Seamless MPLS（端到端 MPLS）、Carrier Ethernet（电信级以太网）、PCE+（基于 PCEP 的路径优化）、RR+（基于 BGP 的流量调度）。

能够看出，ONOS 确实围绕着运营商做了很多事情，不过大多数用例还都处于原型设计阶段，实际能投入商用甚至 PoC 的并不多。数据中心这块也只有少数几个，本章的后面会逐一介绍，本节先来看看 ONOS 的架构。

7.1.1 分层架构

ONOS 的主体采用 Java 开发，和 ODL 一样 ONOS 也使用了 Karaf，使用者可以根据自己的需求，动态地加载或者卸载 ONOS 的各种模块。ONOS 在架构设计上，一直保持分层的结构，中间层负责在应用和南向协议间进行适配，以屏蔽掉南向协议的差异性，这和 ODL 早期版本所用的 AD-SAL 架构是类似的。

ONOS 的架构，如图 7-1 所示，从上到下分为 App、Core、Providers+Protocols 三层。App 层是 ONOS 集成的一些应用，向上通过 RESTful API、GUI 和 CLI 对控制器外部应用和管理员开放接口，向下调用 Core 层提供的接口，以实现网络应用的逻辑。Core 层负责收集底层网络的状态，向上与 App 层交互执行网络应用的逻辑，向下经 Providers 适配，通过 Protocols 对网络设备进行操作，水平方向会通过集群机制，在多个 ONOS 实例间进行状态的同步或者信息的交互。Protocols 层是各类南向协议的实现，向上通过 Providers 适配到 Core 层，向下到网络设备进行管理或者控制。

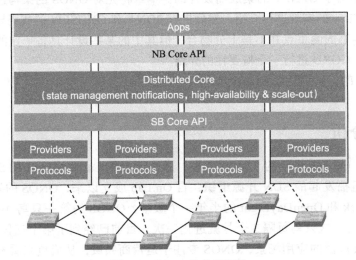

图 7-1 ONOS 的分层架构

App 消费 Core 提供的接口来实现不同的网络应用逻辑。注意区别这些 App 与控制器的外部应用，外部应用只能通过 RESTful API 调用这些 App 提供的 API 来进行二次开发，而不能直接调用 Core 所提供的内部接口。

Core 将 App 与 Protocols 进行了隔离，它将南向协议中各异的网络资源抽象为通用的网络资源，使得 App 的开发者不用关心底层网络的接口特征，这降低了 App 的开发难度，尤其是当底层网络中存在多个厂家或者异构类型设备的时候。目前 Core 层对资源抽象如图 7-2 所示，深色部分为 Core 网络资源，浅色部分为 ONOS 中通用的平台资源。

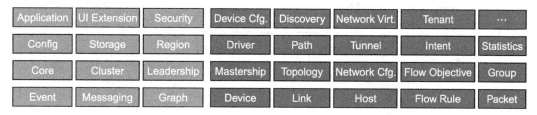

图 7-2　ONOS Core 层对于资源的抽象

这些不同资源，在 ONOS 中分别对应着不同的 Subsystem。Subsystem 一词多见于 Linux 领域，指代某一类功能（比如进程管理、内存管理等）的实现集合，对于 ONOS 这种网络 OS 来说，Subsystem 可理解为，围绕着某一类 Core 资源所进行的垂直实现，比如说 Device Subsystem 就包括 Core 中对 Device 资源的定义，以及所有消费了 Core Device 接口的 App，以及适配了 Core Device 模型的 Providers。多个 ONOS 实例间会以 Subsystem 为单位，通过 Store 机制进行状态的同步或者信息的交互，以实现集群协作。

Protocols 是南向协议的实现，由于不同的南向协议对网络的抽象方式不同，因此在对接 Core 的时候需要通过 Providers 进行适配。另外，由于不同的南向协议所描述的资源也各不相同，因此在进行适配的时候要针对不同的 Subsystem 来进行，一些主要的南向协议所能适配的 Subsystem 如表 7-1 所示。

表 7-1　ONOS 中一些主要的南向协议所能适配的 Subsystem

RESTful	Device
BGP	Config、Topology
OSPF	Config、Topology
ISIS	Config、Topology
TL1	Device
SNMP	Device
NETCONF	Device、Alarm
OpenFlow	Device、Flow、Group、Meter、Packet、Message
OVSDB	Device、Host、Tunnel
P4	Device、Packet
PCEP	Topology、Tunnel
LISP	Device、Mapping、Message

7.1.2　分层架构的实现

图 7-3 所示为 ONOS 对于分层的实现机制，分为 Core 和 App 之间的通信、Core 内部

的处理，以及 Provider 和 Core 之间的通信。这种实现机制也是以 Subsystem 为单位的。

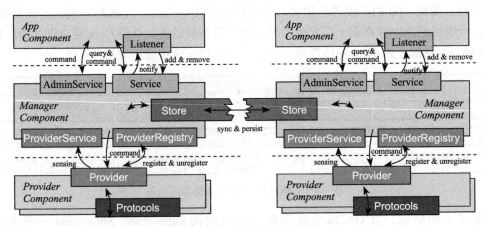

图 7-3　ONOS 分层架构的实现

App 在启动时，会订阅一些 Core 资源产生的事件，订阅的函数通常会实现 App 的网络应用逻辑。于是当这些 Core 资源发布这些事件时，就能够触发 App 网络服务逻辑的执行。

Core 资源的 ProviderService 实例，将 Provider 资源的描述转化为 Core 资源的模型，并由该 Core 资源的 Store 发布一个事件，Core 层中的 EventDeliveryService 会将该事件投递给各个订阅者。订阅者可能为该实例上的 App，也可能为其他实例上的 Store。Core 层内部的实现如图 7-4 所示。

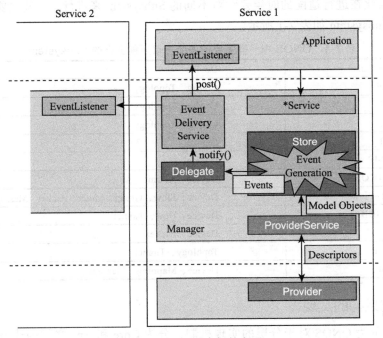

图 7-4　Core 层内部的实现

每个 Provider 都有不同的 Provider 资源（比如 OpenFlow Provider 会分 OpenFlow DeviceProvider 和 OpenFlow FlowProvider 等）。这些资源在 ONOS 中是独立启动的，启动时会去相应 Core 资源的 ProviderRegistry（分别对应于 DeviceProviderRegistry 和 FlowProviderRegistry）注册。注册后会获得对应 Core 资源的 ProviderService 实例，Provider 资源就通过调用这个实例的方法与对应的 Core 资源交互，传递的参数为该 Provider 资源的描述。

7.1.3　模块的开发

ONOS 采用 Java 开发，为了实现模块的动态加载，使用了开源的 Karaf 项目（一种 OSGI 架构的实现）对 ONOS 各层中的模块进行管理。Karaf 通过识别 annotations（注解）去管理 ONOS 模块，表 7-2 介绍了在 ONOS 中用到的几个重要的 annotations，Karaf 实现 annotations 的内在机制就不介绍了。

表 7-2　ONOS 用到的几个重要的 Karaf annotations

@Component	用来修饰类，ONOS 模块的类都要用它修饰
@Activate	用来修饰方法，ONOS 模块被 Karaf 加载时执行该方法
@Deactivate	用来修饰方法，ONOS 模块被 Karaf 卸载时执行该方法
@Service	该 annotations 用来修饰类，Core 层中作为 ONOS 模块的类都要用它修饰，以向 App 层和 Provider 层的模块提供服务
@Reference	用来修饰 ONOS 模块的成员，该成员即为被 @Service 修饰的类的实例

ONOS 的分层结构，使其模块的开发是以 API 为驱动的。在 ONOS 中开发 App 时，只需要用 Reference 引用 Core 模块实例，然后直接通过这个实例就可以获取相关的数据，或者调用相关的方法，而在 ODL 中则需要对 Datastore 和 RPC 进行复杂的操作。可以直观地看到，相同的功能在 ONOS 中实现，相比于在 ODL 中实现，代码量上会有大幅度减少。

不过，ODL 存在的上述问题实际上并不能归结为模型驱动本身的原因，而是由其 DOM 和 BA/BI 的设计所导致的。而模型驱动本身是有很多好处的，比如业务和代码间可以解耦，模块的代码间也可以解耦，平台的扩展性会大大提高。随着 YANG 的逐渐成熟，ONOS 也提供了基于 YANG 的模型驱动的开发方式。但是目前来看，YANG 对于 ONOS 来说只是一个辅助的开发手段，基于 API 驱动的开发方式仍将是 ONOS 的主流。

7.1.4　分层架构存在的问题

分层的核心在于 Core 对多种南向协议的适配，应用可以不关心底层设备的细节，直接对网络进行管理与控制。但是从另外一方面来讲，在适配过程中必然要放弃南向协议中一些有特色的功能，因为如果对每个功能点都进行适配，Provider 就会越做越多，那么 Core 层将会变得无比臃肿，这样会降低平台的可扩展性。所以说，这是一个两难的问题。

ODL 解决这一问题的办法是直接放弃了 AD-SAL 而转向 MD-SAL。而 ONOS 在意识到这一问题后，采取的办法是仍然保留 Core 层对核心资源与功能的适配，而对于私有的资源或者功能，则采用 Extensions Framework，允许 App 绕过 Core 直接调用设备的功能，如

图 7-5 所示。实际上，ONOS 这种兼而有之的思路是对的，毕竟一刀切的做法会损失掉能力的多样性，这对于通用平台来说并不是一个件事。前面提到过，ODL 从 Boron 版本开始，重新通过 Genius 来提供对某些网络资源的抽象与适配。ONOS 和 ODL 在思路上趋同，也从侧面说明了 SDN 控制器正在一步一步地变得更加成熟。

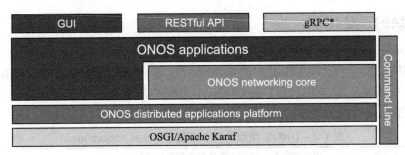

图 7-5　ONOS Extensions Framework

7.1.5　数据存储与集群

ONOS 在成立之初，就立志于成为一个 Carrier-Grade 的 SDN 控制器，因此 ONOS 非常重视与扩展性和可用性相关的设计，在系统的 Prototype 阶段，ONOS 就开始考虑对分布式与集群机制进行集成与优化。最开始在 Prototype 1 中，ONOS 使用了 ZooKeeper 进行集群管理，使用 Casandra 进行分布式数据库，虽然这个组合已经证明是足够成熟的，但是由于 ZK 和 CA 都需要外接于 ONOS，因此在性能上并不尽如人意。随后在 Prototype 2 中，ONOS 用 RamCloud 替换掉了 Casandra，提高了数据的读写效率。在 Prototype 2 中，ONOS 还引入了 Hazelcast 以提供基于发布 / 订阅事件的通知机制，缓解了轮询给 CPU 造成的巨大压力。

Hazelcast 的一个问题在于，它使用了复杂的 Paxos 算法，但是在实现上却不够成熟。从 Blackbird 版本开始，ONOS 开始将目光投向 Raft（Paxos 的简化版），并在 Drake 版本弃用了 Hazelcast，随后集成了开源的 Atomix 作为 Raft 的实现。不过，Raft 只能实现数据的强一致性，为了给业务提供灵活的数据存储，ONOS 自己开发了一套 Anti Entrophy Gossip 的实现，为数据提供最终一致性，开发者可根据业务的实际需求来对数据一致性进行选择。

在持久化方面，ONOS 用的是 Java 的嵌入式数据库 MapDB。在节点间通信方面，ONOS 基于 Netty 实现了一个异步的 MessagingService，实例间所有的东西通信都会使用该服务提供的接口，基于该接口可以很容易实现分布式 RPC。

综上所述，目前 ONOS 在数据存储与集群这一块，所用的技术堆栈就是：

1）基于 RamCloud 的内存数据库；

2）基于 MapDB 的持久化；

3）基于 Atomix 的集群管理、数据分片与强一致性；

4）基于 Gossip 的数据最终一致性；

5）基于 Netty 的节点间通信。

虽然在业界普遍的印象中，ONOS 的集群要比 ODL 的集群做得更好，但实际上两者在集群设计的考虑上有很大的差别，所以这里也不好直接进行对比。

7.1.6 其他

ONOS 出身于高校，相比于 ODL 来说，ONOS 具有更为纯正的 SDN 血统。但是，ONOS 比 ODL 晚出生了一年，这一年的时间意味着很多的事情，虽然 ONOS 版本迭代的速度比 ODL 要快上一倍，但是目前 ONOS 在影响力上和 OpenDayLight 仍存在一定的差距。不过，2016 年 ONOS 圈子出现了下面几个大事件，从市场的角度来看，ONOS 未来的发展还是值得期待的。

开源这边，先是 CORD 从 ONOS 中剥离出来，成立了独立的开源组织 Open CORD，希望加速运营商端局云化的落地。不过 Open CORD 至今还是依赖于 ONOS 作为 SDN 控制器的，因此这对于 ONOS 来说实际上是一个利好的消息。随后，Google 正式宣布加入 Open CORD，Google 的作风一向都是闭起门来鼓捣自家的黑科技，加入 Open CORD 的举措可算是给 On.Lab 和 ONOS 做了个大广告。厂商这边，华为的商用 SDN 控制器 Agile Controller，从其 3.0 版本开始，就正式宣布其内核从 ODL 转向 ONOS。标准组织这边，随着 ONF 与 On.Lab 的正式合并，"嫡出"的 ONOS 也得以进一步加强了其正统 SDN 的地位。

业内一直有声音在讨论 ONOS 和 ODL 会不会走到一起。目前看来这种可能性很小，虽然在某些技术点上有趋同之势，但鉴于技术背后复杂的集团利益，短期内应该很难找到一个人去推动双方的合并。而且，有竞争才会有创新，大一统对于行业的发展来说也不见得是什么好事情。

7.2 OpenFlow 的示例实现

本节会对 ONOS 中 OpenFlow 的实现进行介绍，为后面介绍云相关业务的实现打一个基础。假设网络中有一台 OF 交换机连接两个主机，该 OF 交换机由一个 ONOS 实例控制，实例开启了一个 App——fwd 实现 reactive forwarding。仍然和在 ODL 中讲解 OpenFlow Plugin 的思路一样，从代码的角度来看看以下几个问题：

1）OF 交换机如何连上 ONOS 并被 Device Subsystem 检测到；

2）fwd 如何获得 PacketIn；

3）fwd 如何下发 PacketOut；

4）fwd 如何下发 FlowMod。

由于 ONOS 的分层结构，使得 fwd 和 OpenFlow 中间还隔着一个 Core 层，因此这部分代码的逻辑相比于 ODL 来说还要复杂一些。

7.2.1 OF 交换机的上线

这部分依次涉及两件事：一是 ONOS 对 OpenFlow 信道的实例化，二是在信道上交互 Hello 和 FeaturesReply 后 OF 交换机上线，并被 Device Subsystem 检测到。

1. OpenFlow 信道的实例化

启动 Karaf 会自动加载 ONOS 模块的 OpenFlowControllerImpl，执行 activate 方法，执行 Controller 实例的 start 方法，在 start 方法中执行 run，run 生成了 OpenFlow 信道（OpenflowPipelineFactory 实例化），并开启了对 OpenFlow 端口的监听。OpenflowPipelineFactory 实例的 getPipeline 方法，生成了 OFChannelHandler 实例，负责接收 OpenFlow 消息。

然后，交换机开始连接控制器，OFChannelHandler 实例与交换机开始交互，经过了 Hello、FeaturesRequest、SetConfig、DescriptionStatsRequest 后，收到 OFStatisticsReply 消息。在该消息的处理方法中，获得默认的 OpenFlowSwitchDriver——DefaultSwitchHandshaker 的实例，调用该实例的 connectSwitch 方法，然后 connectSwitch 方法会回调 OpenFlowControllerImpl 私有类 OpenFlowSwitchAgent 实例中的 addConnectedSwitch 方法。在 addConnectedSwitch 方法中，会遍历所有集合 ofSwitchListener 中的 OpenFlowSwitchListener 实例，并执行其 switchAdded 方法。

```
========== onos.protocols.openflow.ctl.src.main.java.org.onosproject ============
================== .openflow.controller.impl. OFChannelHandler ==================
class OFChannelHandler
    enum ChannelState
        WAIT_DESCRIPTION_STAT_REPLY(false)
            void processOFStatisticsReply()
                h.sw = h.controller.getOFSwitchInstance();
                        // 获得默认的 OpenFlowSwitchDriver——
                        //  DefaultSwitchHandshaker 的实例
                if (h.sw.isDriverHandshakeComplete())
                    if (!h.sw.connectSwitch())       // 调用 DefaultSwitchHandshaker
                                                     // 实例 connectSwitch 方法
                        disconnectDuplicate(h);
========== onos.protocols.openflow.ctl.src.main.java.org.onosproject ===========
=============== .openflow.controller.impl.OpenFlowControllerImpl ===============
@Component(immediate = true)
@Service
public class OpenFlowControllerImpl
    public class OpenFlowSwitchAgent
        public boolean addConnectedSwitch()
            if (connectedSwitches.get(dpid) != null)
                ...
            else
                for (OpenFlowSwitchListener l : ofSwitchListener)
                    l.switchAdded(dpid);
                        // 遍历集合 ofSwitchListener 中的 OpenFlowSwitchListener
                        // 实例，并执行其 switchAdded 方法
```

从代码中可以看到，在 OpenFlowControllerImpl 实例初始化的时候集合 ofSwitchListener 是空的，OpenFlowSwitchListener 实例是从哪里来的呢？通过对 OpenFlowControllerImpl 方法的查看，得知一定是有一些地方调用了 OpenFlowControllerImpl 的 add-Listener 方法，对 ofSwitchListener 这个集合进行了填充。

这就涉及了 ONOS 架构中最为核心的地方，即 Protocols 通过 Providers 对接 Core。从图 7-6 中可以看出，应该是 OFDeviceProvider 调用了 OpenFlowControllerImpl 的 addListener 方法。

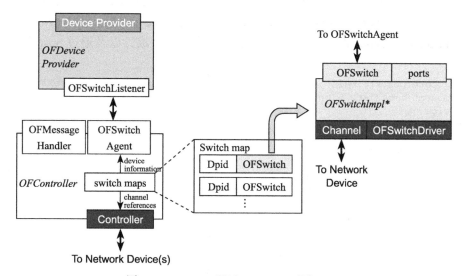

图 7-6　Protocols 通过 Providers 对接 Core

来到 ONOS 模块 OpenFlowDeviceProvider 的 activate 方法，发现它果然调用了 OpenFlowControllerImpl 实例的 addListener 方法，而 OpenFlowDeviceProvider 的私有类 InternalDeviceProvider 被实例化了，InternalDeviceProvider 实现了 OpenFlowSwitchListener，它作为 addListener 的参数填充进了 ofSwitchListener。

```
=========== providers.openflow.device.src.main.java.org.onosproject =============
=============== .provider.of.device.impl.OpenFlowDeviceProvider ================
@Component(immediate = true)
public class OpenFlowDeviceProvider
    @Activate
    public void activate()
        controller.addListener(listener);
                    // 参数 listener 是一个 InternalDeviceProvider 实例，
                    // 此方法将该实例填充进了 ofSwitchListener
```

2. OF 交换机被 Device Subsystem 检测到

来看 InternalDeviceProvider 实例的 switchAdded 方法。方法中先后调用了 provider-Service 的 deviceConnected 方法和 updatePorts 方法，而 providerService 则是 Core 中的模块 DeviceManager。

```
=========== providers.openflow.device.src.main.java.org.onosproject ============
=============== .provider.of.device.impl.OpenFlowDeviceProvider ================
```

```
@Component(immediate = true)
public class OpenFlowDeviceProvider
    private class InternalDeviceProvider
        public void switchAdded()
            providerService.deviceConnected();
            providerService.updatePorts();
```

这个DeviceManager正是ProviderService的实现，是ONOS在Core层的一个模块，其activate方法启动了Store中与Device相关事情的发布机制。在DeviceManager的deviceConnected和updatePorts方法中，可以看到事件的生成，以及通过post方法发布相应的事件。

```
===== core.net.src.main.java.org.onosproject.net.device.impl.DeviceManager =====
@Component(immediate = true)
@Service
public class DeviceManager
    @Activate
    public void activate()
        store.setDelegate();
        eventDispatcher.addSink();       // 启动 Store 中与 Device 相关的事情的发布机制
    private class InternalDeviceProviderService
        public void deviceConnected()
            DeviceEvent event = store.createOrUpdateDevice();
            if (event != null)
                post();
    public void updatePorts()
        List<DeviceEvent> events = store.updatePorts();
        if (event != null)
            for (DeviceEvent event : events)  // 遍历 Device 中的 Port 进行事件发布
                post();
```

后面的事情就顺理成章了，有通过addListener方法订阅Device事件的模块就能收到该OF设备上线的通知了（事件类型为DEVICE_ADDED）。

7.2.2　fwd 获得 PacketIn

信道已经建立好了，fwd获得PacketIn的过程即为packetService捕获到OF信道上的PacketIn消息，并发布packet事件的过程。不过，fwd模块并没有直接订阅Device事件，因此上一小节产生的事件并不会直接触发FWD的逻辑。fwd模块在启动时会订阅packet，对应OpenFlow也就是PacketIn消息的后续处理。AddProcessor方法还要求传入一个整型参数，关于这个整型参数的作用后面会介绍。

```
======== apps.fwd.src.main.java.org.onosproject.fwd.ReactiveForwarding =========
@Component(immediate = true)
@Service(value = ReactiveForwarding.class)
public class ReactiveForwarding
    @Activate
    public void activate()
        packetService.addProcessor(processor, PacketProcessor.director(2));
                                                                // 订阅 packet 事件
```

交换机连接控制器后，OFChannelHandler 将信道置为 Active 状态，此时一台主机向另一台主机发送数据包，交换机包装 PacketIn 消息送给控制器。OFChannelHandler 对 PacketIn 消息的处理和上面介绍过的对 OFStatisticsReply 消息的处理，在逻辑上是类似的，首先获得默认的 OpenFlowSwitchDriver——DefaultSwitchHandshaker 的实例，然后调用该实例的 handleMessage 方法。handleMessage 方法会回调 OpenFlowControllerImpl 私有类 OpenFlowSwitchAgent 实例的 processMessage 方法。

```
========== onos.protocols.openflow.ctl.src.main.java.org.onosproject ============
================== .openflow.controller.impl. OFChannelHandler ==================
class OFChannelHandler
    enum ChannelState
        ACTIVE(true)
            void processOFPacketIn()
                h.dispatchMessage();
        private void dispatchMessage()
            sw.handleMessage();
========== onos.protocols.openflow.ctl.src.main.java.org.onosproject ==========
=============== .openflow.controller.impl.OpenFlowControllerImpl ===============
@Component(immediate = true)
@Service
public class OpenFlowControllerImpl
    public class OpenFlowSwitchAgent
        public void processMessage()
            processPacket();
            for (OpenFlowMessageListener listener : ofMessageListener)
                listener.handleIncomingMessage();
```

ProcessMessage 方法调用 processPacket 方法，经过 switch 的判断后进入 PACKET_IN 分支。在 PACKET_IN 分支中，先获得解析 PacketIn 的消息以获得原始 pktCtx，pktCtx 含有原始数据包的特征。接下来又出现了熟悉的桥段：遍历所有集合 ofPacketListener 中的 PacketListener 实例并执行其 handlePacket 方法。ofPacketListener 初始为空，那一定是有地方调用了 addListener 方法填充了 ofPacketListener。

```
========== onos.protocols.openflow.ctl.src.main.java.org.onosproject ==========
=============== .openflow.controller.impl.OpenFlowControllerImpl ===============
@Component(immediate = true)
@Service
public class OpenFlowControllerImpl
    public void processPacket()
        switch (msg.getType())
            case PACKET_IN:
                OpenFlowPacketContext pktCtx = DefaultOpenFlowPacketContext
                    .packetContextFromPacketIn();
                for (PacketListener p : ofPacketListener.values())
                    p.handlePacket();
```

上述过程和上一节 ofSwitchListener 遇到的情况完全一样。对应地，找到 OpenFlow-PacketProvider 模块，果然是它调用了 OpenFlowControllerImpl 实例的 addPacketListener 方法，将 OpenFlowPacketProvider 的私有类 InternalPacketProvider 实例化，并作为 addPacketListener 的参数填充进了 ofPacketListener。

```
=========== providers.openflow.packet.src.main.java.org.onosproject ============
=============== .provider.of.packet.impl.OpenFlowPacketProvider ===============
@Component(immediate = true)
public class OpenFlowPacketProvide
    @Activate
    public void activate()
        providerService = providerRegistry.register();
        controller.addPacketListener(20, listener);              // 监听 PacketIn
```

回到 OpenFlowControllerImpl 的 processPacket 方法，该方法会遍历 ofPacketListener 得到 InternalPacketProvider 的实例，并执行其 handlePacket 方法。该方法的参数 pktCtx，之前提到过，包含了原始数据包的特征。handlePacket 方法首先通过 pktCtx 构造出 inPkt 和 outPkt 两个副本，随同 pktCtx 一并构造出一个 OpenFlowCorePacketContext 实例的 corePktCtx。corePktCtx 作为参数传给 providerService 的 processPacket 方法，而该 providerService 则是 Core 中的模块 PacketManager。

```
=========== providers.openflow.packet.src.main.java.org.onosproject ============
=============== .provider.of.packet.impl.OpenFlowPacketProvider ===============
@Component(immediate = true)
public class OpenFlowPacketProvider
    private class InternalPacketProvider
        public void handlePacket()
            DefaultInboundPacket inPkt = new DefaultInboundPacket();
                                                        // packet 的 Inbound 副本
            if (!pktCtx.isBuffered())
                outPkt = new DefaultOutboundPacket();    // packet 的 Outbound 副本
            OpenFlowCorePacketContext corePktCtx =
                new OpenFlowCorePacketContext();         // packet 的 Core 副本
            providerService.processPacket(corePktCtx);   // 处理 Core 副本
```

与 DeviceManager 一样，PacketManager 也是 ProviderService 的实现，在其 activate 方法里则启动了与 Packet 相关事情的发布机制。要注意的是，不要被 activate 方法所迷惑，PacketManager 向 App 投递 Packet 事件并不是通过 post 这类机制的。

```
===== core.net.src.main.java.org.onosproject.net.packet.impl.PacketManager =====
@Component(immediate = true)
@Service
public class PacketManager
    @Activate
    public void activate()
        store.setDelegate();
        deviceService.addListener();
```

PacketManager 的 processPacket 方法背后的工作机制就比较讲究了。可以看到，这个方法的主体是个循环，要遍历 processers 中各个 ProcessEntry 实例并执行其 process 方法。可是 processers 初始也为空，也是有地方调用了 addProcesser 方法对 processers 进行了填充。

```
===== core.net.src.main.java.org.onosproject.net.packet.impl.PacketManager =====
@Component(immediate = true)
@Service
public class PacketManager
    private class InternalPacketProviderService
        public void processPacket()
        for (ProcessorEntry entry : processors)
                                    // 各个 App 有序地对 packet 进行处理
            try
                long start = System.nanoTime();
                entry.processor().process();
                entry.addNanos();
```

回到本节最开始对 fwd 介绍的部分，可以看到调用 PacketManager 的 addProcesser 方法的正是 fwd 这个 App。Fwd 在调用 addProcesser 方法时，将自身私有类 ReactivePacket-Processor 的实例添加到了 PacketManager 的 processers 中，并指定自己处理 packet 的优先级为 2。

重要的部分来了：addProcesser 方法在执行时，会根据优先级将 App 放入 processers 的特定位置。这个 processers 是个列表，是有序的，各个订阅了 packetService 的 App 按优先级从小到大排序。这样就使得 PacketManager 的 processPacket 方法在遍历过程中，实际上就相当于将 corePktCtx 投给优先级最小的 App，这个 App 通过 process 方法处理完再给优先级第二小的 App，依此类推直至全部 App 处理完。

```
========= apps.fwd.src.main.java.org.onosproject.fwd.ReactiveForwarding =========
@Component(immediate = true)
@Service(value = ReactiveForwarding.class)
public class ReactiveForwarding
    @Activate
    public void activate()
        packetService.addProcessor(processor, PacketProcessor.director(2));
                                // 订阅 packet，自身的优先级为 2
===== core.net.src.main.java.org.onosproject.net.packet.impl.PacketManager =====
@Component(immediate = true)
@Service
public class PacketManager
    public void addProcessor(PacketProcessor processor, int priority)
        ProcessorEntry entry = new ProcessorEntry(processor, priority);
        int i = 0;
        // 根据 priority 将 App 放入 processors 的特定位置
        for (; i < processors.size(); i++)
            if (priority < processors.get(i).priority())
                break;
        processors.add(i, entry);
```

使用这个优先级的意义是什么呢？主要是对多个订阅了 packet 的 App 进行编排，规定谁先处理谁后处理。可能有的 App 会在控制器中直接对 packet 进行修改，后面的 App 看到的 Core Packet 就随之发生了变化，如一个 NAT（假设优先级 =1）的 App 把目的 IP 地址改了，然而另一个路由的 App（假设优先级 =2）处理的就是改写目的 IP 后的数据包，它不需要了解 NAT App 的存在就可以做出正确的转发决策。

如果没有优先级这种机制，使用原始的发布订阅去通知 App，那么这些 App 间的编排就需要依赖于数据平面的 Pipeline。不同的 App 向不同的 Table 下发流表，然后由 GOTO 来决定数据包的处理顺序。可是，如果底层设备不支持 Pipeline（比如 OpenFlow 1.0 只支持单级流表），那么对数据包的处理就很可能乱了套。

7.2.3 fwd 下发 PacketOut 和 FlowMod

经过上面的调用过程，现在数据包 pktCtx 终于进入了 fwd 的视野。fwd 通过私有类 ReactivePacketProcessor 的 process 方法执行转发的处理逻辑，主要是根据全局视图选路，没有目的主机的信息就泛洪，拓扑改变后重新铺路，具体的逻辑实现细节这里不谈，只看 PacketOut 和 FlowMod 是如何下发的。

1. PacketOut

PacketOut 的分发是通过 packetOut 方法完成的。参数中 context 即为 pktCtx，portNumber 是出端口。treatmentBuilder 类似于 OpenFlow 的 Action，setOput 类似于设好 Action 中的 output。方法最后调用 pktCtx 的 send 方法，send 方法中又跳转到 DefaultOpenFlowPacketContext 的 send 方法中。

```
========= apps.fwd.src.main.java.org.onosproject.fwd.ReactiveForwarding ========
@Component(immediate = true)
@Service(value = ReactiveForwarding.class)
public class ReactiveForwarding
    private void packetOut()
        context.treatmentBuilder().setOutput();     // 设定发出 PacketOut 的端口
        context.send();
```

DefaultOpenFlowPacketContext 的 send 方法，会调用 DefaultSwitchHandshaker 实例的 sendMsg 方法，进而又跳转到 sendMsgsOnChannel 方法。sendMsgsOnChannel 方法会通过目标交换机对应的 Netty channel，执行其 write 方法，这样 OFPacketout 消息就被发送出去了。

一般而言，上述调用过程发生于不改变数据包 payload 的情况，如果要自己封一个新包发出去（比如 ARP Reply），那么就要使用 packetService 提供的 emit 方法了。因为 emit 发的包是控制器生成出来的，不是交换机传来的，所以这个包就有可能要通过别的 ONOS 实例下发。因此 emit 方法的实现要比上述过程的实现复杂一些，要先使用 Store 将生成出来的包以事件的方式通知出去，相应的 ONOS 实例收到该事件后回调 localEmit 方法，找到目标交换机的 channel 把 OFPacketout 消息写下去。

由于 Fwd 模块不会封新的包发出去，这里就不详细介绍 emit 方法的执行过程了，不过下面将介绍的 FlowMod 处理过程倒是与其比较类似。

2. FlowMod

在 fwd 中流表的下发是通过 installRule 方法完成的，该方法最终会调用 FlowObjectiveManager 模块的 forward 方法来下发流表。

```
======== apps.fwd.src.main.java.org.onosproject.fwd.ReactiveForwarding =========
```

```
@Component(immediate = true)
@Service(value = ReactiveForwarding.class)
public class ReactiveForwarding
    private void installRule()
        flowObjectiveService.forward();
```

FlowObjectiveManager 是 FlowObjectiveService 的实现，是 Core 层的主要模块，向其他模块提供转发的接口。除了 FlowObjectiveManager 以外，ONOS 还有另外一个提供流表服务的模块 FlowRuleManager。两个模块的区别在于 FlowObjectiveManager 提供业务层面的转发逻辑，FlowRuleManager 提供的是表项级别的转发规则，实际上 FlowObjectiveManager 中 forward 方法的实现最终也是通过 FlowRuleManager 来完成的。

Forward 方法启动了一个 ExecutorService，入口函数为 FlowObjectiveManager 内部类 ObjectiveInstaller 的 run 方法，该方法首先根据 deviceid 获取设备的 Pipeliner，然后调用 Pipeliner 的 forward 方法。

```
=========== core.net.src.main.java.org.onosproject.net.flowobjective ============
===================== .impl.FlowObjectiveManager ===========================
@Component(immediate = true)
@Service
public class FlowObjectiveManager
    public void forward()
        executorService.execute(new ObjectiveInstaller());
    private class ObjectiveInstaller implements Runnable
        public void run()
            Pipeliner pipeliner = getDevicePipeliner();
                        // 根据 deviceid 获取设备的 Pipeliner
            if (pipeliner != null)
                if (objective instanceof NextObjective)
                    ...
            else if (objective instanceof ForwardingObjective)
                pipeliner.forward(());  // 调用 Pipeliner 的 forward 方法转发数据包
```

Pipeliner 是设备对流表的具体实现，一般来说只有 OpenFlow 交换机才具备 Pipeliner，不同厂家 OF 交换机的 Pipeliner 也各不相同，主要体现在流水线上各级流表功能的不同。来看看 OpenVSwitchPipeline 中的 forward 方法，首先通过 processForward 方法对转发的业务逻辑进行适配，转换为表项逻辑，然后调用 flowRuleService 的实现 FlowRuleManager 中的 apply 方法。

```
=========== drivers.default.src.main.java.org.onosproject.driver ===============
===================== .pipeline.OpenVSwitchPipeline =====================
public class OpenVSwitchPipeline
    public void forward()
        flowRuleService.apply();              // 调用 FlowRuleManager 的 apply 方法
```

apply 方法启动了一个 ExecutorService，入口函数为 FlowRuleManager 的内部类 Flow-OperationsProcessor 的 run 方法，run 方法调用了 process 方法。Process 方法最后又启动了一个 ExecutorService，入口函数为 FlowRuleStore 实现（SimpleFlowRuleStore 或者 Distri-butedFlowRuleStore）中的 storeBatch 方法。

```
===== core.net.src.main.java.org.onosproject.net.flow.impl.FlowRuleManager =====
@Component(immediate = true)
@Service
public class FlowRuleManager
    public void apply()
        operationsService.execute(new FlowOperationsProcessor());
    private class FlowOperationsProcessor implements Runnable
        public synchronized void run()
            if (!stages.isEmpty())
                process();
        private void process()
            for (DeviceId deviceId : perDeviceBatches.keySet())
                deviceInstallers.execute(() -> store.storeBatch());
```

StoreBatch 方法会将表项规则以 FlowRule Event 的形式发布出去，DistributedFlow-RuleStore 事件发布的代码如下所示。之所以 ONOS 选择用这种较为复杂的方式来下发 FlowMod，而不是直接交给交换机的 socket，原因和前一小节提到的 emit 方法的处理是一样的，这个 FlowMod 有可能要通过别的 ONOS 实例下发给目标交换机。代码首先通过 MastershipService 获得 deviceid 所属的主控制器，如果主控制器即为当前控制器，则继续调用 storeBatchInternal 方法发布事件，否则通过 ClusterCommunicationService 提供的集群通信服务向主控制器单播 FlowRule 事件。

```
=========== core.store.dist.src.main.java.org.onosproject.store.flow ============
======================== .impl.DistributedFlowRuleStore ========================
@Component(immediate = true)
@Service
public class DistributedFlowRuleStore
    public void storeBatch()
        DeviceId deviceId = operation.deviceId();
        NodeId master = mastershipService.getMasterFor(deviceId);
                                // 通过 Core 层的 mastership 服务解析
                                // 目标交换机的 master controller
        if (Objects.equals(local, master))      // 如果 master controller 就是自己
            storeBatchInternal();               // 发布 FlowRule Event
            return;                             // 返回
        clusterCommunicator.unicast().whenCompleted();
                                // 如果 master controller 是其他的 ONOS 实例，
                                // 则会执行至此，向主控制器单播 FlowRule Event
```

FlowRuleManager 通过内部私有类 InternalStoreDelegate 来订阅 FlowRule 事件，有 FlowRule Event 过来时回调 notify 方法，该方法进而调用 OpenFlowRuleProvider 的 executeBatch 方法，该方法最终根据 deviceid 找到设备对应的 OF 信道，将 OFFlowMod 消息写下去。

```
====== core.net.src.main.java.org.onosproject.net.flow.impl.FlowRuleManager =====
@Component(immediate = true)
@Service
public class FlowRuleManager
    private class InternalStoreDelegate
        public void notify()                            // 通过 notify 方法来处理事件
```

```
switch (event.type())
    case BATCH_OPERATION_REQUESTED:
        request.ops().forEach(
            ops -> {
                switch (op.operator())
                    case ADD:
                        post(new FlowRuleEvent());
                        break;
            });
        if (flowRuleProvider != null)
            flowRuleProvider.executeBatch();
============ providers.openflow.flow.src.main.java.org.onosproject ==========
================== .provider.of.flow.impl.OpenFlowRuleProvider =================
@Component(immediate = true)
public class OpenFlowRuleProvider
    public void executeBatch()
        for (FlowRuleBatchEntry fbe : batch.getOperations())
            sw.sendMsg();
```

7.3　ONOSFW 的实现

ONOS 中有一个专门用于集成 OPNFV 环境的项目叫做 ONOSFW（ONOS FrameWork），它通过 ONOS App——VTN 来支持虚拟化网络的开通，能够对接 networking-onos 作为 OpenStack 后端网络的实现。VTN 实现的功能，包括分布式 ARP、分布式 L2/L3，以及浮动 IP 的 SNAT 和 DNAT（不支持 NAPT）。其特色是支持 SFC，不过这个项目在完成 OPNFV Brahmaputra 中的 Demo Test 后，VTN 就不再更新功能了。

VTN 的目录结构如下所示，vtnmgr 负责提供二三层网络功能，sfcmgr 负责提供服务链功能，vtnweb 负责接收二三层网络和与服务链相关的 RESTful API，sfcweb 提供了服务链的 GUI，vtnrsc 则定义了各种二三层网络和服务链的数据结构。

```
vtn/
    sfcmgr              // 提供服务链的功能
    sfcweb              // 服务链的 GUI
    vtnmgr              // 提供二三层网络功能
    vtnsrc              // 接收二三层网络和服务链相关的 RESTful API
    vtnweb              // 二三层网络和服务链的数据结构
```

Vtnrsc、vtnweb 和 sfcweb 没什么好说的，本节主要来看看 sfcmgr 和 vtnmgr 的业务逻辑。

7.3.1　vtnmgr 分支

在 vtnmgr 的目录中，manager 分支下的 VtnManager 有个 ONOS 模块，它负责实现二三层的业务逻辑，impl 分支下的 **Impl 提供各个功能点的具体实现，utils 则提供一些边边角角的 API。目前 vtnmgr 能提供的功能包括分布式的 L2/L3、FloatingIP 的双向 NAT。

1. VtnManager

VtnManager 是一个 ONOS 模块，在其 activate 方法中会启动 impl 分支下的各个功能，并监听一些事件，包括 Device 事件、Host 事件和 VtnRsc 事件，以触发相应的业务逻辑。处理业务逻辑的主要方法如下所示。

```
============= apps.vtn.vtnmgr.src.main.java.org.onosproject.vtn ================
======================== .manager.impl.VtnManager ==========================
public class VtnManager
    public void onControllerDetected()          // 探测到 OVSDB 节点上线
    public void onControllerVanished()          // 探测到 OVSDB 节点离线
    public void onOvsDetected()                 // 探测到 OVS 上线
    public void onOvsVanished()                 // 探测到 OVS 离线
    public void onHostDetected()                // 探测到虚拟机上线
    public void onHostVanished()                // 探测到虚拟机离线
```

当收到 Device_ADDED Event 时，VtnManager 会判断 Device 是 Switch 类型的，还是 Controller（指 OVSDB Server）类型的，如果是 Controller 类型的会调用 onController-Detected 方法，如果是 Swtich 类型的会调用 onOvsDetected 方法。一般而言，会先收到 Controller device 的 Device_ADDED，然后是 Switch device 的 Device_ADDED。

OnControllerDetected 方法，会创建 br-int 并建立该 br-int 上的默认隧道端口。相反，onControllerVanished 方法则从相关数据结构中移除该 OVSDB 服务器。

```
============= apps.vtn.vtnmgr.src.main.java.org.onosproject.vtn ===============
======================== .manager.impl.VtnManager ==========================
public class VtnManager
    public void onControllerDetected()
        if (mastershipService.isLocalMaster())
            if (exPortVersioned != null)
                VtnConfig.applyBridgeConfig();   // 创建 br-int
        programTunnelConfig();                   // 为 br-int 建立默认的隧道端口
```

OnOvsDetected 方法调用了 applyTunnelOut 方法，applyTunnelOut 方法遍历现有的虚拟机（这些虚拟机都位于其他节点上），得到这些虚拟机所在交换机的 IP，然后建立 <Segment ID，MAC> 到 <Port，Remote IP> 的转发流表。相反，OnOvsVanished 方法会移除这些转发流表。

```
=============== apps.vtn.vtnmgr.src.main.java.org.onosproject.vtn =============
======================== .manager.impl.VtnManager ========================
public class VtnManager
    public void onOvsDetected()
        applyTunnelOut();          // 向该新上线 OVS 下发流表，转发到
                                   // 其他 OVS 上已有虚拟机的流量
        Iterable<RouterInterface> interfaces = routerInterfaceService.getRouter-
Interfaces();
        interfaces.forEach(routerInf -> {
            applyL3ArpFlows();     // 下发为 router interface 代答 ARP 的流表
        });
    private void applyTunnelOut()
        Iterable<Host> allHosts = hostService.getHosts();
            // 得到所有已经上线的虚拟机，由于该 OVS 是新上线的，
            // 因此该方法得到的是位于其他已上线的 OVS 上的虚拟机
        if (allHosts != null)
```

```
        Sets.newHashSet(allHosts).forEach(host -> {   // 遍历所有的已上线虚拟机
    Device remoteDevice = deviceService.getDevice();
                            // 获得该虚拟机的接入 OVS
    String remoteControllerIp = VtnDat.getControllerIpOfSwitch();
                            // 获得该虚拟机接入 OVS 的 IP
    ports.stream().filter(p -> p.name().equalsIgnoreCase())
        .forEach(p -> {
            l2ForwardService.programTunnelOut();
                            // 下发流表，用于转发去往同一个二层中、
                            // 位于远端的虚拟机的流量
        });
    });
});
```

OnHostDetected 方 法 处 理 虚 拟 机 的 上 线。 该 方 法 会 进 一 步 执 行 3 个 方 法。
ProgramSffAndClassifierHost 方法判断虚拟机是否为 SFI（Service Function Instance，如
FW、LB 等），若是则将所在交换机的类型设为 sff_ovs，否则设为 classifier_sff，具体作用
到了 sfcmgr 部分再讲。

```
============= apps.vtn.vtnmgr.src.main.java.org.onosproject.vtn ===============
===================== .manager.impl.VtnManager ==========================
public class VtnManager
    public void onHostDetected()
        programSffAndClassifierHost();
        applyHostMonitoredL2Rules();
        applyHostMonitoredL3Rules();
```

ApplyHostMonitoredL2Rules 方法的主体实现如下，这个方法里面涉及了较多的处理过
程。programGroupTable 方法使用 ALL 类型的 Group 来建立隧道的组播端口，用于处理本
地产生的广播，然后调用多个下发流表的方法，各个方法的作用参见注释。

```
============= apps.vtn.vtnmgr.src.main.java.org.onosproject.vtn ===============
===================== .manager.impl.VtnManager ==========================
public class VtnManager
    private void applyHostMonitoredL2Rules()
        for (PortNumber p : localTunnelPorts)
            programGroupTable();            // 建立隧道组播的 Group
        if (type == Objective.Operation.ADD)
            l2ForwardService.programLocalBcastRules();
                        // 在新增虚拟机所在的交换机上，处理本地产生的广播
            classifierService.programTunnelIn();
                        // 在新增虚拟机所在的交换机上，标记从隧道流入的流量
            l2ForwardService.programLocalOut();
                        // 在新增虚拟机所在的交换机上，处理发往远端虚拟机的流量
            l2ForwardService.programTunnelBcastRules();
                        // 在新增虚拟机所在的交换机上，处理从隧道流入的广播流量
            programTunnelOuts();
                        // 在远端交换机上，处理发向该新增虚拟机的单播流量
            classifierService.programLocalIn();
                        // 在新增虚拟机所在的交换机上，标记虚拟机流入的流量
```

ApplyHostMonitoredL3Rules 方法的主体实现如下，在逻辑上主要分为 2 块：通过
applyEastWestFlows 处理同一租户内部跨网段的流量，通过 applyNorthSouthFlows 方法处

理虚拟机与 Internet 间的流量。

```
============== apps.vtn.vtnmgr.src.main.java.org.onosproject.vtn ==============
====================== .manager.impl.VtnManager ==========================
public class VtnManager
    private void applyHostMonitoredL3Rules()
        hostInterfaces.forEach(routerInf -> {
                        // 遍历 router 中属于同一租户的 interfaces
            if (count > 0)
                if (operation == Objective.Operation.ADD)
                    if (routerInfFlagOfTenantRouter.get(tenantRouter) != null)
                        applyEastWestL3Flows();  // 处理同一租户内部跨网段的流量
        });
        if (floatingIp != null)              // 若新建的虚拟机分配了浮动 IP 地址
            applyNorthSouthL3Flows();        // 处理该新建虚拟机与 Internet 间的流量
    private void applyEastWestL3Flows()
        if (operation == Objective.Operation.ADD)
            sendEastWestL3Flows();
    private void sendEastWestL3Flows()
        classifierService.programL3InPortClassifierRules();     // 标记流入的 L3 流量
        Sets.newHashSet(devices).stream().filter().forEach(d -> {
            l3ForwardService.programRouteRules();
                    // 为东西向流量做路由，改写 MAC 和 VNI
        });
    private void applyNorthSouthL3Flows()
        classifierService.programL3ExPortClassifierRules();
                    // 识别从 External Network 发向浮动 IP 的流量
        dnatService.programRules();                      // 入方向上的 DNAT
        snatService.programSnatSameSegmentUploadControllerRules();
        if (operation == Objective.Operation.ADD)
            sendNorthSouthL3Flows();
            l2ForwardService.programExternalOut();
                    // SNAT 后向 External Network 转发
    private void sendNorthSouthL3Flows()
        l3ForwardService.programRouteRules();
                    // 为 NAT 后的南北向流量做路由，改写 MAC
        classifierService.programL3InPortClassifierRules();
                    // 标记由该分配了浮动 IP 的虚拟机流入的流量
```

以上就是 VtnManager 的主体业务逻辑。除了上述以外，router interface 和 Floating Ip 还可以单独触发业务逻辑的执行，onRouterInterfaceDetected 方法会执行 applyEastWestFlows，onFloatingIpDetected 方法就执行 applyNorthSouthFlows。

2. ***ServiceImpl

在上一节的 openstacknetworking 部分讲过 ARP 和 Floating IP 了，VTN 相应的实现区别也不大。L2ForwardServiceImpl 和 L3ForwardServiceImpl 的实现在上面有关 VtnManager 的讲解过程中已经覆盖了，此处不再赘述。VTN 使用的 Pipeline 如下所示，可以很容易地将上面对 VtnManager 的讲解对应到各个表中，Table 4 和 Table 7 用于 SFC 的实现，下面就来介绍 VTN 中对 SFC 的实现。

```
============== drivers.default.src.main.java.org.onosproject.driver ==============
====================== .pipeline.OpenVSwitchPipeline ==========================
```

```
public class OpenVSwitchPipeline
    private static final int CLASSIFIER_TABLE = 0;
    private static final int ENCAP_OUTPUT_TABLE = 4;    // PortPair 转发表，SFC 相关
    private static final int TUN_SEND_TABLE = 7;        // 隧道转发表，SFC 相关
    private static final int ARP_TABLE = 10;
    private static final int DNAT_TABLE = 20;
    private static final int L3FWD_TABLE = 30;
    private static final int SNAT_TABLE = 40;
    private static final int MAC_TABLE = 50;
```

7.3.2　sfcmgr 分支

在 sfcmgr 的目录中，manager.impl.SfcManager 实现了 SFC 的业务逻辑，它会调用 installer.impl.SfcFlowRuleInstaller 中提供的方法对 Pipeline 进行操作。

在介绍 SfcManager 的业务逻辑前，需要先搞清楚 SfcManager 中各种数据结构的含义。其中，PortChain 是指服务链，FlowClassifier 是流量分类器（根据五元组识别），PortPair 对应一个 VNF 实例，PortPairGroup 是同一类功能的 PortPair 组成的 VNF 资源池。一个 PortChain 中会有一个或多个 FlowClassifier，以及一个或多个 PortPairGroup。

SfcManager 是实现 SFC 业务逻辑的 ONOS 模块，它主要就是通过 onPortChainCreated 方法去监听服务链的建立，然后开通服务链上的路径，onPortChainCreated 方法会调用 SfcFlowRuleInstallerImpl 的 installFlowClassifier 方法下发 FlowClassifier 流表。FlowClassifier 流表的逻辑是，首包需要上报给控制器，如果 FlowClassifier 与 PortChain 要经过的第一个 PortPair 不在同一台 OVS 上，则封装 NSHoverVxLANGPE 将流量送到第一个 PortPair 所在 的 OVS 上，同时向下一个 PortPair 所在的 OVS 下发流表，从而指导其接收该流量并从相 应端口送出。如果 FlowClassifier 与 PortChain 要经过的第一个 PortPair 在同一台 OVS 上，则 GOTO PortPair 转发表。

```
=============== apps.vtn.sfcmgr.src.main.java.org.onosproject.sfc ===============
======================= .manager.impl.SfcManager ==========================
@Component(immediate = true)
@Service
public class SfcManager
    public void onPortChainCreated()
        flowRuleInstaller.installFlowClassifier();
=============== apps.vtn.sfcmgr.src.main.java.org.onosproject =================
================ .sfc.installer.impl.SfcFlowRuleInstallerImpl =================
public class SfcFlowRuleInstallerImpl
    public ConnectPoint installFlowClassifier()
        return installSfcClassifierRules();
    public ConnectPoint installSfcClassifierRules()
        while (flowClassifierListIterator.hasNext())
                                // 遍历 PortChain 中所有的 FlowClassifier
        if (fiveTuple == null)
            sendSfcRule();          // 将首包发给控制器
            continue;
        if (deviceId != null && !deviceId.equals(deviceIdfromPortPair))
                                // 如果 FlowClassifier 与 PortChain 中要经过的
```

```
                    // 第一个 PortPair 不在同一台 OVS 上
        sendSfcRule();      // 流量会 GOTO 隧道转发表（TUN_SEND_TABLE）
        sendSfcRule();      // 控制器发出的 PacketOut 也 GOTO 隧道转发表
        installSfcTunnelSendRule();    // 将流量送到第一个 PortPair 所在的 OVS
        installSfcTunnelReceiveRule();
                    // 指导下一个 PortPair 所在的 OVS 接收该流量，并从相应端口送出
    else            // 如果 FlowClassifier 与 PortChain 中要经过的
                    // 第一个 PortPair 在同一台 OVS 上
        sendSfcRule();
                    // 流量会 GOTO PortPair 转发表（ENCAP_OUT_TABLE）
        sendSfcRule();
                    // 控制器发出的 PacketOut 也会 GOTO PortPair 转发表
```

上述的 FlowClassifier 流表，完成的只是流表的识别，以及识别后到路径第一跳 OVS 的转发。对于后续路径上流量的引导，要等到流量的首包进来之后（上面的 installSfcClassifierRules 方法中有一条"将首包发给控制器"的流表），SfcManager 内部类 SfcPacketProcessor 中的 process 方法会对其进行处理，该方法首先根据数据包的包头提取出 5 元组，从而获得 5 元组对应的 PortChain，并分析出 PortChain 中负载最轻的路径，然后下发流表引导目标流量流经该路径。

```
============== apps.vtn.sfcmgr.src.main.java.org.onosproject.sfc ================
======================= .manager.impl.SfcManager ==========================
@Component(immediate = true)
@Service
public class SfcManager
    private class SfcPacketProcessor
        public void process()
            LoadBalanceId id = loadBalanceSfc();    // 获得 PortChain 中负载最轻的路径
            flowRuleInstaller.installLoadBalancedFlowRules();
                                    // 下发流表对流量进行路径上的引导
        sendPacket();                   // 通过 PacketOut 将首包重新送回数据平面
```

LoadBalanceSfc 方法会选择当前工作负载最小的 VNF 实例。其实现逻辑为遍历该 PortChain 中的 PortPairGroup，然后再遍历当前 PortPairGroup 中的各个 PortPair，找到工作负载最小的 PortPair 加入最优路径。

```
============== apps.vtn.sfcmgr.src.main.java.org.onosproject.sfc ================
======================= .manager.impl.SfcManager ==========================
@Component(immediate = true)
@Service
    public class SfcManager
        private LoadBalanceId loadBalanceSfc()
            for (final PortPairGroupId portPairGroupId : portPairGroups)
                    // 遍历 PortChain 中的各个 PortPairGroup
                for (final PortPairId portPairId : portPairs)
                    // 遍历 PortChainGroup 中的各个 PortPair，
                if (load == 0)
                    ...
                else
                    if (load < minLoad)
                        minLoad = load;
```

```
                    minLoadPortPairId = portPairId;
            // 选择出当前负载最小的 PortPair
    if (minLoadPortPairId != null)
        loadBalancePath.add(minLoadPortPairId);
            // 将负载最小的 PortPari 添加到路径中
```

InstallLoadBalancedForwardingRule 方法，会调用 installSfcFlowRules 方法来引导流量在负载均衡的服务链路径上进行的转发。InstallSfcFlowRules 方法会先向第一个 PortPair 所在的 OVS 下发 PortPair 转发表，PortPair 转发表会采用 NSHoverEthernet 封装。然后 InstallSfcFlowRules 方法会从第二个 PortPair 遍历到倒数第二个 PortPair，如果发现当前 PortPair 和下一个 PortPair 在同一个 OVS 上，就直接在本地完成中继，否则指导当前 PortPair 所在的 OVS 将流量通过 NSHoverVxLANGPE 隧道送到下一个 PortPair 所在的 OVS 上，并指导下一个 PortPair 所在的 OVS 从相应端口送给下一个 OVS。对于最后一个 PortPair，则需要下发流表终结 NSH，并进行后续非服务链的处理，最终将流量送到目的地。

```
============== apps.vtn.sfcmgr.src.main.java.org.onosproject.sfc ===============
======================= .manager.impl.SfcManager =========================
@Component(immediate = true)
@Service
public class SfcManager
    public ConnectPoint installLoadBalancedFlowRules()
        return installSfcFlowRules();
    public ConnectPoint installSfcFlowRules()
        installSfcEncapOutputRule();      // 向第一个 PortPair 所在的 OVS 下发 PortPair
                                          // 转发流表，采用 NSHoverEthernet 的封装
        while (portPairListIterator.hasNext())
            installSfcForwardRule();
                    // 向当前 PortPair 所在的交换机下发流表，若下一个
                    // PortPair 与当前 PortPair 在同一个 OVS 上，则 GOTO
                    // PortPair 转发流表，否则 GOTO 隧道转发表，并向隧道
                    // 转发表下发流表将流量送给下一个 PortPair 所在的 OVS,
                    // 封装采用 NSHoverVxLANGPE
            installSfcEncapOutputRule();
                    // 向下一个 PortPair 所在的 OVS 下发 PortPair 转发流表
        installSfcEndRule();   // 向最后一个 PortPair 所在的 OVS 下发流表，将 NSH 头
                    // 剥掉，并做 Resubmit，进行后续非服务链的处理
```

7.4 SONA 的实现

SONA 是 ONOS 中 OpenStack 的后端实现，其架构如图 7-7 所示。除了运行虚拟机的计算节点外，图中还画出了网关节点，这个网关节点是用来处理南北向流量的，多个网关节点可形成网关组以支持数据平面的 HA。在网关节点上，还会集成 Quagga 与外界网络进行动态路由的交互。ONOS 中与 SONA 的相关模块有 3 个，分别是负责处理节点初始化配置的 OpenStackNode，负责监听 networking-onos 并完成后端网络开通的 OpenStackNetworking，以及负责外部路由重分布的 vRouter。vRouter 实际上是从 SDN-IP 这个 use case 中借鉴过来的，它在下一节 CORD 的内容中再做介绍。本节先来看看

OpenStackNode 和 OpenStackNetworking。

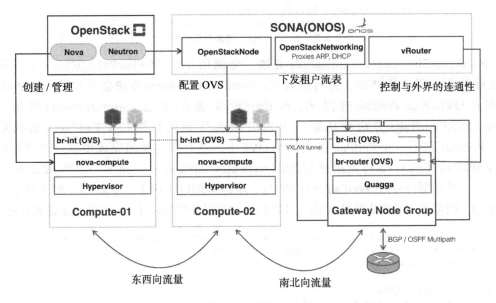

图 7-7　ONOS SONA 架构

7.4.1　openstacknode 分支

openstacknode 通过 OVSDB 对计算节点和网关节点上的 OVS 进行初始化。open-stacknode 的目录结构如下所示。OpenstackNode 是对计算、网关节点的抽象，Openstack-NodeConfig 能够根据配置文件中的 OpenStack 节点信息返回 OpenstackNode 的实例集合，OpenstackEvent 规定了根据节点状态处理节点事件的方法，OpenstackNodeManager 是处理节点事件的主模块，SelectGroupHandler 通过 Group 提供多个网关节点间的负载均衡。

```
openstacknode/
    OpenstackNode              // 描述计算节点和网关节点的数据结构
    OpenstackNodeConfig        // 负责读取配置文件中的节点信息
    OpenstackEvent             // 根据节点状态选择处理节点事件的方法
    OpenstackNodeManager       // 处理节点事件的主模块
    SelectGroupHandler         // 通过 Group 实现了网关节点间的负载均衡
```

OpenstackNodeManager 是 ONOS 模块，其 activate 方法如下所示。该方法会实例化一个 SelectGroupHandler，并在最后通过 readConfiguration 方法调用 OpenStackNodeConfig 的 openstackNodes 方法，读入配置文件中 OpenStack 的节点信息，并通过 nodeStore 发布 OpenStack 节点的 UPDATE 事件。这个事件会被 OpenstackNodeManager 的私有类 InternalMapListener 的实例所监听到，触发其 event 方法，该方法判断出该事件为 UPDATE 类型并调用 initNode 方法。initNode 方法会根据节点当前所处的状态执行相应的处理逻辑。

```
============== apps.openstacknode.src.main.java.org.onosproject ================
================== .openstacknode.OpenstackNodeManager =====================
@Component(immediate = true)
@Service
public final class OpenstackNodeManager
    private final MapEventListener<String, OpenstackNode> nodeStoreListener =
                                          new InternalMapListener();
    private ConsistentMap<String, OpenstackNode> nodeStore;
    @Activate
    protected void activate()
        readConfiguration();
    private void readConfiguration()
        OpenstackNodeConfig config = configRegistry.getConfig();
        config.openstackNodes().forEach(node -> {
                        // 通过 OpenstackNodeConfig 读取配置文件中的节点信息
            addOrUpdateNode();
        });
    public void addOrUpdateNode()
        nodeStore.put(node.hostname(),OpenstackNode.getUpdatedNode());
                        // 通过 nodeStore 来发布节点的 UPDATE 事件
    private class InternalMapListener
        public void event()
            switch (event.type())
                case UPDATE:              // 监听到节点的 UPDATE 事件
                    eventExecutor.execute(() -> initNode(newNode));
    private void initNode()
        NodeState state = node.state();
        state.process();
```

在 OpenstackNodeEvent 中制定了 4 种节点状态，每一种在 OpenstackNodeManager 中都有对应的处理方法：INIT 状态的节点在下一步需要创建 Bridge，DEVICE_CREATED 状态的节点在下一步需要创建端口，COMPLETED 状态的节点在下一步需要处理和网关节点相关的逻辑，IMCOMPLETED 状态的节点视为非法，需要移除与之相关的一些数据结构。

```
============== apps.openstacknode.src.main.java.org.onosproject ================
================== .openstacknode.OpenstackNodeEvent =====================
public class OpenstackNodeEvent
    public enum NodeState
        INIT
            public void process()
                nodeService.processInitState();
        DEVICE_CREATED
            ...
        COMPLETED
            ...
        INCOMPLETE
            ...
============== apps.openstacknode.src.main.java.org.onosproject ================
================== .openstacknode.OpenstackNodeManager =====================
@Component(immediate = true)
@Service
public final class OpenstackNodeManager
    public void processInitState()
        if (!isOvsdbConnected())    // 先确认节点和控制器间的 OVSDB 已建立
```

```
        connectOvsdb();
        return;
    createBridge();                        // 建立 br-int
    if (node.type().equals(NodeType.GATEWAY))
        createBridge();
                            // 如果是网关节点则还需要建立 br-router
```

这样 OpenstackNodeManager 就完成了初始化工作。对 Device 事件的监听会触发一些逻辑，这主要是根据交换机的状态变化进行的一些工作，如更新交换机的端口信息等。

7.4.2 openstacknetworking 分支

openstacknetworking 主要包括 web 和 impl 两块，web 负责接收 networking-onos 向 ONOS 发出的 RESTful 请求，并调用 impl 中的相关逻辑对后端网络进行开通。在 Kingfisher 版本中，openstacknetworking 支持的功能包括控制器代答 ARP/DHCP、Security Group、分布式的 L2/L3、基于控制器的 NAPT，以及 Floating IP 的双向 NAT。

Openstacknetworking 使用的 Pipeline 如下所示，Table 0 用于标记流量，Table 1 用于 Security Group，Table 2 用于二三层流量分流，Table 3 用于不同 Subnet 间的路由，Table 4 用于 Subnet 内部的转发。可以看到，由于 openstacknetworking 目前所支持的功能仍然比较单一，因此相比于 OVS_Agent 和 ODL Netvirt 来说，Pipeline 的设计要简单很多。

```
============== drivers.default.src.main.java.org.onosproject.driver ==============
======================= .pipeline.OpenstackPipeline ==========================
public class OpenstackPipeline
    private static final int SRC_VNI_TABLE = 0;
    private static final int ACL_TABLE = 1;
    private static final int JUMP_TABLE = 2;
    private static final int ROUTING_TABLE = 3;
    private static final int FORWARDING_TABLE = 4;
```

OpenstackSwitchingArpHandler 通过 requestPacket 方法在 br-int 上下发流表，将 ARP Request 上交给控制器。收到 ARP Request 的 PacketIn 后，它会通过 Core 层 hostService 提供的方法获取目标的 MAC 地址，据此构造 ARP Reply 并通过 Core 层 packetService 提供的 emit 方法在本地代理回复 ARP，这避免了 ARP Request 的泛洪。如果目标 IP 地址为网关或者 FloatingIP，则由 OpenstackRoutingArpHandler 使用 GATEWAY_MAC 常量 fe:00:00:00:00:01 进行回复。OpenstackSwitchingDhcpHandler 的实现同理于 OpenstackSwitchingArpHandler。

OpenstackSecurityGroupHandler 通过 setSecurityGroupRule 方法向 OVS 下发流表，实现了 Neutron 的安全组功能，这样就不需要启动 Linux Bridge 了，目前不支持带状态的安全组。

OpenstackSwitchingHostProvider 会监听 Core Device 发布的 Port 事件，如果是 PORT_ADDED 或者 PORT_UPDATED，则会将该 Port 对应的虚拟机实例更新到 Core Host 中。然后 Core Host 会发布 OPENSTACK_INSTANCE_PORT_DETECTED 或者 OPENSTACK_INSTANCE_PORT_UPDATED 事件，这一事件会触发 OpenstackSwitchingHandler 中的

instPortDetected 方法，该方法调用 setNetworkRules 方法下发与该虚拟机相关的 L2 流表。

　　OpenstackSwitchingHandler 的 setNetworkRules 方 法 做 了 两 件 事 情，一 是 通 过 setTunnelTagFlowRules 方法向虚拟机所在的本地交换机下发流表，在虚拟机流量流入时为其标记 VNI。二是通过 setForwardingRules 方法向该虚拟机的本地交换机和远端交换机下发流表，处理发往该虚拟机的单播流量。setForwardingRules 方法的流表逻辑，是匹配流量当前的 VNI 与目的 IP 地址，在动作中会改写目的 MAC 地址并进行转发。不过从设计的角度来说，Swiching 流表的逻辑应该是匹配目的 MAC 地址然后进行转发，根据目的 IP 映射目的 MAC 的工作属于 Router 上的逻辑，OpenstackSwitchingHandler 的 setForwardingRules 的实现方式还是比较奇怪的。

```
============ apps.openstacknetworking.src.main.java.org.onosproject ============
============ .openstacknetworking.impl.OpenstackSwitchingHandler ==============
@Component(immediate = true)
public final class OpenstackSwitchingHandler
    private void setNetworkRules()
        setTunnelTagFlowRules();              // 对流量在入口处标记 VNI
        setForwardingRules();                 // 下发和该虚拟机相关的转发流表
    private void setForwardingRules()
        TrafficSelector selector = DefaultTrafficSelector.builder()
            .matchEthType().matchIPDst()..matchTunnelId().build();
                        // 匹配目的 IP 及当前所属的 VNI
        TrafficTreatment treatment = DefaultTrafficTreatment.builder()
            .setEthDst().setOutput().build();
                        // 对于本地交换机，改写目的 MAC，并从该虚拟机的端口直接转发
        ...                 // 此省略处，会遍历其他远端交换机，改写目的 MAC 并从对应隧道转发
```

　　OpenstackRoutingHandler 是 openstacknetworking 中 设 计 较 为 复 杂 的 一 个 模 块，它会监听 OPENSTACK_ROUTER 和 OPENSTACK_ROUTER_INTERFACE 两类事件。对 OPENSTACK_ROUTER_CREATED 和 OPENSTACK_ROUTER_UPDATED 事件的处理是通过 routerUpdated 方法完成的，其逻辑是将去往外网的流量通过 Group 均衡到不同的网关节点上去，网关节点会将去往外网的流量 PacketIn 给控制器，该 PacketIn 流表的优先级为 25 000，是所有流表类型中优先级最低的，因此不会覆盖掉其他流表的处理逻辑。

```
============ apps.openstacknetworking.src.main.java.org.onosproject ============
============== .openstacknetworking.impl.OpenstackRoutingHandler ==============
@Component(immediate = true)
public class OpenstackRoutingHandler
    private void routerUpdated()
        if (exGateway == null)    // 如果 router 和 External Network 没有连接
            ...
        else                      // 如果 router 和 External Network 有连接
            osRouterService.routerInterfaces(osRouter.getId()).forEach(iface -> {
                setSourceNat();   // 处理 router 上所有 interface 的 SNAT
            }));
    private void setSourceNat()
        osNodeService.completeNodes().stream()
            .filter(osNode -> osNode.type() == COMPUTE)
            .forEach(osNode -> {
```

```
                setRulesToGateway();
        });          // 遍历所有计算节点，将发向 External Network 的
                     // 流量通过 Group 负载均衡给网关节点
    osNodeService.gatewayDeviceIds()
        .forEach(gwDeviceId -> setRulesToController());
                     // 网关节点将发向 External Network 的流量上交
                     // 控制器（优先级为 25000）
```

对 OPENSTACK_ROUTER_INTERFACE_ADDED 事件的处理是通过 routerIfaceUpdated 方法完成的，该方法主要做了 3 件事，1）通过 setInternalRoutes 方法完成新增 router interface 和同一 router 上其他 router interface 间的路由。2）将虚拟机 ping 该新增 interface 的流量并通过 Group 负载均衡给网关节点，再有网关节点将该流量 PacketIn 给控制器。3）处理该新增 interface 的 SNAT。其中，1）处理的是东西向流量，它是源交换机所在的本地交换机分布式地完成的，2）和 3）处理的是南北向流量，它们在网关节点集中式地进行处理。

```
============ apps.openstacknetworking.src.main.java.org.onosproject ============
=============== .openstacknetworking.impl.OpenstackRoutingHandler ==============
@Component(immediate = true)
public class OpenstackRoutingHandler
    private void routerIfaceAdded()
        setInternalRoutes();
        setGatewayIcmp();
        if (exGateway != null && exGateway.isEnableSnat())
            setSourceNat();          // 处理该新增 interface 的 SNAT
    private void setInternalRoutes()
        ...                          // 此省略处，会完成该新增 interface 所在的 subnet
                                     // 和同一 router 上的其他 interface 所在的 subnet 间
                                     // 的路由，匹配的是源 VNI、源 IP、目的 IP，动作是
                                     // 改写流量当前所属的 VNI
    private void setGatewayIcmp()
        ...                          // 此省略处，会将虚拟机 ping 该新增 interface 的流量
                                     // 通过 Group 负载均衡给网关节点，网络节点会将该流
                                     // 量上交控制器
```

OpenstackFloatingIPHandler 负责分配 FloatingIP 的虚拟机实例到 Internet 的流量，以及分配 FloatingIP 的虚拟机实例到其他虚拟机实例的流量。OpenstackFloatingIPHandler 会通过 setFloatingIpRules 方法下发双向流表，流表的逻辑就是进行静态 NAT，改写相关的 MAC 和 IP。

OpenstackIcmpHandler 通过 request 方法截获网关节点上的 ICMP 包，通过 processIcmp-Packet 方法处理 ICMP 包，包括虚拟机 ping router interface 或者 ping Internet 两类。Process-IcmpPacket 方法通过 handleEchoRequest 方法处理 ICMP Request，通过 handleEchoReply 方法处理 ICMP Reply。HandleEchoRequest 方法，通过 processRequestForGateway 方法代答 ping router interface 的流量，通过 sendRequestforExternal 方法路由 ping Internet 的流量。handleEchoReply 方法通过 processReplyFromExternal 方法路由 Internet 返回给虚拟机的 ICMP Reply。

```
=========== apps.openstacknetworking.src.main.java.org.onosproject =============
============ .openstacknetworking impl.OpenstackRoutingIcmpHandler ==============
@Component(immediate = true)
```

```
public class OpenstackRoutingIcmpHandler
    private void processIcmpPacket()
        switch (icmp.getIcmpType())
            case ICMP.TYPE_ECHO_REQUEST:
                handleEchoRequest();
            case ICMP.TYPE_ECHO_REPLY:
                handleEchoReply();
    private void handleEchoRequest()
        if (isForSubnetGateway()
            processRequestForGateway();        // 控制器代答 ping Router 的流量
        else
            sendRequestForExternal();          // 路由 ping External Network 的流量
    private void handleEchoReply()
        processReplyFromExternal();
                            // 路由 External Network 返回给虚拟机的 ICMP Reply
```

OpenstackRoutingSnatHandler 负责处理未分配 FloatingIP 的虚拟机实例到 Internet 的流量。ProcessSnatPacket 方法会得到可用的 L4 端口号，然后下发虚拟机实例与 Internet 通信的双向流表，流表的逻辑是基于端口 NAT（即 NAPT）的。与 OpenstackFloatingIPHandler 中 setFloatingIpRules 方法在处理上不同的是，ProcessSnatPacket 方法在下发完流表后会发一个 PacketOut 出去，这个区别产生的原因在于 FloatingIP 流表的下发是 Proactive 的，而 NAPT 流表的下发是 Reactive 的，因此下发流表后需要把首包再扔回到数据平面中去，这个首包和其后续的数据包就会匹配 NAPT 流表直接进行转发了。

```
============ apps.openstacknetworking.src.main.java.org.onosproject ============
============ .openstacknetworking.impl.OpenstackRoutingSnatHandler ============
@Component(immediate = true)
public class OpenstackRoutingSnatHandler
    private void processSnatPacket()
        int patPort = getPortNum();            // 获得可用的 L4 端口号
        populateSnatFlowRules();               // 下发双向流表实现 NAPT
        packetOut();                           // 把首包 PacketOut
```

7.5　CORD 简介

运营商的本地网中有大量的传统电信机房，也称为本地端局，本地端局承载了宽带、专线、语音等不同业务，部署这些业务需要采购大量的专用硬件设备，如 OLT/CPE/BNG、CE/PE、SGSN/GGSN 等，因此本地端局的构建会形成大量的成本，而其灵活性和可编程性却都十分受限。2015 年初，ATT 在 ONOS 中成立了一个 use case 名为 CORD（Central Office Re-Architected as Data-Center），CORD 旨在构建电信级的边缘数据中心，对本地端局进行云化重构，以降低成本同时增强其开放性。CORD 的技术思路，就是通过云提供虚拟化能力，通过 NFV 控制虚拟化网元、编排虚拟化服务，再通过 SDN 为这些虚拟化网元进行灵活的、开放的连接。在强力需求的驱动下，CORD 很快完成了 PoC，并取得了不错的效果。为了加速 CORD 的落地与推广，CORD 于 2016 年 3 月从 ONOS 中独立出来，形成了一个新的开源组织 Open Cord，包括 ATT、Verizon、中国联通、韩国 SK 电讯、日本

NTT 在内的多家知名大型运营商纷纷加入 Open Cord。2016 年 7 月，Google 也宣布加入 Open Cord，在业内引起了不小的轰动。

Open Cord 目前提出了 3 个主要的应用场景，一是面向光宽带的 R-CORD（Residential CORD），二是面向企业的 E-CORD（Entreprise CORD），三是面向 5G 的 M-CORD（Mobility CORD）。根据社区的未来计划，还会尝试将上述三者综合为 Multi-Access CORD，以支持多业务混合接入的云化端局。R-CORD 的原型即为 ONOS 中的 CORD use case，下面将对 R-CORD 的设计进行简单介绍。

7.5.1　R-CORD 的架构

R-CORD 主要提供光宽带用户的接入功能，它实现了 OLT/CPE/BNG 的虚拟化与控制逻辑，R-CORD 的设计如图 7-8 所示。用户的光信号由物理 OLT 完成终结，而对用户的认证（802.1x + Radius），以及为用户分配 VLAN 的功能则由 vOLT 模拟完成。vOLT 完成处理后，用户流量用 ONU 封好 C-VLAN 并送至 OLT，OLT 会对用户流量标记 S-VLAN，根据 S-VLAN，流量转发给 vSG。vSG 完成的是传统 CPE 的部分功能，包括 DHCP 和 NAT 等，vSG 会剥掉 QinQ，并在完成 NAT 后将发往 Internet 的流量送到上联骨干网的物理交换机上。这个物理交换机与 Metro-Router 相连，vRouter 会与 Metro-Router 交互动态路由协议，然后下发流表控制发往 Internet 流量的转发。传统端局中三层结构的物理网络，在 R-CORD 中会演进为扁平化的 Leaf-Spine Fabric。

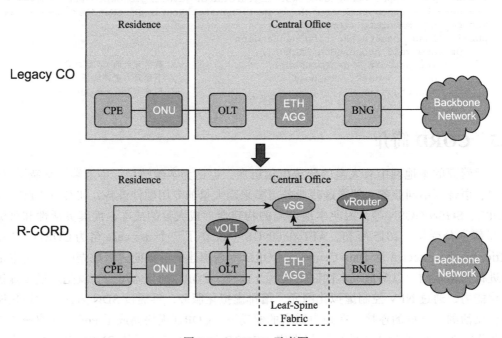

图 7-8　R-CORD 示意图

R-CORD 的软硬件架构如图 7-9 所示。软件方面，XOS 对虚拟化网元提供服务编排，ONOS 提供网络转发层面的控制。XOS 可以看作是 ESTI 的 NFV 架构中的 NFVO，通过不同的 Service Profile（服务配置文件）可以实现不同应用场景的服务编排，比如在 R-CORD 中就是 vOLT-vSG-vRouter。ONOS 是 SDN 控制器，负责实现与网络转发相关的控制逻辑。硬件方面，虚拟化网元由 x86 服务器承载，而底层的 Leaf-Spine Fabric 则使用了白盒交换机（由 ONOS 控制）进行部署，这在业界，尤其是在运营商的 SDN 圈中，是十分罕见并具有技术突破性的做法。

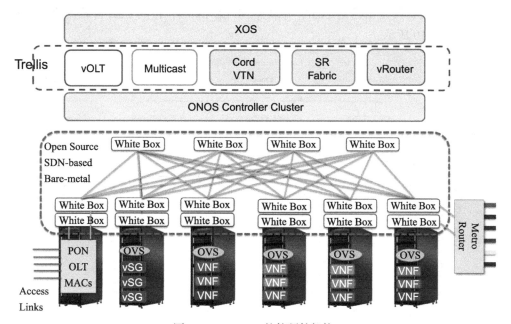

图 7-9　R-CORD 的软硬件架构

7.5.2　R-CORD 的控制与转发机制

在 ONOS 中与 R-CORD 相关的 App 包括 vOLT、Cord VTN、SR Fabric、Multicast 和 vRouter 5 个，这 5 个 App 组合在一起称为 Trellis。其中，各个 App 的功能如下：

1）vOLT 负责接收用户发出来的 802.1x 报文并向 Radius 进行认证，认证成功后为用户分配 VLAN。

2）Cord VTN 负责对 OVS Pipeline 进行控制，完成 Overlay 的转发、节点间的转发，通过 VxLAN 进行传输。

3）SR Fabric 负责对白盒交换机进行控制，完成 Underlay 的传输，传输的过程借鉴了 Segment Routing 的思路。

4）vRouter 负责同步，Quagga 从 Metro Router 处学习到的 Internet 单播路由，并通过 SR Fabric 和 Cord VTN 控制单播的转发。

5）Multicast 负责监听接入侧的 IGMP，并和 Metro Router 交互 PIM-SIM，学习组播的路由并通过 SR Fabric 控制组播流的转发，它主要面向的是 IPTV 业务。

下面主要来说 SR Fabric。Segment Routing 在本书的第 1 章介绍过，它采用的是源路由的思路，通过在入口设备上封装路径的信息，指导后续的设备按照该路径进行转发。Segment Routing 中最重要的两个概念是 Node SID 和 Adj SID，其中 Node SID 标识设备，Adj SID 标识链路。SR Fabric 采用 MPLS 作为叶节点 SID，源 OVS 封装 VxLAN 出来以后，源口会通过 MPLS Label 标记目的 Leaf，然后通过 Group 负载均衡给 Spine，然后 Spine 直接根据 MPLS Label 转发给目的 Leaf，并剥掉 MPLS Label，目的 Leaf 再转发给目的 OVS。具体过程如图 7-10 所示。

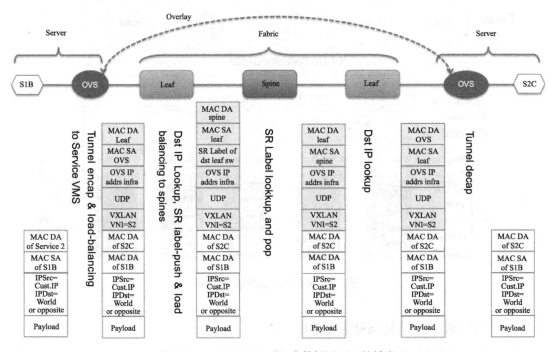

图 7-10　Trellis SR Fabric 中数据平面上的转发

如果 SR Fabric 只推一层 MPLS Label 进去，那么实际上 MPLS Label 和 IP/32 是等价的，如果能把 Spine 的 Node SID 也推进去，就可以实现简单的流量工程了。CORD 未来计划通过 sFlow 探测大象流，并反馈给 ONOS 进行动态的路径调度。

与在 OVS 上可以自定义 Pipeline 不同的是，白盒交换机上的 Pipeline 是受限于芯片实现的。R-CORD 中的白盒交换机大多数使用的是 Broadcom Trident 系列的芯片，需要按照 OFDPA 提供的 API 对 Pipeline 进行操作。OFDPA 的 3.0 版本，R-CORD 也在积极地进行跟进。图 7-11 所示为 OFDPA Pipeline 的一个简单示意图，各个表的作用在名字上都体现得很清楚。

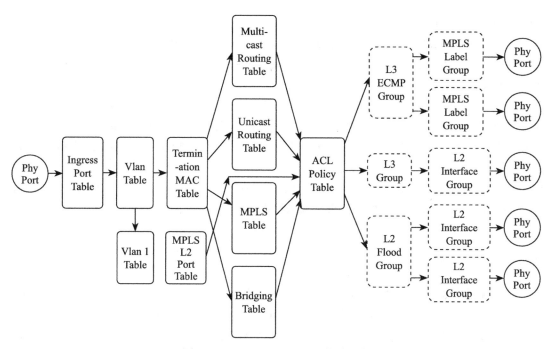

图 7-11 OFDPA Pipeline 的简单示意

下面针对 R-CORD 中不同的流量类型来介绍 Pipeline 相应的处理逻辑，括号中是 Group 的类型，Indirect 是指定多个中的一个，Select 是通过哈希选择多个中的一个，All 是选择全部。

1）ARP：Phy Port → Ingress Port Table → VLAN Table → Termination MAC Table → ACL Policy Table → Controller。

2）L2 Unicast：Phy Port → Ingress Port Table → VLAN Table → Termination MAC Table → Bridging Table → ACL Policy Table → L2 Interface Group（Indirect）→ Phy Port。

3）L2 Broadcast：Phy Port → Ingress Port Table → VLAN Table → Termination MAC Table → Bridging Table → ACL Policy Table → L2 Flood Group（All）→ L2 Interface Group（Indirect）→ Phy Port。

4）L3 Unicast（源 Leaf）：Phy Port → Ingress Port Table → VLAN Table → Termination MAC Table → Unicast Routing Table → L3 ECMP Group Table（Select）→ MPLS Label Group（Indirect）→ L2 Interface Group（Indirect）→ Phy Port。

5）L3 Unicast（Spine）：Phy Port → Ingress Port Table → VLAN Table → Termination MAC Table → MPLS Table → L3 ECMP Group Table（Select）→ L3 Unicast Group（Indirect）→ L2 Interface Group（Indirect）→ Phy Port。

6）L3 Unicast（目的 Leaf）：Phy Port → Ingress Port Table → VLAN Table → Termination MAC Table → Unicast Routing Table → L3 Unicast Group Table（Indirect → L2 Interface Group

（Indirect） → Phy Port。

7）L3 Multicast：Phy Port → Ingress Port Table → VLAN Table → Termination MAC Table → Multicast Routing Table → L3 Multicast Group Table（All） → L2 Interface Group（Indirect） → Phy Port。

虽然 CORD 和本书所关注的云数据中心有较大的差别，但是无论从其设计架构，还是实现上来看，都有很多有意思的地方。之所以上面只讲解了 SR Fabric，而没有讲解 Trellis 中其他的 App，是希望读者能够了解到 SDN 并不是只能在 DC Overlay 中应用，DC Underlay 同样有很多值得 SDN 去挖掘的地方。OpenCord 的官网上还给出了 SR Fabric 的 Roadmap，包括 Leaf 和 Quagga 的 HA、IPv6、VxLAN Gateway、VxLAN Routing、组播 LSP、In-Band 控制等，有兴趣的读者可深入地探索与研究。

7.6 本章小结

ONOS 最开始的定位是面向运营商大网的控制器，因此其项目多关注于运营商的业务，对于数据中心这块目前仍多用于功能性的 Demo。本章介绍了 ONOS 本身的架构，以及社区中与数据中心业务相关的项目设计与实现，另外在最后一节中还简单地介绍了与 CORD 相关的内容。

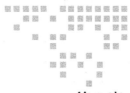
学术界相关研究

自从 2016 年 SDWAN 的概念兴起之后，SDDCN 的话题热度就迅速冷却下来了，很多人觉得未来几年 SDDCN 基本也就是现在这个样子了，未来或生或灭等待市场来裁决就好了。实际上抛开已经明确的市场需求，单从网络的设计角度来看，目前 SDDCN 在功能上仍有很大的发展空间。本章会介绍学术界对数据中心网络的主流构想，会有与 SDN 相关的，也有非 SDN 的，希望能够与读者一同来拓展技术视野。

8.1 拓扑

8.1.1 FatTree

UCSD 大学的一些学者在 2008 年的 Sigcomm 上发表了论文[θ]，论文基于 FatTree 拓扑对数据中心网络进行了重构，使用了大量低端的商用交换机（COTS，Commodity Off The Shelf）来代替传统网络中少数昂贵的核心交换机进行组网。FatTree 的组网结构示意如图 8-1 所示，图中拓扑分为 Edge、Aggregation 和 Core 3 层，3 个层次上的交换机均采用完全相同的 COTS 交换机（如 48×1GE），为了利用这些 COTS 交换机来实现数据的无阻塞交换，该论文对于 3 个层次上设备的数量和连接规则都提出了一定的约束，另外提出了相应的路由算法。下面只讨论 FatTree 在拓扑层面的设计，具体的路由算法见本章 8.2.2 节。

Edge 和 Aggregation 层组成了服务器接入的网络基本单元（称为 POD），Core 组成了网络交换的核心，将各个 POD 连接起来。FatTree 组网的设计原则如下：整个网络包括 K 个 POD，每个 POD 都由 $K/2$ 个 Edge 交换机和 K/2 个 Aggregation 交换机组成。每个 Edge

⊖ Al-Fares M, Loukissas A, Vahdat A. A scalable, commodity data center network architecture[C]// ACM, 2008:63-74.

和 Aggregation 交换机都有 K 个端口，其中 Edge 层交换机使用 $K/2$ 个端口下联服务器，Aggregation 层交换机使用 $K/2$ 个端口上联 Core 层交换机，Edge 和 Aggregation 交换机中剩余的 $K/2$ 个端口用于 POD 中 Edge 和 Aggregation 层间的全互联。因此，有 K 个端口、K 个 POD 的 FatTree 网络可容纳 $K \times (K/2) \times (K/2)$ 共计 $K^3/4$ 台服务器（K 个 POD，每个 POD 中有 $K/2$ 个 Edge 交换机，每个 Edge 交换机通过 $K/2$ 个端口连接服务器）。

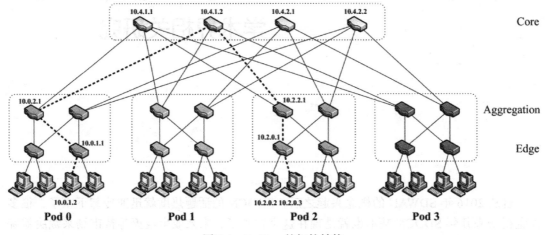

图 8-1　FatTree 的拓扑结构

Core 层由 $(K/2) \times (K/2)$ 共计 $K^2/4$ 个 K 个端口交换机组成。这些 Core 交换机分为 $K/2$ 组，每组有 $K/2$ 个。第一组的 $K/2$ 台 Core 交换机用于连接各个 POD 中 Aggregation 层的一号交换机（从左向右依次排序），第二组的 $K/2$ 台 Core 交换机用于连接各个 POD 中 Aggregation 层的二号交换机，依此类推，第 $K/2$ 组的 $K/2$ 台 Core 交换机用于连接各个 POD 中 Aggregation 层的 $K/2$ 号交换机。每一组中的 $K/2$ 台 Core 交换机间互为冗余备份，$K/2$ 组 Core 交换机可以为任意两个服务器间的通信提供 $(K/2) \times (K/2)$ 共计 $K^2/4$ 条冗余路径。

可以看到，由于 Edge 层和 Aggregation 层的交换机数量是一样的，每台 Edge 交换机下联的端口数和每台 Aggregation 交换机上联的端口数也是一样的，而且 Edge 和 Aggregation 层交换机端口的带宽也是一样的，因此该 FatTree 网络的收敛比是 1:1。再配合论文中配套提出的 FatTree 路由算法，Aggregation 层的交换机可以在与之相连的 $K/2$ 个 Core 层交换机间进行负载均衡，因此在理论上可以实现无阻塞的数据中心网络。

该论文提出的 FatTree 拓扑，在物理结构上与图论中给出的标准 FatTree 不同，不过由于设计了 1:1 的收敛比，因此在逻辑上可以归类为 FatTree。实际上，图 8-1 是一个 Multi-root 的树状网络，从每一个 Core 层交换机向下看，都是一个 3 层的完全二叉树。或者把每个 POD 看作是一个虚拟的交换机，那么该论文提出的 FatTree 拓扑也可以看作是 3-Stage Folded CLOS。

这种 FatTree 拓扑最大的好处就是可以使数据中心网络摆脱掉高端口密度的、昂贵的核心交换机。这样一来容错率提高了，一台 Core 交换机出现故障了只损失掉了 $1/(K^2/4)$ 的带宽，而在两台核心交换机组成的虚拟机框中，一个核心交换机出现故障了就会损失掉一半的带宽。另外，使用了大量低端的 COTS 交换机来代替传统网络中少数昂贵的核心交换机进行组网，可以摆脱交换机厂商的锁定并降低网络的整体成本。图 8-2 所示为论文中对传统网络和 FatTree 的成本对比图。

Year	Hierarchical design			Fat-tree		
	10 GigE	Hosts	Cost/GigE	GigE	Hosts	Cost/GigE
2002	28-port	4,480	$25.3K	28-port	5,488	$4.5K
2004	32-port	7,680	$4.4K	48-port	27,648	$1.6K
2006	64-port	10,240	$2.1K	48-port	27,648	$1.2K
2008	128-port	20,480	$1.8K	48-port	27,648	$0.3K

图 8-2 传统网络和 FatTree 的成本对比

FatTree 的设计看起来是 Scale-out 的，貌似多增加 POD 和 Core 层交换机就可以无限地扩展服务器的接入数量。但实际上由于拓扑本身的特殊性，FatTree 能够接入的服务器数量受限于交换机的端口密度，目前低端 COTS 交换机的端口密度通常只能做到 48 个，因此 FatTree 能够接入的服务器数量一般只能做到 $48^3/4=27648$，想扩展的话只能增加交换机的端口密度，这样通常会导致成本的非线性增加。而且 FatTree 中交换机的数量相比于传统网络增加了很多，Core 层交换机的数量将随着 K 平方级别增长，随之带来的设备管理成本和布线成本是不可忽视的。

这篇论文在后续几年中，引发了学术界对于数据中心内部网络拓扑设计的广泛而深刻的讨论。

8.1.2 VL2

2009 年的 Sigcomm 上，微软的研究人员提出了一种名为 VL2 的网络架构[一]。VL2 采用的网络拓扑是典型的 CLOS 结构，如图 8-3 所示。VL2 中的网络可以分为 ToR、Aggregate、Intermediate 3 层。ToR 交换机通过 2 个端口上联到不同的 Aggregate 交换机，其余的端口连接服务器。Aggregate 层交换机有 DA 个端口，其中 $DA/2$ 个端口连接 $DA/2$ 个 ToR 交换机，剩余的 $DA/2$ 个端口上联 $DA/2$ 个 Intermediate 交换机。如果 VL2 网络中有 DI 台 Aggregate 交换机，则对应有（$DA/2/2$）× DI 共计 $DA \times DI/4$ 台 ToR 交换机。若 ToR 上联端口为 10G，服务器使用 1GE 接入，则为了保证 1：1 的收敛比，则 VL2 网络最多可以容纳（$DA \times DI/4$）× 20 台服务器。

VL2 和 FatTree 的设计理念有所不同，它并没有要求全网都采用相同型号的低端交换机，因此 VL2 中对于拓扑的约束相比于 FatTree 要宽松一些。VL2 对 Aggregate 交换机的

一 Greenberg A, Hamilton J R, Jain N, et al. VL2: a scalable and flexible data center network[C]// ACM SIGCOMM 2009 Conference on Data Communication. ACM, 2009:51-62.

数量 *DI* 并没有进行明确的要求，只要不超过 Intermediate 交换机的端口数就可以了。对于 Intermediate 交换机的端口数 VL2 也没有明确要求，Intermediate 交换机上还可以有一些高带宽的端口，用来做 Internet 接入，或者继续上联更高层次的交换机（如 Super 层），用以形成 5-Stage CLOS 来支持更大规模的数据中心网络。VL2 相比于 FatTree 在演进上也更为平滑一些，路由方面采用了 VLB+OSPF+ECMP 的组合，对传统设备有很好的兼容性（见本章 8.2.3 节）。

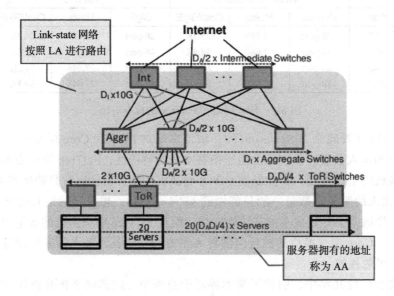

图 8-3　VL2 的拓扑结构

实际上，当前业界流行的 Leaf-Spine 和 VL2 的拓扑结构是基本一致的。Leaf 相当于 VL2 中的 Aggregate，而 Spine 则相当于 VL2 中的 Intermediate，Hypervisor 中的 vSwitch（或者 ToR）则相当于 VL2 中的 ToR。在实际生产环境中，Leaf-Spine 网络一般不需要设计成 1:1 的收敛比，考虑到 40GE/100GE 的普及，Leaf-Spine 能够轻松地支持几千台 10GE 服务器，如果考虑增加 Super 层来作为 5-Stage Folded CLOS，几万台甚至上百万台 10GE 服务器的规模也是可以支撑的。

8.1.3　DCell

DCell 是微软亚研院在 2008 年 Sigcomm 上提出的一种数据中心网络结构[⊖]。与 FatTree、VL2 不同的是，DCell 是一种以服务器为中心的组网结构，服务器上需要部署多块网卡用于服务器间的直连，服务器还上拥有路由转发的逻辑用于中转来源于其他服务器的数据包。

DCell 的基本单元是 $DCell_0$，$DCell_0$ 由一台 T 个端口的 mini 交换机用于连接 T 个服务

⊖　Guo C, Wu H, Tan K, et al. Dcell:a scalable and fault-tolerant network structure for data centers[C]// ACM, 2008:75-86.

器。DCell$_0$ 内部服务器的互联由 mini 交换机完成，而在 DCell$_1$ 中不同 DCell$_0$ 间的互联则需要借助服务器间的直连链路完成。DCell$_1$ 的典型结构如图 8-4 所示，图中 DCell$_0$ 由 4 个服务器和 1 个 4 端口的 mini 交换机组成（$T=4$），mini 交换机只负责 DCell$_0$ 内部的 4 个服务器间转发的数据包。DCell$_1$ 是由 5 个 DCell$_0$ 组成的，5 个 DCell$_0$ 间的互联没有交换机参与，在每个 DCell$_0$ 中 4 个服务器分别使用一个额外的端口，依次与其他 DCell$_0$ 中的服务器直连，从而在 5 个 DCell$_0$ 间形成全互联的结构。DCell$_1$ 中的服务器可以用（m，n）坐标来表示，其中 m 标识服务器位于第 m 个 DCell$_0$，n 标识服务器在第 m 个 DCell$_0$ 中的序号。同一个 DCell$_0$ 中的服务器进行通信时（m 相同），如（4，0）和（4，1），由该 DCell$_0$ 中的 mini 交换机中继。不同 DCell$_0$ 中的服务器进行通信时（m 不同），DCell 需要某些服务器对数据包进行中转。如（4，0）和（1，3）通信时，可先通过源服务器（4，0）所在的 DCell$_0$ 中的 mini 交换机中继到（4，1），再由（4，1）中继到（1，3）。

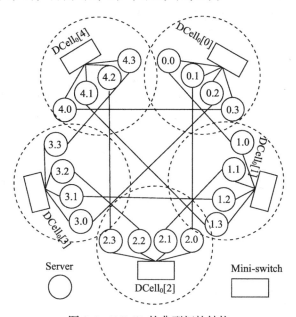

图 8-4　DCell1 的典型拓扑结构

对于 DCell$_k$ 来说，其包括的 DCell$_{k-1}$ 的数量为 DCell$_{k-1}$ 中总共所包含的服务器数量 +1，DCell$_{k-1}$ 中的每一个服务器都通过一块额外的网卡，依次与其他 DCell$_{k-1}$ 中的服务器直连，从而在 DCell$_{k-1}$ 间形成全互联的结构。从递推的公式来看，设 DCell$_k$ 中包括 DCell$_{k-1}$ 的数量为 G_k，DCell$_k$ 中服务器的数量为 T_k 个，则有：

$$G_k = T_{k-1} + 1$$
$$T_k = G_k \times T_{k-1}$$

上述递推公式的约束条件为 $k \geqslant 1$，初始条件为 T_0=DCell$_0$ 中服务器的数量。当 DCell$_0$ 中有 4 个服务器时，DCell$_1$ 由 5 个 DCell$_0$ 组成（G_1=5），DCell$_1$ 共有服务器 20 个（T_1=20）。DCell$_2$ 由 21 个 DCell$_1$ 组成（G_2=21）时，DCell$_2$ 共有服务器 420 个（T_2=420）。DCell$_3$ 由

421 个 $DCell_2$ 组成（G_3=421），$DCell_3$ 共有服务器 176 820 个（T_3=176 820）。可见 DCell 拓扑可以容纳的服务器数量是按照指数级上升的，当 T_0=6 时，$DCell_3$ 可以容纳的服务器数量可达到 3 260 000 个。

由于 $DCell_k$ 中不同的 $DCell_{k-1}$ 间采用了全连接的结构，因此 DCell 拓扑中服务器间两两通信的可用路径的数量也很多。DCell 这种全连接的对称结构，使得它能以不算很大的连接度（$DCell_3$ 中每个服务器需要 4 块网卡）获得很高的冗余度，当然这需要服务器对数据包进行中转。但是正是因为如此，也导致跨 DCell 的某些服务器间的通信转发路径可能会很长，不适合用于传输某些时延敏感的流量。另外，某些服务器间的直连需要使用长距离的链路，这也会带来很高的链路管理成本。

虽然在 DCell 中每个服务器需要的网卡数量并不多，但是考虑到服务器数量指数级增长，DCell 中的总网卡数量也是相当惊人的。相比于 FatTree，虽然 DCell 可以大幅降低交换机的采购成本，但是额外的网卡所带来的开销同样也是不可忽视的。而且，高层次 DCell 间的通信会占用较低层次 DCell 中的网卡带宽，如在之前的例子中，$DCell_1$ 网络中（4，0）和（1，3）的通信需要等量地占用（4，1）网卡的带宽，导致在较低层次的 DCell 单元中常常会出现链路拥塞。也就是说虽然花费了大量成本来采购网卡，但是却无法获得其全部的带宽能力，因此 DCell 实际上是一种有阻塞的网络结构，这是 DCell 拓扑（以及其他以服务器为中心进行转发的拓扑，如后面的 FiConn 和 BCube，等等）最大的一个缺点。

8.1.4　FiConn

顺着 DCell 的思路，微软亚研院在 2009 年的 Infocomm 上又提出了 FiConn[⊖]。$DCell_k$ 中各个服务器都要求有 k+1 块网卡，这不仅增加了网卡的成本，而且服务器间繁多的链路也给布线带来了极大的困难。FiConn 可以看作是低连接度的 DCell，无论 k 取多少，$FiConn_k$ 中的每个服务器都限用两块网卡，为了在连接度较小时能够保持住 DCell 中全连接的特性，FiConn 对 $FiConn_k$ 中所包含 $FiConn_{k-1}$ 的数量进行了约束。

FiConn 的基本单元是 $FiConn_0$，$FiConn_0$ 由一台 T 个端口的 mini 交换机连接 T 个服务器。$FiConn_0$ 内部服务器使用主网卡与 mini 交换机连接，而 $FiConn_1$ 中不同 $FiConn_0$ 间的互联则需要借助服务器中另外一块备用网卡来完成。图 8-5 所示为 T=4 时 $FiConn_2$ 的示意图，从中可以看到，在由 $FiConn_0$ 构建 $FiConn_1$ 时，并没有将 $FiConn_0$ 中 4 个服务器的 4 块备用网卡都用光，而是只用了 2 块备用网卡连接 2 个其他的 $FiConn_0$。这使得由 3 个 $FiConn_0$ 所组成的 $FiConn_1$ 拥有了 2 ×3 = 6 块备用网卡，用来构建 $FiConn_2$。当然，在由 $FiConn_1$ 构建 $FiConn_2$ 时，也没有将 $FiConn_1$ 中的 6 块备用网卡都用光，而是只用了 3 块备用网卡连接 3 个其他的 $FiConn_1$。这使得由 4 个 $FiConn_1$ 所组成的 $FiConn_2$ 拥有了（6 − 3）× 4 = 12 块备用网卡，用来构建 $FiConn_3$。

⊖　Li D, Guo C, Wu H, et al. FiConn: Using Backup Port for Server Interconnection in Data Centers[C]// INFOCOM. IEEE, 2009:2276-2285.

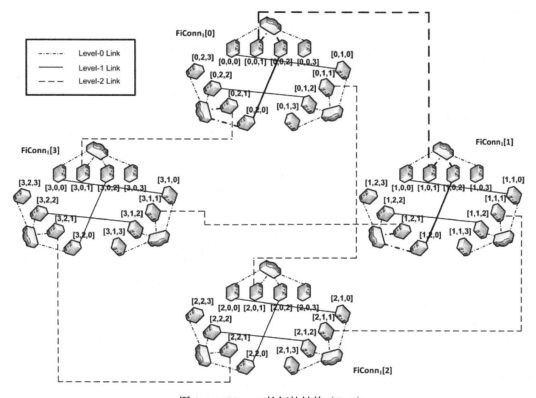

图 8-5　FiConn2 的拓扑结构（T=4）

从上述规律中可以归纳出 FiConn 使用备用网卡的约束条件：如果在 $FiConn_{k-1}$ 中仍有 B_{k-1} 个备用端口，那么 $FiConn_k$ 就由 $B_{k-1}/2 + 1$ 个 $FiConn_{k-1}$ 构成。这样一来，每个 $FiConn_{k-1}$ 都使用了 $B_{k-1}/2$ 个备用端口与其他 $FiConn_{k-1}$ 进行全互联，$FiConn_k$ 中就剩下了 $(B_{k-1} - B_{k-1}/2) \times (B_{k-1}/2 + 1)$ 个备用端口，用于构建 $FiConn_{k+1}$。从递推的公式来看，设 $FiConn_k$ 中包含的 $FiConn_{k-1}$ 数量为 G_k，$FiConn_k$ 中可以容纳的服务器数量为 T_k，$FiConn_k$ 中剩余可用的备用网卡数量为 B_k，则有：

$$G_k = B_{k-1}/2 + 1$$
$$T_k = G_k \times T_{k-1}$$
$$B_k = (B_{k-1} - B_{k-1}/2) \times (B_{k-1}/2 + 1)$$

上述递推公式的约束条件为 $k \geqslant 1$，初始条件为 $B_0=T_0=FiConn_0$ 中服务器的数量。当 $FiConn_0$ 中有 4 个服务器时，$FiConn_1$ 由 3 个 $FiConn_0$ 组成（$G_1=3$）时，$FiConn_1$ 共有服务器 12 个（$T_1=12$），可用的备用网卡有 6 个（$B_1=6$）。$FiConn_2$ 由 4 个 $FiConn_1$ 组成（$G_2=4$）时，$FiConn_2$ 共有服务器 48 个（$T_2=48$），可用的备用网卡有 12 个（$B_2=12$）。$FiConn_3$ 由 7 个 $FiConn_2$ 组成（$G_3=7$）时，$FiConn_3$ 共有服务器 336 个（$T_3=336$），可用的备用网卡有 42 个（$B_3=42$）。可见当初始值 T_0 相同时，$FiConn_k$ 中可以容纳的服务器数量要比 $DCell_k$ 少得多。当 $T_0=16$ 时，$FiConn_3$ 可以容纳的服务器数量为 3 553 776，大体相当于 $T_0=6$ 时 $DCell_3$ 可以

容纳的服务器数量（3 260 000）。

T_0 变大对于网络成本的影响在于，要多使用多端口的 mini 交换机，这相比于 DCell 需要使用更多的服务器网卡，到底哪一个的成本更低论文中没有给出明确的分析。不过，FiConn 相比于 DCell 倒是有几点明显的好处：在容纳相同数量的服务器时，FiConn 的网络直径相比于 DCell 缩小了将近一半（此处不对此结论进行证明），这可以更好地传输时延敏感的流量；由于多端口 mini 交换机的使用，DCell 中多数的长链路变为了 FiConn。服务器到 mini 交换机的短链路，节约了链路的管理成本；服务器节点上连接度的变小，降低了布线的难度。

8.1.5　BCube

在 2009 年 8 月份的 Sigcomm 上，微软亚研院紧接着又发表了 BCube[⊖]，用于解决 DCell 中如下几个问题：① DCell 中服务器的指数级增长适合于超大规模数据中心（mega datacenter）的组网，并不适用于规模相对来说较小的集装箱数据中心（container datacenter）。② 在 DCell 较低层次的单元中链路经常会发生拥塞。③ DCell 可以为服务器间的通信提供很多条路径，但是这些路径在路径长度上有着较大的差异，这可能会影响多路径转发的实际效率。

BCube 的基本单元是 $BCube_0$，$BCube_0$ 和 $DCell_0$ 的组成是完全一样的，也是由一台 T 个端口的 mini 交换机连接 T 个服务器。$BCube_0$ 内部服务器的互联由 mini 交换机完成，而在 $BCube_1$ 中不同的 $BCube_0$ 间也同样需要借助 mini 交换机完成互联。$BCube_1$ 的典型结构如图 8-6 所示，图中 level 0 的方框内即为 $BCube_0$，每个 $BCube_0$ 中的 4 个服务器通过 4 个端口的 mini 交换机进行连接，这些 mini 交换机定义为 level 0 交换机。$BCube_1$ 由 4 个 $BCube_0$ 互联组成，$BCube_0$ 间的通信由额外的 4 个 4 端口的 mini 交换机来协助转发，这些交换机定义为 level 1 交换机。各组 $BCube_0$ 中的服务器由 (m, n) 来表示，其中 m 标识服务器所属的 $BCube_0$，n 标识服务器在第 m 个 $BCube_0$ 中的序号。将 BCube 拓扑中的 mini 交换机由 $<M, N>$ 来表示，M 标识 mini 交换机所在的 level，N 标识 mini 交换机在 level M 中的序号。$BCube_1$ 使用 mini 交换机 $<1, N>$ 来连接各个 $BCube_0$ 中序号 $n=N$ 的服务器。

BCube 是一种递归结构。对于 $BCube_k$ 来说，它包括 T 个 $BCube_{k-1}$，以及 T^k-1 个 level k 的 T 端口 mini 交换机，其中 T 为 $BCube_0$ 中服务器的个数。$BCube_{k-1}$ 中的每一个服务器都通过一块额外的网卡与 level k 的 mini 交换机相连，从而实现 $BCube_{k-1}$ 间的互联。从递推公式来看，设 $BCube_k$ 中包括的 $BCube_{k-1}$ 的数量为 G_k，包括 level k 的 mini 交换机的个数为 L_k，$BCube_k$ 中服务器的数量为 T_k 个，则有：

$$G_k = T$$
$$L_k = T^k$$
$$T_k = T^{k+1}$$

⊖　Guo C, Lu G, Li D, et al. BCube: a high performance, server-centric network architecture for modular data centers.[J]. Acm Sigcomm Computer Communication Review, 2009, 39(4):63-74.

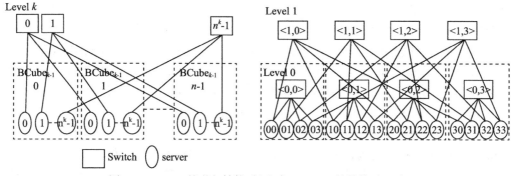

图 8-6　BCube 的递归结构（左）与 BCube1 的结构（n=4）

上述递推公式的约束条件为 $k \geqslant 0$。当 BCube$_0$ 中有 4 个服务器时（T=4），Bcube$_1$ 由 4 个 BCube$_0$ 组成（G_1=4），DCell$_1$ 共有服务器 16 个（T_1=16）。BCube$_2$ 由 4 个 BCube$_1$ 组成（G_2=4）时，BCube$_2$ 共有服务器 64 个（T_2=64）。BCube$_3$ 由 4 个 BCube$_2$ 组成（G_3=4）时，BCube$_3$ 共有服务器 256 个。可见 BCube 拓扑中服务器数量是按照幂次上升的。当 T=6 时，BCube$_3$ 可容纳服务器 1 296 个，相比于 T_0=6 时 DCell$_3$ 可以容纳百万级别的服务器而言，它有着数量级的降低。

BCube 的设计实际上是在 FatTree 和 DCell 间进行了折中。

1）BCube 在 k 层和 k–1 层的连接，在结构上可以看作是 FatTree 中 Aggregation 层和 Core 层连接的简化版——FatTree 的各个 POD 中同一组序号的 Aggregation 层交换机通过多个 Core 层交换机进行冗余备份，而各个 BCube$_{k-1}$ 中同一序号的服务器只通过一个 level k 的 mini 交换机进行互联。相比于 FatTree，BCube 节约了交换机间的级联链路，而且减少了交换机的数量，代价是增加了服务器端的网卡数，而且同 DCell 一样无法实现无阻塞交换。

2）BCube 仍然沿用了 DCell 中以服务器为中心进行转发的思路。相比于 DCell，BCube 节约了不同 DCell$_k$ 服务器间互联所需的长链路，改为增加了 BCube$_k$ 服务器到 level k mini 交换机间的短链路，这可以降低布线的复杂度。同时 level k mini 交换机与服务器的直连，可以有效地缓解 DCell 拓扑中低层次单元的链路拥塞，提高网络转发的效率。另外，level k mini 交换机也可以有效地减小转发路径的长度，有利于降低传输的时延。但是，BCube 相比于 DCell 付出的代价是增加了交换机的数量，而且在网络连接度相同的情况下，可容纳的服务器数量也大大减少了。

8.1.6　MDCube

如上面所述，BCube 看作是一种小型的集装箱数据中心（container datacenter）。为了方便部署，Bcube 的网络半径和可以容纳的服务器数量都控制在了一个较小的范围之内。在 2009 年 12 月，微软亚研院又在 CoNEXT 上提出了 MDCube[⊖]，用于互联多个 BCube 的

　⊖　Wu H, Lu G, Li D, et al. MDCube: a high performance network structure for modular data center interconnection [C]// International Conference on Emerging NETWORKING Experiments and Technologies. ACM, 2009:25-36.

container，以满足超大规模数据中心（mega datacenter）网络对于服务器数量的要求。

BCube₁ 中的连接都发生在服务器和交换机之间，交换机和交换机间并没有连接，而 MDCube 的思路就是将多个 container 的交换机连接起来。由于 container 的互联网络对于带宽有着很高的要求，因此 MDCube 提出在 container 间使用带有少数高速率（10GE/40GE/100GE）光端口的 mini 交换机，container 内的通信仍然使用 mini 交换机中的低速率电端口，而 container 间的通信则使用 mini 交换机中的高速率光端口。

MDCube 的拓扑设计规则如下：将各个 BCube container 看作是不同的虚拟节点，将 container 中 mini 交换机的高速率端口视为该虚拟节点的虚拟端口，如 4 个 10Gbps 的光端口绑定为一个 40Gbps 的虚拟光端口，然后通过虚拟端口来实现虚拟节点的全连接。假设需连接的 container 数目为 N，全连接要求每两个 container 之间均存在一条链路，因此每一个 container 至少需要 $N-1$ 个虚拟端口。当 MDCube 中需要连接的 container 数目较多时，可以通过增加全连接拓扑的维数实现扩展，图 8-7 和图 8-8 分别示意了一维和二维 MDCube 拓扑的连接。在一维的 MDCube 拓扑中，连接了 5 个 BCube₁ container，其中 BCube 中 mini-switch 的低速率端口数量为 $T=2$，在二维的 MDCube 拓扑中，连接了 9 个 BCube₁ container。

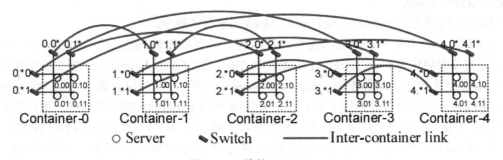

图 8-7　一维的 MDCube

理论上 MDCube 拓扑可以以任意多的维度进行 container 间的互连，一般情况下二维 MDCube 即可满足超大规模数据中心对于扩展性的要求。对于一维的 MDCube，可实现 $T=48$，$k=1$ 的 BCube₁ container 互连，各个 container 内服务器的数量为 $T^{k+1} = 2304$，mini 交换机的数量为 $T \times (k+1) = 96$ 个。因此一维的 MDCube 可以连接 $T \times (k+1) + 1 = 97$ 个 BCube₁ container，可容纳 97×2304 约 220 000 个服务器，而二维的 MDCube 则可连接 $[T \times (k+1) /2 +1]^2 = 49^2 = 2401$ 个 container，可支持 5 500 000 个服务器。因此 MDCube 可以实现与 DCell 同数量级的服务器容量。

如果把每个 container 看作是一个节点，那么 MDCube 实际上就是标准的 GHC（Generalized HyperCube）结构，这种结构实际上很早就被应用在并行计算的网络中了。在构建同等量级的超大规模数据中心时，MDCube 的结构相比于 DCell 来说简单得多，服务器节点的连接度较小，可以大大地降低布线的复杂度。MDCube 利用了 BCube 中原有 mini 交换机中的高速端口，并不需要增加交换机的数量，相比于 FatTree 可以节约交换机的数量。MDCube 的问题在于 BCube container 的内部仍然有阻塞，从这一点上来说 MDCube 是不如 FatTree 的，而 DCell 的阻塞问题则更加严重。

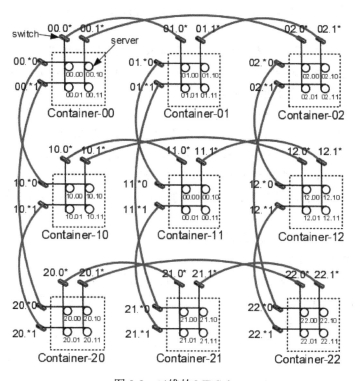

图 8-8 二维的 MDCube

8.1.7 CamCube

CamCube[⊖]是微软研究院在 2013 年的 HPDC 上提出的。CamCube 借鉴了 HPC（High Performance Computing，高性能计算）网络中的设计思路，采用了 3D-Torus 的拓扑，这是一种不需要任何交换机、完全通过服务器实现的网络互联结构。

3D-Torus 拓扑如图 8-9 所示（图中为 3×3），服务器摆放在立方体各个整数的坐标点上（当然只是在逻辑上，在物理距离上并没有严格的要求），每个服务器都有 6 块网卡，分别连接 6 个相邻服务器（每一个维度上有两个邻居，3 个维度上就有 6 个）。位于立

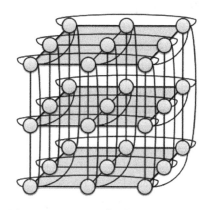

图 8-9 CamCube 采取的 3D-Torus 拓扑

⊖ Costa P, Donnelly A, O'Shea G, et al. CamCubeOS:a key-based network stack for 3D torus cluster topologies[C]// International Symposium on High-Performance Parallel and Distributed Computing. 2013:73-84.

方体表面或者立方体顶点的服务器，将在三个维度上把和自己形成对称的服务器看作是邻居并进行连接。或者简单地说，就是通过在每个维度上增加一条连接，把线性结构变成了环形结构，从而补齐了原有线性结构中端点缺失的连接度。上面的表述实际上不是很贴切，倒是直接看图更直观一些。

3D-Torus 能容纳的服务器数量为 N^3，如果希望容纳百万级别的服务器则需要构建一个 $100 \times 100 \times 100$ 的服务器阵列。对于 1 个 $100 \times 100 \times 100$ 的 3D-Torus，两个服务器间的路径最大为 150 跳左右（对角的顶点到立方体中心）。

CamCube 的样子看起来和三维的 MDCube 很像，不过要注意的是它是一种 nearest neighbor 的 mesh 结构，每个服务器的连接度都恒定是 6，而 MDCube 在各个维度上都是一种 full-mesh 结构，每个 container 的连接度和 container 内部的结构有关系。

3D-Torus 的拓扑广泛地应用于 HPC 集群的互联，因为在 HPC 集群中通常每个服务器上面都运行着相同的服务，因此可以最有效地利用其 3D-Torus 的最近邻 mesh 特性。虽然 CamCube 的作者提出了可将 3D-Torus 拓扑应用到非 HPC 的商用数据中心中，并提出了一些配套的路由机制。不过，目前来看 3D-Torus 还只适用于超算场景，没有像 FatTree 一样在商用数据中心中得到普及。

上面这些论文讨论的是比较经典的数据中心网络拓扑，还有很多很有意思的数据中心拓扑设计，如对 FatTree 中的连接进行简单变换从而获得更好的容错性[⊖]，通过对无标度网络的生成算法进行一定的连接度约束用于构建数据中心网络拓扑[⊜]，通过在 CamCube 拓扑的基础上增加一些随机的连接构建小世界网络[⊜]，通过在 ToR 间构建有限连接度的随机图（Degree-Bounded Random Graph）来构成随机网络结构[⊛]，等等。限于篇幅这里就不展开介绍了，有兴趣的读者可以自己到网上去搜索。

8.2　路由

8.2.1　Seattle

在传统以太网中，为了解决 MAC 自学习、VLAN 和 STP 所导致的扩展性差的问题，同时保留其平化、即插即用等良好特性，论文[⑤]中 Seattle 对以太网的路由架构进行了重新设计。在传统网络中，由于 MAC 的转发强烈地依赖于 ARP 广播包的泛洪，而泛洪会导致带

⊖ Liu V, Halperin D, Krishnamurthy A, et al. F10: a fault-tolerant engineered network[C]// Usenix Conference on Networked Systems Design and Implementation. 2013:399-412.

⊜ Gyarmati L, Trinh T A. Scafida: a scale-free network inspired data center architecture[J]. Acm Sigcomm Computer Communication Review, 2010, 40(5):4-12.

⊜ Shin J Y, Wong B. Small-world datacenters[C]// ACM Symposium on Cloud Computing. ACM, 2011:1-13.

⑳ Godfrey P B. Jellyfish: Networking Data Centers Randomly[J]. 2012:17-17.

㊱ Kim C, Caesar M, Rexford J. Floodless in seattle:a scalable ethernet architecture for large enterprises[C]// Acm Sigcomm Conference on Data Communication. ACM, 2008:3-14.

宽浪费，环路中的信令风暴会严重限制以太网的规模，泛洪还会导致 MAC 地址分散到所有的交换机上，过度消耗了交换机上的转发资源。Seattle 的思路是加强二层的控制平面，通过分布式存储技术 DHT（Distributed Hash Table）来维护网络中的 MAC 转发表，从而规避掉 ARP 在网络中的泛洪。

　　DHT 广泛地应用在应用层的 P2P 网络中。比如使用迅雷进行下载时，会以目标文件的关键信息作为种子，然后解析出目标文件存储位置的信息（可能是通过一台中央种子服务器），从而找到 peer 进行下载。Seattle 利用了 DHT 思想的，将 MAC 地址看作是种子，将 MAC 地址所接入的交换机看作是 peer。为了实现高可用，Seattle 并没有设计中央式的服务器，而是由网络中不同的交换机来维护不同的 MAC 地址和接入交换机的映射关系。上述表述比较抽象，下面通过一个具体的例子来介绍 Seattle 的路由机制。

　　图 8-10 中有两台主机，其中 a 连接在交换机 S_a 上，b 连接在交换机 S_b 上，以 b 向 a 发起通信为例。首先，S_a 需要通过某种机制发现 a 是连接在自己本地端口上的，这可以通过监听 a 发送的免费 ARP 或者 DHCP 消息来完成。当 S_a 发现了 a 之后，S_a 所做的不仅仅是学习 a 的 MAC 地址 MAC_a 与入端口的映射关系，还会通过哈希算法 F 计算出 $F(MAC_a)=r_a$，其中 r_a 是网络中的一台交换机（一般来说 S_a 和 r_a 不是同一台交换机，这和 F 的选择有关）。然后，S_a 会把（MAC_a，S_a）的映射关系单播给 r_a，等到 b 想要和 a 通信时，S_b 会使用相同的算法来哈希 MAC_a，从而得知和 MAC_a 相关的信息一定是存放在了 r_a 上，于是 S_b 发往 a 的数据包通过隧道先传给 r_a，然后再由 r_a 重新封装到隧道发送到 S_a 上（之所以使用隧道，是因为其他交换机很可能都不知道 MAC_a 的信息），S_a 通过本地的（MAC_a，inport）映射关系最终转发给 a。可以看到在整个过程里面，网络中是没有泛洪存在的。

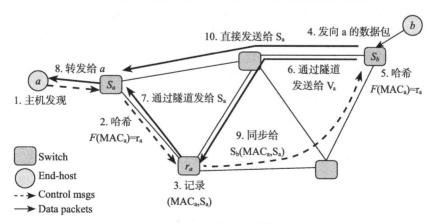

图 8-10　Seattle 的路由机制示意图

　　注意，图 8-10 中的拓扑只是一个示意，Seattle 对底层网络的拓扑没有任何要求，这意味着 Seattle 不仅可以应用于拓扑高度结构化的数据中心网络，而且也可以用于运营商的网络。

　　当然上一段的描述粒度太粗，其中有很多问题还需要进行进一步的解释。

　　（1）S_a 发给 r_a 的单播是怎么处理的

Seattle 需要使用 link-state 协议来发现交换机的拓扑，交换机通过最短路径（Shortest Path Forwarding，SPF）算法，在本地计算出到其他交换机的单播路由。这和传统的三层路由协议 OSPF、ISIS 是一样的，不过 Seattle 只算到交换机 switch-id 的路由，不会计算主机 MAC 地址的路由。就好比 OSPF 只算到 router-id 的路由，而不去计算到子网 IP 的路由，这可以大大减少 link-state 协议所带来的各种开销，如链路带宽、CPU、RIB、FIB 等。

（2）DHCP 是怎么处理的

DHCP 服务器也是网络中的一台主机，其位置也是通过某种哈希算法得到的，比如 D（"DHCP_SERVER"）= t_{dchp}，S_a 收到 a 发送的 DHCP 后计算出 t_{dhcp}，然后通过 DHCP Relay 将 DHCP DISCOVER 的广播包转化成单播发送给 t_{dhcp}。对于 DNS 来说也是同理。

（3）b 发送的 ARP 是怎么处理的

为了能够在不泛洪的条件下获得（IP_a，MAC_a）的映射关系，实际上还要求 S_a 在发现 a 之前做另外一个工作，就是通过哈希算法 G（MAC_a）找到一个交换机 p_a，将（IP_a，MAC_a）的映射关系单播给 p_a 进行存储。如果 G=F，那么 r_a 和 p_a 就是同一台交换机，如果 $G \neq F$，那么 r_a 和 p_a 很可能是不同的交换机。因此，S_b 在截获 b 请求 IP_a 的 ARP 消息后，会通过 G（MAC_a）定位到 p_a，然后发送单播给 p_a，解析 IP_a 对应的 MAC_a，然后 S_b 向 b 回复 ARP 并在本地缓存（IP_a，MAC_a）。当然，S_b 针对 MAC_b 进行同样的哈希处理，找到对应的交换机存下（MAC_b，S_b）以及（IP_b，MAC_b）的映射关系。

（4）S_b 发给 S_a 的流量一定要经过 r_a 吗

如果 S_b 发给 S_a 的流量都经过 r_a 转发，这意味着 c、d、e、f 等到 a 的流量也要经过 r_a，而且哈希的结果 r_c 和 r_a 有可能是同一个交换机，这样该交换机就可能成为网络中的瓶颈。另外，这种路径也不是流量的最优路径。Seattle 提出的优化思路是，（IP_a，MAC_a）的地址解析和（MAC_a，S_a）的位置解析存在同一个交换机上，即上一节提到的 G=F（$p_a=r_a$），该交换机在收到 S_b 单播 ARP 解析时，不仅仅回复（IP_a，MAC_a），也同时向 S_b 回复（MAC_a，S_a），使得 S_b 也学习到了 MAC_a 的转发信息，之后就可以直接将 a 的数据包封装给 S_a 了。实际上，Seattle 也是一种 Overlay 的方案。

（5）a 迁移到另外的地方后怎么重新收敛

a 迁移到 S_a' 后，通常来说 MAC 地址是不会变化的，那么 F 算法和 G 算法的结果就没有变化。S_a' 发现 a 后向 r_a 宣告新的位置信息（MAC_a，S_a'），然后再由 r_a 向 S_a 发送一条单播来将 S_a 之前的位置信息从（MAC_a，S_a）变为（MAC_a，S_a'）。不过此时，其他已经学习到（MAC_a，S_a）的交换机仍然会将目的是 a 的数据包发给 S_a，为了避免形成路由黑洞，Seattle 的做法是在 S_a 上维护额外的状态，当收到其他交换机发给它的目的是 a 的数据包后，S_a 会把数据包中继给 S_a'，并通知源交换机将位置信息从（MAC_a，S_a）变为（MAC_a，S_a'）。

（6）拓扑发生改变后会产生什么影响

链路的增删，只会影响 link-state 中 SPF 算法对 Underlay 路由的计算，而并不会影响到 F 算法和 G 算法，对 Overlay 的 DHT 控制平面没有直接的影响。如果是交换机的增加或者删除，就会直接影响到 DHT 控制信息的分布，Seattle 通过一致性哈希尽可能地减少了交换机的增删（尤其是删除）对控制平面的影响。关于一致性哈希，这里就不进行详细介绍了，有兴趣的读者可自行参阅相关论文。

以上是 Seattle 对路由的主要设计。如果仔细阅读 Seattle 的论文，会发现其中还有很多有意思的设计，比如把物理交换机分为多个 virtual switch 来影响哈希的结果，间接地调整 DHT 控制平面在不同交换机上的负载。再比如提出了 group 概念，group 类似于传统以太网中的 VLAN，通过将不同的 MAC 分为不同的 group 来影响转发策略，但是 group 相比于 VLAN 要更为灵活一些，可实现组播、广播、安全组以及子网内的隔离，等等。

论文⊖和论文⊜也同样使用了 DHT 来重新设计以太网的路由。论文是在 Seattle 之前提出的，在使用 DHT 去做 MAC 地址位置解析上的设计和 Seattle 基本上是一致的，不过它主要是为了兼容传统网络而设计的，没有设计自己的 Underlay 路由机制，而 Seattle 的设计则更为全面一些。论文在 Seattle 之后提出了 AIR，在 Seattle 的基础上把用于拓扑发现和计算 Underlay 的 link-state 协议也改成了利用 DHT 来实现，这进一步降低了 link-state 带来的开销。

8.2.2 FatTree

论文⊜中针对 FatTree 拓扑提出了一个两阶段路由算法，该路由算法和论文中提出的编址规则有很强的依赖关系。论文要求交换机按照图 8-11 所示的规则进行编址（图中拓扑参数为 k=4，关于 FatTree 的拓扑介绍请参见本章 8.1.1 节）：POD 中交换机 IP 为 10.pod.switch.1，其中 pod 为交换机所在的 POD 号（POD 号从 0 开始由左至右依次增加至 k-1），switch 为交换机所在 POD 中的编号（Edge 层从 0 开始由左至右依次增加至 k/2-1，Aggregation 层从 k/2 开始由左至右依次增加至 k-1）；Core 层交换机 IP 为 10.k.j.i，k 为拓扑对应的参数，j 为交换机在 Core 层所属的组号，i 为交换机在该组中的序号。服务器的编址规则为 10.pod.switch.ID，其中 ID 为服务器所在 Edge 交换机下的序号，由于其上联的 Edge 交换机占用了 10.pod.switch.1，因此服务器的序号从 2 开始由左至右增加至 k/2+1。

在两阶段路由算法中，对 POD 中的交换机，以及 Core 层的交换机采用了不同的处理办法。对于 POD 中的 Edge 交换机（以图 8-11 中的 10.2.0.1 为例），第一阶段直接匹配 10.2.0.2 ～ 10.2.0.3 两个服务器的 32 位地址，如果匹配成功则从本地端口直接送给目的服务器，如果第一阶段没有匹配成功（即匹配到 0.0.0.0/0），则说明目的服务器不在同一个 Edge 下，于是进入第二阶段的匹配。由于 Edge 交换机通过任意上联的 Aggregation 层交换机都能到达任意的目的服务器，因此为了在多条路径上进行负载均衡，第二阶段的 Edge 匹配将根据目的服务器的后 8 位（即 ID 号）来选择路由到哪个上联的 Aggregation 层交换机（因为服务器 ID 号的范围是 [2, k/2+1]，Aggregation 层交换机的 switch 号的范围是 [k/2,

⊖ Ray S, Guerin R, Sofia R. A Distributed Hash Table based Address Resolution Scheme for Large-Scale Ethernet Networks[C]// IEEE International Conference on Communications. IEEE, 2007:6446-6453.

⊜ Sampath D, Agarwal S, Garcialunaaceves J J. 'Ethernet on AIR': Scalable Routing in very Large Ethernet-Based Networks[C]// IEEE, International Conference on Distributed Computing Systems. IEEE Computer Society, 2010:1-9.

⊜ Al-Fares M, Loukissas A, Vahdat A. A scalable, commodity data center network architecture[C]// ACM, 2008:63-74.

k-1]，正好形成 *k*/2 个一一对应的关系），其两阶段路由表如图 8-12 所示。如果目的服务器
为 10.0.1.2，则数据包就通过 2 端口转发给 10.2.2.1。

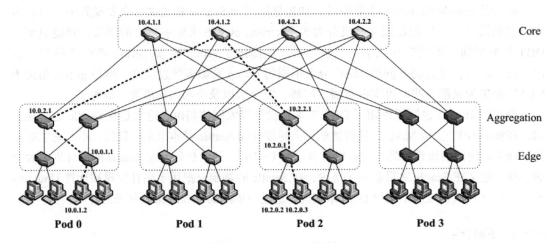

图 8-11　FatTree 中的编址

本地主机	转发端口
10.2.0.2/32	0
10.2.0.3/32	1
0.0.0.0/0	Next-table

目的 IP 后 8 位	端口
0.0.0.2/8	2
0.0.0.3/8	3

图 8-12　Edge 交换机的两阶段路由表

对于 POD 中的 Aggregation 交换机（以图 8-11 中 POD2 的 10.2.2.1 为例），**第一阶段匹
配**本 POD 中不同 Edge 交换机下服务器所在的网段 10.2.0.0/24 和 10.2.1.0/24。如果匹配成
功则说明目的服务器在本 POD 中，于是直接交给对应的 Edge 交换机，如果没有匹配成功
（即匹配到 0.0.0.0/0），则说明目的服务器不在本 POD 中，于是进入第二阶段的匹配。由于
Aggregation 交换机通过任意上联的 Core 层交换机都能到达任意的目的服务器，因此为了
在多条路径上进行负载均衡，Aggregation **第二阶段匹配**将根据目的服务器的后 8 位（即 ID
号）来选择路由到哪个上联的 Core 层交换机中（因为服务器 ID 号的范围是 [2, *k*/2+1]，与每
个 Aggregation 相连的 Core 交换机的序号 *i* 的范围是 [1, *k*/2]，正好形成 *k*/2 个一一对应的
关系），如果目的服务器为 10.0.1.2，则数据包就通过 2 端口转发给 10.4.1.1。其两阶段路由
表如图 8-13 所示。

本 POD 网段	转发端口
10.2.0.0/24	0
10.2.1.0/24	1
0.0.0.0/0	Next-table

目的 IP 后 8 位	端口
0.0.0.2/8	2
0.0.0.3/8	3

图 8-13　Aggregation 交换机的两阶段路由表

对于 Core 层的交换机（以图 8-11 中的 10.4.1.1 为例）。由于到目的服务器只有一条路径，因此 Core 层交换机的匹配只有一个阶段，对目的服务器可能在的 POD（10.0.0.0/16 ～ 10.3.0.0/16）进行判断，并据此选择下行的端口进行转发，如果目的服务器为 10.0.1.2，则数据包就转发给 10.0.2.1。其路由表如图 8-14 所示。

目的所在 POD	转发端口
10.0.0.0/16	0
10.1.0.0/16	1
10.2.0.0/16	2
10.3.0.0/16	3

图 8-14 Core 交换机中的路由表

在容错性设计上，交换机运行 BFD 来探测链路的通断。

1）当 Edge 交换机 A 和 Aggregation 交换机 B 间的链路 L1 断掉以后，A 将选择 POD 中其他 Aggregation 交换机转发原来 L1 上的流量，B 会向与其相连的其他 Edge 交换机发送广播，告诉它们到 A 中服务器的流量请选择其他的 Aggregation 交换机进行转发，B 还会向与其相连的 Core 层交换机发送广播，告诉它们到 A 中服务器的流量请选择 POD 中其他的 Aggregation 交换机进行转发。不过由于与 B 相连的 Core 层交换机与 B 所在 POD 中的任何其他 Aggregation 交换机都没有连接，所以这意味着与 B 相连的 Core 层交换机将没有任何路径到达 A 中的服务器，于是这些 Core 层的交换机会向与其相连的除 B 以外的其他 Aggregation 交换机发送广播，告诉它们 A 中服务器的流量请选择其他的 Core 层交换机进行转发。

2）当 Aggregation 交换机 B 和 Core 层交换机 C 间的链路 L2 断掉以后，B 将选择其他与其相连的 Core 层交换机转发原来 L2 上的流量，由于 C 与 B 所在 POD 的任何其他 Aggregation 交换机都没有连接，所以这意味着与 C 相连的任何 Aggregation 交换机都无法再通过 C 来到达 B 所在 POD 中的服务器，于是这些 Core 层的交换机会向与其相连的除 B 以外的其他 Aggregation 交换机发送广播，告诉它们到 B 所在 POD 中服务器的流量，请选择其他的 Core 层交换机进行转发。

上述路由机制，要求服务器按照特定的规则进行 IP 编址，每个二层都限制在同一个 Edge 交换机下，虚拟机是没有办法跨 Edge 进行迁移的。而且，由于交换机的 IP 编址也有着特定的规则，所以需要根据交换机在拓扑中所处的位置对 IP 地址进行静态配置。另外，两阶段的路由算法需要对交换机的硬件进行修改，如需要按照 IP 的后 8 位对目的 IP 地址进行匹配。

文章中还提到了 Flow Classification 和 Flow Scheduling。Flow Classification 作为两阶段路由的一个替代方案，思路是将最拥塞的上联链路中的一些流重新分配到负载最轻的上联链路上，这是一种动态的多路径转发，相比于两阶段路由中以目的 IP 后 8 位的服务器 ID 为依据的静态多路径转发，在理论上有更好的效果。Flow Scheduling 通过 Edge 交换机来监测大象流，然后将新探测到的大象流告诉给集中式控制器，然后由控制器来调度大象流。

8.2.3　VL2

VL2⊖提出了一种通过 OSPF 进行 Underlay 路由，然后通过 Overlay 隧道来支持大二层

⊖　Greenberg A, Hamilton J R, Jain N, et al. VL2: a scalable and flexible data center network[C]// ACM SIGCOMM 2009 Conference on Data Communication. ACM, 2009:51-62.

的思路。VL2 网络中有两个地址族 AA（Application Address）和 LA（Locator Address）。集中式的 Direct System 拥有服务器 AA 和其所在 ToR 交换机 LA 的映射关系（文章中并没有提到 Direct System 如何维护这一关系），每个服务器都需要安装一个 VL2 Agent，该 Agent 负责截获 ARP 请求并上报给 Direct System，Direct System 返回给 VL2 Agent 目的服务器的（AA，LA）映射，以指导 VL2 Agent 对后续发往该目的服务器的数据包进行封装。

在图 8-15 中，两个服务器 S 和 D 分别位于 ToR 10.0.0.4 和 ToR 10.0.0.6 下，S 和 D 处于同一个二层中，S 的 IP 地址为 20.0.0.55，D 的 IP 地址为 20.0.0.56。当 S 向 D 发起通信时，首先由 S 中的 VL2 Agent 截获 ARP 请求，然后通过单播发送给 Direct System，Direct System 在本地查找服务器 D 的 AA–LA 映射关系，并将结果（20.0.0.56，10.0.0.6）返回给 S，S 中的 VL2 Agent 将这一关系缓存下来，当收到 S 后续发给 D 的 IP 报文时，VL2 Agent 将根据缓存来封装隧道，外层 IP 的源地址为 H（ft）（稍后介绍），目的地址为 10.0.0.6。这里要注意的一点是，虽然 S 和 D 间发生的是二层通信，但是 S 并不需要知道 D 的 MAC 信息，因为 VL2 Agent 发起的是 IPinIP 的隧道，内层封装并不需要 D 的 MAC 地址。因此，ARP 对于 VL2 来说只是 Agent 向 Direct System 解析（AA，LA）的一个触发机制，Direct System 在 Reply 中并不需要携带 D 的 MAC 地址。

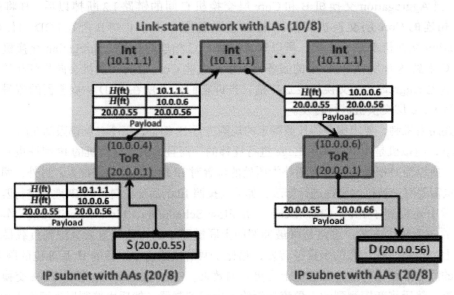

图 8-15　VL2 使用 IPinIP 的隧道

LA 地址族所在的是 CLOS 网络，为了利用 CLOS 网络中丰富的路径，VL2 使用了 ECMP+VLB 方式进行多路径的负载均衡。ECMP 是通用的多路径转发机制，通过哈希来在多个等价路径上（在 VL2 中为 OSPF 计算出来的路径）进行流量分布，为了使封装隧道后 ECMP 可以更有效地分布流量，外层头部的源 IP 地址采用了对内层包头哈希之后的结果 H（ft），这与在 VxLAN 中使用源端口号承载哈希的结果是不同的，因为 VL2 所使用的 COTS

交换机并不一定按照五元组进行 ECMP。

VLB（Valiant Load Balance）通过在源和目的之间指定一个中间节点来转发中继，同样用在多条路径间调节负载。如图 8-15 中所示，S 发往 D 的数据包实际上是有 3 个 IP 头的，VL2 Agent 在封装完一层目的 ToR 的 LA 地址（10.0.0.6）后，还要再封装一层用于 VLB 的 IP 头，指定到目的 ToR 需要经过 Intermediate 交换机的 LA 地址。Intermediate 交换机的 LA 地址，是 Direct System 接收到 ARP 请求后，和目的 ToR 的 LA 地址一并返回给 VL2 Agent 的。为了防止 intermediate 交换机挂掉之后对相关 VL2 Agent 的转发造成影响，VL2 为 intermediate 层交换机分配了一个任播 LA 地址（图 8-15 中为 10.1.1.1），所有 VL2 Agent 在进行封装时，在 VLB 的 IP 头中目的地址都采用该任播地址，这样保证在一个 intermediate 交换机挂掉后 ECMP 可以找到其他具有 10.1.1.1 的 intermediate 交换机进行中继。

实际上，VLB 的应用场景更多是在于骨干网的调优，因为骨干网上多条路径的消耗通常是不一样的，路由协议会把大部分的流量导到少数的链路上，从而导致拥塞。使用 VLB 来指定一个转发的中继节点可以有效地疏导网络中的拥塞，结合一些算法（如网络中的动态带宽）可以实现比较高级的负载均衡。不过 VL2 用的是 CLOS 拓扑，不同路径的消耗都是一样的，使用 VLB+ECMP 相比于 ECMP 有什么好处呢？文中提到，当时的 COTS 交换机通常只能支持 16 路的 ECMP，这意味着一旦 Intermediate 交换机的数量超过了 16 个，单纯依靠 ECMP 来进行负载均衡是难以线性地获得新增交换机的链路带宽的。如果使用 VLB+ECMP 的话，可以以 16 个 Intermediate 交换机为单位作为一组从而采用一个任播地址。Agent 在转发时可以采用不同组 Intermediate 的任播地址进行封装，这样 ECMP 就可以利用所有的 intermediate 交换机了。

论文[⊖]中提到的路由方案 Monsoon 也和 VL2 的思路大同小异，都是采用隧道来实现大二层的，通过最外层的 VLB 头来进行转发调度。在实现上 Monsoon 和 VL2 还是有较大区别的，Monsoon 采用的是 MACinMAC 的封装，服务器上的 Monsoon Agent 将 ARP 上报给集中式的 Directory Service，Directory Service 将目的服务器的 MAC 地址、目的服务器所在 ToR 交换机的 MAC 地址，以及一组可用的 intermediate 交换机的 MAC 地址返回给 Agent，然后 Agent 再进行封装。具体过程如图 8-16 所示。另外一点要注意的是，由于 Monsoon 的底层网络也是以太网，而 Monsoon 并没有提供自己的二层转发机制，所以只能依赖于其他二层转发，如果底层还是 MAC 自学习 +STP 的话，即使采用了 VLB 也很难达到 VL2 中 VLB+L3 ECMP 的效果。

⊖ Greenberg A, Lahiri P, Maltz D A, et al. Towards a next generation data center architecture: scalability and commoditization[C]// ACM Workshop on Programmable Routers for Extensible Services of Tomorrow. ACM, 2008:57-62.

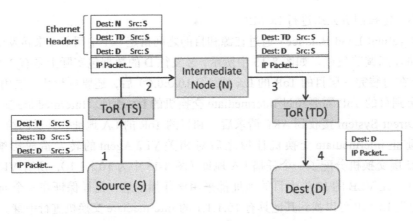

图 8-16　Monsoon 使用 MACinMAC

8.2.4　PortLand

论文⊖中针对 FatTree 拓扑设计了一个大二层的网络 PortLand，解决了论文⊖中虚拟机没有办法跨 Edge 交换机迁移的问题。由于 PortLand 面向的也是结构高度规范化的 FatTree 拓扑，不过相比于 FatTree 中使用层次化的 IP 编址来实现三层，PortLand 选用了层次化的 MAC 编址来支持大二层，PortLand 中每个服务器 / 虚拟机除了自身的实际 MAC（AMAC）地址以外，都有一个由 PortLand 规范的伪 MAC（PMAC）地址，PorLand 网络中的转发机制也和 PMAC 编址有着很强的依赖关系。PMAC 的编址规则为 pod.position.port.vmid，其中（FatTree 拓扑中的术语请参见本章 8.1.1 节）：pod（2 字节）代表服务器 / 虚拟机在 FatTree 拓扑中所处的 POD 号，position（1 字节）代表服务器 / 虚拟机所连接的 Edge 交换机在 POD 中的编号，port（1 字节）代表服务器 / 虚拟机连接的端口在 Edge 交换机上的本地编号，vmid（2 字节）代表服务器在 Edge 下挂的以太网交换机上的编号，或者虚拟机在服务器 vswitch 上的编号，如果 Edge 向下直连的只有一个物理服务器（没有虚拟化），那么该 Edge 交换机下的 vmid 号就只能为 1。图 8-17 所示左边圈出的物理服务器（没有虚拟化）10.5.1.2 对应的 PMAC 地址为 00:00:01:02:00:01（pod=0，position=1，port=2，vmid=1），而右边圈出的物理服务器（没有虚拟化）10.2.4.5 对应的 PMAC 地址为 00:02:00:02:00:01（pod=2，position=0，port=2，vmid=1）。

由于二层网络是要求即插即用的，所以 PortLand 设计了一套拓扑发现机制 LDP（Location Discovery Protocol），PortLand 中所有的交换机都在各个端口上发送 LDP 的报文 LDM（Location Discovery Message）来识别自己所处的位置。LDM 携带的信息包括以下几种：switch_id（交换机自身的 MAC 地址，与 PMAC 无关），pod（交换机所属的 pod 号），pos（交换机在所

⊖　Mysore R N, Pamboris A, Farrington N, et al. PortLand: a scalable fault-tolerant layer 2 data center network fabric[C]// ACM SIGCOMM 2009 Conference on Data Communication. ACM, 2009:39-50.

⊖　Al-Fares M, Loukissas A, Vahdat A. A scalable, commodity data center network architecture[C]// ACM, 2008:63-74.

处 POD 中的编号），level（Edge 为 0、Aggregation 为 1、Core 为 2），dir（端口上联时为 1，下联时为 −1）。

网络刚开始启动时，各个交换机只知道自己的 switch_id，其他信息都是未知的。Edge 层交换机首先发现有一些端口（连接服务器的端口）是收不到 LDM 的，于是 Edge 层交换机得知自己的 level 为 0，那么所有能够收到 LDM 的端口即为上联 Aggregation 交换机的端口，这些端口再发送 LDM 时就指定了 level=0，dir=1。Aggregation 交换机发现有一些端口收到了 level=0，dir=1 的 LDM，于是得知自己的 level 为 1。所有能够收到 level=0，dir=1 的 LDM 端口就是连接 Edge 层交换机的下连端口，这些端口再发送 LDM 时就可以指定 level=1，dir=−1。一直没有收到 level=0，dir=1 的 LDM 端口就是连接 Core 层交换机的上联端口，这些上联端口再发送 LDM 时就可以指定 level=1，dir=1。对于 Core 层的交换机而言，它们只能连接 Aggregation 层的交换机，所以当一个交换机发现自己所有的端口都收到了 level=1，dir=1 的 LDM 的时候，它就可以判定自己的 level=2，其端口在发送 LDM 时将标记为 level=2，dir=−1。至此，所有交换机的 level 和各个端口的 dir 就都确定下来了。

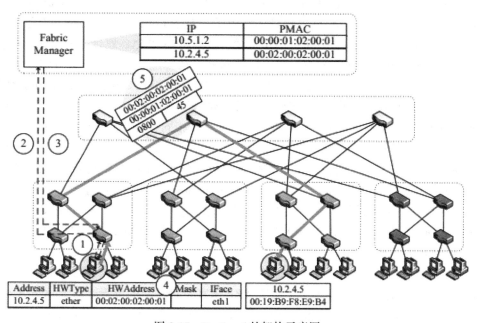

图 8-17 PortLand 的架构示意图

下面再来说 pos 和 pod。Pos 是由 Edge Switch 随机在 [0, k/2-1] 中选取的一个数 R（每个 POD 中都有 k 个 Edge 交换机），然后向其上联的 Aggregation 交换机发送一个 proposal，如果 Aggregation 交换机是第一次看到这个数 R，那么就向该 Edge 回复一个 verified，如果该 Edge 交换机收到了超过一半的 Aggregation 交换机（≥ k/4+1）所回复的 verified，则该 Edge 交换机就认为自己的 pos 为 R，否则重新生成一个 $R1$ 然后再次进行判断，最后 POD

中的 Edge 交换机都会分配到不同的 pos 号。至于 pod，是由 pos=0 的 Edge 交换机向一个集中式的控制器 Fabric Manager 申请得到的，Fabric Manager 会根据 switch_id 识别出该交换机所属的 pod 号然后返回给该交换机，然后该交换机在发送 LDM 时就会携带这个 pod 号，于是逐跳地扩散到 POD 中其他的交换机上。Core 层的交换机发送 LDM 时不携带任何 pod 号。这样一来，所有的交换机就都学习到了自己在 FatTree 拓扑中的位置了。

Fabric Manager 是一个集中式的 PortLand 控制器，除了向 Edge 交换机回答 pod 号以外，它还负责 ARP 的解析、路由重收敛以及组播。先来说 ARP 的解析。由于二层网络是可以任意迁移的，因此同一个服务器 / 虚拟机可能出现在 PortLand 网络中任何一台 Edge 交换机下，因此 AMAC 和 PMAC 的映射关系是没有办法静态配置的，只能靠 Edge 交换机自学习。当 Edge 交换机首次看到一个 AMAC 时，它会计算出对应的 PMAC，记录下（IP，AMAC，PMAC）的映射关系，然后向 Fabric Manger 更新该映射关系。下次有其他服务器或者主机向该 IP 发起 ARP 请求时，Fabric Manager 会直接回复对应的 PMAC 地址（而非 AMAC 地址），于是双方开始通信，之后使用的目的 MAC 地址即为对端的 PMAC 地址，PortLand 中的交换机就根据 PMAC 来进行路由了。

下面来介绍 PortLand 的路由机制。在发现了自己在拓扑中的位置后，PortLand 中的各个交换机就可以在本地计算不同 PMAC 的路由了。对于 Edge 交换机来说，它会判断收到的数据包中的目的 MAC 地址（即目的服务器 / 虚拟机的 PMAC 地址）中的 pod 和 pos 是否与自己的 pod 和 pos 相同，若均相同则根据 port 号从本地对应的端口进行转发，否则说明流量的目的不是本地直连，于是通过 ECMP 选择一个上联端口送给 Aggregation 交换机。对于 Aggregation 交换机来说，它会判断收到的数据包中目的 MAC 地址（即目的服务器 / 虚拟机的 PMAC 地址）中的 pod 是否和自己的 pod 号相同，若相同则根据 pos 号选择对应的 Edge 交换机进行转发，否则就通过 ECMP 选择一个上联端口发送给 Core 层交换机。对于 Core 层的交换机来说，它将直接根据收到的数据包中目的 MAC 地址（即目的服务器 / 虚拟机的 PMAC 地址）中的 pod 选择对应的 Aggregation 交换机进行转发。

当数据包被路由到目的服务器 / 虚拟机所在的 Edge 交换机后，该 Edge 交换机还要负责把 PMAC 地址写回到原来的 AMAC 地址（已经学习过该 PMAC 和 AMAC 的映射关系了），这样做是为了防止 Edge 交换机下面的 vswitch，或者普通的交换机产生混乱。当虚拟机发生迁移时，如果按照交换机中原来学习到的 AMAC 和 PMAC 间的映射关系就会产生路由黑洞，此时虚拟机会发送一个免费 ARP 来宣告自己新的位置，这个免费 ARP 会被 Fabric Manager 接收到，然后 Fabric Manger 会找到虚拟机原来所在的 Edge 交换机 $S_{original}$，并向其发送一个无效的消息从而废掉该虚拟机 AMAC 和 PMAC 间的映射关系。不过，其他的 Edge 交换机 S_{others} 仍然会将目的地为该虚拟机的数据包发送给 $S_{original}$，此时 $S_{original}$ 会将数据包中继到迁移后的交换机上，然后向 S_{others} 发送一个免费 ARP 来更新 S_{others} 上该虚拟机 AMAC 和 PMAC 间的映射关系。

至于组播，Fabric Manager 会监听 IGMP 来维护组播树，计算组播的转发表然后下发给相关的交换机。至于路由重收敛，交换机一旦发现 LDM 超时就认为链路断掉了，然后将该事件上报给 Fabric Manager，Fabric Manager 分析出将会受到影响的交换机，然后更新其相关的转发表。图 8-18 的左半部分示意了组播，右半部分示意了链路断掉后组播树的重收敛，限于篇幅这里就不进行详细的介绍了。

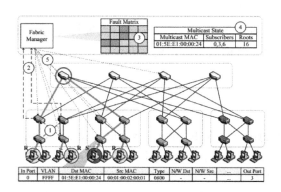 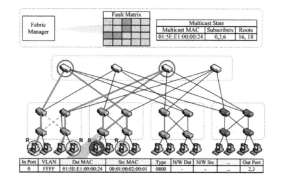

图 8-18　PortLand 的组播机制

PortLand 是一种很典型的集中式控制方案，其中一些设计思路也是很巧妙的。论文[一]提出的 Moose 思路和 PortLand 十分类似，也是通过集中式的控制器 ELK（Enhanced Lookup）来处理 ARP 的，回复的是层次化编址的 Moose MAC。不过由于 Moose 没有绑定任何拓扑，因此 Moose MAC 的结构相对简单，即为 switch_id（3 字节）+ host_id（3 字节）。其中的 switch_id 是松散组织的，交换机可以使用任意的 switch_id，交换机通过 MAC 地址前缀匹配 switch_id 来路由数据包，具体的 MAC 学习与转发机制仍然依赖于自学习和 STP。路由到目的交换机后，再通过一些方法把 Moose MAC 写回到原来的 MAC 地址。论文[二]提出的 Diverter 也采用了 MAC 地址重写技术，实际上 MAC 地址重写技术还有很广泛的应用，有兴趣的读者可以再深入地研究一下这些论文。

路由整体架构的设计是一个非常庞大的工程，以上是关于数据中心路由整体架构设计的几篇最为经典的论文，因此花了非常多的篇幅对它们进行了详细的分析。还有很多其他

⊖ Scott M, Moore A, Crowcroft J. Addressing the Scalability of Ethernet with MOOSE[J]. Dc Caves Workshop, 2010.

⊖ Edwards A, Fischer A, Lain A. Diverter:a new approach to networking within virtualized infrastructures[C]// ACM SIGCOMM 2009 Workshop on Research on Enterprise Networking, Wren 2009, Barcelona, Spain, August. DBLP, 2009:103-110.

经典的文献也都讨论了数据中心的路由架构问题[一][二][三][四][五]，以 DCell[六]和 BCube[七]为代表的一些论文还提出了以服务器为主、以交换机为辅进行路由的数据中心网络，论文[八]甚至提出了只有服务器、没有交换机的数据中心组网架构与相应的路由机制，限于篇幅这里就不再一一介绍了。

路由的框架可以分解出来很多子问题，有很多论文都选择了其中的一点进行讨论与设计。**下面从源地址路由、多路径转发、流量调度、路由重收敛、组播几个方面来介绍一些相关的论文。**

8.2.5 SecondNet

论文[九]中提出了 SecondNet，它设计了端口源路由（PSSR，Port Switching based Source Routing）来保证某些流量带宽的 SLA。PSSR 是指源在发出流量时会将各个交换机在该路径上的转发端口编码发到数据包的 header 中，然后交换机直接根据最外层的端口号进行转发，并把最外层的端口号剥掉，直到最后一台交换机把这个 header 去掉。如图 8-19 所示，用户将某两个主机间 VDC VM_0 和 VDC VM_1 通信所需要的带宽告诉给一个集中式的控制器 VDC Manager，VDC Manager 根据网络拓扑和网络中实际的带宽情况为 VDC VM_0 到 VDC VM_1 计算出一条通信路径（图 8-19 中黑色加粗的路径），然后通知给 VDC VM_0 所在的虚拟交换机，由虚拟交换机把各交换机对应于该路径的转发端口封装到 MPLS Stack 中（图 8-19 黑色加粗路径上的带底纹的端口），然后各个交换机根据当前数据包中最外层的 MPLS Label 直接转发到对应的端口上。注意，这里并不需要有 MPLS Label 到端口号的映射表，因为 MPLS Label 本身封装的就是端口号。在流量转发到 VDC VM_1 所在的虚拟交换机前，MPLS Stack 恰好弹空，虚拟交换机根据 MAC 地址将流量送给 VDC VM_1。

───────────

⊖ Tu C C, Chiueh T C. Cloud-Scale Data Center Network Architecture[J]. 2011

⊖ Hu Y, Zhu M, Xia Y, et al. GARDEN: Generic Addressing and Routing for Data Center Networks[C]// IEEE Fifth International Conference on Cloud Computing. IEEE Computer Society, 2012:107-114.

⊜ Cohen R, Barabash K, Rochwerger B, et al. DOVE: Distributed Overlay Virtual nEtwork Architecture[J]. Ibm Corporation, 2007.

⊛ Mudigonda J, Yalagandula P, Mogul J, et al. NetLord: a scalable multi-tenant network architecture for virtualized datacenters[J]. Acm Sigcomm Computer Communication Review, 2011, 41(4):62-73.

⊕ Kempf J, Zhang Y, Mishra R, et al. Zeppelin - A third generation data center network virtualization technology based on SDN and MPLS[C]// IEEE, International Conference on Cloud NETWORKING. IEEE, 2013:1-9.

⊗ Guo C, Wu H, Tan K, et al. Dcell:a scalable and fault-tolerant network structure for data centers[C]// ACM, 2008:75-86.

⊕ Guo C, Lu G, Li D, et al. BCube: a high performance, server-centric network architecture for modular data centers.[J]. Acm Sigcomm Computer Communication Review, 2009, 39(4):63-74.

⊘ Abu-Libdeh H, Costa P, Rowstron A, et al. Symbiotic Routing in Future Data Centers[J]. Acm Sigcomm Computer Communication Review, 2010, 40(4):51-62.

⊗ Guo C, Lu G, Wang H J, et al. SecondNet: a data center network virtualization architecture with bandwidth guarantees[C]// International Conference. ACM, 2010:15.

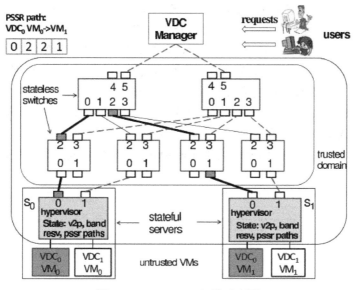

图 8-19　SecondNet 架构示意图

实际上 MPLS Stack 在数据平面上是很简单、很清晰的封装，只不过它的控制平面 LDP 和 RSVP 太过于复杂，才导致在数据中心中难以实施。SecondNet 只保留了 MPLS 在数据平面上的封装，而使用 VDC Manager 产生 MPLS Stack 进行端口源路由，所以中间的交换机也不用再去维护复杂的 MPLS 状态了。虽然 SecondNet 的思路比较简单，但却是一个很实用的方案。

8.2.6　SiBF

论文[⊖] 中提出了 SiBF（Switching with in-packet Bloom filters），其思路是使用 Bloom Filter 将属于某个路径上的信息映射到 header 中，然后据此进行路由。使用 Bloom Filter 算法可以判断出一个元素是否存在于集合中。一般而言对于一个算法来说时间和空间往往是不可兼得的，但是 Bloom Filter 通过引入错误率来同时保证时间和空间的高效性，其代价是判断的结果有一定几率会出错，也就是说可能会把一个不属于集合的元素判定为属于集合，但是不会将一个属于集合的元素判断为不属于集合。Bloom Filter 被学术界广泛地应用在网络领域中，比如将一条路径上的节点信息通过特定的 Bloom Filter 算法映射到某个 header 中，然后路径上的节点就可以使用相同的 Bloom Filter 算法来判定与自己相邻的节点是否存在于 header 中，从而完成转发的决策。为了不增加额外的包头开销，SiBF 选择通过改写 MAC 地址来承载 Bloom Filter 的结果，然后在出口处将 MAC 地址改回到原来的 MAC 地址。

在图 8-20 中，虚线是 SiBF 中的控制平面交互流程，实线是数据包的转发流程。示例的拓扑为典型的 ToR、Aggregation、Core 三层结构，RM 是 SiBF 网络中的 OpenFlow 控制器。

⊖　Rothenberg C E, Macapuna C A B, Verdi F L, et al. Data center networking with in-packet Bloom filters[J]. 2010.

首先 RM 通过 RDP（一种扩展的 LLDP）来发现网络拓扑，并检测。当 ARP 从源主机 IPsrc 发出来之后先到达它所在的 ToRsrc，然后 ToRsrc 将其上报给 RM，RM 作为 ARP 代理将 Reply 返回给 IPsrc。通信正式开始以后，ToRsrc 再次将数据包上报给 RM，RM 根据网络拓扑找到目的地 IPdst 的接入位置 ToRdst，然后根据拓扑计算出一条路径（使用的 VLB，见本节对 VL2 的介绍），将该路径的交换机信息通过 Bloom Filter 映射出一个 96 位的二进制序列。然后，RM 向 ToR 下发一条规则，将这个二进制序列重写到 96 位的 MAC 地址中（源＋目的）并进行转发。在 Aggregation 和 Core 上，通过匹配源、目的 MAC 地址＋对应的掩码来进行基于 iBF 的转发。转发到 ToRdst 后，再由 ToRdst 将 MAC 地址改写回去并交给 IPdst。

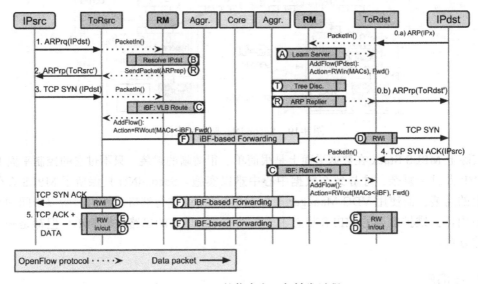

图 8-20 SiBF 的信令交互与转发过程

相比于传统的 MAC 地址学习，SiBF 实际上就是一种集中式控制＋源路由的方案。相比于 SecondNet 通过 MPLS Stack 来承载源路由，SiBF 的好处在于，交换机不要求支持 MPLS Stack，使用 Bloom Filter 可以将任意层数的 MPLS Label 都转化为对 MAC 地址的重写，然后通过 MAC 地址＋对应的掩码即可实现和匹配同 MPLS Stack 一样的作用。另外，如果交换机本地可以实现 Bloom Filter 算法的话（如一些带支持 Bloom Filter 的 FPGA 芯片的交换机），那么实际上不需要控制器向交换机分发 Bloom Filter 流表。

8.2.7 SPAIN

论文⊖中提出了一种将数据中心的拓扑划分为多个子树，然后通过 VLAN Tag 将流量分散到不同的子树中来提供多路径转发，从而提高链路的利用率。这一思路与传统网络中的

⊖ Mudigonda J, Yalagandula P, Al-Fares M, et al. SPAIN: COTS data-center Ethernet for multipathing over arbitrary topologies[C]// Usenix Symposium on Networked Systems Design and Implementation, NSDI 2010, April 28-30, 2010, San Jose, Ca, Usa. DBLP, 2010:265-280.

PVST（Per VLAN Spanning Tree）类似，PVST 通过为每个 VLAN 维护不同的生成树来提高链路利用率，不过 PVST 受限于 STP 协议有着诸多缺点，如收敛慢、规模小、VLAN 配置复杂，而且生成树的根往往只能是几个核心节点。而在 SPAIN 设计中，集中式节点通过 SNMP 来收集网络拓扑并计算不同的子树（有别于覆盖全部节点的生成树，子树只需覆盖一部分节点），然后再通过 SNMP 为不同的子树配置不同的 VLAN 它的收敛速度很快，规模可以做到很大，无需复杂的手工配置。使用集中式服务器计算子树的拓扑，不受限于任何根节点，因此这些子树能够最大程度地利用网络中的不同链路。以图 8-21 为例，左边的网络拓扑有 7 个节点以及多条节点间的链路，右边是该拓扑对应的不同子树（图中仅展示了能够覆盖所有 7 个节点的生成树）。

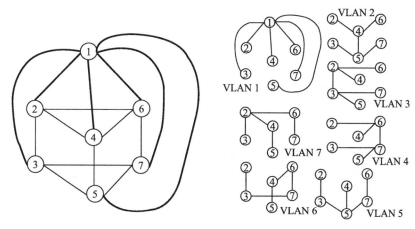

图 8-21 SPAIN 通过不同的 VLAN 子树来实现多路径

这里要注意的一点是，SPAIN 网络中的 VLAN 是用于区分子树的，而不是用来虚拟化的，一个服务器可以使用多个 VLAN 传输自己的流量。服务器通过 DHCP 下载这些 VLAN 的信息表（需要新的 Option），论文中将这个表称为"VLAN reachability map"，VLAN reachability map 中包括各个 MAC 地址在网络中的接入位置、各个 VLAN 可达的交换机、当前可用的 VLAN 子树，等等。服务器根据这些信息就能得到与目的 MAC 地址通信时可用的 VLAN 标签，根据自身流量的特征，为不同的流量标记不同的 VLAN，然后将去往同一个目的 MAC 地址的流量分布到不同的子树上去，从而提高链路的利用率。

SPAIN 对于各个子树的状态维护，是通过名为 chirp packet 的探针来完成的。VLAN 1 保留用作 default tree，其所对应的子树要覆盖到所有节点，用来承载 chirp packet。chirp packet 具体的工作机制请读者参考 SPAIN 的论文进行学习。

简单地说，SPAIN 的思路就是集中式地计算出多个拓扑的子树，然后由各个服务器自行将流量分散到不同的子树上去。论文[注]中所提出的 PAST，与其在思路上类似，PAST 通

⊖ Stephens B, Cox A, Felter W, et al. PAST:scalable ethernet for data centers[C]// International Conference on Emerging NETWORKING Experiments and Technologies. 2012:49-60.

过 OpenFlow 控制器来收集拓扑，为不同的目的 MAC 地址计算出不同的生成树，然后向相关的 COTS 交换机下发流表以匹配该 MAC 地址，从而在该 MAC 地址对应的生成树上进行转发。不同的 MAC 地址会对应到不同的生成树上去，以提高网络链路的利用率。PAST 和 SPAIN 的不同点在于：1）PAST 计算的生成树是针对于 MAC 地址的，而 SPAIN 是针对于子树的。2）PAST 是完全的集中式控制，而 SPAIN 中的服务器具有分布式的控制器逻辑可以自行选择如何分布流量。

PAST 相比于 SPAIN 有一些优势：1）MAC 地址并不一定是针对于服务器的，虚拟机或者交换机都可以，因此 PAST 可以作为单纯的 Underlay fabric 为其他 Overlay 逻辑提供服务。2）PAST 没有使用 VLAN，因此 VLAN 可以用来进行虚拟化。3）在 PAST 中交换机的转发是由 OpenFlow 控制的，但 SPAIN 仍然通过 VLAN+ 自学习进行转发，这样可以扩展其他更为灵活的功能。

8.2.8　WCMP

论文[⊖]针对 CLOS 网络，提出了一种对 ECMP 进行动态加权的机制，并将其称为 WCMP（Weighted Cost MultiPath）。WCMP 设计的出发点是，数据中心网络的整体结构在设计上虽然是高度对称的，但是受限于一些实际情况，实际的网络连接通常是不对称的，导致"Imbalanced Stripping"。"Balanced Stripping"的一个例子存在于 FatTree 网络中，需要（$k^2/2$）个 Core 层交换机。不过在实际生产网络中，通常是难以满足如此苛刻的连接条件的，下面给出一个简单的"Imbalanced Stripping"的例子。如图 8-22 所示，每个 S1 交换机都有 4 个上联口，而 S2 交换机总共只有 3 个，这样就导致在 S1 交换机上必然有 2 个上联口连接到同一个 S2 交换机上。对于这样的连接，使用 ECMP 就很有可能使 S2 层交换机产生拥塞。如在图 8-22 中，$S1_0$ 和 $S1_2$ 间共产生了 12GB 的流量（假设不同端口上的流量是均衡的），这时 ECMP 在 4 条上联链路上将分别打 3GB 的流量，由于 $S1_0$ 和 $S2_0$ 间有两条上联链路，因此与 $S1_2$ 间只有一条链路的 $S2_0$ 就承载了 6GB 的流量，而与 $S1_2$ 间有两条链路的 $S2_2$ 只承载了 3GB 的流量。这样一来，$S2_0$ 就可能产生拥塞，同时 $S2_2$ 上却有很多的链路带宽被闲置了。另外，当网络发生故障时，ECMP 所期望的连接对称性也同样会遭到破坏。

WCMP 的提出就是为了解决由"Imbalanced Stripping"和网络故障导致的问题。产生这些问题的根源就是 ECMP 只考虑了路径静态的 cost，而没有考虑拓扑的实际连接情况。WCMP 的思路就是通过集中式的控制器来监测网络拓扑和流量的特征，然后通过一些算法为各个上联链路分配最优的权重，从而尽量减轻流量在下一级交换机上产生拥塞。如图 8-22 所示，控制器通过对拓扑的分析，使得 $S1_0$ 在处理到 $S1_2$ 的流量时，4 条上联链路的权重分别设为 2:2:4:4（从左到右），从而使得 3 个 S2 交换机均收到了 4G 的流量，缓解了 $S2_0$

⊖　Zhou J, Tewari M, Zhu M, et al. WCMP: weighted cost multipathing for improved fairness in data centers[C]// European Conference on Computer Systems. ACM, 2014:5.

上的负担。当然，2:2:4:4 的权重也不一定就是最优的，不过相比于 ECMP 的 1:1:1:1 是要好很多的。

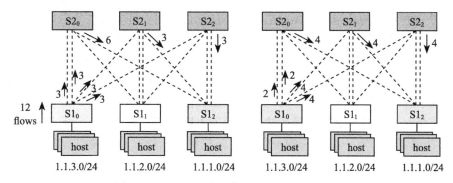

图 8-22　WCMP（右）与 ECMP（左）的区别

论文中还给出了通过 OpenFlow 控制器来实现 WCMP 的设计原型。如图 8-23 所示，NIB 模块维护底层网络的信息，如拓扑结构以及网络中现存的转发表与 WCMP 表。NIB 将拓扑结构告诉给 Path Calculator，Path Calculator 通过 WCMP 算法来确定各条链路的权重。当拓扑结构或者流量的特征发生改变时，Path Calculator 如果发现权重需要进行调整，从而调用 Forward Manager 的接口将新的转发表和 WCMP 表更新到对应的交换机上去，从而在多条上联链路间实现动态均衡。

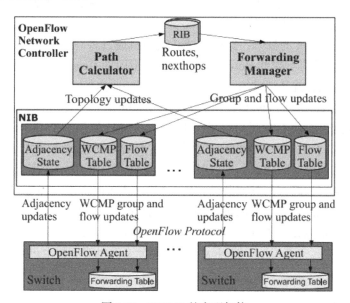

图 8-23　WCMP 的实现架构

在 Path Calculator 的实现上，论文针对不同的情况提出了不同的算法，考虑到交换机中有限的 WCMP 硬件资源，对其进行了一些优化。这些算法和优化机制请读者自行查阅论文。

8.2.9 OF-based DLB

论文⊖针对 FatTree 网络提出了一种适应性的多路径转发算法。这篇文章的思路是放弃使用 ECMP 这种静态的且与流量无关的哈希算法，而使用一种动态的负载均衡算法进行代替，在可用的上联链路中选择剩余带宽最大的链路来转发当前的流量。思路没有什么太多需要解释的了，在实现上使用了 OpenFlow 控制器，控制器通过 LLDP 收集拓扑，通过定期发送 Stats 消息记录链路可用的带宽，当交换机发现一个新的 Flow 后通过 PacketIn 上报给控制器。控制器根据流量的源和目的地址，判断流量是需要继续上行，还是直接下行，如果是上行流量，就选择剩余带宽最大的且可用的上联端口；如果是下行流量，对于特定的 FatTree 拓扑来说就只有一个可用的下行端口。控制器选择好转发端口后就下发 FlowMod 指导交换机处理后续的流量。

相比于 WCMP 考虑全局的流量和拓扑状态，论文采用的是局部最优的贪心算法，有可能会导致链路整体利用率的低下。另外，在实现上它严重地依赖于 PacketIn 来驱动流量的转发，这会给控制器造成不小的处理压力。

8.2.10 Flowlet 与 CONGA

为了防止数据包乱序而造成 TCP 重传，ECMP 等机制实现的都是 per-flow 的负载均衡，即对同一个 5 元组（源 IP、目的 IP、IP 负载类型、源端口号、目的端口号）选择相同的转发路径。不过由于 ECMP 难以有效地处理大象流，因此很多论文都从 flow-splitting 的角度重新设计多路径的转发机制。

论文⊖提出了 flowlet 的概念，路由器或者交换机通过将一个 TCP 连接中（即同一个五元组）的不同 burst 识别不同的 flowlet，允许这些不同的 flowlet 从不同的路径进行转发。顾名思义，burst 的概念就是突发的一段流量，一个 burst 内部的数据包间隔时间非常小，而不同 burst 间数据包的间隔时间相对较长。假设判断 burst 的门限时间为 T_b，则在一个 TCP 连接中，各个数据包的间隔时间均小于 T_b 的一段流量认为是一个 flowlet，当在这个 TCP 连接中经过时间 T（$T>T_b$）后再次出现数据包，后面的数据包就被识别为另外一个 flowlet。由于两个 flowlet 的间隔时间较长，这段时间通常足够前一个 flowlet 完成端到端的传输，因此即使后一个 flowlet 被路由到其他路径上去，产生乱序的可能性也非常小。

对于数据中心来说，burst 的流量很多，而且由于数据中心内部端到端的延时很低，一个足够小的 T_b 就可以区分开不同的 flowlet。因此 Cisco 的工程师们提出将 flowlet 用于数据中心交换机的设计中，并在 Cisco 的 Nexus 系列部分交换机的芯片上进行了实现，并称其为

⊖ Li Y, Pan D. OpenFlow based load balancing for Fat-Tree networks with multipath support[C]//Proc. 12th IEEE International Conference on Communications (ICC'13), Budapest, Hungary. 2013: 1-5.

⊖ Kandula S, Katabi D, Sinha S, et al. Dynamic load balancing without packet reordering[J]. ACM SIGCOMM Computer Communication Review, 2007, 37(2): 51-62.

CONGA[a]（Congestion Aware Balancing）。CONGA 提出了根据网络中端到端的拥塞状况来为 flowlet 选择转发路径，从而能够获得更好的负载均衡效果。考虑到当时以 VxLAN 为代表的 Overlay 方案在数据中心里面已经得到了广泛的认可，因此 CONGA 基于 VxLAN 的隧道封装扩展了用于负载均衡的字段，包括 4 bit 的 LBTAG 用于标识 CONGA 选择的转发路径，3 bit 的 CE 用来记录转发路径的拥塞程度，4 bit 的 FB_LBTAG 和 FB_Metric 用于反馈路径拥塞的程度。源 Leaf 交换机在转发 flowlet 时被标记为 LBTAG，路径沿途的交换机收到数据包后会判断链路的拥塞值是否大于数据包中携带的 CE 值，如果大于就用当前的拥塞值来更新 CE 字段。目的 Leaf 交换机收到数据包后会将该 flowlet 对应的 LBTAG 和当前的 CE 值保存下来，等到有数据包回复给该源交换机时，就把之前的记录值作为 FB_LBTAG 和 FB_Metric 返回给源交换机。然后源交换机将会以链路的拥塞状态为依据，来影响后面 flowlet 的转发。可以看到 CONGA 的实现对于 Leaf 交换机来说是有状态的，因此 Leaf 需要在本地维护一些新的表来支撑 CONGA。图 8-24 所示为 CONGA 的一个简单转发示例。

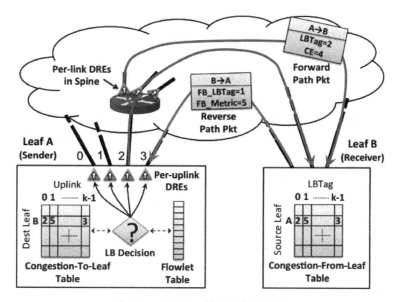

图 8-24　CONGA 转发机制示意图

　　区别于 flowlet 通过数据包的时间间隔 T_b 来进行 flow-splitting，论文[b]提出 LocalFlow，它通过 TCP SEQ 号来切分 flow。local_flow 在每个 ToR 交换机的本地部署一个 OpenFlow 控制器，控制器可以匹配某些 flow 中的 TCP SEQ 号，并且通过一些算法来划分不同的 subflow，然后对不同的 subflow 采用不同的转发路径。

　⊖　Alizadeh M, Edsall T, Dharmapurikar S, et al. CONGA: Distributed congestion-aware load balancing for datacenters[C]//ACM SIGCOMM Computer Communication Review. ACM, 2014, 44(4): 503-514.

　⊖　Sen S, Shue D, Ihm S, et al. Scalable, optimal flow routing in datacenters via local link balancing[C]//Proceedings of the ninth ACM conference on Emerging networking experiments and technologies. ACM, 2013: 151-162.

另外，还有很多论文都讨论或设计了 per-packet multipath 在数据中心应用的可能性。以传统的角度来看，per-packet 做 multipath 的问题在于，在同一条流中不同的数据包会走到不同的路径上去，由于不同路径有不同的延时，因此数据包很可能会出现乱序的问题，TCP 的重传可能会降低流量的传输效率。不过论文[⊖]认为，数据中心的网络结构是高度对称的，而且端到端的跳数也很少，如果采用 per-packet 的多路径转发不会存在大象流的问题，这样可以保证大部分链路的拥塞程度都差不多，因此在任何路径上端到端的延时都趋于一致，那么数据包乱序的情况会大大减少。论文[⊖]使用交换机对少数乱序包进行重排，论文[⊜]提出了一种 per-packet 的 DRB 路由算法，相比于随机的路由方式降低了时延。因此，学术界有声音认为 per-packet multipath 是可以改善数据中心网络的转发效率的。这个说法的逻辑听起来是合理的，不过不同数据中心的流量特征是完全不一样的，per-packet multipath 是否可以用于具有不同流量特征的数据中心，仍需要进行深入的研究。

8.2.11 Hedera

论文[㉘]中提出了 Hedera，它可以看作是对 FatTree[㉙]中 Flow Scheduler 的详细实现，可以看作是最早提出将 OpenFlow 控制器部署在数据中心用于调度大象流的。Hedera 在初始状态下，对于流量一律采用基于十元组 <src MAC, dst MAC, src IP, dst IP, EtherType, IP protocol, src port, dst port, VLAN tag, input port> 的 ECMP 转发。然后每隔 5s 通过 Flow 统计量来探测一下 Edge 交换机上各个流的情况，如果发现某个流的速率已经超过某个阈值，如对于 1GE 的端口的链路来说超过了 100Mbps（10%），那么控制器就判别该流为大象流，然后通过一些算法为这条流计算出一条合适的路径，通过下发相应的流表进行流量调度。

在调度算法上，Hedera 评估了 GFF（Global First Fit）和 Simulated Annealing（模拟退火）两种。GFF 是一种贪心算法，控制器发现一个大象流后，根据当前的网络状态对网络中的路径进行线性搜索，如果发现一条路径，并且其中任意一段链路都能够满足大象流带宽的需要，那么就选中该路径来传输这个大象流，并通过向路径上的交换机下发流表来引导这个大象流的转发。Simulated Annealing 的算法中，控制器首先汇总所有的大象流，然后评估将这些大象流放置在网络中的所有方式（即解空间），从中选择出一个近似于全局最优的放置方式，最后根据这个放置方式中的放置方法协调网络中所有的大象流（假设在某种放置

⊖ Dixit A, Prakash P, Hu Y C, et al. On the impact of packet spraying in data center networks[C]//INFOCOM, 2013 Proceedings IEEE. IEEE, 2013: 2130-2138.

⊖ Rottenstreich O, Li P, Horev I, et al. The switch reordering contagion: Preventing a few late packets from ruining the whole party[J]. IEEE Transactions on Computers, 2014, 63(5): 1262-1276.

⊜ Cao J, Xia R, Yang P, et al. Per-packet load-balanced, low-latency routing for clos-based data center networks[C]// Proceedings of the ninth ACM conference on Emerging networking experiments and technologies. ACM, 2013: 49-60.

㉘ Al-Fares M, Radhakrishnan S, Raghavan B, et al. Hedera: Dynamic Flow Scheduling for Data Center Networks[C]// NSDI. 2010, 10: 19-19.

㉙ Al-Fares M, Loukissas A, Vahdat A. A scalable, commodity data center network architecture[C]// ACM, 2008:63-74.

方式中，第一条大象流的带宽为 M，放置这条大象流的路径的链路的带宽为 N。如果 M>N，那么第一条大象流就超过了 M-N 的带宽，将所有超过带宽的大象流加在一起，就是这个放置方式中总共超过的带宽为 S，选取 S 最小的放置方式即可保证近似的全局最优）。

由于在 FatTree 拓扑中，Core 层交换机到所有的目的地都只有一条可用的路径，因此 Hedera 对 Simulated Annealing 做了一个相应的优化，即为具有相同目的地址的大象流指定同一个 Core 层交换机，然后以大象流所在的 Edge 交换机作为路径起点，该大象流所对应的 Core 层交换机为路径终点。这能够大大地缩小待评估的解空间范围，从而有效地减少算法的收敛时间。

8.2.12　DevoFlow

Hedera 为了探测大象流，控制器需要每隔 5s 给交换机发送一个 Flow 统计消息。论文[⊖]提出了 DevoFlow，它认为 Hedera 发送 Flow 统计所导致的开销太大，因此需要将监测大象流的功能卸载到 OpenFlow 交换机本地来完成。为了在交换机本地对流量进行精细的监测，DevoFlow 为 OpenFlow 中的 FlowMod 消息扩展了一个 Clone 标志位，流量在匹配了带有 Clone 标志位的 FlowMod 后，会自动生成一条新的流表，这条流表会将原来 FlowMod 中的通配项都转化为对流量的精确匹配，然后通过扩展的 local multipath 动作在交换机本地实现负载均衡。可以认为带有 Clone 标志位的 FlowMod 是一个粗粒度的流表（可能由一些非 TE 的 APP 下发），而由该 FlowMod 克隆出来的新流表则是有更细粒度的流，克隆出来的流表负责维护对应的 counter，实现对流量的精细化统计，以便对流量的转发进行更细粒度的控制。

当交换机发现某些流量的速率超过了阈值后，会触发一条 report 消息给控制器，使控制器意识到在该交换机上有一个大象流，然后控制器就会对这个大象流计算路径并下发对应的流表。为了解决 Hedera 的问题，DevoFlow 付出的代价是需要维护大量的 counter，这对于 ASIC 来说有巨大的困难，因此 DevoFlow 提到可使用交换机本地的 CPU 来对 counter 进行维护。

8.2.13　MicroTE

论文[⊖]提出了 MicroTE，根据 ToR-ToR 的流量可预测性特征来控制网络中的转发。设两个 ToR 间的平均速率是 V，门限值为 T，则流量是否可预测的判断条件为：若两个 ToR 间的流量速率较为平稳，瞬时速率相比于 V 的波动值小于 T，即认为流量是可预测的。对这部分可预测的流量 MicroTE 采用 OpenFlow 控制器来为它们计算路径，并下发流表进行转发调度。若两个 ToR 间流量的瞬时速率相比于 V 的波动值大于 T，则认为流量是不可预测的，这部分流量则采用加权 ECMP 的方式在交换机本地进行负载均衡。

⊖　Curtis A R, Mogul J C, Tourrilhes J, et al. DevoFlow: scaling flow management for high-performance networks[C]// ACM SIGCOMM 2011 Conference. ACM, 2011:254-265.

⊖　Benson T, Anand A, Akella A, et al. MicroTE:fine grained traffic engineering for data centers[C]// Conference on Emerging NETWORKING Experiments and Technologies. ACM, 2011:1-12.

MicroTE 为每一个 Rack 指定一台 Designated Sever，由它收集 Rack 下所有的流量情况，发现流量特征有所变化时通知给控制器，然后控制器汇总所有 Rack 下的流量情况，形成 ToR-ToR 的流量矩阵，以此作为依据来进行流量调度。相比于 Hedera 控制器周期性地从 Edge 交换机中查询状态，这种使用服务器来监测流量，以及触发式的状态更新，能够避免在控制平面上频繁交互 Flow Statics 消息所造成的巨大开销。

8.2.14　Mahout

相比于在 MicroTE 中使用 Designated Sever 来监测 ToR 下的流量，论文[⊖]提出 Mahout，直接在 End-Host 操作系统的协议栈中嵌入一个垫层，这个垫层监测各个 socket 的 buffer，当有 socket 堆积了大量 buffer 时，它就会将其识别为大象流，然后对该 socket 的流量标记特定的 DSCP 字段再发出。OpenFlow 的控制器提前下发流表，将特定 DSCP 字段的流量 PacketIn 上去，这样在控制器和交换机都无需付出任何开销的情况下，即可迅速、准确地探测到大象流。这里要注意的是，Mahout 只是避免了监测大象流的开销，为了能够调度大象流，控制器还是需要对网络拓扑和链路实时带宽的信息进行监测的。

8.2.15　F10

论文[⊖]中对 FatTree 拓扑中的连接进行了一些简单的改动，形成了 AB FatTree，使得网络在发生故障时能够获得更好的容错性。图 8-25 所示的叉的为发生故障的交换机，带阴影的为受影响的交换机，而边框加粗的部分是受影响但是能够找到其他可用路径的交换机。在图 8-25 中左边是 FatTree（k=4）的示意图，受影响的交换机共 17 个，其中具有其他可用路径的仅有 8 个，AB FatTree 的拓扑如右边所示，受影响的交换机共 24 个，其中具有其他可用路径的有 18 个。相比之下，在 AB FatTree 中受到影响的交换机更多，不过大部分都能够找到其他的替代路径进行传输，因而从拓扑的设计来说，AB FatTree 的容错性是要好于 FatTree 的。简单的理解如下：FatTree 拓扑中的高度对称的连接，实际上被分成了很多个等价组，一条链路或设备的故障会影响到所有等价组中接近一半的链路和设备。而 AB FatTree 则在交换机数、端口数不变的情况下，通过兑换不同分组中的某些连接，将连接分为了 A 类、B 类两类等价组，从而降低了在 FatTree 分组中只有一个等价组所造成的强耦合，使得网络获得了更好的容错性。

F10 在路由层面上也针对容错性提出了更为全面的设计，以便发挥出 AB FatTree 拓扑的优势。F10 从下面几个角度，对容错性路由进行了分层次的考虑：

1）交换机本地需要具备快速重路由的能力，在探测到故障后，应自主、尽快地选择可用的下一跳进行转发，即使要以增加路径条数为代价。

⊖ Curtis A R, Kim W, Yalagandula P. Mahout: Low-overhead datacenter traffic management using end-host-based elephant detection[C]//INFOCOM, 2011 Proceedings IEEE. IEEE, 2011: 1629-1637.

⊖ Liu V, Halperin D, Krishnamurthy A, et al. F10: a fault-tolerant engineered network[C]// Usenix Conference on Networked Systems Design and Implementation. 2013:399-412.

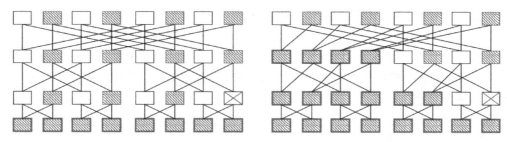

图 8-25 FatTree（左）与 F10 提出的 AB Fat Tree（右）

2）交换机应该把本地探测到的故障宣告给其他受到间接影响的交换机，从而使它们选择其他交换机进行转发。

3）使用集中式的控制器来调度流量，因为 1）的设计主要考虑的是为了尽可能地减少数据包的丢失，而选择在本地进行重路由，但是本地重路由的结果很可能会导致其他链路的拥塞，因此探测到故障恢复后，应该切换回原来的转发路径。

在图 8-26 的示例中，v 发生了故障，此时 u 在收到流量后（z-y-u）是没办法直接转给 w 的（以及左侧 POD 中的任意目的地）。F10 的路由算法（分为 three-hop rerouting 和 five-hop rerouting 两种）是让 u 选择将流量"反射"给 x，然后 x 再通过粗实线标记路径进行迂回式转发。同时 u 会告诉 x 和 y，下次再收到去往左侧 POD 的流量时就不要再发给 u 了。这里面不仅仅是要绕路的问题，如

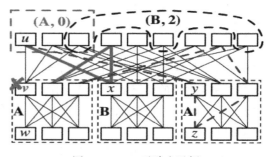

图 8-26 F10 重路由示例

果 x 继续把左侧 POD 的流量发给 u，由于 u 不允许从入端口进行转发，那么 u 就要把流量"反射"给 y，这实际上导致（y，u）和（x，u）两条链路，在上下行两个方向上都要承载双倍的负载。当（u，v）链路恢复后，u 同样应该把这一情况告诉给 x 和 y，让它们重新利用和 u 之间的链路。限于篇幅，具体的算法和机制这里就不再深入介绍了。

最后，对于那些长期存在的故障，F10 需要依赖于集中式的控制器进行处理。这意味着网络的拓扑结构会发生变化，而 F10 提出的本地重路由算法 + 故障宣告都是基于固定拓扑结构的，这就需要有一个集中式的控制器在全局层面上对流量进行调度，从而适应新的拓扑结构。

8.2.16 DDC

论文[⊖]中提出了一种新颖的网络路由思想 DDC（Data Driven Connectivity），全网中各个

⊖ Liu J, Yan B, Shenker S, et al. Data-driven network connectivity[C]//Proceedings of the 10th ACM Workshop on Hot Topics in Networks. ACM, 2011: 8.

节点到某个目的地址的路由库（RIB）可以看作是一个有向无环图（Directed Acyclic Graph，DAG），当 DAG 收敛时，即意味着对于网络中的任意一条链路来说，去往某个目的地址的流量在该链路上的流量都是单向的流向。当网络发生故障时，无法按照原来的路由进行转发的交换机就将数据包直接"反射"，从而调整有向链路的方向，这样一来通过数据包本身就可以驱动网络重新收敛了。这种 Data Driven 的路由收敛相比于传统的 Link-State 协议，不用维护控制平面的复杂状态，大大降低了实现路由重收敛的代价。

以图 8-27 为例，在最初网络中 DAG 的收敛状态为左半部分，对于目的地址为 v 的流量，以 2 的视角来看，链路（2,v）是出向链路，（4,2）和（3,2）是入向链路。由于 2 上只有（2,v）一条出向链路，因此当（2,v）发生故障后，2 会收到 4 发往 v 的数据包，之后发现所有到 v 的可用链路都是入向链路了，因此 2 认为没有办法帮 4 转发该数据包，就将数据包"反射"回 4（注意这

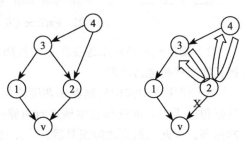

图 8-27　DDC 中的 DAG 收敛

里要和 AB FatTree 中不反射给入端口进行区别），并将 2 和 4 之间链路的状态从"（4,2）入向"转化为"（2,4）出向"。当 4 收到反射回来的数据包后，它发现在从（4,2）这条到 v 的出向链路（4 本地的视角）上收到了到 v 的数据包，因此它在本地即可判定 2 出了问题，于是将 2 和 4 之间的链路从"（4,2）出向"转化为"（2,4）入向"。然后 4 发现自己到 v 还有另外一个出向链路（4,3），于是 4 就把这个数据包再发给 3，然后以此递推，最后重新收敛出新的 DAG。

因此直白地说，DDC 是一种 link reversal routing 链路反向路由的机制。实际上，上面一段的描述只是为了便于读者对 DDC 的理解，实际上论文是从端口的角度来看待链路状态的，文中为交换机的端口设计了很复杂的状态机来维护 DDC。另外，关于 DAG 初始的生成方法，并没有在论文中进行介绍，读者可参考论文[⊖]对 DAG 进行深入研究。

8.2.17　SlickFlow

在论文[⊖]提出的 SlickFlow 中，它利用了 OpenFlow 控制器来收集拓扑，并集中式地计算出到某个目的地的主路径和备份路径，以源路由的形式将所有的路径信息都封装在 header 中，然后预先向主路径和备份路径的交换机下发流表，来支持数据平面上的快速路由收敛。

思路很简单，不过实现起来并不容易。图 8-28 所示为 SlickFlow header 的示例结构，S_1 到 S_k 是转发路径上"各段"的编码序列，S 是 Segment 的缩写（而非 Switch），每个 S 都表示路径上的"一段"。在编码结构上，每个 S 的组成都是一样的。以 S_1 为例，p 是主路径

⊖ Liu J. Routing Along DAGs[M]. University of California, Berkeley, 2011.

⊖ Ramos R M, Martinello M, Rothenberg C E. Slickflow: Resilient source routing in data center networks unlocked by openflow[C]//Local Computer Networks (LCN), 2013 IEEE 38th Conference on. IEEE, 2013: 606-613.

的下一跳，length 代表该跳上备用路径 a 的长度，a_1 到 a_k 是备用路径上"隔断"的标识序列，若 length 为 0 则说明当前节点到目的地没有备用主路径。数据包到来之后，要匹配 S_1 中的 p_1 当前是否可用，这里假设 p_1 可用，那么就将 S_1 头剥掉然后向 p_1 转发。p_1 收到的数据包最外层暴露的是 S_2，于是要匹配 S_2 中的 p_2 当前是否可用，这里假设不可用，那么就判断 S_2 中的 length 是否为 0。如果 length 为 0 说明 p_1 没有可用的备份路径，于是 p_1 就将数据包丢掉；这里假设 length 不为 0，p_1 就可以根据 a_1 进行转发，并将当前数据包的编码序列（$S_2 \cdots S_k$）替换为（$a_2 \cdots a_k$）。a_1 收到后再查找 a_2 中的 p_{a2}，并依次向下迭代。

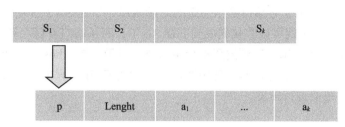

图 8-28　SlickFlow header 的结构示意图

可以看到，在 SlickFlow 中最为关键的就是编码序列的生成，和 DDC 一样 SlickFlow 在生成编码序列时也利用了 DAG 的理论。不过和 DDC 区别的是，SlickFlow 是集中式计算 DAG 结果的，然后以源路由的形式放在了 header 中，而 DDC 则是分布式地计算和处理 DAG 的，并不用添加新的 header。

8.2.18　COXCast

论文[⊖] 提出了 COXcast，COXcast 是一种基于显式路由 +CRT（Chinese Remainder Theorem,）算法的转发框架，能够对组播进行良好的支持。其思路是由源在数据包的某个 header 里面封装好组播树转发信息，然后交换机根据这个 header 进行转发。COXCast 的运行需要 3 个参数，第一个是 MCID，即为不同的组播组（当组播组里面只有一个时，对于 COXCast 来说相当于单播）生成的 ID。第二个 Key 是为网络中每个交换机分配的身份标识。第三个是 OPB，可以理解为是交换机本地端口在组播组中的分布信息。COXCast 使用 CRT 算法保证了 3 个参数具有如下的对应关系：

$$\text{MCID} \equiv \text{OPB}_1 (\bmod \text{Key}_1) \equiv \text{OPB}_2 (\bmod \text{Key}_2) \equiv \cdots \equiv \text{OPB}_n (\bmod \text{Key}_n)$$

上述恒等式为对于任意一个组播组 MCID，假设该组播对应的组播树上有 n 个交换机，那么对于每个交换机来说 MCID 对其 Key 取余数，一定等于其 OPB。可以理解为如下形式：源通过某种方式拥有了组播组的全局视图，了解了组播组用户的分布情况，据此计算出了该组播树的对应形态，并记录了组播树中每个交换机的身份（Key），以及这些交换机分别是通过哪些端口接入该组播树的（即 OPB），然后根据这些交换机的 Key 和 OPB，通过

⊖ Jia W K. A scalable multicast source routing architecture for data center networks[J]. IEEE Journal on Selected Areas in Communications, 2014, 32(1): 116-123.

CRT 算法生成了该组播组需要使用的 MCID 值。

当组播源在转发时，会为每个数据包增加一个 COXcast header 来携带自己的 MCID 值，交换机收到数据包后会使用自己的 Key 值来对 MCID 值取余，根据上面的公式即可得到 OPB，而 OPB 里面正好携带了本地端口在组播组的分布情况，于是交换机就可以根据取余的结果来进行转发了。在图 8-29 中有两个组，蓝色虚线为单播，红色的虚线为组播组（host 1，148 665）。当 host 1 发出数据包时将 COXCast 中的 MCID 值指定为 148 665，SW3 从端口 2 收到数据包后使自己的 Key=19 来对 148 665 取余数得到 9（01001）。这个余数即为本地的 0 号端口和 3 号端口是组播组的下游端口，于是 SW3 就可以从端口 0 和端口 3 转发数据包，从端口 3 就可以直接转发给 host 16 了，而从端口 0 就会转发给 SW1，然后 SW1 再继续执行相同的逻辑，直到遍历整个组播树。对于单播（host 1，7811）来说，每一跳交换机取余后得到的余数肯定是 2 的整数次幂，因为 OPB 中只能有一位为 1，这可以保证只从一个端口对单播进行转发。

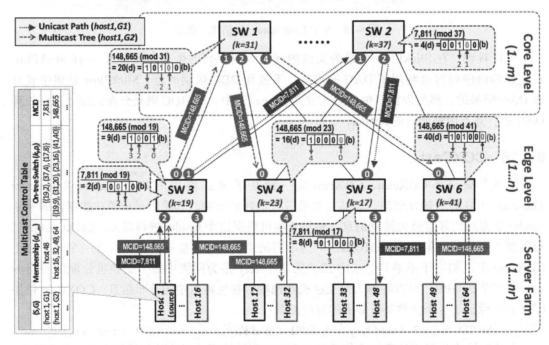

图 8-29　COXCast 的转发机制示意图（见彩插）

可以看到，COXcast 的工作原理实际上和基于 Bloom Filter 进行转发的机制类似（见本节中的 SiBF）。就是由源在数据包的某个 header 里面封装好组播树转发信息，然后交换机根据这个 header 进行转发。不过从交换机的视角来看，COXCast 基于显示路由 +CRT 的实现和基于 Bloom Filter 的实现机制实际上是两个逆向过程，COXCast 中的交换机通过计算可以直接得到需要执行的转发端口，而基于 Bloom Filter 机制的中交换机要对每个端口依次进行判断，如果判定属于某个集合就进行转发，不属于就不转发。

8.2.19　Avalanche

论文[⊖]基于 BFS 提出了组播树生成算法 AvRA，以优化数据中心内组播树的形态。传统的分布式组播协议 PIM-SM 使用了 RP 来汇聚组播流量，因此组播树的生成要依赖于 RP 的单播路由，这往往会导致组播树远远偏离最优的形态。Avalanche 使用集中式的 OpenFlow 控制器来感知组播组用户的接入位置，并且集中式地计算出用户接入组播树的最短路径，据此下发流表来指导组播流量的转发，从而提高组播的效率。

在图 8-30 中左半部分是 PIM-SM 以 C 为 RP，为两个组播组（分别由虚线、加粗实线表示）形成的组播树，右半部分是 Avalanche 为红蓝两个组播组维护的组播树。可以看到，右图中树的形态更为灵活，控制器可以将新加入的组播组用户就近接入到组播树上，组播路径的平均长度得以减小，网络中有更多的链路被选择参与到组播的转发中，而且组播流量也不再以 C 为单一的汇聚点，这些都有助于减小拥塞发生的可能。

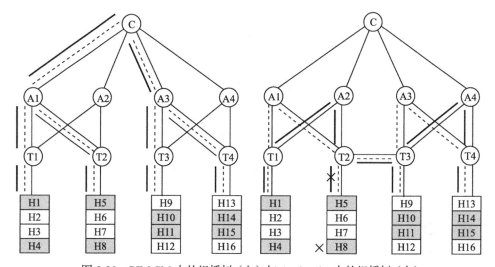

图 8-30　PIM-SM 中的组播树（左）与 Avalanche 中的组播树（右）

IBM 基于 OpenDaylight 对 Avalanche 进行了实现，其模块如图 8-31 所示。其中，IGMP 模块通过 PacketIn 监听组播组用户的 IGMP 以便获取用户的接入位置，根据 Policy 来确定该用户是否可以加入该组播组，加入成功之后向 AvRouter 更新用户的接入位置，AvRouter 结合底层物理拓扑以及当前组播树的形态来计算出用户所在位置到组播树的最短路径，然后通过路由模块生成相应的流表并下发给 OpenFlow 交换机。

Avalanche 主要是从拓扑层面上关注了用户接入组播组时的 tree-formulation 问题，实际上使用 OpenFlow 的框架还可以对组播进行很多其他优化，如根据网络中的链路负载，以及流量矩阵的变化对组播树的形态进行动态优化，等等。

⊖　Iyer A, Kumar P, Mann V. Avalanche: Data center multicast using software defined networking[C]//Communication Systems and Networks (COMSNETS), 2014 Sixth International Conference on. IEEE, 2014: 1-8.

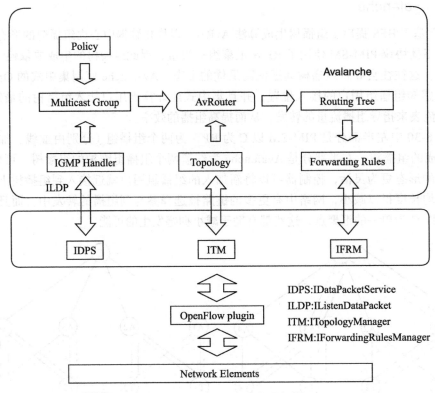

图 8-31　Avalanche 的实现架构

8.3　虚拟化

8.3.1　NetLord

目前基于 Overlay 的虚拟化技术已经广泛地应用于数据中心中，这是业界的一次重大创新。VxLAN 向 IETF 提交第一版草案的时间是 2011 年 8 月，同年学术界也有两篇论文，即 IBM 和 HP 也都提出了类似的思路，分别称为 DOVE [⊖] 和 NetLord [⊜]。DOVE 的 Overlay 实际上就是 VxLAN，不过是对标准 VxLAN 中的保留字段进行了一些私有化，实际上 DOVE 的特色在于策略。而 NetLord 对于 Overlay 的设计则要有趣一些，下面就来看看 NetLord 的 Overlay。

⊖ Cohen R, Barabash K, Rochwerger B, et al. DOVE: Distributed Overlay Virtual nEtwork Architecture[J]. Ibm Corporation, 2007.

⊜ Mudigonda J, Yalagandula P, Mogul J, et al. NetLord: a scalable multi-tenant network architecture for virtualized datacenters[J]. Acm Sigcomm Computer Communication Review, 2011, 41(4):62-73.

NetLord 的数据平面设计，十分新颖地使用了 MACin（MAC+IP）的封装，Hypervisor 需要部署 NetLord Agent（NLA）来提供支持，NLA 相当于 VxLAN 中的 VTEP。实际上，基于 Overlay 来实现多租户，最重要的就是在 header 中携带两个信息：一个是租户的标识，另一个是目标虚拟机所在的服务器地址。VxLAN 用 VNI 来标识租户，用外层的目的 IP 来标识目的服务器，而 NetLord 则使用外层的以太网和 IP 共同承载了这两个信息，NetLord 外层 header 的设计如图 8-32 所示。源 MAC 地址和目的 MAC 地址分别为源虚拟机所在 ToR 和目的虚拟机所在 ToR 的 MAC 地址，它们用于定位目的虚拟机所在的 ToR，其作用相当于 VxLAN 中的外层源 IP 和目的 IP。也就是说，NetLord 要求 Underlay 是 L2 的 Fabric，为了保证 Fabric 上的转发效率，NetLord 依赖于 SPAIN（见本章 8.2.7 节）作为 Underlay 的路由机制。

```
VLAN.tag = SPAIN_VLAN_for (edgeswitch (DST), flow)
MAC.src = edgeswitch (SRC). MAC_address
MAC.dst = edgeswitch(DST). MAC_address
    IP.src = MACASID
    IP.dst = encode (edgeswitch_port (DST), Tenant_ID)
    IP.id = same as VLAN.tag
    IP.flags = Don't Fragment
```

图 8-32　NetLord 外层 header 的设计

不过，SPAIN 只能把数据包路由到目标虚拟机所在的 ToR，而想送到目标虚拟机，还差 ToR 到 NLA 这一跳，这一跳的路由 SPAIN 是不管的，因此 NetLord 还需要在外层 header 中告诉 ToR 从哪个端口可以转发到目标虚拟机所在的 NLA，这个端口的信息放在了外层 header 中目的 IP 地址的高 8 位，也就是说 NetLord 要求 ToR 具备 IP LPM 转发的能力（NLA 会被分配周知的 IP 地址 port.0.0.1）。目的 IP 的后 24 位，NetLord 用于存放租户标识 Tenant_ID，因此 NetLord 可以支持 1600 万租户，这和 VxLAN 是一样的。外层 header 中的源 IP 地址用于存放 MAC_AS_ID 的信息，一个虚拟机在 NetLord 中被 <Tenant_ID, MAC_AS_ID, MAC> 唯一标识，也就是说一个租户可以有两个相同 MAC 地址的虚拟机，只要它们的 MAC_AS_ID 是不同的。因此，NetLord 允许租户自己去规划 MAC 地址，这一点是 VxLAN 所不具备的，不过在实际中这种需求似乎是很少见的。假设 ToR 已经通过 IP LPM 把数据包转发给了 NLA，NLA 会剥掉外层的 header，提取其中的 Tenant_ID 和 MAC_AS_ID，然后结合内层数据帧的目的 MAC 地址转发给目的虚拟机。上面的表述比较抽象，可以结合图 8-33 进行理解。

除了 MAC 和 IP 以外，图 8-32 中的另外几个字段也都需要介绍一下。由于 NetLord 依赖于 SPAIN 作为底层的承载网络，因此外层 header 中的 VLAN ID 可以实现 SPAIN 的多路径，类似于 VxLAN 使用源端口号在 ECMP 上进行负载均衡。另外，由于出口需要进行 IP LPM routing 来向 NLA 转发，所以在此之前会终结掉外层 header 中的 VLAN，而这个 VLAN 对于 NLA 来说还是有用的（用于监测 SPAIN 的状态），因此 NetLord 使用 IP

Identification 来存放外层 header 中 VLAN 的信息，使得 NLA 收到数据包后仍能够提取到该信息。由于使用了 IP Identification 来承载 VLAN 信息，NetLord 要求网络不能对数据包分片，因此 DF 字段需要置位。

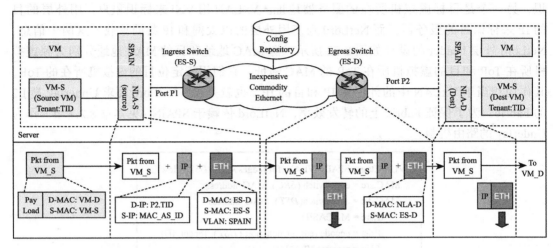

图 8-33　NetLord 的转发示意图

　　NetLord 对分布式路由也进行了设计。NetLord 会维护虚拟路由器的 IP 和 MAC 间的对应关系，当发现数据包的目的 MAC 地址是虚拟路由器的 MAC 地址时，NLA 会先完成路由再封装外层的 header。外网的 Tenant_ID 被规定为 2，租户可以通过它来访问 Internet，租户间的通信也需要通过外网进行中继。

　　在控制平面上，NL-ARP Subsystem 维护着所有虚拟机的位置信息，即 <Tenant_ID，MAC_AS_ID，MAC> 和 <IP，Egress Switch MAC，Port> 的映射关系。默认采用的是预置式的同步方式，当有新的虚拟机上线或者虚拟机发生迁移时，NL-ARP Subsystem 会将新的映射关系推送给各个 NLA。NLA 会将这些关系缓存在本地的 NL-ARP 表中，以完成 ARP 代理和隧道封装的功能。

8.3.2　FlowN

　　论文⊖提出了 FlowN，在 OpenFlow 的控制器里面做了一层 Application Virtualization，不同的租户可以把自己的 OpenFlow 应用运行在 Application Virtualization 之上。对于租户的 OpenFlow 应用来说，它们只能看到自己的虚拟网络，这个虚拟网络是由 Application Virtualization 对物理网络抽象得到的。因此，FlowN 本质上是一个基于多租户框架的 OpenFlow 控制器。

　　都是对多租户进行抽象，FlowN 和 OpenStack Neutron 有什么区别呢？ OpenStack

⊖ Drutskoy D, Keller E, Rexford J. Scalable network virtualization in software-defined networks[J]. IEEE Internet Computing, 2013, 17(2): 20-27.

Neutron 为租户应用提供的是北向的业务 API，如什么时候创建一个 subnet，什么时候创建一个 vRouter，什么时候创建一个 FW，至于 subnet、vRouter、FW 是如何工作的，对于租户来说是完全透明的。而 FlowN 为租户应用提供的则是原生的 OpenFlow API，租户可以开发自己的应用来控制 subnet 怎么连通，vRouter 如何路由，FW 上的 ACL 怎么写，甚至可以定制自己的逻辑网络拓扑。如果一些租户不想关心底层的网络是如何实现的，FlowN 会为它们运行一个默认的，来保证虚拟网络的基础连通性，此时从租户的角度来看，FlowN 扮演的角色和 Neutron 就是一样的了。

因此，Application Virtualization 可以理解为是 OpenFlow 的一个 Hypervisor，它只负责对 OpenFlow 信令中的一些字段进行映射，以保证租户通过 OpenFlow API 只能看到自己虚拟网络中的 vDpid、vPort，等等；而交换机看到的则是物理网络上的 pDpid，pPort，等等。映射的工作原理这里先绕过去不讲，请参阅本节后面对 FlowVisor、ADVisor、OpenVirtex 的相关介绍。FlowN 相比于它们的主要区别是通过 VLAN 来标识租户，而且同一个租户的 VLAN 标识在路径上是逐跳变化的，以解决 VLAN 只能支持 4K 租户的问题，这十分类似于 MPLS 在不同链路上对标签进行复用。

在实现上，租户的 OpenFlow 应用以 container 的形态运行在 FlowN 上，每个租户都有自己的线程池。Application Virtualization 收到物理网络的 OpenFlow 消息后，首先完成映射，找到触发这条 OpenFlow 消息的租户，调用对应线程的接口，再把映射后的消息传递给租户的应用。为了实现分布式与持久化，FlowN 使用了关系型数据库来存储租户虚拟网络和物理网络间的映射关系，多个 FlowN 实例间通过数据库连通，不同租户的应用可以运行在不同的 FlowN 实例上以实现负载均衡。由于 Application Virtualization 每次在映射时，都要读取数据库中的映射关系，因此 FlowN 在数据库旁边会挂一个 memcached，以实现映射关系的读优化。其实现架构如图 8-34 所示。

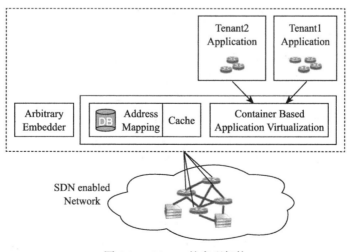

图 8-34　FlowN 的实现架构

8.3.3　FlowVisor

论文[⊖]提出的 FlowVisor 也是 OpenFlow 的 Hypervisor，和 FlowN 将租户的应用嵌在控制器里面不同，在 FlowVisor 的架构中租户有自己独立的控制器。FlowVisor 是最早提出 SDN HyperVisor 设计思路的，实际上 FlowN 也是在 FlowVisor 之后提出的。之所以把 FlowN 放在 FlowVisor 前介绍，是因为 FlowN 在架构上更接近于业界已经落地的 SDN 方案，读者可能更容易理解一些。

FlowVisor 作为透明的代理，工作在 OF 交换机和租户的 OpenFlow 控制器之间。对于 OF 交换机来说，FlowVisor 是一个特殊的控制器；从各个租户控制器的视角来看，FlowVisor 则相当于一个物理的 OpenFlow 网络。FlowVisor 负责截获 OF 物理交换机产生的信令，并根据流量的特征和各个租户的匹配规则，将信令送给相应的控制器。另外，租户控制器产生的信令也会首先经过 FlowVisor，FlowVisor 对信令进行修改和约束后再分发给相应的物理 OF 交换机。FlowVisor 通过对 OpenFlow 消息的劫持、修改、分发等操作，使租户的控制器只能看到 FlowVisor 向它提供的虚拟网络视图，从而实现了租户间的隔离。其工作原理示意图如图 8-35 所示。

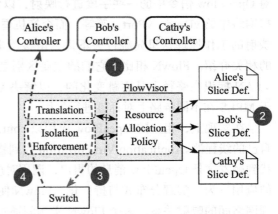

图 8-35　FlowVisor 的工作原理简要示意

OpenFlow v1.0 提出了基于 12 元 Tuple 的匹配方式，包括从一层的物理端口到四层的应用端口等 12 个字段都可以用来匹配数据流，而且提供了相对丰富的处理动作。FlowVisor 允许将这些字段（除了 VLAN 优先级字段）开放给管理员灵活地制订流量识别策略，其粒度可粗可细。一个策略称为一个 Flowspace，一个租户可能对应着多个不连续的 Flowspace。与 VxLAN 基于 VNI 专用字段来标识租户的方式不同，FlowVisor 直接根据流量的特征识别租户，并不对流量进行附加标识。FlowVisor 的 Flowspace 机制虽然灵活，但存在着以下两个问题：①租户的地址空间无法复用，如当不同租户需要重叠 IP 地址时很可能会发生匹配规则冲突。②租户的控制器很可能会改变 Flowspace 中的某些字段，FlowVisor 是不会对这些动作进行检查的，这样一来租户的流量很可能在某个地方发生了泄露，即租户 A 的流量被识别为租户 B 的流量，导致租户网络安全性的降低。

在实现租户标识的基础上，FlowVisor 会对虚拟节点上的资源包括端口、CPU、转发表进行隔离。控制器与交换机握手时，FlowVisor 对 SwitchFeatures 消息中物理 OF 交换机上的端口号进行合理的过滤后送给控制器，控制器只能看到属于该虚拟网络的端口。控制器在下发包括泛洪动作在内的流表时，FlowVisor 会将该动作映射为多条流表，只从属于该虚

⊖　Sherwood R, Gibb G, Yap K K, et al. Can the production network be the testbed?[C]//OSDI. 2010, 10: 1-6.

拟网络的端口上进行转发。CPU 的隔离实现起来相对复杂，FlowVisor 给出了节约物理交换机上 CPU 资源的一些思路，希望通过保证 CPU 有轻负载来间接地保证虚拟节点间的 CPU 隔离。转发表的隔离对于 FlowVisor 来说，是自然实现的，只要各个租户的 Flowspace 不发生冲突，转发表就不会出现冲突的情况。FlowVisor 在一定程度上实现了虚拟资源的隔离，但是 FlowVisor 并没有对虚拟节点进行显式的抽象。一方面，这使得租户无法直接管理其虚拟节点，另一方面租户控制器看到的 dpid 和 port id 很可能是不连续的，这不符合虚拟化中透明性的原则。虽然 FlowVisor 并没有显式地抽象虚拟节点实例，但在一定程度上可以说它支持了"一虚多"的模型，但对于"多虚一"的场景 FlowVisor 并不支持。

租户被分配到不同的虚拟节点上，在物理上可能是部署在不同物理交换机上的，也可能是部署在相同物理交换机上的，虚拟链路技术负责连接这些分布式的虚拟节点。当不同的虚拟节点部署到不同的物理交换机时，需要通过实际的物理链路来模拟虚拟链路。FlowVisor 的一个明显缺点是一条虚拟链路只能对应一条物理链路，无法跨越多个物理交换机实现虚拟链路，也意味着租户的逻辑拓扑只能是物理拓扑的一个子集，从而无法实现拓扑的任意映射。比如说在租户的逻辑拓扑中相邻的虚拟交换机 VOF1 和 VOF2，分别部署到 OF1 和 OF2 中，则 FlowVisor 要求 OF1 与 OF2 要在物理上是直连的，这极大地限制了部署的灵活性，也会导致 FlowVisor 无法实现虚拟链路的备份和重收敛。当不同的虚拟节点部署在相同的物理交换机中时，虚拟链路的实现要求设备能够抽象出一个类似于"环回"的逻辑端口以便在不同的虚拟节点间进行连接，FlowVisor 并不支持这种机制。

虽然 FlowN 在架构上"更接地气"，不过学术界却更青睐 FlowVisor 这种更为新颖的虚拟化架构，后续很多的论文都延续 FlowVisor 的思路，对 SDN HyperVisor 进行了逐步深入的研究。

8.3.4 ADVisor

论文⊖提出了 ADVisor（Advanced FlowVisor），它解决了 FlowVisor 不能支持拓扑任意映射的问题。拓扑任意映射场景如图 8-36 所示，物理拓扑中有 6 台交换机，在左边这种映射机制下，逻辑拓扑只是物理拓扑的一个子集，逻辑拓扑中相邻的虚拟节点在物理上必须相邻；而右边的映射机制则没有这种限制关系，虚拟链路的实现依赖于沿途交换机的透明转发。相比较而言后者能够更加灵活地调度底层的网络资源，如租户需要一个由 3 节点形成的环状拓扑，左边的机制便无法实现，右边的机制便可以虚拟出物理网络中不存在的虚拟链路来满足该需求。FlowVisor 没有这么灵活的虚拟链路技术，它只能实现左边这种映射，而 ADVisor 针对这一点进行了改进，对于实现右边场景中虚拟化需求提供了支持。不过 ADVisor 只允许通过手动配置来指定映射关系，仍然不够灵活。

⊖ Salvadori E, Corin R D, Broglio A, et al. Generalizing virtual network topologies in OpenFlow-based networks[C]// Global Telecommunications Conference (GLOBECOM 2011), 2011 IEEE. IEEE, 2011: 1-6.

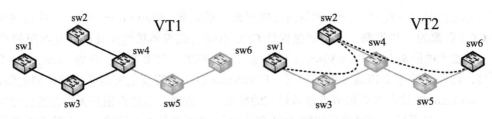

图 8-36　拓扑的任意映射

ADVisor 同样位于控制器和交换机间作为透明代理，通过网络管理者手动配置的 Virtual topology configuration 来指导各个租户网络中虚拟节点和虚拟链路的生成与维护。相比于 FlowVisor，ADVisor 增加了 3 个子模块：Port Mapper、Topology Monitor 和 Link Broker，它们根据 Virtual topology configuration 的映射信息，共同实现了虚拟化的映射工作。

ADVisor 没有沿用 FlowVisor 的 Flowspace 机制来识别租户，而是要求将主机（虚拟机）的接入端口与某一租户绑定，该主机的所有流量在网络入口处会打上 slice_tag_si 的标签，在传输过程中该标签就替代了 FlowVisor 的 Flowspace 规则，唯一地标识了该流量所属的租户，流量被送到目的地前需要剥掉该标签。考虑到 OF 协议的版本限制，ADVisor 采用了 12 位 VLAN ID 中的一部分位作为 slice_tag_si 来标识租户网络。这种做法虽然不如 FlowVisor 灵活，但是有效地解决了在 FlowVisor 中租户间流量可能会发生泄露的问题，其代价就是在单级 VLAN 技术条件下，不允许租户通过 VLAN 字段来标识业务，另外租户网络的上限数量也必然受到 VLAN 字段位数的限制。

ADVisor 通过租户拓扑的配置文件来记录物理交换机与虚拟节点端口号之间的映射关系，租户的控制器不会看到不连续的端口号。这实现起来并不复杂，但是相比于 FlowVisor 而言已经有了明显的提升。ADVisor 也没有支持虚拟节点的"多虚一"模型。

虚拟链路技术的实现，依赖于对经过虚拟链路的流量的标识，以便沿途的交换机能够直接转发流量，而不再上报给租户的控制器。同样由于 OpenFlow v1.0 协议的限制，ADVisor 中使用 VLAN 字段的一些位作为 slice_tag_vl 去标识虚拟链路上的流量。VLAN 字段总共有 12 位，网络的管理者需要合理地分配给 slice_tag_vl 和用于标记租户网络的 slice_tag_si，slice_tag_si 和 slice_tag_vl 组合在一起形成 slice_tag，它唯一地标识了某个租户网络中的某一条虚拟链路。只有虚拟链路两端连接了虚拟节点才能够与租户的控制器进行交互。物理交换机将流量上报时，ADVisor 中的 Topology Mionitor 根据 slice_tag 判断该物理交换机是虚拟节点还是虚拟链路上的沿途交换机，前者经 Port Mapper 映射后交给租户的控制器来处理，后者则由 Link Broker 直接完成透明转发。这样一来在对租户控制器透明的情况下，模拟了虚拟节点间的邻接关系，实现了虚拟链路的功能。ADVisor 中的这些映射关系都需要手动进行配置，这会导致网络状态发生改变时，虚拟链路的调整不够灵活，难以实现动态优化和路径的 Fail-Over 机制。

8.3.5 VeRTIGO

VeRTIGO⊖是在 ADVisor 的基础上开发的一款 SDN HyperVisor。相比于 ADVisor，VeRTIGO 能通过算法动态地进行映射，支持虚链路的动态优化和 Fail-Over 机制。VeRTIGO 还支持节点虚拟化的"多虚一"模型，允许将多台物理设备抽象为租户网络中的一台逻辑设备，如图 8-37 所示。

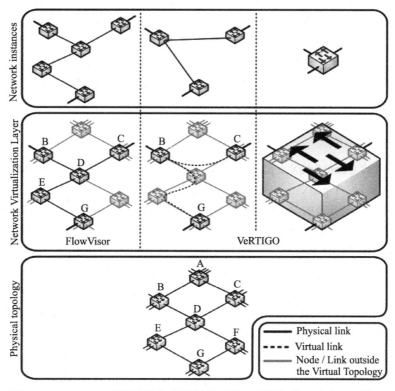

图 8-37　VeRTIGO 能够支持拓扑的任意映射以及节点的"多虚一"模型

VeRTIGO 虽然是基于 ADVisor 进行开发的，但是其流量识别和租户网络标识技术却使用了 FlowVisor 的 Flowspace 机制，并未实现 ADVisor 的 slice_tag_si。

VeRTIGO 实现了虚拟节点的"多虚一"模型，当租户提出对于逻辑网络的链路带宽等指标需求后，VT Planner 会进行自动映射，并通过 Node Virtualizer 模块自动地封装出一个虚拟的 Abstract Node。这个唯一的虚拟节点将代替底层的物理设备与控制器进行交互，包括握手、SwitchFeatures 等消息都由其代理，控制器向 Abstract Node 下发 FlowMod 和 PacketOut 消息，也将经过映射并分发给对应的物理 OF 交换机。一个 Abstract Node 往往对应多个物理交换机，跨越多条物理链路，它们可分别看作 Abstract Node 的接口线卡和内部

⊖　Corin R D, Gerola M, Riggio R, et al. Vertigo: Network virtualization and beyond[C]//Software Defined Networking (EWSDN), 2012 European Workshop on. IEEE, 2012: 24-29.

背板走线。基于上述思路，VeRTIGO 实现了虚拟节点的"多虚一"模型。"多虚一"模型的部署，涉及流表的放置问题，本文不再对这些算法进行分析，感兴趣的读者可以参考论文⊖和论文⊖。

相比于 ADVisor 手动配置进行映射，VeRTIGO 采用了 VT Planner 进行自动化映射。ADVisor 采用 VLAN 字段中的部分比特位作为 slice_tag_vl 去标记虚拟链路上的流量，这限制了用户对于 VLAN 字段的使用。当 VeRTIGO 在 VT Planner 中映射了租户的逻辑拓扑后，会存储流经虚拟链路的 Header Sequence，当这些流量从沿途交换机中进行上报时，VeRTIGO 识别出 Header Sequence 并直接代理租户的控制器向该交换机下发流表以进行透明的转发。通过算法动态地进行映射的另一个好处，就是能够增强 HyperVisor 的健壮性，通过检测链路的实时负载，VeRTIGO 可以自动进行虚拟链路映射的动态优化，它也支持 Fail-Over 机制。

8.3.6 OpenVirteX

论文⊜提出的 OpenVirteX，也是一个基于 FlowVisor 研发的 SDN Hypervisor，其实现架构如图 8-38 所示。OpenVirtex 具备以下特点：①为租户提供彼此隔离的虚拟 SDN 网络（vSDN），允许租户自定义拓扑与网络编址方案。②显式地为 vSDN 抽象出虚拟节点，允许租户直观地对虚拟节点进行管理。③借助后端数据库对网络状态进行实时的记录，具备了对租户网络执行快照的能力。

OpenVirteX 在接入交换机时，根据端口号和 MAC 地址识别主机所属的租户，流量经过交换机后，其源 MAC 地址将被 OpenVirteX 重写。重写后的源 MAC 地址的前 24 位为 OpenVirteX 从 IEEE 中申请得到的保留 OUI，后 24 位将携带着租户网络的标识信息在数据平面上传输。传输途中的虚拟节点将根据数据包的源 MAC 地址来识别租户的流量，并送给相应的租户控制器。在目的主机所在的出口交换机上，源 MAC 地址将回写源主机的 MAC 地址。相比于 FlowVisor 的 Flowspace 机制，OpenVirteX 通过重写 MAC 地址解决了租户地址空间无法复用的问题。相比于 ADVisor 使用 VLAN 的部分位来标识租户的机制，OpenVirteX 则开放了租户在逻辑网络内部使用 VLAN 区分业务的能力。另外，在接入/出口交换机上，OpenVirteX 还会重写/回写源 IP 地址和目的 IP 地址以显式地支持 IP 地址的复用。

从租户的角度来看，逻辑网络中的设备应该拥有独立的管理方式，这需要 SDN Hypervisor 能够对虚拟交换机进行完整的抽象，实现模拟数据包缓存和虚拟流表匹配等功能。OpenVirteX 首次对虚拟节点进行了显式的抽象，租户能够直接对其进行管理，这就形

⊖ Kanizo Y, Hay D, Keslassy I. Palette: Distributing tables in software-defined networks[C]//INFOCOM, 2013 Proceedings IEEE. IEEE, 2013: 545-549.

⊖ Kang N, Liu Z, Rexford J, et al. Optimizing the one big switch abstraction in software-defined networks[C]// Proceedings of the ninth ACM conference on Emerging networking experiments and technologies. ACM, 2013: 13-24.

⊜ Al-Shabibi A, De Leenheer M, Gerola M, et al. OpenVirteX: Make your virtual SDNs programmable[C]// Proceedings of the third workshop on Hot topics in software defined networking. ACM, 2014: 25-30.

成了较为完整的虚拟网络子层。在此基础上，OpenVirteX 将租户的控制器投放用于拓扑探测的 LLDP 包限制在了虚拟网络子层内部，这可以避免将这些数据包投放到真实的设备中，节约了数据平面的带宽资源。OpenVirtex 对"一虚多"和"多虚一"两种模式都提供了良好的支持。在"一虚多"模型中，一台物理交换机可以抽象为多个不同的虚拟节点，包括虚拟设备的标识和虚拟端口的端口号，这些对于租户来说都是连续而完整的。在"一虚多"模型中，OpenVirteX 支持将多个物理交换机模拟到一个逻辑 OpenVirtexBigSwitch 中，通过手动配置或者最短路径计算来模拟 OpenVirtexBigSwitch 的内部背板走线。

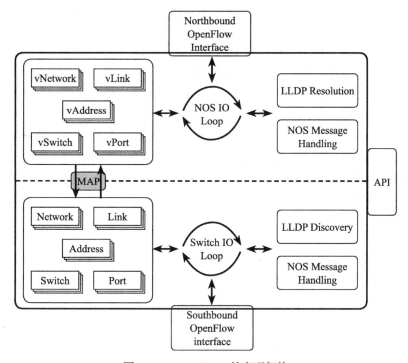

图 8-38　OpenVirtex 的实现架构

与租户网络标识技术类似，OpenVirteX 通过对目的 MAC 地址进行重写来标识虚拟链路以及该虚拟链路所承载的流量。具体重写规则如下：重写后的目的 MAC 地址的前 24 位为 OpenVirteX 从 IEEE 中申请得到的保留 OUI，后 24 位将携带着 vLink ID 和 Flow ID 的信息在数据平面上传输。这里的 Link ID 即为该租户网络中虚拟链路的标识，而 Flow ID 不会对应某一个流表，而是记录着该次通信的源主机和目的主机的 MAC 地址，以便在出口交换机上进行主机 MAC 地址的回写。接入交换机重写后，源 MAC 地址可以用来区分不同租户的流量，这在传输过程中不会改变。目的 MAC 地址中的 vLink ID 用来标识流量传输到了哪一条虚拟链路上，它每经过一个中继虚拟节点后改变一次。Flow ID 则标识了该流量的源主机、目的主机的 MAC 地址，以便在出口交换机处进行主机 MAC 地址的回写。OpenVirteX 可以支持虚拟链路的 Fail-Over 机制。在实现虚拟链路时，OpenVirteX 可以备

份一条次优路径，当主用虚拟链路经过的物理节点或者物理链路失效时，OpenVirtex
自动地将该虚拟链路映射到备份路径上。当失效点恢复时，OpenVirtex 将重新切换到
原来的最优路径。尽管 OpenVirtex 对于虚拟节点进行了较为完整的抽象，也有着新颖
的虚拟链路技术，但是它也没有支持在同一租户中不同的虚拟节点部署在同一物理交
换机下的场景。

8.3.7 CoVisor

论文[⊖]提出的 CoVisor，是以 OpenVirtex 为原型开发的 SDN Hypervisor，设计架构如图
8-39 所示。其中不同租户的控制器负责实现不同的网络服务，租户通过编写 CoVisor API 制
订其逻辑网络的拓扑。当由不同租户控制器下发的流表分发到同一台物理 OF 交换机中时，
很可能出现无法协同工作的情况，CoVisor 的设计目标是在提供虚拟拓扑的基础上，对由不
同租户控制器下发的流表进行重新编译，以协调它们对网络的控制逻辑，同时监测各控制
器的行为以防止其操作越界。

CoVisor 同样支持使用 FlowVisor 的 Flowspace 机制，可以根据流量的特征对租户网络
进行识别。在虚拟链路技术上，CoVisor 也利用了 OpenVirtex 的现有机制。由于 CoVisor 实
现了协调策略，因此具备对流表进行聚合的能力，支持将同一租户网络中的多个虚拟节点
部署到同一台物理交换机中，这相比于 OpenVirteX 是一个明显的改进。下面通过一个实例
对此进行分析。如图 8-39a 中所示，在一台物理 OF 交换机 S 中为一个租户网络抽象出了 3
台虚拟交换机 A、B、C，黑色端口和链路是 CoVisor 虚拟出来的，不对应任何底层的资源，
它连接了 AB 与 BC。图 8-39b 展示了这 3 台虚拟交换机中的路由流表，为了在 S 上实现正
确的转发，CoVisor 要对这些流表项进行聚合。以端口 1 进入 S 的流量为例，如果其目的地
为 2.0.0.0/16，聚合后将由端口 2 送出；如果其目的地为 1.0.0.0/24，聚合后将由 S 的端口 3
送出；如果其目的地为 1.0.0.0/8，聚合后将修改目的 IP 为 2.0.0.0 后由 S 的端口 4 送出。为
了在 S 中实现这一转发逻辑，CoVisor 将模拟出由端口 1 进入，送往不同目的地 IP 地址的
包，并由 A、B、C 中的虚拟流表进行处理从而得到完整的传输路径，并据此对虚拟流表进
行聚合，得到最终需要下发到 S 中的 3 条流表，如图 8-39c 所示。

CoVisor 对于虚拟节点中流表的隔离也做了改进性的工作，通过对不同租户控制器开放
不同的权限，限制了它们对匹配域的匹配（如负责 MAC 自学习控制器下发的流表只允许其
匹配 MAC 地址），以防止租户控制器的行为越界。

除了 CoVisor 外，论文[⊖]提出的 AutoSlice，也支持将同一租户网络中的多个虚拟节点
部署到同一台物理交换机中。不过，AutoSlice 是利用交换机的本地环回端口 +recursive
Pipeline 来实现的，这和 CoVisor 通过控制平面实现流表的聚合有着很大的不同。

⊖ Jin X, Gossels J, Rexford J, et al. CoVisor: A Compositional Hypervisor for Software-Defined Networks[C]//NSDI.
2015, 15: 87-101.

⊖ Bozakov Z, Papadimitriou P. Towards a scalable software-defined network virtualization platform[C]//Network
Operations and Management Symposium (NOMS), 2014 IEEE. IEEE, 2014: 1-8.

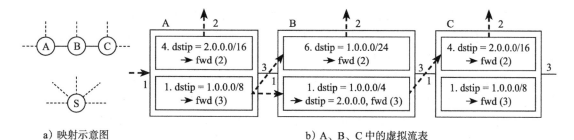

a）映射示意图　　　　　　　　b）A、B、C 中的虚拟流表

S_{R1} = (inport = 1, dstip = 2.0.0.0/16; output (2))
S_{R2} = (inport = 1, dstip = 1.0.0.0/16; output (3))
S_{R3} = (inport = 1, dstip = 1.0.0.0/8; dstip = 2.0.0.0, output (4))

c）重编译后 S 中的流表

图 8-39　CoVisor 支持将多个虚拟节点部署到同一台物理交换机中

本节选取的论文都偏向于工程实现，除此之外还有很多论文从理论上对网络虚拟化进行了研究与探讨。网络虚拟化中一个很重要的问题，是关于如何形成虚拟网络资源和物理网络资源间的映射关系，学术界称其为 VNE（Virtual Network Embedding），可以参见相关的经典论文。由于 VNE 相关论文都过于算法化，因此本小节不再对这部分论文进行介绍。

8.4　服务链

8.4.1　pSwitch

论文[一]提出的 pLayer，其主要思路是将服务节点旁挂在改造后的二层交换机（pSwitch）上，并通过控制器来集中地分发服务链策略，引导 pSwitch 中流量的转发。pSwitch 的设计如图 8-40 所示，它有两个主要的模块：Switch Core 保留了普通交换机 MAC 学习转发的能力，Policy Core 为新增模块负责服务链策略的执行。其中，Rule Table 存储着服务链流量的匹配规则（主要支持 IP 五元组），对于每个连接主机或者服务节点的接口，Policy Core 还设计了 InP、OutP 和 Fail Detect 组件用于执行服务链的转发。

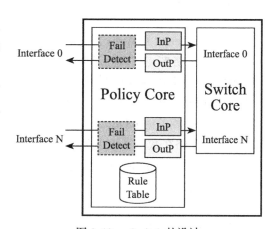

图 8-40　pSwitch 的设计

pLayer 对于服务链流量的典型转发流程如下所示：当流量通过 inf A 进入 pSwitch 时，

⊖　Joseph D A, Tavakoli A, Stoica I. A policy-aware switching layer for data centers[C]//ACM SIGCOMM Computer Communication Review. ACM, 2008, 38(4): 51-62.

inf A 的 InP 组件将流量与 Rule Table 中的规则进行匹配，以识别流量所属的服务链（可以理解为 NSH 中的 SPI），并根据流量的源 MAC 地址（或者 Port/VLAN）来判定流量当前在服务链中的位置（可理解为 NSH 中的 SI），然后根据上述两个信息封装 MACinMAC，其外层目的 MAC 地址为下一跳服务节点的 MAC 地址，并发送给 Switch Core。Switch Core 进行正常的 MAC 自学习，若下一跳服务节点旁挂在本地的 inf B 中，则 inf B 完成解封装并送出，若下一跳服务节点不在本地则不经过解封装处理，直接发往下一跳服务节点所在的 pSwitch。服务链路上的 pSwitch 依次迭代上述过程，直到最后一个服务节点处理结束，其所在的 pSwitch 会去掉外层封装并送给目的主机。

上述转发机制还需要进行如下说明。

1）各个服务节点的 MAC 地址需要集中进行分配。

2）工作在三层的服务节点（如路由器、负载均衡器），在处理完流量后源地址自然被改写为服务节点的 MAC 地址，可用于 InP 的判定。

3）另外一些服务节点（防火墙、IPS）对于流量是透明的，本身不会改写 MAC 地址。当这些服务节点直接旁挂在 pSwitch 上时，InP 可通过 Port/VLAN 来判定，如果它们通过普通交换机中继到 pSwitch 时，InP 只能通过源 MAC 地址来判定，此时需要有一个 SRCMACREWRITER 模块代理它们进行源 MAC 地址的改写。

4）每一种服务节点可以有多个实例，不同流之间可通过哈希实现负载均衡，对同一条流的哈希需要保持双向一致，避免出现路径不对称的情况。

5）当路径上存在 LB/NAT 这些会改写 IP 地址的服务节点时，同样可能会导致上下行路径不对称，因此 pSwitch 规定 Rule Table 中的规则不可以携带可能会被服务节点改写的 IP 地址。

6）Fail Detect 组件通过 ICMP 探针、TCP 状态检查、SNMP Trap 等方式监视服务节点的状态，当服务节点出现问题时能够及时进行路径切换。

除了设计上述转发机制以外，由于采用了集中式控制，pLayer 还考虑了一些 pSwitch 上服务链策略一致性的问题。为保证同一服务链上各个 pSwitch 策略的一致性，控制器需要先确认所有相关的 pSwitch 已经收到了该服务链的策略，然后再下发一个 adpot 信令使得 pSwitch 的策略在数据平面上生效。另外，考虑到 Service Sequence 互为回环的新老策略可能造成产生的 Bypass 问题，pLayer 规定 Service Sequence 互为回环的新老策略必须使用不同的服务节点实例。

8.4.2　FlowTags

论文[⊖]提出的 FlowTags，主要为了解决服务链实现中的一些问题：一些服务节点会改写流量的字段（如 LB、NAT 会改写 IP 和端口），很有可能会造成交换机无法识别流量特征；一

⊖ Fayazbakhsh S K, Chiang L, Sekar V, et al. Enforcing Network-Wide Policies in the Presence of Dynamic Middlebox Actions using FlowTags[C]//NSDI. 2014, 14: 533-546.

些服务节点对于流量的处理，依赖于之前服务节点的处理结果；交换机的转发可能依赖于之前服务节点的处理结果（如经 Light IPS 初步确定可疑的流量后需要转发给 Heavy IPS，安全流量则不必转发给 Heavy IPS）。产生上述情况的根本原因在于 SDN 控制器无法动态地获知服务节点的处理结果，因此 FlowTags 汲取了 OpenFlow 集中式控制交换机的思想，提出了一套服务节点的 primitive API（FlowTags API），并将 OpenFlow 和 FlowTags API 集成在控制器中实现。控制器作为服务链实现的大脑，通过集中、动态、逐跳地为服务链流量分配 Flow Tag，服务节点和交换机将根据 Flow Tag 对流量进行处理和转发，其架构如图 8-41 所示。

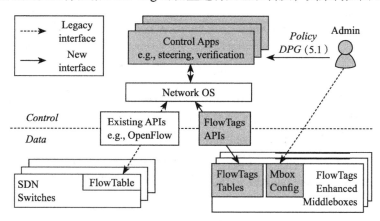

图 8-41　FlowTags 的架构示意图

Flow Tag 作为服务链处理的唯一标识，需要承载的信息包括：流量的原始特征、之前服务节点的处理结果（可看作 context）、流量的 SFC 路径信息。前两者用于指导后续服务节点的处理，最后一个用于指导 OpenFlow 交换机转发流量。可见，Flow Tag 对于整个系统的实现至关重要，相比于 pSwitch 通过隧道的外层包头来承载服务链信息，Flow Tag 选择改写已有字段（如 MAC），或者使用已有的保留字段（如 TOS、VLAN 等）来承载上述信息，文章中并没有规定如何对这些字段进行编码。

FlowTags API 的设计类似于 OpenFlow，主要以触发式的方式实现对服务节点的控制。当服务节点 MB1 初次看到流量（尚未携带 Flow Tag）并完成处理后，通过 FT GENERATE QRY 消息向控制器请求生成 Flow Tag，控制器记录流量的原始特征、MB1 的处理结果，并通过 FT GENERATE RSP 回复消息给 Flow Tag，该服务节点封装 Flow Tag 字段，并发送给 OpenFlow 交换机 S1。S1 初次看到流量，通过 PacketIn 将消息上交控制器，控制器根据 Flow Tag 解析记录流量的原始特征和之前服务节点的处理结果并决定 S1 的转发行为，然后下发 FlowMod 消息匹配 Flow Tag 并发向下一跳服务节点 MB2。MB2 初次看到携带有 Flow Tag 的流量，通过 FT CONSUME QRY 消息请求消费 Flow Tag，控制器返回 FT CONSUME RSP 消息回复给 Flow Tag 对应流量的原始特征和之前 MB1 的处理结果，MB2 根据 FT CONSUME RSP 返回的信息进行处理，然后通过 FT GENERATE QRY 消息向控制器请求生成新的 Flow Tag，依次迭代，直至最后一跳的交换机将 Flow Tag "清零"，然后送给目的节点。其生成和使用过程如图 8-42 所示。

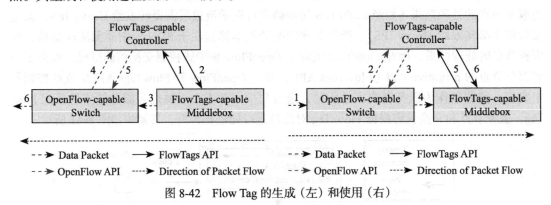

图 8-42　Flow Tag 的生成（左）和使用（右）

　　Flow Tag 是一套十分动态、灵活的 SFC 控制机制，但是由于触发式设计，会导致控制平面有很大的开销，所以流量首包的延时会很明显。实际上 FlowTags 在 2013 年最初被提出时[⊖]，采用的是预置方式（proactive）来端到端地分配 Flow Tag。不过由于在预置方式中 Flow Tag 无法携带动态的 context 信息，从而难以解决之前提到的一些问题，后来便主要采用了触发式设计。不过 FlowTag API 仍然为用户保留了预置式控制的能力。

8.4.3　Simple

　　论文[⊖]提出了 Simple，其设计也着眼于解决以下问题：IP 五元组无法携带流量在当前服务链中的位置信息；在考虑服务节点 CPU 和交换机可用 TCAM 的前提下，在多服务节点实例间进行负载均衡；服务节点修改包头后可能会使得数据平面策略发生混淆。Simple 的架构如图 8-43 所示，数据平面使用标准的 OpenFlow 交换机，服务节点也不用进行任何改动，控制器主要包括 3 个模块：**Resource Manager** 负责接收服务链策略，并根据策略的约束，以及当前的资源状态（如各服务节点 CPU、各交换机可用 TCAM）等运行负载均衡算法，得到当前最优的服务节点实例和转发路径；**Dynamics Handler** 用于分析某些服务节点对包头的改写；**Rule Generator** 根据 Resource Manager 和 Dynamics Handler 的处理结果，下发流表标记、转发服务链流量。

　　Simple 通过 Rule Generator 向 OpenFlow 交换机下放流表，它主要基于预置的方式，通过运行负载均衡算法提前生成服务链路径，并向相关交换机下发流表。以图 8-44 为例分析流量在服务链 "FW-IDS-Proxy" 上的转发流程：流量从 S2 的入端口流入服务链路径，S2 通过基础字段（如 IP 五元组）识别流量并转发给 FW，FW 完成处理后送回 S2 中，S2 为流

⊖　Fayazbakhsh S K, Sekar V, Yu M, et al. Flowtags: Enforcing network-wide policies in the presence of dynamic middlebox actions[C]//Proceedings of the second ACM SIGCOMM workshop on Hot topics in software defined networking. ACM, 2013: 19-24.

⊖　Qazi Z A, Tu C C, Chiang L, et al. SIMPLE-fying middlebox policy enforcement using SDN[J]. ACM SIGCOMM computer communication review, 2013, 43(4): 27-38.

量打 ProcState 标签标记上一跳为 FW（VLAN/TOS），并封装 S2 与 S5 间的隧道转发给 S4。
S4 根据外层包头直接转发给 S5，S5 收到后识别标签为 FW，转发给下一跳的 IDS，IDS 处
理后送回 S5，S5 为流量更新标签并标记上一跳为 IDS，并通过隧道送回 S2。S2 识别标签
为 IDS，转发给 Proxy，Proxy 处理后送回 S2，S2 为流量更新标签并标记上一跳为 Proxy，
封装隧道发送给 S5。S5 识别标签，发现 Proxy 已经处理完毕，直接从出端口将流量发向最
终目的地。

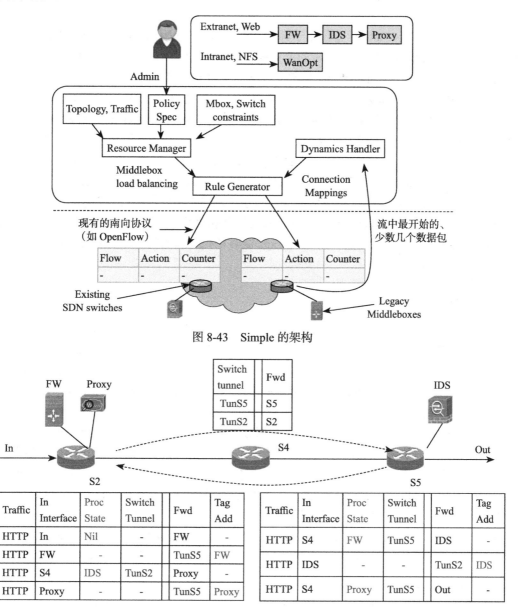

图 8-43 Simple 的架构

图 8-44 Simple 的转发机制

对于上述转发过程，需要进行如下说明。

1）对于数据平面的处理都发生在交换机上，服务节点不需要进行任何修改。

2）文中没有说明如何获取服务节点的状态，这可通过 SNMP 等传统协议完成。

3）上述例子中的流量在 IDS-Proxy 时发生了迂回，这是由于 Simple 的负载均衡算法有多个维度的参数，不是单纯基于最短路径的。

4）虽然 Hop By Hop 也是可行的，但是使用隧道使得 S4 不用维护服务链的策略，从而节约了 S4 上的流表资源。

5）示例中的 ProcState 标签仅用于标记上一跳服务节点，不携带服务链 ID，因此可能需要通过 IP 五元组来识别流量所属的服务链 ID。不过文章中并没有限定 ProcState 标签的生成算法，也有可能通过 ProcState 的部分位来承载服务链 ID 等信息。

由于 LB、NAT 等服务节点可能会重写包头，所以通过五元组来识别服务链 ID，则改写后交换机很有可能无法识别流量。Simple 通过 Dynamic Handler 模块来处理这种情况，控制器向此类服务节点的接入交换机下发流表，通过 PacketIn 收集一段时间内流入、流出此类服务节点流量的首包，并通过算法从 payload 层面分析流入、流出流量的相似度，从而近似地得到流量经过服务节点处理前后的对应关系。Dynamic Handler 会将这种对应关系通知给 Rule Generator，用于生成流表使得交换机能够将改写前后的流量识别为同一服务链 ID。当然，Dynamic Handler 的这种近似处理其精确度是有一定限制的，其根本原因是 Simple 将服务节点当作了黑盒，而 FlowTags 能够精确处理的代价是需要对服务节点进行改造以支持 FlowTags API。

8.4.4　StEERING

论文⊖中提出的 StEERING，主要是为了在运营商的服务交付网络（service delivery network）中实现服务链，同时也可以用于数据中心内部。Service delivery network 一侧是接入、汇聚网络引入用户（Subscriber）的流量，另一侧为核心网连接互联网服务（Application）。Service delivery network 中有多类服务节点，每类服务节点可以有多个实例，各实例都需要通过 OpenFlow 交换机接入 service delivery network。

StEERING 采用多级流表来引导流量在服务链路上进行转发，并使用 metadata 来标记流量在服务链路上的状态。其中，metadata 的最高位表示流量的流向，其余位则表示各类服务节点是否已完成了流量的处理。Metadata 总共有 64 位，StEERING 并没有规定 metadata 各位的分配规则，可以使用一位代表一类服务节点，这样在 service delivery network 中最多可以支持 64-1=63 类服务节点，但是每类节点只能有一个实例。考虑到需要在各类服务节点的多个实例间进行负载均衡，所以 metadata 中可以用 N 位表示 2^{N-1} 个实例，因为其中 1 位需要表示该类服务节点是否已经完成了对流量的处理。其使用过程如图 8-45 所示。

⊖　Zhang Y, Beheshti N, Beliveau L, et al. Steering: A software-defined networking for inline service chaining[C]// Network Protocols (ICNP), 2013 21st IEEE International Conference on. IEEE, 2013: 1-10.

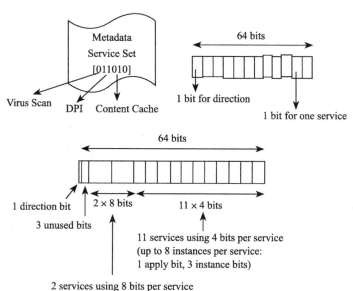

图 8-45　StEERING 对 Metadata 的使用

StEERING 流表的设计如图 8-46 所示。Direction Table 根据入端口判断流量的方向，若为上行（从用户流向应用），则置 metadata 的最高位为 1，若为下行（从应用流向用户）则置 metadata 的最高位为 0。Subscriber Table、Application Table 分别匹配源 IP、目的 IP 和端口号来判断流量所属的服务链 ID，并根据依次流经的服务节点，把它们在 metadata 中对应的位置 1。Path Status Table 则用于标记当前流量在服务链中所处的位置，根据流量的入端口修改 metadata，将已完成处理的上一跳服务节点在 metadata 中对应的位置 0。Next Dst Table 则根据当前 metadata 中最高的 "1" 位，判定下一跳服务节点并改写目的 MAC 地址，并交给 MAC Table 进行转发。

图 8-46　StEERING 中流表的设计

上述机制仍需要进行如下说明。

1）上述各个流表中的表项都是静态生成的，服务链流量的源、目的特征分别由 Subscriber Table、Application Table 进行识别，之所以拆分成两张表是为了节约表项。

2）某些服务链流量可能无法从 IP 和端口号层面识别出来，可能需要通过 DPI 对流量进行高层 payload 的分析，因此这类流量的识别流表只能动态下发，Microflow Table 就是用于存放此类流表的，后续流量如果匹配了 Microflow Table 的表项则会直接跳过 Subscriber

Table、Application Table 的处理。

3）Path Status Table 匹配上一跳服务节点接入的入端口，并将该服务节点在 metadata 中对应的位置 0，当该类服务节点有多个实例时，则将该类服务节点在 metadata 中所占 N 位中的最高位置 0。

StEERING 通过 metadata 来标记流量在服务链路径上的状态，这是一个比较新颖的思路，metadata 直接记录了流量需要经过服务节点的顺序，而非服务链 ID 和当前流量所处服务链的位置。不过由于 metadta 只能在交换机的多级流表间传递，无法在多个交换机间传递，因此流量在每一跳交换机上都需要生成 metadata。

8.4.5　OpenSCaaS

论文[⊖]中提出的 OpenSCaaS，其基本的思想是把服务链路上的识别策略、转发控制和服务节点管理，分别放在不同的控制器中实现，然后将统一的服务链编排器作为管理平面，其架构如图 8-47 所示。用户通过编排器输入服务链策略，编排器分解策略分发给 policy controller、SDN controller 和 NFV controller，三者分别控制 Classifier 识别流量、SDN Switch 转发流量、服务节点处理流量，三者配合起来完成服务链的开通。

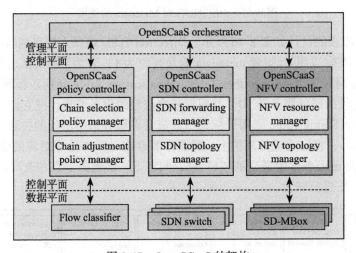

图 8-47　OpenSCaaS 的架构

对于服务链的标记，OpenSCaaS 提出在 Classifier 上改写源 MAC 地址来标记服务链，后续的 SDN Switch 都参照此标记来转发流量。文中提到的标记机制比较简单，改写后的源 MAC 地址只携带了服务链 ID 的信息，没有携带当前流量在服务链中所处的位置信息，更没有考虑 FlowTags 和 Simple 提出的其他复杂场景。而且改写后的源 MAC 地址端到端地进行传输，很可能会导致一些服务节点无法正常工作，如执行 MAC Anti-Spoofing 等。其转

⊖ Ding W, Qi W, Wang J, et al. OpenSCaaS: an open service chain as a service platform toward the integration of SDN and NFV[J]. IEEE Network, 2015, 29(3): 30-35.

发示意图如图 8-48 所示。

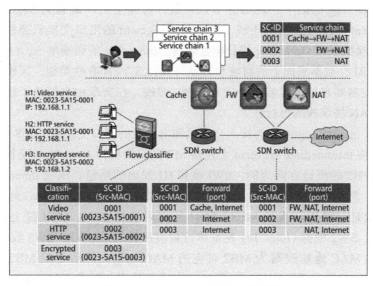

图 8-48　OpenSCaas 的转发示意图

8.4.6　SPFRI

论文[⊖]中提出了 SPFRI，其控制器架构如图 8-49 所示，Policy DB 存储服务链策略，MB DB 存储与服务节点相关的信息，Policy Enforcer 负责从 Policy DB 中解析流量所属的服务链 ID，Path Finder 负责解析从当前服务节点到下一跳服务节点的路径，SPFRI Engine 结合 Policy Enforcer 和 Path Finder 的处理结果，通过 Flow Rule Injector 向相关交换机下发转发规则。

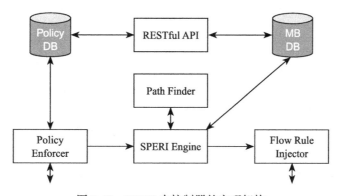

图 8-49　SPFRI 中控制器的实现架构

⊖ Pawar P B, Kataoka K. Segmented proactive flow rule injection for service chaining using SDN[C]//NetSoft Conference and Workshops (NetSoft), 2016 IEEE. IEEE, 2016: 38-42.

在数据平面上，SPFRI 的思路是通过 QinQ 标记服务链流量的，其中 Inner Tag 标记服务链 ID，Outer Tag 标记下一跳服务节点。服务链路上的一跳被为 Segment，Inner Tag 由 ingress segment 的接入交换机压栈，由 egress segment 的出口交换机弹栈，intermediate segment 上的交换机根据 Outer Tag 进行标签转发。Inner Tag 端到端唯一，Outer Tag 逐跳变化。可见，SPFRI 在数据平面上的封装和转发与 MPLS VPN 有些类似，区别在于 SPFRI 使用了集中式的控制器来控制标签的分发和压栈 / 弹栈。在文章中也讨论了使用 MPLS 标签协议栈代替 VLAN 协议栈的可行性。

SPFRI 要求 ingress segment 的接入交换机和出口段的出口交换机（图 8-49 中的 SWI 和 SWE），以及连接 intermediate segment 上连接 MB 的交换机为 OpenFlow 交换机。在图 8-50 中，以 H1 发往 H5 的流量方向为例：SWI 收到 H1 发出的流量，压栈 Inner Tag（Blue）和 Outer Tag（X），然后转发给 SW1。SW1 收到后剥掉 Outer Tag，将 MAC 地址改写为 MB1 对应的 MAC 地址，然后转发给 MB1。MB1 处理后送回 SW1，SW1 打上新的 Outer Tag（Y）发给 SW2。SW2 根据 Outer Tag 地址将流量直接转发给 SW3。SW3 收到后剥掉 Outer Tag，并将目的 MAC 地址改写为 MB2 对应的 MAC 地址，然后送给 MB2。MB2 处理后送回 SW3，此时 SW3 发现所有的 MB 都已经完成了处理，因此剥掉 Inner Tag，并将目的 MAC 地址重新写为 H5 的 MAC 地址，然后发送给 SWE。SWE 收到后根据 MAC 地址转发给 H5。

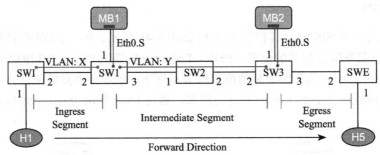

图 8-50　SPFRI 的转发机制示意

SPFRI 结合了预置式和触发式两种方式，流量的首包会被送到控制器，触发控制器下发本 segment 的转发规则，控制器还会预置下发当对称路径的转发规则，这样流量在返回时就不必再上报控制器进行处理了。

除了上面所讨论的流量分类与引导以外，服务链中还有很多问题，论文⊖中讨论了服务节点状态的维护机制，并随即在论文⊖中提出一种类似于 OpenFlow 的服务节点标准控制机制 OpenNF。另外，当网络中同一类服务节点存在多个实例的时候，这时就会涉及到服务节

⊖ Gember A, Prabhu P, Ghadiyali Z, et al. Toward software-defined middlebox networking[C]//Proceedings of the 11th ACM Workshop on Hot Topics in Networks. ACM, 2012: 7-12.

⊖ Gember-Jacobson A, Viswanathan R, Prakash C, et al. OpenNF: Enabling innovation in network function control[C]//ACM SIGCOMM Computer Communication Review. ACM, 2014, 44(4): 163-174.

点的摆放问题，以及如何将流量引导到不同实例上进行负载均衡的问题，可参考论文⊖和论文⊜中的讨论。

8.5 服务质量

8.5.1 NetShare

论文⊜中提出的 Netshare，可保证在满足各租户对网络带宽的最低要求的同时，使用统计复用的机制来分配实际处于闲置状态的带宽，将其分配给需要额外带宽的流量，以提高网络带宽的利用率。也就是说，Netshare 是一种 minimum bandwidth + work-conserving 的 QoS 机制。其思路是，Netshare 会根据 Edge 设备间的带宽需求，以及网络中实际的流量情况，动态地将物理链路资源映射为 Edge 设备间的虚拟链路资源，然后对这些虚拟链路进行分解与组合，以保证在任意时刻都能够满足各个租户对带宽的最低要求。

在实现上，Edge 设备会周期性地进行本地监测，获得自己与其他 Edge 设备间的实时流量特征，并通过算法估算出下个监测周期内的流量特征，然后通过改进后的 OSPF 协议把这些情况扩散到其他 Edge 设备上。OSPF 收敛后，Edge 就得到了网络拓扑以及 Edge 设备间的流量矩阵。在通过 Dijkstra 算法计算路由的同时，Edge 还会根据 Weight Max-Min（加权最大最小）算法来处理流量矩阵，为去往不同 Edge 设备的流量分配带宽。于是，每对 Edge 设备间可以看作存在一条虚拟链路，在该虚拟链路的带宽中 Weight Max-Min 为其动态分配带宽。若 Edge 间的流量超过了其对应的虚拟链路的带宽，Edge 本地的基于令牌桶（Token Bucket）的限速器就会直接丢弃掉超额的部分，防止这部分流量送到网络上造成拥塞。在为租户生成虚拟网络时，Netshare 会根据租户的物理分布以及带宽需求，对虚拟链路进行分解与组合，然后通过 CBFQ（基于类的公平队列）来实现租户在虚拟链路上的 QoS。

论文中为 Netshare 定位的应用场景是帮助电信运营商实现预留带宽 + 统计复用，因此考虑更多的是 VPN 的需求，这时 Edge 设备主要是 PE 节点，Weight Max-Min 算法在计算虚拟链路的带宽时参考的依据是 Site-Site 的流量特征。如果将 NetShare 应用在数据中心，那么 Edge 设备就是 ToR 或者是 Hypervisor，Weight Max-Min 算法在计算虚拟链路的带宽时参考的依据就是 ToR-ToR（或者 Hypervisor-Hypervisor）的流量特征。不过，数据中心和广域网的区别在于，VPN 租户的物理位置可以看作是和 Site 绑定的。因此先基于 Site-Site 的流量特征划分虚拟链路，然后在虚拟链路中为租户进行 QoS 是可行的，而数据中心租户的虚拟机物理位置是在不断移动的，虚拟机和 ToR 或者 Hypervisor 的映射关系是经常发生变化的，如果基

⊖ Gember A, Krishnamurthy A, John S S, et al. Stratos: A network-aware orchestration layer for middleboxes in the cloud[R]. Technical Report, 2013.

⊜ Huang H, Guo S, Wu J, et al. Joint middlebox selection and routing for software-defined networking[C]// Communications (ICC), 2016 IEEE International Conference on. IEEE, 2016: 1-6.

⊜ Lam T, Varghese G. Netshare: Virtualizing bandwidth within the cloud[J]. UCSD, San Diego, CA, USA, Tech. Rep, 2009: 2013-2015.

于 ToR-ToR（或者 Hypervisor-Hypervisor）的流量特征划分虚拟链路，然后在虚拟链路上隔离租户带宽，其实现的复杂度会远远高于 VPN 场景，在算法的可行性上也有待商榷。

8.5.2　Seawall

论文[⊖]提出了 Seawall，它通过 Hypervisor 为不同的流量源分配加权带宽，并借鉴 TCP 的 inband control 对流量进行拥塞控制。这里所说的流量源，指的是可以产生流量的逻辑主体，虚拟机、应用或者进程都可以看作是流量源。Seawall 不像 Netshare 针对每一对 Hypervisor，也不针对租户，只针对上述的流量源进行带宽分配和拥塞控制，是一种“per source”的 QoS 机制。Seawall 设计的思路是，网络管理者可以为每个流量源分配一定的权重，由这些权重来决定流量源如何分配 NIC 上的带宽，如果流量源当前所使用的带宽小于按照权重可以分得的带宽，那么可以通过 Weight Max-Min 算法将剩余的带宽分配给其他流量源，因此 Seawall 也是一种 minimum bandwidth + work-conserving 的 QoS 机制。如果接收端发现了拥塞，那么就反馈给发送端以限制其发送速度这可以避免网络带宽的不必要浪费，也可以起到阻止流量恶意侵占网络带宽的作用。

从实现上来看，Seawall 是一种分布式架构，每个 Hypervisor 中都有自己的数据平面和控制平面。在数据平面上，流量从 vswitch 发出来进入 NIC 之前，必须要经过 Seawall 的 shim 层，它负责为数据包封装一个 Seawall header，这个 header 携带着用于实现 QoS 的 metadata，主要就是 Sequence Number。接收端的 shim 层负责剥掉 Seawall header，一旦发现 Sequence Number 出现了明显的不连续情况，就认为网络已经发生了拥塞，于是接收端的 shim 层就把收到的最后一个 Sequence Number 和已经收到的字节数反馈给源端的 shim 层，然后源端的 shim 层就根据拥塞的情况降低相应流量源的发送速率，并将剩余的带宽通过 Weight Max-Min 算法分配给其他流量源。Seawall 的实现架构如图 8-51 所示。

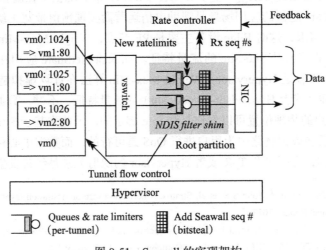

图 8-51　Seawall 的实现架构

⊖　Shieh A, Kandula S, Greenberg A G, et al. Sharing the Data Center Network[C]//NSDI. 2011, 11: 23-23.

可以看到，Seawall 实际上和 TCP 的思路是完全一样的。不过由于 Seawall 在 Hypervisor 中实现，因此它可以在降低某个流量源速率的同时，结合不同流量源的权重实现带宽分配。Seawall 这种通过分布式的拥塞反馈来实现网络中 QoS 整体收敛的思路是具有开创性的，后续的很多论文都在此基础上进行了优化和深入的探索。

8.5.3　GateKeeper

论文[⊖]中提出了 GateKeeper，GateKeeper 的思路和 Seawall 一样，也是在 Hypervisor 中进行带宽分配，并通过接收端反馈的方式来限速。不过，GateKeeper 并没有使用 Seawall 中 per source 的带宽分配视角，因为 per source 的带宽分配可能会造成如下情况：假设租户 A 有 10 个流量源，分别运行在 10 台服务器上，租户 B 只有 1 个流量源，现在在 A 和 B 的流量源同时向某一台服务器的两个虚拟机发送流量。假设每个流量源的权重都一样，流量源的速率也一样，那么在接收端租户 A 就会占用带宽的 10/11，而租户 B 就只能得到 1/11 的带宽。因此在 GateKeeper 中，接收端会根据拥塞情况来显式地决定发送端的速率，而不是把拥塞的情况反馈回去然后由发送端自行决定。GateKeeper 架构如图 8-52 所示。

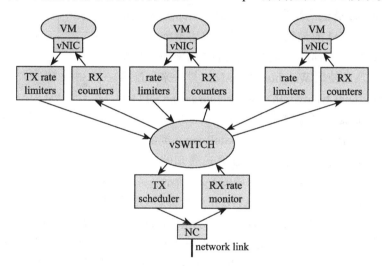

图 8-52　GateKeeper 的架构

在实现上，GateKeeper 通过 OVS 来记录流量的速率，然后通过 HTB 实现带宽分配和限速，不过论文中并没有介绍接收端和发送端间是如何进行交互的。论文[⊖]延续了 GateKeeper 的思路并提出了 EyeQ，它细化了接收端和发送端的控制机制。如在上一段提到的场景中，A 的 10 个流量源以及 B 的 1 个流量源同时向某一台服务器的两个虚拟机发送流

⊖　Rodrigues H, Santos J R, Turner Y, et al. Gatekeeper: Supporting Bandwidth Guarantees for Multi-tenant Datacenter Networks[C]//WIOV. 2011.

⊖　Jeyakumar V, Alizadeh M, Mazières D, et al. EyeQ: Practical network performance isolation at the edge[J]. REM, 2013, 1005(A1): A2.

量，此时该服务器 Hypervisor 中的接收模块 REM 就会发现有 10 个流量源是租户 A 的，有 1 个是租户 B 的。如果租户 A 和租户 B 被分配了相同的权重，也就是说无论 A 有多少流量源，它们加在一起只能占用该服务器 1/2 的带宽，那么 REM 就会显式地通知 A 的各个流量源，限定它们的发送速率只能为带宽的 1/20，这样就能够保证 B 可以得到 1/2 的带宽。如果过了一段时间，B 的流量源减小了发送速率，那么 REM 就会显式地通告 A 的流量源可以提高发送速率，此时 B 闲置下来的带宽会平均地分给 A 的各个流量源。

不过，GateKeeper 和 EyeQ 在接收端实现显式控制的机制，并不意味着这就一定优于 Seawall 中发送端收到拥塞通知后的本地决策机制。因为如果租户 A 多买了虚拟机，那么通常也意味着 A 会付出成比例的费用，那么 A 相比于 B 占用更多的带宽也自然是合情合理的。如果租户 B 愿意为更有保障的网络带宽另外付费，那么 Seawall 是没有办法保证 B 的通信速率的，这时候 GateKeeper 和 EyeQ 就更为合适一些。

8.5.4　ElasticSwitch

论文[⊖]中提出了 ElasticSwitch，它较好地融合了 Netshare、Seawall、GateKeeper 三者的思路。**和 Netshare 类似的地方是**，ElasticSwitch 根据租户的需求计算出 VM-VM 的最低带宽需求，然后本地会进行周期性的监测以获得当前的流量特征，并据此预测下个周期的流量特征，从而使用 Weighted Max-Min 算法来分配带宽，以实现 minimum bandwidth + work-conserving 的 QoS 机制。**和 Seawall 类似的地方是**，ElasticSwitch 也采用了 inband control 来实现拥塞的监测。和 GateKeeper 类似的地方是，ElasticSwitch 的接收端也会通过显式通知的方式来优化发送端的带宽分配。其实现架构如图 8-53 所示。

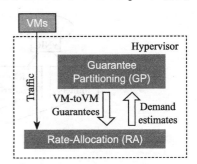

图 8-53　ElasticSwitch 的实现架构

在实现上，ElasticSwitch 在 Hypervisor 中会部署 GP 和 RA 两个模块。其中 GP（Guarantee Partitioning）会将租户通过 Hose 模型所指定的带宽需求映射为 VM-VM 间的最小带宽需求，然后指导 RA 进行带宽分配。RA（Rate Allocation）负责监测当前流量的实际状态，并结合网络中的反馈信息，实现 Weighted Max-Min 的带宽分配。GP 和 RA 的配合，可在满足最小带宽的同时，将闲置下来的带宽公平地分配给需要额外带宽的流量。在拥塞控制方面，ElasticSwitch 假设数据中心不会出现数据包分片的情况，因此就采用了 IPv4 header 中的 Identification 字段作为 Sequence Number，如果接收端发现 Sequence Number 出现明显的不连续情况，就认为网络中已经发生了拥塞，然后通过基于 UDP 的控制报文告知发送端丢失报文的数量，发送端收到拥塞通知后，RA 就会减小下个周期发往接收端流量的带宽。ElasticSwitch 中还有另外一种基于 UDP 的控制报文，用于计算发送端和接收端间同步 GP

⊖ Popal, Yalagandula P, Banerjee S, etal. Elastic Switch: Practical work-conserving bandwidth guarantees for cloud computing [J]. Computer Communication Review, 2013, 43 (4): 351-362.

的结果，ElasticSwitch 规定选择两端 GP 计算结果中的较小值，以提前预防拥塞的发生。

8.5.5 SecondNet

论文[⊖]中提出了 SecondNet，它通过集中式的控制器 VDC Manager 来实现 QoS。SecondNet 将流量分为 3 类：Type 0 的流量对带宽的要求较高（如 3-Tier 应用和 MapReduce 等），这样的流量需要针对 VM-VM 进行端到端的带宽预留。Type 1 的流量具有一定的优先级（如 Email 和 FTP），但是并不要求端到端的预留，这样的流量只在第一跳和最后一跳提供有保证的带宽，防止被其他流量冲击掉。另外还有一种流量就是 Best Effort（如备份类的流量），这类流量对带宽没有要求，不过却也是多多益善，这样的流量优先级最低，如果发生拥塞时它们会被丢弃，如果没有发生拥塞可以将闲置的带宽分配给它们，以提高带宽的利用率。

在实现上，VDC Manager 会接收用户针对 Type 0 和 Type 1 流量所提出的 QoS 需求，然后通知 Hypervisor 中的 SecondNet Driver 来识别、标记 Type 0 和 Type 1 的流量，SecondNet Driver 会基于漏桶（Leaky Bucket）算法来保证 Type 0 和 Type 1 的流量在入口、出口上的带宽。对于 Type 0 的流量，还会通过源路由的方式来显式地指定传输路径，路径上的交换机将根据 MPLS Stack 进行源路由转发，并通过基于优先级的队列，逐跳地保证 Type 0 流量的带宽。

相比于前面介绍的 Netshare、Seawall 等，SecondNet 和它们有着很大的区别。首先，SecondNet 是一种集中式的控制架构，由 VDC Manager 统一控制 QoS 的实现。其次，SecondNet 除了对 Hypervisor 进行控制以外，还会影响交换机的行为，能够在路由层面提供 QoS 保障。另外，SecondNet 使用的是 IntServ + DiffServ 的 QoS 机制，追求的是流量的差异性，而 minimum bandwidth + work-conserving 的 QoS 机制则追求的是流量间的公平。IntServ + DiffServ 的 QoS 机制是网络中最为经典的 QoS 机制。不过传统网络中 IntServ 的实现代价太高（如 RSVP 需要在交换机上维护复杂的状态），难以在数据中心落地。而 SecondNet 中集中式 + 源路由的方式很好地解决了这一问题，可以看作是简化版的 PCEP+Segment Routing。

SecondNet 对于 Type 0 的 QoS 需求采用的是 VM-VM 的保证，它可以看作是一种 Pipe 模型。不过对于数据中心的用户来说，Pipe 模型太过于精细了，因为大部分的用户对于 VM 间的流量模型都没有足够清晰的概念。

8.5.6 Oktopus

论文[⊖]提出了 Oktopus，它针对数据中心网络规范了两种 QoS 需求模型，一种是 VC（Virtual Cluster），如图 8-54 所示。一种是 VOC（Virtual Oversubscribed Cluster），如图 8-55

⊖ Guo C, Lu G, Wang H J, et al. SecondNet: a data center network virtualization architecture with bandwidth guarantees[C]// International Conference. ACM, 2010:15.

⊖ Ballani H, Costa P, Karagiannis T, et al. Towards predictable datacenter networks[C]//ACM SIGCOMM Computer Communication Review. ACM, 2011, 41(4): 242-253.

所示。VC 模型是指，在同一个租户中所有的虚拟机（设数量为 N）都通过相同的带宽（设带宽为 B）接入网络。在租户看来这些虚拟机好像都连在一个共有 N 个端口带宽为 B 的虚拟交换机上，这样的租户在 VC 模型中即可表示为 <N，B>。VC 模型适合数据密集型的应用（如 MapReduce），但是它对底层网络提出的带宽需求较高。考虑到数据中心内有很多应用是按照不同的组别组织起来的，所以组间的通信量远远小于组内的通信量，VOC 模型通过超购的方式可以满足这种网络需求，即为组内通信提供 VC 模型，而组间通信则以一定的超购比来实现。设租户共有 N 个虚拟机，所有虚拟机都以带宽 B 接入 Group Virtual Switch，每一组都有 S 个虚拟机，因此共有 N/S 个 Group Virtual Switch，这些 Group Virtual Switch 的下行带宽是 B×S，上行以超购比 O 接入 Root Virtual Switch，这样的租户在 VOC 模型中表示为 <N，S，B，O>。

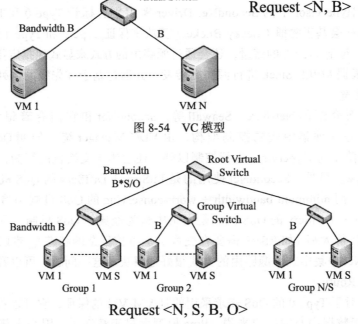

图 8-54　VC 模型

图 8-55　VOC 模型

针对 VC 和 VOC 两种模型，Oktopus 提出了相应的 VM Allocation 算法，按照其 QoS 需求将租户的网络嵌入物理网络。或者说，虚拟机的分布不再随机或者轮询了，而是根据 QoS 需求来计算出分布位置。VM Allocation 算法的实现依赖于集中式的控制器 NM（Network Manager），NM 维护物理网络拓扑、物理链路的可预留带宽、服务器上虚拟机的分配情况、租户的逻辑拓扑信息等。当一个新租户申请虚拟机资源的时候，NM 会将上述已知信息，以及该租户提供的 VC（VOC）模型参数，输入到 VM Allocation 算法中，VM Allocation 算法可计算出满足该租户 QoS 需求的虚拟机分布信息，然后在相应的服务器上为租户分配虚拟机。

当 VM Allocation 分配好虚拟机后，理论上就可以满足各个租户的 QoS 需求了。不过在实际应用中，由于很多虚拟机会"不守规矩"甚至"恶意"地多发流量，因此 Oktopus 还是要依赖于 Hypervisor 中的 Rate Limiter 来限制流量的速率。不过和 Netshare、Seawall、GateKeeper 等不同的是，Octopus 的 Rate Limiter 是通过集中式的架构实现的，每个租户都有一个指定 VM 作为 Rate Limit Controller，Hypervisor 中的 Rate Limiter 会监测各个虚拟机发送、接收流量的速率信息，并周期性地上报给对应租户的 Controller，然后 Controller 会计算出 VM-VM 的限速参数并回复给 Rate Limiter，实现相应的限速逻辑。如果为某个 QoS 租户预留的带宽发生了闲置，Oktopus 的做法是将其平均分配给那些没有申请 QoS 的租户，而非在其他 QoS 租户间进行分配。

Oktopus 和 SecondNet 的设计目标都是实现带宽的预留，两者相同的地方在于都采用了集中式的控制架构，不同的地方在于 SecondNet 采用的是传统 InterServ 做法，通过控制物理交换机的转发来实现端到端的 QoS（Type 0），而 Oktopus 不会去控制交换机的转发，而是通过 Rate Limiter 来阻止那些可能会导致拥塞的流量进入物理网络，并结合集中式的 VM Allocation 来保证在物理网络上有充足的带宽来满足租户的 QoS 需求。

VC 模型和 VOC 模型相比于 SecondNet 中所使用的 Pipe 模型，符合用户对于传统企业网络的简单认识，因此对于用户来说是更加友好的。除了 Oktopus 提出这两种模型以外，还有很多其他文献从不同的角度对数据中心用户的 QoS 需求进行了建模。论文⊖提出了 TIVC（TimeInterleaved Virtual Clusters）模型，当用户的流量模型随时间不断变化时它能够对 QoS 需求进行时变的建模。论文⊜提出了 TAG（Tenant Application Graph）模型，针对租户网络中不同应用它具有不同流量模式，并进行了基于应用的 QoS 建模。论文⊜将层次化的 VC 模型应用在了租户间通信的 QoS 建模中。

QoS 涉及到网络本身如何盈利的问题，这是网络技术中十分复杂的一个分支。QoS 在传统的电信运营商网络中已经得到了广泛的研究与部署，但是在数据中心内部，网络一直是作为"附属品"提供给用户的，一直没能形成独立的、合理的收费机制。因此，数据中心网络的 QoS 在学术界一直是十分热门的话题，本小节选取了几篇相关的经典论文进行了粗浅的介绍，有兴趣的读者可以继续进行深入的挖掘。

8.6 传输层优化

8.6.1 MPTCP

ECMP 解决了在多路径上实现负载均衡的问题，其实现非常成熟，在生产网络中得到

⊖ Xie D, Ding N, Hu Y C, et al. The only constant is change: Incorporating time-varying network reservations in data centers[J]. ACM SIGCOMM Computer Communication Review, 2012, 42(4): 199-210.

⊜ Lee J, Lee M, Popa L, et al. CloudMirror: Application-Aware Bandwidth Reservations in the Cloud[C]//HotCloud. 2013.

⊜ Ballani H, Jang K, Karagiannis T, et al. Chatty Tenants and the Cloud Network Sharing Problem[C]//Nsdi. 2013, 13: 171-184.

了广泛的应用。ECMP 通常是基于 IP 五元组进行负载均衡的，因此一个 socket 中的流量是无法利用多路径进行传输的，这样设计的原因是为了防止数据包乱序会导致的 TCP 重传，不过其代价是某些路径可能会被大象流所占据，导致这些路径上的拥塞。在本章 9.2 节中，有一些多路径转发和流量调度的论文，它们的思路大多数都是从路由的层面去解决 ECMP 中的上述问题，论文⊖则从 TCP socket 本身入手提出了 MPTCP。既然对于 ECMP 来说只能为一个 TCP socket 分配一条路径，那么不妨在源端将这一个 MPTCP socket 分解为多个具有不同 ECMP 特征的子 socket（源 / 目的 IP 地址相同，源 / 目的 TCP 端口号不同），然后再送入 ECMP 网络。这样一来 ECMP 网络就能够将这些子 socket 分散到不同的路径中，然后再由接收端对这些子 socket 进行重新组合。这种方案称为 MPTCP（Multipath TCP），MPTCP 将原始的 TCP socket 称为 flow，将其分解出来的子 socket 称为 subflow。

图 8-56 所示为 MPTCP 工作原理的简单示意图，图中某个 TCP 应用要发送长度为 300 的字节流，经过 MPTCP 的调度，将 1 ～ 100 字节，以及 201 ～ 300 字节通过 subflow 2 传输，将 101 ～ 200 字节通过 subflow 1 传输。从 subflow 2 的角度来看，应用中的原始字节流 SEQ 为 1 ～ 100 的字节对应自身的 SEQ 仍为 1 ～ 100，而应用中的原始字节流 SEQ 为 201 ～ 300 的字节则对应着自身 SEQ 为 101 ～ 200 的字节。同理，从 subflow 1 的角度来看，应用中的原始字节流 SEQ 为 101 ～ 200 的字节对应的是自身 SEQ 为 1 ～ 100 的字节。因此，MPTCP 通过 TCP Option 在 subflow 中保留了应用原始字节流的 SEQ（DSN，Data Sequence Number），以便接收端能够还原出应用字节流最初的顺序。当 subflow 2 发生丢包需要重传时，可以将丢失的字节重新分配到 subflow 1 中，以提高成功传输该字节的可能性，此时需要对 SEQ 和 DSN 间的映射关系进行相应的调整。

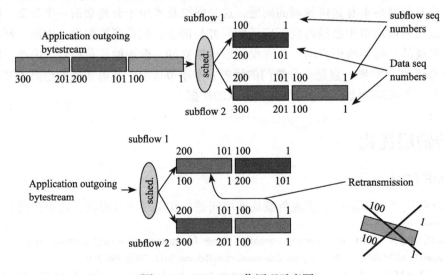

图 8-56　MPTCP 工作原理示意图

⊖ Barré S. Implementation and assessment of modern host-based multipath solutions[D]. UCL-Université Catholique de Louvain, 2011.

为了兼容 TCP，MPTCP 复用了 TCP 的控制信道，协商时通过使用特定的 TCP Option 来实现 MPTCP 的控制逻辑。这些 MPTCP 的 TCP Option 只对主机有意义，对于网络中的转发设备和 Middle Box 是没有任何意义的，因此 MPTCP 对于网络来说是完全透明的。图 8-57 所示为 MPTCP 建立连接的过程，假设在某场景中，MPTCP 主机 A 向 MPTCP 主机 B 发起 TCP 连接，MPTCP 第一个使用的 subflow 为 <A.1，B.1>（A.1 代表着 IP 为 A，端口号为 1）。A.1 在向 B.1 发送 SYN 时会在 TCP Option 中携带 MP_CAPABLE，表明自己支持 MPTCP。B.1 回复 SYN+ACK 时也会在 TCP Option 中携带 MP_CAPABLE，同时返回给 A.1 一个 token B。然后 A.1 回复 ACK，在 TCP Option 中携带 MP_CAPABLE，同时将 token A 返回给 B.1。MPTCP 中的 token 是基于 A 和 B 双方的身份进行哈希计算出来的，用于标识原始的 TCP socket。后续的 subflow 在建立新连接时，需要使用第一个 subflow 协商好的 token。因此，MPTCP 相比于传统的三次握手机制需要一个额外的 ACK，来确认 B.1 收到了 token A，然后 A 和 B 即可通过 <A.1，B.1> 传输数据。

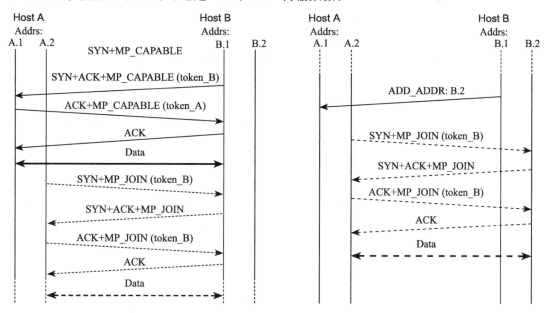

图 8-57　MPTCP 建立连接的过程

在通信过程中，A 决定通过 A.2 和 B.1 建立新的 subflow<A.2，B.1>，于是 A.2 向 B.1 发送 SYN，在 TCP Option 中携带 MP_JOIN，并附上之前协商得知的 B 为初始 socket 所生成的 token B。B.1 收到后回复 SYN+ACK，在 TCP Option 中携带 MP_JOIN。A.1 收到后回复 ACK，在 TCP Option 中携带 MP_JOIN，同时附上 token B。B.1 收到后回复 ACK 进行最后的确认，然后 A 和 B 即可通过新的 subflow<A.2，B.1> 传输数据了。为了利用 B 上的端口号资源，MPTCP 还设计了一种新的信令 ADD_ADDR，如图 8-57 右半边所示，B 可以主动地将端口号 2 宣告给 A，于是就可以通过新的 subflow<A.2，B.2> 协助 A 与 B 间的通信了。

MPTCP 的设计从多路径的角度增强了 TCP。对于网络来说它并不能感知到 MPTCP 的存在，subflow 的生成也无法结合底层网络的实际情况，论文[⊖]提出了 A-MPTCP，将 MPTCP 与 LISP 进行跨层的结合，在 multihome 场景中优化了 DC 入向流量的传输。

8.6.2 DCTCP

TCP 通过拥塞窗口来调节网络中的拥塞，防止过多的数据注入到网络中。由于 TCP 定位为端到端的协议，不会去尝试感知底层网络的状态，因此 TCP 是没有办法提前避免拥塞的，只能通过重传定时器的超时来判定丢包已经发生，然后将拥塞窗口回归为 1，门限值降为一半，开始新一轮的慢启动。设计的上述机制，保证了 TCP 在拥塞控制实现上的简单性，但是很可能会导致网络在轻载和超载间来回地振荡，而且一旦出现这种情况，网络的利用率就会大幅度下降。为了解决上述问题，IETF 提出了 ECN（RFC 3168）。路径沿途的路由器发现即将需要发生丢包的可能后，就会将 IP 包头中的 ECN 置位。接收端发现 CE 置位后即可得知网络发生了"早期的"拥塞，于是在接下来的 ACK 中置位 TCP 首部的 ECE。发送端发现 ECE 被置位后，就将拥塞窗口减半（无需等待 RTO 超时触发），降低慢启动门限值，并在下一个数据包中置位 TCP 首部的 CWR，通知接收端主动降低了发送速率。ECN 通过携带网络状态的 metadata，使发送端可以在发生丢包之前就降低速率，有效地减少了 TCP 的重传，从而增强了应用的性能。

不过 TCP 对于 ECN 的处理也是"一刀切"，在 RTT 内只要发现一个 ACK 中有 ECN，就直接将拥塞窗口减半，而不管网络中到底是"仅有一点拥塞"还是"已经非常拥塞了"。换句话说，使用了 ECN 之后，网络负载振荡的问题还是没有得到很好的解决。因此，论文[⊖]提出了 DCTCP（Data Center TCP），其思路是加强发送端在收到 ECE 时的控制逻辑，根据一个 RTT 所收到的置位 ECE 的 ACK 占全部 ACK 的比例来判断拥塞的程度，平滑地减小下一个 RTT 中的拥塞窗口，从而避免网络负载的大幅度振荡，提高网络资源的利用率。图 8-58 所示为根据拥塞程度调整的窗口。

ECN Marks	TCP	DCTCP
1011110111	Cut window by 50%	Cut window by 40%
0000000001	Cut window by 50%	Cut window by 5%

图 8-58　DCTCP 能够根据拥塞程度调整 TCP 窗口

在实现上，DCTCP 对支持 ECN 的交换机、接收端和发送端都提出了一些要求。在传统的 ECN 中交换机通过平均长度来判断是否需要置位 CE，然而对于数据中心来说，很多流量都是突发性的，而且交换机的 buffer 都很浅，如果根据一段时间内队列的平均长度来

⊖ Coudron M, Secci S, Pujolle G, et al. Cross-layer cooperation to boost multipath TCP performance in cloud networks[C]//Cloud Networking (CloudNet), 2013 IEEE 2nd International Conference on. IEEE, 2013: 58-66.

⊖ Alizadeh M, Greenberg A, Maltz D A, et al. Data center tcp (dctcp)[C]//ACM SIGCOMM computer communication review. ACM, 2010, 40(4): 63-74.

判断是否需要置位的话，发送端很有可能还没来得及调整拥塞窗口，交换机就已经开始丢包了。因此，DCTCP 要求交换机根据当前队列长度来判断是否需要置位 CE，从而快速地响应网络状态的变化。在传统的 ECN 中，接收端在收到 CE 置位的数据包后，在该 RTT 内会不断地在 ACK 中置位 ECE，直到收到发送端置位 CWR 的数据包。而 DCTCP 要求接收端在收到 CE 被置位的数据包后，只在下一个 ACK 中置位 ECE，从而保证发送端能够准确地知道在一个 RTT 内，置位 ECE 的 ACK 占所有 ACK 的比例。在传统的 ECN 中，发送端在收到 ECE 被置位的 ACK 后，会直接将拥塞窗口减半，DCTCP 的发送端则会维护在一个RTT 内所收到的 ECE 被置位的 ACK 占全部 ACK 的比例 F，并据此计算出一个系数 α，再根据 α 的值来确定如何调整下一个 RTT 的拥塞窗口。在 DCTCP 发送端，α 和拥塞窗口的计算公式如下所示。α 可以看作是交换机当前队列长度超过门限值 K 的概率，当它趋近 1的时候，DCTCP 发送端的行为与传统 ECN 中的相同，即减半拥塞窗口，但是当 α 很小时，拥塞窗口则不会受到太大的影响。

$$\alpha = (1 - g) \times \alpha + g \times F$$
$$cwnd = cwnd \times (1 - \alpha/2)$$

DCTCP 的设计非常简单，论文中提到 DCTCP 相比于 TCP 只需要改动 30 行的代码，交换机也不需要新的硬件，只需要配置好队列长度的门限值 K 即可。不过，DCTCP 有一个主要的局限，就是无法支持多路径转发。由于 DCTCP 在实现和部署上的简单性，因此很多后续的论文都沿用了 DCTCP 的思路。如论文⊖中所提出的 D2TCP，通过对 α 进行伽马校正，可以对时延敏感型流量的传输进行优化。如论文⊜中所提出的 HULL，在 DCTCP 拥塞窗口计算的基础上，通过 Phantom Queue 来优化交换机对拥塞的判断，通过网卡的 Packet Pacing 功能来缓解由于 LSO 造成的流量突发对网络的冲击。

8.6.3 D3

在数据中心中，不同的流量对于网络传输的要求是不一样的，比如在一些分布式计算的应用架构中（如 MapReduce），对服务器间的时延有着苛刻的要求，如果某两台服务器间的时延超过了阈值，很可能就会造成整个系统性能的下降，这个时延的阈值通常称为deadline。不过，由于网络的转发设备是无法感知应用的 deadline 的，而且传统的 TCP，以及 DCTCP 都是追求公平传输机制的，所以对待所有流量都一视同仁，不会去区分流量的传输需求。针对上述情况，论文⊜提出了一种新的传输控制机制 D3，应用的发送端将自身的

⊖ Vamanan B, Hasan J, Vijaykumar T N. Deadline-aware datacenter tcp (d2tcp)[J]. ACM SIGCOMM Computer Communication Review, 2012, 42(4): 115-126.

⊜ Alizadeh M, Kabbani A, Edsall T, et al. Less is more: trading a little bandwidth for ultra-low latency in the data center[C]//Proceedings of the 9th USENIX conference on Networked Systems Design and Implementation. USENIX Association, 2012: 19-19.

⊜ Wilson C, Ballani H, Karagiannis T, et al. Better never than late: Meeting deadlines in datacenter networks[C]//ACM SIGCOMM Computer Communication Review. ACM, 2011, 41(4): 50-61.

deadline 发布给网络，网络结合实际情况为其分配一定的资源，接收端将分配结果反馈给发送端，发送端再根据预留的结果来调整发送流量的速率。因此，D3 是一种 deadline aware 的传输机制，对于 deadline 要求越高的流量会得到更多的网络资源。

在实现上，D3 设计了一种新的封装 congestion header 来承载与 deadline 相关的控制信息，图 8-59 所示为 D3 的控制流程。首先，发送端向接收端发出 SYN 请求建立连接，同时将自己希望得到的速率 r 封装在 congestion header 中，如果流的大小为 s，deadline 为 d，则 $r = s/d$。这个 SYN 相当于是 D3 的探针，路由器根据自身的情况将可以分配出来的速率封装在 congestion header 中。沿路的路由器会依次执行该操作，因此接收端在收到 SYN 时，在 congestion header 中会存有一个各个路由器能够分配的速率列表。接收端在回复 SYN+ACK 时，会携带上这个列表以将其反馈给发送端。发送端得到这个列表后，会选择其中的最小值作为下一个 RTT 中发送流量的速率。另外，发送端还会重新评估下一个周期希望得到的速率，然后在 ACK（或者下一个 RTT 的某个数据包中）中会重新请求下一个 RTT 中能够使用的流量速率。当发送端要结束这次传输时，在发送 FIN 时会携带之前 RTT 分配到的速率，然后路由器会释放掉为其分配的资源。

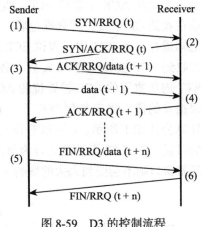

图 8-59　D3 的控制流程

可以看到，D3 对 TCP 的控制逻辑进行了较大的改动，因此 D3 是无法兼容 TCP 的。论文中提出，由于大多数有 deadline 需求的流量都是短流，以 per-flow 的方式来维护短流的状态代价过大，因此在 D3 中路由器以 per-link 的方式维护所有经过该链路的 deadline flow 的加总状态，然后采用贪心的方式为这些 deadline flow 分配带宽。如果在满足所有 deadline flow 后仍然有剩余带宽，则这些剩余带宽将会平均分给所有流量，如果剩余的带宽无法满足某些 deadline flow 的要求，那么将会为这些 deadline flow 保留一个 base rate，这个 base rate 只能够发送 congestion header，确保在未来有足够的带宽时能够分配给该 deadline flow。

尽管 D3 提出了 deadline aware 的设计，但是由于路由器上没有 per-flow 粒度的状态信息，因此对于 D3 的资源分配只能采用先到先得的机制，后进入网络的流量是无法抢占那些已经存在于网络中的流量的带宽的，尽管后进入网络的流量对 deadline 的要求可能更高。另外，与 DCTCP 一样，D3 也无法支持多路径转发。论文⊖提出了 PDQ，它针对 D3 的上述问题进行了改进，允许对 deadline 有更高要求的流量抢占已经分配给网络中其他流量的带宽资源，并为多路径转发提出了 M-PDQ。

⊖ Hong C Y, Caesar M, Godfrey P. Finishing flows quickly with preemptive scheduling[J]. ACM SIGCOMM Computer Communication Review, 2012, 42(4): 127-138.

8.6.4 pFabric

论文[一]提出了 pFabric，它认为 D3 和 PDQ 实现 deadline aware 的代价太大了，都需要对路由器进行复杂的带宽分配和状态维护，在软硬件上都需要大量的修改，难以得到广泛的应用。因此，pFabric 的思路是削弱交换机上 rate allocation，发送端根据自己对 deadline 的需求计算出一个对应的优先级放在 header 中，然后沿路的交换机就根据这个优先级来进行 flow scheduling，以保证对 deadline 有较高要求的流量得到优先转发。另外论文中还提到，pFabric 的一个 insight 就是将 flow scheduling 和 rate limit 解耦，因为 pFabric 认为主机上 rate limit 的控制逻辑通常是糟糕的、低效的，所以 pFabric 并没有尝试去优化 rate limit 的逻辑，而是简单地对传统 TCP 的逻辑进行了裁剪。

优先级是 pFabric 中的核心概念，论文中评估了主机上**3 种生成优先级的算法：①**已发送字节数；**②**总共需要发送的字节数；**③**剩余待发送的字节数。**得出的结论是：**基于**①**来生成优先级是最简单的，但是效果最差，基于**③**生成优先级是最困难的，但是效果最好，而基于**②**生成优先级难度适中，而且在大多数场景下可以获得接近于**③**的效果。

在实现上，pFabric 要求交换机支持基于优先级的队列调度机制，其出队的逻辑是选择当前缓存数据包中优先级最高的数据包，而入队的逻辑是丢弃当前缓存包中优先级最低的数据包（如果队列已满），因此在 pFabric 中交换机的处理是属于贪心的。传统的交换机并不支持上述的队列调度机制，pFabric 提出了一种新的设计如下所示：端口上有两类队列，一类是数据包在 RAM 中真正进行排队的队列 actual queue，另一类是用于快速查找具有最高（最低）优先级数据包的虚拟队列（metadata queue）。Metadata queue 不会保存数据包的 payload，只是记录数据包的 flow-id（五元组或者基于 5 元组的散列值）和其优先级值，然后通过二叉树比较器来快速地找到具有最高（最低）优先级的数据包，然后将该数据包在 actual queue 出队（丢弃），并更新 metadata queue。pFabric 交换机中的队列设计如图 8-60 所示。

在论文中提到，在某些情况下，上述的队列调度机制可能会导致"饿死"（starvation）的情况发生：如果优先级的生成采用的是基于剩余待发送的字节数，那么同一个 flow-id 中任意两个数据包的优先级都是不一样的，先到达的数据包优先级较低（因为当时剩余

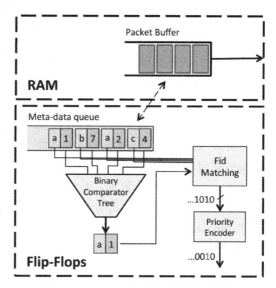

图 8-60 pFabric 交换机中的队列设计

⊖ Alizadeh M, Yang S, Sharif M, et al. pfabric: Minimal near-optimal datacenter transport[C]//ACM SIGCOMM Computer Communication Review. ACM, 2013, 43(4): 435-446.

的字节数还较多，所以认为优先级较低），而后到达的数据包优先级较高，如果单纯根据优先级进行队列的调度，那么就会出现先到达的数据包永远无法得到出队的机会。为了解决 starvation 的问题，在查找到优先级最高的数据包后，交换机需要在 metadata-queue 中找到与该数据包具有相同 flow-id 的所有数据包，并选择其中优先级最低的数据包进行出队，以保证同一个 flow 中数据包按顺序传输。

pFabric 的设计思路是非常简洁的，通过将 flow-schedule 和 rate-limit 解耦，可以大大降低网络设备实现的复杂性。论文⊖提出的 NumFabric 沿用了这一解耦的思路：xWI 作为 flow-schedule 的模块，根据管理员指定的最大效用函数来计算流量的权重。Swift 作为 rate-limit 模块根据 xWI 计算出来的权重实现 Weighted Max-Min 的带宽分配。相比于 pFabric，NumFabric 的优势在于提供了 flow-schedule 的统一框架，它能够支持更为丰富的最大效用函数，而不仅针对于 deadline。

8.6.5 Fastpass

论文⊖提出了 Fastpass，它通过引入一个集中式的 Arbiter 来为网络中所有的流量规划传输的 timeslot，并为其选择特定的路由，以实现"nearly zero queue"的网络，从而起到降低时延，提高吞吐量，减少 TCP 重传等效果。文中提到，Fastpass 的这一思路借鉴了交通控制系统的设计，系统里有一个全局的交通规划者（Arbiter），它不仅会告诉每辆车去向目的地应该选择哪一条路线（路由），而且还会告诉它们该何时出发（timeslot），从而在根本上避免了堵车的发生（zero-queue）。因此，Fastpass 是一种集中仲裁的时分方案，这和 TCP 的公平竞争 + 统计复用有着本质上的区别。

在实现上，Fastpass 设计了一种新的传输控制协议 FCP（Fastpass Control Protocol），用于主机和 Arbiter 之间的交互，如图 8-61 所示。考虑到实现和部署的难度，Fastpass 没有对协议栈进行任何修改，它需要在主机的协议栈和 NIC 之间开启 Fastpass qdisc，Fastpass qdisc 会截获 socket 发出的流量，将其入队缓存，并提取其目的地址以及数据包的长度，然后由 FCP Client 向 Arbiter 发起传输的请求。Arbiter 会根据网络的实际情况为其分配用于传输的 timeslot 和路由，然后通过 FCP 协议将分配好的 timeslot 和路径信息返回给 FCP Client，Fastpass qdisc 会根据

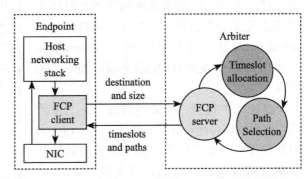

图 8-61 Fastpass 通过 FCP 实现 Arbiter 与主机间的交互

⊖ Nagaraj K, Bharadia D, Mao H, et al. Numfabric: Fast and flexible bandwidth allocation in datacenters[C]// Proceedings of the 2016 conference on ACM SIGCOMM 2016 Conference. ACM, 2016: 188-201.

⊖ Perry J, Ousterhout A, Balakrishnan H, et al. Fastpass: A centralized zero-queue datacenter network[J]. ACM SIGCOMM Computer Communication Review, 2015, 44(4): 307-318.

Arbiter 返回的信息在指定的 timeslot 发送之前缓存的流量。网络需要支持 ECMP Spoofing 以实现显式的路由控制。对于主机上的入向流量，NIC 会直接送给协议栈，FCP Client 不会做任何处理。Fastpass 基于时分控制的特征，要求系统进行精确的时钟同步，一旦某一环节的时钟没有同步，那么很可能就会导致交换机出端口上的排队。因此，Fastpass 要求在主机上开启 Linux hrtimer，交换机则需要支持 PTP。

FCP 的思路是很新颖的，文中指出在启用 Fastpass 后，网络很少出现丢包的情况，因此可以关掉 TCP 的拥塞控制机制。不过，由于 FCP 是一种触发式的带外控制，再加上 Arbiter 中的计算开销，因此 Fastpass 所带来的时延可能会对一些时延敏感型的流量造成巨大的影响。

8.6.6 OpenTCP

论文⊖提出了 OpenTCP，其思路是引入一个 SDN 控制器来收集网络的状态信息，然后周期性地调整主机端的 TCP 参数，使得 TCP 能够始终处在优化后的状态，比如在网络轻载的时候增加拥塞窗口的初始值（init_cwnd），在网络中流并发较低时开启 TCP Pacing，等等。在实现上，OpenTCP 采用了 OpenFlow，然后通过 PacketOut 将 TCP 的参数控制信息发送给主机，在主机上需要植入 OpenTCP 的 Agent。不过，由于 OpenTCP 是一种集中式的架构，所以控制信道上的延时导致它无法像其他 in-datapath 方式一样，以 RTT 为单位对 TCP 进行调控。另外，考虑到控制器容易成为单点，所以 OpenTCP 也不适合进行太过频繁的控制动作。因此，其控制周期相比于 RTT 来说通常会有数量级的增加，它不适合对一些时延敏感的流量进行控制。OpenTCP 架构如图 8-62 所示。

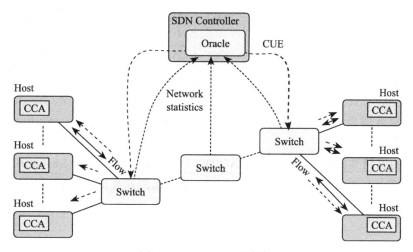

图 8-62　OpenTCP 的架构

⊖ Ghobadi M, Yeganeh S H, Ganjali Y. Rethinking end-to-end congestion control in software-defined. networks[C]// Proceedings of the 11th ACM Workshop on Hot Topics in networks. ACM, 2012: 61-66.

8.6.7 vCC

专门为数据中心而设计的拥塞控制机制有很多，它们相比于传统 TCP 中的拥塞控制机制而言，都能够有效地提升流量的传输效率。然而出于安全性的考虑，用户通常不会允许云服务商对 VM 中传统 TCP 的代码进行修改，所以这些良好的拥塞控制机制在现实中是难以派上用场的。另外，如果一些用户在 VM 中自行开启了新型拥塞控制机制（如 ECN），那么这些 VM 的流量很可能会在带宽的竞争中获得巨大的优势，导致其他 VM 流量的 starvation。论文⊖提出了 vCC（Virtual Congestion Control），它在 Hypervisor 中实现了传统 TCP 到新型拥塞控制机制的转换，在保证用户 VM 安全的前提下，可以获得新型拥塞控制机制对传输效率的提升。

在实现上，vCC 需要维护 per-flow 的状态。在图 8-63 中，以 ECN 为例简单地介绍了 vCC 是如何在传统 TCP（不支持 ECN）和 ECN-aware TCP 间进行转换的。首先，用户的 VM 发送 SYN 请求建立连接，vCC 收到这个 SYN 后会置位 ECE 和 CWR，然后再发送出去。服务器端收到带有 ECE 和 CWR 标志的 SYN 后，会回复 SYN+ACK 并置位 ECE。vCC 收到带有 ECE 标志的 SYN+ACK 后会去掉 ECE 标志，然后将 SYN+ACK 回发给 VM，此时 TCP 连接建立成功。对于 VM 来说，并没有感知到 ECN 的存在，随后双方开始交互数据。当网络发生拥塞时，服务器端在回复 ACK 时会置位 ECE。vCC 收到带有 ECE 标志的 ACK 后可以得知网络中已经发生了拥塞，ECN 发送端收到带有 ECE 的 ACK 后，窗口自动减半，但是由于 VM 无法处理 ECN，所以 vCC 会去掉 ACK 中的 ECE 标志，并将 RWND 置为原来的一半以达到相同的效果。VM 调整窗口后发出下一个数据包，vCC 会为其置位 CWR，告诉服务器发送端已经针对拥塞进行了调整。

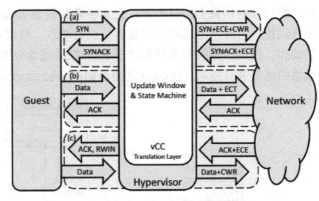

图 8-63　vCC 代理 ECN 的工作原理

与 vCC 的思路类似，论文⊖提出了 AC/DC TCP，它基于 Open vSwitch 在传统 TCP 和 DCTCP 间实现了转换，在收到带有 ECE 的 ACK 的比例计算出拥塞窗口后，通过 RWND 来对 VM 进行相应的调整，并给出了详细的设计与实现。

⊖ Cronkite-Ratcliff B, Bergman A, Vargaftik S, et al. Virtualized congestion control[C]//Proceedings of the 2016 conference on ACM SIGCOMM 2016 Conference. ACM, 2016: 230-243.

⊖ He K, Rozner E, Agarwal K, et al. Ac/dc tcp: Virtual congestion control enforcement for datacenter networks[C]// Proceedings of the 2016 conference on ACM SIGCOMM 2016 Conference. ACM, 2016: 244-257.

8.7　测量与分析

8.7.1　Pingmesh

论文[⊖]所介绍的 Pingmesh，是微软在其数据中心中使用的一种测量工具。Pingmesh 的目的是通过 ping 来测量数据中心网络中的各种时延指标，包括 intra-DC 中的 server-to-server 以及 rack-to-rack，和 inter-DC 中的 DC-to-DC，这些为网络问题的排障提供了数据基础。

Pingmesh 的架构如图 8-64 所示，其中 Pingmesh Controller 是控制器，Network Graph 记录了数据网络中完整的拓扑，拓扑输入到 Pingmesh Generator 中使用特定的算法进行处理，产生 ping 的源目的列表 Pinglist，并通过 Web 发布 Pinglist。Pingmesh 在微软数据中心中是一种 "always-on" 服务，为了实现服务的高可用，Pingmesh Controller 会进行集群式部署并通过 VIP 来发布服务。Pingmesh Agent 存在于所在服务器中，它通过 RESTful API 从 Controller VIP 处获取 Pinglist，并向 Pinglist 中的所有目的服务器发送 TCP ping 与 HTTP ping，为了防止 Pingmesh 占用过多的服务器资源，Pingmesh Agent 对 ping 包的间隔和负载都进行了限制。Pingmesh Agent 会将探测到的时延信息进行聚合，并定期地送到微软的数据存储与分析平台（Cosmos/SCOPE）中进行时延数据的存储、关联与挖掘。

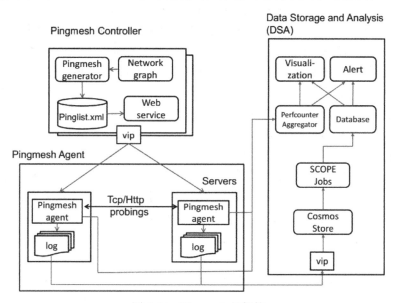

图 8-64　Pingmesh 的架构

Pingmesh 是一种 Server-based 的测量方案，相比于 Network-based 的测量方式，其优

⊖ Guo C, Yuan L, Xiang D, et al. Pingmesh: A large-scale system for data center network latency measurement and analysis[J]. ACM SIGCOMM Computer Communication Review, 2015, 45(4): 139-152.

点在于测量方式通用简单，并不依赖于任何的网络设备，而且它所测量到的性能指标最接近应用所感知的实际情况的。不过，由于需要在服务器上安装 Pingmesh Agent，因此 Pingmesh 并不能适用于第三方的虚拟机以及第三方虚拟网络的测量。

8.7.2　OpenNetMon

论文⊖中的 OpenNetMon 提出了测量 OpenFlow 网络中吞吐量、丢包率和时延的方法，为流量工程的实现提供了基础。OpenNetMon 采用的是主动测量的方式，即由控制器主动获取底层网络的状态，而不是被动地等待网络将状态的变化上报给控制器，其手段主要包括向交换机发送一些状态请求，或者构造并发送一些 Probe。

通过向源目的主机通信路径上的 Last Hop 交换机定期发送 Flow Statistics，并且使用 Packet Counter 或者 Byte Counter 的变化量除以时间的变化量就可以得到吞吐率。通过向源目的主机通信路径上的 First Hop 和 Last Hop 交换机分别发送 Flow Statistics，通过 Last Hop 交换机上的 Packet Counter/Byte Counter 减去 First Hop 交换机上的 Packet Counter/Byte Counter，就得到了某条流在该路径上的丢包数，除以 First Hop 交换机上的 Packet Counter/Byte Counter 就可以得到丢包率。

OpenNetMon 使用 Probe 来测量时延，控制器通过 PacketOut 向目标路径的 First Hop 交换机注入 Probe，这些 Probe 沿目标路径进行转发，Last Hop 交换机收到 Probe 后 PacketIn 给控制器，收到 PacketIn 和发送 PacketOut 的时间差即是路径时延的粗略估计。为了得到更加精确的时延，还需要减去 Probe 在控制信道上的传输时间，即控制器将 PacketOut 推送给 First Hop 的时间，以及 Last Hop 将 PacketIn 上报给控制器的时间。因此，控制器还会向 First Hop 和 Last Hop 交换机 PacketOut 特殊的 Probe，处理这些 Probe 的动作并不是沿路径转发的而是立即 PacketIn 给控制器的，计算这些特殊 Probe 收与发的时间差，即可获得在控制信道上的传输时间。

主动测量可以有很高的测量精度，但是其代价是控制器和交换机间需要交互大量的信令，在控制器上会产生大量的开销。为了减小定期发送 Flow Statistics 造成的开销，OpenNetMon 动态地调整发送 Flow Statistics 的时间间隔，对于新上线或者吞吐率不够平稳的流量增加间隔，对于已经存在的、平稳的流量则减小间隔。另外，OpenNetMon 还会动态调整发送 Probe 的速率，吞吐率变高就增加发送 Probe 的频率，吞吐率变低就减小发送 Probe 的频率。

论文⊖提出的 OpenTM 也和 OpenNetMon 一样，都采用了主动探测的机制。OpenTM 只关注于吞吐率的测量，方法也是向源目的主机通信路径上的交换机发送 Flow Statistics。与 OpenNetMon 不同的是，OpenTM 会通过一定的算法选择路径上的某一个交换机去发送

⊖　Van Adrichem N L M, Doerr C, Kuipers F A. Opennetmon: Network monitoring in openflow software-defined networks[C]//Network Operations and Management Symposium (NOMS), 2014 IEEE. IEEE, 2014: 1-8.

⊖　Tootoonchian A, Ghobadi M, Ganjali Y. OpenTM: traffic matrix estimator for OpenFlow networks[C]//International Conference on Passive and Active Network Measurement. Springer Berlin Heidelberg, 2010: 201-210.

Flow Statistics，而不是固定地向 Last Hop 交换机发送 Flow Statistics，这样可以减轻 Last Hop 交换机上的测量负载。

8.7.3　FlowSense

论文[一]中提出的 FlowSense 是用来测量 OpenFlow 网络中链路利用率的，其思路和 OpenNetMon 有所区别。它采用的是被动测量的方式，控制器不会主动向交换机发送 Flow Statistics，而是通过监听交换机上报的 FlowRemoved 以获得流量的特征。由于 FlowRemoved 消息中会携带流表的信息，包括 duration time（流表生存的时间）和 packet/byte counters 等，通过 byte counters 除以流的活跃时间即可大致得到该流的速率。对于流的活跃时间的计算方法是，判断 FlowRemoved 的原因（论文中仅考虑了超时），如果是 soft_timeout 则活跃时间等于 duration_time−soft_timeout，如果是 hard_timeout 就没有办法获得准确的活跃时间了，只能通过 duration_time 来近似。

为了从流的速率推算出链路的利用率，需要将某段特定时间内存在于某条链路上的流量的流速加总起来。FlowSense 的做法是，当流量首包 PacketIn 上来的时候将该流加入一个 Active 列表同时记录 in_port，当收到该流的 FlowRemoved 时将其从 Active 列表中移除，并找到和该流有相同 in_port 并且活跃时间有重叠的其他流，将这些流的流速相加即可近似得出 in_port 所在链路的利用率。

FlowSense 这种被动的"感知式"测量方法，能够将测量带来的额外控制负载降到最低，不过由于 FlowRemoved 只能在流消失后才上报，因此 FlowSense 所给出的测量结果的时效性很差。一条流在其活跃时间内流速的峰谷值有可能相差很大，但 FlowSense 只能给出流在活跃时间内的平均流速，其测量结果的准确性也较差。

为了在主动测量的准确性和被动测量的低开销间取得平衡，论文[一]提出了 PayLess。它的思路就是结合 FlowRemoved 和 Flow Statistics，控制器在下发流表时会启动一个定时器，如果在一定时间间隔内收到了 FlowRemoved 则采用类似于 FlowSense 的办法进行处理。如果在一定时间间隔内没有收到 FlowRemoved 则向交换机下发 Flow Statistics，并采用类似于 OpenNetMon 的措施，通过一种适应性的算法来调整下一个定时的时间间隔，如果流的流速很快就减小间隔，如果流的流速较低则增加间隔。

8.7.4　Dream

在 OpenFlow 网络中，为了完成一些有明确目的性的流统计任务，控制器可以下发一些专门用于测量的流表，匹配目标流量并直接 GOTO 下一级 Table，通过 Flow Statistics 读取这些测量流表的 counter，就能够得到目标流量的统计信息。对于硬件交换机来说，TCAM

　⊖　Yu C, Lumezanu C, Zhang Y, et al. Flowsense: Monitoring network utilization with zero measurement cost[C]// International Conference on Passive and Active Network Measurement. Springer, Berlin, Heidelberg, 2013: 31-41.

　⊖　Chowdhury S R, Bari M F, Ahmed R, et al. Payless: A low cost network monitoring framework for software defined networks[C]//Network Operations and Management Symposium (NOMS), 2014 IEEE. IEEE, 2014: 1-9.

资源通常都比较有限，这就对测量流表的数量有了一定的限制。

论文⊖能够在 TCAM 数量受限的前提下，实现对 HHH（Hierarchy Heavy Hitters）的动态测量。HH（Heavy Hitters）是指流速占链路带宽比值超过阈值的源 IP 前缀，网络中的 HH 有很多，不同的 HH 间存在着大量的包含关系，消除冗余的 HH 后剩余的就是 HHH。图 8-65 所示为通过二叉树给出了某一条链路上不同源 IP 前缀的流速占比，若以 10% 作为判定阈值，则图中双圈的节点均为 HH，而只有 3 个带底纹的节点才是 HHH。其中：0000 前缀占比达到 11%，而且它所对应的节点为叶子节点，即前缀不需要再进行细分，因此 0000 前缀是一个 HHH；0100 前缀和 0101 前缀的占比均小于 10%，不过两者占比相加超过了 10%，因此聚合后的 010* 形成了一个 HHH；将 0000 的占比（11%）从 00** 的占比（19%）中刨除剩余 8%，将 010* 的占比（12%）从 01** 的占比（21%）中刨除剩余 9%，两个剩余均未超过 10% 但相加超过了 10%，因此聚合后的 0*** 也是一个 HHH。

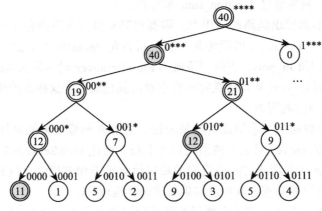

图 8-65　HH 与 HHH 示例

可以看到在已知 HHH 的情况下，控制器可以只下发 3 条流表，分配匹配源 IP 为 0000*，010* 和 0***，即可完成对 HHH 的测量。不过控制器没有办法预先知道哪些前缀是 HHH 的，而且随着流量的变化 HHH 也是动态变化的，因此控制器需要能够感知流量，并对流表进行适应性的调整。论文中提出了一种算法，在满足测量 HHH 的同时，能够最小化流表的数量。具体的算法很难三言两语说清楚，有兴趣的读者可以看看论文中的介绍。

通过优化 TCAM 的使用，可以更好地支持 OpenFlow 的测量，还可以参考论文⊖中提出的 Dream。相比之下，Dream 考虑了对 HH 和 CD（Change Detector）的测量方法，并能够同时利用多个交换机中的 TCAM 资源服务于测量。另外，Dream 侧重于在不同的测量任务间协调 TCAM 资源的分配，以尽可能地满足不同测量任务对于准确性的要求。

⊖ Jose L, Yu M, Rexford J. Online Measurement of Large Traffic Aggregates on Commodity Switches[C]//Hot-ICE. 2011.

⊖ Moshref M, Yu M, Govindan R, et al. DREAM: dynamic resource allocation for software-defined measurement[J]. ACM SIGCOMM Computer Communication Review, 2015, 44(4): 419-430.

8.7.5 OpenSample

相比于 OpenFlow，业界还有一些更为成熟的测量手段，比如常见于交换机中的 sFlow。sFlow 交换机会对流量进行采样，经过本地 sFlow Agent 分析后送给集中式的 Collector 进行呈现。在 Collector 中通常用采样的频率乘以采到的数据包数量，对流速进行统计意义上的估计，这种方式称为 simple scaling。Simple scaling 的优点是简单，而且从统计学的角度来讲它是无偏的，但是它需要大量的采样数据才能消除估计值的误差。扩大采样样本的方法，一是增加采样时间，这会影响测量的时效性；二是提高采样频率，但是这会对交换机的 CPU 产生很大的压力。

论文[⊖]提出的 OpenSample，通过对采样数据包中的 TCP SEQ 进行记录与分析，增强了 sFlow 对 TCP 流量测量的准确性。具体来说，如果采样能够得到属于同一条流中的两个数据包，那么就可将这两个数据包的 TCP SEQ 相减，然后乘以数据包的平均长度，再除以这两个数据包时间戳的间隔，就能够得到该流的近似流速。这种方式更接近于实际情况，而非统计意义上的估算，因此相比于小样本的 simple scaling，在流速计算的准确性方面它会有很大的提高。

OpenSample 的实现架构如图 8-66 所示。sFlow Agent 上报来的流数据会送到 Flow Analyzer 中进行处理，通过上述对 TCP SEQ 的处理计算出流速，另外 Flow Analyzer 还会判断流量是否为大象流。判断为大象流的条件是某个流的数据包在采样中出现了两次或者以上，这种判断的准确性实际上还有待商榷。Port Analyzer 负责计算链路的利用率，它会使用端口上的采样频率乘以采到的数据包数量，再乘以数据包的平均长度来估算链路上带宽的使用情况。

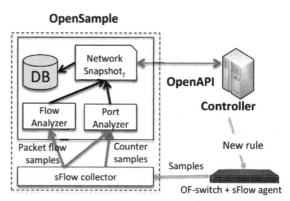

图 8-66 OpenSample 的实现架构

实际上 Port Analyzer 的这种做法也属于 simple scaling，但是由于它针对的是经过某个端口的所有流量，因此其统计特性相比与针对某个流的 simple scaling 的统计特性要好一些，OpenSample 认为是其准确性在可以接受的范围内。

另外，Flow Analyser 和 Port Analyzer 计算出的数据每隔 100ms 会保存快照，一些测量应用可以通过 API 来获取这些快照。对于 SDN 控制器来说，从 OpenSample 获得这些数据后即可支撑流量调度、虚拟机调度等 SDN 应用，就可以对网络进行实时优化。

⊖ Suh J, Kwon T T, Dixon C, et al. Opensample: A low-latency, sampling-based measurement platform for commodity sdn[C]//Distributed Computing Systems (ICDCS), 2014 IEEE 34th International Conference on. IEEE, 2014: 228-237.

8.7.6 Planck

上面提到过，提高 sFlow 的采样频率会对交换机的 CPU 产生很大的压力，一方面的原因是 ASIC 和 CPU 间的通道不能承受太快的采样，另一方面的原因是交换机本地 CPU 的能力并不足够强，过快的采样会淹没 CPU 对控制信令的处理。论文⊖提出的 Planck，通过镜像端口把待采样的数据流引到专门的 Collector 服务器上，旁路掉交换机本地的 CPU，图 8-67 所示的左半部分示意了 Planck 在交换机上的工作原理。不同交换机的镜像端口都直连到同一个 Collector 服务器上，Collector 服务器的 CPU 处理能力可以很强，专门负责对镜像流量进行高速采样和分析，其分析结果可以输出到 SDN 控制器上，以便 SDN 控制器对网络进行优化。

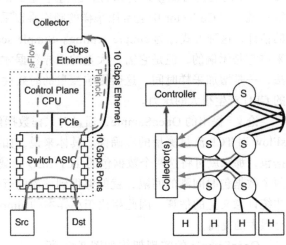

图 8-67　Planck 的工作原理（左）与系统部署（右）

在实现方面，目前大多数的交换机都支持端口镜像，采样的目标可以是全部业务端口上的全部流量，也可以是部分业务端口上的部分流量，只需要下发相应的配置或者流表就可以了。不过，由于多个端口的流量都汇聚到了镜像端口上，因此镜像端口很有可能会出现丢包的现象，不过由于 Collector 本身也会对镜像流量进行采样，因此即使镜像端口上产生了丢包，对统计出来的结果影响也不是很大。

Collector 服务器使用 netmap 将镜像流量送到用户空间，并在用户空间中为每个镜像端口都分配了独立的处理进程。和 sFlow 送到本地 CPU 不同的是，镜像流量就是原始的流量没有任何的 metadata，Collector 无法得知流量的 inport 和 outport，也就没有办法将流量与链路相关联了。为了解决这一问题，Collector 需要从 SDN 控制器处得知网络拓扑和转发规则，自己来判断流量的 inport 和 outport。如果网络中使用了 ECMP，那么 Collector 还需要预先知道 ECMP 的映射算法。由于采样过后的流速分析，Planck 使用了和 OpenSample 相同的方法，即通过 TCP SEQ 来计算，链路利用率的分析则使用了和 FlowSense 类似的方法，通过加总相关流的流速得到它。Collector 上的数据，SDN 控制器可以主动地轮询，也可以被动地监听以降低控制器的开销。

8.7.7 OpenSketch

论文⊖提出的 OpenSketch，旨在分离网络测量的数据平面和控制平面，数据平面具

⊖ Rasley J, Stephens B, Dixon C, et al. Planck: Millisecond-scale monitoring and control for commodity networks[C]// ACM SIGCOMM Computer Communication Review. ACM, 2014, 44(4): 407-418.

⊖ Yu M, Jose L, Miao R. Software Defined Traffic Measurement with OpenSketch[C]//NSDI. 2013, 13: 29-42.

备通用的测量能力，并由控制器可以灵活地定义数据平面的测量行为。从名字上可以看出，OpenSketch 的关键在于 Sketch，Sketch 是指一些能够压缩并存储流量特征的数据结构，与 NetFlow、sFlow 这些依赖于软件的 sample-based 的测量技术不同，Sketch 通常用于 streaming-based 的测量技术，Sketch 的硬件能够实时地处理、分析流量的特征，比如 heavy hitters detection、traffic change detection、flow size distribution estimation 等。不过，Sketch 的硬件设计需要具体问题具体分析，所以测量不同流量特征的 Sketch 需要不同的、专用的 ASIC，这使得 Sketch 的实现成本极高。

为了解决这个问题，OpenSketch 为测量设计了一种 3-stage pipeline 的数据平面，如图 8-68 所示。从逻辑上来说测量可以分为两个阶段，第一个阶段是选择何种流量进行测量，第二是测量并记录、输出测量得到的数据。针对第一阶段，OpenSketch 设计了 Hash 和 Classification 两个阶段，Hash 负责对流特征进行压缩，Classification 用于对 Hash 之后的值，以及流的字段进行匹配，针对第二阶段 OpenSketch 设计了 Counting 这一 Stage，用于对第一阶段筛选出来的流量进行测量，并为测量到的结果提供查询和上报能力。

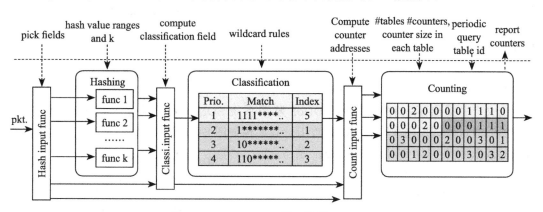

图 8-68　OpenSketch 的三阶段 Pipeline

OpenSketch 的三阶段 pipeline 是可编程的，针对不同的 Sketch、Hash、Classification 和 Couting 会有不同的实现。OpenSketch 控制器负责对三阶段 pipeline 进行编程，应用可以编写测量的程序，说明需要测量何种流量的何种特征。OpenSketch 控制器中存有一些常用 Sketch 的实现库，通过对测量任务进行分析，控制器会选择出相应的库并向数据平面下发配置，将三阶段 pipeline 配置成对应的 Sketch。假设现有某个测量任务，它要统计白名单中各个源 IP 访问 192.168.0.1 的频率，控制器经过分析得知可以通过 BloomFilter 判断源 IP 是否在白名单上，于是控制器通过函数 h 处理白名单计算出的 BloomFilter 列为 0001101101，那么在 Hash 阶段就会对数据包进行 h 函数的处理，Classification 阶段就会匹配源 IP 为 000**0**0*、目的 IP 为 192.168.0.1 的流量，然后在中对相关资源匹配上的流量进行计数。通过 Countering 资源为该任务分配的索引值，控制器就可以定期地读取该任务的测量数据了。OpenSketch 架构如图 8-69 所示。

OpenSketch 使用 NetFPGA 对数据平面进行了实现，在 Hash 阶段中它预置了一些常用的哈希函数，Classification 阶段使用的是 TCAM，而 Couting Stage 使用的是 SRAM。Classification 阶段匹配上后会得到一个索引值，通过索引值可以找到相应的 SRAM 资源并进行更新。由于不同的测量任务需要共享 SRAM 资源，因此 OpenSketch 使用了 Logical table 去隔离不同任务的 SRAM 资源。控制器提供了 7 个 Sketch 的实现库，并将一些常见

的测量任务，如 heavy hitters detection、traffic change detection、flow size distribution estimation 等，与它们所需要使用的 Sketch 预先进行了关联。控制器会解析测量任务，关联对应的 Sketch，在不同的 Sketch 间分配 pipeline 资源，然后下发 Sketch 配置。控制器还会定期收集测量结果，并根据测量结果动态地调整资源的分配。

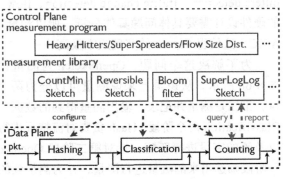

图 8-69　OpenSketch 的架构

8.8　安全

8.8.1　SOM

论文⊖中提出了一种轻量级的 DDoS 监测系统 SOM，其思路是通过 SDN 来收集数据，然后通过数据挖掘来监测 DDoS 攻击，其架构如图 8-70 所示。具体来说，是通过 Flow Statistics 来收集网络中流表的状态，主要包括 receive packets、receive bytes 和 duration time，并根据这些状态信息提取出用于评估各个 flow 的 DDoS 特征数据集，然后通过一种无监督的人工神经网络算法 SOM（Self Organizing Map）来对各个 flow 进行分类，以判断 flow 是否为 DDoS 攻击流量。

该系统的关键在于，如何将 Flow Statistics 收集上来的原始统计信息转化为有用的 DDoS 特征数据集。实际上，入侵检测的本质就是设计出一个分类器，通过一些复杂的算法将异常的数据流区分出来，从而实现对攻击流量的报警，这通

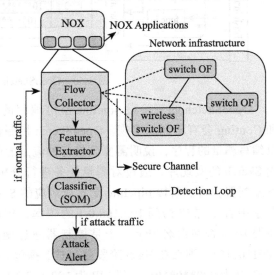

图 8-70　SOM 的架构

⊖ Braga R, Mota E, Passito A. Lightweight DDoS flooding attack detection using NOX/OpenFlow[C]//Local Computer Networks (LCN), 2010 IEEE 35th Conference on. IEEE, 2010: 408-415.

常需要一个数据集对分类器进行识别异常的训练。因此，数据集的建立对于入侵检测来说至关重要，针对数据集的建立已经有了很多的研究工作，其中最典型的是 KDD-99 数据集。KDD-99 数据集通过 41 种特征来描述一个连接，这 41 种特征可以分为 4 大类，包括 TCP 连接基本特征（9 种）、TCP 连接的内容特征（13 种）、基于时间的网络流量统计特征（9 种），以及基于主机的网络流量统计特征（10 种）。不过，KDD-99 数据集中的特征过于复杂，算法想要精确地处理这些特征是十分耗时的，这对于一些实时在线的入侵检测来说是难以接受的。本小节介绍的这篇论文简化了特征的设计，提出了如下 6 个用于 DDoS 监测的流量特征。

1）Average of Packets per flow（APf）：DDoS 会建立大量的无效连接，它们建立后（通常需要 3 个数据包）不会承载真实的流量，因此 APf 用来监测流中的数据包数量，如果某条流中的数据包非常少，那么这条流很可能就是 DDoS 的攻击流量。

2）Average of Bytes per flow（ABf）：为了提高攻击的效率，DDoS 攻击者通常会使用尺寸非常小的数据包。因此 ABf 用来监测流的字节数，如果某条流中的数据包非常少，那么这条流很可能就是 DDoS 的攻击流量。

3）Average of Duration per flow（ADf）：APf 可能会将某些交互式流量（如 telnet）误判为 DDoS 流量。ADf 用来监测流的生存时间，如果某条流的数据包较少但是生存时间较长，那么这条流可能就不是 DDoS 的攻击流量。因此，ADf 相当于是对 APf 的一个纠正。

4）Percentage of Pair-flow（PPf）：DDoS 的攻击者可能会伪造大量的 IP 地址，导致网络中出现大量的单向流（single-flow），pair-flow 指的是网络中五元组完全对称的两条流，根据 pair-flow 的数量和流的总数量即可计算出 single-flow 的数量。因此，PPf 可以用来监测 pair-flow 的百分比，如果 PPf 过低那么很可能就是由 DDoS 攻击导致的。

5）Growth of Single-flows（GSf）：和 PPf 类似，GSf 是对 single-flow 的另一种监测特征，计算的是 single-flow 的数量在网络中的增长率，如果 GSf 过高那么很可能就出现了 DDoS 攻击。

6）Growth of Different Ports（GDP）：除了伪造 IP 地址以外，DDoS 的攻击者还会随机地生成大量的端口号。因此 GDP 可以用来监测网络中出现端口号数量的增长率，如果 GDP 过高很可能就出现了 DDoS 攻击。

论文中使用了 SOM 作为分类器的算法，SOM 的思路就是通过拓扑排序将 n 维的数据集进行分类，其算法这里就不再进行详细的介绍了。通过使用基于上述 6 个特征的数据集对 SOM 分类器进行训练，就可以用一个较小的代价识别出 DDoS 攻击。即使如此，通过训练的方式来识别 DDoS 还是太慢了，论文⊖提出了通过分析网络中流量目的 IP 的熵值来预判 DDoS 的方法，如果熵值在几个时间窗口内都低于阈值则说明一些目的 IP 出现得过于频繁，可能正在被 DDoS 攻击。

⊖ Mousavi S M, St-Hilaire M. Early detection of DDoS attacks against SDN controllers[C]//Computing, Networking and Communications (ICNC), 2015 International Conference on. IEEE, 2015: 77-81.

8.8.2 FloodGuard

对于 OpenFlow 网络来说，流量出现 Table miss 时通常会以 PacketIn 上报给控制器，因此攻击者可以伪造大量不存在的流，以触发大量的 PacketIn 对控制器进行 DoS 攻击。如果控制器对这些恶意的 PacketIn 都下发了流表，那么交换机的流表资源很快就会被消耗光了，这也变相地对交换机形成了 DoS 攻击。这种攻击方式也称为 Data-to-Control Plane Saturation Attack，是 OpenFlow 中众所周知的，却最为严重的一个安全隐患。

论文⊖提出的 FloodGuard，能够缓解上述 Saturation Attack，其思路是当发现疑似的攻击时，根据 OpenFlow 控制器其与应用的当前状态，获得所有潜在需要下发的流表（Proactive Flow Rule）并预先推送给交换机，保证在发生 Saturation Attack 时交换机仍然能够正确地处理合法流量，其架构如图 8-71 所示。另外，FloodGuard 还设计了一种叫做 Packet Migration 的机制，当发现疑似攻击时 PacketIn 不再直接上报控制器，而是先缓存在 Data Plane Cache 中，Data Plane Cache 再将这些 PacketIn 限速地发给控制器，以缓解 PacketIn 对控制器的冲击。

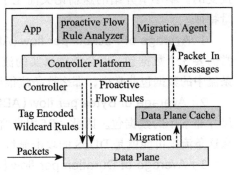

图 8-71 FloodGuard 的架构

在实现上，FloodGuard 主要分为 Proactive Flow Rule Analyzer 和 Migration Agent 两个模块。图 8-72 所示为 FloodGuard 的状态机，最开始处于 Idle 的状态，Migration Agent 在后台会监测 PacketIn 的速率以及控制器的 CPU、内存等资源的利用率，当超过阈值的时候就认为发生了饱和攻击并转入 Init 状态。Init 状态完成两个动作：① Proactive Flow Rule Analyzer 会根据 OpenFlow 应用的当前状态（如 MAC 转发表里面已经学习到的 MAC 地址）生成 Proactive Flow Rule，② Migration Agent 会向交换机下发一条流表将 Table Miss 流量引入 Data Plane Cache。两个动作完成后 Init 状态转为 Defense 状态，Proactive Flow Rule Analyzer 下发 Proactive Flow Rule，并跟踪应用状态以对 Proactive Flow Rule 进行动态更新。一旦 Migration Agent 认为攻击结束了，就从 Defense 状态转为 Finish 状态，在 Finish 状态下先需要对在 Data Plane Cache 中缓存的 PacketIn 进行处理，如果在处理的过程中再次探测到了攻击就转为 Init 状态，否则等到 Data Plane Cache 为空后即重新转为 Idle 状态。

FloodGuard 实际上是一种被动的应对方式，只能缓解受到攻击后所产生的负面效果，无法从根本上使 OpenFlow 控制器避开攻击。与 FloodGuard 思路类似的还有论文⊖。DoS 的攻击形式多种多样，FloodGuard 也只是对 Saturation Attack 有一定效果，实际上很有可能

⊖ Wang H, Xu L, Gu G. Floodguard: A dos attack prevention extension in software-defined networks[C]//Dependable Systems and Networks (DSN), 2015 45th Annual IEEE/IFIP International Conference on. IEEE, 2015: 239-250.

⊖ Kotani D, Okabe Y. A packet-in message filtering mechanism for protection of control plane in openflow networks[C]//Proceedings of the tenth ACM/IEEE symposium on Architectures for networking and communications systems. ACM, 2014: 29-40.

也并没有一种万金油式的解决办法。网络安全攻防永远是见招拆招，这里无法逐一而述。

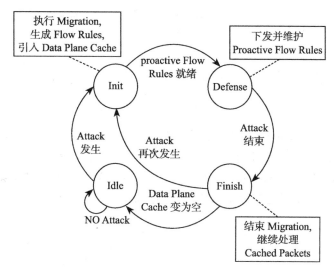

图 8-72 FloodGuard 状态机

8.8.3 TopoGuard

　　拓扑发现与维护是 SDN 控制器中全局视图的基础，如果拓扑出现了问题，那么相当一部分 SDN 应用就失去了正常工作的能力。拓扑的主要元素无外乎是主机、转发设备和链路。对于 OpenFlow 来说，一般通过 ARP 监测主机，一般通过 LLDP 发现链路。如果攻击者通过 ARP 和 LLDP 来做一些手脚，那么就可以达到类似于传统网络中 ARP 欺骗或者 STP 欺骗的效果。ARP 攻击的一般形式，就是攻击者以非法的 MAC 地址绑定攻击目标的 IP 地址，操纵控制器中的 MAC 转发表，使得攻击目标的 IP 无法正常通信，甚至能够对其流量进行劫持或者嗅探。LLDP 攻击的一般形式，就是攻击者伪造 LLDP 包发送给接入的交换机，使得控制器误认为攻击者的主机是一台 OpenFlow 交换机，误导控制器生成错误的拓扑，从而影响所有流量的转发。

　　论文[⊖]提出的 TopoGuard，解决了 OpenFlow 网络中和拓扑相关的安全问题。TopoGuard 引入了 Port Property 的概念，端口分为 HOST、ANY 和 SWITCH3 种角色。最开始端口为 ANY 角色，端口一旦收到合法的 ARP/DNS 就认为该端口是主机，于是角色从 ANY 转变为 HOST，如果收到合法的 LLDP 就认为该端口是交换机间的互联端口，于是角色从 ANY 转变为 SWITCH。如果端口 Down 了，那么角色将从 HOST 或者 SWITCH 转变为 ANY。如果 HOST 端口收到了 LLDP，或者 SWITCH 端口收到了 ARP/DNS，则认为发生了拓扑攻击。其端口角色转换如图 8-73 所示。

⊖　Hong S, Xu L, Wang H, et al. Poisoning Network Visibility in Software-Defined Networks: New Attacks and Countermeasures[C]//NDSS. 2015.

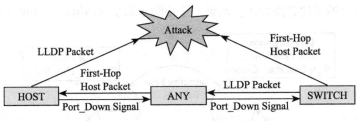

图 8-73 TopoGuard 中端口角色的状态机

图 8-74 所示为 TopoGuard 的具体实现。Port Manager 用于维护上述端口的状态，这里有一个问题是 ARP/DNS 也有可能出现在 SWITCH 端口上，因此 Port Manager 会维护一个 Host List，保存着已知主机的 MAC 地址，只有在 MAC 第一次出现时才会将入端口转变为 HOST。Host Prober 会不断地在 Host 端口上发送 PacketOut，以检测主机是否在线。

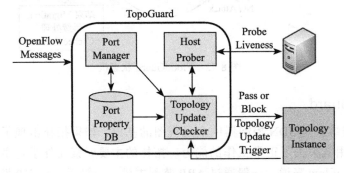

图 8-74 TopoGuard 的实现架构

Topology Update Checker 负责对拓扑的更新进行检测，主要包括两个功能：①如果发现已知的 MAC/IP 出现在了别的端口上，那么会判断该 MAC/IP 原来所在的端口是否出现了 Port_Down，以及在原来的端口上向该 MAC/IP 发送的 Probe 是否超时，如果 Port_Down 再加上 Probe 超时，则认为该 MAC/IP 发生了位置迁移并进行主机端口的更新，否则认为出现了 ARP 攻击并进行告警。②对收到的 LLDP 进行检测，判断该 LLDP 是否出现在 SWITCH 端口上，同时还要判断 LLDP TLV 中的 signature 是否等于 DPID 和 Port ID 的哈希，如果端口角色为 SWITCH 再加上 signature 校验通过，则认为该 LLDP 合法并进行 SWITCH 端口的更新，否则认为出现了 LLDP 攻击并进行告警。

由于依赖于主机第一次上线时发送 ARP/DNS，因此如果攻击者在静默的前提下直接发送 LLDP，那么 TopoGuard 就没有办法检测该攻击了。

8.8.4　FortNox

论文⊖提出的 FortNox 旨在解决，由于不同 SDN APP 间控制逻辑的冲突，所导致的安

⊖ Porras P, Shin S, Yegneswaran V, et al. A security enforcement kernel for OpenFlow networks[C]//Proceedings of the first workshop on Hot topics in software defined networks. ACM, 2012: 121-126.

全规则失效的问题。关于安全规则的失效，可考虑下面一个简单的场景，在一个 OpenFlow
交换机上旁挂了一个防火墙，服务链的应用会将特定的流量引导到防火墙上进行处理，而
另外一个应用会用这种流量的 header 进行改写以便用于重定向。如果重定向的流表在服务
链流表前得到了匹配，那么服务链的流表可能就识别不出来改写后的流量了，于是防火墙
就被旁路掉了，导致网络中出现了安全隐患。FortNox 的思路是，截获所有 SDN APP 下发
的流表，将其与网络中现有的流表进行比较。如果待下发的流表 A 与现有流表 B 发生了
冲突，就判断 A 与 B 间的优先级，如果 A 的优先级高，则删除 B 然后下发 A，否则向产
生 A 的 SDN APP 返回错误。FortNox 为 SDN APP 规定了 3 种优先级：管理员手动下发的
Administration Flow Rule 优先级最高，Security APP 产生的 Secure Flow Rule 优先级次之，
而普通的 APP 产生的 Non-Privileged Flow Rule 优先级最低。

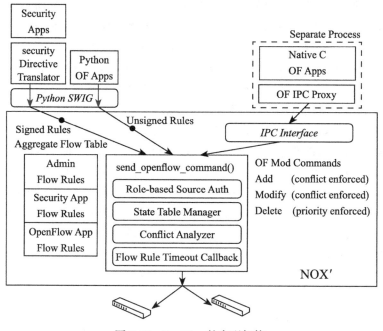

图 8-75　FortNox 的实现架构

　　在实现上，FortNox 对 NOX 的内核进行了升级，添加了 Role-based Source Authorization、
State Table Manager、Conflict Analyzer 和 Flow Rule Timeout Callback 几个模块，如图 8-75
所示。其中 State Table Manager 和 Flow Rule Timeout Callback 负责维护网络中现有的流
表，Conflict Analyzer 负责检查待下发流表与现有流表是否存在冲突，Role-based Source
Authorization 负责冲突发生时优先级的检测。对于冲突检测，FortNox 使用了一种名为
ARR（Alias Rule Reduction）的算法。对于优先级检测，FortNox 使用的是基于角色的数
字签名。另外 FortNox 还对 OpenFlow 进行了进一步的抽象，形成了 8 种安全策略原语
（block、deny、allow、redirect、quarantine、undo、constrain 以及 info），这降低了安全应用

开发的难度。

除了 FortNox 以外，还有很多的论文讨论了流表的冲突检测[⊖, ⊜, ⊜]。准确地说，这些论文应该属于 SDN Debugging 领域，由于 FortNox 主要将其思路用在了安全方面，因此本小节着重对其进行了介绍。另外，论文[⊛]在 HyperVisor 中实现了 SDN 控制器的冲突检测机制，解决了虚拟化环境下多控制器的安全问题，感兴趣的读者可以自行阅读。

8.8.5 AVANT GUARD

论文[⊛]提出了 AVANT GUARD，它通过对 OpenFlow 数据平面的逻辑进行加强，使 OpenFlow 交换机变成了一个 SYN Cookie Firewall，能够有效地检测及阻隔 SYN Flood。SYN Flood 是网络中最为常见的攻击，攻击者会伪造大量的 IP 地址，并利用这些 IP 地址在短时间内向 TCP 服务器发送大量的 SYN，TCP 服务器会为这些 SYN 所请求的连接分配系统资源，并等待后续的 TCP 处理，而攻击者则不会继续后续的 TCP 处理，TCP 服务器上会存在着大量的"半开连接"，导致大量的系统资源被闲置，从而达到了 DoS 的攻击效果。SYN Cookie 是解决 SYN Flood 的一种简单办法，TCP 服务器在收到 SYN 后不会立即分配资源，并在回复 SYN+ACK 时根据数据包的特征计算出一个特定的 SEQ（并非随机生成），直到收到 ACK 并确认 SEQ 合法的情况下，TCP 服务器才会为该连接分配资源。

SYN Cookie Firewall 利用 SYN Cookie 的原理，实现 TCP 三次握手过程的代理 (proxy)。AVANT GUARD 通过对 OpenFlow 交换机进行改造，使其具备了 SYN Cookie Firewall 的功能。如图 8-76 所示，AVANT GUARD 的工作原理可分为几个阶段，包括 Classification [（1）～（3）]，Report [（4）～（5）]、[（9）～（10）]，Migration [（6）～（8）]，以及 Relay [（10）～（12）]。在阶段中，TCP 客户端 A 首先向 TCP 服务器 B 发起 SYN，OpenFlow 交换机收到后判断是否有流表能够匹配，如果能够匹配则按照流表处理，如果不能匹配并不会送给控制器，而是基于 SYN Cookie 向 A 回复带有特定 SEQ 的 SYN+ACK，然后等待 A 回复合法的 ACK，以进入 Report 阶段。在 Report 阶段中，交换机把该连接的

⊖ Al-Shaer E, Al-Haj S. FlowChecker: Configuration analysis and verification of federated OpenFlow infrastructures[C]//Proceedings of the 3rd ACM workshop on Assurable and usable security configuration. ACM, 2010: 37-44.

⊜ Khurshid A, Zhou W, Caesar M, et al. Veriflow: Verifying network-wide invariants in real time[J]. ACM SIGCOMM Computer Communication Review, 2012, 42(4): 467-472.

⊜ Son S, Shin S, Yegneswaran V, et al. Model checking invariant security properties in OpenFlow[C]//Communications (ICC), 2013 IEEE International Conference on. IEEE, 2013: 1974-1979.

⊛ Shin S, Yegneswaran V, Porras P, et al. Avant-guard: Scalable and vigilant switch flow management in software-defined networks[C]//Proceedings of the 2013 ACM SIGSAC conference on Computer & communications security. ACM, 2013: 413-424.

⊛ Jafarian J H, Al-Shaer E, Duan Q. Openflow random host mutation: transparent moving target defense using software defined networking[C]//Proceedings of the first workshop on Hot topics in software defined networks. ACM, 2012: 127-132.

信息上报给控制器，控制器判定连接合法后进入 Migration 阶段。在 Migration 阶段中，交换机代理 A 向 B 发起连接（映射到新的 SEQ），等到三次握手完成后再次进入 Report 阶段，将代理完成的情况告知控制器。此时，控制器会通知交换机将该连接转入 Relay 阶段，开始数据报文的传输。对于控制器来说，它会定期收集网络中存在的 TCP 流的总数量，以及合法的 TCP 流的数量，并计算出非法 TCP 流的占比，如果该占比过高则很有可能出现了攻击。

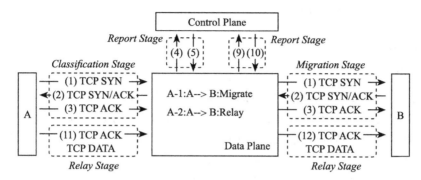

图 8-76　AVANT GUARD 对 SYN Cookie Firewall 的实现

相比于 SYN Flood 通过伪造 IP 地址来发起攻击，Connection Flood 的攻击原理则是利用真实的 IP 地址向 TCP 服务器发起大量的连接，在三次握手之后不再传输数据包，并且在很长时间内不释放连接，导致服务器上的无效连接过多，直至资源耗尽无法响应其他合法客户所发起的连接。为了解决 Connection Flood，AVANT GUARD 还支持一种 Delayed 模式，在 Classification 阶段三次握手后，必须再接收到 A 发送出的真实数据包，才会进入 Report 阶段，如图 8-77 所示。

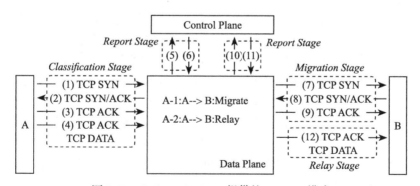

图 8-77　AVANT GUARD 提供的 Delayed 模式

除了防止 TCP 的一些攻击，AVANT GUARD 的另一个着眼点在于规避大量的 PacketIn 对控制器造成的 DoS/DDoS 攻击。其一在于，通过在数据平面对 SYN Flood 和 Connection Flood 进行防护，本身就可以避免它们触发 PacketIn。其二，AVANT GUARD 对 OpenFlow 协议进行了扩展，允许交换机在本地维护一些状态，当超过阈值时它会主动通知给控制器，控制器也主动地将某些处理逻辑卸载到数据平面上，当满足某些条件时交换机会自动执行这些控制逻辑。

AVANT GUARD 的思路实际上是将 Stateful Firewall 的功能扩展到了 OpenFlow 交换机上，不过这本身也会引入一些额外的安全问题。比如，攻击者得知 AVANT GUARD 的工作原理后，仍然会大量地发送 SYN Flood 和 Connection Flood，尽管 TCP 服务器得到了保护，但是交换机上的处理资源却会很容易就被耗尽了（交换机的 CPU 和内存通常都很小），导致网络中大量连接直接中断，引发更为严重的网络事故。

8.8.6 OF-RHM

论文⊖提出了 OF-RHM，它利用 OpenFlow 对 IP 地址进行随机改写，以保护目标主机的真实 IP 地址。OF-RHM 的这种防御机制，属于典型的 MTD（Moving Target Defense，移动目标防御），有别于传统的安全机制，MTD 不需要用复杂的手段来检测、阻挡攻击，而是通过对网络环境进行快速的变化，从而将攻击限制在一个较短的时间段内。MTD 的思路非常简单，却能够显著地增加攻击的成本和难度，从而提升网络的安全性。

OF-RHM 具体的工作原理如图 8-78 所示，网络中有 host1 和 host2 两台主机（host2 是一台 HTTP 服务器，域名为 name2），其真实的 IP 地址分别为 r1 和 r2，控制器通过一定的算法为它们生成了虚拟 IP 地址 v1 和 v2。现在由 host1 向 host2 发起通信，① host1 发起对 name2 的 DNS Request，该请求被 PacketIn 上传给控制器，控制器作为中继向 DNS 服务器发送该请求。② DNS 服务器将 r2 的对应关系 Reply 给控制器。③为了实现 MTD，控制器使用 v2 代替 DNS Reply 中的 r2。④ host1 使用 r1 作为源 IP 地址，v2 作为目的 IP 地址发送数据包，首包被 PacketIn 发给控制器。⑤ 控制器下发流表，在 host1 的接入交换机上将 host1 发出的数据包进行改写，将其源 IP 地址改写为 v1，在 host2 的接入交换机上将该数据包再次改写，将其目的 IP 地址改写为 r2。⑥ 数据包转发到 host2 的接入交换机上。⑦ 数据包被 host2 的接入交换机改写，然后转发给 host2。在⑤ 中，控制器实际下发的是双向对称的流表，host2 回复给 host1 的数据包也会被类似的逻辑处理，见图 8-78 中的⑧～⑩。

对于某些授权用户，他们有权看到目标主机的真实 IP 地址，此时 OF-RHM 的工作原理如图 8-79 所示。① host1 通过 DNS 解析到 host2 的真实 IP 地址 r2。② host1 使用 r1 作为源 IP 地址，r2 作为目的 IP 地址发送数据包，首包被 PacketIn 发给控制器。③控制器下发流表，在 host1 的接入交换机上将 host1 发出的数据包改写，将其源 IP 地址改写为 v1，将其目的地址改写为 v2，在 host2 的接入交换机上将该数据包再次改写，将其源 IP 地址改写为 v1，目的 IP 地址改写为 r2。④数据包被转发到 host2 的接入交换机上。⑤数据包被 host2 的接入交换机改写，然后转发给 host2。在③中，控制器实际下发的是双向对称的流表，host2 回复给 host1 的数据包也会被类似的逻辑处理，见图 8-79 中的⑥～⑧。

⊖ Jafarian J H, Al-Shaer E, Duan Q. Openflow random host mutation: transparent moving target defense using software defined networking[C]//Proceedings of the first workshop on Hot topics in software defined networks. ACM, 2012: 127-132.

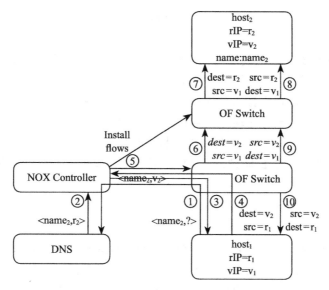

图 8-78 OF-RHM 的工作原理

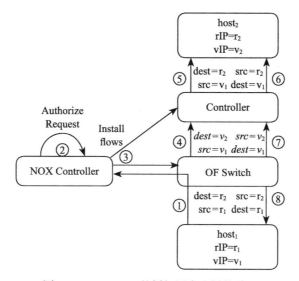

图 8-79 OF-RHM 的授权用户流量的处理

关于上述 OF-RHM 的工作机制，仍需要进行如下的说明。

1）DNS 的 payload 需要传给控制器。

2）控制器上有一个虚拟 IP 的地址池，虚拟 IP 地址的分配是通过 SMT 算法完成的。

3）控制器需要维护真实 IP 和虚拟 IP 间的映射关系，一个虚拟 IP 地址在某一时间段内只能分配给一台主机。真实 IP 和虚拟 IP 间的映射关系，是以 host pair 为粒度的，也就是说 host1 看到 host2 的 IP 地址是 v2，而其他主机看到 host2 的 IP 地址就不会是 v2 了。

4）在 DNS Reply 中 TTL 会置为一个较小的值，超时后 host1 会重新发送 DNS 请求。

此时，控制器会为 host2 分配一个新的虚拟 IP 地址 v2'。此时，host1 之前针对 v2 的攻击都将失效。

5）控制器需要记录某一时间段内，曾经为 host 分配过的所有的虚拟 IP 地址（v2，v2'，v2" 等），新分配的虚拟 IP 地址不能与它们任何一个相同。

6）真实的 IP 只能出现在接入交换机的下联口，在上联口上不会出现任何主机的真实 IP 地址，防止攻击者通过其他手段截获到真实的 IP 地址。

OF-RHM 是一种简单有效的安全防护机制。不过，攻击者一旦得知其工作机制后，也能够很容易地攻破 OF-RHM 的防护，只要能够动态地获取目标主机当前的 IP 地址，并随之变换攻击的目标 IP 地址即可。

8.8.7 Fresco

论文⊖提出的 Fresco 是一种安全编排框架，可提供多个模块化的安全服务，以及对应的编排能力。用户可根据自身的安全需求自行组合这些安全服务。图 8-80 所示为 Fresco 的架构图，包括 Application Layer 和 Security Enforcement Kernel 两个部分。

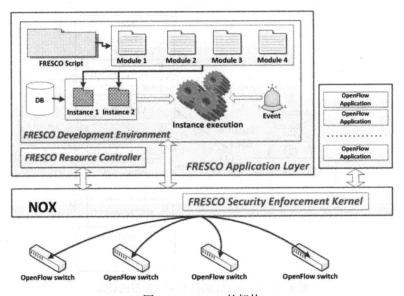

图 8-80　Fresco 的架构

Application Layer 由 RC（Resource Controller）和 DE（Development Environment）组成。RC 是流表资源的管理器，它收集网络中的流表，处理后存放在 DE 中的 DB。RC 还会监测交换机表项的利用率，当交换机中的流表资源快要被耗尽的时候，就会主动地回收不活跃或者优先级较低的流表（可理解为垃圾回收）。DE 是安全应用的开发环境，开发者通过编

⊖　Shin S, Porras P A, Yegneswaran V, et al. FRESCO: Modular Composable Security Services for Software-Defined Networks[C]//NDSS. 2013.

写 Fresco Script，可以将多个 Security Module 组织成一个 Security Instance，当某些事件发生时 Fresco 会将对应的 Security Instance 加载到内存中执行，事件可以由 DB 来触发，也可以由第三方安全设备或者应用调用接口来触发。

Security Enforcement Kernel 内嵌在 SDN 控制器中，实现了和 FortNox 相同的功能，它包括安全策略原语的转换、流表的冲突监测、基于优先级的流表冲突仲裁（Fresco APP 优先级较高、非 Fresco APP 的优先级较低），等等。

图 8-81 所示为一个使用 Fresco 编排生成的 Scan Deflector Service Instance，它由 3 个模块协作组成，3 个模块分别为源 IP 的黑名单（Blacklist Evaluator），端口扫描检测器（Scanner Detector）和重定向器（Redirector）。Blacklist Evaluator 通过 DB 发现有新的 TCP 连接建立后，会判断源 IP 是否合法并将结果输出给 Scanner Detector。如果源 IP 非法，Scanner Detector 直接下发流表丢弃该流量，如果源 IP 是合法的，Scanner Detector 会执行端口扫描的检测逻辑，并将检测的结果输入给 Redirector。如果没有发现端口扫描的迹象，Redirector 下发流表转发流量，如果发现了端口扫描迹象，Redirector 下发流表对流量进行重定向，将其引导到专业的安全设备上以便进行精确的检测。

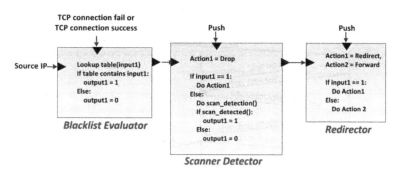

图 8-81　使用 Fresco 编排生成的安全服务

网络和安全之间有着密不可分的关系，同时两者又各自拥有独立的体系。论文中的实现是将 Fresco 部署在 SDN 控制器中的，那么这样来看 Fresco 就是一个 SDN 应用的运行环境。如果把 Fresco Application Layer 独立出来实现，也可看作是一个安全的控制器，通过东西向接口与 SDN 控制器通信，协同实现"软件定义的网络安全"。

8.9　高可用

8.9.1　ElastiCon

论文[⊖]提出了一种 OpenFlow 信道的迁移机制 ElastiCon，它为 OpenFlow 控制平面的负

⊖　Dixit A, Hao F, Mukherjee S, et al. Towards an elastic distributed SDN controller[C]//ACM SIGCOMM Computer Communication Review. ACM, 2013, 43(4): 7-12.

载均衡提供了基础。OpenFlow 1.2 中提出了多控制器机制，如果控制器向交换机发送 Role-Request 请求转换为 Master 角色，那么交换机会立即将该控制器切换为主控制器，这样会使已有控制器上的负载无法实现平滑迁移。ElastiCon 在多控制器和交换机间设计了一种信令交互机制，当某个控制器负载过重时可以将负载平滑地转移到其他控制器上，如果控制器集群整体负载过重还可以拉起一个新的控制器，实现控制器集群的弹性扩缩容。

图 8-82 所示为 ElastiCon 设计的信令交互机制，假设控制器 A 是交换机 X 当前的 Master，现需要将控制器 B 平滑地切换为 Master。首先在 Phase 1 中，A 会向 B 发送一个 Start migration 表示需要将自己的负载进行迁移，B 收到这个信令后会向 X 发送一个 Role-Request 请求转换为和 A 对等的 Equal 角色。X 回复 Role-Reply 确认 B 的 Equal 角色，然后 B 会向 A 发送一个 Ready for migration 的信令，表示 A 可以开始进行负载迁移了。

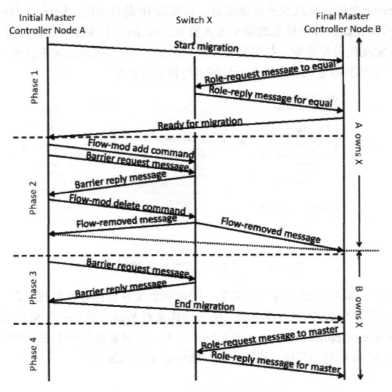

图 8-82　ElastiCon 的信令交互机制

Phase 2 中，A 会向 X 发送一个 FlowMod 消息增加一个 dummy 流表，然后再删除掉这个 dummy 流表。顾名思义，这个 dummy 流表没有任何的实际意义，它不会匹配任何的数据流量，写入后并删除这个 dummy 流表的作用是触发交换机发送一个 FlowRemoved 消息，以确定一个在 A、B 间切换控制负载的时间点。由于 B 的角色在 Phase 1 中已经转变为 Equal，因此可以收到交换机发送的 FlowRemoved，当 B 收到该消息的时候即为切换控制负载的时刻——所有在 FlowRemoved 之前的控制消息都由 A 来处理，而 FlowRemoved 之后的控制消息则都由 B 来处理。为了保证 dummy 流表的 FlowMod add 先于 FlowMod delete 得到执行，增加和删除 dummy 流表之间还需要插入一个 Barrier。

Phase 3 中，A 在收到 FlowRemoved 之后还需要向 X 发送一个额外的 Barrier。设计这个 Barrier 是考虑到，在 A 发送 dummy 流表的 FlowMod delete 和 A 收到 FlowRemoved 消息的这段时间内，A 有可能又和 X 交互了其他的控制消息，Phase 3 中的 Barrier 就是为了保证这些消息仍然由 A 来进行处理的。收到这个 Barrier 的 Reply 后，A 立即向 B 发送一个 End migration 消息，表示所有和自己相关的控制消息都已经得到了处理，负载可以完全迁移给 B 了。

于是在 Phase 4 中，B 向 X 发送 Role-Request 消息请求转变为 Master 角色，X 收到这一消息后将 B 切换为 Master，并将 A 切换为 Slave。A 作为 Slave 仍然可以读取 X 的部分状态，但无法再下发 FlowMod 等 Controller-to-Switch 消息，这样控制负载就平滑地迁移到了 B 上。

8.9.2 Ravana

一般对于控制器集群中同步机制的讨论，多见于业务层面的北向接口，以及对于 OpenFlow 流表的版本控制，而对于由交换机主动上报的异步事件的同步机制，相关的研究则很少。以 PacketIn 为例，如果多个控制器都对同一个 PacketIn 进行了处理，那么就有可能会多次下发相同的 PacketOut，导致 Duplicate Packet，如果主控制器收到 PacketIn 后挂掉了，而新选举出来的主控制器并没有收到这个 PacketIn，那么就可能会导致在转发上出现异常。

类似于上述问题还有很多，论文[⊖]提出了 Ravana，主要就是为了解决多控制器网络中 OpenFlow 消息同步的问题，其解决的思路是对 OpenFlow 进行修改，使得交换机具备了缓存 / 重传 OpenFlow 消息的能力，其设计原则有如下几点：①同一个交换机上报控制器集群的异步事件只能（同时必须）被处理 1 次，②需要保证不同异步事件的顺序处理，③控制器集群和应用需要保持一致的状态，④向同一个交换机下发相同的命令只能（同时必须）生效 1 次。

Ravana 的工作原理如图 8-83 所示。如果数据包进入交换机后触发了异步事件，那么在上报控制器的同时会在本地对该事件进行缓存。Master 控制器收到该异步事件后，记录其发生的时间顺序，并与 Slave 控制器进行同步，同步完成后向交换机确认已经收到该事件。交换机收到确认后，即可清除缓存中相应的事件。Master 控制器将事件交给 Master 控制器中的应用进行处理，处理完成后向相关的交换机下发指令。交换机收到指令后向 Master 控制器返回确认，然后执行指令。控制器在收到同一批次中的全部确认指令后，将该事件置为"已处理"状态。当 Slave 控制器发现"已处理"事件后，此时才会将事件交给 Slave 控

⊖ Katta N, Zhang H, Freedman M, et al. Ravana: Controller fault-tolerance in software-defined networking[C]// Proceedings of the 1st ACM SIGCOMM Symposium on Software Defined Networking Research. ACM, 2015: 4.

制器中的应用，以同步 Slave 控制器和应用中的状态，不过 Slave 控制器中的应用所生成的指令并不会真正地下发给交换机，这是因为之前 Master 控制器中的应用已经下发过相同的指令了。

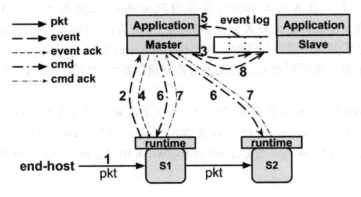

图 8-83　Ravana 的工作原理

可以看到的是，在 Ravana 中控制器间通过 Two Phase Replicatio 实现了 OpenFlow 消息的 Transaction，增强了 OpenFlow 信道的健壮性，在实现上主要采用了 ZooKeeper。不过，在增强了健壮性的同时，也不可避免地会降低 OpenFlow 信道的并发性能。针对于此，论文中提到了一些性能的优化思路，有兴趣的读者可自行查阅。

8.9.3　BFD for OpenFlow

SDN 控制器失效后可以通过集群和角色切换来保证控制平面的高可用，如果数据平面上的链路或者节点失效了，可用性就需要通过快速切换路由来实现了。在本章 9.2 节中讨论了一些十分复杂的快速重路由机制，而对于 OpenFlow 来说实现快速重路由则相对简单，大概可以分为 Reactive 和 Proactive 两种实现方式。在 Reactive 方式中，控制器通常会通过 PacketOut/PacketIn LLDP 来探测拓扑，一旦发现了拓扑的变化就为相关流量计算新的路径，并下发新的 FlowMod 实现重路由[⊖]。在 Proactive 方式中，控制器可以通过 Failover Group 来卸载上述的处理工作，控制器会预先计算并下发备份路径，交换机在探测到端口 Down 之后可在本地快速地切换到备份路径上。

不过一般来说，Failover Group 也只能监测到端口 Down，而对于路径的通断一无所知。在传统网络中路径的通断通常是由 BFD 监测的，BFD 是一种特殊的 Hello 消息，路径两端的交换机需要为 BFD Session 维护状态，如果在几个 interval 内没有收到 BFD 消息则认为该路径已断。将 OpenFlow 结合 BFD，需要在交换机中增加 BFD 的控制机制，这虽然有悖于 OpenFlow 的设计原则，但是由于一些关键路径对切换有 50ms 的时间要求，而控制器从

⊖　Sharma S, Staessens D, Colle D, et al. Enabling fast failure recovery in OpenFlow networks[C]//Design of Reliable Communication Networks (DRCN), 2011 8th International Workshop on the. IEEE, 2011: 164-171.

发现拓扑变化到重新下发路径需要 100ms 以上[○]，因此 BFD 可能是生产网络中唯一的选择。

论文[○]中介绍了在 OpenFlow 交换机中集成 Per LSP BFD 的思路，实现如图 8-84 所示，左半部分是 BFD 发送端的处理流程，右半部分是 BFD 接收端的处理流程。BFD 数据包由一种特殊类型的 OpenFlow Virtual Port 产生，控制器可以控制这些 Virtual Port 产生的 BFD 数据包类型，以及生成 BFD 数据包的速率。BFD 数据包生成后送入 Pipeline 中进行处理。通过 ALL Group 对其进行处理，可为 BFD 数据包插入一些用于 OAM 的 Metadata，最后标记 OAM Tag 并发送出去。接收端匹配 OAM Tag 识别出是一个 BFD 数据包，然后剥掉 OAM Tag 并终结 BFD 数据包，终结 BFD 数据包需要一个新的动作，这个动作能够根据 OAM Metadata 来更新 BFD Session 的状态，如果发现 BFD 超时则立即切换到备用路径上，并通过一种类型为 Notification 的 OpenFlow Error 消息来通知控制器。

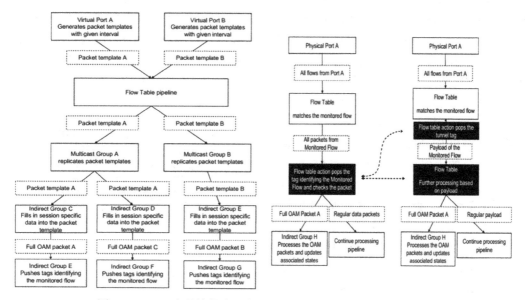

图 8-84　BFD 发送端的处理流程（左）和接收端的处理流程（右）

另外，在论文[○]和论文[○]中也讨论了类似的思路，一旦 BFD 监测到通断状态发生了变化就在本地切换到备份路径上，并通知给控制器。有所区别的是，前者针对的是 Per-Path BFD，而后者针对的是 Per-Link BFD。

○　Sharma S, Staessens D, Colle D, et al. OpenFlow: Meeting carrier-grade recovery requirements[J]. Computer Communications, 2013, 36(6): 656-665.

○　Kempf J, Bellagamba E, Kern A, et al. Scalable fault management for OpenFlow[C]//Communications (ICC), 2012 IEEE international conference on. IEEE, 2012: 6606-6610.

○　Sharma S, Staessens D, Colle D, et al. OpenFlow: Meeting carrier-grade recovery requirements[J]. Computer Communications, 2013, 36(6): 656-665.

○　Van Adrichem N L M, Van Asten B J, Kuipers F A. Fast recovery in software-defined networks[C]//Software Defined Networks (EWSDN), 2014 Third European Workshop on. IEEE, 2014: 61-66.

8.9.4 In-Band Control Recovery

SDN 控制平面的组网，可以分为 Out-of-Band 和 In-Band 两种模式。在 Out-of-Band 模式下，交换机通过额外的端口与控制器进行通信，数据流和控制信令的传输路径是彼此独立的。而在 In-Band 模式下，交换机复用业务端口与控制器进行通信，数据流和控制信令的传输路径会有重合，这意味着一旦网络中的某条链路断掉了，控制器与部分交换机的控制信道有可能就随之断掉了，那么这部分交换机也就不再可控了。因此对于 In-Band SDN 网络而言，需要设计良好的可用性机制，当链路断掉后能够快速地对受影响的控制信道进行恢复。

对于 OpenFlow 来说，交换机在没有连接控制器前是没有转发能力的，但是 OpenFlow 的信令却又需要通过交换机进行传输，因此 OpenFlow 的 In-Band 组网，是一个"先有鸡还是先有蛋"的问题。大多数的 Hybrid OpenFlow 交换机是通过正常来转发 In-Band 的 OpenFlow 信令的，或者出厂时嵌入一些高优先级、对控制器不可见的流表专门处理 In-Band 的 OpenFlow 信令。其结果是会形成一棵以控制器为根且包含所有交换机的生成树，控制信令在这棵生成树上进行传输。

论文[一]中提出了一种 OpenFlow In-Band 网络的 Failover 机制，如图 8-85 所示。控制器通过交换机 S1 和 S2 接入，粗实线代表承载控制信令的生成树，一旦 S4 和 S5 间的链路断开，那么 S5、S6、S7 与控制器间的连接就会全部断开。此时控制器发现 S4 仍然在线，而 S5、S6、S7 都下线了，根据拓扑进行分析就可以知道是 S4 和 S5 间的链路发生了故障，因此控制器会向 S3 下发规则，使能 S3 和 S5 间的链路传输控制信令，这改变了

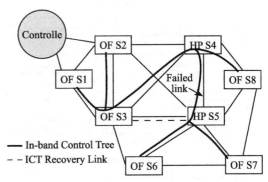

图 8-85　一种 OpenFlow In-Band Failover 机制

生成树的形态从而恢复与 S5、S6 和 S7 间的通信。在与 S5、S6 和 S7 重新建立控制信道后，控制器再对数据流的路径进行调整，使得原来需要经过 S4、S5 间链路传输的流量，绕行到其他可用链路上进行传输。

对于 SDN In-Band 组网模式可用性问题，目前仍然还不够成熟，有很多问题都需要进行更加深入的研究。论文[二]提出通过 BFD 来检测控制信道的通断。论文[三]提出在一个多控制

⊖ Lee S S W, Li K Y, Chan K Y, et al. Software-based fast failure recovery for resilient OpenFlow networks[C]// Reliable Networks Design and Modeling (RNDM), 2015 7th International Workshop on. IEEE, 2015: 194-200.

⊜ Sharma S, Staessens D, Colle D, et al. Fast failure recovery for in-band OpenFlow networks[C]//Design of reliable communication networks (drcn), 2013 9th international conference on the. IEEE, 2013: 52-59.

⊜ Akella A, Krishnamurthy A. A highly available software defined fabric[C]//Proceedings of the 13th ACM Workshop on Hot Topics in Networks. ACM, 2014: 21.

器的 In-Band 网络中，通过 Reliable Flooding 来保证控制信道高可用。论文[⊖]讨论了在 In-Band 组网方式下控制器的摆放问题，目标是使得尽可能多的交换机在失去与控制器的联系后，能够主动切换到备用的控制信道上。

8.9.5 OF-based SLB

论文[⊖]中提出了一种基于 OpenFlow 的负载均衡机制，它采用的思路是用二叉树对源 IP 进行前缀归并，对于具有相同源 IP 前缀的流量，使用一条 Wildcard 流表匹配并转发给特定的后端服务器。思路非常简单，下面通过一个例子来具体说明一下。

假定 OpenFlow 交换机后面有 R1、R2、R3 3 个后端服务器，它们的权值为 3:4:1（即 3/8：4/8：1/8），由于 8 是 2 的整数次幂，因此可以通过完全二叉树来表示三者间源 IP 前缀的分配关系。在图 8-86 中，左半部分是通过叶子节点来表示的，源 IP 前缀为 000*、001*、010* 的流量分配给 R1，011*、100*、101*、110* 的流量分配给 R2，111* 的流量则会分配给 R3。聚合之后的结果是源 IP 前缀为 00* 和 010* 的流量分配给 R1，011*、10*、110* 的流量分配给 R2，111* 的流量分配给 R3，因此控制器需要向交换机下发 6 条 Wildcard 流表来实现该分配机制。在图 8-86 的右半部分是经过优化后的分配机制，此时树左分支上的前缀为 0* 的流量完全分配给 R2，右分支上 10* 和 110* 分配给 R1，111* 仍然分配给 R3，这样一来只需要 4 条 Wildcard 流表，节约了交换机上的资源。

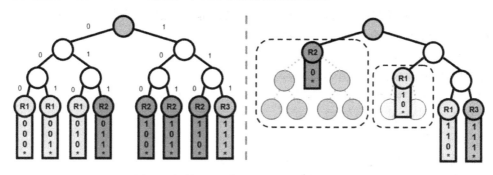

图 8-86　利用二叉树对 IP 地址进行前缀归并

论文的另一部分内容，讨论了如何动态地对分配关系进行调整，而且尽可能地不破坏已有连接的亲和性。亲和性是指同一个连接中的流量应该分配到相同的后端服务器中，以保持会话的完整。论文中提出了两种调整方式，一种方式是将待调整的流量 PacketIn 给控制器，控制器来判断流量是否为 SYN，如果为 SYN 则认为是一个新的连接，此时控制器会直接下发一条精确匹配流量的 Microflow 流表（匹配时优先于 Wildcard 流表），将新连接的后续流量分配到新的后端服务器上；如果不是 SYN 则认为是原有的连接，此时控制器会

⊖ Beheshti N, Zhang Y. Fast failover for control traffic in software-defined networks[C]//Global Communications Conference (GLOBECOM), 2012 IEEE. IEEE, 2012: 2665-2670.

⊖ Wang R, Butnariu D, Rexford J. OpenFlow-Based Server Load Balancing Gone Wild[J]. Hot-ICE, 2011, 11: 12-12.

直接下发一条精确匹配流量的 Microflow 流表，流量仍然会送到原先为其分配的后端服务器上。在第一种方式中，调整的速度较快，但是会对控制器产生一定的冲击，第二种方式是向交换机下发一条低优先级的、送往新后端服务器的 Wildcard 流表，当原有的 Wildcard 流表超时 60s 后（60s 内无数据包即可认为连接中断了），流量就会自动匹配低优先级的 Wildcard 流表，从而在不经过控制器处理的条件下，实现分配关系的调整。

该论文使用了 OpenFlow 实现服务器负载均衡的早期探索，当时 OpenFlow 仍处于 1.0 版本，还没有 Group 机制，也不能匹配 TCP Flag，因此可以看到上面所述的处理办法都是比较原始的。在 OpenFlow 1.1 中设计了 Group 的原语，使用 Select Group 可以非常方便地对流量进行负载均衡，不过在 OpenFlow 交换机上实现 Group 是很难做到有状态的，动态增加一个 bucket 后很难保证连接的亲和性。在 OpenFlow 1.5 中增加了 TCP Flag 的匹配能力，交换机可以在本地识别连接的状态，利用 Group 和 TCP Flag 就可以通过 OpenFlow 实现还不错的四层负载均衡了。

8.9.6　Anata

论文⊖介绍了微软在 Azure 中使用的软件负载均衡架构 Anata，如图 8-87 所示，Anata 架构可分为 3 层。第一层是 DC Edge Router，负责将 VIP 流量路由给第二层的 MUX，MUX 对 VIP 流量进行负载均衡选择出后端的 VM，并封装 IPinIP 将流量送到该 VM 所在的服务器上。第三层的 Host Agent 负责去掉隧道首部，并做 NAT 将 VIP 转换为 VM 实际的 DIP，然后通过 vSwitch 转发给目标 VM。实际上，在 Anata 中还有一个集中式的控制器 Anata Manager（图 8-87 中没有画出），负责分配资源和同步状态等功能，从这个角度来说 Anata 也可以看作是一种 SDN 的架构。

对于负载均衡器来说，主要完成的工作包括两个：一个选择出后端的服务器，另一个是做 NAT，把目的 IP 地址从 VIP 转化为后端目标服务器的 DIP（Direct IP）。在 Anata 中，第一个工作由 MUX 负责，第二个工作由 Host Agent 负责。之所以要将 NAT 分布到 Host Agent 上实现，是为了缓解 MUX 上的处理压力，Host Agent 也只需要处理与本地后

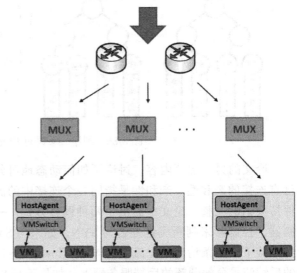

图 8-87　Anata 的架构

⊖ Patel P, Bansal D, Yuan L, et al. Ananta: Cloud scale load balancing[C]//ACM SIGCOMM Computer Communication Review. ACM, 2013, 43(4): 207-218.

端服务器相关的 NAT 即可。Host Agent 还实现了对 DIP 的监控，如果 DIP 的状态出了问题，本地的 Host Agent 会上报给 Anata Manager，Anata Manager 再中继给各个 MUX，以同步 MUX 中后端服务器的状态。MUX 和 Host Agent 之间之所以使用 IPinIP 隧道进行传输，是为了支持跨越三层进行组网，为 MUX 的部署提供了灵活的位置选项。

为了提供可用性，MUX 本身也是分布式的，多个 MUX 组成了负载均衡器的资源池。那么随之而来的问题就是，MUX 实例间的负载均衡如何实现呢？如果继续在 MUX 中前挂负载均衡器，那么 MUX 前的负载均衡器就又成为了单点，没有从根本上解决问题。Anata 首次提出了通过网络层来解决这一问题的方案，MUX 和 Router 间会运行 BGP，MUX 会将 VIP 的 /32 主机路由通过 BGP 宣告给 Router。一个 MUX 可以宣告多个 VIP，不同的 MUX 可以宣告相同的 VIP，MUX 下线时会 Withdraw 掉 VIP 的主机路由。在 Router 上可以看到 VIP 等价地存在于多个 MUX 上，因此通过 ECMP 即可将 VIP 流量均衡给不同的 MUX。不过 ECMP 是无状态的，而且无法保证把相同源 IP 的流量都均衡给同一个 MUX，因此在不同的 MUX 上需要采用一致性哈希，来保证相同源 IP 的流量最终会送给同一个后端服务器。

下面来具体看看流量的转发，图 8-88 所示为对于从 Internet 访问 VIP 流量的处理。首先是 Router 通过 ECMP 转发给某个 MUX（Step 1），MUX 进行负载均衡处理、记录连接的状态（Step 2）并封装 IPinIP（Step 3），Host Agent 收到后去掉 IPinIP 的封装（Step 4），做 NAT 送给目标后端服务器并记录 NAT 的状态（Step 5）。后端服务器回复的流量被 Host Agent 拦截（Step 6），Host Agent 对其进行反向的 NAT（Step 7），然后直接返回给 Router 而不再经过 MUX（Step 8）。Step 8 这种处理称为 DSR（Direct Server Return），它可以有效地减轻 MUX 的处理负担。

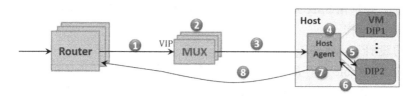

图 8-88　Anata 对 Internet 访问 VIP 的流量的处理

图 8-89 所示为从后端服务器主动访问 Internet 流量的处理。首先后端服务器发出来的流量被 Host Agent 拦截（Step 1），由于这是一个 SNAT 的过程，Host Agent 并不知道哪些源 IP 和源端口号是可用的，因此 Host Agent 会将数据包存入队列，并向 Anata Manager 请求可用的源 IP 和源端口号（Step 2）。Anata Manager 会将为这次 SNAT 分配源 IP 和源端口号，并同步给 MUX（Step 3）并回复给 Host Agent（Step 4）。Host Agent 收到 Anata Manager 的回复后完成 NAT，并以 DSR 的方式直接发送给 Router（Step 5）。流量返回后，Router 通过 ECMP 转发给某个 MUX（Step 6），MUX 根据 Step 3 中记录的 SNAT 状态，封装 IPinIP 将流量返回给流量源（Step 7），Host Agent 收到后解封装做 NAT 并送给流量源（Step 8）。

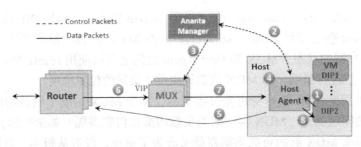

图 8-89　Anata 对后端服务器主动访问 Internet 流量的处理

为了获得更高的可用性，Anata 还设计了一种叫做 FastPath 的机制，即在不同服务器间 VIP 互访的流量可以不经过 MUX 直接进行访问。实现上 MUX 会判断流量的类型，如果是不同服务器间 VIP 互访的流量则会对流量源进行重定向，使得后续流量能够直接访问目标后端服务器的 DIP。

Google 的 Maglev[⊖] 和 Anata 使用了近似的设计，Maglev 在实现上的一个亮点是在 NIC 和 User Space Forwarder 间实现了共享内存，从而能够旁路掉内核以提高处理的性能。不过文章中只提到了入向流量的负载均衡，并没有介绍对 SNAT 的处理方式。

8.9.7　Duet

在论文[⊖]中，微软又提出了一种名为 Duet 的负载均衡架构，对 Anata 进行了优化。优化的出发点是，基于软件的负载均衡器虽然在灵活性、扩展性和可用性上都很好，但是它很耗 CPU 而且处理的时延较为明显，因此 Duet 提出了一种利用现有硬件交换机实现 HMUX 的方法，并利用 SMUX 作为 HMUX 的补充，以实现兼具灵活、可扩展、高可用、高性能的负载均衡架构。

HMUX 的设计 Forwarding 表中存的是 /32 的 VIP，ECMP Table 中存的是 VIP 流量哈希后的 Index，每个 Index 指向 Tunneling Table 中不同的 DIP，如图 8-90 所示。这种设计要求交换机支持 ECMP 和 Tunnel，并提供对于 ECMP 和 Tunnel 表的 API，以便对负载均衡进行自动化控制，另外就是交换机需要支持 BGP 来向 Router 宣告 /32 的 VIP。对于 COTS 交换机来说，上述的要求都是可以满足的，但是用 COTS 实现 HMUX 的

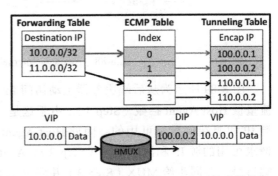

图 8-90　Duet HMUX 中记录 VIP-DIP 的映射关系

⊖ Eisenbud D E, Yi C, Contavalli C, et al. Maglev: A Fast and Reliable Software Network Load Balancer[C]//NSDI. 2016: 523-535.

⊖ Gandhi R, Liu H H, Hu Y C, et al. Duet: Cloud scale load balancing with hardware and software[J]. ACM SIGCOMM Computer Communication Review, 2015, 44(4): 27-38.

限制在于容量，微软所使用的 COTS 中 /32 Forwarding 表的容量只有 16K，Tunneling 表的容量只有 512，这意味着 VIP 只能支持到 16K，而 DIP 则只能支持到 512，这是无法满足 Azure 的需求的，因此必须通过一些办法来解决 HMUX 的容量问题。

　　解决 VIP 数量受限的思路，就是做分区，将不同的 VIP 映射到不同的 HMUX 上，在如图 8-91 中 VIP 1 分配到 HMUX C2 上，VIP 2 分配到 HMUX A6 上。不过，一个 VIP 所对应的所有后端 DIP 仍然都需要保存到相应的 HMUX 上。这种做法实现起来很容易，但有一个问题是如果一个 VIP 所对应的 HMUX 出现了问题，那么其他的 HMUX 就无法起到保护作用了。Duet 解决这个问题的思路是通过 SMUX 进行 HMUX 的备份，在 SMUX 上会宣告所有 VIP 的 /32 路由，不过其优先级较低，当 HMUX 正常工作时 Router 会将 VIP 流量送给 HMUX，当 HMUX 不可用的时候，路由就会收敛到 SMUX。为了保证连接的亲和性，SMUX 在选择后端服务器时需要使用和 HMUX 相同的哈希算法。

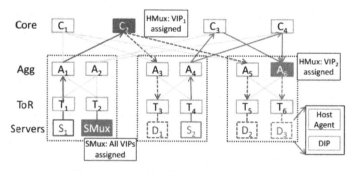

图 8-91　Duet 结合使用 SMUX 和 HMUX

　　解决了 VIP 的问题，还要解决 DIP 的问题。DIP 数量的限制，根源在于一个交换机上 Tunnel Table 的容量太小，如果能够使用多个 HMUX 进行级联的话，那么就能够解决 DIP 数量限制的问题了。图 8-92 是 HMUX 级联部署的示意图，HMUX 1 在封装 IPinIP 时，外层的目的 IP 指向二级 HMUX 的 TIP（Transient IP），HMUX 2 和 HMUX 3 收到后解封装，然后再次封装 IPinIP，此时外层的目的 IP 指向目标后端服务器。在这种二级级联架构下，HMUX 1 上的 VIP 后端可以拥有多达 512×512 个 DIP，这就可以充分地满足后端服务器的数量要求了。

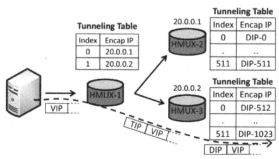

图 8-92　Duet HMUX 的级联部署

8.10 大数据优化

8.10.1 BASS

论文[⊖]提出的 BASS，是一种能够根据网络带宽对 Task 进行调度的算法，Task 调度器会从 SDN 控制器处获得网络中可用带宽的信息，并结合该信息来优化 Task 的分布。以 T_{Ki} 表示 Job 的某个任务 i，N_{Dj} 表示集群中的某个节点 j，文章首先对 Task 的调度问题进行了如下建模：

$$Υ C_{i,j} = SZ_i/\mathrm{BW}_{\mathrm{Src},j} + Υ I_j + P_{i,j}$$

其中，SZ_i 表示 Task i 所需处理的数据量，$BW_{\mathrm{src},j}$ 表示数据源节点和目的节点间的带宽，$TP_{i,j}$ 表示 Task i 在 Node j 进行本地处理所需的时间，$Υ I_j$ 表示 Task i 在 Node j 中做处理前的等待时间，$Υ C_{i,j}$ 表示 Task i 的完成时间。上述等式的意义即为，完成某个 Task 的时间，为相关数据在网络中的传输时间、数据处理前的等待时间、数据的处理时间三者之和。

以上述模型为基础，简单地介绍一下 BASS 的思路。如果本地的 $Υ I_j$ 足够小，就意味着 Task 在本地可以马上得到处理，那么最好的方式就是直接在本地进行处理，以省去数据在网络中的传输时间。如果本地的 $Υ I_j$ 较大，就意味着 Task 需要在本地等待很长的时间后才能进行处理，那么将 Task 调度到其他节点（Node）上进行处理可能会好一些。由于其他参数都可以看作是固定的，因此带宽就成为了是否需要调度到其他节点进行处理的决定性因素：如果可用的带宽足够大，很快就可以把数据传输到其他节点，处理可以先于本地节点开始，那么这时就应该调度到其他节点上去。如果带宽不够，传输的时间会很长，那么就不如在本地等待处理。链路上的带宽按照 Time Slot 进行切分，一旦决定要把 Task 调度到其他节点上，那么在该 Task 传输的时间段内，路径上带宽的 Time Slot 就会预先分配给这个 Task，对其他的 Task 进行调度时这些带宽就变为不可用了。

上面介绍的是使某一个 Task 完成时间最短的调度方法，这也是对 Job 中所有的 Task 进行整体调度，是使得 Job 完成时间最短方法的基础。由于 Job 需要等到所有相关 Task 都完成后才能完成，因此最小化 Job Completion Time 的目标函数为：

$$\min\{Υ C_{i',j'} = \max Υ C_{i,j}(1 \leqslant i, i' \leqslant m, 1 \leqslant j, j' \leqslant n)\}$$

其中，$Υ C_{i,j}$ 表示 Job 所涉及各个 Task 的完成时间，$Υ C_{i',j'}$ 表示在某种整体调度方式中完成得最慢的 Task 的完成时间，那么使得 $Υ C_{i',j'}$ 最小的那个整体调度方式即为最优。

8.10.2 OFScheduler

论文[⊖]提出的 OFScheduler，旨在通过 OpenFlow 解决 MapReduce 中次要流量抢占主要流量带宽的问题。Shuffle 流量会直接影响 Job Completion Time，是 MapReduce 的主要流量，

⊖ Qin P, Dai B, Huang B, et al. Bandwidth-aware scheduling with sdn in hadoop: A new trend for big data[J]. IEEE Systems Journal, 2015.

⊖ Li Z, Shen Y, Yao B, et al. OFScheduler: a dynamic network optimizer for MapReduce in heterogeneous cluster[J]. International Journal of Parallel Programming, 2015, 43(3): 472-488.

MapReduce 中还会存在一些为了可用性而设计的 replication 流量（文中称为 load balancing 流量），它们属于次要流量。Load balancing 流量和 shuffle 流量都是带宽密集型的，如果 load balancing 流量占据了过多的链路带宽，就会影响到 shuffle 流量的传输。OFScheduler 解决这一问题的思路是：① MapReduce 应用在将流量送入网络前，先进行 load balance 或者 shuffle 标记；② 如果某条链路出现了拥塞的兆头，就将该链路上的 load balancing 流量转移到其他轻载链路上，以避免影响该链路上 shuffle 流量的传输；③ 如果无法找到合适的轻载链路，就对该链路上的 load balancing 流量进行限速。

具体来说，与上述所对应的是以下几个内容：

1）OFScheduler 要求应用使用 ToS 对流量进行标记，在流表中额外匹配 ToS 来对 load 流量和 shuffle 流量进行区分。

2）OFScheduler 会轮询交换机中的 counter 以获得链路的实时带宽，对于链路利用率超过阈值的 busy link，下发流表将通过该 busy link 进行传输的部分或者全部 load balancing 流量转移走，使得该 busy link 的链路利用率降低到网络中链路的平均水平，并且不允许引入新的拥塞。

3）如果 2）中条件不能实现，那么 OFScheduler 会对 busy link 上的 load balancing 流量进行限速，默认会限制到 10KB/s 以下，等到该 busy link 上的 shuffle 流量下降之后，再取消对这些 load balancing 流量的限速。

8.10.3 Phurti

论文⊖提出了 Phurti，其目标是在多租户的大数据集群中调度网络资源，以提高集群整体的工作效率。多租户是指一个集群中同时存在不同的 Job，此时这些 Job 彼此会竞争带宽，不合意的竞争结果会大幅度地降低集群整体的工作效率。针对于此，Phurti 设计了一套对接 Hadoop 的 API，以获取各个 Job 的信息，并提出了一种叫做 SMSF 的网络调度算法，以优化带宽资源在 Job 间的分配，这与 OFScheduler 调度同一个 Job 中不同类型流量的思路是不同的。

Phurti 设计的 Hadoop API 分为四种消息类型：① **Job 的注册与注销**。当一个 Job 即将开始的时候 Hadoop 会发送一个 Job Start 的消息给 Phurti，并携带 Job ID，相反 Job Complete 消息表示一个 Job 已经完成。② **Task 通知**。Hadoop 会把 MapTask 和 Reduce Task 的 Task ID、它所属的 Job ID 以及它所在的 Host 传递给 Phurti。③ **数据量发布**。当 MapTask 处理结束后，会把 intermediate output 的数据量大小发布给 Phurti。④ **Flow 的注册与注销**。当 shuffle 流量开始的时候，Hadoop 会通过 Flow Request 消息把 shuffle 流量的信息传递给 Phurti，包括流量的特征、ID 以及所属的 Job，shuffle 流量的结束是以 Flow Complete 消息来标识的。

⊖ Cai C X, Saeed S, Gupta I, et al. Phurti: Application and Network-Aware Flow Scheduling for Multi-Tenant MapReduce Clusters[C]//Cloud Engineering (IC2E), 2016 IEEE International Conference on. IEEE, 2016: 161-170.

通过上述 API，Phurti 会维护集群中所有 Job 的信息，并采用 SMSF 算法为这些 Job 分配带宽资源。该算法的核心思路是，优先为工作量最小的 Job 进行服务。为实现 SMSF，Plurti 会以各个 Job 中数据量最大的 Task 的数据量作为 Job 的 Maximum Sequential-Traffic，并根据 Maximum Sequential-Traffic 为 Job 分配优先级，Maximum Sequential-Traffic 越小 Job 优先级越高。当一个新的 shuffle 要开始的时候，Phurti 会：① 通过 SDN 控制器得到该 shuffle 流量的传输路径，以及该路径上所涉及的其他 shuffle 流量；② 判断新 shuffle 流量所属的 Job 与路径上其他已有 shuffle 流量所属 Job 的优先级，如果新 shuffle 流量所属 Job 的优先级最高，那么对路径上其他已有的 shuffle 流量进行限速，以保证新 shuffle 得到优先传输，否则新 shuffle 流量本身会被限速；③ 当一个 shuffle 完成的时候，重新判断其传输路径上剩余 shuffle 流量所属 Job 的优先级，并通过限速来保证优先级最高者的传输。

可以看到，SMSF 是一种允许抢占的算法，为了保证一些低优先级的流量不被饿死，Phurti 会定期查看各个 Job 的状态，如果一个 Job 中所有的流量一直处于限速的状态，且该状态的持续时间超过了阈值，那么就用接下来的一小段时间优先传输该 Job 的流量。

8.10.4　Application-Aware Networking

论文[注]提出了一种数据中心网络架构，它能够实现对大数据流量的优化，如图 8-93 所示。在该架构中，接入层的 ToR 采用 OpenFlow 交换机，支持光和电两种上联方式。汇聚层设备分为光交换机和分组交换机，光交换机用于传输带宽型的流量，分组交换机则用于传输非带宽型流量。SDN 控制器能够从大数据集群的控制节点处获取流量的特征，通过 OpenFlow 流表对跨 ToR 的流量进行分流，将带宽型流量，主要为 shuffle 流量，分流到光交换机上，其余对带宽要求不高的流量进行分组转发。

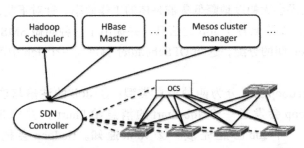

图 8-93　光电混合的 Application-Aware Networking 架构

在该架构中，ToR 通常会通过多条链路上联光交换机，光交换机会开放控制接口给 SDN 控制器，允许 SDN 控制器对光连接进行动态重构，以适应 shuffle 流量的不同模式。对于 many-to-one 的模式，可将光连接重构为以 reducer 所在 ToR 为根的树形结构，mapper intermediate data size 较大的 ToR 会放在离根较近的位置，mapper intermediate data size 较

⊖ Wang G, Ng T S, Shaikh A. Programming your network at run-time for big data applications[C]//Proceedings of the first workshop on Hot topics in software defined networks. ACM, 2012: 103-108.

小的 ToR 会放在离根远一些的位置。对于 many-to-many 的模式，可将光连接重构为以 2D-Torus 结构，以利用该结构中丰富的多路径特性进行路由。对于 partially overlapping 的模式，则可将其分解为多个独立的 many-to-one 和 many-to-many 模式，并对分解后得到的模式分别进行相应的处理。它们的拓扑重构如图 8-94 所示。

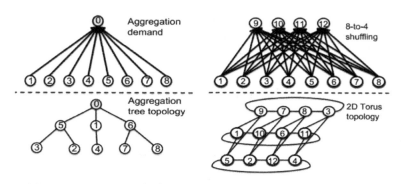

图 8-94　many-to-one（左）和 many-to-many（右）模式下的拓扑重构

类似地，论文⊖也提出了光电混合的数据中心网络架构，通过 SDN 对光连接的重构来优化大数据集群中流量不同的 *cast 模式，如 unicast（one-to-on）、broadcast（one-to-many）、incast（many-to-one）以及 all-to-all cast（many-to-many）。

8.10.5　CoFlow

论文⊖对不同的大数据架构进行了分析，抽象出了图 8-95 所示的 6 种通信模式，并设计了一套通用的 CoFlow API，用于描述集群中不同角色间的通信模式与需求。CoFlow 的概念可以对应地理解为，不同角色间的通信流量所组成的集合，CoFlow API 提供了 5 种原语：Create 表示一个 CoFlow 初始化的同时指定其通信模式，Update 用于更新某个 CoFlow 的参数，Put 表示发送方要将数据发送到接收方同时指定流量的特征，Get 表示接收方要从发送方请求数据，Terminate 表示一个 CoFlow 的结束。SDN 控制器可以接收 CoFlow API，进而了解通信的模式与需求，然后在不同的 CoFlow 间协调网络资源的分配。

论文⊜提出的 PANE，是一种 SDN 网络为应用提供的通用 API 框架，主要用于保证最小带宽、为路由增加策略，以及对某些流量进行限速，等等。文章给出了多类应用使用 PANE 来控制网络的示例，其中包括 Hadoop 为 shuffle 流量进行带宽的预留。

⊖ Samadi P, Calhoun D, Wang H, et al. Accelerating cast traffic delivery in data centers leveraging physical layer optics and SDN[C]//Optical Network Design and Modeling, 2014 International Conference on. IEEE, 2014: 73-77.

⊖ Chowdhury M, Stoica I. Coflow: A networking abstraction for cluster applications[C]//Proceedings of the 11th ACM Workshop on Hot Topics in Networks. ACM, 2012: 31-36.

⊜ Ferguson A D, Guha A, Liang C, et al. Participatory networking: An API for application control of SDNs[C]//ACM SIGCOMM computer communication review. ACM, 2013, 43(4): 327-338.

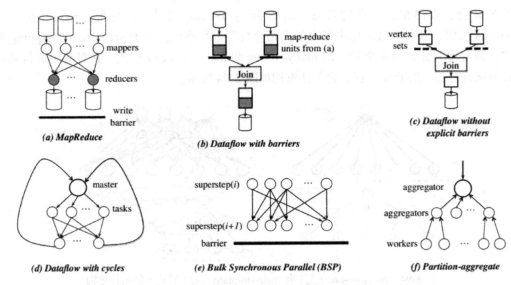

图 8-95　大数据架构下的 6 种通信模式

8.11　本章小结

网络是门系统的、复杂的工程技术，虽然数据中心网络相比于运营商网络要简单一些，但是仍然会涉及诸多方向的问题。除了本章所介绍的一些方向以外，还包括节能、运维、Debug、一致性等，限于篇幅未能够进行介绍。通过本章的介绍，笔者所期待的，是数据中心网络产品的设计者们，可以不囿于现有的市场需求，从中选择出一些有实际意义，并且可操作的思路进行实现，让技术创新在数据中心网络中生根发芽。

第 9 章 *Chapter 9*

番外——容器网络

坦白地说，网络从来都不是数据中心和云计算的核心，可见的未来也不会是。从物理服务器到虚拟机，再到眼下红得发紫的容器，计算资源的形态之争，才是真正的主战场。本章来谈一谈容器世界的网络。

9.1 容器网络概述

容器这两年可谓风生水起，相比虚拟机来说，容器更轻，一台服务器上可以运行成百上千个容器，这意味着可以有更为密集的计算资源。因此基于容器运行工作负载的模式深受云服务提供商的青睐。

然而对于云管理员来说，管理容器确是一件相当头疼的事情，容器的生命周期更短了，容器的数量更多了，容器间的关系更复杂了。为了简化大规模容器集群的运维，各路容器管理与编排平台应运而生，Docker 社区开发了 Swarm+Machine+Compose 的集群管理套件，Twitter 主推 Apache 的 Mesos，Google 则开源了自己的 Kubernetes。这些平台为大规模的容器集群提供了资源调度、服务发现、扩容缩容等功能，然而这些功能都是策略性的，真正要实现大规模的容器集群，网络才是最基础的一环。

相比于虚拟机网络，容器网络主要具有以下特点，以及相应的技术挑战：

1）虚拟机拥有完善的隔离机制，虚拟网卡与硬件网卡在使用上没有什么区别，而容器则使用 network namespace 提供网络在内核中的隔离，因此为了保证容器的安全，容器网络的设计需要更为慎重的考虑。

2）出于安全考虑，很多情况下容器会部署在虚拟机内部，这种嵌套部署（nested deployment）需要设计新的网络模型。

3）容器的分布不同于虚拟机，一个虚拟机运行的业务可能要拆分到多个容器上运行。根据不同业务的需要，这些容器有时候必须放在一台服务器中，有时候可以分布在网络的各个位置，两种情况对应的网络模型很可能不尽相同。

4）容器的迁移速度更快，网络策略的更新要能够跟得上其速度。

5）容器数量更多了，多主机间的 ARP 泛洪会造成大量的资源浪费。

6）容器生命周期短，重启非常频繁，网络地址的有效管理（IPAM）将变得非常关键。

不过，由于容器自身的特征使得它与应用的绑定更为紧密。从交付模式来看，更倾向于 PaaS 而非 IaaS，因此容器网络并没有成为业界最初关注的焦点。它起步较晚，再加上上述诸多的技术挑战，使得容器网络相比于 OpenStack Neutron 来说发展的情况要落后不少。Docker 在开始的很长一段时间内只支持使用 Linux Bridge + Iptables 进行 single-host 的部署，自动化方面也只有 Pipework 这类 shell 脚本。

幸运的是，目前业界已经意识到了可扩展、自动化的网络对于大规模容器环境的重要性：Docker 收购了容器网络的创业公司 socketplane，随即将网络管理从 docker daemon 中独立出来形成了 libnetwork，并在 Docker 1.9 中提供了多种 network driver，并支持了 multi-host。一些专业的容器网络（如 Flannel、Weave、Calico 等）也开始与各个容器编排平台进行集成。OpenStack 社区也成立了专门的子项目 Kuryr，它提供 Neutron network driver（如 DragonFlow、OVN、Midonet 等）与容器对接。

9.2 容器网络模型

本节来介绍容器网络的基础，包括容器的接入、容器间的组网，以及几种容器网络的通用模型。

9.2.1 接入方式

1. 和 host 共享 network namespace

在这种接入模式下，不会为容器创建网络协议栈，即容器没有独立于 host 的 network namespace，但是容器的其他 namespace（如 IPC、PID、Mount 等）还是和 host 的 namespace 独立的。容器中的进程处于 host 的网络环境中，与 host 共用 L2 ～ L4 网络资源。该方式的优点是，容器能够直接使用 host 的网络资源与外界进行通信，没有额外的开销（如 NAT），如图 9-1 所示；缺点是网络的隔离性差，容器和 host 所使用的端口号经常发生冲突。

2. 和 host 共享物理网卡

这种方式与上一种方式的区别在于，容器和 host 共享物理网卡，如图 9-2 所示，但容器拥有独立于 host 的 network namespace，容器有自己的

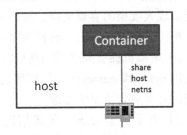

图 9-1　容器和 host 共享 network namespace

MAC 地址、IP 地址、端口号。这种接入方式主要使用了 SR-IOV 技术，每个容器分配一个 VF，直接通过硬件网卡与外界通信，优点是旁路了内核不占任何计算资源，而且 IO 速度较快，缺点是 VF 数量有限且对迁移的支持不足。

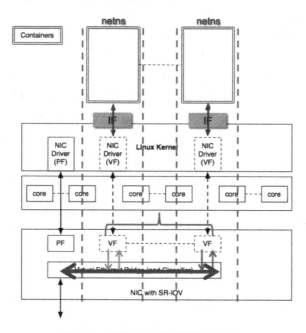

图 9-2　容器和主机共享物理网卡

3. 和另外一个容器共享 network namespace

在这种方式中，容器没有独立的 network namespace，但是以该方式新创建的容器将与一个已经存在的容器共享其 network namespace（包括 MAC、IP 以及端口号等），如图 9-3 所示。从网络角度上两者将作为一个整体对外提供服务，不过两个容器的其他 namespace（如 IPC、PID、Mount 等）是彼此独立的。这种方式的优点是，network namespace 相关的容器间的通信高效便利，缺点是由于其他的 namespace 仍然是彼此独立的，因此容器间无法形成一个业务逻辑上的整体。

4. 通过 vSwitch/vRouter 接入

在这种方式中，容器拥有独立的 network namespace，通过 veth-pair 连接到 vSwitch/vRouter 上。这种方式对于网络来说是最为直接的，在 vSwitch/vRouter 看来，通过这种方式连接的容器与虚拟机并没有任何区别。vSwitch 的实现有很多，如 Linux Bridge，Open vSwitch 等，可用于容器间二层流量的互通，能够对 VLAN、Tunnel、SDN Controller 等高级功能进行支持。vRouter 可用于容器间三层流量的路由，能够对 BGP、Tunnel、SDN Controller 等提供高级功能的支持。

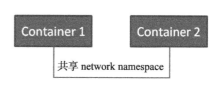

图 9-3　容器和其他容器共享 network namespace

5. Macvlan/IPvlan

通过 vSwitch 或者 vRouter 来接入容器，虽然可以实现丰富的功能，但是却引入了相当的复杂性。Macvlan/IPvlan 是由 Linux 原生提供的网络虚拟化方案，由于二者在部署和使用上的简单性，因此在容器网络中得到了广泛的使用。

Macvlan 将一个物理网卡虚拟出多个虚拟网卡，并提供多个虚拟的 MAC 地址，使用 macvlan 接入的容器即会获得虚拟的 MAC 地址。物理网卡在收到流量后，在发送到协议栈前，会在 RX 函数中判断目的 MAC 地址，如果为本地容器的虚拟 MAC 则直接发给相应的 namespace。容器的虚拟网卡在发出流量时，会在 TX 函数中判断目的 MAC 地址，如果为本地容器的虚拟 MAC 则直接发给相应的 namespace，否则交给物理网卡来处理。Macvlan 提供了 Bridge、VEPA、Private、Pass Through 等多种工作模式。IPvlan 在一个物理网卡上虚拟出多个 IP 地址，使用 IPvlan 接入的容器会复用物理网卡的 MAC 地址，并获得虚拟的 IP 地址。物理网卡在收到流量后，在发送到协议栈前，会在 RX 函数中判断目的 IP 地址，如果为容器的 IP 则直接发给相应的 namespace。容器的虚拟网卡在发出流量时，会在 TX 函数中判断目的 IP 地址，如果为本地容器的虚拟 IP 则直接发给相应的 namespace，否则交给宿主机的协议栈进行处理。IPvlan 提供了 L2 和 L3 两种工作模式，其中 L3 模式可以实现不同网段间的路由。

6. 嵌套部署在 VM 中

图 9-4 所示为容器嵌入在虚拟机中的情形，这种方式在生产环境也比较常见，由于一台 host 中往往部署着多方的容器，所示存在安全隐患，因此许多用户会选择先启动自己的虚拟机，然后在自己的虚拟机上运行容器。从本质上来说，在这种方式下容器的接入对于 host 可以是完全透明的，容器在虚拟机内部的接入可以采用上述其他方法。不过这对于云平台来说，这就意味着失去了对容器接入的管理能力，为了保留这一能力，往往需要在虚拟机内部和 host 中分别部署 vswitch 并实现级联，由虚拟机内部的 vswitch 来接入容器并对其进行特定的标记（云平台分配），以便 host 中的 vswitch 对其进行识别。一种常见的方式是使用 Open vSwitch 对容器标记 VLAN ID。

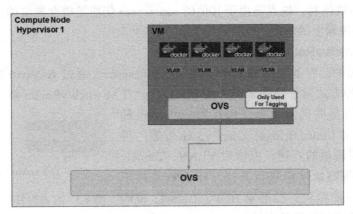

图 9-4　容器嵌入在虚拟机中

9.2.2　跨主机通信

1. Flat

Flat 可分为 L2 Flat 和 L3 Flat。L2 Flat 指在各个 host 中所有的容器都在虚拟 + 物理网络形成的 VLAN 大二层中，容器可以在任意 host 间进行迁移而不用改变其 IP 地址。L3 Flat 指在各个 host 中所有的容器都在虚拟 + 物理网络中可路由，且路由以 /32 的形式存在，使得容器在 host 间迁移时不需要改变 IP 地址。在 L2/L3 Flat 下，不同租户的 IP 地址不可以 Overlap，在 L3 Flat 下容器的 IP 编址也不可与物理网络 Overlap。L3 Flat 简单示意如图 9-5 所示。

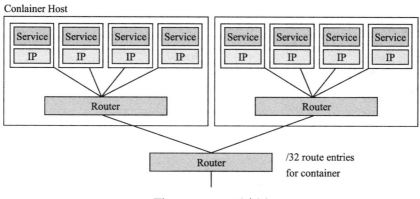

图 9-5　L3 Flat 示意图

2. Hierarchy

在 L3 Hierarchy 的各个 host 中所有的容器都在虚拟 + 物理网络中可路由，且路由在不同层次上（VM/Host/Leaf/Spine）以聚合路由的形式存在，即处于相同 CIDR 的容器需要在物理位置上组织在一起，因此容器在 host 间迁移时需要改变 IP 地址。在 L3 Hierarchy 下，不同租户的 IP 地址不可以 Overlap，容器的 IP 编址也不可与物理网络 Overlap。图 9-6 所示为 L3 Hierarchy 中的 IP 地址规划示例。

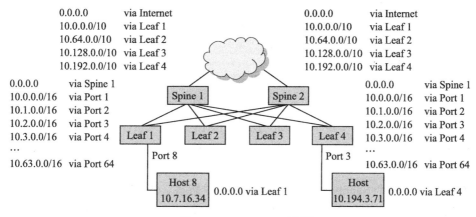

图 9-6　L3 Hierarchy 示例

3. Overlay

Overlay 主要的实现方式有 L2overL3 和 L3overL3。在 L2overL3 中，容器可以跨越 L3 Underlay 进行 L2 通信，容器可以在任意主机间进行迁移而不用改变其 IP 地址。在 L3overL3 中，容器可以跨越 L3 Underlay 进行 L3 通信，容器在主机间进行迁移时可能需要改变 IP 地址（取决于 Overlay 是 L3 Flat 还是 L3 Hierarchy）。在 L2/L3 Overlay 下，不同租户的 IP 地址也可以 Overlap，容器的 IP 编址也可以与 Underlay 网络 Overlap。L2 over L3 （VxLAN 实现）如图 9-7 所示。

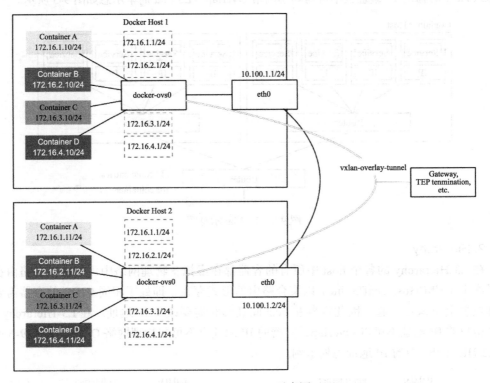

图 9-7　L2 over L3 示意图

9.2.3　通用数据模型

1. CNM

CNM（Container Network Model）是 Cisco 的一位工程师提出的一个容器网络模型，Docker 1.9 在 Libnetwork 中实现了 CNM，现在 CNM 已经被 Kuryr、OVN、Calico、Weave 和 Contiv 等公司和项目所采纳。CNM 的示意如图 9-8 所示，它主要建立在 3 类组件上：Sandbox、Endpoint 和 Network。

1）Sandbox：一个 Sandbox 对应一个容器的网络栈，能够对该容器的接口、路由、DNS 等参数进行管理。一个 Sandbox 中可以有多个 Endpoint，这些 Endpoint 可以属于不同的 Network。Sandbox 的实现可以为 Linux 网络命名空间、FreeBSD Jail 或其他类似的机制。

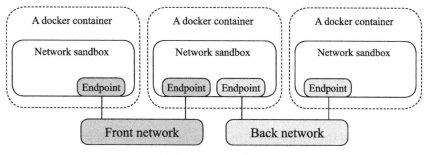

图 9-8　CNM 模型

2）端点：Sandbox 通过端点接入网络，一个端点只能属于一个 Network。端点的实现可以是 veth pair、Open vSwitch 内部端点或者其他类似的设备。

3）网络：一个网络由一组端点组成，这些端点彼此间可以直接通信，不同网络间端点的通信彼此隔离。网络的实现可以是 Linux Bridge、Open vSwitch 等。

Libnetwork 对于 CNM 的实现包括以下 5 类对象。

1）NetworkController：每创建一个网络对象时，就会相应地生成一个 Network-Controller 对象，NetworkController 对象将网络对象的 API 暴露给用户，以便用户对 libnetwork 进行调用，然后驱动特定的 Driver 对象实现网络对象的功能。NetworkController 允许用户绑定网络对象所使用的 Driver 对象。NetworkController 对象可以看作是网络对象的分布式 SDN 控制器。

2）Network：Network 对象是 CNM Network 的一种实现。NetworkController 对象通过提供 API 对 Network 对象进行创建和管理。NetworkController 对象需要操作 Network 对象的时候，Network 对象所对应的 Driver 对象会得到通知。一个 Network 对象能够包含多个端点对象，一个 Network 对象中包含的各个端点对象间可以通过 Driver 完成通信，这种通信支持可以是同一主机的，也可以是跨主机的。不同 Network 对象中的端点对象间彼此隔离。

3）Driver：Driver 对象能真正实现 Network 功能（包括通信和管理），它并不直接暴露 API 给用户。Libnetwork 支持多种 Driver，其中包括内置的 bridge，host，container 和 overlay，也支持 remote driver（即第三方或用户自定义的网络驱动）。

4）Endpoint：Endpoint 对象是 CNM Endpoint 的一种实现。容器通过 Endpoint 对象接入 Network，并通过 Endpoint 对象与其他容器进行通信。一个 Endpoint 对象只能属于一个 Network 对象，Network 对象的 API 对于 Endpoint 对象提供了创建与管理。

5）Sandbox：Sandbox 对象是 CNM Sandbox 的一种实现。Sandbox 对象代表了一个容器的网络栈，它拥有 IP 地址、MAC 地址、路由、DNS 等网络资源。一个 Sandbox 对象可以有多个 Endpoint 对象，这些 Endpoint 对象可以属于不同的 Network 对象，Endpoint 对象使用 Sandbox 对象中的网络资源与外界进行通信。Sandbox 对象的创建发生在 Endpoint 对象创建后，（Endpoint 对象所属的）Network 对象所绑定的 Driver 对象为该 Sandbox 对象分配网络资源并返回给 libnetwork，然后 libnetwork 使用特定的机制（如 linux netns）配置

Sandbox 对象中对应的网络资源。

2. CNI

CNI（Container Networking Interface）是 CoreOS 为 Rocket（Docker 之外的另一种容器引擎）提出的一种基于插件的容器网络接口规范。CNI 十分符合 Kubernetes 中的网络规划思想，Kubernetes 采用 CNI 作为默认的网络接口规范，目前 CNI 的实现有 Weave、Calico、Romana、Contiv 等。

CNI 没有像 CNM 一样规定模型的术语，CNI 的实现依赖于两种插件：CNI Plugin 负责将容器与 host 中的 vBridge/vSwitch 进行连接，IPAM Plugin 负责配置容器 namespace 中的网络参数。

CNI 使用起来很简洁，仅要求 CNI Plugin 支持容器的增加 / 删除操作，操作所需的参数规范如下。

1）Version：使用的 CNI Spec 版本。

2）Container ID：容器在全局（管理域内）唯一的标识，容器被删除后可以重用。Container ID 是可选参数，CNI 建议使用。

3）Network namespace path：netns 要被添加的路径，如 /proc/[pid]/ns/net。

4）Network configuration：一个 JSON 文件，描述了容器要加入的网络参数。

5）Extra arguments：针对特定容器要进行细粒度的配置。

6）Name of the interface inside the container：容器接口在容器 namespace 内部的名称。

其中，网络配置的 schema 如下。

1）cniVersion：使用的 CNI Spec 版本。

2）name：网络在全局（管理域内）唯一标识。

3）type：CNI Plugin 的类型，如 bridge/OVS/macvlan 等。

4）ipMasq：布尔类型，host 是否需要对外隐藏容器的 IP 地址。CNIPlugin 可选支持。

5）ipam：网络参数信息。

❏ type：分为 host-local 和 dhcp 两种。

❏ routes：一个路由列表，每一个路由表项包含 dst 和 gw 两个参数。

6）DNS：DNS 相关参数包括 nameservers、domain、search domains、options 等。

为了减轻 CNI Plugin 的负担，ipam 由 CNI Plugin 调用 IPAM Plugin 来实现，IPAM Plugin 负责配置容器 namespace 中的网络参数。IPAM 的实施分为两种：一种是 host-local，在 subnet CIDR 中选择一个可用的 IP 地址作为容器的 IP，路由表项（可选）在 host 本地配置完成。另一种是 DHCP，容器发送 DHCP 消息请求网络参数。

执行增加操作后，会返回接口的 IP 地址以及 DNS 信息的两个结果，删除就不说了。

9.3　Docker 网络

Docker 是最为普及的容器引擎，为实现大规模集群，Docker 推出了 Swarm + Machine +

Compose 的集群管理套件。然而，Docker 的原生网络在很长一段时间内都是基于 Linux Bridge+Iptables 实现的，在这种方式下容器的可见性只存在于主机内部，这严重地限制了容器集群的规模以及可用性。其实，社区很早就意识到了这个问题，不过由于缺乏专业的网络团队支持，因此 Docker 的跨主机通信问题始终没有得到很好的解决。另外，手动配置 Docker 网络是一件很麻烦的事情，尽管有 Pipework 这样的 shell 脚本工具，但是就脚本的自动化程度而言，用来运维大规模的 Docker 网络还是不现实的。

2015 年 3 月，Docker 收购了一家 SDN 初创公司 socketplane，随即于 5 月宣布将网络管理功能从 libcontainer 和 docker daemon 中抽离出来作为一个单独的项目 libnetwork，由原 socketplane 团队成员接手，基于 GO 语言进行开发。2015 年 11 月发布的 docker 1.9 中，libnetwork 架构已初步形成，它支持多种 nework driver 并提供跨主机通信，并在后续的 1.10、1.11 两个版本中修复了大量 Bug。目前，libnetwork 处于 0.9 版本。

9.3.1 docker0

在 Docker 1.9 之前，网络的实现主要由 docker daemon 来完成，当 docker daemon 启动时默认情况下它会创建 docker0，为 docker0 分配 IP 地址，并设置一些 iptables 规则。然后通过 docker run 命令启动容器，该命令可以通过 -net 选项来选择容器的接入方式，在 docker 1.9 之前的版本支持如下 4 种接入方式。

1）bridge：新建容器有独立的 network namespace，并通过以下步骤将容器接入 docker0 中。

① 创建 veth pair；

② 将 veth pair 的一端置于 host 的 root network namespace 中，并将其关联 docker0；

③ 将 veth pair 的另一端置于新建容器的 network namespace 中；

④ 从 docker0 所在的 subnet 中选一个可用的 IP 地址赋予 veth pair 在容器的一端。

2）host：新建容器与 host 共享 network namespace，该容器不会连接到 docker0 中，直接使用网络的网络资源进行通信。

3）container：新建容器与一个已有的容器共享 network namespace，该容器不会连接到 docker0 中，直接使用已有容器的网络资源进行通信。

4）none：新建容器有独立的网络 namespace，但是不会配置任何网络参数，也不会接入 docker0 中，用户可对其进行任意的手动配置。

后三种没什么好说的，下面介绍一下 Bridge 方式，如图 9-9 所示。Docker0 由 Linux Bridge 实现，容器通过 veth 设备接入 docker0，本地容器都处于同一子网中，彼此间通过 docker0 交换通信，与外界通信以 docker0 的 IP 地址作为网关。Docker0 的 IP 地址

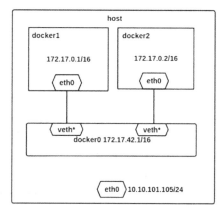

图 9-9 Docker 的 Bridge 模式

可以看作是连接在 Linux Bridge 上的内置设备，位于 host 的 root namespace 中。容器与外界的通信要依赖于 host 中的 Iptables MASQUERADE 规则来做 SNAT，容器对外提供服务要依赖于 host 中的 Iptables DNAT 规则来暴露端口。因此在这种方案中，容器间的跨主机通信使用的都是主机的 socket，容器本身的 IP 地址和端口号对其他 host 上的容器来说都是不可见的。

这个方案非常原始，除了不能支持直接可见的跨主机通信以外，NAT 还会导致很多其他不满意的结果，如端口冲突等。另外，对于一些复杂的需求，如 IPAM、多租户、SDN 等均无法提供支持。

9.3.2 pipework

容器就是 namespace，docker0 就是 Linux Bridge，再加上一些 Iptables 规则，实际上容器组网就是调用一些已有的命令行而已。不过，当容器数量很多，或者频繁启动、关闭时，一条条命令行去配置就显得不是很合适了。于是，Docker 公司的一个工程师就写了一个 shell 脚本来简化容器网络的配置，主要就是对 docker/ip nets/ip link/brctl 这些命令行的二次封装。虽然 Pipework 在形式上比较原始，但是从实用性的角度来看，确实倒也可以满足一些自动化运维的需要。

当然 Pipework 相比于 docker0，除了提供了命令行的封装以外，还是具备一些其他优势的，比如支持多样的 network driver 如 OVS 和 Macvlan，支持在 host 上使用 dhcp-server 为容器自动分配 IP 地址，支持免费 ARP，等等。

9.3.3 libnetwork

socketplane 作为一家做容器网络的初创公司，于 2014 年第 4 季度创建，2015 年 3 月份就被 Docker 收购了，可以看到当时 Docker 对于原生的网络管理组件的需求是有多么迫切，而且 socketplane 团队的人是 SDN 科班出身的，Docker 也总算有了搞网络的正规军。不过，socketplane 和 Libnetwork 的设计在架构上还是有很大不同的，下面通过图 9-10 先来看看 socketplane 的设计。

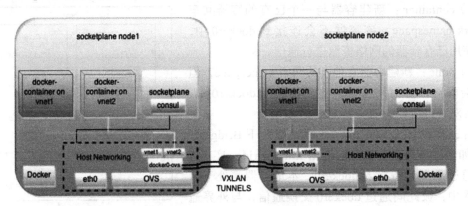

图 9-10 socketplane 的架构

在架构上，数据平面是 OVS VxLAN，南向协议是 OVSDB，控制平面是基于 Consul 的分布式 Key/Value 存储，北向是 socketplane CLI。在控制平面的部署细节上，Consul 是放在一个 socketplane 容器中的，该容器通过 host 模式与 host 共享 network namespace，Consul 通过 eth0 去进行服务发现和状态同步，状态主要就是指容器与 host IP 的映射关系。数据平面的流表情况，就是匹配 MAC+IP，动作就是送到本地的容器或者隧道远端上，有点奇怪的是 socketplane 没有使用 tunnel_id，而是用了 vlan_id 标识 vnet。根据为数不多的资料来看，socketplane 在被收购前只完成了 L2 的东西向流量，还没有考虑路由和南北向流量。

可以看到的是，socketplane 的设计并不复杂。但是收购进 Docker 后，要考虑的事情就多了：首先，数据平面不可以演化为 OVS 一家独大的情况，Linux Bridge 要有，第三方 driver 也得玩得转。其次，控制平面 Key/Value 存储也要可插拔，起码要支持 ZooKeeper 和 Etcd，最好还要把自家的集群工具 Swarm 集成进来。另外，要考虑老用户的习惯，原有的网络设计该保留的还要保留。最后，还要遵循社区提出的容器网络模型 CNM。

于是，Docker 网络在 1.9 版本时变成了图 9-11 中的架构，libkv 提供 Swarm 的服务发现，以及 Overlay 网络的 Key-Value Store，每个主机上开启 docker daemon 并加入 Swarm 集群，libcontainer 负责管理容器，libnetwork 负责管理网络。libnetwork 支持 5 种网络模式：none/host/bridge/overlay/remote，在图 9-11 中从左到右依次显示了后 4 种，其中 overlay 和一些 remote 可以支持 multi-host。

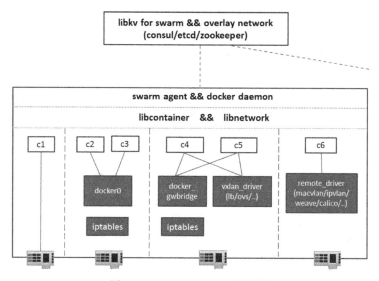

图 9-11　Docker 1.9 之后的网络

Overlay 是 libnetwork 默认的 multi-host 网络模式，通过 VxLAN 完成跨主机的工作。Libnetwork 会把 overlay driver 放在单独的 network namespace 中，默认的 overlay driver 为 Linux Bridge。当容器（Sandbox）接入 overlay（Network）时，会分到两个网卡（Endpoint）

上，eth0 连在 vxlan_driver 上，eth1 连在 docker_gwbridge 上。Vxlan_driver 主要负责 L2 的通信，包括本地流量和跨主机流量，docker_gwbridge 的实现原理和 docker0 一样，负责处理应用服务的通信，包括不同网络容器间，以及容器与 Internet 间两类流量。Eth0 和 eth1 各有一个 IP 地址，分属于不同网段，eth0 默认以 10 开头，eth1 默认以 172 开头，L2 和 L3 的通信直接通过容器内部的路由表分流，送到不同的设备上进行处理。

Remote 是 libnetwork 为了支持其他的 networking driver 而设计的一种可插拔的框架，这些 driver 不一定要支持 multi-host。除了一些第三方的 driver 外（如 Weave、Calico 等），目前 libnetwork 还提供了对 Macvlan driver 和 IPvlan driver 的支持。当然，就像 Neutron 的 ML2 一样，为了打造生态，plugin driver 的接口还是要 libnetwork 自己来规范的。

既然说是引入 SDN，那么 API 的规范对于 libnetwork 来说就十分重要了，不过目前 libnetwork 的接口封装还处于相当初级的阶段，基本上就是对 Network 和 Endpoint 的创建、删除以及连接，并没有提供很友好的 API 业务。

对于 libnetwork 的介绍就是这些了。尽管 libnetwork 实现了原生千呼万唤的 multi-host，也为 Docker 的原生网络带来了一定的灵活性与自动化。但就目前来说，它的 API 还不够友好，Driver 的生态还不够成熟，而且并不具备任何高级的网络服务。相比于 OpenStack Neutron 而言，Docker 的 libnetwork 目前仍然存在着较大的差距。

9.4　Kubernetes 网络

Kubernets 是 Google 开源出来的 Container Orchestrator，通常被简称为 K8S。K8S 的前身是 Google 内部使用的容器集群管理平台 Borg，K8S 凝聚了 Borg 多年来所积累的设计经验，能够支撑大规模、高可用的容器部署与管理，目前已经在很多公司的容器生产环境中得到了落地。虽然没有自己的容器引擎，但是 K8S 对 Docker、Rkt 的支持却做得十分优秀。经过短短的三四年时间，K8S 已经成长为和 OpenStack 处于同一级别的云操作系统。相比之下，Docker 原生的编排器 Swarm 在技术底蕴上就很难和 K8S 相提并论了，目前 Swarm 在功能和可用性上和 K8S 都存在着不小的差距。

K8S 提供了众多的功能，如资源调度、服务发现、健康监控、负载均衡、弹性扩缩容、容灾恢复，等等。在网络方面，K8S 的设计也非常有特色，相比于 Docker 早期基于 NAT 的 docker0，K8S 一开始就提出了以下的网络设计原则。

1）容器间的两两通信不能使用 NAT。

2）容器和物理节点间的通信不能使用 NAT。

3）容器看到的自己的地址，和别的容器 / 物理节点看到的地址是同一个地址（实际上和前两点是重复的）。

9.4.1　基于 POD 的组网模型

K8S 之所以抛弃了 NAT，一方面是因为 NAT 本身会影响容器的跨节点通信，另一方面是由于在大规模容器环境中，维护 NAT 的端口映射关系也是非常麻烦的。基于上述指导思想，K8S 提出了"Per POD Per IP"的概念。POD 是 K8S 中可以被创建、销毁、调度的最小单元，一个 POD 中有一个基础容器（pause container）以及一个或一组应用容器。基础容器对应一个独立的 network namespace，应用容器间则共享基础容器的 network namespace（包括 MAC、IP 以及端口号等），还可以共享基础容器的其他 namespace（如 IPC、PID、Mount 等）。POD 作为一个整体，对外表现出的 IP 地址即为基础容器的 IP 地址，这个 IP 称为 POD IP。POD IP 对集群中所有其他的 POD 都是可见的，容器间的访问直接通过 POD IP 进行，基础容器会完成到应用容器的端口转换。K8S 中基于 PoD 的组网模型如图 9-12 所示。

为了便于理解，可以将一个 POD 看作是一个抽象的"虚拟机"，POD 里面运行的不同容器就相当于若干个不同的进程。一些在业务上密切相关的容器，如 APP 和 DB，可以部署在同一个 POD 中，

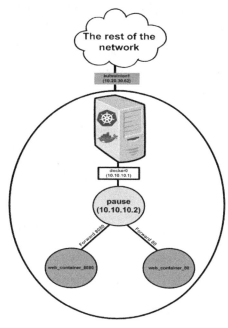

图 9-12　K8S 中基于 POD 的组网模型

共享 POD 的全部资源，同时又不会产生资源冲突。这些容器间的通信可直接通过 localhost 或者 IPC 完成，非常高效。

K8S 中将物理节点称为 Minion，一个 Minion 中会有一个 docker 0，这个 docker 0 将作为该 Minion 中不同 POD IP 的默认网关，不过 docker0 不会做 NAT，而是会直接完成 POD IP 间的路由，因此同一 Minion 中的 POD 处于同一个子网中，不同 Minion 中的 POD 将处于不同子网中。至于 docker0 间的通信方式，在 K8S 中就比较多样化了。K8S 原生提供了一种叫做 Kubenet 的 Dummy 网络插件，不过它只实现了容器的接入，并不能解决路由的问题。在 v1.1 中，K8S 开始支持 CNI 的数据模型，提供了可插拔的框架，所有实现了 CNI 的 Network Driver 都可以集成到 K8S 中。

9.4.2　Service VIP 机制

相比于虚拟机，容器更加重视应用的交付，因此 K8S 中提供了强大的 Service 机制。在 K8S 中，POD 是一组 container 的集合，而 Service 是一组提供相同应用的 POD 集合，K8S 通过 Service 来支持应用的交付。每个 Service 都会分配或者指定一个 VIP，这个 VIP 是 Service 的前端 IP 地址，访问这个 VIP 的流量即会被均衡到 Service 后端的 POD IP 上。

K8S 通过 kube-proxy 来实现 VIP 的负载均衡，每个物理节点都有一个 kube-proxy，其实现分为 userspace kube-proxy 和 Iptables kube-proxy 两种。如图 9-13 所示，上面的是 userspace 方式，下面的是 Iptables 方式。在 Userspace 方式中，API 的监听、Iptables 的

配置以及数据流的负载均衡均由 kube-proxy 实现，属于 on path 模式。在 Iptables 方式中，kube-proxy 只负责监听 API、配置 Iptables，而不需要处理数据流，属于 off path 模式。比较两种方式，由于 userspace kube-proxy 需要在 userspace 中处理流量，因此 CPU 的利用率和流量的处理延迟都比较高，而且如果 kube-proxy 挂掉了流量就没办法正常转发了，而在 iptables kube-proxy 中则不存在这些问题，K8S 在 v1.2 以后默认采用的是 Iptables kube-proxy。

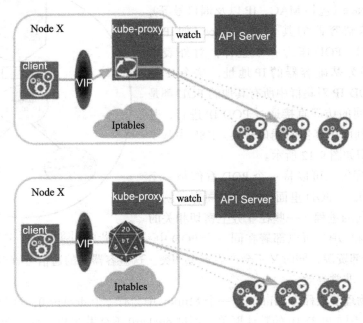

图 9-13　kube-proxy 实现负载均衡的两种模式

K8S 还提供了多种 Service 的访问方式（Service Type）：

1）ClusterIP：通过 Cluster IP 来访问 Service，Cluster IP 只对 K8S 集群内部可见，是默认的 Service Type。

2）NodePort：在 K8S 集群外可通过物理节点的 IP+ 物理节点上的端口号来访问 Service。

3）LoadBalancer：通过第三方的 LB，提供 K8S 集群外到 Service 的负载均衡。

4）ExternalName：为 Service 映射一个外部域名，对负载均衡机制不会产生影响。

上面的描述比较抽象，具体来说：Cluster IP 的主要作用是方便 POD 到 POD 之间的调用，ClusterIP 会在每个物理节点上使用 Iptables，将发向 ClusterIP 对应端口的流量，转发给本地的 kube-proxy，kube-proxy 再通过负载均衡将流量转发给后端的 POD。NodePort 会在物理节点上开一个端口（可以用户自己指定），集群外部发向该物理节点 IP 对应端口的流量，会被导入 kube-proxy，然后同样由 kube-proxy 均衡给后端的 POD。LoadBalancer 相比于 NodePort 多做了一步，在多个物理节点前再挂上一个第三方的 LB，流量先访问 LB 提供的 ingress IP，第三方的 LB 会将流量均衡给不同的物理节点，后面的处理和 NodePort 就一样了。

综合上面的介绍，K8S 中数据流的处理方式如下所示：

1）POD-to-POD 的通信，直接通过 POD IP 进行路由，不需要做 NAT。

2）POD-to-Service 的通信，POD 通过 ClusterIP 访问 Service，流量被 POD 本地的 kube-proxy 截获，并负载均衡到 Service 后端相应的 POD 上。

3）External-to-Internal 的通信，外部流量可访问 NodeIP + NodePort，或者访问 LB 前端的 IP+ 端口，最后仍然是由 kube-proxy 截获，并负载均衡到 Service 后端相应的 POD 上。

另外，K8S 还通过 Network Policy 为 Service 提供访问控制机制。每个 Service 在创建时可以为其分配一个 Label，其他 Service 可以通过 selector 来限制入向流量的 Label。Label 也可以针对容器进行分配，提供更细粒度的访问控制策略，实现容器网络的 "微分段"。Network Policy 是一种白名单的机制，所有没有明确允许的流量都会被阻止。要注意的是，K8S 只提供了 Network Policy 的描述机制，它需要依赖于第三方的 Network Driver 去做 Network Policy 的后端实现。

9.5　第三方组网方案

其实，早在 Docker 社区将 Libnetwork 提上日程之前，就已经有不少支持 multi-host 的容器网络方案了。除了 socketplane 以外，如 CoreOS 为 K8S 设计的 Flannel，通过 P2P 的控制平面构建 Overlay 的 Weave Net，通过 BGP 构建 Flat L3 的 Calico，通过优化 IPAM 逻辑来构建 Hierarchy L3 的 Romana，Cisco 派系侧重于策略的 Contiv。当然，在网络规模不大时，直接手配 OVS 也是个可行的方案。本节就来介绍上述的容器网络。

9.5.1　Flannel

K8S 的网络以 POD 为单位，每个 POD 的 IP 地址，容器通过 POD 方式接入网络，一个 POD 中可包含多个容器，这些容器共享该 POD 的 IP 地址。另外，K8S 要求容器的 POD IP 地址都是可直接路由的，那么显然 docker0 + Iptables 的 NAT 方案是不可行的。

实现上述要求其实有很多种组网方法。Flat L3 是一种，Hierarchy L3 是一种，另外 L3 Overlay 也是可以的，Flannel 主要采用的是 L3 Overlay 的方式，并规定每个 host 下各个 POD 属于同一个子网，不同的 host/VM 下的 POD 属于不同子网。如图 9-14 所示，在 Flannel 的架构中，控制平面上的 host 本地的 flanneld 负责从远端的 Etcd 集群同步本地和其他 host 上的子网信息，并为 POD 分配 IP 地址。数据平面的 Flannel 通过 UDP 封装来实现 L3 Overlay，这样既可以选择一般的 TUN 设备又可以选择 VxLAN 设备。Flannel 的控制平面如图 9-14 所示。Flannel 的数据平面如图 9-15 所示。

Flannel 做得比较早，技术选型也十分成熟，已经可以用于大规模部署。Flannel 还有一种 host-gw 模式，可以直接路由实现 Flat L3。

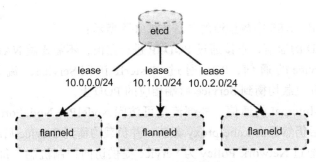

图 9-14　Flannel 的控制平面

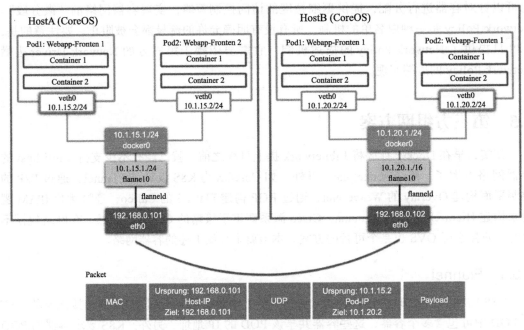

图 9-15　Flannel 的数据平面

9.5.2　Weave

Weave 是 Weaveworks 公司的容器网络产品，业界习惯叫做 Weave，实际上目前该产品的名字叫做 Weave Nets。因为 Weaveworks 现在并不是一家只做网络的公司，最近它又做了两款其他的容器管理产品：GUI 和集群。不过，为大家所熟悉的还是它网络这一块的产品。

不同于其他 multi-host 方案，Weave 可以支持去中心化的控制平面，如图 9-16 所示。各个 host 上的 wRouter 间通过建立 Full Mesh 的 TCP 链接，可通过 Gossip 来同步控制信息。这种方式省去了集中式的 K/V Store，在一定程度上能够降低部署的复杂性，Weave 将其称为"data centric"，而非 RAFT 或者 Paxos 的"algorithm centric"。

不过，考虑到 Docker libnetwork 是用集中式的 K/V Store 作为控制平面的，因此 Weave 为了集成 docker，它也提供了对集中式控制平面的支持，作为 remote driver 与 libkv 通信。

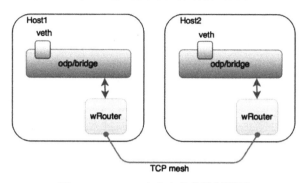

图 9-16　Weave 去中心化的控制平面

在数据平面上，Weave 通过 UDP 封装实现 L2 Overlay。封装支持两种模式，一种是运行在用户空间的 sleeve mode，如图 9-17 所示。另一种是运行在内核空间的 fastpath mode，如图 9-18 所示。Sleeve mode 通过 pcap 设备在 Linux bridge 上截获数据包并由 wRouter 完成 UDP 封装，支持对 L2 流量进行加密，还支持 Partial Connection，但是性能会损失明显。Fastpath mode 通过 OVS 的 odp 封装 VxLAN 并完成转发，wRouter 不直接参与转发，而是通过下发 odp 流表的方式控制转发，这种方式可以明显提升吞吐量，但是不支持加密等高级功能。

这里要说一下 Partial Connection 的组网。在多数据中心场景下一些站点无法直连，如图 9-19 中 Peer 1 与 Peer 5 间的隧道通信，中间势必要经过 Peer 3，那么 Peer 3 就必须要支持隧道的中间转发。sleeve mode 的实现是通过多级封装来完成的，在 fastpath 上还没有实现。

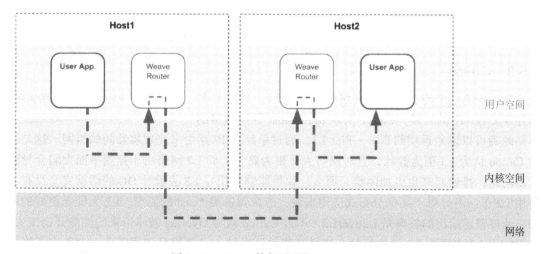

图 9-17　Weave 数据平面的 sleeve mode

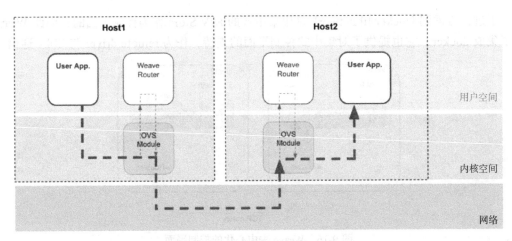

图 9-18　Weave 数据平面的 fastpath mode

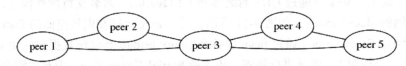

图 9-19　Partial Connection 拓扑示意

上面主要介绍的是 Weave 对 multi-host L2 的实现。关于 Service 的发布，Weave 做得也比较完整。首先，wRouter 集成了 DNS 功能，能够动态地进行服务发现和负载均衡，另外，与 libnetwork 的 overlay driver 类似，Weave 要求每个 POD 有两个网卡，一个连在 Linux Bridge 或者 OVS 上处理 L2 流量，另一个则连在 docker0 上处理 Service 流量，docker0 后面仍然是 Iptables 做 NAT。Weave 中 DNS 的实现如图 9-20 所示。

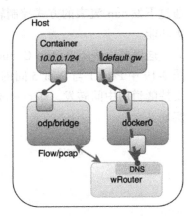

图 9-20　Weave 中 DNS 的实现

9.5.3　Calico

Calico 是一个专门做 DC 网络的开源项目。当业界都痴迷于 Overlay 的时候，Calico 实现 multi-host 容器网络的思路的确可以说是返璞归真——Flat L3，通过单纯的 IP 路由来完成容器间的组网。这是因为 Calico 认为 L3 更为健壮，且对网络人员更为熟悉，而 L2 网络由于控制平面太弱会导致太多问题，排错起来也更加困难。那么，如果能够利用好 L3 去设计 DC 的话就完全没有必要用 L2 了。不过对于某些分布式应用来说，考虑到各类 *cast 的需求，L2 无疑是更好的网络。业界普遍给出的答案是 L2overL3，不过 Calico 认为 Overlay 技术带来的性能开销太大，如果能用 L3 去模拟 L2 是最好的，这样既能保证性能，又能满足应用需求，也免去了维护各类隧道的复杂性，看上去是件一举多得的事情。

　　用 L3 模拟 L2 的关键在于打破传统的 Hierarchy L3 概念，IP 不再以前缀收敛，而是把容器的 IP 以 32 位主机路由的形式发布到网络中，那么 Flat L3 对于应用来说就和 L2 一模一样了。实际上，一个用 Flat L3 技术形成的大二层，和一个用 L2 技术形成的大二层也并没有本质上的区别。而且，L3 有成熟的、完善的、被普遍认可的控制平面，以及丰富的管理工具，运维起来要容易得多。

　　于是，Calico 给出了如下 Flat L3 的设计，见图 9-21 和图 9-22。L3 选择的是 BGP，控制平面是开源的 Bird 作为 BGP RR，Etcd+Felix 进行业务数据同步，数据平面直接是用 Linux 内核做 datapath，FIB 是 /32 的 v4 或者 /128 的 v6。具体来说，Etcd 接收业务数据，Felix 对 Etcd 同步后向 host 本地的路由表注入 32/128 位的主机路由，以及 Iptables 的 ACL 规则，然后 Bird BGP Client 将 host 的本地路由发送给 Bird BGP RR，然后再由 RR 发布给其他 host。

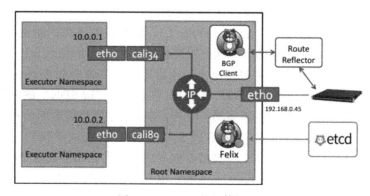

图 9-21　Calico 的整体架构

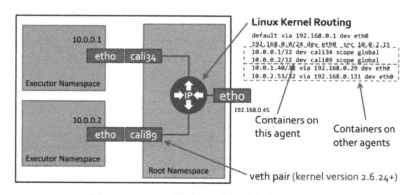

图 9-22　Calico 通过 /32 主机路由实现 Flat L3

　　Calico 的技术堆栈是经过了考验的，有着良好的稳定性、可扩展性和可维护性，而且由于没有了隧道，因此 Calico 能够获得接近于 Linux 原生的网络性能，它普遍被认为是容器网络生产环境的最佳选择。但是，采用 Flat L3 后就没法实现多租户地址的 Overlap 了，L2 和 L3 间模糊的界限也使得网络级别的安全策略变得难以实现。

另外，在Calico控制平面的设计中，物理网络最好是用L2 Fabric，这样vRouter间都是直接可达的，路由不需要把物理设备当作下一跳。如果是L3 Fabric，控制平面的问题马上就来了：是否需要在host和物理设备间起BGP？物理设备支持多少的32位路由？Container-to-Container的BGP Only说起来容易，真正部署起来还是要解决很多问题的。为了支持在L3 Fabric上的部署，Calico提供了IPinIP隧道模式，但是这种做法明显属于左右互搏，如果要用隧道倒还不如直接用VxLAN实在一些。

9.5.4 Romana

说完了Calico的Flat L3，再来看看Romana给出的Hierarchy L3的方案。Romana是Panic Networks在2016年新提出的开源项目，旨在解决Overlay方案给网络带来的开销，虽然目标和Calico基本一致，但是采取的思路却截然相反，Romana希望用Hierarchy L3来组织DC的网络，但这样一来也就谈不上大二层了。

当然，Romana想要的是SDN的Hierarchy L3，因此控制平面的路由比较好控制，不用使用BGP和RR，不过IPAM的问题就比较关键了。IP地址有32位，Leaf-Spine、Host、VM、POD都需要进行规划，如果要多租户，还需要规划Tenant和Segment。如果能够做好这些规划，而且都可以动态调整，那么Romana将会是个“很SDN”的方案。

不过，想要实现灵活的规划并不容易。首先，在DC中网络资源的分布并不是对称的，32位的地址空间还是比较紧张的，图9-23所示为Romana给出的IP规划实例，255 Hosts、255 Tenants、255 Endpoints，多多少少显得有些局促。其次，在不使用Overlay的情况下，想要IPAM能够SDN化，边缘的Host没问题，但在物理网络上进行调整就比较困难了。另外，大二层不要了，虚拟机迁移和很多关键的业务就很难进行了。

Bit location	1	2	3	4	5	6	7	8	9	10	11	12	13	14	15	16	17	18	19	20	21	22	23	24	25	26	27	28	29	30	31	32
Field	10/8 Net Mask								Host ID Bits (8)								Tenant ID Bits (8)								Segment ID and IID							
Capacity	0	0	0	0	1	0	1	0	Up to 255 Hosts								Up to 255 Tenants								255 Endpoints for each Tenant							

Example:

	Bits	Length	Location	Purpose
10/8 Network	8	8	1-8	10/8 Network
Hosts	8	16	9-16	Up to 255 Hosts
Tenants	8	24	17-24	Up to 255 Tenants
Segments	4	28	25-28	Up to 16 Segments per Tenant
Endpoints	4	32	29-32	Up to 16 Endpoints per Segment

Host 1	ID	CIDR or IP
Physical Addr		192.168.0.10
Host	1	10.1/16
Tenant	1	10.1.1/24
Segment	1	10.1.1.16/28
Pod 1	11	10.1.1.27
Pod 2	14	10.1.1.40
Tenant	2	10.1.2/24
Segment	1	10.1.2.16/28
Pod 1	4	10.1.2.20
Pod 2	8	10.1.2.24

Host 2	ID	CIDR or IP
Physical Addr		192.168.0.11
Host	2	10.2/16
Tenant	1	10.2.1/24
Segment	1	10.2.1.16/28
Pod 1	4	10.2.1.20
Pod 2	5	10.2.1.21
Tenant	1	10.2.1/24
Segment	2	10.2.1.32/28
Pod 1	9	10.2.1.41
Pod 2	12	10.2.1.44

Host 3	ID	CIDR or IP
Physical Addr		192.168.0.12
Host	3	10.3/16
Tenant	1	10.3.1/24
Segment	1	10.3.1.16/28
Pod 1	4	10.3.1.20
Pod 2	5	10.3.1.21
Tenant	2	10.3.2/24
Segment	1	10.3.2.32/28
Pod 1	9	10.3.2.25
Pod 2	12	10.3.2.28

图9-23 Romana中Hierarchy L3的地址规划

下面来看一看 Romana 的架构。在图 9-24 中，Managers 是控制端，agent 在设备端。控制端几个组件的功能，看了名字也就能够知道了，这里不再解释。设备端接收调度，给容器配 IP，在 host 上配路由，也没什么好说的了。

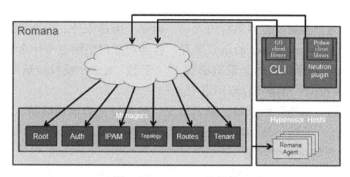

图 9-24 Romana 的架构

9.5.5 Contiv

Contiv 是 Cisco 在 2015 年成立的开源项目，希望能够把 ACI 中的策略概念引到容器网络中来。Contiv 的架构如图 9-25 所示，Netmaster 为集中式的控制器，负责分配 IP 地址、同步容器网络信息、同步网络策略等。Netplugin 部署在设备端，接收 Netmaster 的控制，并对 vSwitch 和 vRouter 进行配置。Contiv 的集群管理可通过 Etcd/Serf/Consul 等实现。因此，Contiv 是一个典型的 SDN 架构。

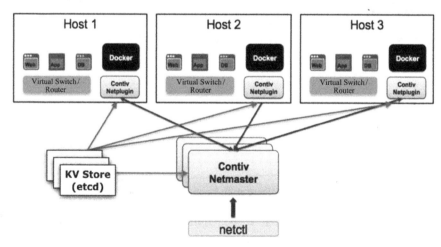

图 9-25 Contiv 的架构

Contiv 支持多种组网方式，包括基于 VLAN 的 Flat L2、基于 BGP 的 Flat L3、基于 VxLAN 的 Overlay，以及支持 EPG 的 ACI 模式。在策略方面，支持隔离和带宽控制，可通过 ACI GW 与 ACI 的控制器 APIC 进行对接。

9.6 Neutron 网络与容器的对接

眼看着容器一步一步火起来了，OpenStack 也开始对容器进行集成。有 Magnum 作为 Swarm、K8S 这些 COE（Container Orchestration Engine，容器编排引擎）的前端，OpenStack 就有了编排大规模容器集群的入口，而除了编排以外，网络侧的集成也是很重要的一部分。其实从 network driver 的角度来看，容器和虚拟机倒也没什么特别大的差别，那么再设计一套 Neutron 容器显然是没有必要的。于是，Kuryr 项目应运而生，旨在将现有 Neutron 的 network driver 衔接到容器网络中。

Kuryr 是捷克语"信使"的意思，顾名思义，就是要把容器网络的 API 转化成 Neutron API 传递给 Neutron，然后仍然由 Neutron 来调度后端的 network driver 来为容器组网。要做成这件事情，主要解决 3 个问题。

1）建立容器网络模型（如 CNM 和 CNI）和 Neutron 网络模型的映射关系。

2）处理容器和 Neutron network driver 的端口绑定。

3）容器不同于虚拟机，可能会对现有 Neutron 网络方案的实现造成影响。

第一个问题，通俗点说就是要做好翻译工作。以 Docker libnetwork 为例，用户调用了 libnetwork 的 API 要新建一个（CNM 模型中的）Network 对象，那 Kuryr 就得翻译成 Neutron 能听得懂的 API——新建一个 Neutron Subnet。这要求 Kuryr 作为 remote driver，于是 Neutron 和 Neutron driver 对于 libnetwork 来说就是完全透明的了。其流程如图 9-26 所示。

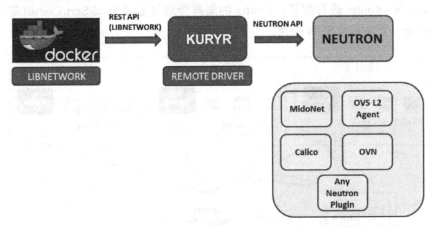

图 9-26　Kuryr 在 Docker 和 Neutron 间扮演翻译的角色

上面举了一个比较容易理解的例子，不好办的是当两侧的模型不一致，尤其是左边有新概念的时候。比如，现在要为部署在 VM 中的 Nested Container 设计一个 Security Group，但是 Neutron 目前只能管到 host，是看不见这个藏起来的容器的，那这时就要对 Neutron 进行扩展了，思路就是为 Neutron Port 扩展一个新属性来标记 VM 中这个 Nested Container，这样识别的时候带上这个标记就行了。Kuryr 处理端口绑定的示意如图 9-27 所示。

从实现上来讲，Kuryr 要负责管理两侧资源实例 ID 的映射关系，以保证操作的一致性，否则会直接带来用户间的网络入侵。另外，由于 IPAM 在两侧都被独立出来了，因此 IPAM 的 API 也要能够衔接上。

　　至于第二个问题，按常理来想似乎是不应该存在的。但是，目前绝大多数 Neutron network 在绑定端口时，其动作只会更新数据库，并不会为容器执行 plug。其原因在于，之前在处理虚拟机的时候，plug 被看作是虚拟机启动时自带的动作，因此 plug 就放在了 Nova 的 poweron 函数里面。改 network driver 自然是不好的，于是 Kuryr 就负责处理这个历史遗留问题了。

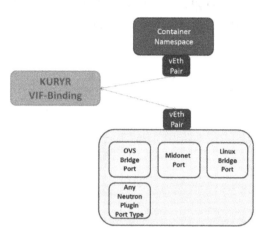

图 9-27　Kuryr 处理端口绑定

　　第三个问题可就是学问了。按照道理来讲，业务的 API 没问题了，容器也都接入网络了，而转发的逻辑都是 network driver 写好的，这与连接的是容器还是虚拟机也就没有任何关系了，那不就应该万事大吉了吗？可是现实很有可能不是这样的。比如由于容器作为工作负载，其特征与虚拟机完全不同，因此业务对二者的需求也是大相径庭。容器都是批量的，而且它们的生命周期可能很短——需要来回反复地启动，而 Neutron 的 API 都是通过消息总线传输的，而过于密集的 API 操作很有可能会造成消息总线崩溃。一个新建容器的 API 等了 1 分钟失败了，那么可能的业务需求就过去了，这个损失自然是不可接受的。类似的问题都在潜伏着，如果 Kuryr 要走上生产环境中，还需要多多开动脑筋。

　　虽然 Kuryr 是 OpenStack 中比较新的项目，但目前 Kuryr 的进展还不错，对 Docker libnetwork 和 K8S 的集成都有 demo 出来了。一旦 Kuryr 成熟后，这意味着 Neutron 下面的各家 vendor 都可以不费吹灰之力直接集成容器了，这对于 Weave、Calico 这些靠容器起家的 vendor 可不算是个好消息。Kuryr 与 K8S 的对接如图 9-28 所示。

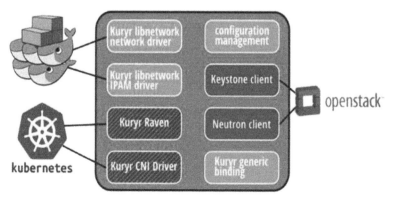

图 9-28　Kuryr 与 K8S 的对接

9.7 本章小结

容器是一种新兴的负载形态，但实际上只要通过适当的方式完成接入，那么对于网络本身的控制与转发而言，容器与虚拟机并没有任何本质上的区别。本章对容器的组网模型进行了抽象，并介绍了一些典型方案的设计思路，其中所涉及的绝大部分技术在之前的章节中都已覆盖，本章未进行重复性的介绍。

番外——异构网络与融合

除了以太网和 TCP/IP 以外，历史上曾出现过很多种类型的交换网络。广域网重视服务质量的问题，因此出现过 X.25、帧中继、ATM 等面向连接的网络架构，而数据中心网络中则出现了以 Fiber Channel 和 InfiniBand 为代表的网络架构，分别用于满足存储资源间和计算资源间的通信需求。本章将对 Fiber Channel 和 InfiniBand，以及基于以太网的异构网络融合技术进行简单介绍。

10.1 融合以太网基础

网络转发设备用于传输流量，不同类型的流量对网络的需求是不同的。在数据中心中有 3 大类资源：计算、存储和网络。之前讲过的数据网络都是用来传输数据业务流量的，这类流量对于网络的容忍度比较高，丢包多一点、时延高一点或者抖动大一点都没什么关系，以太网 +TCP/IP 的协议栈基本上统治了数通网络领域，而这套协议栈用于存储资源间或者计算资源间的通信却很不合适。存储应用对于由丢包所导致的 IO 延时抖动非常敏感，而传统的以太网 /IP 都是尽力而为的，可靠性需要依靠高层的 TCP 来保证，端到端的重传显然不能满足存储对丢包率的要求。同样，一些高性能计算（High Performance Computing，HPC）的应用对于延时有着严苛的要求，底层的互联网络需要达到机内总线级别的性能，传统的以太网 /IP 同样难以支撑 HPC 流量的传输。

因此，在数据中心中往往需要为存储和计算流量专门布网，运行专用的协议栈。对于 HPC 流量，通常使用 IB 网络（Infinite Band，无限带宽网络）进行高带宽、低时延的传输。对于存储流量，则通常使用 FC 网络（Fibre Channel，光纤通道网络）进行高带宽、无丢包的传输。图 10-1 给出了数据中心中业务网络组网的简化模型。

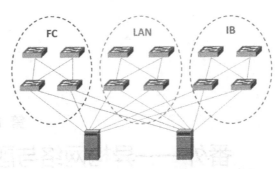

图 10-1   以太网、光纤存储和高性能计算网络共存

3 种独立的网络往往意味着大于 3 倍的 CAPEX/OPEX，整合势在必行。而 3 种网络的协议栈不同，要实现整合就需要使用一个通用的承载协议。由于部署的广泛性和丰富的整合经验，以太网成为了承载协议的理想选择。DCB（Data Center Bridge，802.1）协议集的发展，使以太网的特性得到了扩充，PFC（Priority Flow Control，802.1Qbb）提供了基于通道的无丢包机制，ETS（Enhanced Transmission Selection，802.1Qaz）提供了灵活的带宽分配与调度机制，DCBX（DCB eXchange）提供了 DCB 的自动化配置，QCN（Quantized Congestion Notification，802.1Qau）提供了路径拥塞通知机制。具备这些优良的特性，再加上 10GE 端口的普及，通过以太网来融合网络已经成为了业界的普遍共识。本节先来简单地介绍一下 DCB，在本章后面两小节的内容中将介绍如何使用 DCB 以太网来承载存储和 HPC 流量。

10.1.1   PFC

802.3x 是一种基于 PAUSE 帧的以太网流量控制机制。如果接收端口出现了拥塞，不能再接收更多的数据包，它将会发送 PAUSE 帧，PAUSE 帧中会有一个暂停时间，在收到 PAUSE 帧后，发送设备在暂停时间内将不会向接收端口发送任何数据包，以免丢失数据包。暂停时间过后，发送设备重新开始向接收端口发送数据包，如果接收端口仍然拥塞，则继续反馈 PAUSE 帧，如此循环直到拥塞解除。不过 802.3x 这种流控的粒度比较粗，它不具备在链路上区分不同业务的能力，如果一类非关键业务挤满了接收端口的缓存，那么 PAUSE 帧的反馈将会暂停关键业务的转发。

PFC 可以看作是 802.3x 和 802.1p 的结合体，图 10-2 给出了 PFC 的工作机制示意图。它引入了优先级的概念，一条链路上具有不同 VLAN CoS 值的业务分别拥有不同的转发通道，PFC 最多支持 8 个优先级，在不同优先级的通道中 PAUSE 帧是彼此独立的，一个通道上的 PAUSE 帧不能控制另一个通道上的业务流量，不同通道中 PAUSE 帧的暂停时间也是独立的，因此流控的策略能够做得非常灵活。如果每个通道都不需要流控，也可以关闭 PFC 功能。PFC 提供了不丢包的流控机制，同时保证了关键业务与非关键业务的流控隔离，它是 DCB 实现网络融合最为关键的技术。

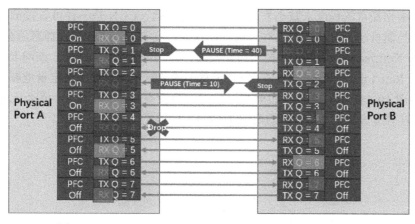

图 10-2 PFC 通过 PAUSE 帧对不同优先级的流量进行流控

10.1.2 ETS

PFC 实现了链路上的拥塞控制，但是它并没有涉及链路带宽的分配。ETS 在 PFC 的基础上，为不同优先级的业务流量分配不同的链路带宽，保证业务流量能够获得它所需要的带宽，同时不影响其他业务流量。ETS 定义了一些带宽配置参数，包括端口支持的流量优先级的数量（最小为 3，最大为 8），为每一个优先级分配的流量类型，以及为每一种流量分配的带宽。需要注意的是，ETS 只是一种规范，它自身并不会产生实际的控制帧，ETS 需要依赖于 DCBX 在链路两侧进行协商，从而自动调整链路上的带宽分配。

ETS 将不同类型的业务流量纳入不同的 PG（Priority Group，优先级组），每个 PG 有一个 PGID，PGID 可以在 0 ～ 7 间取值，这些 PGID 都会对应一个带宽的百分比，调度器将按照该百分比来分配带宽。PGID 另外一个可能的取值是 15。当 PGID 为 15 时，代表该流量需要得到严格的优先级保证，该流量不归 ETS 管理，只要该流量出现就需要无条件地优先进行转发，剩余的带宽将作为总量，按照百分比在 PGID 为 0 ～ 7 的流量间进行分配。如图 10-3 所示，有一类关键业务在 PG15 中传输，它们对于带宽是可以抢占的，有 5 类优先级较低的业务流量被合并纳入 PG0，一起获得了除 PG15 所占用带宽之外的 60%，有一类优先级较高的业务流量被纳入 PG1，获得了除 PG15 所占用带宽之外的 40%。

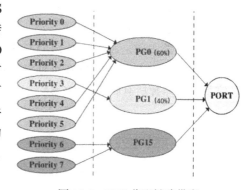

图 10-3 ETS 分配链路带宽

10.1.3 QCN

PFC 的拥塞控制作用于链路级别，只能逐跳地对上游交换机进行反馈，不能直接控制产生流量的源头，而且 PFC 的反馈机制是定性的，上游交换机收到 PAUSE 后就会暂停发送，而不是根据拥塞的程度来减小发送的速率。对应地，QCN 是一种可直接溯源、可量化调整的拥塞控制机制，交换机可以对出端口设置拥塞监测点，当其发现拥塞后会发送 CNM（Congestion Notification Control，拥塞通知控制）消息给流量源的网卡。该网卡中会有一个限速器 RL（Rate Limiter），它会参考 CNM 消息中的参数，并通过算法定量地减小发送流量的速率，如图 10-4 所示。另外，如果在一段时间内没有再收到 CNM，那么该网卡就会通过另外的算法恢复发送的速率，保证在拥塞解除后能够充分地利用带宽。

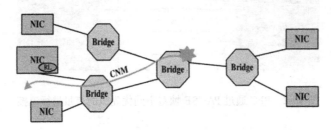

图 10-4　QCN 对流量源进行拥塞反馈

想法是好的，不过 QCN 的一个明显问题在于它是一种二层控制协议，因此没有办法跨越 IP 网络，另外它需要服务器中的网卡提供专用的支持，因此实际上 QCN 在数据中心的应用比较少。

10.1.4　DCBX

PFC 和 ETS 都是链路层面的控制机制，只有当链路两端的相关参数能够匹配的时候才能够正常工作。手动去配置 PFC 和 ETS 是个艰巨的任务，DCB 为此设计了一种自动协商的协议 DCBX，用于自动地协商链路两端的 PFC 和 ETS 参数，如有多少种流量类型可以同时支持 PFC、每种流量类型是否使能 PFC、支持 ETS 优先级组的数量、每个 ETS PGID 对应的带宽百分比，等等。另外，QCN 也可以通过 DCBX 得到自动配置。DCBX 协商完成后，就可以建立起一条 DCB 链路了。

DCBX 的实现是通过扩展 LLDP 来完成的，因此 DCB 交换机可以兼容传统的以太网交换机，不过 DCBX 需要工作在点到点链路上，如果链路的一端发现有多个 DCBX 对端，那么它就将忽略掉所有收到的 DCBX，直到发现只存在一个 DCBX 对端为止。

10.2　存储网络及其融合

存储在企业级网络和数据中心中都占有基础性的地位，它提供数据的管理、复制、快照、迁移、容灾等诸多的功能与事务，存储架构的选择对于整体 IT 系统的效率有着至关重要的影响。DAS（Direct Attached Storage，直连式存储）能将外部存储设备直接挂在服务器内部总线上，能够实现高性能的数据读写，不过 DAS 附属于服务器的架构中，存储设备的资源利用率较低，服务器间数据的共享会受到严重的限制。NAS（Network Attached

Storage，网络连接存储）通过专门的文件服务器来提供文件的远程操作，存储不再作为服务器的附属，而是作为独立节点存在于网络之中，文件可以通过网络在服务器间自由地流动，不过 NAS 没有自己专用的网络，网络传输的低效率会对性能造成很大的制约，而且 NAS 只能提供文件形式的访问，不能提供对数据块（Block）的直接访问，因此无法适用于某些数据库系统。

　　SAN 结合了 DAS 和 NAS 的优点，提供了高速的、Block 级别的数据操作，又提供了组网的可扩展性和灵活性。SAN 起源于 FC(Fiber Channel，光纤通道)，在 20 世纪 80 年代，存储的架构多是以 SCSI 作为存储接口的 DAS，随着对存储容量的要求越来越高，SCSI 设备需要越来越多的空间，这就要求 SCSI 连接能够从主机延伸出来以在组网上获得可扩展性，FC 在这个背景下脱颖而出。FC 将 SCSI 指令封装后在专用的底层网络中进行传输，FC 专用的底层网络具有高带宽、不丢包等特点，并针对大块数据的传输进行了优化，因此 FC 的性能在当时远远超过了以太网，在存储领域形成了巨大的优势，FC 成为了 SAN 的核心技术。经过二十多年的发展，SAN 逐步形成了寡头市场，主要就是 Brocade 和 Cisco 两家，其他厂家大多数都是这两家的 OEM。

　　FC 是一套独立的协议栈，是无法和以太网 /IP 进行原生互通的。随着 DCB 的提出，以及以太网端口速率的快速发展，FC 相比于以太网的性能优势已经不再明显，因此通过以太网 /IP 来整合存储流量也就顺理成章了。整合的方案主要有 iFCP、FCIP、iSCSI 和 FCoE 几种，其中：iFCP 是 FC into IP，目前基本上看不到什么应用。FCIP 是 FC over TCP/IP，思路是通过 IP 隧道将两个 FC 网络跨域 Internet 互连起来，主要用于存储流量的异地传输与灾备。iSCSI 是 SCSI over TCP/IP，也称为 IP-SAN，其成本相对 FC 较低但性能稍差，它占领了中端存储市场。FCoE 是 FC over Ethernet，思路是通过 DCB 以太网来承载 FC，主要用于数据中心内部的 IO、网络整合。本节先来介绍一下 FC，然后再来看一看 FCoE，最后介绍曾经出现过的一些 SDSAN 方案网络。

10.2.1　FC 的协议栈

　　FC 协议栈的层次分为 FC0 ～ FC4，如图 10-5 所示。FC-0 和 FC-1 是物理层规范，最新一代的 GEN6 FC 产品可以提供 128（为 4×32）G 的端口速率。FC-2 分为 FC-2P、FC-2M、FC-2V 3 个子层，其中 FC-2P 负责帧的定界与封装，并使用了 Buffer-to-Buffer Credit 的流控机制来保证不丢包。主机通过 HBA（Host Bus Adaptor）来支持 FC，HBA 上会有多个 FC 端口（N_port），每个 N_port 在接入 FC 网络时会分配一个 24 位的 FCID，之后即可使用在 FC 网络上和其他 N_port 进行通信，FC 交换机会根据 FCID 进行转发。FC-2V 实现 HBA 上不同的 N_port，FC-2M 实现一个 HBA 上的多个 N_port 对于 FC-2P 的复用。FC-4 是 FC-2 和应用间的映射层，允许应用在不改变程序原有语义的情况下使用 FC 进行传输，不同的应用需要不同的 FC-4 来映射。要注意的是，FC-3 是 FC 网络的通用服务层，它并不对应 OSI 中的网络层，不具备路由的功能，而是为节点提供注册和查询等服务。FC-3 提供的服务，比如 Login Service，Name Service 等，都具有周知的 FCID。它们分布于各个 FC

交换机上，交换机会将这些服务的本地信息与其他交换机进行同步。可以看出，FC 的协议栈和 OSI 标准模型并没有强对应关系。

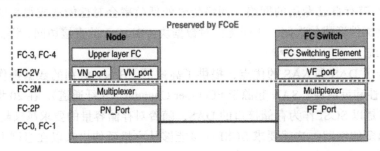

图 10-5　FC 协议栈的分层

10.2.2　FC 的控制与转发机制

在 FC Fabric 的初始化阶段，会从各个交换机中选举出一个 PS（Principle Switch），这个 PS 角色就是负责为其他交换机分配 Domain ID。PS 的选举过程比较复杂，这里可以简单地将其理解为和 STP 选举 root 是类似的过程。选举出 PS 后，PS 首先为自己分配一个 Domain ID，然后向其他直连的交换机发送一个 DIA（Domain ID Assignment），其他交换机看到 DIA 后，知道可以开始申请 Domain ID 了，于是向 PS 发送一个 RDI（Request for Domain ID）消息。PS 收到 RDI 后，会返回一个可用的 Domain ID。分配了 Domain ID 的交换机会向下游的交换机再次发送 DIA，以触发下游交换机向 PS 发送 RDI。这里注意，DIA 只能传一跳，而 RDI 是可以透传的。换句话说，Domain ID 的分配过程，是沿着以 PS 为根的树逐层进行的。

当所有交换机都有了 Domain ID 之后，Fabric 就开始进入路由协议的运行阶段了。FC 中的路由协议叫做 FSPF（Fiber Shortest Path First，光纤最短路径优先），FSPF 和 OSPF 差不多，也是一种链路状态协议，工作原理就是通过 Hello 发现邻居，通过扩散 LSDB 来学习拓扑，然后根据 D 算法来计算 cost 最小的路径，可以支持多路的 ECMP。在下一段中会看到，在为节点分配 FCID 时，交换机会用自己的 Domain ID 作为节点 FCID 的高 8 位，也就是说同一个交换机下面的节点会拥有相同的 FCID 前缀，因此 FSPF 在扩散和计算路由时都是以 Domain ID 为目的地的。

初始化阶段和路由阶段过后，FC Fabric 即可开始处理 FC 节点间的流量了。每个 FC 节点都有 64 位的 WWN（World Wide Name），节点上的每个端口都有 64 位的 WWPN（World Wide Port Name），对 FC 网络中的元素进行全球唯一标识，WWN/WWPN 相当于以太网中的 MAC 地址。在 FC 的设计中，交换机会使用 FCID 来进行转发，之所以没有使用 WWN/WWPN，是因为 64 位太长了会影响转发效率。由于节点需要一个 FCID 来进行通信，因此节点首先会向周知 FCID 地址为 0xFFFFFE 的 Login Sever 发送 FLOGI（Fabric Login）消息来申请 FCID，Login Server 会返回一个 24 位的、层次化编址的 FCID。FCID 的编址规则为 8 位的 Device ID + 8 位的 Area ID+ 8 位的 Port ID。其中，Device ID 用于标识 FC 交换机，在 FC 的实现中通常选择 Domain ID 作为 Device ID；Area ID 用于标识交换机本地的一组 Port，比如可以为同一个 Slot 中的各个 Port 使用同一个 Area ID；Port ID 用于标识某个特定的 Port。从编址的规则来看，节点分配到的 FCID 在它所在的 FC Fabric 中是唯一的，如果在 FC Fabric 中使用了 VSAN（类似于以太网中的 VLAN，用于隔离流量），那么在不同的 VSAN 中可能会分配相同的 FCID。虽然 FC 为 FCID 设计了层次化编址，而且使用了类似于 OSPF 的 FSPF 来计算 FCID 的路由，但是由于在 FC 协议栈中不存在独立的网络层，路由的功能都是在链路层展开的，因此 FCID 仍然属于链路层的概念。

节点在获得 FCID 后，还要向周知 FCID 为 0xFFFFFC 的 Name Server 发送 PLOGI（Port Login）消息，上报自己的 WWN/WWPN、FCID 等参数，Name Server 记录下这些参数后回复确认。之后，作为 Initiator 的节点继续向 Name Server 发送 PLOGI 消息来请求在线的节点列表，然后从列表中找出可用的 Target，并向这些 Target 发送 PLOGI 消息与其协商通信参数。对于 SCSI 应用而言，在 PLOGI 协商过后，Initiator 和 Target 间还需要进行 PRLI（Process Login）协商，然后才能开始数据通信。数据包从 HBA 送出之后就进入了 FC Fabric，交换机就会根据 FSPF 计算出来的路由表，配置数据包的目的 FCID 来进行转发。FC 中的 FLOGI 和 PLOGZ 如图 10-6 所示。

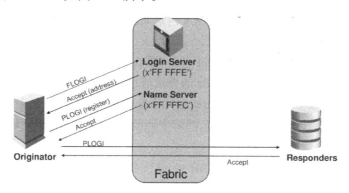

图 10-6　FC 中的 FLOGI 和 PLOGI

10.2.3　FCoE 的控制与转发机制

上面是对 FC 技术的框架性介绍，下面再来看一看 FCoE。FCoE 的做法是使用以太网的帧头代替 FC-2P 和 FC-2M，上层的 FC-2V、FC-3 和 FC-4 仍然保留，FCoE 协议栈如图 10-7 所示。FCoE 将服务器的 FC 节点称为 ENode，FCoE 交换机称为 FCF。

在 FCoE 网络中，服务器通过一块 CNA 网卡同时支撑 IP 和 FC 两套协议，相当于 HBA 和以太网 NIC 的合体。FCoE 的以太网类型是 0x8906，其外层 MAC 地址的写法比较讲究，后续通过具体的通信流程会进行介绍。外层的 VLAN 对于 FCoE 来说同样非常关键，其原因主要有两个：首先，FCoE 流量必须在无损无丢包的以太网链路上进行传输，这完全依赖于 PFC 和 ETS 机制，而这两种机制都需要根据 VLAN 标签来对流量进行分类，因此

FCoE 流量必须承载在特定的 VLAN 中。其次，FCF 要想实现存储网络内部的虚拟化，需要使用不同的 VLAN 来承载不同 VSAN 的流量。那么封装外层以太网时具体该使用哪个 VLAN 呢？这就要看 FCoE 的控制平面了。

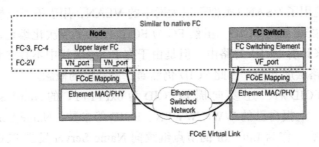

图 10-7　FCoE 的协议栈

FCoE 使用 FIP（FCoE Initialization Protocol）作为控制平面协议，其以太网类型为 0x8914。FIP 主要负责以下 3 个工作。

1）VLAN 发现。FIP 在原先 VLAN 中通过 VLAN 发现报文，并与邻居协商后续 FIP 信令和 FCoE 流量所使用的 VLAN，其缺省值为 1002。

2）FCF 发现。FCF 在所有 FCoE VLAN 内定期组播发现通告报文，使得当前 VLAN 内的所有的 ENode 发现自己。

3）FLOGI/PLOGI。与 FC 中相应过程一样，FCF 作为 Login Server 为 ENode 分配 FCID，同时作为 Name Server 记录 ENode 的登录信息。

经过上述 3 个阶段后，FCoE 网络的初始化工作就完成了，FCoE 流量得以无损地在以太网中传输。下面来看一个在多跳 FCoE 网络中典型的报文转发流程，以图 10-8 中的场景为例。

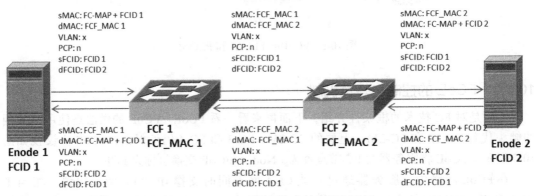

图 10-8　多跳 FCoE 网络中转发报文示例

由于 FCID 是端到端的，因此 FCoE 报文在经过 FCF 转发时 FCID 不会发生变化，而外层的 MAC 地址会逐跳改写。我们知道 IP 和 MAC 是通过 ARP 协议联系在一起的，那么 FCID 和 MAC 该如何映射呢？FCoE 为 ENode 规定了如下的映射方法：使用 FC-MAP 填充 MAC 地址的高 24 位，低 24 位填充为 FCID，得到 FPMA 作为自己的以太网地址，而弃用 CAN 网卡出厂时的 MAC 地址。其中 FC-MAP 为在 FIP 的 FCF 发现阶段中，FCF 告诉 ENode 的信息，每个 VSAN 内部的 ENode 都使用相同的 FC-MAP，不同的 VSAN 使用不同的 FC-MAP。而对于 FCF 来说，不进行这种转换，直接使用本机 MAC 地址 FCF-MAC 进行外层以太网封装。同一个 VSAN 内的报文都在同一个 VLAN 内传输，FCF 进行 VLAN 的 MAC 地址学习，保证了 VSAN 间的隔离，不同 VLAN 的优先级不同，通过 PFC 和 ETS 进行差异化的传输控制。

单跳 FCoE 的转发更为简单，负责接入的 FCF 收到 FCoE 流量后，根据 FCID 进行寻址，然后直接转换成 FC-2 的帧格式在 FC 网络中进行传输，这里不再赘述。

有一个问题就是，当在服务器中部署虚拟机的时候，FCF 不再是 FCoE 接入网络的第一跳，很多 FIP 的交互过程就实现不了了，而 FC 网络也面临着这个问题。FC 网络给出的解决办法是 NPIV/NPV，NPIV 部署在服务器中作为 ENode 和 FCF 之间的代理，为下挂多个虚拟机的 ENode 完成 FLOGI/PLOGI 过程，而 NPV 则将 NPIV 的功能放到了以太网交换机上。NPIV/NPV 的示意如图 10-9 和图 10-10 所示。同样，FCoE 也可以配合 NPIV 的工作实现虚拟机的 FCoE 接入。

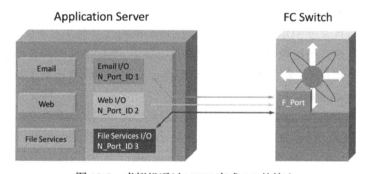

图 10-9　虚拟机通过 NPIV 完成 FC 的接入

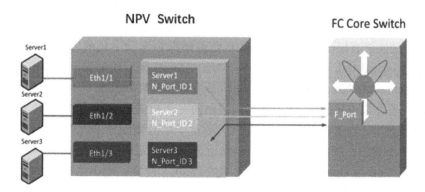

图 10-10　NPV 通过以太网交换机实现 NPIV 的功能

FCoE 在 2008 年提出后，以太网看到了进军存储领域的契机，各路厂商极为罕见地、迅速地达成了共识，纷纷在自家的产品中增加了对 FCoE 的支持。不过由于存储领域相对来说比较保守，因此 FCoE 在市场上的推进并没有达到预期的效果。尽管如此，在当时来看，FCoE 仍然将会是未来数据中心中 IO 整合的首选。然而就在近两年，超融合的概念迅速崛起，存储重新开始向计算靠拢，端的地位逐渐强化，存储领域正在摆脱以网络为核心的思路，FCoE 还没有等到市场的普及，就需要开始面临着可能被新技术浪潮所吞没的挑战。另外一个方面，SSD 在企业级市场的快速发展，将低延迟引入到了存储网络的评价指标当中，HPC 网络也开始走入了主流存储界的视野。FCoE 的前景已经变得很模糊了，而随着 Brocade 的 SAN 业务在 2016 年被 Broadcom 收购，SAN 的市场格局未来会走势如何，现在也成为一个问号。

10.2.4 昙花一现的 SDSAN

在 2015 年左右，业界曾经有过一些尝试希望将 SDN 引入 SAN 网络，当时的主流思路就是通过控制器实现对 FC/FCoE 的自动部署与集中控制。简单来说，存储设备会在通信前发一些控制信令向网络进行注册，通信开始后网络根据设备的位置进行路由。从 SDN 实现的宏观角度来分析，无非就是控制器收集信令，形成存储网络的全局视图，再下发转发表指导存储流量的路由。不过，由于 SAN 网络所承载的多为极关键的流量，技术上翻新的动力并不是很强，而且通过 SDN 来改造 SAN 网络所带来的收益也并不明显，因此 SDSAN 的概念并没有得到推广。在超融合等新兴存储热点出现后，SDSAN 的声音基本上就彻底消失掉了。本节会简单地介绍一些 SDSAN 的设计思路，有兴趣的读者不妨了解一下。

1. NEC Advanced FCoE

NEC 提出过一种叫做 AFCoE 的方案，希望解决当时单跳 FCoE 存在的两个不足：①所有的流量都经过 FCF，很容易成为流量的瓶颈。② DCB 不支持丢包数据重传（目前的 DCB 已经支持）。于是 AFCoE 通过部署 FCC（FC Controller）解决了 FCF 的扩展问题，通过在主机端部署 gateway 的方式实现快速重传。Gateway 的实现这里不去关注，来看一看 FCC 在 AFCoE 中的使用，AFCoE 的组网和通信机制如图 10-11 中左右两部分所示。

其实 AFCoE 的原理非常简单，主机或者存储设备送出 FIP 信令（包括 FLOGI 和 PLOGI）后，交换机直接泛洪给 FCC，FCC 负责模拟 FCF 向主机或者存储设备回复 FIP 消息，与之建立 virtual link，并记录 PORT、MAC、FCID 间的映射关系。通信开始后，FCC 根据映射关系，模拟 FCF 的功能并进行 FCoE 流量的转发以及源目 MAC 地址的改写。实际上，FCC 可看作以 InBand 方式部署在网络中的一个 FCF 软件代理。

AFCoE 虽然将 FCoE 的控制平面从 FCF 的盒子中分离到了 FCC 上进行实现，但是由于只涉及了一个 FCF，所以全局视图和存储流量调度都无从谈起。如图 10-12 所示，NEC 还曾要结合 AFCoE 与 OpenFlow 实现端到端的 FCoE，以真正地出体现 SDN 的特色，不过后面并未见到相应的进展。

2. Fujitsu SD-FCoE

与 AFCoE 类似，Fujitsu 也是提出了一个边缘 FCoE 组网的 SDN 解决方案，其原理如

图 10-13 所示。Fujitsu 对 OpenFlow 的匹配域进行了扩展，使得 OF 交换机能够识别 FCoE 的相关字段（如 FCID），从而据此进行存储流量的转发。

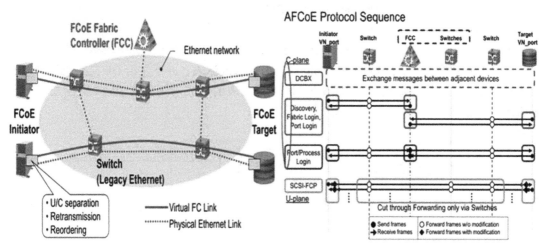

图 10-11　AFCoE 的组网结构（左）和通信机制（右）

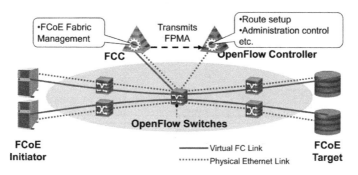

图 10-12　AFCoE 与 OpenFlow 结合示意图

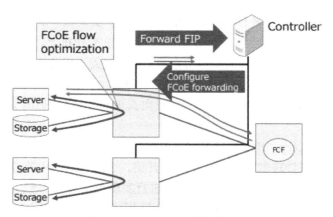

图 10-13　SD-FCoE 的方案示意

在该方案中，网络中仍然存在FCF，主机和存储设备直连的浅蓝色盒子为扩展后的OF交换机，通过一些预置的流表充当一个FIP Snooper。看到主机或者存储设备发出的FLOGIN Request后，OF交换机将其上报给控制器，控制器会记录下端口，Enode_MAC和FCF MAC间的映射关系可以构建LOGIN Table，并指导OF交换机将该FLOGIN Request传给FCF。看到FCF回复的FLOGIN Accept后，OF交换机将其交给控制器，控制器会记录下FCID和FPMA，结合LOGIN Table中的信息形成流表，并下发给OF交换机指导存储流量的转发，图10-14给出了LOGIN Table以及流表的形成规则，图10-15则给出了控制器中的处理逻辑。

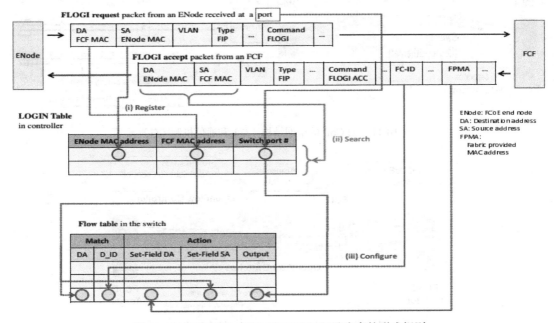

图 10-14　SD-FCoE 中 LOGIN Table 以及流表的形成规则

FIP过程结束后，存储流量开始传输。对于不同OF交换机下的主机或存储设备间的通信，OF交换机转发给FCF，再由FCF转发到另一台OF交换机上。对于同一OF交换机下的主机或存储设备间的通信，该OF交换机直接按照控制器下发的流表完成转发，不再迂回到FCF，这在一定程度上解决了FCF的流量瓶颈问题。

这个SD-FCoE的方案相比于AFCoE，已经向真正的SDSAN迈出了一大步，不过该方案仍存在以下几个问题：

1）FIP需要通过Keep Alive消息来维持主机和存储设备间virtual link的状态，这部分信令如果都交给控制器处理的话是一个很大的开销，因此当网络中节点较多时，可能需要将FIP Keep Alive的处理offload到交换机本地进行实现。

2）虽然基于FCoE的帧格式对OF交换机进行了扩展，然而OF交换机仍然不支持DCB的某些无丢包特性，因此数据平面离真正的SDSAN还有差距。

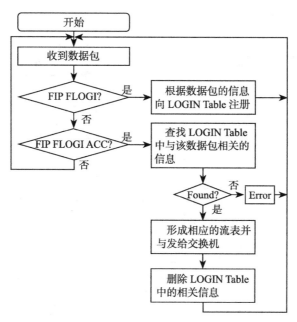

图 10-15 SD-FCoE 中控制器的处理逻辑

3）实现了 FCoE 的边缘接入，然而对存储流量的端到端传输并未进行集中式的控制。

3. HUAWEI CSN

相比于 SD-FCoE，更为彻底的 SDSAN 其实应该是 SD-FC。华为曾联合发表过一篇论文对 SD–FC 进行了初步的探讨与设计，其架构如图 10-16 所示，论文中将其命名为 CSN（Controller-based FC Storage Network）。

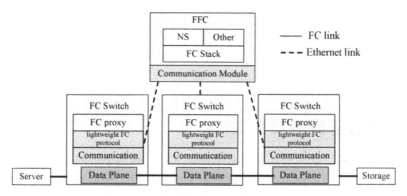

图 10-16 华为针对 SD-FC 提出的 CSN

在 CSN 架构中，通过对 FC 交换机的软件进行升级，使得其上电后可以立即与 FFC（FC Fabric Controller）建立 TCP 连接，并交互 FC 的控制信令。控制信令的消息类型如图 10-17 的左半部分所示，图 10-17 的右半部分是控制信道的建立和传输过程。其中第一类消息维护控制信道的状态，第二类消息处理主机或存储设备的登录，第三类消息用来收集 FC 网络拓扑，第四类消息用来更新 FC 网络路由表。

Type	Command	Meaning
1	1	Keep-Alive Packet
	2	Login Request Packet
	3	Login Request ACK Packet
	4	Logout Request Packet
	5	Logout Request ACK Packet
2	1	NPort FLOGI Request
	2	NPort FLOGI Request ACK
	3	NPort FLOGO Request
	4	NPort FLOGO Request ACK
	5	Nport Control Packet
3	1	EPort UP Request
	2	EPort UP Request ACK
	3	EPort Down Request
	4	EPort Down Request ACK
4	1	Routing Table
	2	Routing Table ACK

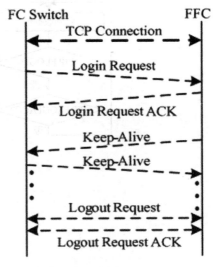

图 10-17　CSN 中的控制信令类型（左）与交互流程（右）

FC 交换机连接上 FFC 后，将主机或存储设备的 FLOGI 和 PLOGI 请求通过控制信道上报给 FFC，FFC 进行代理回复，并记录下主机或存储设备的位置和身份信息。另外，FC 网络的拓扑信息对于控制器同样也很重要。为实现该信息的收集，FC 交换机会在本地进行邻居探测，新检测到的和断掉的 FC 链路将分别通过 EPort UP 和 EPort Down 请求发送给 FFC，FFC 发送相应的确认消息进行确认。拥有了全局信息后，FFC 即可通过 FSPF 算法计算存储流量的端到端路径，并通过 Routing Table 消息通知 FC 交换机。

CSN 架构的通用性能够使其应用到任意的 SAN 网络中，对数据平面也不需要任何的修改，可以说 SDSAN 是最理想的一个方案了。华为在其 Agile Controller 2.0 中，也曾明确地将 SDSAN 作为 SDN 一个重要的应用场景，不过后来随着 3.0 版本重点的转移（见本书 4.7 节），SDSAN 这一块也就不了了之了。

10.3　高性能计算网络及其融合

网络的本质是互联，低时延是网络永恒的追求。广域网上的时延较高，传输流量需要经过很多跳的路由器，每一跳上的处理都会带来一些延时，而网络结构的不对称，也会导致在少数路由器上出现严重的拥塞，丢包后的 TCP 重传会倍增通信的时延。而对于数据中心来说，网络直径有限，在高度对称的结构中路由也会更为均匀，丢包重传的情况相对较少，因此时延不会很高。随着大数据和人工智能的兴起，云化的数据中心开始承载越来越多的计算密集型业务，这些业务对于延时有着很高的要求，网络需要提供更低的延时才能保证不拖集群的后腿。因此就在这几年，HPC（High Performance Computing，高性能计算）

中的一些低延时网络技术，开始得到云数据中心的关注。

　　HPC 网络通常用来承载超算业务。对于超算业务来说时延就是生命线，在网络传输上多省出来几个 μs，系统的整体计算能力可能就会得到很大的提升。InfiniBand 是 HPC 网络的主要技术，相比于以太网 /IP，InfiniBand 有着更高的带宽、更优的流控、更细的 QoS、原生地支持 RDMA（Remote Direct Memory Access，远程直接内存访问），端到端的时延能够达到 10 μs 以下，甚至可以迈入 ns 级。不过，目前以太网也逐步具备了承载超算业务的能力，凭借着成本的优势，以太网在超算 Top 500 中得以和 InfiniBand 分庭抗礼，而 RoCE、RoCEv2 也已经有了在云数据中心落地的案例。本小节，就来对 InfiniBand 和 RoCE/RoCEv2 进行简单的介绍。

　　InfiniBand 其实并不是什么很新的技术。1999 年左右，当时 IT 界的七家翘楚 Compaq、HP、IBM，Dell、Intel、Microsoft、Sun 联合起来成立了 IBTA（InfiniBand Trade Association），将 InfiniBand 定位于高速的 I/O 互联网络，旨在通过机外的长连接提供机内总线的 IO 性能，同时保证机外互联的可扩展性。不过出于各种原因，各家巨头在 IBTA 成立后都纷纷离开，InfiniBand 没能得到良好的市场推广，只是在超算和高性能数据库领域有所应用。Cisco 在 2005 年收购 Topspin 后也拥有了 InfiniBand 的产品线，但是 Cisco 后面就没怎么继续研发了。Intel 在收购 QLogic 之后，也没有继续研发 InfiniBand，而是推出了自己的 OmniPath。目前，InfiniBand 的厂商主要就是 Mellonax 一家，基本上可以算是小圈子里面绝对的霸主了。

10.3.1　InfiniBand 的协议栈

　　InfiniBand 的协议栈如图 10-18 所示。InfiniBand 的传输层首部叫做 BTH（Base Transport Header），通过 Queue Pair 来定位远端的目标内存，通过 Partition Key 实现内存的访问控制，通过 Sequence Number 实现可靠传输。InfiniBand 提供了对多种（包括可靠 / 不可靠、基于连接 / 基于报文）传输类型的支持，不同的传输类型使用不同的 ETH（Extended Transport Header），ETH 紧跟在 BTH 的后面。传输层和传输层以下都能够卸载到 InfiniBand 网卡中进行硬件加速。传输层之上是 InfiniBand 传输层和用户应用间的映射层 ULP（Upper Level Protocol），允许用户应用在不改变程序原有语义的情况下使用底层的 InfiniBand 网络进行传输（不同类型的应用需要不

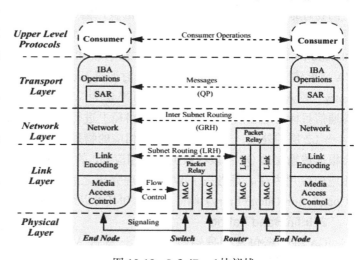

图 10-18　InfiniBand 协议栈

同的 ULP，如 TCP/IP 应用可通过 IPoIB 这一 ULP 来进行适配），而 InfiniBand 的原生应用则可以调用 InfiniBand 所提供的 Verbs API 直接对 InfiniBand 网卡进行操作。

10.3.2　InfiniBand 的控制与转发机制

1. RDMA 与 CA

InfiniBand 的超低时延得益于以下几点：

1）InfiniBand 交换机都会采用直通式的转发，减小了串行化延迟；

2）使用了先进的、基于 Credit 的链路层流控机制，能够有效地防止丢包与死锁；

3）提供了对于 RDMA 的原生支持，从而大幅地提高了端的性能。

这里对 RDMA 进行一下简单的介绍。传统服务器网卡的工作依赖于中断或者轮询，数据包从网卡到达应用程序需要经过内核协议栈的处理以及内核态与用户态间的切换，在上述过程中还要对数据包进行反复的拷贝，这些操作不仅对 CPU 资源造成了巨大的消耗，而且严重地制约了应用的 IO 性能。相比之下，RDMA 首先作为一种 DMA 机制，能够直接在网卡的缓冲区和应用内存间进行数据移动，显著降低了中断或者轮询的频率，旁路掉了内核协议栈，并实现了数据的零拷贝，因此应用的 IO 性能得以大幅提升，而被解放出来的 CPU 则可以用于处理应用本身。另外，RDMA 提供了一组标准的数据操作接口，使得本端应用能够直接操作远端应用在内存中的数据，即字面所述的"远程 DMA"。InfiniBand 在设计之初即提供了对于 RDMA 的支持，是 InfiniBand 实现超低延时的重要基础。

InfiniBand 的网卡称为 CA（Channel Adaptor），CA 又可分为服务器端的 HCA（Host Channel Adaptor）和交换机 / 存储端的 TCA（Target Channel Adaptor）。前面提到过，CA 不仅实现了 InfiniBand 的物理层与链路层，而且能够对 InfiniBand 的网络层和传输层进行硬件加速，CA 的 Driver 工作在内核中，为 ULP 或者 InfiniBand 原生应用提供操作接口。

QP（Queue Pair）是 CA 提供 RDMA 能力的基础，它可完成应用层的虚拟地址到 CA 上的物理地址的自动映射，如果两端的应用需要通信，那么双方都要申请 CA 上的物理资源，并通过相应的 QP 来完成对 CA 的操作。如图 10-19 所示，每个 QP 中都包括 Receive 和 Send 两个 Work Queue 分别用于数据的收和发。应用在进行网络通信前，首先需要向 CA 请求建立一个 QP，需要发送数据时通过 Work Request 将数据作为 WQE（Work Queue Entry）投入 QP 的 Send Queue，应用需要为 WQE 指定 AV（Address Vector），AV 中携带着通信目标的地址信息，以及在通信路径上进行传输所需要的参数。CA 根据 AV 开始进行 L4 ～ L2 层的处理，封装好包头并从相应的物理端口送出。远端的目标 CA 收到数据包后，会根据传输层的 QP 字段将数据放入相应 QP 的 Receive Queue 中，然后将数据直接移动到相应的应用内存。每当一个 WQE 处理完毕之后，CA 会通过 Completion Queue 发送 CQE（Completion Queue Entry）给应用，通知其可以继续进行后面的处理。

2. InfiniBand Fabric

CA 将数据包从物理端口送出后，就进入到了 InfiniBand Fabric。子网是 InfiniBand Fabric 中最重要的概念，子网内部是二层通信，InfiniBand Switch 根据链路层 LRH 中的

DLID 完成转发，子网间通信需要进行三层的路由，InfiniBand Router 通过网络层 GRH 中的 DGID 完成。GRH 中的 SGID 和 DGID 是端到端不变的，而每经过一次路由，链路层 LRH 中的 SLID 和 DLID 都会逐跳发生变化。InfiniBand 对子网采用了集中式的管理与控制方式，每个子网中至少有一个 SM（Subnet Manager），多个 SM 间可以互为备份。SM 既可以硬件实现也可以软件实现，可以实现在子网的任何一个节点上，包括 CA、Switch 和 Router。子网中每个节点上都有一个 SMA（SM Agent），SM 和 SMA 间通过接口 SMI（Subnet Management Interface）来实现子网的管理与控制，SMI 主要提供 Get、Set、Trap 这 3 种类型的操作。SMI 信道上的控制信令称为 SMP（Subnet Management Packet），SMP 的传输需要使用专用的 QP0（QP0 不可用于传输用户应用的数据），并且要求放在逻辑链路 VL 15 上（QoS 优先级最高），保证子网的管理和控制流量能够得到优先传输，而不会被数据流量所阻塞。其子网、交换机与路由器的连接如图 10-20 所示。

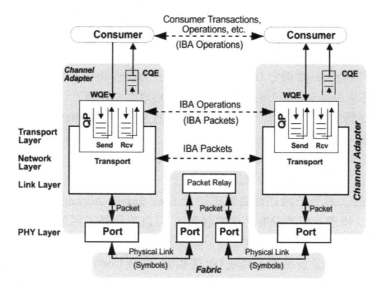

图 10-19　InfiniBand 中的 CA 与 QP

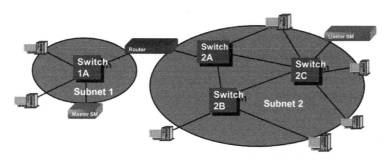

图 10-20　InfiniBand 的子网、交换机与路由器

SM 的主要功能及相关说明如下所示。

1）获取节点信息发现并维护拓扑。SM和SMA间以带内的方式交互SMP，在拓扑发现过程中，交换机上还没有任何转发信息，SMP是没有办法进行传输的。为了解决这个问题，InfiniBand设计了一种专用的控制信令Directed Routed SMP，Directed Routed SMP携带了自身的一次性转发信息，因此可以在交换机上尚未形成LID转发表时在InfiniBand Fabric中进行传输。

2）为节点分配LID、GID。对每个CA来说，在出厂时会分配一个64位全球唯一的GUID（Global Unique Identifier），不过这个GUID只是用来标识CA的，并不用于二层和三层的转发。LID和GID是由SM为CA集中分配的，分别用于二层和三层的转发。LID的长度为16位，只在子网本地有效，每个CA可以分配一个或者一段连续的LID（通过LMC实现），发送数据包时CA可以采用不同的LID，以实现Fabric上的多路径转发。GID的长度为128位，由64位的子网前缀+GUID组成，实际上SM为CA分配的是子网前缀，然后CA自己在本地组合出GID。SM还会维护GUID和LID/GID间的映射关系，用于地址解析。

3）根据拓扑计算路由。InfiniBand在计算路由时通常都是以Up/Down算法为基础的，Up/Down算法会为链路指定Up或者Down两种方向，路径只允许链路方向从Up转为Down，而不允许从Down转为Up，从而可以避免形成路由环路。

4）形成LID转发表，并将转发表配置给相应的Switch。Switch会根据数据包的DLID查找LID转发表，然后找到对应的端口进行转发。由于对转发表采用集中式控制方式，为了防止子网内部产生路由环路，InfiniBand通常的做法是等到所有Switch上的转发表都形成之后，再来激活子网中流量的转发。

除了SM以外，每个子网还都需要有一个SA（Subnet Administration），SA在逻辑上是SM的一部分（物理上两者没有必然的联系），可以看作是子网的数据库，CA间通信所需的信息（如DLID/DGID、Path MTU等）都由SA完成解析。InfiniBand中还有一些其他的子网管理组件，比如负责维护端到端QP连接的CM（Connection Management），负责性能检测的PM（Performance Manager），负责板上器件检测的BM（Baseboard Manager），等等。除了SM以外，InfiniBand中其余的管理组件统称为GSM（General Services Manager），子网中每个节点上都有相应的GSA（General Services Agent），GSM和GSA间的接口称为GSI（General Services Interface），GSI信道上的控制信令称为GMP（General Services Management Packet），GMP的传输也需要使用专用的QP1（QP1不可用于传输用户应用的数据），不过和SMP不同的是，GMP不可以放在逻辑链路VL 15上，也就是说GMP需要和数据流量一起接受流控。

10.3.3　RoCE 与 RoCEv2

相比于以太网，InfiniBand的优势主要在于以下几点：带宽总是能够领先一步，链路层具有流控能力，RDMA可以通过旁路内核来加速。不过，InfiniBand的价格要比以太网贵很多，对运维的要求也非常高。随着10GE的普及，40GE/100GE的推广，以太网的带宽资源变得相对可观，而 DCB 协议族的发展则使得以太网具备了不丢包的传输能力，如果再能够提供对 RDMA 的支持，那么以太网就会有能力和 InfiniBand 在 HPC 领域一较高下了。2010 年，IBTA 制定了 RoCE（RDMA over Converged Ethernet），使用以太网代替了 IB 的链路层，保留了网络层以及传输层对于 RDMA 的支持，结合 DCB（要求至少 10G 的端口速率）即可以获得微秒级的传输延迟。不过，RoCE 由于在网络层仍保留着 IB 的 GRH，因此是不能进行 IP 路由的，因此 IBTA 在 2014 年又制订了 RoCEv2，在 RoCE 的基础上将 IB 的网络层替换为 IP，RoCEv2 的流量获得了跨越广域网进行传输的能力，因此 RoCEv2 又称为RRoCE（Routable RoCE）。图 10-21 所示为 RoCE 和 RoCEv2。

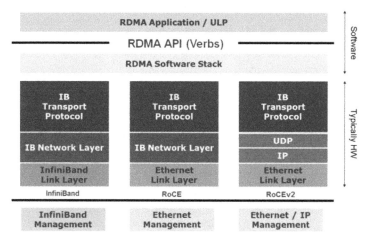

图 10-21　RoCE 和 RoCEv2

相比于 FCoE 使用 FIP 协议作为专有的控制平面，RoCE 和 RoCEv2 并没有专门设计自己的控制协议。在 InfiniBand 中管理和控制的组件多是围绕 InfiniBand 子网来进行的，由于 RoCE、RoCEv2 中使用了以太网来替换 InfiniBand 的链路层，因此自然就没有了InfiniBand 子网的概念，SM、SA、PM、BM 等组件也就失去了存在的意义，只有传输层上用于端到端协商 QP 的 CM 保留了下来。在 InfiniBand 中，地址分配和解析工作是由 SM 和SA 完成的，去掉了 SM 和 SA 后，需要由以太网 /IP 中相应的机制来进行地址分配和解析。三者地址分配和解析机制如表 10-1 所示。

表 10-1　InfiniBand、RoCE、RoCEv2 中地址分配与解析机制

	L2 的生成 / 分配	L3 的生成 / 分配	L2 与 L3 的解析
IB	SM 分配 LID 和 LMC	默认为 0xFE::80+GUID，SM 分配 GID Prefix，覆盖为 GID Prefix+GUID	Query HCA Verb SA
RoCE	以太网 MAC	默认为 0xFE::80+GUID	ARP
RoCEv2	以太网 MAC	DHCP 或者静态配置	ARP

除了 RoCE 和 RoCEv2 以外，还有一种融合的方案是 iWARP（RDMA over TCP/IP），通过将 TCP/IP 卸载到网卡中也可以实现良好的延时性能，iWARP 是一种纯应用层的实现，

这里就不再深入介绍了。

10.4 本章小结

作为本书的收尾，本章中对数据中心存储网络与高性能计算网络进行了简要的介绍。虽然从现状来看异构网络的共存仍然是较为普遍的现象，但是融合已成大势，数据中心网络何时能够实现架构一统？仍需拭目以待。

推荐阅读

VMware Horizon桌面与应用虚拟化权威指南

作者：吴孔辉 著　ISBN：978-7-111-51202-8　定价：59.00元

　　由资深桌面虚拟化专家撰写，VMware大中华区总裁、VMware研发中心高级总监等业内领袖及专家联合推荐。本书涵盖了桌面虚拟化相关的基础知识，也对VMware Horizon产品进行了详细介绍，并从企业业务与技术需求的角度着手，进行桌面虚拟化的评估，全面讲述了桌面虚拟化系统的设计最佳实践。

虚拟化安全解决方案

作者：[美]戴夫·沙克尔福 著　张小云 等译　ISBN：978-7-111-52231-7　定价：69.00元

　　资深虚拟化安全专家撰写，系统且深入阐释虚拟化安全涉及的工具、方法、原则和最佳实践。深入剖析虚拟基础设施各个层面的问题，从虚拟网络到管理程序平台和虚拟机，重点阐释三大主流虚拟化技术解决方案，能为工程师与架构师设计、安装、维护和优化虚拟化安全解决方案提供有效指导。

架构即未来：现代企业可扩展的Web架构、流程和组织(原书第2版)

作者：[美]马丁 L. 阿伯特 等著　陈斌 译　ISBN：978-7-111-53264-4 定价：99.00元

　　本书深入浅出地介绍了大型互联网平台的技术架构，并从多个角度详尽地分析了互联网企业的架构理论和实践，是架构师和CTO不可多得的实战手册。

——唐彬，易宝支付CEO及联合创始人

　　本书基于两位作者长期的观察和实践，深入讨论了人员能力、组织形态、流程和软件系统架构对业务扩展性的影响，并提出了组织与架构转型的参考模型和路线图。

——赵先明，中兴通讯股份有限公司CTO

推荐阅读

华章容器技术经典